高 等 学 校 教 材

材料物理化学

张志杰　主编

化学工业出版社
教 材 出 版 中 心
·北 京·

图书在版编目（CIP）数据

材料物理化学/张志杰主编. —北京：化学工业出版
社，2006.2（2023.1重印）
高等学校教材
ISBN 978-7-5025-8311-8

Ⅰ. 材… Ⅱ. 张… Ⅲ. 材料科学-物理化学-高等
学校-教材 Ⅳ. TB3

中国版本图书馆 CIP 数据核字（2006）第 014245 号

责任编辑：杨　菁　彭喜英　　　　　　　　装帧设计：于　兵
责任校对：蒋　宇

出版发行：化学工业出版社　教材出版中心（北京市东城区青年湖南街 13 号　邮政编码 100011）
印　　装：北京机工印刷厂有限公司
787mm×1092mm　1/16　印张 21¾　字数 585 千字　　2023 年 1 月北京第 1 版第 11 次印刷

购书咨询：010-64518888　　　　　　　售后服务：010-64518899
网　　址：http://www.cip.com.cn
凡购买本书，如有缺损质量问题，本社销售中心负责调换。

定　　价：59.00 元　　　　　　　　　　　　　　版权所有　违者必究

前　言

　　材料是人类用于制造物品、器件、构件、机器或其他产品的物质，是人类赖以生存和发展的物质基础。20世纪70年代，人们把信息、材料和能源称为当代文明的三大支柱。80年代又把新材料、信息技术和生物技术并列为新技术革命的重要标志。材料科学与工程研究材料组成、结构、制备、材料性能与使用效能以及它们之间的关系。材料的性能和使用效能与其结构密切相关。而组成和性质相同的原料通过不同的合成方法可以得到不同结构的材料，因而其性质和使用效能也不同。所以材料的结构是材料科学的核心问题之一。本书以材料的结构以及材料结构的形成为主线，从物理化学的角度论述材料科学与工程的基础理论问题。

　　本教材的特点表现在以下几个方面。

　　1. 在材料结构部分设有"显微结构"一章，介绍材料显微结构的形成、描述以及对材料性能的影响。其中，又特别将纳米结构单独列出，介绍纳米结构和纳米材料，使得材料结构部分更加完整，也将当前进展非常迅速的纳米材料引入教材，激发学生的学习兴趣。

　　2. 每章设有"阅读材料"专栏，介绍与该章内容相关的新知识或学科的发展史，开阔学生眼界。

　　3. 绪论部分以简单明了的方式，将本教材的核心问题——材料的结构和结构形成以及结构对材料性能的影响做了介绍，帮助学生理解课程的主线以及本课程在本学科中的位置。

　　4. 在内容选取上更注意新颖性，有意识地将近20年来材料科学和技术的新进展引入教材。尤其是在扩散、固相反应、相变和烧结等章节的内容，引用了较多的新实例。又如在第一章"晶体结构"部分增加"材料的结构演变"一节，重点介绍材料晶体结构随制备过程的演变过程，帮助学生建立材料结构设计的思想，提高其创新能力和综合素质。

　　本书由华南理工大学张志杰、吕明、刘粤惠和尹芪编写。具体编写分工如下。

　　张志杰编写绪论、第1章第4节、第6章、第7章、第8章、附录；吕明编写第9章、第10章、第11章、习题；刘粤惠编写第1章第1节～第3节、第2章、第3章；尹芪编写第4章、第5章；阅读材料由尹芪、张志杰、吕明共同编写。由张志杰负责全书统稿。

　　本教材的编写得到了华南理工大学材料学院"材料物理化学"老一辈主讲教师的关心和支持，特别是曲炳仪老师和夏宇华老师，本书的许多内容来源于两位老师所编写的讲义，在此表示衷心的感谢。

　　限于编者学识水平有限，书中不足与不妥之处在所难免，恳请读者批评指正。

编者

2006年1月

目　　录

绪论　材料的结构 ……………………………………………………………… 1

0.1　微观结构 ………………………………………………………………… 1

0.2　显微结构 ………………………………………………………………… 3

第1章　晶体结构 ……………………………………………………………… 6

1.1　结晶化学基本理论 ……………………………………………………… 6

1.2　典型无机化合物晶体结构 ……………………………………………… 22

1.3　硅酸盐晶体结构 ………………………………………………………… 35

1.4　材料的结构演变 ………………………………………………………… 47

习题 ……………………………………………………………………………… 51

阅读材料　超分子结构与材料 ………………………………………………… 52

第2章　晶体结构缺陷 ………………………………………………………… 56

2.1　晶体的点缺陷 …………………………………………………………… 56

2.2　晶体的线缺陷 …………………………………………………………… 63

2.3　晶体的面缺陷 …………………………………………………………… 68

2.4　固溶体 …………………………………………………………………… 69

习题 ……………………………………………………………………………… 75

阅读材料　准晶体 ……………………………………………………………… 76

第3章　熔体和玻璃体 ………………………………………………………… 82

3.1　熔体和玻璃体的结构 …………………………………………………… 82

3.2　熔体的性质 ……………………………………………………………… 88

3.3　玻璃的形成 ……………………………………………………………… 89

3.4　玻璃性质 ………………………………………………………………… 92

习题 ……………………………………………………………………………… 94

阅读材料　非线性光学玻璃 …………………………………………………… 94

第4章　显微结构 ……………………………………………………………… 98

4.1　纳米结构 ………………………………………………………………… 98

4.2　显微结构 ………………………………………………………………… 113

习题 ……………………………………………………………………………… 123

阅读材料　无机-有机纳米复合材料 ………………………………………… 123

第5章　热力学应用 …………………………………………………………… 127

5.1　热力学在凝聚态体系中应用的特点 …………………………………… 127

5.2　热力学应用计算方法 …………………………………………………… 129

5.3　热力学应用实例 ………………………………………………………… 134

5.4　自由能-温度曲线及其应用 …………………………………………… 142

习题 ……………………………………………………………………………… 146

阅读材料　氮化硅陶瓷材料的热力学分析 ………………………………… 147

第6章　表面与界面 …………………………………………………………… 152

6.1　表面能 …………………………………………………………………… 152

　　6.2　固体表面结构 ·· 154

　　6.3　表面性质 ·· 158

　　6.4　晶界 ·· 168

　　习题 ·· 177

　　阅读材料　$BaTiO_3$基半导体陶瓷的晶界效应 ································ 178

第7章　相平衡 ·· 181

　　7.1　相律 ·· 181

　　7.2　单元系统 ·· 188

　　7.3　二元系统 ·· 192

　　7.4　三元系统 ·· 202

　　习题 ·· 223

　　阅读材料　吉布斯相律 ·· 225

第8章　扩散 ·· 228

　　8.1　菲克定律 ·· 228

　　8.2　扩散系数 ·· 234

　　8.3　扩散的影响因素 ·· 241

　　习题 ·· 243

　　阅读材料　基于扩散机制制备功能梯度陶瓷 ································ 244

第9章　固相反应 ·· 247

　　9.1　固相反应机理 ·· 247

　　9.2　固相反应动力学 ·· 252

　　9.3　影响固相反应的因素 ·· 261

　　习题 ·· 267

　　阅读材料　中低温固相反应 ·· 267

第10章　相变 ·· 271

　　10.1　相变的形式 ·· 271

　　10.2　熔体的析晶 ·· 274

　　10.3　Spinodal分解 ·· 282

　　10.4　马氏体相变 ·· 292

　　习题 ·· 296

　　阅读材料　可擦重写相变光盘的研究进展 ································ 297

第11章　烧结 ·· 301

　　11.1　烧结机理 ·· 301

　　11.2　固相烧结 ·· 303

　　11.3　液相烧结 ·· 314

　　11.4　黏性流动烧结 ·· 320

　　11.5　烧结的影响因素 ·· 323

　　习题 ·· 328

　　阅读材料　几种新的烧结方法 ·· 329

附录一　有效离子半径 ·· 333

附录二　氧化物标准自由焓与温度的函数关系 ································ 337

附录三　无机物热力学性质数据 ·· 338

参考文献 ·· 341

内 容 提 要

本书以材料的结构以及材料结构的形成为主线，从物理化学的角度论述了材料科学与工程的基础理论问题。主要内容有绪论和晶体结构、晶体结构缺陷、熔体和玻璃体、显微结构、热力学应用、表面与界面、相平衡、扩散、固相反应、相变、烧结共 11 章。每章均附习题，均设阅读材料专栏，介绍与本章内容相关的学科新进展或学科发展史。

本书可作为高等学校无机非金属材料科学与工程专业教材，也可供从事无机非金属材料研究和生产的科技人员参考。

绪论 材料的结构

材料是人类用于制造物品、器件、构件、机器或其他产品的物质，是人类赖以生存和发展的物质基础。20世纪70年代，人们把信息、材料和能源称为当代文明的二大支柱。80年代的新技术革命，又把新材料、信息技术和生物技术并列为新技术革命的重要标志。第一部《材料科学与工程百科全书》由英国 Pergamon 自1986年起陆续出版。它对材料科学与工程下的定义为：材料科学与工程就是研究有关材料组成、结构、制备与材料性能和用途的关系的知识的产生和应用。换言之，材料科学与工程研究材料组成、结构、制备、材料性能与使用效能以及它们之间的关系。因而把成分与结构、合成与制备、性质及效能称为材料科学与工程的四个基本要素。把四要素连接在一起，变形成一个四面体，如图0.1。

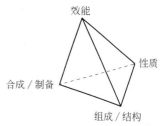

图 0.1 材料科学与工程四要素

材料的性能和使用效能与其结构，包括微观结构和显微组织，密切相关。而组成和性质相同的原料通过不同的合成方法可以得到不同结构的材料，因而其性质和使用效能也不同。所以材料的结构是材料科学的核心问题之一。

按研究尺度的不同，材料的结构一般分为微观结构、显微结构和宏观结构三个层次。其中，微观结构的尺度上限为晶胞常数；宏观结构的下限为日常生活所接触的尺度，约为0.1mm；显微结构位于两者之间，约为1nm到$100\mu m$之间。从不同的尺度来看，同一材料具有不同的结构层次。以金属锻造材料为例（图0.2），其中，图（a）为晶体结构单胞，即微观结构层次，其尺寸为1nm量级；图（b）～图（e）为显微结构层次；图（f）为宏观结构层次。

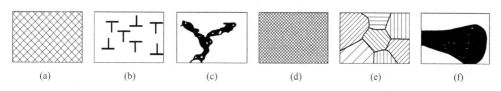

(a)   (b)   (c)   (d)   (e)   (f)

图 0.2 金属锻造材料的多层次结构特征

（a）原子/晶体（0.5nm）；（b）分立的位错（10nm）；（c）位错纠结（$0.2\mu m$）；

（d）单个晶粒（$10\mu m$）；（e）多晶结构（0.1mm）；（f）锻造原材料（10cm）

（引自 Allen S M and Thomas E. The structure of materials，John Wiley & Sons，Inc.，1999）

材料物理化学主要讨论的是材料的结构以及结构的形成，主要涉及微观结构和显微结构两个层次。在学习之前，对材料的微观结构和显微结构做一个初步的了解有助于本课程的学习。

0.1 微观结构

前已述及，材料的微观结构的尺度上限为晶胞常数，在晶胞常数尺度范围以内，原子按一定的规则来排列，原子之间以化学键相结合，因此化学键的种类以及原子的排列方式是决定晶体结构的主要因素，同时二者也决定了材料的性质以及其应用。

如石墨和金刚石两者组成相同，但金刚石中碳原子通过 sp^3 共价键键合，是自然界中最硬的物质。而石墨通过 sp^2 共价键键合，在石墨中，sp^2 键构成二维共价键片状结构，这些片状结构通过范德华键相结合构成三维石墨网络，这种层状结构具有很高的层内强度和非常低的层界强度。金刚石和石墨的键结构分别如图 0.3、图 0.4。

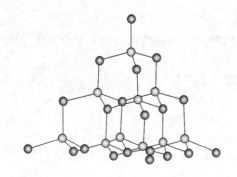

图 0.3　金刚石的键结构

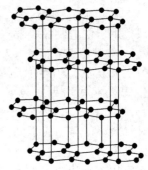

图 0.4　石墨的键结构

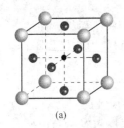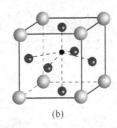

(a)　　　　　　(b)

图 0.5　立方相

(a) 钙钛矿和四方相；(b) 钙钛矿

又如在离子晶体中，离子键相互作用力产生高硬度和低脆性。部分共价键能够改善脆性和硬度，在提高强度的同时，也提高硬度。在金属键晶体中，金属离子被嵌入电子气中，在晶体发生部分位移后，引力仍然存在，因此金属能够变形而不会破裂。

原子的排列方式同样强烈影响材料的性质。如钙钛矿型矿物由立方相变为四方相时，原子排列发生少许畸变，材料即由顺电体转变为铁电体，如图 0.5。

晶体结构在一定条件下会发生演变，并导致性能随之变化。如石英会随着温度的改变而发生结构的演变。随着温度升高，离子位移导致石英的对称性发生变化，由 β-石英转变为 α-石英，相应地材料也由无压电性变为有压电性。

又如图 0.6 所示，白云母向高岭石的局部演变通过质子交换，使前面 10～20nm 的硅酸盐层发生剥离，将 2∶1 型的层状硅酸盐白云母转变为 1∶1 型的高岭石。

组成对材料结构的形成也有重要影响。如硅酸盐矿物的晶体结构以硅氧骨干为主体。硅

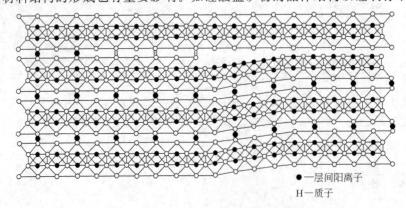

●—层间阳离子

H—质子

图 0.6　白云母向高岭石的局部演变

氧骨干中 Si—O—Si 的键角可以在 $180°\sim109°$ 之间变动，即硅氧骨干有可变形性质，如图 0.7。由于硅氧骨干的可变形性质，其连接方式具有晶体化学自由性，即硅氧骨干只是要求符合近程有序规律，并没有形成远程有序，因此容易形成玻璃质。而大多数硅酸盐矿物之所以并非玻璃质，其原因是阳离子配位多面体的存在。阳离子配位多面体由于配位数较大，既有形成近程规律的倾向，又有形成远程规律的倾向。在硅酸盐中，硅氧骨干只与阳离子配位多面体相配合，对硅酸盐矿物结构起主导作用的是阳离子配位多面体。而不同的阳离子，对硅氧骨干的形成和起的作用是有所不同的，导致硅酸盐矿物结构和性质的多样化。

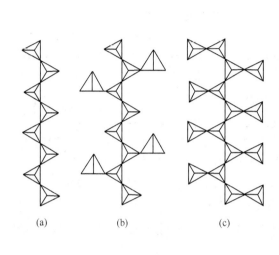

图 0.7　硅酸盐矿物中 Si 和 O
为 1∶3 时硅氧骨干的变化
（a）辉石单链；（b）三斜闪石支链；
（c）星叶石带状硅氧骨干

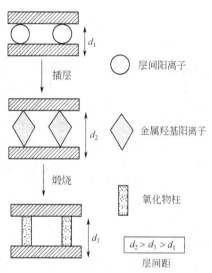

图 0.8　柱撑黏土的结构变化

通过人工设计改变材料的晶胞结构，得到具有新结构的材料，已成为材料研究热点。1969 年江崎和朱兆祥提出了由两种不同的半导体薄层构成超晶格、量子阱的概念。后来借助分子束外延等制备技术，使这一设想得以实现。这一概念开辟了人工设计低微材料并对其能带结构进行人工裁减的先例。20 多年来，从量子阱到量子线、量子点的研究，一直是最富有生命力的前沿领域之一。

又如蒙脱石是一种层状黏土矿物，层间结合力较弱。可以通过离子交换的方式将其他分子或离子团插入层间，使 c 轴膨胀。如果插入的分子或离子团是金属羟基阳离子，通过热处理的方式脱水，金属原子团留在层间，像支柱一样将层状结构撑开，称为柱撑蒙脱石。图 0.8 是柱撑过程的示意图。

从上述简单的分析可见，材料的微观结构对材料的性能具有决定性的影响，人们可以根据性能的需要设计材料的微观结构，并采用恰当的方法合成，研究开发新材料。

0.2　显微结构

人们实际使用的材料很多属于非均质材料，非均质材料是由许多具有不同几何特性和性质的均匀微域（单相颗粒）所组成的。典型的非均质材料包括陶瓷、复合材料等。非均质材料的宏观性质强烈依赖于其显微结构。人们要获得性能优良的材料，可以通过不同的途径去实现，但是这些材料的性质都是同显微结构密切相关的。如微晶玻璃和透明陶瓷的产生就是通过改变显微结构而得到的。而云母微晶玻璃特殊性能的发现，终于打破了玻璃、陶瓷和金属、高分子材料在机械加工性能上的界限，又是因为其特殊的显微结构所造成的。又如作为陶瓷机械部件用的增韧复合材料，则是通过添加剂的引入，使部分氧化锆的相变被控制起来，形成了颗粒间应力做特殊分布的新材料，在断裂强度、韧性、抗热震性和耐高温性等方面有显著的优越性。

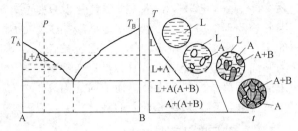

图 0.9　二元低共熔系统中相应于 P 点组成在冷却过程中显微结构的变化

非均质材料显微结构的形成与材料的制备过程密切相关。图 0.9 描述了二元低共熔系统某点组成熔体冷却过程中系统显微结构的变化，图 0.10 描述了二元低共熔系统不同组成熔体凝固后显微结构的差异。

材料显微结构形成于其制备过程中，可以想像制备过程对材料显微结构具有重要的影响。图 0.11（a）、（b）、（c）为同一水泥熟料在不同冷却制度下所得的显微结构的对比情况。慢冷时图（a）阿利特受熔蚀，边棱呈圆钝不规则形状，黑色中间相可长大成

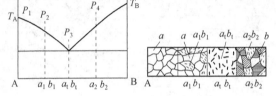

图 0.10　二元低共熔系统中不同组成熔体凝固后显微结构的差异

片状。用水淬冷时［图（b）］，中间相玻璃体增多，贝利特有裂纹形成。而用风冷时［图（c）］，基本接近正常煅烧熟料的显微结构。

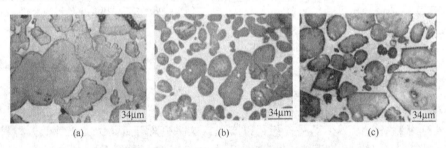

图 0.11　不同冷却制度下水泥熟料显微结构的对比
（a）慢冷；（b）水淬冷；（c）风冷

对于非均质材料而言，在很多情况下，显微结构对材料的性能具有决定性的影响。如以 Y_2O_3 和 La_2O_3 为添加剂的氮化硅材料，通过组成设计和工艺条件控制，制备具有不同晶界宽度的氮化硅材料，如图 0.12 所示。其中图（a）的晶界宽度约为 1nm，图（b）的晶界宽度约为 2.5nm，它们具有不同的高温蠕变性能。高温蠕变量在相同蠕变条件下（1300℃、250MPa、100h）图（b）中的蠕变量是图（a）中的 2.4 倍。

在显微结构尺度内，1～100nm 范围人们常称为纳米结构。纳米结构以及纳米材料近年来引起科学界和公众的广泛关注。纳米结构单元包括纳米微粒、稳定的团簇或人造超原子（artificial atoms）、纳米管、纳米棒、纳米丝等。纳米微粒由于具有量子尺寸效应、小尺寸效应、表面效应和宏观量子隧道效应等，因而展现出许多特殊的性质，在催化、滤光、光吸收、医药、磁介质及新材料等方面有广阔的应用前景。如典型的原子团簇 C_{60} 固体是绝缘体，用碱金属掺杂之后就成为具有金属性的导体，适当的掺杂其他成分还可使其成为超导体。C_{60} 是合成金刚石的理想原料。C_{60} 可以生成单线态氧，因而也具有治疗癌症的作用。

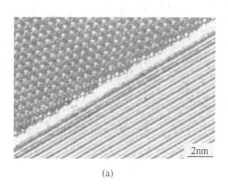
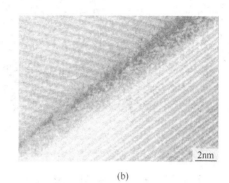

(a)   (b)

图 0.12 不同组成和工艺过程氮化硅的显微结构

(a) 晶界宽度 1nm；(b) 晶界宽度 2.5nm

C_{60} 的溶液具有光限性，可以用作数字处理器中的光阈值器件和强光保护敏感器。其结构如图 0.13。

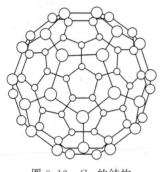

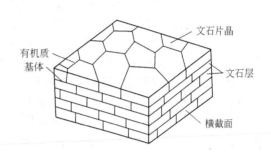

图 0.13 C_{60} 的结构   图 0.14 珍珠层结构示意图

　　根据性能的需要设计非均质材料的显微结构是材料研究的前沿课题。如人们发现珍珠、贝壳等生物矿物与天然的碳酸钙矿物相比，其力学性能（包括断裂韧性、断裂伸长率等）可提高几个数量级，而化学成分的差异前者比后者仅仅增加了约 0.1%～5% 的蛋白质、多糖等高分子物质。经研究发现生物矿化材料所具有的优异力学性能与其独特的显微结构有密切的关系。珍珠层结构示意如图 0.14。文石片晶一般直径为 2～10μm，厚 0.5～0.7μm，有机质填充于无机相之间。即珍珠的结构可抽象成软硬交替的多层增韧结构。人们模仿珍珠结构对陶瓷复合材料进行显微结构设计，制备层状复合陶瓷，其力学性能得到大幅度改善。

　　以上对材料的微观结构和显微结构做了简单介绍，希望能对大家学习本课程有所帮助。

第1章 晶体结构

1.1 结晶化学基本理论

结晶化学是研究晶体结构规律，并通过对晶体结构的理解来探索晶体性质的一门学科。结晶化学基本理论叙述了决定晶体结构的主要因素及有关规律。

1.1.1 晶体

材料大多数为固体，固体可分为晶体和非晶体。晶体是质点（原子、离子或分子）在空间呈周期性重复排列的固体。非晶体则是质点排列不规则，近程有序而远程无序的无定形体。在晶体中，有单晶、多晶等之分。单晶是由一个晶核生长成的结构完整的晶体。单晶内没有晶界。如天然或人造水晶、人造红宝石等。多晶是由无数小单晶颗粒取向随机地结合而成的晶体。多晶内部存在晶界。在自然界中，绝大多数的固体物质是多晶体，而玻璃、塑料、松香、沥青、树脂等则为非晶体。微晶是晶粒尺寸在微米级（10^{-6} m）的单晶体。纳米晶是晶粒尺寸在纳米级（10^{-9} m）的多晶体。液晶是结构介于晶体的有序和非晶体的完全无序的液体。一些具有很长分子的有机化合物晶体，当熔成液体后仍具有各向异性的特点，故称之为液晶。随温度继续升高，分子热运动加剧，液晶最终变成各向同性的液体。晶体与非晶体因结构的差异而呈现不同的特点。

① 晶体具有最小的内能，最稳定。非晶体能自发地向晶体转变，但晶体不可能自发地转变为其他物态。

② 晶体具有固定熔点。例如冰的熔点是 0℃。而非晶体在整个熔解过程中体系温度是渐变的。

③ 晶体各向异性。单晶内部质点在不同方向上排列周期性各异，使晶体宏观性能呈各向异性。例如，石墨晶体在与 c 轴平行和垂直的两个方向上电导率不同，前者是后者的 10^6 倍。虽然晶体在大多数性质上表现为各向异性，但不能认为无论何种晶体，无论在什么方向均表现出各向异性。例如，霞石晶体底面和柱面上蜡熔凹斑形状分别呈圆形和椭圆形，表明其热导率在底面上为各向同性，在柱面上为各向异性。而这在岩盐（NaCl）晶体各晶面上则表现出各向同性。又如立方晶系的钛酸锶钙固溶体 $(Sr, Ca)TiO_3$ 的光学性质是各向同性的，它在正交偏光下表现为全消光，而四方晶系的钨青铜结构单晶为各向异性，在正交偏光下表现为非全消光。实际使用的材料通常是多晶，多晶的性能是各个取向无规的单晶颗粒性能的平均值。非晶体是各向同性的。各向同性体也称为均质体。

④ 晶体具有均匀性。晶体各部位在同方向上具有相同的性质。这表明用晶体内部的任何部分都可以完全代替原晶体。例如，可用晶胞代表晶体。非晶体也有均匀性，但却是一种统计的均匀性。

⑤ 晶体具有自发形成多面体外形的特性。非晶体的外形是人为塑造的。

⑥ 晶体具有对称性。晶体的内部结构、外形和性质具有对称性。而非晶体不存在对称性。

⑦ 晶体具有衍射效应。当照射晶体的入射线波长与晶体内部面网间距相当时，晶体可作为三维光栅，使波长相当的 X 射线、电子流和中子流经过晶体后产生衍射效应。非晶体不存在周期性结构，只能产生 X 射线的散射效应。

晶体与非晶体特点上的区别不仅取决于化学组分，更主要取决于其结构，包括显微结构、晶体结构、原子结构。实际使用的材料产品（如陶瓷、水泥等）几乎是非均一性的物体，它们由一种或多种晶体组成，晶体周围常为玻璃体，有时还有气孔。产品的显微结构指上述晶体、玻璃体、气孔等的数量、种类和它们的分布情况。显微结构可借助光学或电子显微镜观察。晶体结构指原子在空间周期性排列的情况。原子结构涉及电子构型。晶体的周期性结构实际是离子按一定的化学结合键、离子堆积或配位方式使晶体趋于内能最小的最稳定状态。各离子的空间排列情况确定了各种物体的结构。了解晶体结构有助于加深理解结构与性能的关系。

1.1.2 键型

物质由原子组成。原子由原子核和核外电子构成。电子处于一定的能态，这些能态可用电子云、轨道、电子层或能级形象地表示。在无外来作用时，原子中电子都处于最低能级，使整个原子的能量最低。原子的这种状态称为基态。在无磁场作用下，电子在轨道上的分布状态可用电子组态表示。例如，K 原子（$Z=19$）的基态电子组态为 $1s^2 2s^2 2p^6 3s^2 3p^6 4s^1$。

原子之间相互作用倾向于形成各种键，并尽可能具有类似惰性气体氦、氖、氩等完整的 $1s^2$、$ns^2 np^6$ 外电子层。8 电子层和 18 电子层结构 $ns^2 np^6 d^{10}$ 或 $(n-1)d^{10} ns^2 np^6$ 是常见的稳定电子结构。原子的外层电子结构决定了原子之间键合类型，化学反应能力，光学、电学等物理性能。原子之间强烈的相互作用形成离子键、共价键和金属键，它们键合时外层电子重新分布、电子不再属于原来的原子，这些键型称为化学键。原子之间键合时外层电子分布没有变化或变化较小的键型有氢键和范德华力，它们是弱键和弱的分子间力。晶体结构可按键型进行分类。

1.1.2.1 离子键和离子晶体

离子键是正离子和负离子之间的静电引力。例如 Na 原子（$Z=11$，$1s^2 2s^2 2p^6 3s^1$）和 Cl 原子（$Z=17$，$1s^2 2s^2 2p^6 3s^2 3p^5$）结合时，Na 原子的外层电子进入 Cl 原子的外电子层，形成具有 8 电子层稳定结构的 NaCl 离子晶体。离子键无方向性，在结构上表现为离子力求使其周围有较多的带相反电荷的离子配位。在离子晶体中正、负离子相间排列，整个晶体呈现电中性，且不可能分出单个分子，可以把整个晶体看成是一个庞大的"分子"。离子晶体的"分子数"是指晶胞中所含分子数。

离子晶体在固体材料上占有重要的地位。如二元化合物 MgO、NaCl、LiF、SrO、BaO、TiO_2 等以及三元和多元化合物，尖晶石 $MgO \cdot Al_2O_3$、锆钛酸铅 $Pb(Zr_x Ti_{1-x})O_3$ 等都属于离子晶体。离子晶体是良好的绝缘体（如云母、刚玉等）。但熔融态或溶液中的离子晶体在电场的作用下具有良好的离子导电性（如 NaCl 水溶液）。某些离子晶体在固态也有较好的离子导电性，称为快离子导体（如 CuBr、β-Al_2O_3 等）。离子晶体由于键能较高（约 200kcal❶/mol），因此熔点高、硬度大，但其弱点是脆，在受力发生滑移时，容易引起同号离子相斥而破碎。

1.1.2.2 晶格能

离子键的强弱可用晶格能（也称点阵能）的大小来衡量。晶格能是指将 1mol 的离子晶体中各离子拆散至气态时所需的能量，用符号 $U_晶$ 表示，单位是 kJ/mol。由晶格能的定义可知，晶格能与系统的总势能数值相等，符号相反。根据库仑定律，一对正、负离子之间的

---

❶ 1cal=4.1868J，下同。

相互作用势能总和 u 为吸引能和排斥能的加和：

$$u = -\frac{Z_1 Z_2 e^2}{r} + \frac{B}{r^n} \tag{1.1}$$

式中，$Z_1 e$ 和 $Z_2 e$ 为正、负离子所带的电荷；r 为两离子的平衡间距；B 为比例常数，n 为玻恩指数，其数值的大小与离子的电子构型有关，见表 1.1。

表 1.1　玻恩指数 n

离子的电子层结构类型	He	Ne	Ar、Cu^+	Kr、Ag^+	Xe、Au^+
n	5	7	9	10	12

如果正、负离子属于不同的类型，取其平均值，例如，NaCl 的 $n = \frac{1}{2} \times (7+9) = 8$。势能 u 如图 1.1 中实线所示。由图可见，当正、负离子平衡间距为 r_0 时，体系的相互作用势能最低，晶体相对最稳定。对公式（1.1）求导并令其为零，可得：

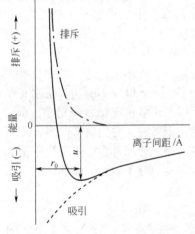

$$B = \frac{Z_1 Z_2 e^2 r_0^{n-1}}{n} \tag{1.2}$$

将 B 代入式（1.1）中，即可得出一对正、负离子在平衡距离 r_0 时所具有的势能：

$$U = -\frac{Z_1 Z_2 e^2}{r_0}\left(1 - \frac{1}{n}\right) \tag{1.3}$$

对于 1mol 的离子晶体来说，其总势能为：

$$U = -\frac{Z_1 Z_2 e^2 N_0 A}{r_0}\left(1 - \frac{1}{n}\right) \tag{1.4}$$

则晶格能为：

$$U_{晶} = -U = \frac{Z_1 Z_2 e^2 N_0 A}{r_0}\left(1 - \frac{1}{n}\right) \tag{1.5}$$

图 1.1　NaCl 中正、负离子相互作用的能量和离子间距关系

这个公式又称玻恩公式。式中，N_0 是阿伏伽德罗常数，A 为马德伦常数，它与离子晶体的结构类型有关，即与离子的排列方式有关。因为在实际的晶体中，正、负离子间的关系比起两个离子间的关系来要复杂得多。例如，对氯化钠晶体来说，每 1 个离子周围有 6 个等距离的异号离子，次邻近又有 12 个等距离的同号离子，再远还有……马德伦常数就是反映这些作用总和的几何因子。一些常见的二元型离子晶体的马德伦常数列于表 1.2。

表 1.2　马德伦常数

结　构　类　型	马德伦常数	结　构　类　型	马德伦常数
CsCl	1.763	CaF_2	2.408
NaCl	1.748	金红石（TiO_2）	2.52
六方 ZnS	1.641	刚玉 $\alpha\text{-}Al_2O_3$	4.17
立方 ZnS	1.638		

由玻恩公式（1.5）计算得到氯化钠晶体的晶格能为 180kcal/mol。表 1.3 列出几种碱金属卤化物晶体的晶格能。如果把离子的极化作用、最邻近和次邻近离子的推斥作用以及零点能等因素都考虑进去，对玻恩公式加以修正，可以计算出和实验值更为接近的晶格能理论值。

由玻恩公式可见，晶格能数值与正、负离子电价 Z_1、Z_2 和马德伦常数 A 成正比，而与

正、负离子的平衡距离 r_0 成反比，$1-1/n$ 变化影响不大。所以对于电价相同、结构类型相同的晶体来说，平衡距离是直接影响晶格能的因素。离子晶体晶格能越大，则其硬度和熔点越大，热膨胀系数越小。表1.4列出了几种相同结构类型晶体的晶格能与性能的关系。只有在结构类型相同和没有形变的情况下，熔点才随晶格能增大而升高。

表 1.3　碱金属卤化物的晶格能　　　　　　　　　　　　　　　　　　　kcal/mol

化合物	实验值（玻恩-哈伯循环）	理论值（玻恩公式）	理论值（修正的玻恩公式）	化合物	实验值（玻恩-哈伯循环）	理论值（玻恩公式）	理论值（修正的玻恩公式）
NaF	218.5	215.6	218.7	CsF	177.8	172.8	178.7
NaCl	184.1	180.1	185.9	CsCl	150.5	148.8	155.9
NaBr	174.1	171.8	176.7	CsBr	146.4	143.3	151.1
NaI	162.7	158.5	165.4	CsI	139.7	135.8	143.7

表 1.4　氧化物晶格能与性能的关系

氧化物（NaCl 型）	晶格能/(kcal/mol)	莫氏硬度	熔点/℃	氧化物（NaCl 型）	晶格能/(kcal/mol)	莫氏硬度	熔点/℃
MgO	936	6.5	2800	SrO	784	3.5	2460
CaO	830	4.5	2560	BaO	740	3.3	1925

1.1.2.3　共价键和共价晶体

共价键是原子间共有电子对的静电引力。共价键是原子在轨道上只有一个电子时形成的。两个原子在相应轨道上各有一个自旋相反电子，当原子相互吸引并保持在平衡间距时达到稳定而形成共价键。例如，H原子（$Z=1$，$1s^1$）之间结合时，2个H原子形成H_2时通过共用一对电子获得$1s^2$的稳定结构。C原子形成金刚石晶体时，C原子并不处于基态（$Z=6$，$1s^2 2s^2 2p^2$），而是处于激发态（$Z=6$，$1s^2 2s^1 2p^3$），为使这种不稳定状态趋于稳定，每个C原子提供$2s^1 2p^3$的4个电子与4个相邻的C原子共用，每个C原子的外层达到8电子层的稳定结构，4个轨道均匀分布在四面体的角上。键的结合力最强。这种现象称为原子轨道杂化，这里形成的是sp^3杂化，在硅酸盐化合物中也存在这种杂化现象。

共价键因电子轨道的重叠而具有方向性和饱和性，从而决定了原子间结合的方位和配位数。共价键可存在于同类原子中，如H_2、O_2、N_2分子，也可以存在于异类原子中，如H_2O、HF、CH_4等分子。共价晶体也称为原子晶体，在陶瓷材料中占有很大的比例。如金刚石、碳化硅 SiC、硫化锌 ZnS、水晶 SiO_2 等陶瓷及硅、锗、砷化镓等半导体材料。

当原子之间共用电子对偏向某原子时，形成的共价键称为极性共价键。例如，H_2O中H、O原子之间共用电子对偏向氧原子。在HF、NH_3等物质中，分子内都通过极性共价键结合。

共价键中成键电子均束缚在原子之间，不能自由运动，因此，共价晶体不导电。共价键的键能从中等到很高的都存在（约100~400kcal/mol），共价键强度随着共用电子数增加而增强，如三键强于双键，双键强于单键，因此，共价晶体具有较高的熔点。

1.1.2.4　金属键和金属晶体

金属键是共有化的自由价电子与正离子之间的静电引力。金属原子的外层价电子数比较少，而形成金属晶体时需要高的原子配位数，各原子不可能通过电子的转移或共用而实现稳定结构，故各原子贡献出其价电子为所有正离子所共有，并在整个晶体内自由运动，使正离子形成外层稳定的电子构型。

构成金属晶体的质点是失去部分或全部价电子的正离子和自由电子。金属晶体因金属键没有方向性而有延展性，可以形变而不破碎。金属具有良好的导电性和传热性。当温度升高时，正离子的热振动激化而干扰自由电子的运动，使金属的电阻加大，因此金属具有正的电阻温度系数。在陶瓷材料方面，金属键没有多大意义，但从自由价电子的运动可以理解金属、半导体和绝缘体之间电性能的差别。

1.1.2.5 范德瓦尔斯力和分子晶体

范德瓦尔斯力常称范氏力，它是电中性的原子或分子之间偶极子感应形成的结合力。偶极子是电中性的原子或分子接近时，由于电荷偏移所形成的。范氏力包括非极性分子的瞬时偶极、诱导偶极之间的作用力。构成分子晶体的质点是分子。范氏力无方向性，所以分子以密堆积的方式排列。分子间以很弱的范氏力（键能 < 2kcal/mol）相结合，因此，固态的 N_2、H_2、I_2 和干冰（固态 CO_2）等分子晶体熔点均较低，质地软，在室温下已经是气态，它们可以压缩，也不导电。

以范氏力为主要结合力的分子晶体在陶瓷材料中几乎没有，但这种结合力在各种晶体的粉末颗粒之间以及各种层状晶体（如石墨、滑石、云母等）的层之间却普遍存在。

1.1.2.6 氢键

氢键是氢原子在分子中与一个原子 A 结合时，由于电子对偏向 A 原子，使氢原子成为带正电的氢原子核，氢原子核又与另一原子 B 产生较强的静电引力，这个引力就是氢键。

氢键强于范氏力，但弱于化学键。正离子 H^+（氢核）比其他原子或离子小约 10 万倍。氢核的集中电场强烈地使阴离子变形，特别使氧负离子变形。因为氢核的尺寸小，它仅能连接两个阴离子。这样的两个阴离子间的距离小于通过范德瓦尔斯力彼此吸引的两个负离子之间的距离。即氢键强于典型的范氏力。最常形成的氢键是在强电负性原子之间，如 O、N 和 OH、NH_2 基团。氢键的键能与离子键或共价键相比较是很小的（约 5kcal/mol），但在许多情况下还是起作用的。铁电晶体磷酸二氢钾（KH_2PO_4）中存在氢键，其自发极化与质点（H^+）的有序排列有密切关系。许多含 OH^- 的陶瓷晶体表面的水蒸气的吸附都与氢键有关。

1.1.2.7 离子键和共价键的杂化

在实际晶体中，往往是几种键型同时存在，很少或根本不单独存在某种键型。混合键也称为键的杂化。陶瓷材料中没有纯粹的离子键和共价键，大多数是这两种键型的过渡。这种过渡状态是连续的。根据元素电负性的不同，可以大致估计原子之间离子键和共价键的成分。

（1）电负性　元素的电负性（X）是表示元素对电子吸引能力的一个键参数，常以 $X = 0.18(I+Y)$ 表示。式中，I 及 Y 均以 eV 为单位；I 为电离能，表示一个原子失去某个电子所吸收的能量；Y 为电子亲和能，表示原子获得一个电子所释放的能量；系数 0.18 是为了以 Li 的电负性为 1 而引入的。表 1.5 列出了一些元素的电负性值。根据元素间电负性的差值，可以大致估计原子间化学键的成分。电负性相差较大的元素结合时，即成离子键；而电负性相差较小的则形成共价键。计算出两元素电负性差值 $\Delta X = |X_A - X_B|$，可以从图 1.2 中查出两元素结合键中离子键所占百分数。例如，由表 1.5 可查出 Si 和 O 的电负性值分别为 1.8 和 3.5，则 ΔX 为 1.7。由图 1.2 可知，Si 和 O 结合时离子键约占 50%。

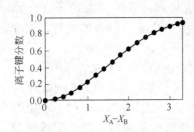

图 1.2　离子键分数与元素电负性差的关系

表 1.6 中列出电负性差值与离子键性关系。表 1.7 列出一些常见元素的结合键中离子键所占的比例。习惯上仍将离子成分较多的晶体当作离子晶体。

（2）极化　正、负离子之间如果一个离子具有比较强的正电荷场，则会吸引另一个离子，使电子云产生变形和交叠。离子键失去球形对称而向共价键过渡，键长缩短，这种现象称为离子的极化。如图 1.3（b），图 1.4（b）所示。在单位强度电场中，两异号离子的正、负电荷重心不再重合，形成偶极子，产生的偶极矩 P 与电场强度 E 和离子极化率 α 关系为：

$$P = \alpha E = el \tag{1.6}$$

式中，e 为电荷，l 为电荷间距。极化率 α 反映了离子被极化的程度。正离子半径一般小于负离子，电场强，所以负离子变形性大，易于极化。半径小、电价高的正离子极化力较强；具有不饱和较外电子层的正离子的极化力大于较外电子层饱和的正离子的极化力；当电子层相似，电价相等时，半径小的正离子极化力较强。半径大、电价低的负离子易被极化。可见，最容易变形的离子是半径大的负离子和具有不饱和较外电子层的正离子（如含有不具有惰性气体电子结构的 d^n 电子的正离子）。

表 1.5　元素电负性

Li	Be											B	C	N	O	F
1.0	1.5				H							2.0	2.5	3.0	3.5	4.0
Na	Mg				2.1							Al	Si	P	S	Cl
0.9	1.2											1.5	1.8	2.1	2.5	3.0
K	Ca	Sc	Ti	V	Cr	Mn	Fe	Co	Ni	Cu	Zn	Ga	Ge	As	Se	Br
0.8	1.0	1.3	1.5	1.6	1.6	1.5	1.8	1.9	1.9	1.9	1.6	1.6	1.8	2.0	2.4	2.8
Rb	Sr	Y	Zr	Nb	Mo	Tc	Ru	Rh	Pd	Ag	Cd	In	Sn	Sb	Te	I
0.8	1.0	1.2	1.4	1.6	1.8	1.9	2.2	2.2	2.2	1.9	1.7	1.7	1.8	1.9	2.1	2.5
Cs	Ba	La-Lu	Hf	Ta	W	Re	Os	Ir	Pt	Au	Hg	Tl	Pb	Bi	Po	At
0.7	0.9	1.1-1.2	1.3	1.5	1.7	1.9	2.2	2.2	2.2	2.4	1.9	1.8	1.9	1.9	2.0	2.2
Fr	Ra	Ac	Th	Pa	U	Np-No										
0.7	0.9	1.1	1.3	1.5	1.7	1.4-1.3										

表 1.6　电负性差值与离子键性关系

ΔX	离子键/%	ΔX	离子键/%
0.2	1	1.8	55
0.4	4	2.0	63
0.6	9	2.2	70
0.8	15	2.4	76
1.0	22	2.6	82
1.2	30	2.8	86
1.4	39	3.0	89
1.6	47	3.2	92

表 1.7　常见元素结合键

键型	离子键/%	共价键/%
Na—F	90	10
Na—O	82	18
Mg—O	73	27
Al—O	63	37
B—O	44	56
Si—O	50	50

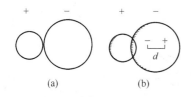

图 1.3　离子极化作用示意
（a）未极化；（b）已极化

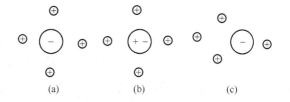

图 1.4　负离子在正离子电场中被极化示意
（a）未极化；（b）已极化；（c）由于极化使负离子配位数降低

1.1.3　离子堆积

1.1.3.1　最紧密堆积原理

从球体堆积角度来看，晶体内质点间互相结合有如球体的堆积，球体的堆积密度越大，系统的内能就越小，此即球体最紧密堆积原理。因此，在没有其他因素（例如价键的方向性）的影响下，晶体中的质点在空间的排列是服从最紧密堆积原理的。

球体的最紧密堆积可分为等径球体的堆积和不等径球体的堆积。如果晶体由同一种质点组成，则为前一种堆积方式，如 Cu、Ag、Au 等单质晶体；如果晶体由不同的质点组成，则为后一种堆积方式，如 NaCl、MgO 等。

　　等径球最紧密堆积有六方密堆和立方密堆。等径球在一个平面内最紧密排列是形成正六边形的排列，如图 1.5 所示，每个球与相邻六个球接触（球心位置标记为 A）。每三个相接触的球之间存在两种朝向的三角形空隙，用 B 或 C 表示，两种空隙相间分布。当放置第二层球时，圆球应位于空隙 B 或 C 上才能达到最紧密堆积。当继续排列第三层球时，就有两种不同的堆积方式：六方密堆（ABABAB……）和立方密堆（ABCABC……）。如图 1.6 所示，六方密堆的球体堆积可对应一个六方柱，故称六方最紧密堆积。立方密堆的球体堆积与立方面心空间格子相一致，如图 1.7 所示，因此这种最紧密堆积方式称为立方最紧密堆积。

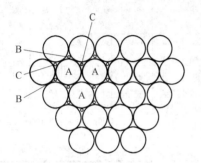

图 1.5　等径圆球的二维密堆

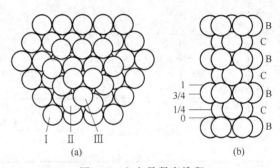

图 1.6　六方最紧密堆积

（a）球体堆积示意图（第三层球体正好在第一层上）；

（b）相同排列的侧视图［层的高度为六方单胞 Z 方向单位长度的分数（0 到 1 之间）］

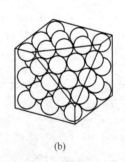
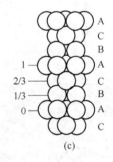

（a）　　　　　　　（b）　　　　　　　（c）

图 1.7　立方密堆

（a）球体堆积示意图；（b）截面；（c）相同排列的侧视图

1.1.3.2　最紧密堆积中的空隙

　　等径球体的密堆存在的空隙可分为两种。如图 1.8 所示，由球体之间所围成的最小空隙标为 T。处在该空隙的原子有四个近邻原子，四个原子的中心为一规则四面体的顶点。此类空隙称为四面体空隙。较大的空隙标为 O，由六个原子所组成的八面体包围，称为八面体空隙。空隙数与所包围的球体数有一定的关系。当有 n 个球体最紧密堆积时，就必定会有 $2n$ 个四面体空隙和 n 个八面体空隙。

1.1.3.3　其他堆积方式

　　除了六方和立方密堆积之外，还有其他非紧密堆积的方式，例如简单立方堆积（图 1.9）。

　　这种堆积方式由八个球体堆积而成，空隙同样为简单立方分布，而且其数量和球的个数相等。由于这种堆积空隙较大，所以不是最紧密堆积方式。

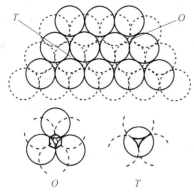
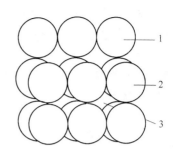

图1.8 等径球体密堆中的空隙 　　　　　　图1.9 简单立方堆积
O—八面体空隙；T—四面体空隙 　　　　1—第一层；2—第二层；3—八个原子围成

1.1.3.4 空间利用率

在一定的空间中，球体所占体积的百分数可用空间利用率表示：

$$空间利用率 = \frac{（晶胞内）球体体积}{晶胞体积} \tag{1.7}$$

空间利用率表示球体堆积的紧密程度。立方密堆和六方密堆的空间利用率为74.05%，而简单立方堆积的空间利用率仅为52%。下面以立方面心密堆为例，说明空间利用率的计算。设球体半径为r，密排面为（111），则在立方面心的面对角线方向上球体是彼此接触的，面对角线长$4r=\sqrt{2}a$，所以晶胞棱边$a=\frac{4r}{\sqrt{2}}$，又因为对应立方面心点阵的晶胞含有四个等径圆球，所以：

$$空间利用率 = \frac{4 \times \frac{4}{3}\pi r^3}{a^3} = \frac{4 \times \frac{4}{3}\pi r^3}{\left(\frac{4r}{\sqrt{2}}\right)^3} = 74.05\% \tag{1.8}$$

在不等径球体的堆积中，可以看成是大球做等径球密堆，而小球则视本身的大小填充其中的八面体空隙或四面体空隙。这样填隙的结果使大球之间的距离均匀地撑开一些，但不会引起密堆结构的畸变，并使空间利用率得以提高。对于实际离子晶体，正、负离子半径不同，这样的填充也能满足异号离子相间排列，使结构稳定的要求。如在硫化锌中，锌离子相当小，可处于四面体空隙中。如果硫离子是按照立方密堆排列，则形成闪锌矿结构；如果硫离子是按六方密堆排列，则形成纤锌矿结构。究竟多大半径的离子能填入四面体空隙或八面体空隙？这涉及到离子半径和配位数的概念。

1.1.4 结晶化学定律

哥希密特（Goldschmidt）于1927年指出：“晶体的结构取决于其组成质点的数量关系、大小比例与极化性能。”这个概括，一般称为哥希密特结晶化学定律，简称结晶化学定律。结晶化学定律定性地概括了影响离子晶体结构的三个主要因素。

1.1.4.1 离子半径

当正、负离子间引力和斥力达到平衡时，离子间按一平衡距离（r_0）保持平衡。这一平衡距离即两个离子的半径之和。用X射线衍射结构分析法可以精确测定面网间距和晶胞参数，而正、负离子之间面网的面间距可视为正、负离子半径之和。因此，假如能定出某一元素的离子半径，则其他元素的离子半径可从有关的面间距数据推算出来。

离子半径不是一个定值。对不同配位数，离子半径是有差别的。一般来说，配位数小，正、负离子间结合强度较大，离子半径就较小。在研究晶体结构时，离子半径是一个很重要的参数。离子半径常作为衡量键强度、离子配位数和极化性的重要依据。另外，在研究材料的掺杂改性机理，固溶体的类型以及晶格畸变等问题上都会牵涉到离子半径大小的问题。

1.1.4.2 配位数

为使晶体处于最低能量状态，离子都趋于最有利的位置。图 1.10 是几种常见的配位情况及其所形成的多面体。

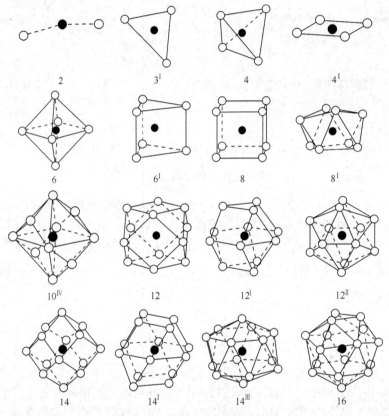

图 1.10 常见配位多面体形状

在不等径离子的堆积中，小离子填入大离子堆积所构成的三角形、四面体、八面体、立方体等配位多面体的空隙中，小离子对应的配位数为 3、4、6、8 等。离子配位数是指一个离子最邻近的异号离子的个数。正离子配位数可用 CN_+ 表示，负离子配位数可用 CN_- 表

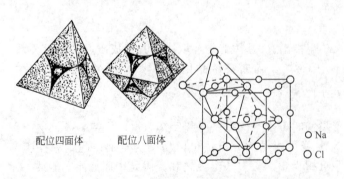

配位四面体　　配位八面体　　　　　　　○ Na
　　　　　　　　　　　　　　　　　　　◎ Cl

图 1.11 NaCl 晶体中配位多面体

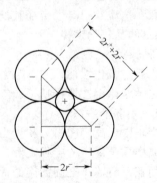

图 1.12 八面体中正、负离子在平面上的排列

示。通常，负离子大于正离子，多面体常由负离子构成。例如，在 NaCl 晶体结构中，Na^+ 填入 Cl^- 构成的八面体空隙中，这样，Na^+ 的配位数为 6，Cl^- 的配位数也为 6。整个 NaCl 晶体可以看成是由这些配位八面体以共棱的方式堆积而成的，如图 1.11。

正离子的配位数值及配位多面体形状主要由正、负离子半径比决定。表 1.8 列出了正、负离子半径比与正离子配位数、配位多面体形状的关系。使晶体稳定的最优条件是正、负离子相互接触，配位数尽可能高。

表 1.8　正、负离子半径比值与配位数的关系

r^+/r^-	正离子配位数	配位多面体形状	实　例
$0.000\sim0.155$	2	哑铃形	干冰（CO_2）
$0.155\sim0.225$	3	三角形	B_2O_3
$0.225\sim0.414$	4	四面体	SiO_2、GeO_2、Al_2O_3
$0.414\sim0.732$	6	八面体	$NaCl$、MgO、TiO_2
$0.732\sim1.000$	8	立方体	ZrO_2、CaF_2、$CsCl$
1.000	12	二十面体	K_2O

当负离子不变时，正离子配位数随其半径增加而增加。以配位八面体为例，说明配位数与正、负离子半径比之间的关系。在配位八面体中，正、负离子在平面上排列的几何关系如图 1.12。正方形的对角线为 $2r^++2r^-$，则

$$\frac{2r^-}{2r^++2r^-}=\cos45°=0.707 \tag{1.9}$$

整理可得：

$$\frac{r^+}{r^-}=0.414 \tag{1.10}$$

此值是一个极限比值（临界半径比），即当正、负离子均相互接触时，八面体空隙正好容下一个半径为 $0.414r^-$ 的正离子。只有当正离子大到可以使负离子互相不接触时，即当 $\frac{r^+}{r^-}>$ 0.414 时，正离子才能较稳定地处于八面体空隙中，此时正、负离子彼此互相接触，而负离子之间却脱离接触，这时正、负离子引力很大，而负离子斥力较小，体系能量较低，结构稳定。NaCl 晶体 $\left(\frac{r^+}{r^-}=0.64\right)$ 就属于这种情况。当正离子大到 $r^+=0.732r^-$ 时，正离子配位数为 8。

陶瓷材料多数是氧化物，Si^{4+} 经常在四个 O^{2-} 形成的四面体中心，形成硅氧四面体 $[SiO_4]$，它是硅酸盐的基本结构单元。Al^{3+} 一般配位数为 6，位于六个 O^{2-} 围成的八面体中心，形成铝氧八面体 $[AlO_6]$，Al^{3+} 也可以取代 Si^{4+} 形成铝氧四面体 $[AlO_4]$，与硅氧四面体一起构成硅（铝）氧骨干，即 Al^{3+} 与 O^{2-} 可以形成 4 或 6 的配位。表 1.9 列出了多种正离子与 O^{2-} 结合时常见的配位数。

表 1.9　部分正离子与氧离子结合时的配位数

配位数	正　离　子	配位数	正　离　子
3	B^{3+}	8	Ca^{2+}、Zr^{4+}、Th^{4+}、U^{4+}、TR^{3+}（稀土离子）
4	Be^{2+}、Ni^{2+}、Zn^{2+}、Cu^{2+}、Al^{3+}、Si^{4+}、P^{5+}	12	K^+、Na^+、Ba^{2+}、TR^{3+}
6	Na^+、Mg^{2+}、Ca^{2+}、Fe^{2+}、Mn^{2+}、Al^{3+}、Cr^{3+}、Ti^{4+}、Nb^{5+}、Ta^{5+}、Fe^{3+}		

除正、负离子半径比值外，实际上，决定离子配位数的因素还有温度、压力、极化性能等。对典型的晶体离子来说，在通常的温度和压力条件下，如果离子不发生变形或者变形很小时，他们的配位情况主要决定于正、负离子半径的比值，否则应该考虑离子的极化的影响。

1.1.4.3 极化对结构的影响

由于离子极化作用，使离子间距缩短，键型、离子配位数及结构类型都发生变化。例如，银的卤化物 AgCl、AgBr 和 AgI，按离子半径比值，Ag^+ 的配位数是 6，属 NaCl 型结构，但实际上 AgI 晶体却属于配位数为 4 的立方 ZnS 结构类型。表 1.10 列出了有关数据。

表 1.10　卤化银晶体的结构类型

项　目	AgCl	AgBr	AgI
Ag^+ 和 X^- 的半径之和/Å	1.23+1.72=2.95	1.23+1.88=3.11	1.23+2.13=3.36
Ag^+—X^- 的实测距离/Å	2.77	2.88	2.99
极化靠近值/Å	0.18	0.23	0.37
r^+/r^- 值	0.715	0.654	0.577
理论结构类型	NaCl	NaCl	NaCl
实际结构类型	NaCl	NaCl	立方 ZnS
实际配位数	6	6	4

1.1.4.4 配位多面体连接方式

配位多面体连接遵循鲍林规则。鲍林规则（Pauling，1928 年提出）强调配位多面体之间的连接情况，对了解复杂的离子晶体结构有一定的帮助。这些规则共有五条，简述如下。

第一规则，"在正离子的周围形成负离子配位多面体，正、负离子之间的距离取决于离子半径之和，而配位数则取决于正、负离子半径比。"关于理解这一规则的基础前已叙述。

第二规则，电价规则："在一个稳定的离子型结构中，每个负离子的电价等于或近似等于从邻近的正离子到该负离子的各种静电键强度的总和。"设 Z^+ 为正离子的电价，CN_+ 为其配位数，则从正离子分配给每个配位负离子的电价 $S=\dfrac{Z^+}{CN_+}$，称为静电键强度。又设 Z^- 为负离子的电价，则电价规则可表示为：

$$Z^- = \sum_i S_i = \sum_i \frac{Z_i^+}{(CN_+)_i} \tag{1.11}$$

例如，对 NaCl 晶体来说，$S_{Na\rightarrow Cl}=\dfrac{1}{6}$，$Cl^-$ 的配位数为 6，则 Cl^- 的电价正好等于从邻近正离子提供的电价：$1=6\times\dfrac{1}{6}$。

电价规则可以衡量晶体结构是否稳定，还可用来确定共用同一顶点的配位多面体的数目，这对于分析复杂离子晶体结构非常重要。例如，在硅酸盐晶体结构中，对于 [SiO₄] 四面体，$S_{Si\rightarrow O}=\dfrac{4}{4}=1$；对于 [AlO₆] 八面体，$S_{Al\rightarrow O}=\dfrac{3}{6}=\dfrac{1}{2}$；对于 [MgO₆] 八面体，$S_{Mg\rightarrow O}=\dfrac{2}{6}=\dfrac{1}{3}$。因此，[SiO₄] 四面体中的每个 O^{2-} 可以同时与两个 [SiO₄] 四面体中的 Si^{4+} 相配位，即两个 [SiO₄] 四面体共用一个 O^{2-}；或同时与一个 [SiO₄] 四面体中 Si^{4+} 和两个 [AlO₆] 八面体中的 Al^{3+} 相配位；或同时与一个 [SiO₄] 四面体中的 Si^{4+} 和三个 [MgO₆] 八面体中的 Mg^{2+} 相配位。这样对每个 O^{2-} 的电价都是饱和的，结构是稳定的。

用静电键强度还可以粗略估计离子晶体中正、负离子间的键强。如 MgO 也为 NaCl 型结构，但 MgO 的静电键强度比 NaCl 强一倍，由于 MgO 离子间结合力较强，故 MgO 的熔点（2800℃）高于 NaCl 的熔点（846℃）。

电价规则指出共用同一顶点的配位多面体数，但不能判断两个配位多面体共用的顶点数。

第三规则，"在一个配位结构中，配位多面体共用棱，特别是共用面的存在会降低这个结构的稳定性。尤其是电价高、配位数低的离子，这个效应更加显著。"这个规则的依据在于两个多面体的中心正离子间的斥力随着他们之间共用顶点数的增加而激增。图1.13是几种配位多面体相互连接的情况。若设两个四面体中心距离在共用顶点时为1，共棱与共面时各为0.58和0.33，而两个八面体连接则为1、0.71和0.58。可以看出，两个多面体中

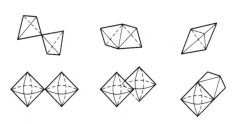

图1.13　两个四面体或八面体
相互连接的示意

心正离子之间斥力随共用顶点数的增加而显著增加，在四面体的相互连接中，这个效应比八面体更为突出。这个规则说明了四面体常以共顶连接，而八面体却还可以共棱（有时还可共面）连接。如在电容器陶瓷材料金红石瓷中，[TiO₆]八面体以共顶和共棱连接。

$[TiO_6]$

第四规则，"在含有多种正离子的晶体中，高电价和低配位的正离子之间有尽可能彼此互不结合的趋势。"因为一对正离子之间的斥力是按电价数的平分关系成正比增加的。如镁橄榄石（Mg_2SiO_4）中的[SiO_4]四面体，由于Si^{4+}之间的斥力较大，[SiO_4]四面体孤立存在；但Si^{4+}和Mg^{2+}之间的斥力较小，故[SiO_4]四面体和[MgO_6]八面体之间却有共顶和共棱连接的情况，以形成较稳定的结构。

第五规则，"晶体中不同组成的配位多面体类型数量倾向于最少。"因为在一个均匀结构中，不同尺度的配位多面体很难有效地堆积在一起。

鲍林规则适用于以离子键为主的离子晶体，不适用于主要是共价键的晶体，而且还有少数例外。

1.1.5　晶体的点阵结构

1.1.5.1　空间点阵

为了探讨各种千变万化的晶体结构的一些共同规律，可以把晶体结构进行几何抽象。抽象的方法是把晶体看成一个空间点阵，晶体的各质点（原子、离子、分子）是点阵的各个点，称为结点或点阵点，它是仅代表质点的重心位置而不代表组成、质量和大小的几何点。连接点阵中相邻结点而成的单位平行六面体称为单位空间格子、单位空间点阵或单胞。

以NaCl晶体为例，图1.14（a）、（b）和（c）分别是NaCl实际晶体结构抽象的立方面心格子、晶胞和晶胞绘制图。晶胞是晶体结构的最小单位。组成相同且周围的物理化学环境及几何环境均相同的质点称为等同点。在NaCl晶体结构中，等同点可以是NaCl分子，它是被周期性重复的最小组成单位；等同点也可以是氯原子或钠原子。将任一套等同点抽象成结点，均可构成平行六面体格子，称为空间点阵。

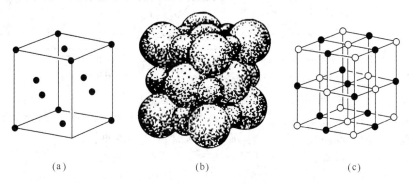

(a)　　　　　　　　(b)　　　　　　　　(c)

图1.14　NaCl晶体的点阵结构
（a）立方面心格子；（b）晶胞；（c）晶胞示意

表 1.11　十四种空间格子形式

晶　系	晶格参数	简单格子(P)	体心格子(I)	底心格子(C)	面心格子(F)
三斜 (anorthic)	$a \neq b \neq c$ $\alpha \neq \beta \neq \gamma$ $\alpha, \beta, \gamma \neq 90°$	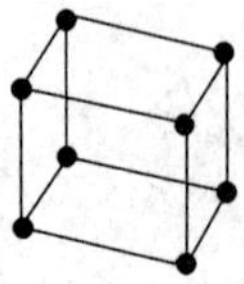			
单斜 (monoclinic)	$a \neq b \neq c$ $\alpha = \gamma = 90°$ $\beta \neq 90°$	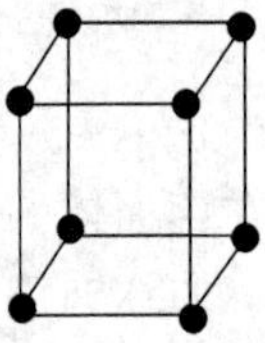		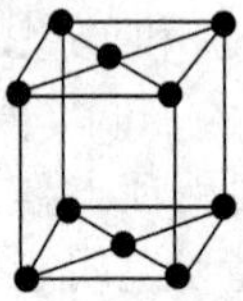	
正交 (斜方) (orthorhombic)	$a \neq b \neq c$ $\alpha = \beta = \gamma = 90°$	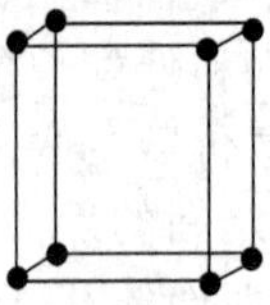	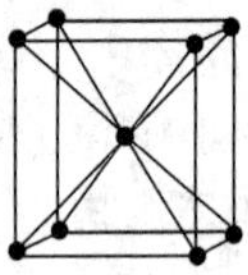	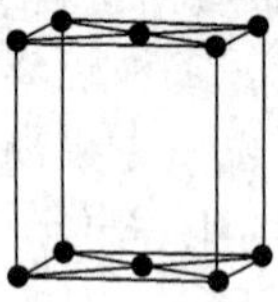	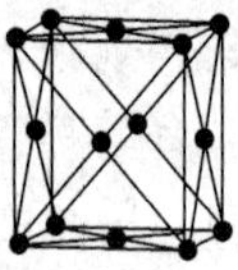
三方 (trigonal)	$a = b = c$ $\alpha = \beta = \gamma \neq 90°$	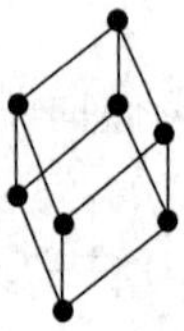			
六方 (hexagonal and trigonal)	$a = b \neq c$ $\alpha = \beta = 90°$ $\gamma = 120°$	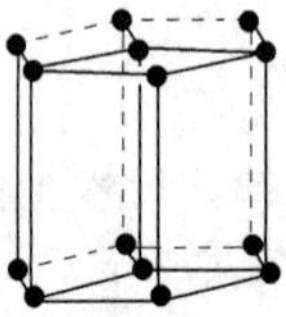			
四方 (tetragonal)	$a = b \neq c$ $\alpha = \beta = \gamma = 90°$	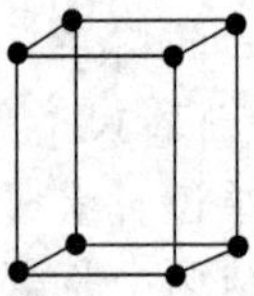	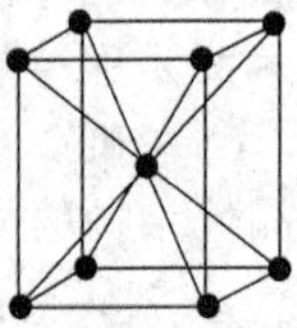		
立方 (cubic)	$a = b = c$ $\alpha = \beta = \gamma = 90°$	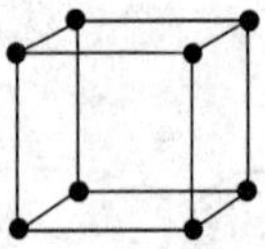	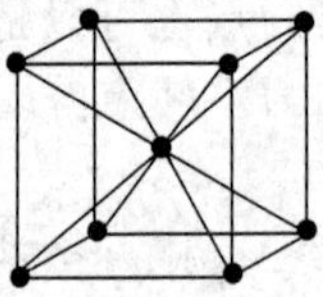		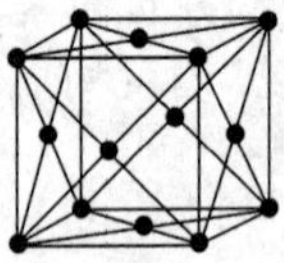

注：三方简单格子可用符号 R 表示，Rhombohedral centred（R 心）。其他字母 P、I、C、F 分别取自 Primitive（简单，不带心），Innenzentriert（体心），C-face centred（C 面带心），Face centred（面心）。

　　空间点阵或晶胞的大小形状可用三条晶轴的轴长 a、b、c 及轴间的夹角 α、β、γ 来描述，这六个参数称为点阵参数或晶胞参数，如图 1.15。虽然空间点阵或晶胞同形等大，但空间点阵只包含一种等同点对应的结点，而晶胞包含构成晶体的所有等同点。

　　晶体具有对称性。晶体按对称特征可分为七个晶系。空间点阵是从实际晶体中抽象出来的。根据 1866 年布拉维（Bravais）的推导，从一切晶体结构中抽象出来的空间点阵，按选取平行六面体单位的原则，只能有十四种类型，称为十四种空间点阵或十四种空间格子。这些空间点阵的点阵参数类型共有七种，分别与七个晶系对应，如表 1.11。在十四种布拉维格子中，结点的分布可归纳为四种类型。

（1）原始或简单格子（P）　结点分布在平行六面体的顶角上。格子结点数为 1。结点坐标：（0 0 0）。

（2）体心格子（I）　除八个顶点外，结点还在平行六面体的中心。格子结点数为 2。结点坐标：（0 0 0），$\left(\dfrac{1}{2}\ \dfrac{1}{2}\ \dfrac{1}{2}\right)$。

（3）底心格子（C）　除八个顶点外，结点还在平行六面体的上、下平行面的中心。格子结点数为 2。结点坐标：（0 0 0），$\left(\dfrac{1}{2}\ \dfrac{1}{2}\ 0\right)$。

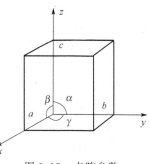

图 1.15　点阵参数

（4）面心格子（F）　除八个顶点外，结点还在平行六面体的每个面的中心。格子结点数为 4。结点坐标：（0 0 0），$\left(\dfrac{1}{2}\ 0\ \dfrac{1}{2}\right)$，$\left(\dfrac{1}{2}\ \dfrac{1}{2}\ 0\right)$，$\left(0\ \dfrac{1}{2}\ \dfrac{1}{2}\right)$。

在七个晶系中，并不是每个晶系均有四种类型的格子存在。原因是有一些格子不符合对应晶系的对称特点，有些不符合空间格子单位的选择原则，因而不需考虑。十四种布拉维格子中包含 1 个结点者，称为素单位；包含 2 个或 2 个以上结点者，称为复单位。

1.1.5.2　晶面符号和面网符号

描述晶面或一族互相平行面网在空间位置的符号 (hkl) 称为晶面符号。其中，整数 hkl 称为晶面指数。晶面与各轴的截距是晶格常数 a、b、c 的整倍数，$\dfrac{pa}{a}=p$，$\dfrac{qb}{b}=q$，$\dfrac{rc}{c}=r$。

晶面符号的确定：取晶面在各晶轴上的截距系数 p、q、r 的倒数比 $\dfrac{1}{p}:\dfrac{1}{q}:\dfrac{1}{r}$，化简成互质整数比为 $h:k:l$，整数 hkl 称为晶面指数或密勒指数，用 (hkl) 表示这组晶面。

如图 1.16 所示，晶面 $ABDE$ 与 a 轴、b 轴分别交于 A 点和 B 点，晶面延长后与 c 轴交于 C 点。晶面在各晶轴上的截距分别为 $2a$、$3b$ 和 $6c$，其截距系数分别为 2、3 和 6，截距系数的倒数比为 $\dfrac{1}{2}:\dfrac{1}{3}:\dfrac{1}{6}$，化为互质整数比为 $3:2:1$。因此晶面 $ABDE$ 的晶面指数为 321，晶面符号为（321）。同理可以求得晶面 C_0DE 的晶面符号为（111）。

描述晶体构造内的面网可用面网符号表示。面网与各轴的交点将晶格常数 a、b、c 分割成整数倍。确定面网符号方法：轴单位 a、b、c 被面网分割成 h、k、l 份，则此面网的符号为 (h,k,l)，hkl 称为面网指数。

晶面指数与面网指数的区别：晶面指数不含公约数，面网指数含公约数。晶面符号能表示某晶面或解理面及一族（同方向）中不同组（面间距不同）的全部平行的面网；面网符号

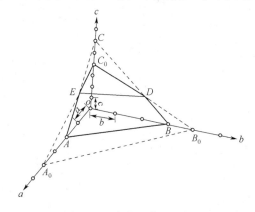

图 1.16　求晶面符号图解

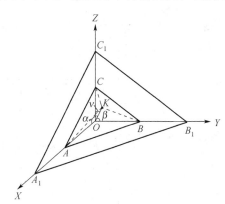

图 1.17　面间距的计算

表示具有相同面间距的一组平行面网。如上图中的（100）族内还可以有（200）、（300）……等面网组，其中（200）面的面间距仅为（100）的一半；而（300）面则为1/3……

在一个单形中有若干组由对称性相联系的等效面。例如，在立方晶系中，（100）、（010）、（001）、（$\bar{1}$00）、（0$\bar{1}$0）、（00$\bar{1}$）六个面均为等效点阵面，用｛100｝代表，同属于｛100｝晶面族。同属于某一晶面族等效面的数目，称为多重性因子。

1.1.5.3 面间距

面间距指同一组平行的面中两相邻面的距离。用 $d_{(hkl)}$ 表示，简记为 d。对称性较高的晶系，面间距公式较简单。为了解面间距公式的由来，现以正交晶系为例加以说明。

在图 1.17 的直角坐标系中，使一个平面通过原点，相邻平面 ABC 与坐标轴的截距分别为 OA、OB、OC，则原点到该平面的垂直距离 OK 即为两相邻平面的面间距 d_{hkl}。

设法线与各轴交角分别为 α、β、γ，即

$\angle KOA = \alpha$，$\angle KOB = \beta$，$\angle KOC = \gamma$。可见：$\cos\alpha = \dfrac{OK}{OA} = \dfrac{d}{OA}$，$\cos\beta = \dfrac{OK}{OB} = \dfrac{d}{OB}$，

$\cos\gamma = \dfrac{OK}{OC} = \dfrac{d}{OC}$。

因为　　　$OA = \dfrac{a}{h}$，　　　　$OB = \dfrac{b}{k}$，　　　　$OC = \dfrac{c}{l}$；

所以　　　$\cos\alpha = \dfrac{hd}{a}$，　　　$\cos\beta = \dfrac{kd}{b}$，　　　$\cos\gamma = \dfrac{ld}{c}$。

在直角坐标系中，根据余弦定律：

$$\cos^2\alpha + \cos^2\beta + \cos^2\gamma = 1 \tag{1.12}$$

将 $\cos^2\alpha$、$\cos^2\beta$、$\cos^2\gamma$ 的值代入，解出 d，得：

$$d = \dfrac{1}{\sqrt{\dfrac{h^2}{a^2} + \dfrac{k^2}{b^2} + \dfrac{l^2}{c^2}}} \tag{1.13}$$

这就是正交晶系的面间距公式。对等轴晶系，将 $a = b = c$ 代入，可得公式（1.14）；对四方晶系，将 $a = b \neq c$ 代入，可得公式（1.15）。对于对称性较低晶系的晶体，虽然不能用直角坐标系简便求出，但仍可通过计算而获得面间距公式。七个晶系的面间距公式如下：

等轴晶系　　$d = \dfrac{a}{\sqrt{h^2 + k^2 + l^2}}$ 　　　　　　　　　　　　　　　（1.14）

四方晶系　　$d = \dfrac{1}{\sqrt{\dfrac{h^2 + k^2}{a^2} + \dfrac{l^2}{c^2}}}$ 　　　　　　　　　　　　（1.15）

正交晶系　　$d = \dfrac{1}{\sqrt{\dfrac{h^2}{a^2} + \dfrac{k^2}{b^2} + \dfrac{l^2}{c^2}}}$ 　　　　　　　　　　（1.16）

六方晶系　　$d = \dfrac{1}{\sqrt{\dfrac{4}{3} \times \dfrac{h^2 + hk + k^2}{a^2} + \dfrac{l^2}{c^2}}}$ 　　　　　　　（1.17）

三方晶系　　$d = \dfrac{1}{\sqrt{\dfrac{(h^2 + k^2 + l^2)\sin^2\alpha + 2(hk + kl + hl)(\cos^2\alpha - \cos\alpha)}{a^2(1 - 3\cos^2\alpha + 2\cos^3\alpha)}}}$ 　（1.18）

单斜晶系　　$d = \dfrac{1}{\sqrt{\dfrac{1}{\sin^2\beta}\left(\dfrac{h^2}{a^2} + \dfrac{l^2}{c^2} + \dfrac{k^2}{b^2}\sin^2\beta - \dfrac{2hl\cos\beta}{ac}\right)}}$ 　（1.19）

三斜晶系
$$d = \frac{1}{\sqrt{\frac{1}{V^2}(S_{11}h^2 + S_{22}k^2 + S_{33}l^2 + 2S_{12}hk + 2S_{23}kl + 2S_{13}hl)}} \qquad (1.20)$$

$$S_{11} = b^2c^2\sin^2\alpha;$$
$$S_{22} = a^2c^2\sin^2\beta;$$
$$S_{33} = a^2b^2\sin^2\gamma;$$
$$S_{12} = abc^2(\cos\alpha\cos\beta - \cos\gamma);$$
$$S_{23} = a^2bc(\cos\beta\cos\gamma - \cos\alpha);$$
$$S_{13} = abc^2(\cos\gamma\cos\alpha - \cos\beta)。$$

式中，V＝单位晶胞体积。

可见，对称性较高的晶系，面间距公式较简单。由于晶面符号（hkl）包含与之平行的面网组，若（nh，nk，nl）表示其中一组面网，则晶面间距 $d_{(hkl)}$ 和面网间距 $d_{(nh,nk,nl)}$ 关系为：

$$d_{(nh,nk,nl)} = \frac{d_{(hkl)}}{n} \qquad (1.21)$$

例如，$d_{(2,0,0)} = \dfrac{d_{(100)}}{2}$。

为了表示六方晶系的对称性，还可用四轴定向，即在与 c 轴垂直的平面上有三个互成 $120°$ 的 a_1、a_2、a_3 轴。在四轴定向中，晶面符号用（$hkil$）表示，晶面指数 h、k、i、l 分别代表晶面在 a_1、a_2、a_3、c 轴上的指数，并存在 $h+k=-i$ 的关系。因为据 h、k 可求出 i 来，所以有的文献不列出四个指数，而用"·"来代替 i，即把（$hkil$）写成（$hk·l$）。

图 1.18 显示分别用三轴定向和四轴定向表示六方晶系六个柱面的情况。可见，用四轴定向表示的晶面符号（$10\bar{1}0$）、（$01\bar{1}0$）、（$\bar{1}100$）、（$\bar{1}010$）、（$0\bar{1}10$）、（$1\bar{1}00$）更能显示出六方对称及等同面的特征。

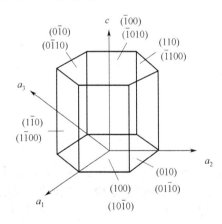

图 1.18　六方晶系的柱面

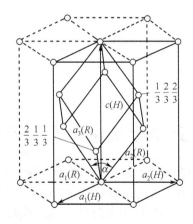

图 1.19　三方晶系和六方晶系格子相互关系

1.1.5.4　晶向符号

连接空间点阵中一维方向结点可得行列，与行列平行的方向在晶体中称为晶向，其中包括晶棱。标记行列、晶向和晶棱可用晶向符号来表示，所以晶向符号也称晶棱符号。确定晶向符号的方法：通过原点作一直线与所求晶向平行；取此直线上任一点（坐标为 x、y、z），求这点坐标的互质整数比，则所得 u、v、w 是没有公约数的整数，称之为晶向指数；再加上方括号"［　］"就是晶向符号 $[uvw]$。

例如，立方面心结构中两离子坐标分别为 0 0 0 和 $\frac{3}{4}$ $\frac{3}{4}$ $\frac{1}{4}$，因为 $\frac{3}{4}:\frac{3}{4}:\frac{1}{4}=3:3:1$，所以过这两个原子的直线 L 的晶向指数为 331，晶向符号为 [331]。同理，a 轴及平行于 a 轴的晶向符号为 [100]；b 轴及平行于 b 轴的晶向符号为 [010]；c 轴及平行于 c 轴的晶向符号为 [001]。由于任何一个晶向都是同时指向两端的，用来确定晶向符号的点可以选在原点这一边，也可以选在相反的另一边。这样，所得出的点坐标将反号，因此符号 $[\bar{u}\bar{v}\bar{w}]$ 和符号 $[uvw]$ 均代表同一晶向。如上例中符号 $[\bar{3}\bar{3}\bar{1}]$ 同样代表直线 L 的晶向。

1.1.5.5 三方晶系与六方晶系的变换

图 1.19 表示三方晶系和六方晶系格子的相互关系。图中三方晶系晶轴用 $a_1(R)$、$a_2(R)$、$a_3(R)$ 表示，轴间夹角用 α 表示；六方晶系晶轴用 $a_1(H)$、$a_2(H)$、$c(H)$ 表示。若已知在三方晶系的某个晶面 (hkl)，它相当于六方晶系中的晶面 $(HK\cdot L)$。两者可用下列关系换算：

$$\left.\begin{array}{l} H=h-lk \\ K=k-l \\ L=h+k+l \end{array}\right\} \tag{1.22}$$

至于晶格参数，若按六方晶系求得结果为 a_H 和 c_H，则对应三方晶系中 a_R 和 α 符合下列关系：

$$\left.\begin{array}{l} a=\dfrac{1}{3}\sqrt{3a_H^2+c_H^2} \\[3mm] \sin\dfrac{\alpha}{2}=\dfrac{3}{2\sqrt{3+\left(\dfrac{c_H}{a_H}\right)^2}} \end{array}\right\} \tag{1.23}$$

例如，α-Al_2O_3 的晶体结构属于三方晶系，也有的书上把它写成六方晶系。一般来说，用 X 射线测定晶格参数时按六方晶系来考虑，计算工作比较方便；如对 α-Al_2O_3 可求出晶格参数为：

$$\left.\begin{array}{l} a_H=4.75(\text{Å}) \\ c_H=12.99(\text{Å}) \end{array}\right\} \tag{1.24}$$

换算得：

$$\left.\begin{array}{l} a_R=5.12 \\ \alpha=55°17' \end{array}\right\} \tag{1.25}$$

1.2 典型无机化合物晶体结构

无机非金属材料是除有机化合物、金属单质和合金之外所有物质所构成的材料，种类繁多，许多结构都是在简单结构的基础上演变而来的。了解常见的典型结构，有利于对复杂结构的分析。晶体结构可按质点的数量关系分为 AX、AX_2、A_2X_3、ABO_3、AB_2O_4 等类型。氧化物材料通常具有其中的岩盐、闪锌矿、金红石、钙钛矿、萤石、刚玉和尖晶石等结构型。

1.2.1 AX 型晶体结构

AX 型离子晶体主要有 NaCl(岩盐)、CsCl(氯化铯)、立方 ZnS(闪锌矿)、六方 ZnS(纤锌矿) 等。

1.2.1.1 NaCl(岩盐) 型

NaCl 晶体结构是典型的离子晶体，是常用氧化物的主要结构类型，其结构如图 1.14。NaCl 属立方晶系，空间群 Fm3m，面心立方格子。整个晶胞可看成由 Na^+ 和 Cl^- 各一套面心立方格子沿晶棱方向平移 1/2 晶胞长度穿插而成。正、负离子配位数均为 6。因晶胞内有 4 个 Na^+ 和 4 个 Cl^-，与分子式 NaCl 中正、负离子数比值 1:1 比较，可知晶胞有 4 个 NaCl "分子"。离子坐标 Cl^- 为 0 0 0，$\frac{1}{2}$ 0 $\frac{1}{2}$，$\frac{1}{2}$ $\frac{1}{2}$ 0，0 $\frac{1}{2}$ $\frac{1}{2}$；Na^+ 为 0 0 $\frac{1}{2}$，$\frac{1}{2}$ 0 0，$\frac{1}{2}$ $\frac{1}{2}$ $\frac{1}{2}$，0 $\frac{1}{2}$ 0。结构中，Cl^- 构成立方最紧密堆积，Na^+ 填充全部八面体空隙。静电键强度 $S_{Na \rightarrow Cl} = \frac{1}{6}$；负离子电价 $Z_{Cl^-} = 6 \times \frac{1}{6} = 1$。即每个 Cl^- 同时被 6 个钠氯八面体 $[NaCl_6]$ 所共有，满足电价规则。$[NaCl_6]$ 八面体之间以共棱连接。

在氯化钠型结构的氧化物中，碱土金属氧化物中的正离子除 Mg^{2+} 外均有较大的离子半径，尤其是 Sr^{2+} 及 Ba^{2+} 与 O^{2-} 的离子半径比超过 0.732，因此氧离子之间的间距较大，在结构上比较开放，容易被水分子渗入而水化。所以游离的碱土金属氧化物如 CaO、SrO、BaO 等的存在，往往使陶瓷材料容易水化而使性能恶化。NaCl 型结构在各方向的键力分布均匀，无明显解理（晶体沿某个晶面或方向劈裂的现象称为解理），故破碎后呈颗粒状。

属于 NaCl 型结构的化合物约有 200 多种，表 1.12 列出其中部分例子，除此之外，还有镧系、锕系元素的氮、磷、砷、锑、铋化合物；过渡金属、少数非过渡金属碳化物和氮化物。

表 1.12 NaCl 型结构晶体举例

A	X	A	X
Li,Na,K,Rb,Ag,Cs,	F	La,Sc,Cr,Zr	N
Li,Na,K,Rb,Ag	Cl	Ti,Zr,Nb,Ta	C
Li,Na,K,Rb,Ag	Br	Mg,Ca,Sr,Ba,Ti,Sn,Pb,Ni,Mn	S
Li,Na,K,Rb,Ag	I	Mg,Ca,Sr,Ba,Ti,Sn,Pb,Ni	Se
Li,Na,K,Rb,Ag	OH	Mg,Ca,Sr,Ba,Ti,Sn,Pb,Ni	Te
Mg,Ca,Sr,Ba,Ti,Sn,Pb,Cd,Co,Mn,Fe,Ni	O		

1.2.1.2 CsCl（氯化铯）型

CsCl 型结构是非氧化物的主要结构类型，其晶体结构见图 1.20。氯化铯属立方晶系 Pm3m 空间群，立方原始格子。晶胞可以看成由 Cs^+ 和 Cl^- 各对应一套立方原始格子，沿体对角线方向相套。正、负离子配位数均为 8。晶胞 "分子" 数为 1。离子坐标 Cl^- 为 0 0 0；Cs^+ 为 $\frac{1}{2}$ $\frac{1}{2}$ $\frac{1}{2}$。结构中，Cl^- 构成简单立方堆积，而 Cs^+ 填满立方体空隙。静电键强度 $S_{Cs \rightarrow Cl} = \frac{1}{8}$；负离子电价 $Z_{Cl^-} = 8 \times \frac{1}{8} = 1$。即每个 Cl^- 同时被八个立方配位多面体所共用，符合电价规则。属于 CsCl 型的离子化合物有 CsBr、CsI、ThCl、ThBr、ThI 等。

1.2.1.3 立方 ZnS（闪锌矿）型

立方 ZnS（闪锌矿）型结构（图 1.21）是非氧化物的主要结构类型。ZnS 结构有两种变体，立方硫化锌（闪锌矿）和六方硫化锌（铅锌矿）。当化合物 AX 的离子半径比 r^+/r^- 为 0.225～0.414 时，可能为 ZnS 结构。一般地，共价键强的化合物倾向于形成立方 ZnS 型结构，如硫化物 BeS 和 ZnSe；氧化物倾向于形成六方 ZnS 型结构，如 ZnO、BeO。立方 ZnS 属立方晶系，空间群 F43m，面心立方格子。晶胞可看成由 Zn^{2+}、S^{2-} 各对应一套面心立方格子，沿体对角线方向相互穿叉，其位移量为 $\frac{1}{4}$。立方 ZnS 结构与金刚石结构类似，只是半数质点为 S^{2-}，另一半为 Zn^{2+}。正、负离子配位数均为 4。晶胞 "分子" 数为 4。离子坐标 S^{2-} 为 0 0 0，$\frac{1}{2}$ 0 $\frac{1}{2}$，$\frac{1}{2}$ $\frac{1}{2}$ 0，0 $\frac{1}{2}$ $\frac{1}{2}$；Zn^{2+} 为 $\frac{1}{4}$ $\frac{1}{4}$ $\frac{1}{4}$，$\frac{3}{4}$ $\frac{1}{4}$ $\frac{1}{4}$，$\frac{3}{4}$ $\frac{3}{4}$ $\frac{1}{4}$，$\frac{1}{4}$ $\frac{3}{4}$ $\frac{1}{4}$。

结构中，S^{2-} 构成立方最紧密堆积，Zn^{2+} 填充其半数的四面体空隙。静电键强度为 $S_{Zn \to S} = \frac{1}{2}$；负离子电价 $Z_{S^{2-}} = 4 \times \frac{1}{2} = 2$。即每个 S^{2-} 被 4 个锌硫四面体 $[ZnS_4]$ 所共有，四面体之间以共顶相连。

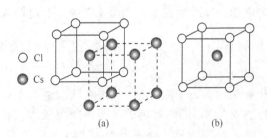

图 1.20　CsCl 型晶体结构

（a）Cs^+ 与 Cl^- 均对应立方原始格子；

（b）CsCl 结构

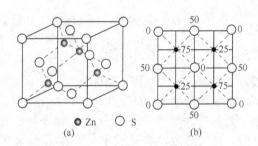

图 1.21　闪锌矿型晶体结构

（a）闪锌矿晶胞结构；（b）闪锌矿

晶胞沿（001）面投影

图 1.21（b）中对各离子所标的数值称为标高，它是以投影方向的晶轴全高作为 100（也有的图作为 1 或 1000）来表示离子在该方向空间所处的高度。若离子在晶轴的最低处则标记为 0，在半高处则标记为 50，在最高处则为 100，其余类推。从晶胞及空间格子的概念出发，若在 0 处有某种离子，则在 100 处也必定有该种离子出现，因为位于 0 处的离子相对于下面的晶胞而言则是处于 100；而位于 100 处的离子对于上面的晶胞而言则处于 0。同理，若在 50 处有某种离子，则在 −50 或 150 处也有同种离子出现，但已不在本晶胞范围之内了。

由于 Zn^{2+} 具有 18 电子构型，其极化力较大，且 S^{2-} 又易于变形，因此 Zn—S 化学键已带有相当的共价键性质，具有确定的方向性。

具有闪锌矿型结构的化合物有 β-SiC、GaAs、AlP、InSb 及 Be、Cd、Hg 的硫化物、硒化物和碲化物、CuCl 等。其中细晶 SiC 陶瓷强度较高，是一种有前途的高温结构材料。GaAs 是有名的半导体化合物。

1.2.1.4　六方 ZnS（纤锌矿）型

六方 ZnS 型结构是氧化物的主要结构类型，其晶体结构见图 1.22。纤锌矿属六方晶系，空间群 $P6_3mc$，六方原始格子，Zn^{2+}、S^{2-} 各两套。S^{2-} 位于整个六方柱大晶胞的各个顶角、底心和三个相间的三方柱的体心；Zn^{2+} 则位于各个三方柱的棱上及相间的三个三方柱的轴线上。正、负离子配位数均为 4。晶胞"分子"数为 2。离子坐标 S^{2-} 为 0 0 0；$\frac{2}{3}$ $\frac{1}{3}$ $\frac{1}{2}$。Zn^{2+} 为 0 0 $\frac{5}{8}$；$\frac{2}{3}$ $\frac{1}{3}$ $\frac{1}{8}$。结构中，S^{2-} 构成六方最紧密堆积，而 Zn^{2+} 则填充半数的四面体空隙。静电键强度为 $S_{Zn \to S} = \frac{2}{4} = \frac{1}{2}$；负离子电价 $Z_{S^{2-}} = 4 \times \frac{1}{2} = 2$。即每个 S^{2-} 被 4 个锌硫四面体 $[ZnS_4]$ 所共有，符合电价规则。四面体间以共顶相连。

属于六方 ZnS 型结构的晶体有 BeO、ZnO、AlN、CdS 等。其中 ZnO、CdS 是半导体材料。BeO 陶瓷熔点高达 2500℃ 以上，莫氏硬度为 9，其热导率比其他高温氧化物高得多，相当于 α-Al_2O_3 的 15～20 倍，接近于金属（如铅）的热导率，BeO 坯体的耐热冲击性也很好，且密度小，所以 BeO 在耐火氧化物中首屈一指，是导弹燃烧室内衬用的重要耐火材料。由于 BeO 对辐射具有相当稳定的性质，可作为核反应堆中的材料。但 BeO 的

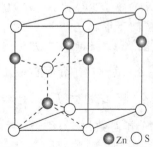

图 1.22　纤锌矿晶体结构

粉末及蒸气含有剧毒，生产中应严格控制。在两种 ZnS 中，六方 ZnS 型一般为高温变体的结构形式。

1.2.2 AX$_2$ 型晶体结构

AX$_2$ 型晶体重点介绍萤石、金红石型的晶体结构，它们都是氧化物的主要结构类型。

1.2.2.1 CaF$_2$（萤石）型结构

氟化钙晶体结构如图 1.23 所示，属立方晶系，空间群 Fm3m，面心立方格子（Ca^{2+} 一套，F$^-$ 两套）。正离子配位数为 8，负离子配位数为 4。晶胞"分子"数为 4。离子坐标 Ca^{2+} 为 $0\,0\,0$，$\frac{1}{2}\,0\,\frac{1}{2}$，$\frac{1}{2}\,\frac{1}{2}\,0$，$0\,\frac{1}{2}\,\frac{1}{2}$。F$^-$ 为 $\frac{1}{4}\,\frac{1}{4}\,\frac{1}{4}$，$\frac{3}{4}\,\frac{1}{4}\,\frac{3}{4}$，$\frac{3}{4}\,\frac{3}{4}\,\frac{1}{4}$，$\frac{1}{4}\,\frac{3}{4}\,\frac{3}{4}$；$\frac{1}{4}\,\frac{1}{4}\,\frac{3}{4}$，$\frac{3}{4}\,\frac{1}{4}\,\frac{1}{4}$，$\frac{3}{4}\,\frac{3}{4}\,\frac{3}{4}$，$\frac{1}{4}\,\frac{3}{4}\,\frac{1}{4}$。结构中，Ca^{2+} 构成立方最紧密堆积，F$^-$ 填充其全部的四面体空隙。由于两种离子半径均较大，故 Ca^{2+} 不可能互相接触，且在每个晶胞中心存在很大的孔隙，这是因为 Ca^{2+} 数目比 F$^-$ 少一半，所以 Ca^{2+} 与孔隙交替排列，如图 1.23 (b)。静电键强度为 $S_{Ca \to F} = \frac{2}{8} = \frac{1}{4}$；负离子电价 $Z_{F^-} = 4 \times \frac{1}{4} = 1$。即每个 F$^-$ 同时被 4 个钙氟立方体 [CaF$_8$] 所共有，符合电价规则。立方体之间以共棱连接。

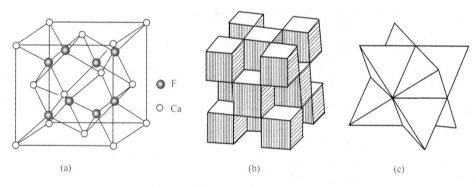

图 1.23 萤石型（CaF$_2$ 型）晶体结构

(a) 晶胞图；(b) [CaF$_8$] 多面体图；(c) [FCa$_4$] 多面体图

萤石硬度为莫氏 4 级。熔点低，在陶瓷材料中常用作助熔剂。萤石在水中溶解度很小。优良的萤石单晶具有透红外线能力。

具有萤石型的 AX$_2$ 型化合物有 ThO$_2$、UO$_2$、CeO$_2$、PbF$_2$、SrF$_2$、CdF$_2$、HgF$_2$、TeO$_2$、ZrO$_2$ 等，它们的熔点均较高，其中 UO$_2$ 是重要的陶瓷核燃料。

高温结构陶瓷中较重要的材料 ZrO$_2$ 也属萤石型，但变形较大。ZrO$_2$ 通常为单斜相，从室温到高温具有不同的晶型：

单斜相 $\underset{1170℃}{\rightleftharpoons}$ 四方相 $\underset{2370℃}{\rightleftharpoons}$ 立方相 $\underset{2700℃}{\rightleftharpoons}$ 液相。

即低温型单斜相（$a=0.5194$nm，$b=0.5266$nm，$c=0.5308$nm，$\beta=80°48'$），结构如图 1.24 (b)。单斜相约在 1170℃ 可逆地转变为高温型四方相（$a=0.5074$nm，$c=0.5160$nm），并产生约 3.8% 的体积收缩，结构见图 1.24 (a)。在更高的温度下，约在 2370℃ 时转变为高温立方萤石晶型（$a=0.527$nm）。当纯氧化锆冷却通过相变温度发生四方相向单斜相的转变时，伴随着体积的膨胀，导致制品的开裂。为防止相变引起的开裂，可加

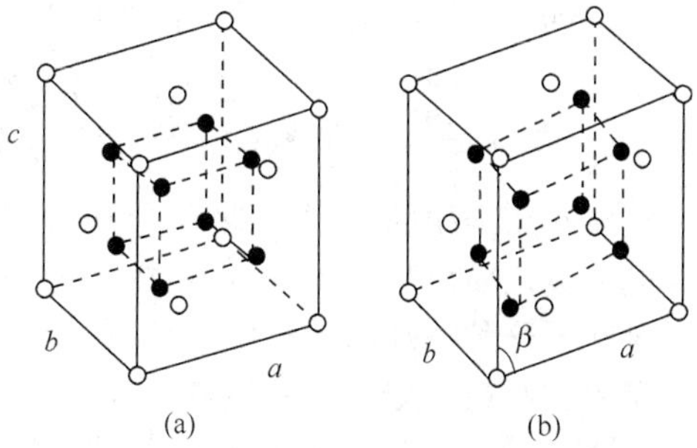

图 1.24 ZrO$_2$ 的晶体结构

(a) 四方型；(b) 单斜型

入稳定剂 MgO、CaO$_2$、Y$_2$O$_3$、CeO$_2$ 等。它们与 ZrO$_2$ 形成固溶体，可使晶型稳定。近年来研究相当活跃的氧化锆相变增韧机理就是基于四方-单斜相变伴随体积膨胀，使陶瓷韧性和强度提高。相变增韧氧化锆是优质的高温材料，可作为陶瓷绝热内燃机中的汽缸内衬、活塞顶、气门导管等零件。由于提高了热效率，故可省去散热器、水泵、冷却管等 360 个零件，氧化锆也是一种理想的发热体。

除萤石结构外，还有一种反萤石型结构，其中，正、负离子的分布恰好与萤石型相反。Li$_2$O、Na$_2$O、K$_2$O、Li$_2$S、Na$_2$S、K$_2$S 以及 Li$^+$、Na$^+$、K$^+$ 的硒化物、碲化物等 A$_2$X 型化合物均为反萤石型结构。由于反萤石型晶体键力较弱，结构松弛，故熔点较低，如 Li$_2$O（1700℃）、Na$_2$O（1275℃）、K$_2$O（881℃）。

无论是萤石型还是反萤石型结构，在晶胞中均有较大的空隙没有填满。因此这种结构类型中的空隙有利于离子的迁移，利用这个特点，CeO$_2$ 可以作为高温燃料电池中构成离子导电通路的新型固体电介质材料。

1.2.2.2　TiO$_2$（金红石）型结构

TiO$_2$ 有三种晶型：板钛矿、锐钛矿和金红石。金红石是其中最稳定的晶型，其结构如图 1.25。板钛矿和锐钛矿在加热过程中可转变为金红石。金红石属四方晶系，空间群 P$\frac{4}{m}$nm，四方原始格子（Ti^{4+} 两套、O^{2-} 四套）。晶胞参数 $a_0 = 0.459$nm，$c_0 = 0.296$nm；正离子配位数为 6，负离子配位数为 3。晶胞"分子"数 $Z = 2$。离子坐标 Ti^{4+} 为 $0\,0\,0$，$\frac{1}{2}\,\frac{1}{2}\,\frac{1}{2}$。O^{2-}：$uu0$，$(1-u)(1-u)\,0$，$\left(\frac{1}{2}+u\right)\left(\frac{1}{2}-u\right)\frac{1}{2}$，$\left(\frac{1}{2}-u\right)\left(\frac{1}{2}+u\right)\frac{1}{2}$。不同金红石型化合物的 u 值不同，金红石的 u 为 0.31。结构中，O^{2-} 构成稍有变形的立方最紧密堆积，而 Ti^{4+} 则填充其半数的八面体空隙。静电键强度为 $S_{Ti \to O} = \frac{4}{6} = \frac{2}{3}$、$Z_{O^{2-}} = 3 \times \frac{2}{3} = 2$。即每个 O^{2-} 同时为三个钛氧八面体 [TiO$_6$] 所共有。结构中，相邻 [TiO$_6$] 八面体之间共棱连接成长链，链和链之间共用顶点连成三维骨架，如图 1.25（c）。

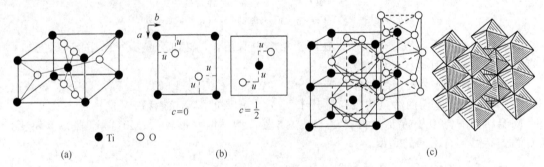

图 1.25　金红石结构及其负离子多面体

（a）金红石晶胞结构；（b）金红石晶胞垂直于（001）面的剖面图；（c）[TiO$_6$] 连接情况

金红石型结构的 r^+/r^- 为 0.4～0.7，如表 1.13。r^+/r^- 接近 0.4 的 GeO$_2$ 会形成多种变体或形成四面体配位的 SiO$_2$ 结构，SiO$_2$ 的 r^+/r^- 为 0.30。

金红石这种特殊的结构使金红石晶体具有较高的介电系数，是电子陶瓷材料中金红石电容器瓷的主晶相。金红石晶体具有较高的折射率（2.76），是优良的光学材料。生产中用的 TiO$_2$ 原料称为钛白粉。金红石单晶常成针状或柱状。

具有金红石型结构的 AX$_2$ 型化合物有 GeO$_2$、SnO$_2$、PbO$_2$、MnO$_2$、VO$_2$、NbO$_2$、MoO$_2$、TeO$_2$、WO$_2$、CoO$_2$ 以及氟化物 MnF$_2$、CoF$_2$、FeF$_2$、MgF$_2$ 等，它们大多是离子键

表 1.13　金红石型结构晶体的离子半径比

晶　体	r^+/r^-	晶　体	r^+/r^-	晶　体	r^+/r^-	晶　体	r^+/r^-
TeO_2	0.67	ZnF_2	0.62	MnO_2	0.52	VO_2	0.46
MnF_2	0.66	NiF_2	0.59	WO_2	0.52	MnO_2	0.39
PbO_2	0.64	MgF_2	0.58	OsO_2	0.51	GeO_2	0.36
FeF_2	0.62	SnO_2	0.56	IrO_2	0.50		
CoF_2	0.62	NbO_2	0.52	TiO_2	0.48		

型占优势的氧化物和氟化物。而其他卤化物、硫化物都取共价键较明显的 $CdCl_2$、CdI_2 的结构。金红石型结构的化合物可因半径接近的正离子之间的互相取代而形成多种无序或有序的超结构。例如，2 个正离子 M^{3+} 和 M^{5+} 取代 2 个 Ti^{4+} 可得 $FeTaO_4$、$CrNbO_4$、$AlSbO_4$、$RhVO_4$，负离子取代可得 VOF 和 TiOF 晶体。有序的 $ZnSb_2O_6$、$FeTa_2O_6$、WCr_2O_6、$TeCr_2O_6$、$NiSb_2O_6$、VTa_2O_6 等晶胞是金红石的三倍，故称为三重金红石结构。

1.2.3　A_2X_3 型（刚玉）晶体结构

刚玉（α-Al_2O_3）是 A_2X_3 型离子晶体的主要结构型。图 1.26（a）是刚玉结构投影图，图（b）是刚玉晶胞。刚玉属三方晶系，空间群 $R\bar{3}C$，三方原始格子。$a=0.512nm$，$\alpha=55°17'$。正离子配位数为 6，负离子配位数为 4。结构中 O^{2-} 构成六方最紧密堆积，而 Al^{3+} 则在两氧离子层之间，填充其 2/3 的八面体空隙。静电键强度为 $S_{Al\to O}=\dfrac{3}{6}=\dfrac{1}{2}$，$Z_{O^{2-}}=4\times\dfrac{1}{2}=2$。即每个 O^{2-} 同时为 4 个铝氧八面体〔AlO_6〕所共有，符合电价规则。八面体之间先共用一个面，然后再共用棱，形成三维结构。

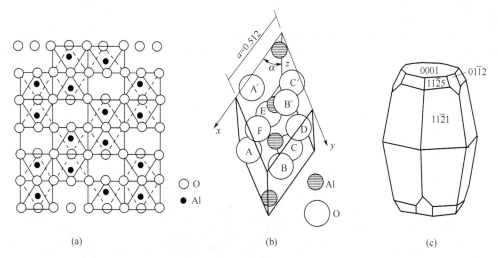

图 1.26　刚玉晶体结构

(a) 刚玉晶体结构在（$10\bar{1}0$）上投影；(b) α-Al_2O_3 晶胞；(c) 刚玉晶型

由于 Al^{3+} 和 O^{2-} 的数量之比为 2:3，所以 Al^{3+} 只填充了 2/3 的八面体空隙。每三个相邻的八面体空隙（无论是垂直，还是水平方向）就有一个是有规则地空着的。另外，由于两个较为靠近的 Al^{3+} 之间发生斥力，使两组氧离子层之间的 Al^{3+} 不在同一平面上。

Al_2O_3 有多种变体，其中 γ、α 两种变体是主要的，其他变体可以看成是 γ 向 α 转变的过渡晶型。α-Al_2O_3 俗称刚玉，它在所有温度下都是稳定的晶型。γ 型与 α 型转变关系如下：

$$\gamma\text{-}Al_2O_3 \xrightarrow{1200℃} \alpha\text{-}Al_2O_3 \qquad\qquad (1.26)$$

γ-Al$_2$O$_3$又称为人造氧化铝，一般是用铝矾土或各种铝盐和氢氧化铝加热分解而制得的，其结构属于有缺位的尖晶石结构。当γ-Al$_2$O$_3$不可逆地转变为α-Al$_2$O$_3$时，伴随着13％的体积收缩。因此，当原料为γ-Al$_2$O$_3$时，要进行预烧，使其转变为α-Al$_2$O$_3$，以免氧化铝瓷烧成过程中产生大的体积收缩，造成产品的开裂和变形。

刚玉晶体常为柱状。由于Al$_2$O$_3$晶格能较大，Al—O静电键强度较高，为1/2，所以结构中Al—O键较牢固，表现在宏观性质上，刚玉莫氏硬度9级，仅低于金刚石和某些碳化物，熔点高达2050℃，因此刚玉是构成高温耐火材料和高绝缘电子陶瓷中的主晶相；与其他陶瓷材料相比，烧结Al$_2$O$_3$的热导率较大，并随温度的上升而减小；在300～1000℃温度范围内，Al$_2$O$_3$的热膨胀系数为8.8×10^{-6}，整块的完全烧结的刚玉材料其热稳定性较差，但颗粒结构的刚玉制品却有较高的热稳定性；机械强度高，刚玉在要求强度和耐磨的场合下最为适用；刚玉晶体结构紧密，单晶密度为3.96g/cm^2，由此可理解刚玉砖为什么比较重；在刚玉结构中，整个晶体可以看成是无数［AlO$_6$］八面体通过共面结合而成的大"分子"，故刚玉具有较好的稳定性；刚玉中键力各向分布比较均匀，不易从某一个方向开裂；刚玉是两性化合物，结构又紧密，故刚玉制品具有良好的耐酸和耐碱性；氧化铝瓷在高频及低频下均具有良好的机电性能，而且随着陶瓷坯体内Al$_2$O$_3$含量的增加，介质损耗降低而力学性能提高。因此，在电子陶瓷中，广泛地应用于绝缘装置瓷和各种印刷电路、厚膜电路、薄膜电路等集成电路的基片及电真空装置瓷。纯度在99％以上的半透明氧化铝瓷，可以做高压钠灯的内管及微波窗口。若掺入不同微量杂质，可以使氧化铝着色，如掺铬的氧化铝单晶即成红宝石，可做仪表、钟表轴承，也是一种优良的固体激光基质材料。刚玉坩埚由于耐酸、耐碱、耐高温，所以是电子陶瓷生产、玻璃熔制中所必需的容器。

属于刚玉晶型的晶体还有赤铁矿α-Fe$_2$O$_3$、Cr$_2$O$_3$、Ti$_2$O$_3$、V$_2$O$_3$、α-Ga$_2$O$_3$、Rh$_2$O$_3$等。

1.2.4 ABO$_3$型晶体结构

在ABO$_3$型化合物通式中，A和B代表金属正离子，O代表氧离子。这里重点介绍钙钛矿型（以CaTiO$_3$为例），同时对钛铁矿型（FeTiO$_3$）及方解石（CaCO$_3$）型结构做简单介绍。

1.2.4.1 CaTiO$_3$（钙钛矿）型

钙钛矿型结构是重要的新型功能材料（如介电、压电、超导、铁磁体、铁电体、磁阻、离子导体等）的晶体结构类型。了解钙钛矿结构特点，有利于研究和拓展新的功能材料。钙钛矿型结构如图1.27。

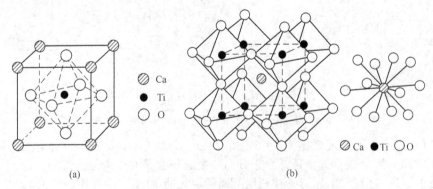

图 1.27 钙钛矿型晶体结构

(a) 钙钛矿（CaTiO$_3$）型的晶胞结构；(b) 钙钛矿型晶体结构中配位多面体连接和Ca^{2+}配位数为12的情况

理想的钙钛矿结构属立方晶系，空间群Pm3m，立方原始格子（Ca^{2+}一套、Ti^{4+}一套、O^{2-}三套）。Ca^{2+}配位数为12，Ti^{4+}配位数为6，O^{2-}配位数为6。晶胞"分子"数$Z=1$。

离子坐标 Ca^{2+} 为 0 0 0；Ti^{4+} 为 $\frac{1}{2}$ $\frac{1}{2}$ $\frac{1}{2}$；O^{2-} 为 $\frac{1}{2}$ 0 $\frac{1}{2}$，$\frac{1}{2}$ $\frac{1}{2}$ 0，0 $\frac{1}{2}$ $\frac{1}{2}$。结构中 O^{2-} 与半径较大的正离子 Ca^{2+} 一起构成立方最紧密堆积，半径较小的 Ti^{4+} 则填充其 1/4 的钛氧八面体 $[TiO_6]$ 空隙。八面体之间共顶连接成三维结构。

静电键强度为 $S_{Ca \to O} = \frac{2}{12} = \frac{1}{6}$，$S_{Ti \to O} = \frac{4}{6} = \frac{2}{3}$，根据电价规则，$Z_{O^{2-}} = \frac{x}{6} + \frac{2y}{3} = 2$，显然 $x=4$，$y=2$。即每一个 O^{2-} 同时被 4 个 $[CaO_{12}]$ 和 2 个 $[TiO_6]$ 所共有，符合电价规则。

在理想的钙钛矿型结构中，由晶胞的面对角线和氧八面体内的几何关系，可知 A、B 离子和氧离子的半径 r_A、r_B、r_0 之间存在一定的关系：

$$r_A + r_0 = \sqrt{2}(r_B + r_0) \tag{1.27}$$

事实上，在钙钛矿型结构中，种类繁多的正离子可以互相置换，A 离子可比氧离子稍大、或大、或稍小，B 离子尺寸也有一个波动范围。但如果 B 离子半径太大，以至于氧八面体空隙不能容纳，则 ABO_3 型化合物不可能形成钙钛矿型结构。因此，具有钙钛矿结构型 ABO_3 化合物的三种离子半径必须满足下列关系：

$$r_A + r_0 = t \times \sqrt{2}(r_B + r_0) \tag{1.28}$$

式中，t 为容许因子，$t=1$ 时为理想钙钛矿型结构。t 值在 $0.77 \sim 1.1$ 之间，结构仍为钙钛矿型。若 t 值超出这个范围，就会变成其他结构类型。具有钙钛矿型结构的化合物有以下特点。

(1) 正、负离子电荷平衡 当离子半径满足钙钛矿型结构要求，而各正离子电价总和为 6 时，晶体保持电中性，如表 1.14。例如，$(K_{1/2}La_{1/2})TiO_3$ 也属于钙钛矿型结构，并称它为复合钙钛矿型化合物。表 1.15 列出若干复合钙钛矿型的化合物。

表 1.14 主要钙钛矿型化合物

正、负离子电荷类型	钙钛矿 ABO_3 型化合物
$A^{2+}B^{4+}O_3^{2-}$	$CaTiO_3$，$BaTiO_3$，$SrTiO_3$，$PbTiO_3$，$CdTiO_3$，$CaZrO_3$，$SrZrO_3$，$BaZrO_3$，$PbZrO_3$，$NaNbO_3$，$KNbO_3$，$NaWO_3$，$CaSnO_3$，$SrSnO_3$，$BaSnO_3$，$CdSnO_3$，$PbSnO_3$，$CaCoO_3$，$SrCoO_3$，$BaCoO_3$，$CdCoO_3$，$PbCoO_3$，$BaPrO_3$，$SrHfO_3$，$BaHfO_3$，$BaThO_3$，$CdThO_3$，$PbThO_3$，$CaCeO_3$，$BaCeO_3$，$PbCeO_3$，$MgCeO_3$，$CaVO_3$，$BaTiS_3$，$BaZrS_3$，$BaMoO_3$，$BaFeO_3$，$BaUO_3$，$BaPbO_3$
$A^+B^{5+}O_3^{2-}$	$KNbO_3$，$NaNbO_3$，$KTaO_3$，$NaTaO_3$，$LiWO_3$，$NaWO_3$，$LiUO_3$，$NaIO_3$，KIO_3，$RbIO_3$
$A^{3+}B^{3+}O_3^{2-}$	$BiAlO_3$，$YAlO_3$，$LnAlO_3$，$BiCrO_3$，$LnCrO_3$，$LnGaO_3$，$LnInO_3$，$LnMnO_3$，$LaTaO_3$，$BiFeO_3$，$LaFeO_3$

(2) 钙钛矿型结构特征是具有氧配位八面体 由于 B 离子是半径小的高价正离子，比 A 离子更易极化，B—O 键具有部分共价键，B—O 键强于 A—O 键。所以氧八面体是钙钛矿结构的基本结构单元。另外，氧八面体的空隙比位于其中的钛离子的半径大得多，因此钛离子可以产生偏离中心的位移，这就是钛酸钡能够产生自发极化的重要原因。

(3) 钙钛矿型结构存在晶型转变 理想的钙钛矿型为立方晶系，但许多钙钛矿型结构随温度变化，在经过某临界点后发生畸变，其晶胞参数相应改变，引起性能的改变。若在晶胞的一个轴向发生畸变就变成四方晶系；若在两个轴向发生不同程度的伸缩变形就变成正交晶系；在体对角线方向伸缩变形就变成三方晶系。从一个晶系到另一个晶系的结构转变称为相变，对应的温度称相变温度 T_c。实验证实，具有钙钛矿型结构的 ABO_3 晶体，当温度低于立方转变为四方的相变温度 T_c 时，存在压电效应。此相变温度 T_c 常称为居里点或居里温度。例如，$BaTiO_3$ 的居里点为 120℃。当温度高于居里点时，晶体为顺电相，因为对称的立

表 1.15　复合钙钛矿型结构化合物例子

一　般　式	化合物	居里点/℃	备　注
$A^{2+}(B_{1/3}^{2+}B_{2/3}^{5+})O_3$	$Ba(Zn_{1/3}Nb_{2/3})O_3$	—	P
	$Ba(Mg_{1/3}Nb_{2/3})O_3$	—	P
	$Pb(Mg_{1/3}Nb_{2/3})O_3$	-8	F
	$Pb(Zn_{1/3}Nb_{2/3})O_3$	140	F
$A^{2+}(B_{1/2}^{3+}B_{1/2}^{5+})O_3$	$Ba(Fe_{1/2}Nb_{1/2})O_3$	—	P
	$Pb(Fe_{1/2}Nb_{1/2})O_3$	122	F
	$Pb(Yb_{1/2}Nb_{1/2})O_3$	280	AF
$A^{2+}(B_{1/2}^{2+}B_{1/2}^{6+})O_3$	$Pb(Cd_{1/2}W_{1/2})O_3$	400	AF
	$Pb(Mn_{1/2}W_{1/2})O_3$	200	AF
	$Pb(Mg_{1/2}W_{1/2})O_3$	39	AF
$A^{2+}(Ba_{2/3}^{3+}B_{1/3}^{6+})O_3$	$Pb(Fe_{2/3}W_{1/3})O_3$	-75	F
$A^{3+}(B_{1/2}^{2+}B_{1/2}^{4+})O_3$	$La(Mg_{1/2}Ti_{1/2})O_3$	—	P
	$Nd(Mg_{1/2}Ti_{1/2})O_3$	—	P
$(A_{1/2}^{+}A_{1/2}^{3+})B^{4+}O_3$	$(Na_{1/2}La_{1/2})TiO_3$	—	P
	$(K_{1/2}La_{1/2})TiO_3$	—	P
	$(Na_{1/2}Bi_{1/2})TiO_3$	320	F

注：F 表示铁电体，AF 表示反铁电体，P 表示顺电体。

方结构不引起氧八面体中 Ti^{4+} 和 O^{2-} 之间的相对移动，即不发生自发极化，也不存在压电效应或铁电效应。而室温时，$BaTiO_3$ 属四方晶系，$c/a=1.010$，氧八面体中 Ti^{4+} 与 c 轴方向上的 O^{2-} 之间发生相对移动，即沿 c 轴发生自发极化。使 $BaTiO_3$ 呈现铁电性。不同材料，即使是同一材料，因所含杂质不同，其居里点也不同。表 1.16 列出几种钙钛矿型化合物的典型相变温度和晶胞参数。

表 1.16　几种钙钛矿型化合物的典型相变温度和晶胞参数

化　合　物	20℃时的结构			转变为立方晶系的温度/℃
	晶　系	晶胞参数/Å		
		a	c/a	
$BaTiO_3$	四方	3.992	1.010	120#
$SrTiO_3$	立方	3.905	—	-220
$CaTiO_3$	正交	3.827	0.999	1260
$PbTiO_3$	四方	3.905	1.063	490#

注："#"表示向立方相转变的温度与铁电居里点一致。

1Å＝0.1nm。

（4）钙钛矿型结构可形成非化学计量的结构　在理想钙钛矿型结构的基础上，掺入其他价态的正离子和/或负离子，偏离化学计量，形成钙钛矿型固溶体。结构演变使性能也发生了变化。在电子陶瓷中，目前生产的压电陶瓷除了采用单一的化合物，如除了 $BaTiO_3$ 或 $PbTiO_3$ 之外，还采用两种或两种以上的钙钛矿型化合物形成固溶体，例如，锆钛酸铅 $Pb(Zr_xTi_{1-x})O_3$，它是 $PbTiO_3$ 中部分钛离子被 $PbZrO_3$ 中的锆离子取代，但仍保持钙钛矿型结构的固溶体。超导体 $BaPb_{1-x}Bi_xO_{3-y}$ 是 Bi^{3+} 部分取代 Pb^{2+} 形成氧缺位钙钛矿型固溶体，超导临界温度 $T_c=-260℃$。超导体 $YBa_2Cu_3O_{7-d}$ 是具有氧缺位的钙钛矿超结构，其晶胞是钙钛矿的 3 倍。属于正交晶系，零电阻转变温度达 $-183℃$。

1.2.4.2　$FeTiO_3$（钛铁矿）型

钛铁矿型是 ABO_3 化合物的另一种结构类型，其结构和钙钛矿不同（图 1.28）。钛铁矿结构属三方晶系，空间群 $R\bar{3}$。Fe^{3+} 和 Ti^{4+} 配位数均为 6，O^{2-} 配位数为 4。由于 Fe^{3+} 半径较小，不能像钙钛矿那样用钛离子和氧离子一起构成密堆积排列，所以结构中由 O^{2-} 单独进行六方密堆积，Fe^{2+} 和 Ti^{4+} 交替并有规律地填充其八面体空隙，这两种正离子各占全部八面体空隙的 1/3。铁氧八面体 $[FeO_6]$ 和钛氧八面体 $[TiO_6]$ 的分布见图 1.28。这种结构与刚玉结构相似，所不同的只是刚玉中的铝离子被 Fe^{2+} 和 Ti^{4+} 相间替换而已。静电键强度为 $S_{Fe\to O}=\dfrac{2}{6}=\dfrac{1}{3}$，$S_{Ti\to O}=\dfrac{4}{6}=\dfrac{2}{3}$，根据电价规则 $Z_{O^{2-}}=\sum\limits_{i} S_i=xS_{Fe\to O}+yS_{Ti\to O}=\dfrac{1}{3}$ $x+\dfrac{2}{3}y=2$，显然 $x=2$，$y=2$。即每一个 O^{2-} 同时被 2 个 $[FeO_6]$ 和 2 个 $[TiO_6]$ 所共有，符合电价规则。属于钛铁矿型结构的材料在电子陶瓷中比较重要的是铌锂（$LiNbO_3$）及钽酸锂（$LiTaO_3$），这是两种电光、声光晶体材料。

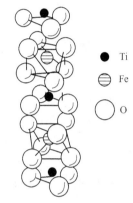

图 1.28　钛铁矿晶体结构示意

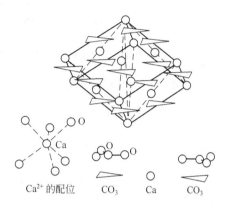

图 1.29　方解石的晶体结构

1.2.4.3　$CaCO_3$（方解石）

碳酸钙通常存在两种晶型：方解石和文石。对于 $CaCO_3$ 这类化合物，由于 C 的半径很小，不可能被 O^{2-} 以八面体形式包围，也就不可能形成钙钛矿型结构。$CaCO_3$ 可由 Ca^{2+} 和 CO_3^{2-} 排列形成方解石或文石。文石属正交晶系。方解石的晶体结构见图 1.29。属三方晶系 $R\overline{3}$ 空间群。其结构可以看成是将 NaCl 的面心立方晶胞沿三次轴方向压缩，使面交角为 $101°55'$。在 Na^+ 和 Cl^- 位置上分别换上 Ca^{2+} 和 CO_3^{2-}，并使 CO_3^{2-} 平面和三次轴垂直。CO_3^{2-} 中的 C 在三个同平面的 O^{2-} 的三角形中心。属方解石结构的矿物还有菱镁矿 $MgCO_3$、菱铁矿 $FeCO_3$ 等。

以上介绍了 ABO_3 型的三种晶型。ABO_3 型化合物究竟以钙钛矿型、钛铁矿型还是以方解石或文石型出现，与容许因子 t 有很大关系，一般规律为：

$$t>1.1,\qquad\qquad 以方解石或文石存在；$$
$$1.1>t>0.77,\qquad 以钙钛矿型存在；$$
$$t<0.77,\qquad\qquad 以钛铁矿型存在。$$

1.2.5　尖晶石（AB_2O_4）型结构

尖晶石是 AB_2O_4 型化合物的主要结构。通式中 A 为二价正离子，B 为三价正离子。下面以镁铝尖晶石 $MgAl_2O_4$（图 1.30）为例，介绍这种结构的特征。

镁铝尖晶石 $MgAl_2O_4$ 属等轴晶系，空间群 Fd3m，面心立方格子。Mg^{2+} 配位数为 4；Al^{3+} 配位数为 6；O^{2-} 配位数为 4。整个晶胞可以看成由八个小立方块拼成，小立方块中质点排列有两种情况，分别以 A 块和 B 块表示，如图 1.30（b）所示。晶胞"分子"数为 8，即 $Mg_8Al_{16}O_{32}$。结构中 O^{2-} 构成立方密堆排列，Mg^{2+} 填充四面体空隙，Al^{3+} 填充八面体

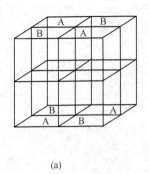
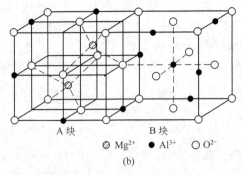

A块　　　　　B块

⊘ Mg^{2+}　● Al^{3+}　○ O^{2-}

(a)　　　　　　　　(b)

图 1.30　尖晶石的结构

(a) 尖晶石型的晶胞结构；(b) 晶胞中质点排列情况

空隙。由于在镁铝尖晶石 $MgAl_2O_4$ 中，O^{2-}、Al^{3+} 和 Mg^{2+} 离子数之比为 $1:\dfrac{1}{2}:\dfrac{1}{4}$，所以 Al^{3+} 只填充所有八面体空隙的一半（在一个晶胞中只填 16 个），而 Mg^{2+} 只填全部四面体空隙的 $\dfrac{1}{8}$（在一个晶胞中只填 8 个）。可见，整个结构存在很多空隙。静电键强度为 $S_{Al\to O}=\dfrac{3}{6}=\dfrac{1}{2}$，$S_{Mg\to O}=\dfrac{2}{4}=\dfrac{1}{2}$，根据电价规则 $Z_{O^{2-}}=\dfrac{1}{2}x+\dfrac{1}{2}y=2$，$x$ 和 y 的取值可有五组不同情况（$x=3$，$y=1$；$x=2$，$y=2$；$x=1$，$y=3$；$x=4$，$y=0$；$x=0$，$y=4$），考虑到实际情况和鲍林规则，显然应取 $x=3$，$y=1$，即每一个 O^{2-} 同时被 3 个 ［AlO_6］ 和 1 个 ［MgO_4］ 所共有。

尖晶石可分成正尖晶石和反尖晶石两种。像 $MgAl_2O_4$ 尖晶石中所有 A^{2+} 都占四面体空隙，所有 B^{3+} 都占八面体空隙的尖晶石结构称正尖晶石。电子陶瓷中的铁氧体磁性材料，就是以尖晶石相为基础制成的。在铁氧体中二价正离子除 Mg^{2+} 之外，还可以是 Fe^{2+}、Co^{2+}、Ni^{2+}、Mn^{2+}、Zn^{2+}、Cd^{2+} 等；三价正离子除 Al^{3+} 外，还可以是 Fe^{3+}、Cr^{3+} 等，它们可以互相取代生成各种尖晶石晶体，如 $MgCr_2O_4$、$ZnFe_2O_4$、$NiCr_2O_4$ 等。

反尖晶石结构的结构式为 $B(AB)O_4$。结构 O^{2-} 仍为立方最紧密堆积，但 A^{2+} 不占四面体空隙，而与一半的 B^{3+} 一起分布在八面体空隙的位置上，另一半 B^{3+} 则占四面体空隙位置。属于反尖晶石结构的矿物有镁铁尖晶石 $MgFe_2O_4$，其结构式为 $Fe^{3+}(Mg^{2+}Fe^{3+})O_4$，即 Fe^{3+} 的一半占四面体空隙，剩余一半 Fe^{3+} 和 Mg^{2+} 一起，无序地分布在八面体空隙位置上。磁铁矿 Fe_3O_4 也是反尖晶石结构，其结构式可以写成 $Fe^{3+}(Fe^{2+}Fe^{3+})O_4$。

$\gamma\text{-}Fe_2O_3$ 和 $\gamma\text{-}Al_2O_3$ 均为立方晶系晶体，其结构可看作是具有缺位的尖晶石型的结构。如 $\gamma\text{-}Al_2O_3$，其分子式可写成 $Al_{2/3}Al_2O_4$，相当于两个 Al^{3+} 取代了镁铝尖晶石中的 3 个 Mg^{2+} 而占四面体空隙。

在尖晶石中，四面体与八面体配位多面体连成架状，反映在外形上常呈完好的八面体晶形，且无解理。此外，结构中 Al—O、Mg—O 之间都是较强的离子键，且静电键强度相等，结构牢固，所以尖晶石晶体硬度大（莫氏 8 级）；熔点高（2150℃）；密度较大（3.55g/cm^3）；化学性质较稳定，在高温下对各种熔体的侵蚀作用有较强的抵抗性；热膨胀系数较小（7.6×10^{-6}），所以具有良好的热稳定性，这是镁铝质制品（如以镁铝尖晶石为基的镁砖）具有良好热稳定性的原因之一。

从以上讨论的各种无机化合物晶体结构可知，大多数简单氧化物结构可以在氧离子近乎密堆的基础上形成，而正离子则处于合适的空隙位置上。按照这个特点，可将负离子的堆积方式进行分组归类，见表 1.17。

表 1.17　据负离子堆积方式分组的简单离子晶体结构

负离子堆积方式	正、负离子的配位数	正离子占据的空隙位置	结构类型	实　　例
立方密堆	6∶6AX	全部八面体(4 个)	NaCl 型	MgO、CaO、SrO、BaO、MnO、FeO、CoO、NiO、NaCl
立方密堆	4∶4AX	$\frac{1}{2}$四面体(4 个)	闪锌矿型	ZnS、CdS、HgS、BeO、SiC
立方密堆	4∶8A$_2$X	全部四面体	反萤石型	Li$_2$O、Na$_2$O、K$_2$O、Rb$_2$O、VO$_2$、NbO$_2$、MnO$_2$
扭曲了的立方密堆	6∶3AX$_2$	$\frac{1}{2}$八面体	金红石型	TiO$_2$、SnO$_2$、GeO$_2$、PbO$_2$、VO$_2$、NbO$_2$、MnO$_2$
六方密堆	12∶6∶6ABO$_3$	$\frac{1}{4}$八面体(B)	钙钛矿型	CaTiO$_3$、SrTiO$_3$、BaTiO$_3$、PbTiO$_3$、PbZrO$_3$、SrZrO$_3$
立方密堆	4∶6∶4AB$_2$O$_4$	$\frac{1}{8}$四面体(A) $\frac{1}{2}$八面体(B)	尖晶石型	MgAl$_2$O$_4$、FeAl$_2$O$_4$、ZnAl$_2$O$_4$、FeCr$_2$O$_4$
立方密堆	4∶6∶4 B(AB)O$_4$	$\frac{1}{8}$四面体(B) $\frac{1}{2}$八面体(AB)	反尖晶石型	FeMgFeO$_4$、Fe^{3+}[Fe^{2+}Fe^{3+}]O$_4$
六方密堆	4∶4AX	$\frac{1}{2}$四面体(1 个)	纤锌矿型	ZnS、BeO、ZnO、SiC
扭曲了的六方密堆	6∶3AX$_2$	$\frac{1}{2}$八面体	碘化镉型	CdI$_2$、Mg(OH)$_2$、Ca(OH)$_2$
六方密堆	6∶4A$_2$X$_3$	$\frac{2}{3}$八面体	刚玉型	α-Al$_2$O$_3$、α-Fe$_2$O$_3$、Cr$_2$O$_3$、Ti$_2$O$_3$、V$_2$O$_3$
简单立方	8∶8AX	全部立方体空隙(1 个)	CsCl 型	CsCl、CsBr、CsI
简单立方	8∶4AX$_2$	$\frac{1}{2}$立方体空隙	萤石型	ThO$_2$、CeO$_2$、UO$_2$、ZrO$_2$

1.2.6　晶体结构参数和晶型的关系

探讨无机化合物的晶型分布与结构参数之间的关系是结晶化学的一个重要课题，对于指

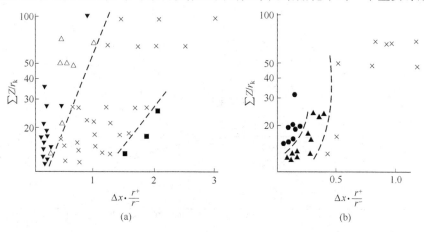

图 1.31　AX 型化合物的晶体结构

(a) 含非过渡元素的 AX 型化合物的晶型分布图：▼—闪锌矿结构；△—纤锌矿结构；×—岩盐结构；■—CsCl 结构；

(b) 含过渡元素的 AX 型化合物的晶型分布图：●—MnP 结构；▲—NiAs 结构；×—岩盐结构

导新材料的设计有着重要的意义。鲍林规则主要是以离子半径比作为参数来讨论几何因素与结构的关系。近几十年来，许多科学家研究了各种参数结构分布的规律，它们并不只局限于离子半径比这个参数。

1.2.6.1　用电荷-半径比之和、电负性和离子半径比三个参数判别晶型

中国科学家陈含贻提出用电荷-半径比之和 $\sum\dfrac{Z}{r_k}$、电负性 ΔX、离子半径比 $\dfrac{r^+}{r^-}$ 这三个参数的函数作为晶型的判断依据（参见陈含贻著《键参数函数及其应用》，科学出版社，1976），r_k 是原子实半径。但用三个参数作三维的立体图形是很不方便的，可以把 ΔX 与 $\dfrac{r^+}{r^-}$ 合并为一个参数。所以晶型的判断依据可写成 $y=f\left(\sum\dfrac{Z}{r_k},\Delta X\dfrac{r^+}{r^-}\right)$。

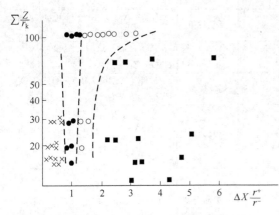

图 1.32　AX₂ 型化合物的晶体结构

×—层链结构；○—萤石结构；■—反萤石结构；
●—金红石结构

以 $\sum\dfrac{Z}{r_k}$ 为纵坐标，以 $\Delta X\dfrac{r^+}{r^-}$ 为横坐标，对许多 AX 及 AX₂ 型化合物作图，如图 1.31 和图 1.32 所示。由图可见，具有相同结构的化合物分别处于一定的区域。如在图 1.31（a）中，大体可分为三个区域，即四面体结构区（闪锌矿和纤锌矿）、岩盐结构区和氯化铯结构区。$\sum\dfrac{Z}{r_k}$ 大、$\Delta X\dfrac{r^+}{r^-}$ 小时形成四面体结构；$\sum\dfrac{Z}{r_k}$ 小、$\Delta X\dfrac{r^+}{r^-}$ 大时形成氯化铯结构；岩盐结构则介于其间。四面体结构和岩盐结构的大致分界线可表示为：

$$\Delta X\frac{r^+}{r^-}-0.535\lg\left(\sum\frac{Z}{r_k}\right)-0.12=0 \tag{1.29}$$

图 1.31（a）是含非过渡元素的 AX 型化合物晶型，图（b）是含过渡元素的 AX 型化

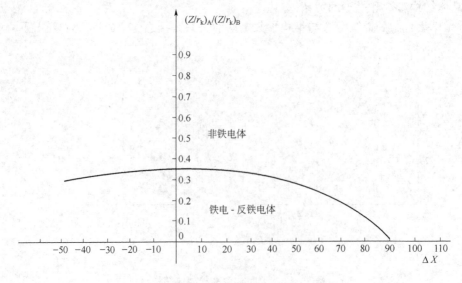

图 1.33　钙钛矿型化合物在 $\left(\dfrac{Z}{r_k}\right)_A\Big/\left(\dfrac{Z}{r_k}\right)_B$-$\Delta X$ 图上的分布

合物晶型。

1.2.6.2 用电荷-半径比判别钙钛矿型材料的铁电性

中国科学家李德宇提出用钙钛矿 ABO_3 型中 A 离子的电荷半径比 $\left(\dfrac{Z}{r_k}\right)_A$，B 离子的电荷半径比 $\left(\dfrac{Z}{r_k}\right)_B$ 和电负性 ΔX 作为判别其铁电性的依据（参见《硅酸盐学报》第八卷，第三期，1980），如图 1.33 所示。由图可见，在曲线下为铁电体或反铁电体，曲线以外的为非铁电体。

利用键参数作图这样一种半经验的方法，可总结出一些规律，对材料设计及解决一些实际问题有一定的理论和实际意义。

1.3　硅酸盐晶体结构

在自然界中，硅酸盐大约占所有已知矿物的三分之一以上，几乎所有的造岩矿物都是硅酸盐。硅酸盐在工业上也很重要。在传统陶瓷、水泥、玻璃甚至电子陶瓷等材料中，硅酸盐是主要和重要的原料。硅酸盐的化学组成和结构比较复杂，本节仅对较典型的硅酸盐结构进行讨论。

1.3.1　硅酸盐的结合键、结构特点和类型

硅酸盐的结构单元是硅氧四面体 $[SiO_4]$。Si 和 O 的电负性差 $\Delta X = 1.7$，即 Si—O 键的离子键约占 50%。Si 的基态电子组态为 $[Ne]3s^2 3p^2$，有一个 3s 电子移至 3p 轨道，与氧离子结合形成四个 sp^3 杂化轨道，这四个轨道是等值的，因此它们均匀分布在四面体的四个角上，出现共价键的四面体排列形式。

在硅酸盐结构中，Al^{3+} 一般与 O^{2-} 组成 $[AlO_6]$ 八面体，但有时也代替 Si^{4+} 而处于氧四面体中心。Mg^{2+} 处于八面体空隙中。硅酸盐结构的特点如下。

① 硅氧四面体 $[SiO_4]$ 是硅酸盐结构的基本构造单元。

② Si—O—Si 的结合键为一折线，一般键角约为 145°。

③ $[SiO_4]$ 可以孤立存在，也可以共顶连接。每一个氧最多只能被两个 $[SiO_4]$ 所共有。

硅酸盐的化学式主要有两种写法。其一是氧化物式，即用组成硅酸盐的各氧化物形式表达。先写低价氧化物，后写高价氧化物，最后写 SiO_2，含结构水则写在 SiO_2 后面，若还含层间水则用"＋"号连在最后。例如，钾长石表示为 $K_2O \cdot AlO_3 \cdot 6SiO_2$，高岭土表示为 $Al_2O_3 \cdot 2SiO_2 \cdot 2H_2O$，多水高岭为 $Al_2O \cdot 2SiO_2 \cdot 2H_2O + nH_2O$。其二是结构式，即用结构单元表达式为主体表达。先写与硅氧团连接的金属离子，再写硅氧团，若含结构水则写在后面，若还含层间水则用"·"连在最后。例如钾长石表示为 $K[AlSi_3O_8]$，高岭土为 $Al_2[Si_2O_5](OH)_4$，多水高岭为 $Al_2[Si_2O_5](OH)_4 \cdot nH_2O$。

硅酸盐中常见的几种水为吸附水、结构水和层间水。吸附水以中性水分子 H_2O 存在，不参与组成晶体结构，仅被机械地吸附于材料颗粒的表面或缝隙中。吸附水的含量是不固定的，随外界温度、湿度等条件而变。常压下当温度达 100～110℃时，吸附水就基本全部逸出。但水胶凝体中的吸附水则失水温度较高，一般为 100～250℃。结构水又称化合水，主要以 OH^- 的形式存在，参与组成晶体结构，并在晶格中有固定的位置和确定的含量比。结构水在晶体结构中的结合比较强，因此将它从结构中逸出需要较高的温度，大约在 600～1000℃之间。当其逸出时，晶体结构完全破坏，并重新改组。在氢氧化物和许多层状结构硅酸盐中常含有结构水。例如，水镁石 $Mg(OH)_2$，高岭土 $Al_4[Si_4O_{10}](OH)_8$ 等。层间水是

介于吸附水与结构水之间一种特殊类型的水，因它存在于层状硅酸盐的结构层之间而得名。层间水也是中性水分子 H_2O，它参与组成晶体结构，但含量在相当大的范围内变动。当温度升到 110℃ 时，层间水就大量逸出。例如，蒙脱石 $Al_2[Si_4O_{10}](OH)_2 \cdot nH_2O$，蒙脱石具有层状结构，水分子即在结构层之间。水的含量受交换阳离子的种类和矿物所处的空气的潮湿程度所控制。水可以被吸入或逸出，当水逸出或被吸入时，结构层间的距离也相应地缩小或增加，因此，蒙脱石具有吸水膨胀的性质。

按照硅氧四面体在结构中结合排列方式的不同，可把硅酸盐分成五类，见表 1.18。硅酸盐晶体则是由其他金属离子联系各类硅氧结构单元而形成的。下面分别简要讨论各种类型的硅酸盐结构的特点。

表 1.18　硅酸盐晶体的结构类型

结构类型	[SiO$_4$]共用 O^{2-} 数量	形　状	络阴离子	Si 和 O 原子比	实　　例
岛状	0	四面体	$[SiO_4]^{4-}$	1：4	镁橄榄石 $Mg_2[SiO_4]$
组群状	1	双四面体	$[Si_2O_7]^{6-}$	2：7	硅钙石 $Ca_3[Si_2O_7]$
	2	三节环	$[Si_3O_9]^{6-}$	1：3	蓝锥矿 $BaTi[Si_3O_9]$
		四节环	$[Si_4O_{12}]^{8-}$		斧石 $Ca_2Al_2(Fe,Mn)BO_3[Si_4O_{12}](OH)_2$
		六节环	$[Si_6O_{18}]^{12-}$		绿宝石 $Be_3Al_2[Si_6O_{18}]$
链状	2	单链	$[Si_2O_6]^{4-}$	1：3	透辉石 $CaMg[Si_2O_6]$
	2,3	双链	$[Si_4O_{11}]^{6-}$	4：11	透闪石 $Ca_2Mg_5[Si_4O_{11}]_2(OH)_2$
层状	3	平面层	$[Si_4O_{10}]^{4-}$	4：10	滑石 $Mg_3[Si_4O_{10}](OH)_2$
架状	4	骨架	$[SiO_2]$	1：2	石英 SiO_2
			$[(Al_xSi_{4-x})O_8]^{x-}$		钠长石 $Na[AlSi_3O_8]$

1.3.2　岛状结构

在岛状结构中，$[SiO_4]$ 四面体以孤立状态存在，见图 1.34。四面体之间通过与其他金属离子连接达到电荷平衡。也就是说，岛状结构中，硅氧比为 1：4，络阴离子团为 $[SiO_4]^{4-}$，处于 $[SiO_4]$ 四面体顶角上的每个 O^{2-} 除与中心 Si^{4+} 相连外，还剩 1 价与其他金属离子相连，以满足电中性。岛状硅酸盐化学式可为 $2R_2^+O \cdot SiO_2(=R_4^+[SiO_4])$、$2R^{2+}O \cdot SiO_2(=R_2^{2+}[SiO_4])$ 或 $R^{4+}O_2 \cdot SiO_2(=R^{4+}[SiO_4])$ 等。

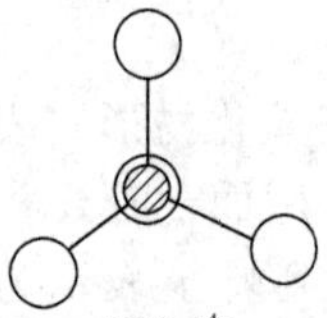

$[SiO_4]^{4-}$

图 1.34　孤立的硅氧四面体

岛状结构硅酸盐主要有锆英石 $Zr[SiO_4]$，镁橄榄石 $Mg_2[SiO_4]$ 等。重要的激光基质材料钇铝石榴石 $Y_3Al_5O_{12}$ 也属这类结构。

1.3.2.1　锆英石 $Zr[SiO_4]$ 的结构

如图 1.35 所示，锆英石属四方晶系，空间群 $I\frac{4_1}{a}md$，体心四方格子，$a=6.61$Å[❶]，$c=6.01$Å。结构中硅氧四面体孤立存在，它们之间靠 Zr^{4+} 而联结起来。每个 Zr^{4+} 填在八个 O^{2-} 之间，每个 O^{2-} 同时与一个 $[SiO_4]$ 和两个 $[ZrO_8]$ 相连接。Zr^{4+}、Si^{4+}、O^{2-} 的配位数分别为 8、4、3。

1.3.2.2　镁橄榄石 $Mg_2[SiO_4]$ 的结构

镁橄榄石 $Mg_2[SiO_4]$ 或 $2MgO \cdot SiO_2$ 属正交晶系，空间群 Pbnm，正交原始格子，$a=$

---

❶　1Å=0.1nm

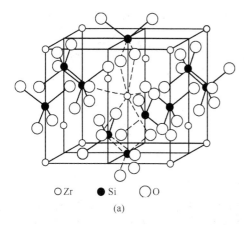
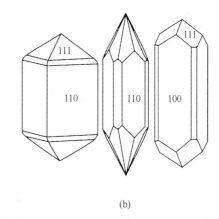

图 1.35　锆英石的结构

(a) 锆英石的晶体结构；(b) 锆石的晶形

$4.76Å$，$b=10.21Å$，$c=5.99Å$。图 1.36 是镁橄榄石的晶体结构示意图。图中表示出一些一正一反的孤立 $[SiO_4]$ 四面体和 Mg^{2+} 的相对位置。结构的主要特征如下。

① O^{2-} 近似按六方密堆 ABAB⋯⋯ 排列成平行于 (100) 面的两层，A 层的氧离子分布在 25 的高度，而 B 层的氧离子分布在 75 的高度。

② Si^{4+} 填充四面体空隙，在 0、50、100 高度，孤立的硅氧四面体顶角朝上和朝下相间分布，相互间构成八面体空隙，

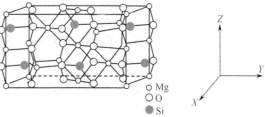

图 1.36　镁橄榄石的晶体结构

Mg^{2+} 填入八面体空隙中，也就是说，硅氧四面体是靠 Mg^{2+} 来连接的。

③ $[MgO_6]$ 八面体中的 Mg^{2+} 在 0、100 及 50 处。根据鲍林第三、第四规则，$[SiO_4]$ 彼此孤立，而 $[MgO_6]$ 之间可共棱。

④ 因为静电键强度 $S_{Si \to O} = \frac{4}{4} = 1$；$S_{Mg \to O} = \frac{2}{6} = \frac{1}{3}$，故 1 个 O^{2-} 同时与 1 个 $[SiO_4]$ 和 3 个 $[MgO_6]$ 共用。

⑤ 晶胞中有 4 个 $Mg_2[SiO_4]$ "分子"，即可写成 $Mg_8Si_4O_{16}$。Si^{4+} 占四面体空隙的 1/8；Mg^{2+} 占八面体空隙的 1/2。

镁橄榄石是镁橄榄石瓷的主晶相，这种瓷料电学性能很好。由于 Mg—O 和 Si—O 键力都较强，晶格能较高，整个结构比较稳定，熔点高 (1890℃)，硬度大 (莫氏 7 级)，结构紧密 (密度为 $3.222g/cm^3$)，在加热过程中没有多晶转变，并耐腐蚀，故是镁质耐火材料中的主要矿物。

镁橄榄石中的 Mg^{2+} 的离子半径与 Fe^{2+} 及 Mn^{2+} 等离子半径很接近，因此可以相互置换而形成固溶体，成为铁橄榄石 $Fe_2[SiO_4]$、锰橄榄石 $Mn_2[SiO_4]$、钙镁橄榄石 $CaMg[SiO_4]$ 等。

1.3.3　组群状结构

组群状结构由 2 个、3 个、4 个、6 个 $[SiO_4]$ 四面体通过公共的氧相连接，形成单独的硅氧络阴离子 $[Si_2O_7]^{6-}$、$[Si_3O_9]^{6-}$、$[Si_4O_{12}]^{8-}$、$[Si_6O_{18}]^{12-}$，如图 1.37 所示，而各硅氧络阴离子团之间又通过其他金属离子互相连接起来。

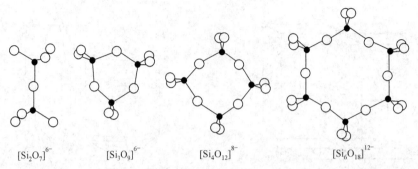

$[Si_2O_7]^{6-}$ $[Si_3O_9]^{6-}$ $[Si_4O_{12}]^{8-}$ $[Si_6O_{18}]^{12-}$

图 1.37 孤立的有限氧四面体群的各种形状

在硅氧四面体之间公用的 O^{2-} 称非活性氧或桥氧，因为这种位置的氧离子电价已经饱和，而在硅氧团上的 O^{2-} 称活性氧或非桥氧，因还剩余电价，故还可与其他金属离子结合。

硅钙石 $Ca_3[Si_2O_7]$、铝方柱石 $Ca_2Al[AlSiO_7]$、镁方柱石 $Ca_2Mg[Si_2O_7]$ 等结构中存在络阴离子为 $[Si_2O_7]^{6-}$ 的硅氧团，其中有 1 个桥氧、6 个非桥氧。

蓝锥矿 $BaTi[Si_3O_9]$ 内则有 $[Si_3O_9]^{6-}$ 环状的结构。它由 3 个 $[SiO_4]$ 四面体组成，其中有 3 个桥氧，6 个非桥氧。

绿宝石或称绿柱石 $Be_3Al_2[Si_6O_{18}]$ 内含有 $[Si_6O_{18}]^{12-}$ 的六节环状结构，其中，6 个为桥氧、12 个为非桥氧。绿宝石属六方晶系 $P\dfrac{6}{m}CC$ 空间群，$a=9.21$Å，$c=9.19$Å。Be^{2+} 和 Al^{3+} 各在氧四面体及八面体空隙中。图 1.38 是绿宝石结构在 (0001) 面上的投影。图中粗黑线的六节环是上面一层，细黑线的是下面一层，上、下两层交叉 $30°$，投影关系并不重叠，环与环之间靠 $[BeO_4]$ 四面体中的 Be^{2+} 和 $[AlO_6]$ 八面体中的 Al^{3+} 来连接。Al^{3+} 和

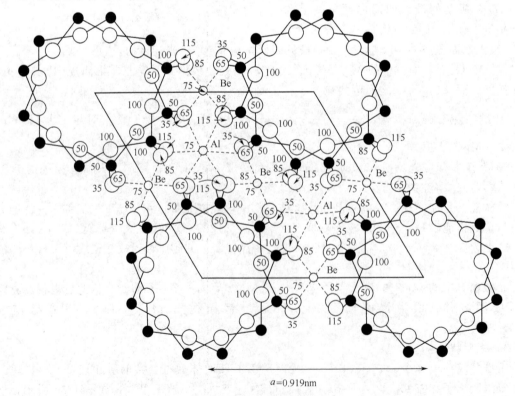

$a=0.919$nm

图 1.38 绿宝石结构

Be^{2+} 都位于 75 的高度。在 Al^{3+} 周围有 6 个氧离子，其中 3 个位于 65 的高度，另 3 个在 85 的高度；而 Be^{2+} 周围 4 个氧离子中有 2 个在 35 的高度，另 2 个在 85 的高度。

图 1.38 中菱形范围表示绿宝石的晶胞。5 个 Be^{2+}（1 个在中心，4 个在边上），由于位于边上的 Be^{2+} 只有一半属于这个晶胞，因此标出的 5 个铍离子只能算 3 个。在 25 的高度还有 5 个 Be^{2+} 没画出，所以该图只表示半个晶胞。要得到一个完整的晶胞只要在下面一层六节环的中心，也就是标高 50 的 Si^{4+} 和 O^{2-} 处作一反射面就可以得到和上面完全一样的结构，这时就可算出晶胞含有两个绿宝石 $Be_3Al_2[Si_6O_{18}]$ 的"分子"。

绿宝石常呈六方柱或复六方柱外形。在电子材料研究中发现，由于绿宝石结构中存在大的环形孔腔，当有价数低而半径小的离子（如 Na^+）存在时，将呈现出显著的离子电导，且有较大的介电损耗。

董青石瓷中的主晶相董青石 $2MgO \cdot 2Al_2O_3 \cdot 5SiO_2$（或写成 $Mg_2Al_3[Si_5AlO_{18}]$）与绿柱石有类似结构，它与绿柱石的区别是 Be^{2+} 被 Mg^{2+} 代替了，同时在六节环中有一个硅氧四面体中的 Si^{4+} 被 Al^{3+} 代替，为了保持电中性，有一个 Mg^{2+} 被 Al^{3+} 所置换。

1.3.4 链状结构

在这类硅酸盐中，硅氧四面体通过桥氧连成连续的链状结构，有单链和双链两种。

1.3.4.1 单链

单链如图 1.39（a）所示，结构中的络阴离子为 $[Si_2O_6]^{4-}$，单链按此不断重复而形成，故单链结构可用 $[Si_2O_6]_n^{4n-}$ 表示。

图 1.39（b）、（c）两图是沿图中所示箭头方向观察单链所得的投影图。在单链结构中，还可以按沿着链的发展方向有不同的周期性而分为一节链、二节链、三节链、四节链、五节链及七节链，见图 1.40。而图 1.39（a）就是二节链。

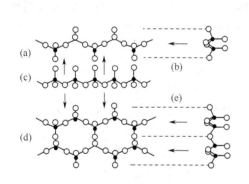

图 1.39 硅氧四面体所构成的链

（a）单链；（b）单链右视投影图；（c）单链仰视投影图；（d）双键；（e）双链右视投影图

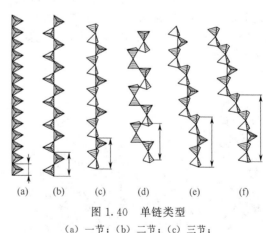

图 1.40 单链类型

（a）一节；（b）二节；（c）三节；
（d）四节；（e）五节；（f）七节

辉石类硅酸盐通常具有单链结构。可用通式 $R_2[Si_2O_6]$ 表示。R 可以是二价的正离子，如顽火辉石 $Mg_2[Si_2O_6]$、透辉石 $CaMg[Si_2O_6]$ 等。R 也可以是一价和三价正离子，如锂辉石 $LiAl[Si_2O_6]$、硬玉 $NaAl[Si_2O_6]$ 等。

辉石类晶体从离子堆积状态来看，比绿宝石类晶体更紧密，因此像顽火辉石、锂辉石都具有良好的电绝缘性能，是高频电子陶瓷和微晶玻璃中主要的晶相，但当结构中存在着变价正离子时，则又可以呈现显著的电子导电性能。

偏硅酸镁 $MgSiO_3$ 结构式为 $Mg_2[Si_2O_6]$，有三种晶型，顽火辉石、原顽辉石和斜顽辉石。前两者为正交晶系，后者为单斜晶系，有关数据见表 1.19。

表 1.19　$Mg_2[Si_2O_6]$ 的晶胞参数及密度

变　体	晶　胞　参　数					密度 /(g/cm³)
	空间群	a/Å	b/Å	c/Å	β	
顽火辉石 $Mg_2[Si_2O_6]$	Pbca	18.20	8.81	5.20	90°	3.18
原顽辉石 $Mg_2[Si_2O_6]$	Pbca	9.25	8.74	5.32	90°	3.10
斜顽辉石 $Mg_2[Si_2O_6]$	$P2\dfrac{2_1}{m}$	9.615	8.820	5.20	71°40′	3.18

在这三种变体中，硅氧四面体都共角连接成无限长单链，单链之间则再由处于氧八面体中的 Mg^{2+} 连接，如图 1.41。

在滑石瓷生产过程中，往往会发现原来烧结很致密的产品，放置一段时间后，便会产生开裂或粉化。人们称这种现象为"老化"。正常滑石瓷的主晶相为原顽辉石，当滑石瓷老化时，才出现斜顽辉石为主晶相。防止滑石老化，就是抑制原顽辉石向斜顽辉石转化。因为这两种晶型的晶体密度不同，当原顽辉石向斜顽辉石转化时，由于密度增大，体积收缩，便要释放内应力。从宏观来看，即破坏瓷体的组织结构，产生细小的龟裂纹，从而大大地影响了滑石瓷的电性能，这就是滑石瓷造成粉化的内在原因。

1.3.4.2　双链

两条相同的单链通过尚未公用的氧可以形成双链，见图 1.39 （d）。结构中的络阴离子为 $[Si_4O_{11}]^{6-}$，整个双链结构可用 $[Si_4O_{11}]_n^{6n-}$ 表示。图 1.39 （e）是沿图中所示箭头方向观察双链所得的投影图。

角闪石类硅酸盐含有双链 $[Si_4O_{11}]_n^{6n-}$。例如，斜方角闪石 $(Mg, Fe)_7[Si_4O_{11}]_2(OH)_2$ 和透闪石 $Ca_2Mg_5[Si_4O_{11}]_2(OH)_2$。在具有链状结构的硅酸盐矿物中，因链内的 Si—O 键要比链之间的 M—O 键强得多（M 通常为处于氧八面体中的正离子），因此，这些硅酸盐很容易沿链间结合较弱处劈裂成柱体或纤维。例如，双链结构单元的存在是角闪石石棉呈细长纤维的根本原因。

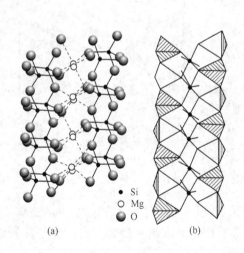

图 1.41　顽辉石结构
（a）顽辉石晶体结构；（b）顽辉石结构示意（●表示 Mg^{2+}）

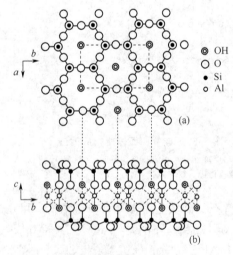

图 1.42　硅氧层的结构
（a）四面体层；（b）复网层

1.3.5　层状结构

在层状硅酸盐结构中，$[SiO_4]$ 四面体间彼此以顶角联结成向二维空间延伸的六节环的硅氧层，如图 1.42 （a）。在这个无限伸展的单层中可取出一个如图中虚线所划定的矩形单

位 $[Si_4O_{10}]^{4-}$ 作为层状结构的单元，所以层状结构可用 $[Si_4O_{10}]_n^{4n-}$ 表示。

对每个 $[SiO_4]$ 四面体来说，有三个氧离子与其他四面体共用，而另一个活性氧还可以再与其他正离子连接。在六节环的中心与活性氧同高度的位置上各有一个 OH^-，见图1.42（a）。当两个四面体层以顶角活性氧平行叠合时，其间又出现一个新层，由4个 O^{2-} 和2个 OH^- 围成八面体空隙，该层称八面体层。在这八面体空隙中，常填充着 Mg^{2+}、Al^{3+}、Fe^{2+}、Fe^{3+}、Mn^{2+}、Mn^{3+} 等金属离子，通常用 $[M(O，OH)_6]$ 八面体表示。如果八面体空隙全部都被金属离子填满时称为三八面体层；如果只有2/3的空隙被填塞时则称为二八面体层。

由于每层硅氧层与 $[M(O，OH)_6]$ 八面体层连接方式不同，层状硅酸盐可分为两种类型：单网层或称1:1层矿，它是由一个硅氧层和一个八面体层结合而成的复合层；复网层或称2:1层矿，它是由两个四面体层和夹在其间的一个八面体层组成的复合层，如图1.42（b）。下面介绍几种典型的层状硅酸盐结构。

1.3.5.1 单网层（1:1层）——高岭石类

在自然界中常见三种矿物：高岭石、地开石、珍珠陶土，其中最常见的是高岭石，它们的理想化学式是相同的，差别只在于层状排列顺序上。高岭石的各八面体层的离子填充情况相同，地开石则每隔一层有一些变化，即出现超结构的现象。珍珠陶土的相对偏移是 $b/3$，同时旋转 $180°$。高岭石含层间水则成多水高岭石。

高岭石是一种主要的黏土矿物。其理想化学成分为 $Al_2O_3 \cdot 2SiO_2 \cdot 2H_2O$，结构式可写为 $Al_4[Si_4O_{10}](OH)_8$。按质量计算是 SiO_2 46.53%，Al_2O_3 39.495%，H_2O 13.98%，结构如图1.43和图1.44。

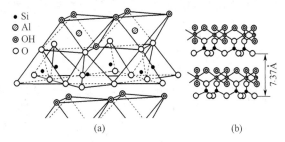

图1.43 高岭石结构
（a）高岭石结构图；（b）结构简图

由图可见，每个 $[SiO_4]$ 四面体层上有一个二八面体 $[AlO_6]$ 层，其中多数O被OH代替。每个复合层一侧为氧原子，另一侧为氢氧原子团，每1个 Al^{3+} 同时与2个 O^{2-} 和4个 OH^- 相连，形成 $[AlO_2(OH)_4]$ 八面体，所以硅氧层和水铝石层联系在一起形成单网层。Al^{3+} 只填充八面体空隙的2/3，故这个水铝石层又为二八面体层。高岭石的单网层之间以氢键联结成一个整体，因结合力较弱，故高岭石矿物容易解理成片状小晶体。晶体受力后沿一定方向裂开的能力称解理。裂开的平面称为解理面。

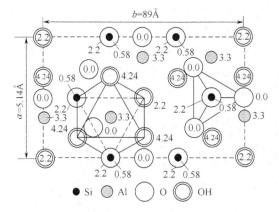

图1.44 高岭石层状结构在晶面（001）方向的投影

高岭石在自然界中呈现近似正六角形的小薄片状（直径约 $0.2 \sim 1\mu m$，厚度约 $0.1\mu m$）。从图1.43（a）可以看出，$[SiO_4]$ 四面体层是共顶连接成六角环形结构，而八面体层是共棱连接的。沿晶面（001）投影，可以明显观察到一层四面体层和一层八面体层所形成的正六角形形状，如图1.44。

高岭石中四面体的 Si^{4+} 可被 Al^{3+} 取代，八面体层中的 Al^{3+} 可以被 M^{2+} 或其他二价离子取代。实验表明，这种取代只在晶体最外层的结构中出现。不等价离子之间的取代造成电价不平衡，使高岭土带负电，因而层间吸附正离子 K、Na、Ca、Mg 等。这些离子结合并不牢固，在水悬浮液中可与其他阳离子进行交换。黏土结构的这个特点和黏土水系的性质有很大关系。在陶瓷中有重要的作用。

苏州土是目前中国质地最优的高岭土，组成接近高岭石的理想成分，是应用于电子陶瓷工业中的优质原材料。

多水高岭石（叙永石、埃洛石）的化学式为 $Al_2O_3 \cdot 2SiO_2 \cdot 2H_2O + nH_2O$ 或 $Al_4[Si_4O_{10}](OH)_8 \cdot nH_2O$，$n$ 约在 $2 \sim 4$ 之间。多水高岭石的晶体结构与高岭石的相似，但多水高岭石的结构单元层间夹有层间水。层间水使 c 轴方向伸长。层间水的结合力很弱，容易排除。多水高岭石是重要的非金属矿物原料，其用途与高岭石相同。高岭石中的 Al 被 Mg 置换则为叶蛇纹石。

1.3.5.2 复网层（2:1层）类

（1）叶蜡石　叶蜡石的化学式为 $Al_2O_3 \cdot 4SiO_2 \cdot H_2O$ 或 $Al_2[Si_4O_{10}](OH)_2$。由两层硅氧四面体层和一层铝氧八面体层组成，其结构简图见图 1.45。它与高岭石的区别在于：复合层由两层变为三层；铝离子的八面体由原来的 $[AlO_2(OH)_4]$ 变为 $[AlO_4(OH)_2]$；复合层的两端，由原来高岭石的一端为氧原子，一端为氢氧原子团变为两端均为氧原子。在叶蜡石复合层之间的结合力是范氏力，故具有良好的片状解理。叶蜡石脱去结构水则为莫来石；铝离子换为镁离子则为滑石。

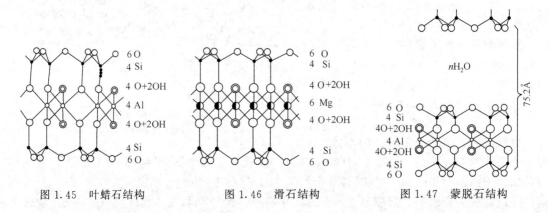

图 1.45　叶蜡石结构　　　　图 1.46　滑石结构　　　　图 1.47　蒙脱石结构

（2）滑石　滑石的化学式为 $3MgO \cdot 4SiO_2 \cdot H_2O$，结构式为 $Mg_3[Si_4O_{10}](OH)_2$，它与叶蜡石的区别只是三个 Mg^{2+} 代替了叶蜡石的两个 Al^{3+}，并填满了全部八面体空隙，从而成了三八面体的复网层结构，见图 1.46。八面体层 $[MgO_4(OH)_2]$ 称镁氢氧层或水镁层。

滑石是硅酸盐工业常用的一种原料。在电子陶瓷中，它是滑石瓷的主要原料。$\{001\}$ 解理完全，具有滑腻感。在滑石的复合层间如含水，则为皂石。

（3）蒙脱石　蒙脱石 $Al_2O_3 \cdot 4SiO_2 \cdot H_2O + nH_2O$ 或 $Al_2[Si_4O_{10}](OH)_2 \cdot nH_2O$ 是膨润土的主要成分，又称为微晶高岭石。它由叶蜡石含层间水组成，结构简图见图 1.47。

蒙脱石与多水高岭石不同，后者含水量有限，而前者的含水量上限可变，故层间距可变，因此膨润性好，遇水能显著膨胀。蒙脱石与多水高岭石另一个区别是：它具有复网层结构，由于水铝石层中的 Al^{3+} 可被 Mg^{2+} 取代，结果使每一复网层并不呈电中性，而有少许过量的负电荷，因而复网层之间有斥力，使略带正电的水化正离子易于进入，水易渗透进入层间膨胀，随层间水进入的正离子使电价平衡，它们易于被交换，使矿物具有高的阳离子交换能力。

（4）白云母　白云母可由叶蜡石演化而成。叶蜡石中硅氧四面体内的 Si^{4+} 有规律地每四个中有一个被 Al^{3+} 取代，为了电价平衡，同时在复合层间增加一个 K^+，就形成白云母。其化学式为 $K_2O \cdot 3Al_2O_3 \cdot 6SiO_2 \cdot 2H_2O$ 或 $KAl_2[AlSi_3O_{10}](OH)_2$，结构简图见图 1.48。

若在白云母基础上，在其八面体空隙中置换不同金属正离子，则可形成不同云母。各种云母之间的关系见表 1.20。

表 1.20　各种云母之间的关系

白云母 $KAl_2[AlSi_3O_{10}](OH)_2$	金云母：$KMg_3[AlSi_3O_{10}](OH)_2$	（即 $3Mg^{2+}$ 取代 $2Al^{3+}$）
	氟金云母：$KAl_2[AlSi_3O_{10}](F)_2$	（即 F^- 取代 OH^-）
	黑云母：$K(Mg,Fe)_3[AlSi_3O_{10}](OH)_2$	（即 Mg，Fe 取代 $2Al^{3+}$）
	锂云母：$KLi_2Al[Si_4O_{10}](OH)_2$	（即 $2Li^+$ 取代 Al^{3+}，且硅氧骨干中 Al 换回 Si）

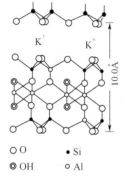

O O　● Si
◎ OH　○ Al

图 1.48　白云母结构

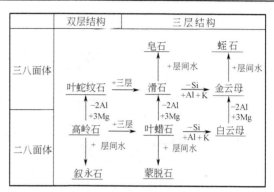

图 1.49　主要的层状硅酸盐结构关系

合成云母作为近代一种新型材料在广阔领域里得到应用。云母陶瓷具有良好的抗腐蚀性、抗热冲击性、力学性能和高温介电性能较好，因此可作为新型的电绝缘材料。云母型微晶玻璃具有可切削等优良性能，应用于国防和现代工业中，是一种良好的材料。云母还可作为闪烁材料。云母的边角废料和云母粉可用于建材、耐火材料等工业中。

综上所述，层状硅酸盐结构特点是硅氧络阴离子为 $[Si_4O_{10}]^{4-}$ 或 $[AlSi_3O_{10}]^{5-}$，硅氧四面体层与不同的八面体层构成单网层或复网层；层与层之间键力弱于层内键力，故层状硅酸盐均有片状解理。图 1.49 简明表示出了几种层状硅酸盐结构的相互关系。图 1.50 为层状硅酸盐结构中硅氧四面体和配位八面体的连接方式。

1.3.6　架状结构

所谓架状硅酸盐就是硅氧四面体在空间组成三维网络结构的硅酸盐，这时每个硅氧四面体的 O^{2-} 全为公共氧，因此，作为架状硅酸盐结构单元，化学式为 $nSiO_2$。其 Si 和 O 的数量之比为 1：2。当骨架中有 Al^{3+} 取代 Si^{4+} 时，则结构单元可以有 $R[AlSiO_4]$ 或 $R[AlSi_3O_8]$ 等形式，其中仍有（Al＋Si）和 O 的数量之比为 1：2。石英、长石等具有架状结构。

1.3.6.1　石英（SiO_2）

（1）石英的变体　晶态 SiO_2 有三种形式，即石英、鳞石英及方石英，这三种形式共有七种变体，它们是由于硅氧四面体之间连接方式不同而引起的。如图 1.51 可以看出，α-方石英、α-鳞石英和 β-石英结构之间的区别在于：α-方石英的两个 $[SiO_4]$ 四面体以 D 点为对称中心，α-鳞石英则不存在对称中心，只有对称面。这两种晶体中两个四面体结合后高度相等，Si—O—Si 连接呈 $180°$；而 β-石英两个四面体之间是以 $150°$ 连接的。所以，四面体间结合方式不同，相应得到石英的不同变体。

对于 SiO_2 的不同形式之间的转变（如 α-石英转变为 α-鳞石英），属于重建型转变，即需要断键，重新形成新的骨架。这种转变需要较大的活化能及一定的动力学过程，所以转化缓慢且较难进行。

对于 SiO_2 同一形式、不同变体之间的转化（如 α-石英与 β-石英之间的转变），属于位移

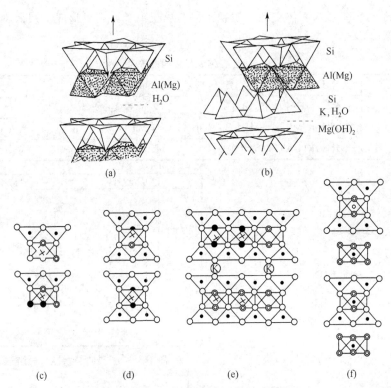

图 1.50　层状硅酸盐结构中硅氧四面体和配位八面体的连接方式

结构单元层：(a) 双层型；(b) 三层型；

结构示意图：(c) 高岭石；(d) 叶蜡石；(e) 白云石；(f) 绿泥石

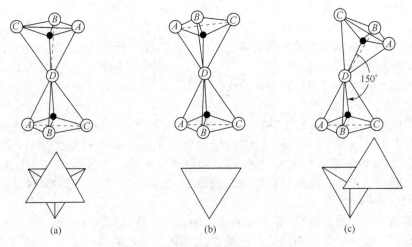

图 1.51　硅酸盐四面体的结合方式

(a) α-方石英；(b) α-鳞石英；(c) β-石英

型转变，即仅仅是 Si—O 键发生了一些扭转，键与键之间的角度稍有变动，因此，这种转变比较容易进行，转变迅速。有时位移型转变也称为高低温转变。

(2) α-方石英结构　α-方石英结构如图 1.52 所示，属立方晶系 Fd3m 空间群，$a = 7.05$Å。Si^{4+} 配位数为 4，O^{2-} 配位数为 2，整个晶胞含 8 个 SiO_2 "分子"。

若沿三次轴方向观察就可以看出如图 1.53 所示的硅氧层之间的连接。同一层四面体构成无限连接的六节环，四面体顶角交替向上（如 1、3、5 三个四面体）及向下（如 2、4、

6）的指向，这样就构成连续的结构网架。将 α-方石英冷却到270℃以下就转化为四方晶系的 β-方石英，其 $a=4.97$Å，$b=6.92$Å。

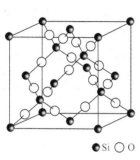
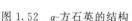

●Si ○O

图1.52　α-方石英的结构

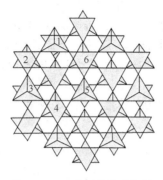

图1.53　α-方石英的硅氧层

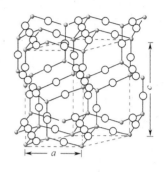

图1.54　α-鳞石英的结构

（3）α-鳞石英结构　α-鳞石英结构如图1.54所示，属六方晶系 $P6_2/mmc$ 空间群，$a=5.03$Å，$c=8.22$Å。

由图可见，α-鳞石英的晶格是由硅氧四面体顶点相连，上下交替，构成六方片状网络，组成无限的层状骨架。四面体的对应棱边互相平行，骨架内形成空旷的六方形通道。当 α-鳞石英冷却时可得到 β-鳞石英，β-鳞石英冷却又可得 γ-鳞石英。有的研究者认为 β-鳞石英为单斜晶系，$a=18.45$Å，$b=4.99$Å，$c=23.83$Å，$\beta=105°39'$。

（4）石英结构　α-石英结构在垂直 c 轴平面的投影如图1.55所示，属六方晶系 $P6_222$ 或 $P6_422$ 空间群，$a=4.96$Å，$c=5.45$Å。β-石英属三方晶系 $P3_121$ 或 $P3_221$ 空间群，$a=4.90$Å，$c=5.39$Å。图中每个 Si^{4+} 周围环绕有4个 O^{2-}，其中2个 O^{2-} 稍居 Si^{4+} 上方，2个稍居 Si^{4+} 下方，各四面体排列于高度不同的三层，最上一层以粗线表示，其次一层以细线表示，最下一层以虚线表示。超出图中的高度范围，各层离子即重复出现。可以看出，各离子群形成螺旋状，而且在同一状态下旋转，如图中箭头所示。所有螺旋状离子群在右旋石英晶体内按一个方向旋转，而在左旋右英晶体中则按相反方向旋转。

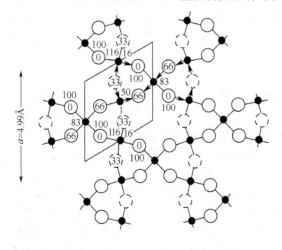

图1.55　α-石英结构

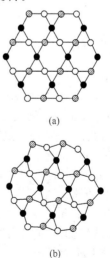

(a)

(b)

图1.56　α-石英与 β-石英间的关系

（a）α-石英；（b）β-石英

○—处于0，1位置的 Si^{4+}；◎—处于1/3高位置的 Si^{4+}；●—处于2/3高位置的 Si^{4+}

图 1.56 表示 α-石英和 β-石英间的关系［在（0001）面上的投影］。由图可见，四面体各环节并未破坏，仅是键与键之间的角度稍有变动，即晶格发生变形，使对称性下降。

纯 α-石英无色透明，有玻璃光泽，断口呈油脂光泽。硬度 7，密度 $2.65g/cm^3$。单晶体发育完整的称水晶。水晶具有压电性。石英晶体的对称型属 $L^3 3L^2$。把石英晶体切成薄片（图 1.57），当在垂直于晶片侧面的方向（即平行于晶体的 L^2 的方向）对晶体施加压力时，则在晶体的两个侧面上就会出现数量相等而符号相反的电荷；而当以张力来代替压力时，则电荷变号。晶体在机械力的作用下，发生形变而产生电荷，这种现象称正压电效应。而在外电场的作用下，晶体发生形变则称为负压电效应，或称电致伸缩。α-石英产生压电效应的机理见图 1.58。

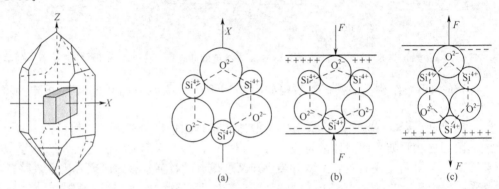

图 1.57 α-石英的 X 切割　　　　图 1.58 α-石英中产生压电效应的机理

图 1.58（a）是 α-石英中质点在（0001）面上的投影。三个 O^{2-} 和三个 Si^{4+} 组成一个六角平面，这时正、负离子的电荷中心互相重合，整个晶体的偶极矩等于零，因而晶体表面没有电荷。如果沿一定的方向（如 L^2 方向）向晶体施加压力 F，这时上面的 O^{2-} 被挤入两个 Si^{4+} 之间。下面的 Si^{4+} 上升进入到两个 O^{2-} 之间，见图 1.58（b）。由于正离子上升而负离子下降，正、负电荷的中心发生分离，破坏了原来的电中性状态。结果在晶体的两表面出现符号相反的等量电荷，上内表面出现过量的正电荷，下内表面出现过量的负电荷，产生了压电现象。图 1.58（c）表示在张力作用下，出现压电现象的情况，因其在张力作用下，负电荷中心上移，正电荷中心下移，所以在上内表面出现过量负电荷，而在下内表面出现过量正电荷。

1.3.6.2　长石

除了石英（SiO_2）具有架状结构外，长石也属于架状结构。长石的基本结构是由四个四面体构成的环所组成的链架，如图 1.59。

长石中有部分 ［SiO_4］四面体中的 Si^{4+} 被 Al^{3+} 取代。图 1.59 中，小白圈为 O^{2-}，小黑圈则为 Si^{4+} 或 Al^{3+}。数值表示离子的标高。根据标高并结合图（b）可以看出，每个环中两个四面体指向下，另两个指向上，中间的 4 个 O^{2-}（在 2.1Å 和 6.3Å 处）是公共氧。若将图（a）中 B 环放在 A 环上，共用两个 4.2Å 处的 O^{2-}，A 环又落在 B 环上，共用两个 8.4Å 处的 O^{2-}，如此重复对放，就形成了一条如图（b）所示的特别的链。长石内就是这样的链通过公共氧向三维空间发展形成疏松的骨架，在骨架中的空隙处则有 K^+、Na^+、Ca^{2+}、Ba^{2+} 等正离子填入，以中和由于 Al^{3+} 置换 Si^{4+} 所产生的电荷不平衡。长石类硅酸盐可分为正长石类和斜长石类，主要有以下几种。

正长石：钾长石 $K[AlSi_3O_8]$；钡长石 $Ba[Al_2Si_2O_8]$。

斜长石：钠长石 $Na[AlSi_3O_8]$；钙长石 $Ca[Al_2Si_2O_8]$。

长石的特殊结构使得其空隙大，密度低，空间网络结构容易形成玻璃相，故在陶瓷中长

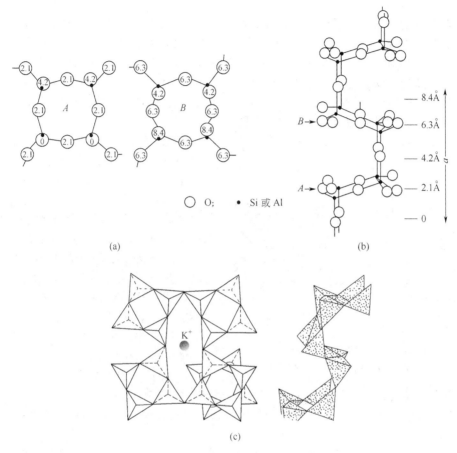

图 1.59　长石结构链（长石结构的局部）
（a）长石的 A 环和 B 环；（b）A 环和 B 环重复对放；（c）长石的骨架

石常起助熔作用。电子陶瓷中长石可在装置瓷中出现。

以上讨论了硅酸盐的各种结构，可简单总结如下：硅氧四面体是所有硅酸盐的骨架，当 4 个 O^{2-} 都是活性氧时，则形成岛状结构的硅酸盐；当 4 个 O^{2-} 均为非活性氧时，则形成架状硅酸盐；而某些 O^{2-} 为活性，另一些为非活性时，则为组群状、链状或层状结构。

1.4　材料的结构演变

近邻原子之间的相互作用决定了晶体材料的基本性能，人们常用配位数和配位多面体来描述一个原子周围的近邻情况。在构造多面体的过程中，位于中心的原子可以是阳离子或阴离子，分别称为阳离子配位多面体和阴离子配位多面体，人们一般取阳离子配位多面体作为构造化合物的基本单元。配位多面体可通过共顶、共边和共面连接在一起。这些连接构型中的转换导致晶胞的相变和结构变化，这是许多结构演变的基础。下面通过几个例子来说明材料的结构演变。

1.4.1　钙钛矿结构及其演变

1.4.1.1　钙钛矿结构演变的方式

有许多结构构成家族，这类结构的特点是能从典型的晶胞出发，原子发生一些简单的位移或替代，就能得到许多变体。其中最著名的例子就是钙钛矿结构家族，共有 100 多种变体。

对于氧化物功能材料，钙钛矿及钙钛矿相关结构是特别重要的晶体结构，其原因是新发现的功能材料大多属于这一范畴。技术上令人感兴趣的典型的钙钛矿材料是压电材料 Pb (Zr，Ti)O_3、电致伸缩材料 Pb(Mg，Nb)O_3 和磁阻材料（La，Ca)MnO_3。为了理解材料的功能，例如超导、铁磁体、铁电体、磁阻、离子导体、介电特性等，人们对揭示钙钛矿结构和它的家族秘密有着浓厚的兴趣。认识钙钛矿和它的相关结构是功能材料研究的基础，它能引导人们发现新的具有超级性能和独特功能的材料。

钙钛矿结构有一标准结构 ABO_3，其中 B 通常是一种过渡金属元素，+4 价，它与其近邻的氧离子形成配位数为 6 的八面体，它位于八面体中心。这八面体是钙钛矿结构的基本单元。具有最低交互能的八面体分布的几何图形是线性 180°共顶点连接。每个八面体彼此每个顶角互相连接，这种构型的组成是 BO_3，并且单位晶胞是简单立方。然而，除非 B 为 +6 价，否则这种结构就不存在，因为电价不能平衡。为此，必须引入 +2 价的离子到结构中。另一方面，在共顶点的八面体网中，在单胞中心有一个大的空位。+2 价离子若能占据这些空位，那么单

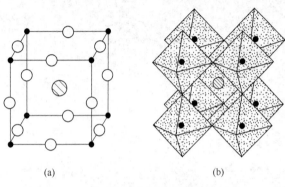

图 1.60 标准的钙钛矿结构
(a) 一个晶胞；(b) 结构中的氧八面体

胞仍能维持简单立方结构，同时成分是 ABO_3。其结构如图 1.60。

从钙钛矿结构原型出发，保持结构的基本骨架，但键长和键角允许变化，大体有三种结构变体。

（1）位移型 阳离子偏离中心，沿某一方向位移。例如 $BaTiO_3$ 在 393K，通过钛离子偏心位移而成为四方结构的铁电相，如图 1.61。

（2）扭转型 阴离子氧八面体相对于各轴扭转。如图 1.62 所示，钙钛矿结构通过旋转转变为四方钨青铜（TTB）结构。

（3）混合型 以上两种效应都有，其对称类型可能从立方降到四方、三角或正交。

1.4.1.2 钙钛矿结构演变中阳离子的作用

钙钛矿结构晶体不仅种类繁多，而且有许多特殊的物理性能。如 $BaTiO_3$ 等具有铁电性，钙钛矿结构的铜氧化物有超导性，锰氧化物有巨磁电阻效应等。A、B 离子在钙钛矿功能材料结构演变中扮演重要的角色。

钙钛矿结构中通常倾向于形成 6 配位的阳离子能占据 B 位，它有部分共价键特征。而具有较高电离性或较小极化性能的阳离子则占据 A 位，其配位数为 12，离子键成分更多。氧八面体（虽然它可以变形）是钙钛矿结构的基本单元，如果氧离子改变，它将对阳离子价产生明显的影响，例如，一个氧空位能使 B 离子调整它的价电子轨道，即价态被调整（A 离子价态不容易被调整的原因是它与邻近的氧是离子键结合）。而 A 离子价态变化，周围的氧离子必须通过产生空位来平衡价电荷，因为氧负离子仅有 −2 价，为平衡这个区域电荷，必定形成氧空位。

由于 A 离子与氧离子的离子交互作用比较强，所以 A 离子在氧空位的形成中发挥关键的作用。A 离子与氧是密排的，B 离子虽然化合价能变，但更倾向于与氧形成一个配位数为 6 的八面体。B 离子的挠性使氧负离子缺位可以接受。

理想的钙钛矿型化合物具有高的电阻，用于高介电常数材料，其中 PZT 就是典型的例

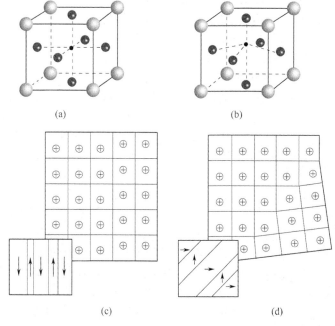

图 1.61　钙钛矿结构

（a）立方顺电相的单胞原子分布；（b）四方铁电相的单胞原子分布；（c）180°畴；（d）90°畴

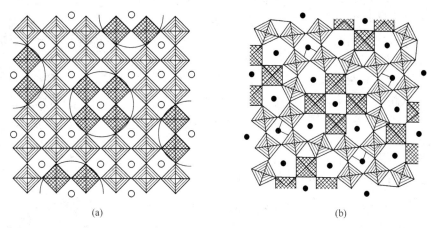

图 1.62　扭转型结构变体

（a）通过旋转钙钛矿结构演变为四方钨青铜结构；（b）旋转前后的投影图

［（b）中实心圈相当于（a）中空心圈］

子。但如果 A 离子的化合价能从＋2 变到＋3，氧离子为了与 A 离子的化合价相匹配和平衡这个区域电荷，就必须调整它占据的空间，导致形成缺氧化合物，但这种变化将反馈给 B 离子，使部分 B 离子价态发生变化，这通常会改变钙钛矿化合物的电子能带结构，以致材料从介电绝缘体转变为半导体、导体，甚至超导体。$CaMnO_3$ 是一个典型的例子。$CaMnO_3$ 在正常环境下是绝缘体，但是当 Ca（即 A）全部被 La（＋3 价）代替时，$LaMnO_3$ 变成导体，这是由于把单一价态的 Mn^{4+} 改变成 Mn^{3+} 和 Mn^{4+} 的不均衡的混合价状态。从电荷平衡观点来看，如 Mn 有＋3 和＋4 价，氧离子相对量将超过 3，即分子式为 $LaMnO_{3+x}$。由于氧离子已经在结构中密排，所以多余的氧离子没有地方去。因此，在系统中，Mn^{3+} 和 Mn^{4+} 共存的惟一选择是把 A 离子化合价从 La^{3+} 改变为 La^{3+} 和 A^{2+}（另一种二价阳离子）

的混合物。例如，La^{3+} 的一小部分被 Ca^{2+} 取代，那么，La^{3+} 的化学计量将从 1 变成 $1-x$。于是在 B 位置上有 +3 和 +4 混合价 Mn 离子的钙钛矿结构。化合物 $La_{1-x}Ca_xMnO_3$ 具有高的导电性和非常大的磁阻（CMR）效应。当施加外磁场时影响电导变化将达到若干个数量级。产生这种现象的原因是高自旋的 Mn^{3+} 和低自旋的 Mn^{4+} 共存。

1.4.2　硅线石（$Al_2O_3 \cdot SiO_2$）向莫来石（$2Al_2O_3 \cdot SiO_2$）的演变

莫来石具有强度高、耐高温、耐腐蚀、耐磨蚀等性质，是优质的高铝耐火材料，广泛用于陶瓷、冶金、钢铁等工业。有经济价值的莫来石矿尚未发现，常用硅线石等来合成莫来石。硅线石和莫来石都是铝硅酸盐，从性质上很难区分它们，而从晶格参数（$c_{硅线石} = 2c_{莫来石}$）却非常容易做到。两者明显而复杂的关系使矿物学家长期为之忙碌。

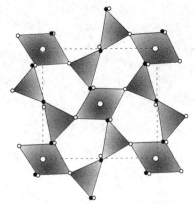

图 1.63　硅线石结构的投影图

硅线石晶体结构由 [SiO₄] 和 [AlO₄] 四面体沿 c 轴有序交替排列，组成 [AlSiO₅] 双链，双链间由 [AlO₆] 八面体联结，硅线石的结构如图 1.63。莫来石的晶体结构与硅线石的相似，其结构中 [SiO₄] 和 [AlO₄] 四面体的排列是无序的。矿物中 Al_2O_3 的高含量以及结构中 [AlO₆] 八面体链稳定的骨架支撑作用，使它们具有良好的性能。

莫来石可以看作由氧化铝取代硅线石中的氧化硅演变而来。因此，晶胞中阳离子数不变，但某些 Al 取代了 Si，使阴离子数减少：$2SiO_2 \longrightarrow Al_2O_3$，这意味着每取代两个阳离子就失去一个氧。从硅线石向莫来石的结构演变如图 1.64。

莫来石结构用下列方式从硅线石演变而来。从一个 O 位置（图中虚线正方形）失去氧，留下两个 3 配位原子（T）。然后这些原子从相反的方向移动至另一平衡位置（T*）（图中箭头所示），为了各自获得第四个配位氧，周围的原子从原来的位置稍做移动。这种现象发生在晶体的许多位置，最后硅线石演变为莫来石。

硅线石向莫来石的结构演变过程可描述为：

$$2[TO_4] \xrightarrow{-O} 2[TO_3] \longrightarrow 2[T^*O_4]$$

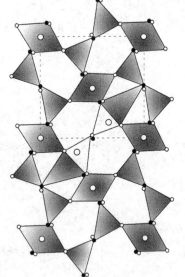

图 1.64　硅线石向莫来石的结构演变

1.4.3　插层反应

具有层状结构的化合物，例如石墨和黏土，通常有两种键合构型，例如，石墨结构在六边形的石墨层内有共价键，同时在层之间是 Van der Waals 键。在两共价连接的碳原子之间的距离仅是 0.149nm，在自然界中是最短的，而沿 c 轴的层间距离是 0.34nm。在黏土结构中氧和硅原子形成一个共价键合的、具有额外负电荷的四面体层，在 Si—O 四面体层之间阳离子被吸引。这些二维结构通过离子互换反应进行调整。如果一些外来的分子被插入到两层之间的空间，这个工艺叫插层反应，所形成的化合物叫作插层化合物。插层反应通常是可逆的，因此在逆反应过程中外来的分子从两层之间的空间被除去，该反应叫去插层反应。插层化合物处于亚稳态，并且去插层反应可以具有不同的速率。

图 1.65 表示石墨的层状结构，石墨晶体含有互联六边形层。在石墨三维次配位的 sp²

电子构型中，3个四价电子被分配到3个方向的 sp^3 杂化轨道上，形成强大的层间共价键，第四个电子位于垂直于键合平面的轨道上。这使石墨在其表面上容易吸收其他分子。p电子能使自己给予受主，例如 NO_3^{3-}、CrO_3、Br_2、$FeCl_3$ 等，石墨层能贡献电子给插层分子或离子，产生局部充满的键带，因此，插层石墨的导电性增加，其中一些化合物的导电性和铝一样高。

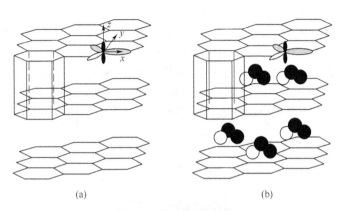

图 1.65　石墨的层状结构

（a）层状结构石墨的电子构型；（b）通过在弱结合的 c 层之间插入原子团形成插层化合物

插层化合物可以用在能量储藏和电子装置中。插层和去插层过程在电池材料方面是充电和放电过程，在充电过程中 Li^+ 被储藏在两层之间，而当电池放电时它们被释放出来。在层状结构的化合物领域，如 TiS_2、MoS_2、黏土等，已进行了大量的研究。

习题

1.1　解释下列名词：

晶体、非晶体、多晶、单晶、晶胞、空间点阵、空间格子、晶面指数、面网指数、配位数、配位多面体、极化、空间利用率、同质多晶、类质同晶、正尖晶石和反尖晶石、萤石和反萤石。

1.2　描述晶体结构有几种方法？

1.3　说明离子晶体的晶格能与其硬度、熔点及热膨胀系数的关系。

1.4　说明电负性与键性关系。

1.5　叙述决定离子晶体结构的主要因素。

1.6　若以正交面心格子中去掉上、下底面心结点的图形在空间重复，所形成的点的集合是否为一点阵？为什么？

1.7　画出正四面体和四方四面体的晶体定向图，并分别写出其晶系，标出各晶面符号及 [110] 和 [111] 晶向。

1.8　一晶面截 x 轴于 $\frac{1}{2}a$、y 轴于 b、z 轴于 $\frac{2}{3}c$，求晶面符号。

1.9　有一 AB_2 型面心晶体，一个晶胞中可能会有多少个A和多少个B？

1.10　已知KCl晶体结构属于NaCl型，晶胞棱长为 0.628nm，求KCl晶体的晶格能。

1.11　临界半径比定义为：在密堆的负离子恰好互相接触，并与中心的正离子也恰好接触的条件下，正离子半径与负离子半径之比。即出现一种形式配位时，正、负离子半径比的下限。计算下列各类配位时的临界半径比。（a）立方体配位；（b）八面体配位；（c）四面体配位；（d）三角形配位。

1.12 锗（Ge）具有金刚石立方结构，但原子间距（键长）为 0.245nm。如果原子按这种形式堆积，空间利用率是多少？

1.13 砷化镓（GaAs）具有立方 ZnS 结构，其晶胞是用 Ga 原子、As 原子分别置换金刚石结构中的碳原子，使 Ga 和 As 配位数均为 4。（a）画出其晶胞结构，并标出各原子坐标；（b）计算其单位晶胞的空间利用率，并与上题（题 1.12）比较，说明两者空间利用率的差别（已知：$r_{As^{3-}} = 0.19nm$，$r_{Ga^{3+}} = 0.055nm$）。

1.14 试述硅酸盐结构的分类原则。列出各类硅酸盐结构的络阴离子的表达式。

1.15 叶蜡石和滑石均源于 2:1 层状（复网层）结构类型，它们之间的区别是什么？

1.16 Al^{3+} 的配位数可为 4 或 6。（1）为什么 Al^{3+} 能部分置换硅氧基团中的 Si^{4+} 而形成铝酸根？（2）Al^{3+} 部分置换 Si^{4+} 以后对组成有何影响？（3）试用电价规则说明 Al^{3+} 置换 Si^{4+} 通常不超过一半，否则将使结构基团不稳定。

阅读材料

超分子结构与材料

在化学中，随着分子结构和行为复杂性程度的提高，信息语言扩展到分子构造中，使分子构造表现出具有生物学特性的自组织功能。这一过程的展开向传统化学研究方式提出了前所未有的挑战，促使化学研究正在实现从结构研究向功能研究的转变，而这一前瞻性的转变首先发生在超分子化学领域。

1987 年，莱恩（J. M. Lehn）、克拉姆（D. J. Cram）和彼得森（C. J. Perterson）以其对发展和应用具有特殊结构的高分子的巨大贡献而获得诺贝尔化学奖。莱恩在获奖演讲中，首次提出了"超分子化学"（super molecular chemistry）概念。同时，克拉姆创立和提出了主-客体化学（host-guest-chemistry）理论，彼得森则发展和合成大批具有分子识别能力的冠醚。此后，以"超分子化学"为名称的新的化学学科蓬蓬勃勃地发展起来。

与原子间化学键作用形成分子不同，超分子体系是由多个分子通过分子间非共价键作用力结合形成复杂有序，且具有某种特定功能和性质的实体或聚集体。超分子在结合方式上完全脱离了常规化学所设想的模式，结合不是发生在原子层次，而是在分子层次上。结合层次的不同决定了超分子在性质上具有不同于分子层次的特性。化学构造是分层次进行的，粒子相互作用形成原子、原子形成分子、分子再形成超分子和超分子集合，在每一构造层次上，新的特征表现为一种化学和物理性质的层次性递进，说明化学发展的主线是走向复杂性和复杂物的出现。超分子就是这样一种表征化学走向复杂性的层次。

超分子是分子之间的结合，借助的结合力是非共价键力。同共价键力相比，非共价键力属于弱相互作用，是指范德瓦尔斯力、静电引力、氢键力、π-相互作用力与疏水相互作用等。这些作用力对于化学家来说并不陌生，但是在化学家的观念中，一直将这些相互作用看作是一种难以将分子结合成稳定分子集合的弱相互作用力，因而未对其进行进一步研究。直到 20 世纪 80 年代，随着对冠醚化学研究的深入，化学家发现分子之间的多种作用力具有协同作用特性，通过协同作用，分子之间能克服弱相互作用的不足，形成有一定方向性和选择性的强作用力，成为超分子形成、分子识别和分子组织的主要作用力，其强度不次于化学键。协同作用不是随意在任意两个分子之间都能完成的，而是需要有一个特定空间环境作为前提，通过一定形式的相互匹配，这些匹配可以是配体与受体的匹配、分子与电子互补、尺寸与形态的兼容或刚性与柔性的调节。例如，冠醚是通过多个氧原子与碱金属阳离子之间的电子效应、互补与尺寸匹配而结合在一起的。也就是说，分子之间的匹配具有高度的专一性和选择性。

1. 超分子结构材料主要研究进展

以超分子化学为基础的超分子材料，是一种正处于开发阶段的现代新型材料，它一般指利用分子间非共价键的键合作用（如氢键相互作用、电子供体-受体相互作用、离子相互作用等）而制备的材料。决定超分子材料性质的，不仅是组成它的分子，更大程度上取决于这些分子所经过的自组装过程，因为材料的性质和功能寓于其自组装过程中，所以，超分子组装技术是超分子材料研究的重要内容。

超分子自组装（supramolecular self-assembly）是指一种或多种分子依靠分子间相互作用，自发地结合起来，形成分立的或伸展的超分子。由分子组成的晶体也可看作是分子通过分子间作用力组装成的一种超分子。超分子化学为化学科学提供新的观念、方法和途径，设计和制造自组装构建元件，开拓分子自组装途径，使具有特定的结构和基团的分子自发地按一定的方式组装成所需的超分子。氢键是超分子识别和自组装中最重要的一种分子间相互作用，由于它的作用较强，涉及面极广，在生命科学和材料科学中都极为重要。例如，DNA的碱基配对，互相识别，将两条长链自组装成双螺旋体。利用不同分子中所能形成氢键的条件，可以组装成多种多样的超分子。过渡金属的配位几何学以及和配位体相互作用位置的方向性特征提供了合理地组装成各类超分子的蓝图。

上海交通大学颜德岳教授等率先通过实验得到超分子自组装形成的宏观多壁螺旋管，突破了长期以来分子自组装的尺度限制，将分子自组装的研究拓展到了宏观尺度，拓宽了分子自组装的研究内容和范围。这种厘米长度、毫米直径的宏观多壁螺旋管，在仿生技术和生物医药工程方面具有潜在的应用前景。他们利用不规则聚合物直接在水中自组装还得到了一类全新的聚合物囊泡，称为支化聚合物组装聚集体，见图1。这是目前报道的具有最大亲水分数的能够制备囊泡的分子。该研究结果进一步促进了不规则分子自组装和自组装囊泡的研究。

通过超分子组装来设计开发新型材料，从20世纪80年代以来已引起人们极大的关注。综合当今国内外有关超分子材料的研究状况可知，程序化共混合非共价键型高分子等均属超分子材料研究中的新概念。同时，通过分子识别和自组装，对分子间相互作用加以利用和操控，在更广泛的空间去创造新的材料，是目前超分子材料开发研究所追寻的目标。

2. 超分子器件

采用超分子组装技术来开发超分子器件是超分子材料研究的一个重要方面。分子器件可定义为结构有

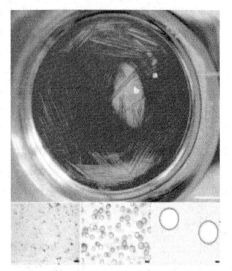

图1　用不规则聚合物自组装得到的宏观多壁螺旋管和巨型聚合物囊泡

序、功能集成、具有超分子结构的化学系统，它们是基于以适当模式排列的组分集合。目前，超分子器件的研究主要涉及分子光器件、分子电子器件和分子离子器件等，如表1。

例如，以超分子光化学为特征来研究的某些光活性配体，可作为新型发光材料，并在有苛刻条件的生物应用中作为标记（如单克隆抗体的标定、寡核苷酸、膜组分、细胞荧光检测等）。还有用键合离子的发光体来做具有较好敏感性和选择性的ATP探针。此外还有研究表明，根据超分子电化学有可能设计出如分子整流器、晶体管、开关、光电二极管等分子器件。

表 1　目前的超分子器件研究情况

器件名称	特　性	内　容
分子光器件	超分子光化学	能量传递的光转换,键合离子的发光体,在光敏性空穴配体中诱导电子传递,在超分子物种中的光诱导反应,在超分子物种中的非线性光学效应
分子电子器件	超分子电化学	作为分子导线的类胡萝卜素紫精,极化分子导线,改性和开关功能的分子导线
分子离子器件	离子键合和传输	管形液晶相,离子响应间层,分子通道的成束方法

3. 液晶材料

液晶介于固态和液态之间,不但具有固态晶体光学特性,又具有液态流动特性,可以说是一个中间相,见图 2。

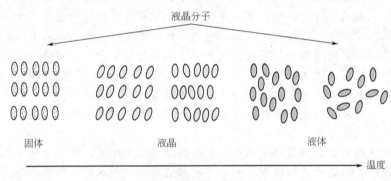

图 2　液晶示意图

用作液晶材料的超分子材料研究已取得了许多成果,如超分子侧键液晶高分子、超分子液晶网络和超分子热塑性弹性体等,这些材料都表现出新的特性。具有实用价值的主要有以下两点。

(1) 氢键诱导小分子液晶　互补杂环 2,6-双氨基吡啶和具有脂肪族长键的脲的衍生物就是一个很好的例子。研究表明,该纯化合物并无液晶性,而 1:1 混合物就给出了六角柱型的亚稳定液晶相;它的存在是由于互补组分的分子识别取向的缔合形成了超分子液晶。这种引入不同中心核以产生超分子液晶,并利用光敏性和电敏性单元的协同作用所形成的液晶材料,在探测器件和生物组分的不同识别等领域具有潜在的应用价值。

(2) 高分子液晶网络　高分子液晶态是高分子液体(溶液和熔体)的一个特殊相态,它在成型加工过程中的流变行为和高分子的溶液及熔体的流变行为不同。将液晶态凝聚成固态后,它的分子取向因素对固体聚合物的力学性质、光电性质有极大的影响。高分子液晶网络是液晶高分子通过化学交联而形成三维体型结构,又称为高分子液晶弹性体,它不仅具有一般弹性体的特性,同时又具有热致液晶特殊的光学、力学和电磁学性能。由于具有优良的成膜性能,可制备各种液晶膜。在高分子液晶弹性体中,液晶基元的取向可以通过力学拉伸来实现和控制,这对于侧链液晶高分子(SLCP)的应用是十分重要的。这种各向异性的弹性体在电子学和光学上具有潜在的应用前景。在超分子和长键高分子中,基于液晶高分子的共价键交联网络已报道,在交联度高的情况下,分子取向仅在固态中,而没有观察到热致液晶行为。此外,采用聚 4-乙烯基吡啶和聚 2-乙烯基吡啶等类似的同分异构体,可制备具有扭结悬挂基团的超分子 SLCP。氢键位置异构体导致超分子 SLCP 的不同结构和性能。

4. 超分子生物体材料

现有研究表明,生命中的超分子现象有以下 4 个方面。

① 在蛋白质的各级结构中,除了一级结构之外,二、三、四级结构中均存在超分子体系。

② DNA 的二级结构（双螺旋结构）是一个超分子体系，并且与生物活性密切相关。

③ RNA 的二级结构也存在超分子体系。

④ 生物膜的结构中具有脂质双亲性螺旋结构，这是一个天然的溶致液晶结构。

超分子生物体材料就是利用上述生物体的超分子效应，一方面开发利用天然的、具有超分子体系的蛋白质材料、核酸材料和生物膜材料等；另一方面是设计开发人工生物膜等新材料。其中，人工生物膜已取得惊人的成果，现已广泛地应用于海水淡化和军事等领域。

5. 纳米材料

超分子纳米材料是超分子材料的重要发展方向之一。目前纳米材料研究中重视的人工纳米结构组装体系，适用于设计开发超分子纳米材料。研究表明，采用模板合成法可制得窄粒径分布、粒径可控、易掺杂和反应易控制的超分子微粒。

6. 结束语

超分子材料是当今材料科学研究的热点之一。近 20 来年，取得了很大的进展，很有可能成为一种 21 世纪的重要新材料。今后面临的课题是，如何积极地利用超分子材料独有的新物性，以便在更广泛的领域获得应用。同时，还期待着设计开发出更加丰富、更高层次的超分子材料，以满足各方面的需要。

第2章 晶体结构缺陷

实际晶体并非具有理想的晶体结构，晶体的结构缺陷就是晶格的紊乱。按缺陷作用范围的不同，可将晶体缺陷分为点缺陷、线缺陷、面缺陷。

2.1 晶体的点缺陷

点缺陷只在结构的某些位置发生，并且其影响只局限于邻近几个原子范围内。例如，杂质原子溶解于晶体中所引起的缺陷就是点缺陷。材料的重要物理性质往往来源于这种不完整性或缺陷的性质，如钢的力学性能、掺杂半导体的电子学性质和固态激光器的光学性质等。点缺陷包括热缺陷、组成缺陷和电子缺陷。

2.1.1 热缺陷

晶体中的热缺陷是由于原子（或离子，下同）受热激发而脱离正常的平衡位置所产生的缺陷。热缺陷有两种：弗仑克尔缺陷（Frenkel defect）和肖特基缺陷（Schottky defect）。

2.1.1.1 弗仑克尔缺陷

弗仑克尔缺陷是指原子离开其平衡位置而进入附近的间隙位置，在原来位置上留下空位所形成的缺陷。弗仑克尔缺陷的特点是填隙原子与空位总是成对出现。

从能量状态来分析，进入间隙位置的原子比在正常位置上的原子能量高，但若要离开这个间隙位则需要克服周围离子对它束缚所造成的势垒 U，因此，这种原子是处于一种亚稳定状态，见图 2.1。若填隙原子再次获得足够的动能，则填隙原子可能返回原来的位置与空位复合，或者与邻近存在的空位复合，或者逐步跃迁到较远的空隙中去。缺陷产生和复合的过程是一种动态平衡的过程，即在一定的温度下，对一定的材料来说，缺陷的数目是一定的，并且无规则均匀地分布在整个晶体中。

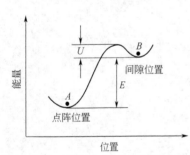

图 2.1　间隙原子的能量状态

在晶体中产生弗仑克尔缺陷的难易程度一方面取决于填隙原子是否较小，另一方面取决于晶体结构中是否存在较大的空隙位置。例如，在氯化钠晶体中由于间隙位置小，所以很难产生弗仑克尔缺陷；而在萤石结构型晶体中有很大的间隙位置，因此比较容易形成弗仑克尔缺陷。但总的来说，在离子晶体及共价晶体中，形成弗仑克尔缺陷是比较困难的。

2.1.1.2 肖特基缺陷

肖特基缺陷是指脱离平衡位置的原子移到晶体表面上，形成新的晶面，而在原位置上留下空位，见图 2.2。肖特基缺陷实际产生过程是表面原子热运动移到新的晶面后留下空位，内部邻近的原子再进入这个空位，依此逐步进行，好像晶体内部的原子跑到晶体表面上。

肖特基缺陷的特点是晶体内部只有空位而没有填隙原子。对于金属晶体而言，肖特基缺陷就是金属离子空位。在离子晶体中，为保证电中性，空位将等量出现。在离子晶体中形成

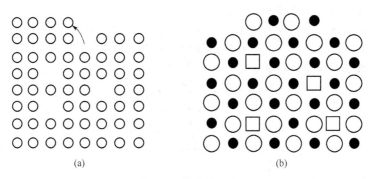

图 2.2　肖特基缺陷

(a) 原子晶体肖特基缺陷；(b) 离子晶体肖特基缺陷

肖特基缺陷所需要的能量比形成弗仑克尔缺陷所需要的能量少，因此，对大多数晶体来说，这种缺陷是主要的缺陷。

2.1.2　组成缺陷

组成缺陷是指杂质原子进入晶体引起晶格畸变，或外界气氛等因素引起基质产生空位的一种缺陷，由于杂质或空位均使组成发生变化，故称组成缺陷。若杂质原子取代了固有原子，则这种杂质称置换型杂质，见图 2.3(a)、(b)；若杂质进入间隙位置，则称为间隙型杂质，见图 2.3(c)；空位见图 2.3(d)。

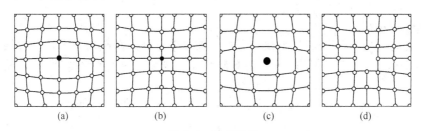

图 2.3　组成缺陷

(a) 大半径置换型杂质；(b) 小半径置换型杂质；(c) 间隙型杂质；(d) 空位

点缺陷可以是内在固有的，如热缺陷中的空位和自填隙原子；也可以是外来的，如组成缺陷中的杂质原子。自填隙原子引起晶格畸变通常显著大于空位和置换杂质所引起的畸变。小的杂质原子处在八面体或四面体间隙内；然而自填隙原子则是一个附加的原子塞入密排点阵中。

2.1.3　电荷缺陷

晶体内原子或离子的外层电子由于受到外界的激发（热、光……），有少部分电子脱离原子核对它的束缚，而成为自由电子，对应留下空穴。自由电子和空穴也是晶体的一种缺陷。虽然它们的出现未破坏离子排列的周期性，但由于自由电子带负电，空穴带正电，因此在它们附近形成了一个附加电场，引起周期势场的畸变，造成晶体的不完整，所以称为电荷缺陷。

电荷缺陷的存在使晶体的绝缘性变差，还会和其他缺陷结合，形成一些新的缺陷，从而影响晶体某些性质。在 N 型或 P 型半导体中既有组成缺陷，也有电荷缺陷。用固体物理的能带理论可以很好地解释导体、半导体和绝缘体的电性能产生机理。

2.1.4　色心

晶体的负离子缺位相当于一个带正电的空位，它自然会得到一个负电荷使电荷平衡的倾向。因此，色心是一个负离子缺位和一个被束缚在缺位库仑场中的电子所形成的缺陷。色心又称 F 中心（来源于德文颜色 Farbe 一词）。

例如，氯化钠晶体，当它符合化学配比时应当是无色透明的，但在钠金属蒸气中加热，然后被骤冷到室温，则原来透明的氯化钠晶体就变成黄色了。这是由于晶体中有过剩的钠原子，因此出现了氯原子缺位，钠原子上的电子就会束缚在它的周围组成色心，这个色心就是氯化钠变色的原因。图 2.4 是色心的示意。

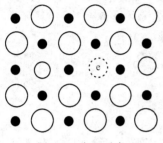

图 2.4　色心示意

色心的存在之所以使晶体局部带上特有的颜色，是因为色心释放电子时需要一定的能量，这就使晶体有选择地吸收一定波长的光波，而使晶体显现出特有的颜色——被吸收色光的补色。

离子晶体具有宽的能带间隙（对于碱金属卤化物是 9～12eV），是良好的电绝缘体。约 10eV 的能带间隙可使缺陷中心的不同能级之间发生电迁移，从而出现可见光谱范围内的吸收带和发光带。由于离子晶体的电阻率很高，所以核磁共振技术已成功地应用于研究缺陷的精细结构。

金红石（TiO_2）在还原气氛或在较高温度下出现氧离子空位，当使邻近一个 Ti^{4+} 还原为 Ti^{3+} 后，晶体则从原来的淡黄色变为灰黑色。色心这种缺陷对材料性能有很大的影响，由于陷入负离子缺位的电子是处于半束缚状态，只要不大的能量就可将其激发，而重新成为自由电子，这就使电导率大大增加。所以在焙烧含钛陶瓷时要注意控制烧成气氛，否则会使产品报废。

2.1.5　点缺陷表示法

克劳格-文克（Kroger-Vink）提出一套描写晶体中不同点缺陷的记号，并发展了应用质量作用定律等来处理晶体各缺陷间关系的缺陷化学。现以二元化合物离子 MX 晶体为例加以说明。

(1) 空位　V_M 和 V_X 分别表示 M 原子空位和 X 原子空位。在这样的空位上是不带电的。

(2) 填隙　M_i 和 X_i 分别表示 M 原子和 X 原子处在间隙位置。

(3) 杂质　L_M 和 S_X 分别表示杂质 L 原子占 M 位置、杂质 S 原子占 X 原子位置。

(4) 自由电子及空穴　在强离子晶体中，电子通常局限在特定的原子位置上，这可以用电价来表示。但对于可在晶体中自由运动、不局限在某个特定位置的自由电子来说，可以用符号 e' 表示，对电子空穴可用 $h^{\cdot}$ 表示。

(5) 带电缺陷　对 MX 中正、负离子均为一价的离子晶体而言，$V_M{'}$ 表示正离子缺位带负电，即相当于移走一个原子 M 同时留下一个电子，这个电子局限于该空位上。上标"'"表示一个单位负电荷。若这个附加电子不局限于该空位上，则表示为 $V_M + e'$。同理，$V_X{^{\cdot}}$ 表示负离子缺位带正电，即相当于移走一个原子 X 和一个电子，而留下空穴，且这个空穴局限于该空位上。上标"·"表示一个单位正电荷。若空穴不局限在空位上，则用 $V_X + h^{\cdot}$ 表示。例如氯化钠晶体，通常出现 $V_{Na}{'}$ 和 $V_{Cl}{^{\cdot}}$ 情况，当电子及空穴不局限在空位上时，可用下面的反应式表示其分离：

$$V_{Na}{'} = V_{Na} + e' \tag{2.1}$$

$$V_{Cl}{^{\cdot}} = V_{Cl} + h^{\cdot} \tag{2.2}$$

其他各种缺陷符号——V_M、V_X、M_i、$(V_M V_X)$ 等也可能带有效电荷。如 $Zn_i{^{\cdot\cdot}}$ 表示一个 Zn^{2+} 填隙。这相当于一个 Zn 原子填隙时失去两个电子在间隙位附近，所以正离子填隙带正电。又如 $Ca_{Na}{^{\cdot}}$ 表示一个 Ca^{2+} 代一个 Na^+ 时，与原来一价的 Na^+ 比较，相当于多出一个正电荷。对 CaO 和 ZrO 生成的固溶体，Ca^{2+} 占 Zr^{4+} 位置，则写成 $Ca_{Zr}{''}$，表示与原来的

Zr^{4+} 比较，相当于多出两个负电荷。

（6）缔合中心 除了单个缺陷以外，在材料中还可能出现多个缺陷缔合或复合缺陷的情况。如（$V_M V_X$）表示相邻的 X 及 M 原子同时出现了空位。例如在 NaCl 晶体中，可能出现钠空位和氯空位的缔合，反应如下：

$$V_{Na'} + V_{Cl\cdot} = (V_{Na'} V_{Cl\cdot}) \tag{2.3}$$

2.1.6 点缺陷反应方程式

在离子晶体中，每种缺陷及其浓度可用有关的生成能和其他热力学数据来描述。若把有缺陷的晶体当成化学物质来看待，并以"缺陷化学"的方式来处理，则可把质量作用定律概念应用于缺陷的反应。这对于了解和掌握缺陷产生和相互作用是很重要的。写缺陷反应方程时，必须遵守下列规则。

（1）位置关系 在化合物 MX 中，M 位置数必须与 X 位置数成正确的比例。例如，在 MgO 中，Mg 和 O 的数量之比为 1:1；在 Al_2O_3 中 Al 与 O 的数量之比为 2:3。只要保持比例不变，每一种类型的位置总数可以改变。

（2）位置变化 由于缺陷的产生和消失，总的结点数目是要改变的。如引入或消除一个 M 空位 V_M，相当于增加或减少 M 的点阵位置数。但在完成这种变化时，位置关系规则所叙述的位置关系不变。能引起位置数变化的缺陷有 V_M、V_X、M_M、X_X 等。不引起位置数变化的缺陷有 e'、$h\cdot$、M_i、L_i 等。例如晶体中原子迁移到晶体表面，在晶体内留下空位时，增加了位置数；当表面原子迁移到晶体内部填补空位时，减少了位置数。

（3）质量平衡 同在化学方程中一样，缺陷方程的两边必须保持质量平衡。即参与反应的离子数在形成缺陷前后必须一样。应当注意，点缺陷符号的下标只是表示缺陷的位置，对质量平衡没有作用。

（4）电中性 电中性的条件要求缺陷反应式两边具有相同数目的总有效电荷。

（5）表面位置 表面位置不用特别表示。当一个 M 原子从晶体内部迁移到表面时，内部留下 M 空位，M 位置数增加只考虑这个空位数的增加。

以上规则在描述热缺陷、固溶体和非化学计量化合物的形成方面是很重要的。为了加深对这些规则的理解，下面举例加以说明。

例 1 固溶体的反应方程式。

以杂质 $CaCl_2$ 进入 KCl 晶体后的情况为例。作为基质的 KCl 中，K 与 Cl 的数量之比为 1:1。当引入一个 $CaCl_2$ 分子时，即带进两个氯离子和一个钙离子。若假设反应为：

$$CaCl_2 \xrightarrow{KCl} Ca_K\cdot + V_{K'} + 2Cl_{Cl} \tag{2.4}$$

该反应方程式的反应号 "→" 上方为基质 KCl，左边为杂质 $CaCl_2$，右边表示杂质进入基质后的反应情况。Cl^- 处在 Cl^- 位置上；Ca^{2+} 处在 K^+ 位置上，Ca^{2+} 的电价比原位置多出一个单位正电荷，为满足电中性，出现一个 K^+ 空位，这个空位带一个单位负电荷，故总有效电荷为零。缺陷发生后，正离子位置数变为两个（$Ca_K\cdot$ 和 $V_{K'}$），负离子位置数变为两个（$2Cl_{Cl}$），正、负离子位置数之比为 2:2=1:1，与基质 KCl 中的正负离子数之比相同，故满足规则（1）的位置数关系。另由式子两边比较可知，满足质量平衡要求。

若假设反应为：

$$CaCl_2 \xrightarrow{KCl} Ca_i^{\cdot\cdot} + 2V_{K'} + 2Cl_{Cl} \tag{2.5}$$

这表示 Ca^{2+} 进入间隙位置，Cl^- 仍在 Cl^- 的位置上，为了满足电中性和位置关系，产生了两个 K^+ 空位。

上述两种过程都符合缺陷反应方程的规则，究竟哪一种是实际存在的，则需根据固溶体生成的条件及实际测试结果加以判断，这些问题将在固溶体一节中介绍。

例 2 非化学计量化合物的反应式。

TiO_2 中失去部分氧，生成非化学计量化合物 TiO_{2-x}，其反应可写成：

$$2TiO_2 \longrightarrow 2Ti_{Ti'} + V_O{}^{\cdot\cdot} + 3O_O + \frac{1}{2}O_2(\uparrow) \tag{2.6}$$

或

$$2Ti_{Ti} + 4O_O \longrightarrow 2Ti_{Ti'} + V_O{}^{\cdot\cdot} + 3O_O + \frac{1}{2}O_2(\uparrow) \tag{2.7}$$

或

$$2Ti_{Ti} + O_O \longrightarrow 2Ti_{Ti'} + V_O{}^{\cdot\cdot} + \frac{1}{2}O_2(g) \tag{2.8}$$

或

$$O_O \longrightarrow + V_O{}^{\cdot\cdot} + \frac{1}{2}O_2(g) + 2e' \tag{2.9}$$

反应方程表示氧气以电中性的氧分子形式从 TiO_2 中逸出，同时，在晶体内产生带正电荷的氧空位和带负电荷的 $2Ti_{Ti'}$ 来保持电中性。方程两边均满足电中性、位置关系和质量平衡关系。

2.1.7 热缺陷浓度计算

热缺陷是由于热起伏引起的。在热平衡条件下，热缺陷的数目与温度和激活能有关。激活能是离子脱离平衡位置所需要的最小能量，一般约 $0.5 \sim 3eV$。

在室温下，离子热运动能量约为 $0.02eV$，这远远小于离子的激活能。因此，晶体中的绝大多数离子都不会克服周围离子的作用力而脱离平衡位置。只是由于能量起伏，有少数热运动能量大于激活能的离子才能离开平衡位置，形成弗仑克尔或肖特基缺陷。

在热平衡条件下，晶体中热缺陷浓度可用化学反应平衡的质量作用定律来处理，也可以用统计热力学的方法计算。下面以弗仑克尔缺陷为例，说明如何用这两种方法推导热缺陷公式。

2.1.7.1 质量作用定律推导热缺陷公式

热缺陷的产生过程可以看成是一种化学反应过程。弗仑克尔缺陷可以看作是正常位置离子和未被占据的间隙位置反应生成填隙离子和空位的过程：

（正常位置离子）＋（未被占据的间隙位置）＝（填隙离子）＋（空位）

例如，在 $AgBr$ 中，弗仑克尔缺陷的生成可写为：

$$Ag_{Ag} + V_i = Ag_i{}^{\cdot} + V_{Ag'} \tag{2.10}$$

式中，Ag_{Ag} 表示 Ag 在 Ag 的位置上；V_i 表示未被占据的空隙；$Ag_i{}^{\cdot}$ 表示银离子填隙；$V_{Ag'}$ 表示银离子空位。根据质量作用定律可知：

$$\frac{[Ag_i{}^{\cdot}][V_{Ag'}]}{[Ag_{Ag}][V_i]} = K_f \tag{2.11}$$

式中，K_f 表示弗仑克尔缺陷的平衡常数；$[Ag_i{}^{\cdot}]$ 表示填隙银离子浓度；$[V_{Ag'}]$ 表示银离子空位浓度。

则

$$[V_{Ag'}] = \frac{n_v}{N} \qquad [Ag_i{}^{\cdot}] = \frac{n_i}{N_i} \tag{2.12}$$

式中，N 表示在单位体积中正常格子位置总数（在晶体中，$N \approx N_i$）；N_i 表示在单位体积中可能的间隙位置总数；n_i 表示在单位体积中平均的填隙离子数；n_v 表示在单位体积中平均的空位数。

设反应过程中体积不变，则平衡常数与温度关系为：

$$K_f = \exp\left(\frac{-E_f}{KT}\right) \tag{2.13}$$

式中，K 为玻尔兹曼常数；T 为热力学温度，E_f 为弗仑克尔缺陷形成能。

可得

$$[Ag_i{}^{\cdot}][V_{Ag'}] = \exp\left(\frac{-E_f}{KT}\right) \tag{2.14}$$

因为
$$[\mathrm{Ag_i^\cdot}] = [\mathrm{V_{Ag'}}]$$

所以
$$[\mathrm{Ag_i^\cdot}] = [\mathrm{V_{Ag'}}] = \exp\left(\frac{-E_f}{2KT}\right) \tag{2.15}$$

将以上推广到一般情况，则式（2.11）可以写为：
$$\frac{n_i n_v}{(N-n_v)(N_i-n_i)} = K_f \tag{2.16}$$

由于 $n_i = n_v = n$，且 $N \gg n_v$，$N_i \gg n_i$，故 $N - n_v \approx N$，$N_i - n_i \approx N_i$，$N \approx N_i$。

因而
$$\frac{n^2}{N^2} = K_f \tag{2.17}$$

同时考虑式（2.16）和式（2.17），得弗仑克尔缺陷浓度与缺陷生成能及温度的关系式：
$$\frac{n}{N} = \exp\left(\frac{-E_f}{2KT}\right) \tag{2.18}$$

式中，$\dfrac{n}{N}$ 为弗仑克尔缺陷浓度。

2.1.7.2　用热力学统计理论推导热缺陷浓度公式

在一定的温度下，含有热缺陷的晶体处于一种热力学的平衡状态。对于这样的系统，自由焓（吉布斯自由能）为：
$$G = H - TS \tag{2.19}$$

系统自由焓的改变为：
$$\Delta G = \Delta H - T\Delta S = \Delta U + P\Delta V - T\Delta S \tag{2.20}$$

式中，ΔH 为热焓变化；ΔS 为熵变；ΔU 为内能变化。设体积变化 $\Delta V \approx 0$，缺陷数目为 n，缺陷生成能为 E，则这些缺陷引起晶体内能增加 $\Delta U = nE$。对于弗仑克尔缺陷，E 表示生成一个空位和一个填隙所需的能量。因此，在等温等压条件下，系统自由焓变化为：
$$\Delta G = nE - T\Delta S \tag{2.21}$$

根据统计热力学，熵表示系统的混乱程度，它和系统的微观状态数（热力学概率）W 成正比：
$$S = k\ln W \tag{2.22}$$

式中，k 为玻尔兹曼常数。当晶体内有 n_i 个填隙离子时，W_i 是指 n_i 个填隙离子在 N 个间隙不同分布时的排列总数。同理，W_v 表示 n_v 个空位在 N 个晶格位置不同分布时的排列总数。即
$$W_i = C_N^{n_i} = \frac{N!}{(N-n_i)!\,n_i!} \tag{2.23}$$

$$W_v = C_N^{n_v} = \frac{N!}{(N-n_v)!\,n_v!} \tag{2.24}$$

晶体发生弗仑克尔缺陷，n_i 和 n_v 同时出现，而 $n_v = n_i = n$。根据乘法原理：
$$W_f = W_i W_v$$
$$\Delta S = k\ln W_f = k\ln(W_i - W_v) = k\ln\left[\frac{N!}{(N-n_i)!\,n_i!}\right]\left[\frac{N!}{(N-n_v)!\,n_v!}\right]$$
$$= 2k\ln\left[\frac{N!}{(N-n)!\,n_i!}\right] \tag{2.25}$$

将这结果代入式（2.21）：
$$\Delta G = nE - 2kT\ln\left[\frac{N!}{(N-n_i)!\,n_i!}\right] = nE - 2kT\left[\ln N! - \ln(N-n)! - \ln n!\right] \tag{2.26}$$

当热平衡时，系统自由焓具有最小值，$\dfrac{\partial \Delta G}{\partial n} = 0$。

$$\left(\frac{\partial \Delta G}{\partial n}\right)_T = E - 2kT\left[\frac{\mathrm{d}\ln N!}{\mathrm{d}n} - \frac{\mathrm{d}\ln(N-n)!}{\mathrm{d}n} - \frac{\mathrm{d}\ln n!}{\mathrm{d}n}\right] = 0 \qquad (2.27)$$

根据斯特令公式，当 $X \gg 1$ 时，$\dfrac{\mathrm{d}\ln X!}{\mathrm{d}X} = \ln X$，由于 N 是常数，n 是比 1 大得多的数，把式 (2.27) 中右端第二项分母的 $\mathrm{d}n$ 改为 $\mathrm{d}(N-n)$，再应用斯特令公式，把式 (2.27) 简化为：

$$E - 2kT[\ln(N-n) - \ln n] = E + 2kT\left[\ln\frac{n}{N-n}\right] = 0 \qquad (2.28)$$

即

$$\ln\frac{n}{N-n} = -\frac{E}{2kT} \qquad (2.29)$$

$$\frac{n}{N-n} = \exp\left(-\frac{E}{2kT}\right) \qquad (2.30)$$

当 n 不大时，$N - n \approx N$，则

$$\frac{n}{N} = \exp\left(-\frac{E}{2kT}\right) \qquad (2.31)$$

这是弗仑克尔缺陷浓度公式，此式和用质量作用定律得到的式 (2.18) 完全相同。公式中，$\dfrac{n}{N}$ 表示热缺陷在总晶格位置中所占的分数，即热缺陷浓度。

离子晶体的肖特基缺陷浓度公式也具有式 (2.31) 的形式，区别只在于缺陷生成能的不同而已。而对于原子晶体，肖特基缺陷浓度公式为：

$$\frac{n_{\mathrm{v}}}{N} = \exp\left(-\frac{E_{\mathrm{s}}}{kT}\right) \qquad (2.32)$$

式中，n_{v} 为空位数，E_{s} 为原子晶体肖特基缺陷生成能。从热缺陷浓度公式可见，晶体中热缺陷的浓度随温度升高而急剧增大，见表 2.1。

表 2.1　不同温度下的缺陷浓度

缺陷浓度 $\dfrac{n}{N}$	1eV	2eV	4eV	6eV	8eV
100 ℃	2×10^{-7}	3×10^{-14}	1×10^{-27}	3×10^{-41}	1×10^{-54}
500 ℃	6×10^{-4}	3×10^{-7}	1×10^{-13}	3×10^{-20}	8×10^{-27}
800 ℃	4×10^{-3}	2×10^{-5}	4×10^{-10}	8×10^{-15}	2×10^{-19}
1000 ℃	1×10^{-2}	1×10^{-4}	1×10^{-8}	1×10^{-12}	1×10^{-16}
1200 ℃	2×10^{-2}	4×10^{-4}	1×10^{-7}	5×10^{-11}	2×10^{-14}
1500 ℃	4×10^{-2}	1×10^{-3}	2×10^{-6}	3×10^{-9}	4×10^{-12}
1800 ℃	6×10^{-2}	4×10^{-3}	1×10^{-5}	5×10^{-8}	2×10^{-10}
2000 ℃	8×10^{-2}	6×10^{-3}	4×10^{-5}	2×10^{-7}	1×10^{-9}

由表可见，当缺陷形成能 $E = 2\mathrm{eV}$，温度从 100℃ 升到 1000℃ 时，热缺陷浓度增加 $10^9 \sim 10^{10}$ 倍。说明当缺陷的生成能不太大，但温度比较高时，就有可能产生相当可观的缺陷浓度。了解这一点可以帮助人们控制晶体中热缺陷的比例。例如，在固相反应、扩散等需要形成热缺陷的过程中，应当适当地提高材料的温度（当然在具体的生产工艺中，烧结温度的选择并不是越高越好，因为它还与液相黏度及比例、晶粒长大、晶型转化、热分解以及设备等各方面因素有关）；反之，对热缺陷的出现有害的材料，应该避免使材料处于高温之下。如在人造晶体中，普遍采用提拉法，即以籽晶引领晶体从熔融态慢慢结晶而培养单晶。在单晶刚拉出来时，由于温度很高，因此空位浓度就很大，若单晶的冷却速率较大，不仅产生热应力，而且空位来不及通过固液界面而扩散到液体中去，那么过饱和空位在晶体中就凝集，形成位错而影响晶体质量。

从表 2.1 还可看出，在同样温度下，缺陷生成能的大小对缺陷浓度有很大影响。如同样在 1000℃ 时，当缺陷生成能 6eV 下降到 2eV 时，缺陷浓度将增加 10^8 倍。缺陷生成能的大小与离子结合力和晶体结构有关。当晶体熔点越高，离子在晶格中越稳定，相应缺陷生成能越大。若结构中空隙很小，离开平衡位置的离子要进入间隙就要克服很大的势能。例如，在氯化钠型的离子晶体中形成一个填隙离子和空位需要能量高达 $7 \sim 8eV$，而形成一个肖特基缺陷的空位只需 2eV，所以，在氯化钠型的离子晶体中肖特基缺陷比弗仑克尔缺陷要多得多。在萤石型结构中，形成弗仑克尔缺陷需要的能量只有 2.8eV，故易形成弗仑克尔缺陷。

2.2 晶体的线缺陷

实际晶体在结晶时由于杂质、温度变化或振动产生应力作用，或者由于晶体受到外界应力，如打击、切削、研磨等机械应力的作用，使晶体内部质点排列变形，原子行列间相互滑移，而不再符合理想晶格的有秩序的排列，从而形成线状的缺陷。在线缺陷附近一个相当范围内出现了严重的点阵畸变，需要经过好几个点阵间距才能恢复，线缺陷因而叫位错。最简单的位错有两种——刃位错和螺位错。

2.2.1 刃位错

刃位错也叫棱位错。当晶体受到局部压缩作用时，若使上半部分 $A'B'EFGH$ 滑移了一个原子间距，则晶体内出现额外的半晶面，局部原子间距不均匀，形成线状缺陷，如图 2.5。滑移部分与未滑移部分的交界线 EF 称为位错线。多出的半片原子面［图 2.5（b）］中的 HE，看上去就像劈进了一个刀刃似的，所以称刃位错。刃错位分正刃位错和负刃位错。正刃位错用符号 "⊥" 表示，负刃位错用符号 "⊤" 表示，垂线指向多出的原子面。图 2.5(c)、(d) 表示在外力作用下，位错线运动到晶体边界时，造成一个原子间距的滑移。

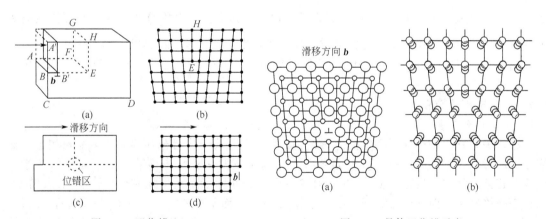

图 2.5 刃位错
(a) 晶体滑移；(b) 刃位错；(c) 位错运动；
(d) 位错线到达晶体边界

图 2.6 晶体刃位错示意
(a) MgO 晶体刃位错示意图；
(b) 简单立方晶体中的一个刃位错

刃位错的特点：①滑移方向与位错线相互垂直。②柏格斯矢量 b 与位错线垂直。柏格斯矢量简称柏氏矢量。柏氏矢量 b 是表征当位错存在时，质点相对位移的情况，其方向与滑移方向相同，大小等于晶体中滑移方向上两个原子的间距或其整数倍。

对于离子晶体来说，其位错情况比原子晶体复杂，图 2.6 表示由 Mg^{2+} 和 O^{2-} 构成两个额外的半片平面。

2.2.2 螺位错

螺位错也称螺旋位错。如图 2.7 所示，若在剪应力作用下，使晶体左右两部分在滑移面 $AB'C'D$ 上沿 AD 方向滑移了一个原子间距，这时若从 B' 点出发，顺时针绕 AD 线依次盘旋向下，那么每转一圈就比原来的出发点降低一层面网，所以这种缺陷称为螺旋位错。AD 是滑移部分与未滑移部分的分界线，即螺位错的位错线。螺位错有左旋、右旋之分，图 2.7 所示为左旋螺位错。螺位错的特点：①滑移方向与位错线相互平行；②螺位错的柏氏矢量 b 与位错线平行。螺位错中没有多余的原子平面。虽然螺位错中没有多余的原子平面，但位错线也可以通过运动滑移到晶体边界而造成一个原子间距的滑移，如图 2.7(c)。

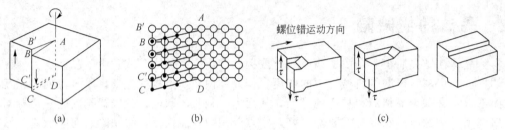

图 2.7 螺位错
（a）在剪切力作用下产生螺位错示意；（b）晶体中质点发生螺位错后的位置；（c）螺位错在晶体中的运动

综上所述，可以把两种位错的共性归纳如下。

① 位错是晶体中的原子或离子排列的线缺陷，但并不是几何意义上的线。严格地说它是有一定尺度的管道。

② 在位错线附近有很大的应力集中，在这些地区原子的能量比其他理想晶格位置上的原子能量高，因此比较容易运动。

晶体位错的研究方法，可用光学显微镜、电子衍射和电子显微镜等技术进行直接观察或间接测定。设一个长度为 L，截面积为 A 的单晶，其中有 n 条位错线，如果每条位错线长度和 L 相等，则位错密度等于 $\frac{nL}{AL} = \frac{n}{A}$。也就是说，位错密度可以用单位截面上的位错线露头的数目表示。因此，用光学显微镜观察晶体位错的腐蚀坑数目，再除以视场的面积，就可求出位错密度，在一般单晶生产中，位错密度约在 $10^3 \sim 10^4 / cm^2$ 以下，较差的达 $10^8 \sim 10^9 / cm^2$。

2.2.3 位错理论简介

2.2.3.1 柏氏矢量

柏氏矢量是由柏氏回路决定的。所谓柏氏回路是假想一个理想晶格和实际晶格相当。如图 2.8 所示，在理想晶格中，从 A 点出发，沿箭头方向一步一步移动，由于晶格内无原子的异常排列，故终点恰好回到 A 点，构成一个闭合回路。而在实际晶格中，从 A' 点出发，仍按理想格回路方向和步数移动，终点不在 A' 点上，而是在 B 点。为了使它形成闭合回路，必须附加一个 B 到 A' 的矢量 b。显然，该矢量与回路的形状和位置无关。这个矢量就叫柏格斯矢量，它的值等于晶格间距（或其倍数）。这个闭合回路称为柏格斯回路。

柏氏矢量的实验测定：可以用透射电子显微镜测定，只要电子束的波矢 g 和 b 处于 $g \cdot b = 0$ 的条件时，就可观察到位错线的消失，因此，可以据此测出柏氏矢量。波矢 g 是表示波长为 λ 的电子波的入射方向和大小，其值等于 $2\pi/\lambda$。详细方法请参阅有关位错方向的专著。

2.2.3.2 位错周围的应力场和弹性应变能

从上述位错形成过程可知，在位错线附近，由于结构发生了畸变，因此在位错周围就存在一个应力场。例如在正刃位错中，上面原子受到压应力，下面原子受到张应力。

位错周围的应力场和弹性应变能与位错的形成和位错的运动有着直接的关系。用所谓连续介质模型可以确定位错的弹性应变能与柏氏矢量的关系。

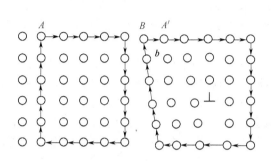

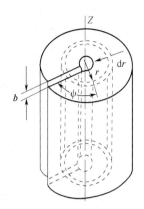

图 2.8　柏氏回路和柏氏矢量的确定　　　　图 2.9　螺位错能量计算模型

假设可以忽略图 2.9 中位错中心区几个原子间距内的形变情况，因为这个区域不符合虎克定律，并设离中心半径为 r 时的位移已经是柏氏矢量 b 的大小，则在距中心 r 处的切应变为：

$$\varepsilon_{\psi Z} = \frac{b}{2\pi r}$$

式中，下标 ψ 表示切变平面的方位；Z 为切变方向。在弹性范围内符合虎克定律，故切应力为：

$$\tau_{\psi Z} = \frac{Gb}{2\pi r} \tag{2.33}$$

式中，G 为切变模量。从以上两式可知，应变和应力都是和半径成反比的。由于单位体积的弹性应变能是应力与应变乘积的一半，即为 $\frac{1}{2}\varepsilon_{\psi Z}\tau_{\psi Z}$。在半径为 r 处，厚度为 $\mathrm{d}r$ 的薄壁圆筒体，其弹性应变能为 $\frac{1}{2}\varepsilon_{\psi Z}\tau_{\psi Z} \times 2\pi r\mathrm{d}r$，故对整个晶体来说，单位长度的位错弹性应变能为：

$$E = \frac{1}{2}\int_{r_0}^{R} \frac{b}{2\pi r} \times \frac{Gb}{2\pi r} \times 2\pi r\mathrm{d}r = \frac{Gb^2}{4\pi}\ln\frac{R}{r_0} = \partial Gb^2 \tag{2.34}$$

式中，$\partial = \frac{1}{4\pi}\ln\frac{R}{r_0}$，$R$ 为晶体的外径，大小一般为 $10^{-4}\,\mathrm{cm}$，相当于多晶体中晶粒的大小或单晶中嵌镶块的大小。r_0 是位错核心区的半径，在这个区域内虎克定律不适用。由于 R 比 r_0 大很多，所以 r_0 的大小不是十分关键的。这个计算模型虽然把位错核心的畸变能忽略了，但核心区这部分能量并不大，大约只有总能量的 1/10。因此上述模型还是可以用的。

对刃位错，按弹性力学理论可以计算出单位长度的弹性能，具有与螺位错类似的形式，可近似地表示为：

$$E = \frac{Gb^2}{4\pi(1-\nu)}\ln\frac{R}{r_0} \tag{2.35}$$

式中，ν 为泊松比。

作为一级近似，不论刃位错还是螺位错，单位长度的位错弹性能量为：

$$E \approx Gb^2 \tag{2.36}$$

该式表示单位长度位错的弹性应变能和柏氏矢量的平方成正比。因此，柏氏矢量越小的地方，弹性应变能越小，越容易在该处形成位错。例如，在陶瓷材料中，氧化物系统之所以容易在氧紧密堆积的方向上发生滑移，就是由于在这个方向上柏氏矢量 b 比较小的缘故。

由于位错存在弹性应变能，它属于一种介稳状态，因此从整个位错来看，与表面张力非常相似，它有一种趋势，尽可能使位错趋向缩短，以便减小这种能量。也就是说，弯曲的位错线有变直的趋势，如果是环形位错线，则有使环形收缩，甚至消失的可能。

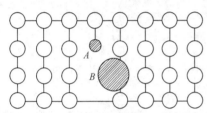

图 2.10 杂质离子在位错中的位置

位错周围存在应力有利于杂质离子（或原子）聚集在其附近。因为杂质离子的半径和晶体基质离子不同，所以进入理想基质晶格会造成局部的压应力或张应力，在实际晶体中，沿位错线上的受压应力的基质离子要和小的杂质离子结合在一起；受张应力的基质离子要和大的杂质离子结合在一起，如图 2.10 所示，这样有利于晶体内能的减低，也就是说，在这样的系统中，杂质离子聚集在位错线比统计分布在整个晶体内更加稳定。用来观察晶体位错的装饰法或杂质沉淀着色法就是利用了位错线具有这种聚集杂质离子的特性。具体方法是将银化合物加入到晶体内，在较高的温度下，银离子扩散到位错线附近，然后经过还原，金属银就聚集到位错线周围，银是不透明的，因此可以观察到透明晶体的位错结构。另外，还可利用位错周围晶格受应力作用而处于介稳状态，容易受腐蚀的特性，用所谓腐蚀坑法。例如硅单晶的位错，可利用硝酸、醋酸、冲稀了的氢氟酸腐蚀数分钟，就可以显露出位错坑。

2.2.3.3 位错的运动

位错线的任何运动都可以分解成滑移和垂直于滑移面的攀移。

（1）滑移 由于位错处于介稳状态，所以只有较小的应力就可以使位错发生运动。也就是说，位错的存在使晶体容易发生滑移。滑移总是在某些指数较小，面间距大，面网密度大的面上和原子密排面的密排方向上发生。滑移面和滑移方向组成滑移系统。例如面心立方点阵的金属内，原子密度最大的面为 〈111〉，方向为 〈110〉，由于滑移必须发生在位错的柏氏矢量方向上，而在这个系统中 $b = \dfrac{a}{\sqrt{2}}$，所需要的切应力 τ 仅为 $b = a$ 时的 1/100，故位错易沿着这个滑移系统滑移。

刃位错的位错线与柏氏矢量垂直，位错运动方向与柏氏矢量平行，在滑移过程中位错线一直在滑移面上，只有作用在滑移面上而又平行于柏氏矢量的切应力才能使刃位错滑移。

滑移的传播就相当于位错在滑移面内的传播。滑移不是在整个滑移面上同时发生的，而是在滑移面的有限区域内开始，以有限速率传播到其他区域，因为这样只需很小的能量就可使滑移进行。如图 2.11 中，A 原子同时受到 B 和 C 原子相同的引力，但当外界有力使 A 原子向左移动一点时，B 原子对 A 的引力将增加，而使位错向左移动一个晶格间距。莫特（Mott）曾形象地把滑移比喻为一块大而重的地毯在地板上滑动。如果拖着整块地毯在地板上滑动，阻力很大，但如果在

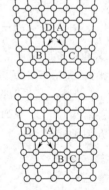

图 2.11 位错的滑移

地毯上折起一个皱折，然后推着这个皱折前进，当皱折从一端到另一端时，地毯就在地板上滑移过一定距离，这样滑移所需的力比拖着整条地毯在地板上滑动所需的力小得多。这样的过程与位错引起晶体的范性形变是十分类似的。

金属具有延展性，陶瓷却表现出脆性，这与两者滑移系统有关。金属滑移系统多，陶瓷滑移系统少。因为金属键没有方向性，而陶瓷中的离子键、共价键均有方向性。离子晶体在发生滑移时，若发生同号离子相遇，就会产生极大的斥力而阻碍滑移运动，因此离子晶体滑移方向也有选择性。在低温下很多无机非金属材料，即使是单晶，也根本不能发生滑移，而表现出脆性断裂。

（2）攀移　刃位错要离开原来的滑移面，就必须通过攀移运动，位错在垂直滑移面方向的运动，称为攀移运动。螺位错中没有这种运动，攀移是通过原子扩散而完成的。

由于在一定温度下，晶体内存在一定数量的空位和填隙原子，当原子扩散所需的能量小于使位错滑移的能量时，则刃位错附近的一列原子可以由热运动而扩散到间隙位置或填空，使原位错线向上移一个滑移面，如图 2.12 所示，或在位错线附近，其他的填隙原子移入而增添一列原子，使位错线向下移一个滑移面。若扩散不断进行，就可以把位错线移到晶体外。

理想晶体的位移

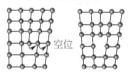

空位

位错的滑移运动和攀移运动是性质完全不同的两种位错运动。前者与外力有关，后者与晶体中空位和填隙原子数有关。

在实际生产中，可利用位错的攀移来消除位错。例如拉制没有位错的硅单晶时，先提高拉制速率，然后骤然冷却，使空位在晶体内形成过饱和，并使生长的晶体逐渐变细，形成一个细颈。这些措施的目的都是促使位错吸收空位，攀移到表面而消失。

图 2.12　位错的攀移

（3）位错的塞积　位错的塞积是位错在运动过程中因为遇到障碍而在障碍前造成堆积的现象，这一群塞积的位错就称为塞积群。塞积群中的位错在排列上有一定的规律，在前端比较密集，在后面逐渐稀疏，见图 2.13。

在多晶材料中较普遍的是位错在晶界前形成塞积，由于晶粒间存在位向差，原来晶粒的滑移系统与邻近晶粒的滑移系统取向就不一致，因此，位错原来的运动方向一般不大可能继续下去，特别对滑移系统较少的离子型及共价型晶体来说更是如此。要位错在空间沿折线运动是需要更多能量的，原来的外加切应力在新的滑移方向不一定超过临界值，这样位错就会在晶界前停滞下来而造成塞积。障碍前塞积的位错有时可造成微裂纹，见图 2.14。

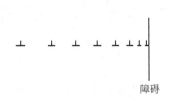

障碍

图 2.13　位错在障碍前的塞积

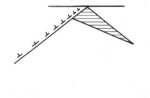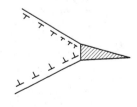

图 2.14　位错在障碍前塞积形成裂纹

利用位错缺陷可以解释材料的塑性变化是位错移动的结果；晶体生长快是由于存在螺位错；烧结和固相反应的速率与质点在固体中的扩散过程有关，位错的存在有利于质点的扩散运动。另外位错这种畸变状态能引起能带的变化，甚至吸收电子，因此对半导体性质也有很大的影响。

2.3 晶体的面缺陷

晶体的面缺陷是范围更大的缺陷，包括晶面、晶界及镶嵌块等。晶体都是通过生长过程形成的，正常情况下都是在许多部位同时生长，因而不会形成均一的单晶体，而是形成由许多微晶体按不规则排列组合成的多晶体结构。

2.3.1 晶面

由于在晶体表面处的离子或原子有不饱和键，所以具有很大的反应活性。又因表面结构的不对称，使点阵受到很大的扭曲变形，因而具有的能量也比晶体内要高。特别是新鲜的断面，具有很大的表面能，使晶体表面活性、反应能力等都大为加强。晶体的新鲜表面一旦暴露在大气里，就迅速吸收各种气体特别是水蒸气，其表面能因而降低。

2.3.2 晶界

晶界是晶粒间界的简称。由于晶粒之间位向不同，因此晶界是晶粒从有序到无序区域的过渡地带。

镶嵌块是单晶体内尺寸为 $10^{-8} \sim 10^{-6}$ m 的小晶块，相互间以几秒到几分的小角度稍有倾斜地相交着，形成了镶嵌结构，实质是一种小角度的晶界，见图 2.15。

小角度晶界相当于一系列的刃位错。图 2.15 是两个以很小的倾斜角相交的晶粒，在晶界处质点排列的不规则形成一系列的刃位错。相邻的同号位错间距以 D 表示，则 D 与柏氏矢量 b 的大小及晶粒之间的位向差，即晶粒之间交角 θ（单位为弧度）关系为：

$$D = \frac{b}{\theta} \tag{2.37}$$

另一种面缺陷称大角度晶界，它是多晶体中取向各异的晶粒间的界面缺陷。大角度晶界的 θ 值较大，故 D 值减小，好像位错相继靠得很近，由此可以认为界面处原子排列是带有无定形性质的。这已被实验所证实，因为可测出晶粒界面处的黏度与无定形液体很相似。

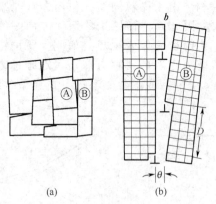

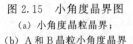

图 2.15　小角度晶界图　　　　　　　图 2.16　以 10° 相交的两个 MgO 晶粒
　（a）小角度晶粒晶界；
　（b）A 和 B 晶粒小角度晶界

图 2.16 表示的是两个以 10° 相交的 MgO 晶粒。在晶粒的边界处，离子键发生了形变，并使某些同种离子靠近了，因而有彼此排斥的倾向而使结构变得不稳定，甚至还出现了较大的缺位。晶界对陶瓷等多晶材料的性能有很显著的影响，特别是对蠕变、强度等力学性能和极化、损耗等介电性能影响较大。

2.4 固溶体

2.4.1 固溶体的概念

固溶体（solid solution）是指在固态条件下，一种组分内"溶解"了其他组分而形成单一、均匀的晶态固体。在固溶体中，一般把含量较高的组分称为溶剂、主晶相或基质，其他组分称为溶质或杂质。

当晶体 A 和 B 形成固溶体，A、B 之间是以原子尺度混合的，这种混合是以不破坏主晶相结构为前提的，因此固溶体是均匀的单相晶态物质，其晶体结构和主晶相一致；在组成上，A、B 之间不存在确定的化学比，可在一定的范围内波动。

红宝石是 α-Al_2O_3 中溶解了 0.5%～2% Cr_2O_3 所形成的固溶体。纯 α-Al_2O_3 单晶称白宝石，没有激光性能。当少量 Cr_2O_3 固溶到 α-Al_2O_3 中，由于结构中存在 Cr^{3+} 而能产生受激辐射，成为一种性能稳定的固体激光材料。虽然红宝石和白宝石在激光性能上有如此重要的区别，但它们在结构上却没有本质的差别，都是刚玉结构，或者说，Cr_2O_3 固溶到 α-Al_2O_3 中并不破坏主晶相 α-Al_2O_3 的结构，在形成固溶体时，组分之间的固溶可以在晶体的生长过程中进行，也可以在溶液中结晶时形成（若溶剂和溶质晶体都是可溶性的），既可以在烧结过程中通过原子的扩散形成，也可以在溶体状态时结晶形成。

固溶体与机械混合物及一般的化合物有本质区别：当晶体 A、B 形成机械混合物时，它们不可能是原子尺度的混合，分别保持本身的结构与性能，它们不是形成均匀的单相，而是形成两相或多相。如果 A、B 之间生成化合物 A_mB_n，虽然也是均匀的单相物质，但化合物 A_mB_n 的结构既不同于 A，也不同于 B，而有其固有的晶体结构，且 A、B 之间按确定的物质的量之比 $m:n$ 化合。例如 MgO（NaCl 结构）和 α-Al_2O_3（刚玉结构）生成化合物尖晶石 $MgAl_2O_4$（尖晶石结构），组成 MgO 和 Al_2O_3 的物质的量之比为 1:1。

固溶体是具有主晶相结构形式，组分间没有严格化学比例的均匀单相晶态物质。

固溶体普遍存在于无机固体材料中，现代无论是功能材料，还是结构材料都是利用生成固溶体的条件，调整材料性能。例如，在 PZT 陶瓷［一种以 $Pb(ZrTi)O_3$ 为基的陶瓷］的生产中，就是利用调整 Zr 和 Ti 的量之比，或进行 A 位置（即 Pb 位置）及 B 位置（即 Zr、Ti 位置）的置换来调整电子陶瓷材料性能的。

2.4.2 固溶体的生成条件和分类

在各种类型的固溶体中，置换固溶体是最基本的。按杂质与基质置换能力的不同，置换固溶体可分为完全互溶固溶体和部分互溶固溶体；当杂质与基质置换后电价出现不平衡时，置换固溶体又可分为填隙固溶体和缺位固溶体。

2.4.2.1 完全互溶和部分互溶固溶体

（1）完全互溶固溶体　完全互溶固溶体也称连续固溶体或无限固溶体。两种或两种以上的固体物质以任何比例都能够互相溶解时所形成的固溶体称为完全互溶固溶体。

当两种物质晶体结构相同；所置换的离子半径相近，即 $\dfrac{r_{大}-r_{小}}{r_{大}}<15\%$；取代前后电价相同；电负性相近时；则可形成完全互溶固溶体。

例如，MgO-CoO 系，MgO 和 CoO 都是 NaCl 型结构；Mg^{2+}（0.08nm）和 Co^{2+}（0.073nm）大小相近，且 $\dfrac{r_{大}-r_{小}}{r_{大}}=\dfrac{0.08-0.073}{0.08}=8.75\%<15\%$；置换前后电价相同，所以 MgO 中的 Mg^{2+} 位置可以无限制地被 Co^{2+} 占据，生成完全互溶的置换型固溶体，该固溶体分子式可写成 $(Mg_{1-x}Co_x)O$，其中 $x=0\sim1$。图 2.17(a)、(b) 分别是 MgO -CoO 的相

图及固溶体结构图。

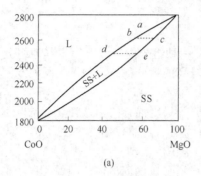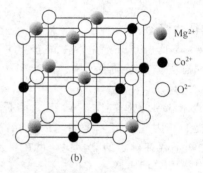

图 2.17 MgO-CoO 完全互溶固溶体

(a) MgO-CoO 系统相图；(b) MgO-CoO 系统固溶体结构

（2）部分互溶固溶体 部分互溶固溶体也称不连续固溶体或有限固溶体。部分互溶固溶体指溶质在溶剂中的溶解度是有限的，即杂质只能以一定的限量溶入基质中。

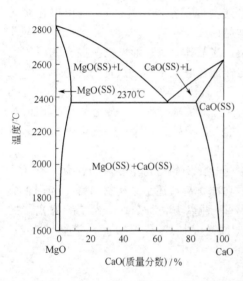

图 2.18 MgO-CaO 系统相图

当两种物质晶体结构不同或相互取代的离子半径差别较大时，只能生成部分互溶固溶体。例如，MgO-CaO 系统虽然两者都是 NaCl 型结构，电价相同，两种正离子电负性相近。但 Mg^{2+}（0.08nm）和 Ca^{2+}（0.108nm）离子半径相差较大，$\frac{r_大 - r_小}{r_大} > 15\%$，所以取代有限，故生成部分互溶固溶体。图 2.18 是 MgO-CaO 系统相图。

对于可生成连续固溶体的系统，如果取代离子电价不同，则应用复合取代的方法，即用两种以上不同离子组合，满足电中性取代的条件，才能生成完全互溶固溶体。例如，在钠长石 $Na[AlSi_3O_8]$ 和钙长石 $Ca[Al_2Si_2O_8]$ 所形成的固溶体系列中，钙和铝同时分别被钠和硅所取代，$Ca^{2+} + Al^{3+} = Na^+ + Si^{4+}$，取代前后保持电中性，因此可形成连续固溶体。

许多压电陶瓷材料也具有复合取代而形成固溶体的情况，最早的压电陶瓷是 $BaTiO_3$，当 Ba 用 Pb、Sr、Ca 取代时，由于物理性能的改变而出现许多新型压电陶瓷材料。美国约飞（B.jaffe）首先利用 $PbTiO_3$-$PbZrO_3$ 能生成完全互溶固溶体 $Pb(ZrTi)O_3$，然后再添加少量 Nb、Cr、La、Fe 等，从而发明了一系列具有特殊压电性能的压电材料。

图 2.19 是 $PbTiO_3$-$PbZrO_3$ 室温相图，虽然在室温下锆钛比不同时有不同的晶体结构类型，但在相变温度上，任何锆钛比立方相的结构是稳定的。由于固溶体的形成温度高于相变温度，因此 $PbZrO_3$ 和 $PbTiO_3$ 可形成完全互溶固溶体。

对于具有复合钙钛矿型的化合物，它们可以和 $PbTiO_3$ 生成完全互溶固溶体。因此构成大量二元压电陶瓷系统：

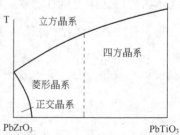

图 2.19 $PbZrO_3$-$PbTiO_3$ 室温相图

$Ba(Zn_{1/3}Nb_{2/3})O_3\text{-}PbTiO_3$，$Pb(Sc_{1/2}Nb_{1/2})O_3\text{-}PbTiO_3$，$(Na_{1/2}Bi_{1/2})TiO_3\text{-}PbTiO_3$，$Pb(Zn_{1/3}Nb_{2/3})O_3\text{-}PbTiO_3$ 等。

温度对固溶度有明显的影响，随温度升高，杂质在基质中的溶解度将提高，而压力的作用则相反，但一般情况下，压力的影响是有限的。

2.4.2.2 填隙固溶体和缺位固溶体

在不等价置换固溶体中，为保持电中性，可能出现填隙固溶体或缺位固溶体。

（1）填隙固溶体 当杂质进入晶体的间隙位置时，就生成填隙固溶体。对于金属，这种固溶体比较普遍，例如，金属的碳化物、硼化物、氮化物中半径较小的 C、B、N 等原子，填充在密堆积的金属原子间隙中，生成一系列硬质合金的高硬或超硬材料。

对于陶瓷，填隙固溶体常是由于不等价置换时，为保持电中性而产生的。当杂质中低价阳离子置换基质的高价阳离子时，若取代进去的阳离子尺寸较小，而原有基质的间隙位置空隙较大，则可能生成填隙固溶体。如 LiCl 溶入 $MgCl_2$ 中，生成 Li^+ 填隙固溶体，其反应方程式为：

$$2LiCl \xrightarrow{MgCl_2} Li_{Mg}{'} + Li_i{\cdot} + 2Cl_{Cl} \tag{2.38}$$

式子表明：当两个 LiCl 代替一个 $MgCl_2$ 时，两个 Cl 处在基质中相应的两个 Cl 的位置上，而两个 Li^+ 中的一个处在晶格中的 Mg^{2+} 的位置上，另一个 Li^+ 就在附近的晶格间隙中。所形成的填隙固溶体可写成 $Mg_{1-x}Li_{2x}Cl_2$。

当杂质中高价阳离子置换基质的低价阳离子时，若基质内空隙较大，可能出现负离子填隙，例如，ZrO_2 加到 Y_2O_3 中，在 Zr^{4+} 置换 Y^{3+} 的同时，产生氧离子的嵌入，以保持电中性，可用方程式表示为：

$$2ZrO_2 \xrightarrow{Y_2O_3} 2Zr_Y{\cdot} + O_i{''} + 3O_O \tag{2.39}$$

从以上两例可见，形成填隙固溶体仍然取决于离子尺寸、电价、电负性和结构等因素，但基质结构中空隙的大小及杂质离子尺寸起着决定性的作用。事实证明，几种典型结构形成填隙固溶体概率的次序是萤石＞金红石＞氯化钠。

填隙固溶体一般都使晶体的晶胞参数增大，杂质离子（原子）溶入越多，结构就越不稳定，因此，填隙固溶体不可能是连续固溶体，而只能是有限固溶体。

（2）缺位固溶体 缺位固溶体也是由于不等价置换而产生的。基质的阳离子或阴离子出现空缺，则形成缺位固溶体。当杂质的高价阳离子置换基质低价阳离子时，则可能形成阳离子空位固溶体，例如，Al_2O_3 在 MgO 中有一定的溶解度，当 Al^{3+} 进入 MgO 晶格时，它占据 Mg^{2+} 的位置，为保持电中性，在 MgO 中就要产生 Mg^{2+} 空位，反应如下：

$$Al_2O_3 \xrightarrow{MgO} 2Al_{Mg}{\cdot} + V_{Mg}{''} + 3O_O \tag{2.40}$$

形成固溶体 $Mg_{1-3x}Al_{2x}O$。当杂质的低价阳离子置换基质高价阳离子，则可能形成阴离子空位固溶体，例如，CaO 外加到 ZrO_2 中，Ca^{2+} 置换 Zr^{4+}，由于电中性的要求，在金属离子置换的同时，产生一个 O^{2-} 空位，反应为：

$$CaO \xrightarrow{ZrO_2} Ca_{Zr}{''} + V_O{\cdot\cdot} + O_O \tag{2.41}$$

形成固溶体 $Zr_{1-x}Ca_xO_{2-x}$。同理，缺位固溶体也不可能是完全互溶固溶体。

以上列举了不等价置换固溶体中可能出现的填隙或缺位固溶体情况。为使问题简化，假定负离子仅有 O^{2-} 一种，因此，所谓一种晶体部分地取代另一种晶体，可以看成是一种（或一组）阳离子取代晶体中另一种（或一组）阳离子，现归纳如下：

$$Z_{杂质} < Z_{基质} \begin{cases} 阳离子填隙 \\ 阴离子缺位 \end{cases} \qquad Z_{杂质} > Z_{基质} \begin{cases} 阴离子填隙 \\ 阳离子缺位 \end{cases}$$

填隙和缺位固溶体可统称为"组分缺陷"，因为它们不同于热缺陷。在一个具体系统中，判断究竟出现哪一种组分缺陷，原则上杂质引起晶格的应力必须最小，否则，晶格畸变严重，将引起晶体结构的不稳定，"组分缺陷"的形式必须通过实验测定才能确认。

2.4.3 固溶体的研究方法

固溶体能否形成，可根据前述固溶体生成条件及影响固溶体溶解度的因素进行大概估计，也可用各种相分析及结构分析方法进行研究。因为相图不能告诉人们所生成的固溶体是置换型还是填隙型、缺位型，而不论何种类型的固溶体都将引起结构和性质上的某些变化（如密度和光学性能等），所以可以用 X 射线结构分析方法测定晶胞参数，并计算出固溶体的密度，再与实测密度比较，从而可判断固溶体的类型。

若 D 表示实测密度值，D_c 表示理论计算密度值，则

$$密度 = \frac{晶胞质量}{晶胞体积} = \frac{晶胞分子数 \times 分子摩尔质量}{阿伏伽德罗常数 \times 晶胞体积} \tag{2.42}$$

下面以 CaO 加入到 ZrO_2 中生成不等价置换固溶体为例。在 1600℃下，该固溶体具有立方萤石结构。经 X 射线分析确定，当溶入 0.15 分子 CaO 时，晶胞参数 $a = 0.5131$nm，实测密度值 $D = 5.477$g/cm³。

对于 CaO-ZrO_2 系固溶体，可以是一个 Ca^{2+} 置换一个 Zr^{4+}，同时产生一个 O^{2-} 空位；也可以是两个 Ca^{2+} 置换一个 Zr^{4+}，其中一个 Ca^{2+} 进入阴离子的间隙中，对应生成的固溶体方程分别为：

$$CaO \xrightarrow{ZrO_2} Ca_{Zr''} + V_O^{\cdot\cdot} + O_O \tag{2.43}$$

$$2CaO \xrightarrow{ZrO_2} Ca_{Zr''} + Ca_i^{\cdot\cdot} + 2O_O \tag{2.44}$$

根据式（2.43）可以写出缺位型固溶体化学式 $Zr_{1-x}Ca_xO_{2-x}$，x 表示 Ca^{2+} 进入 Zr^{4+} 位置的分数；根据式（2.44）可以写出填隙型固溶体化学式 $Zr_{1-x}Ca_{2x}O_2$。

现根据已知条件计算缺位型固溶体的理论密度。

固溶体的化学式为 $Zr_{0.85}Ca_{0.15}O_{1.85}$，因为是萤石结构，晶胞分子数为 4，所以：

$$晶胞质量 = \frac{4 \times (0.85 \times 91.22 + 0.15 \times 40.08 + 1.85 \times 16)}{6.02 \times 10^{23}} = 75.18 \times 10^{-23}(g)$$

$$晶胞体积 = a^3 = (5.131 \times 10^{-8})^3 = 135.1 \times 10^{-24}(cm^3)$$

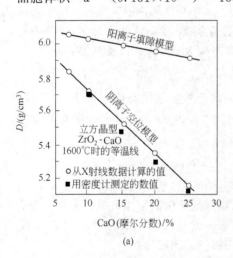
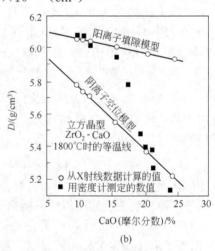

图 2.20　CaO 掺入 ZrO_2 中固溶体密度变化

(a) 1600℃急冷；(b) 1800℃急冷

则
$$\text{理论密度 } D_c = \frac{75.18 \times 10^{-23}}{135.1 \times 10^{-24}} = 5.564 (\text{g/cm}^3)$$

这里所计算的缺位型固溶体理论密度与实测密度 $D = 5.477\text{g/cm}^3$ 相比，仅差 0.087 g/cm³，这说明在 1600℃ 时形成缺位型固溶体，化学式 $Zr_{0.85}Ca_{0.15}O_{1.85}$ 是正确的。图 2.20 (a) 是按不同固溶体类型计算和实测的结果。图 2.20 (b) 表示当温度升到 1800℃ 急冷后所测得的密度和计算值比较发现此时固溶体为阳离子填隙型。可见，用对比密度值的方法可以很准确地定出固溶体的类型。

另一个例子是把 ZrO_2 加到 Y_2O_3 中形成不等价置换固溶体，也可以有两种可能性：

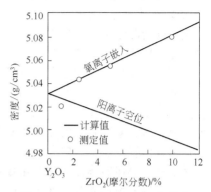

图 2.21 ZrO_2 加到 Y_2O_3 中形成氧离子填隙固溶体

$$2ZrO_2 \xrightarrow{Y_2O_3} 2Zr_Y{}^{\cdot} + O_i'' + 3O_O \tag{2.45}$$

$$3ZrO_2 \xrightarrow{Y_2O_3} 3Zr_Y{}^{\cdot} + V_Y''' + 6O_O \tag{2.46}$$

如果按式（2.45）生成固溶体，则密度增加。若以式（2.46）形成固溶体，则密度减少。将计算所得理论密度与实测密度作图，如图 2.21。该图表明，密度的测定值和生成氧离子填隙固溶体的计算值一致。因此，Y_2O_3-ZrO_2 系是形成氧离子填隙固溶体而不是生成钇空位固溶体。

2.4.4 非化学计量化合物

在实际中，有一些化合物并不符合定比定律，即化合物中各元素的原子数比不是简单的整数，而出现了分数，如 TiO_{2-x}，$Fe_{1-x}O$ 等，这些化合物称为非化学计量化合物。

可以认为，非化学计量化合物是不等价置换固溶体的一种特例，只是这种不等价置换是发生在同一种离子中。如维氏体 $Fe_{1-x}O$，它实际上是一系列不同 O/Fe 比构成的非化学计量化合物（表 2.2）。从表可见，虽然 O/Fe 比不同，但都能和一个氧离子呈电中性。显然，在这些非化学计量化合物中，铁离子绝非单一的二价，必然存在着高价的铁离子，否则，电中性将不能保持。对 $Fe_{1-x}O$ 而言，它是 $2Fe^{3+} \longrightarrow 3Fe^{2+}$ 产生阳离子空位的固溶体，其中 FeO 可写成 Fe_3O_3，而 Fe_2O_3 可写成 $(Fe_{2/3})_3O_3$，固溶体化学式可写成 $(Fe_{1-x}^{2+}Fe_{2x/3}^{3+})_3O_3$。$x=0$，为 FeO；$x=1$，为 Fe_2O_3。若以 $Fe_{1-x}O$ 表示，则 x 范围为 $0 \sim 1/3$。当然，从电中性角度看，如果产生氧离子嵌入也是可能的，但表 2.2 的实验测定表明：当 O/Fe 比减少时，密度增加；反之，当 O/Fe 比增加，则铁空位增多，晶胞尺寸减少，密度减小，这符合结构中产生阳离子空位的情况，而不是产生氧离子填隙。

表 2.2　维氏体的组成和结构

组　成	Fe(摩尔分数)/%	晶胞尺寸/nm	密　度/(g/cm³)	组　成	Fe(摩尔分数)/%	晶胞尺寸/nm	密　度/(g/cm³)
$Fe_{0.91}O$	47.68	0.4290	5.613	$Fe_{0.93}O$	48.23	0.4301	5.658
$Fe_{0.92}O$	47.85	0.4293	5.624	$Fe_{0.945}O$	48.65	0.4310	5.728

非化学计量化合物是在化学组成上偏离化学计量而产生缺陷，它往往发生在具有变价的化合物中，而且和环境中的氧分压直接有关（当阴离子为氧离子时）。这种晶格缺陷可分为四种类型。

① 阴离子缺位　如 TiO_{2-x}，ZnO_{1-x}。

② 阳离子填隙　如 $Zn_{1+x}O$，$Cd_{1+x}O$，$Cr_{2+x}O_3$。

这两种情况都是由于还原气氛使阳离子过剩造成的。由于阳离子过剩破坏了化合物的电中性，因此这两种情况都有取得电子来平衡电荷的倾向。前述电子-空穴缺陷时已指出，这样的电子并不是固定在某一位置上，而是处于半束缚状态，相当于施主能级里的电子，只需很小的能量就可激发成自由电子。

③ 阴离子填隙　如 UO_{2+x}。

④ 阳离子缺位　如 $Co_{1-x}O$，$Ca_{1-x}O$，$Cu_{2-x}O$。

这两种情况都是由于氧化使阴离子过剩造成的。为了保持电中性，需取得正电荷，相当于受主能级里的电子空穴，它也是处于半束缚状态。

非化学计量化合物因存在电子或空穴缺陷。一般都有半导体性，即增加了导电机构。对电学性能及其他性能产生直接影响。如将其作为颜料则发色不稳；对以金红石为基的电容器陶瓷则不希望出现 F 中心。因此对陶瓷材料，特别是对电子陶瓷烧成时的气氛控制就显得十分重要，对含变价元素的材料尤其如此。一般除规定温度之外，还必须在规定的气氛下烧成，这部分内容将在工艺中介绍。

对于一个具体的非化学计量化合物，其类型的判别还需依赖于实验数据。离子填隙或出现空位都影响晶胞尺寸和密度，所以可以用上述研究固溶体的方法来鉴别非化学计量化合物的类型。

2.4.5　固溶体的性质及应用

任何一种晶体材料，其性能总是决定于化学组成和结构这两个方面。固溶体正是在组成和结构两方面对材料的结构敏感性起作用，如强度、磁性能、电性能、光性能及扩散等。

2.4.5.1　卫格定律和雷特格定律

（1）卫格定律（Vegar's law）　"固溶体晶胞参数是杂质浓度的线性函数"。其表达式为：

$$a_{ss} = a_1 c_1 + a_2 c_2 \tag{2.47}$$

式中，a_{ss}、a_1、a_2 分别表示固溶体及两个构成固溶体组分的晶胞参数。c_1 和 c_2 是两个组分的浓度。

对于大多数固溶体来说，卫格定律大体上都能符合。图 2.22 给出了 Al_2O_3-Cr_2O_3 固溶体的组成与晶胞参数的关系，可见组成与晶胞参数呈明显的线性关系，与卫格定律符合得很好。

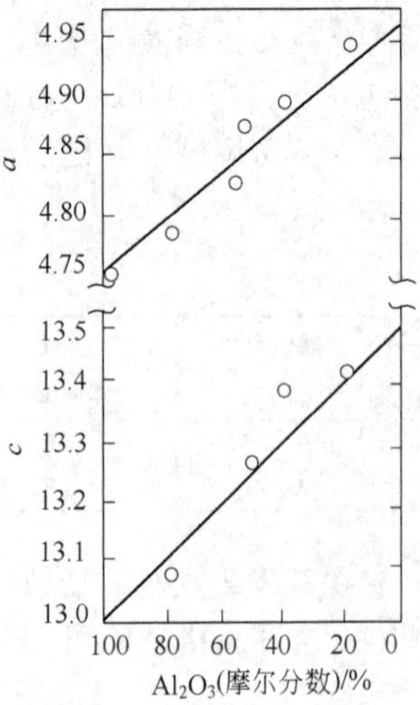

图 2.22　Al_2O_3-Cr_2O_3 固溶体
组成与晶格常数的关系
a、c—晶格常数

现以金-铜合金为例，说明卫格定律的应用。金与铜均为面心立方格子，可以形成连续固溶体，其晶胞参数 a 分别为 0.408nm 和 0.362nm。设经 X 射线衍射分析法测得固溶体的晶胞参数为 x，则按卫格定律，可用下式求含金量 c（摩尔分数）：

$$\text{因为} \qquad x = a_1 c_1 + a_2 (1 - c_1) \tag{2.48}$$

$$\text{整理并代入数据} \qquad \frac{x - 0.362}{0.408 - 0.362} = \frac{c}{100} \tag{2.49}$$

此方法有重要的实际意义，特别适合于分析希望试样不受损坏的物品（例如对古文物的鉴定研究）。

（2）雷特格定律　卫格定律表示了固溶体晶胞参数的加和性。而雷特格定律则表示晶胞体积的加和性。

$$(a_{ss})^3 = a_1^3 c_1 + a_2^3 c_2 \tag{2.50}$$

例如，KCl-KBr 系统与雷特格定律相符，它实际上是阴离子体积的加和性。只要对样品做 X 射线分析测定其晶格常数，利用该定律则可确定组成，此外由于在不同结构中晶格常数不呈加和性，因此从曲线转折可明确相变边界。

2.4.5.2 固溶体的力学性能

通常固溶体的强度随溶质浓度的增加而提高。如金属材料中常在钢中加入 Mn、Si、W、Mo、Ni、N、Cr 等元素形成固溶体来提高 α-Fe 的机械强度。这种溶质元素使固溶体强度和硬度升高的现象称固溶强化。

由于强度提高的同时，往往使材料的塑性下降，脆性增大，因此，对陶瓷材料而言，固溶体的存在并不利于降低脆性。

2.4.5.3 固溶体的电性能

金属的导电性主要是自由电子的运动，杂质使晶格扭曲及产生结构缺陷，从而阻碍了自由电子的运动，电阻率因而增加，导电能力下降。但对绝缘体或半导体来说，杂质及缺陷的存在一般都使导电能力大大增强。如金红石（TiO_2），若将其作为绝缘材料使用，应避免在还原气氛中烧结；若将金红石作为电阻材料使用，那么这一过程就是必要的。

又如 ZrO_2 是一种绝缘体，当加入少量 Y_2O_3 生成固溶体，Y^{3+} 置换 Zr^{4+}，在晶格中产生氧空位，则由于电子、空穴的出现，使电导率迅速增加，实测在 1000℃ 下，添加 10% Y_2O_3 的 ZrO_2，其电导率比纯氧化锆的电导率约提高了两个数量级。

2.4.5.4 固溶体的光学性能

利用固溶体特性可以制造透明陶瓷。如 PLZT、Al_2O_3-MgO 系、Al_2O_3-Y_2O_3 系透明陶瓷。现以 PLZT 为例，说明透明陶瓷的生成机理。

PLZT 是在 PZT 中加入少量氧化镧 La_2O_3 而生成的固溶体，是一种透明压电陶瓷材料。其基本配方为：

$$Pb_{1-x}La_x(Zr_{0.65}Ti_{0.35})_{1-x/4}O_3$$

其中，$x=0.9$。这个配方是假设 La^{3+} 取代钙钛矿结构中 A 位置的 Pb^{2+}，并在 B 位置产生空位以获得电荷平衡。对于 PZT，除了采用热等静压成型之外，用一般烧结方法是达不到透明的。而 PLZT 可用热压烧结或在高 PbO 气氛下通氧烧结而达到透明。

陶瓷达到透明的关键在于消除气孔，如果能消除气孔，就可以达到透明或半透明。烧结中气孔的消除主要靠扩散。前曾述及 PZT 是等价取代的固溶体，因此扩散要依赖于热缺陷。而在 PLZT 中，由于不等价取代出现了空位，空位浓度要比热缺陷浓度高出许多数量级，扩散系数又与缺陷浓度成正比，扩散系数的增大，加速了气孔的消除，所以这是在一般烧结条件下，PZT 不透明，而 PLZT 能透明的根本原因。

固溶体除了以上所述性能外，还可加速固相反应、降低烧结温度，而且还可影响晶型的转变，如前提到 CaO 加到 ZrO_2 中就是一例。总而言之，固溶体是改善材料性能，发展新材料的重要手段，这在后续课程中将会详细讨论。

习题

2.1 设钠晶体中肖特基缺陷生成能为 1eV，求 300K 时肖特基缺陷的浓度。

2.2 非化学计量化合物 Fe_xO 中，$Fe^{3+}/Fe^{2+}=0.1$，求 Fe_xO 的 x 值和空位浓度。

2.3 晶格常数为 0.361nm 的面心立方晶体，计算其 2° 的对称倾斜晶界中的位错间距。

2.4 下列四种化合物均为尖晶石型晶体，其晶胞参数分别为：

$$MgO \cdot Al_2O_3, \quad a=0.8080nm;$$
$$CoO \cdot Cr_2O_3, \quad a=0.8320nm;$$
$$MgO \cdot Cr_2O_3, \quad a=0.8333nm;$$
$$CoO \cdot Al_2O_3, \quad a=0.8103nm.$$

有一单相物质由 MgO、CoO、Al_2O_3、Cr_2O_3 各 25％（摩尔分数）合成，请分别从两个系列计算固溶体的晶胞参数并做比较。

2.5 Li_2O 的晶胞结构为：O^{2-} 做面心立方密堆，Li^+ 占据所有四面体空隙。求（a）晶胞参数；（b）Li_2O 的密度；（c）有 0.01％（摩尔分数）SrO 溶入 Li_2O 中的固溶体密度（Li^+ 半径为 0.074nm；O^{2-} 半径为 0.140nm）。

2.6 一种 ZnO 陶瓷材料，含 2.5％（摩尔分数）的 Bi_2O_3，余量为 ZnO，经 X 射线衍射分析为单相。试讨论这种材料会出现何种结构缺陷，又若有由这种材料制成的试样重 1.0g，试计算其缺陷的总量（相对原子质量：Zn＝65.38；Bi＝208.98；O＝16；N＝$6.02×10^{23}$/mol）。

阅读材料

准 晶 体

一、准晶的发现

1. 经典晶体学理论

经典晶体学认为，晶体是由原子（或离子、分子）在三维空间做有规则的周期性重复排列构成的固体物质，因此晶体具有三维空间的周期性。晶体中原子（或离子、分子）这种规则排列的方式即为晶体的结构。为了便于对晶体结构进行研究，人们假设通过原子的中心画出许多空间直线，直线与直线的交点为原子（或离子、分子）的平衡中心位置，这些直线所形成的假想的空间格架称之为晶格，组成这种晶格最小的几何单元就叫晶胞。晶胞在三维空间做规则的周期性重复排列就构成晶格，所以晶体就是按晶胞在三维空间周期排列堆砌而成的。1850 年布拉维（Bravais）总结出晶体中晶胞在三维空间中的周期排列方式也就是晶体的平移对称性只有 14 种，并可用 14 种空间点阵表征，各种晶体结构能够按其原子、离子或分子（也可以是彼此等同的原子群或分子群）排列的周期性和对称性归属于 14 种空间点阵中的一种。由于受到晶体周期排列方式即 14 种布拉维点阵的约束，晶体的旋转对称只能有 1、2、3、4 及 6 次 5 种（其中 1 次旋转对称是指晶体绕对称轴旋转一周即 360°后复原，故等于无旋转对称），而 5 次旋转与 6 次以上的旋转对称都是不允许的。因为人们可以用具有 1、2、3、4、6 次旋转对称的图形布满一个完整的平面，而采用具有 5 次及 6 次以上旋转对称的图形则不可能将空间完全铺满，在这些图形之间总会留有空隙，如图 1 所示（阴影部分为空隙）。

20 世纪初，劳埃（Laue）等发现 X 射线在晶体中衍射后，用这种方法测定的成千上万种晶体结构中原子的分布不但都具有平移周期性，而且其旋转对称也都只限于 1、2、3、4 及 6 次 5 种。因为没有一个晶体具有 5 次及 6 次以上对称轴，所以人们也不指望看到一个具有 5 次及 6 次以上旋转对称的衍射图，因而自然地将 5 次及 6 次以上的旋转对称排斥在经典晶体学之外，统称为非晶体学对称（noncrystallographic symmetry）。

至此，尽管"为什么晶体一定要有周期性平移对称？"这一命题从未证明过，但谁也没有怀疑它的正确性。

2. 准晶态物质的发现

1984 年，美国科学家 D. ShechtInan 等在研究用急冷凝固方法使较多的 Cr、Mn 和 Fe 等合金元素固溶于 Al 中，以期得到高强度铝合金时，在急冷 Al-Mn 合金中发现了一种奇特的具有金属性质的相。这种相具有相当明锐的电子衍射斑点，但不能标定成任何一种布拉维

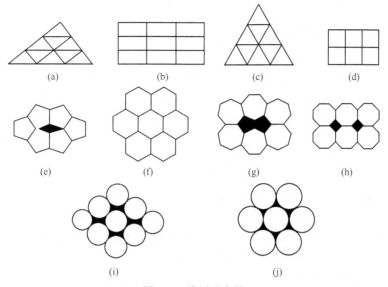

图 1 二维图形密排

(a) 一次旋转对称；(b) 二次旋转对称；(c) 三次旋转对称；(d) 四次旋转对称；(e) 五次旋转对称；
(f) 六次旋转对称；(g) 七次旋转对称；(h) 八次旋转对称；(i) 十次旋转对称；(j) 十二次旋转对称

点阵，其电子衍射花样明显地显示出传统晶体结构所不允许的 5 次旋转对称性。D. Shecht-man 在美国《物理评论快报》上发表的"具有长程取向序而无平移对称序的金属相"一文中首次报道了发现一种具有包括 5 次旋转对称轴在内的二十面体点群对称合金相，并称之为二十面体相（Icosahedral phase）。几乎在同一时间，D. I. Evine 及 Steinhard 在研究具有 5 次对称的原子簇时，从理论上计算出具有明锐的 5 次对称性的衍射图，并称这种具有 5 次对称取向序而无周期平移序的物质为准周期性晶体，简称准晶。理论与实践的完美结合，充分肯定了 5 次旋转对称客观存在。

起初，人们认为具有长程取向序而无周期平移序的准晶态是介于具有长程序的晶态与只有短程序的非晶态之间的一种新的物质态。甚至有人称之为二十面体玻璃（Icosahedral glass），二十面体指它具有二十面体对称，玻璃表示无长程平移序。另一种极端的看法是它是 5、10 或 20 个同样晶体并列在一起的孪晶。随着对准晶态物质研究的不断深入，人们逐渐统一了认识，认为准晶仍然是晶体，它有着严格的位置序（因此能给出明锐的衍射），只不过不像经典晶体那样原子呈三维周期性排列，而是呈准周期排列。

5 次旋转对称这个在三维方向均呈准周期分布对称的禁区被突破后，在短短的 3 年多时间内，相继发现了在主轴方向呈周期性平移对称而在与此主轴垂直的二维平面上呈准周期分布对称的二维准晶以及在二维方向呈周期性平移对称而在与此二维平面垂直的法线上呈准周期堆垛的一维准晶。三维、二维和一维准晶在短短几年内被相继发现，充分说明准晶存在的普遍性。

在准晶研究开始的十几年，中国科学工作者的研究水平始终处于国际领先地位。中国科学院以郭可信为首的研究小组，几乎与美国、以色列等国的科学家同时利用高分辨

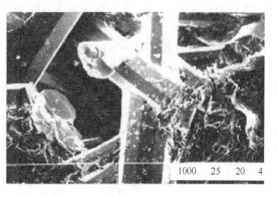

图 2　Al-Cu-Co 10 次对称棱柱状准晶

电子显微术、电子衍射及计算机成像模拟技术，深入系统地研究了具有二十面体构造单元的合金相，见图 2。王大能等在高温合金中的以 Ni、Ti 为主要组成元素的合金相中观察到 5 次对称电子衍射图；在此基础上张泽等又于 1985 年春首次在急冷 Ni-Ti 合金中发现了具有 5 次对称的三维准晶相；王宁等及曹巍等在急冷 Cr-Ni-Si、V-Ni-Si 合金和 Mn-Si 合金中发现具有 8 次旋转对称的二维准晶相；美国的 L. Bendersky 等在 Al-Mn 合金中发现 10 次对称的二维准晶相后，中国科学院物理研究所的冯国光等于 1986 年首次在 Al-Fe 合金中发现 10 次对称的二维准晶相；T. Ishimasa 等在 Ni-Cr 合金中发现 12 次对称准晶后，陈焕等在急冷的 V-Ni 和 V-Ni-Si 合金中也发现了具有 12 次对称的二维准晶；1988 年我国学者何伦雄等首先在急冷的 Al-Co-Cu 合金及 Al-Ni 合金中发现了一维准晶，如图 2；1989 年郭可信等还在 V-Ni-Si 和 V-Co-Si 系合金中发现了一些具有立方对称的结构单元在空间做准周期排列的准晶，这是继二十面体准晶之后国际上首次发现的具有立方对称的第二种三维准晶。

迄今为止，人们已经在合金、过渡族金属合金及含有稀土元素或镧系元素的合金等众多合金系中发现了上百种准晶，尤其是 1987 年发现了稳定而结构完整的 Al-Cu 过渡族金属二十面体准晶，加之制备方法的进步，极大地促进了准晶材料制备、性能和应用的研究，为准晶材料的全面开发奠定了基础。

二、准晶材料的研究意义

1. 对传统晶体学的补充和发展

具有 5、8、10 及 12 次旋转对称的准晶物质的发现，冲击了传统晶体学的两个主要支柱——14 种布拉维空间点阵和 32 种点阵对称群（前者概括了晶体的周期平移对称，后者概括了晶体中所允许存在的旋转对称），在所有以晶体学为基础的固体科学界产生了很大的震动。为此，准晶发现的初期很难为人们所接受，甚至还受到一些人的攻击。但随着物理学家、化学家和材料科学家对准晶结构的不断研究，人们很快发现统治人们很久的晶体点阵学说以及与此有关的周期性平移对称只是一个经验规律，谁也没有证明过晶体的平移序必定是周期性的，并终于意识到准周期平移也可以作为晶体结构的长程位置序，过去一直研究的周期性晶体的原子结构仅仅是各种可能类型的有序固体中的一个子系统而已。

由此可见，准晶的发现扩大了晶体学的范畴，使之既包括有周期性平移对称的传统晶体，也包括只有准周期性平移的准晶体。由于没有了周期性平移的约束，在原来晶体中已有 7 种晶系，32 种对称型（点群）和 47 种单型的基础上，新增加了准晶的 5 种晶系，28 种对称型（点群）和 42 种单型。这对传统晶体学无疑是一个重要的补充和发展。

2. 在固体物理学及材料科学中具有重要意义

准晶态物质是传统固态晶体物质与非晶态物质之间的过渡态新物质，其结构与晶体结构和非晶体结构有本质差别。由于准晶体的点阵结构比一般晶体要严格得多，并且存在周期方向与准周期方向的原子分布，加上准晶体中与传统晶体不同的缺陷等因素，与传统晶体和非晶体物质相比较，准晶态物质有可能在物理性能、化学性能和力学性能等方面表现出许多新的特性。广大科学家对准晶态物质特殊性能的研究结果，如准晶态物质呈现出比钢还硬的特性、准晶态物质具有非常高的电阻率和相当低的热导率等，足以让人们相信，在不远的将来，随着对准晶态物质研究的不断深入，准晶态物质的特性将得到不断的开发和利用。

3. 开拓了矿物晶体结构研究的新领域

研究表明，准晶体物质不仅能在合成材料中发现，而且在地球上、在宇宙物质中都有可能找到准晶态物质。因此，自然界的矿物结构可以分为具有平移周期的晶体结构，具有数学上严格的有规自相似性的准周期及统计学意义上的无规自相似性准周期的准晶体结构，随机性的非周期性结构以及胶态物质等。过去常常被忽视、回避的矿物中大量准周期结构的研究应该引起足够的重视，应该拓宽矿物晶体结构研究的范围，打破准周期矿物结构研究的禁区。

三、准晶材料的应用

准晶材料的性能特点是较高的硬度、低摩擦系数、不黏性、耐蚀、耐热和耐磨等，如 AlCuFe 准晶的硬度为 HV800～1000，可与氧化硅的硬度相比（HV750～1200），比它的组成金属要硬得多（低碳钢为 HV70～200，铜为 HV40～105，铝为 HV25～45），但由于准晶材料的本质脆性大大限制了其应用，目前准晶材料主要作为表面改性材料或者作为增强相弥散分布于结构材料中。

1. 准晶材料在表面改性材料中的应用

将准晶材料以涂层或薄膜的形式涂覆于其他材料的表面，主要利用它的不黏性、耐热、耐磨、低摩擦系数、耐蚀及特殊的光学性能，从而改变材料表面的性质，优化整体材料的性能。

（1）炊具表面材料　准晶材料最先应用于不粘锅底表面，如 AlPdMn 准晶的不黏性可以与最好的不黏性材料聚四氟乙烯（teflon）相比。关于该项应用的专利在 1988 年就提出了，其产品已进入市场。该应用主要采用 AlCuFe 准晶材料，加 Cr 元素以提高耐蚀性，采用热喷涂或等离子喷涂将准晶粉末沉积在基体表面。不黏性与准晶材料的低表面能和准晶材料中一定的孔隙相关，准晶中的孔隙使油浸入形成油膜以提高不黏性。与聚四氟乙烯材料相比，准晶材料的耐磨损、高硬度等有助于提高使用寿命，完全符合厨房炊具的标准。准晶的导热性较差，但由于层厚较薄，不会影响到不粘锅的使用。

（2）隔热材料　人们研究准晶的导热性发现，由于准晶的电子传输过程与组成它的金属原子很不一样，准晶的热导率很小，比不锈钢低一个数量级，在室温与绝缘体很接近，可以用作隔热材料，如热障涂层。

西班牙 INTA（国家航空技术研究所）的科研人员发现，准晶合金 $Al_{71}Co_{13}Cr_8Fe_8$ 在 1000℃都保持稳定，采用低压等离子溅射技术（LPPS）将其涂覆于航空 Ni 基合金的表面，涂层的孔隙率低于 1%。热导率与常规的 ZrO_2 热障涂层在一个数量级。与传统隔热材料相比，准晶材料具有密度小、耐蚀和耐氧化的优点，在航空和汽车工业的发动机等部件中，有潜在应用价值。

（3）太阳能工业薄膜材料　选择吸收太阳光能的应用要求吸收材料在太阳光谱区具有高的吸收率且对于长波具有高的反射率，即热半球发射率 W_n 要小，稳定性要高。准晶具有特殊的光学性能（高的红外传导率）和足够的热稳定性（抗氧化及扩散稳定性），可以应用于太阳热能工业。德国科研人员以 Cu 为基底，将厚度约 10nm 的 AlCuFe 准晶薄膜置于两层绝缘薄膜之间，构成多层结构，其具有太阳能工业要求的选择吸收性质。该多层结构不仅可以满足光学性能的要求，在 395℃ 其选择吸收波长范围为 400～1700nm，可以与市场上已应用的 Ti-N-O 薄膜相比；同时还具有抗高温氧化、抗腐蚀（SO_2）、与基底结合性好等优点。利用准晶的光学性能，其在红外线探测仪（测辐射热仪）和温度传感器中也有潜在应用。

2. 准晶作为结构材料增强相的应用

准晶合金的本质脆性和不可避免地存在疏松限制了其本身作为结构材料的应用，为了利用其高硬度、不黏性、耐热、耐磨和耐腐蚀等良好的综合性能，考虑第二相强化机制（弥散强化），将其用作结构材料的增强相。

（1）准晶相作为时效强化相　瑞典皇家工学院的研究人员开发的新型马氏体时效钢，成分为 12%Cr-9%Ni-4%Mo-2%Cu-1%Ti，其中时效强化相为准晶相。准晶相的成分典型值为 34%Fe，12%Cr，2%Ni，49%Mo 和 3%Si，在 475℃ 下，时效 4h 形成，经过 1000h 都保持稳定，即准晶颗粒是热力学平衡析出。时效过程中丰富的形核位置与缓慢的粗化过程可以用准晶的低表面能进行解释。该钢经回火处理后，其拉伸强度为 3000MPa，准晶相的形成对提高强度和抗回火软化起了相当大的作用。该型钢主要应用于医疗外科器械。

(2) 准晶纳米颗粒增强 Al 基合金　日本学者 A. Inoue 等采用快冷方法开发出一种具有优异力学性能的 Al 基合金。其组织特征为在 fcc-Al 相中均匀分布有纳米尺度的准晶颗粒。其中，准晶颗粒的尺寸为 30～50nm，fcc-铝相厚度为 5～10nm，将准晶颗粒包围。在 Al 相中没有大角度的晶界。准晶相的体积分数高达 60%～70%。该型合金的制备过程中的凝固特点为准晶相作为初生相先析出，随后 Al 相在剩余的液体中凝固。根据力学性能特点可以分成三种类型：（ⅰ）高拉伸强度型，在 Al-Cr-Ce-Co 和 Al-Mn-Ce-Co 体系中可达 800MPa；（ⅱ）高延伸率型，在 Al-Mn-Cu-Co 体系中可达 30%；（ⅲ）好的高温强度型，在 Al-Fe-Cr-Ti 系中，在 473K，强度有 500MPa，在 573K，强度有 350MPa。这些力学性能明显优于传统的晶态合金。

(3) 准晶颗粒增强复合材料　为了利用准晶材料的高硬度、耐磨性等性能，研究人员考虑使用准晶颗粒增强复合材料，增强颗粒通常选 AlCuFe、AlCuCr 准晶材料，基体包括金属基体（主要是 Al 基体）和聚合物基体。

① 准晶颗粒增强金属基复合材料　与 Al、Mg 等金属及其合金相比，准晶具有高的硬度，虽然其硬度会随温度升高而降低，如 AlPdMn 准晶的硬度在室温下为 HV700～950，在 673K，仍然有 HV600，所以准晶应该能够用作合金的弥散强化相。由于在相图上稳定准晶与 Al、Mg 金属不共生，不能采用常规的凝固或热处理的方法，使准晶相弥散分布于 Al、Mg 合金基体中，可以采用复合的方法。使用准晶颗粒增强金属基复合材料除了可以提高基体的性能以外，由于与常规陶瓷颗粒相比，准晶材料的熔点较低，且其为金属合金，故准晶颗粒增强金属基复合材料的回收也是相对容易的，属于环境友好材料。

稳定准晶的发现者 Tsai 等首先研究了准晶颗粒增强铝基复合材料，他们通过机械合金化和热压综合技术使 AlCuFe 准晶颗粒均匀分布于纯铝基体中。准晶颗粒的直径为 5μm 左右，体积分数分别为 10%、15%、20%、25%。两种热压条件：673K，在 260MPa 保持 1h；873K，在 60MPa 保持 3h。研究发现，在热压过程中，由于 Al 原子从基体向准晶颗粒扩散，导致晶体相 Al_7Cu_2Fe 的生成。Tsai 等测定了所制备材料的显微硬度，与基体相比有显著的提高。当准晶颗粒的体积分数为 25% 时，复合材料的硬度从基体的 HV250 增大到 HV1200。当准晶颗粒中生成四方相 Al_7Cu_2Fe 时，硬度值有所下降。

在 Tsai 等研究之后，类似的工作逐渐展开。主要集中在美国、法国、日本、韩国和中国，从现有的资料来看，美国在技术上处于领先地位。

美国能源部的 Ames 实验室科研人员通过雾化的方法制备出圆整、粒度均匀、相和成分均匀，且粒度可调整的准晶颗粒。在此基础上，Ames 实验室的研究人员制备出准晶颗粒增强铝基复合材料。复合材料中的增强颗粒为球形，避免了应力集中，颗粒的分布较均匀。

Biner 等用常规的粉末冶金（PM）方法制备了体积分数为 20% 的 $Al_{63}Cu_{25}Fe_{12}$ 雾化准晶颗粒增强 6061Al 合金复合材料。与相同基体的 SiC 颗粒增强材料进行比较，发现两种材料具有相近的刚度和延展性，而准晶颗粒增强材料具有更高的屈服强度和拉伸强度。两种材料的疲劳裂纹扩展和断裂韧度相近，准晶颗粒增强材料的加工性能和焊接性能则更好。

国内在准晶颗粒增强金属基复合材料的研究方面相对滞后。从目前的报道看，主要是大连海事大学的齐育红等进行了较深入的研究，他们采用热压技术制备出 $Al_{65}Cu_{20}Cr_{15}$ 二十面体准晶颗粒增强工业纯铝的复合材料，硬度也有 HV1200，摩擦系数为 0.36，磨损率为 0.22mm^3/h，优于纯铝（摩擦系数为 0.75，磨损率为 5.72mm^3/h）。齐育红等根据相变机制结合材料制备的工艺参数对材料的硬度变化和摩擦行为进行了分析。当准晶颗粒体积分数为 15%～20% 时，复合材料摩擦学性能随准晶体积分数的提高而改善；当体积分数达到

25％时，摩擦学性能又有所降低。

② 准晶颗粒增强聚合物基复合材料　美国 Ames 国家实验室的科研人员研究了 AlCuFe 准晶颗粒增强聚合物基复合材料的制备方法和性能变化，发现复合材料的耐磨性明显优于基体，且其玻璃化温度 T_g 和熔化温度 T_m 与基体相比没有明显变化，说明准晶颗粒不会对基体产生有害的化学作用。

四、准晶材料研究展望

1984 年关于准晶的报告首次发表后，立即在国际上掀起了强烈的准晶研究热潮。晶体学家和数学家致力于探讨准晶的原子结构和结构缺陷；物理学家专注于研究准晶奇特的电子结构以及物理性能和力学性能；材料学家则着重研究新的准晶材料的发现、大块准晶的制备，并积极探索准晶材料的应用。各国政府对准晶的研究工作给予了大力的支持，如日本文部省和中国国家自然科学基金委员会均设立了重大项目和重点项目资助准晶研究，法国国家科研中心设立了准晶研究协会，德国科学基金会设立了准晶研究重大项目等。准晶研究国际间的交流和合作日益广泛，至今已连续召开了 8 届国际准晶会议（Inter national Conference on Quasicrystals），极大地推进了准晶研究的迅速发展。

尽管准晶研究为众多学科提出了新的范式和新的概念，并展示出了广阔的应用前景，但是由于准晶的研究内容十分广泛，原则上讲晶态和非晶态物理所涉及的各个方面内容都是准晶的研究内容，另外准晶研究早期的中心主要是发现新的准晶合金系（尤其是寻找稳定准晶）、研究准晶形成机制、阐明准晶结构特性，分析准晶缺陷及缺陷对准晶性能的影响等。因此，至今对准晶应用的研究还较为薄弱，尚处于早期。准晶材料自身质脆、制备困难、成本高昂等也极大地制约了准晶材料应用的研究。目前世界上只有法国、日本和美国等少数国家真正掌握了准晶薄膜制备技术，准晶产品也基本限于应用准晶薄膜的不粘制品。准晶研究尤其是准晶材料的实际应用是一个极具挑战又充满机遇的研究领域。随着新材料制备和检测技术的不断发展，随着准晶研究不断向纵深发展，准晶的研究一定会有新的重大突破，人们也必将迎来准晶材料应用的春天。

第3章 熔体和玻璃体

固体中除了结构排列有序的晶体外，还有结构呈近程有序而远程无序的非晶态固体，简称非晶体。非晶体是原子排列不规则的固体，包括玻璃、树脂、橡胶、凝胶、非晶态半导体……

用能量曲线可以形象地描述这两类固体材料结构的有序程度。如图 3.1 所示，理想晶体的能量在内部是均一的，只是在接近表面时才有所增加。玻璃体的位能高于晶体，而非晶体由于有无数的内表面，所以能量分布很不规则。

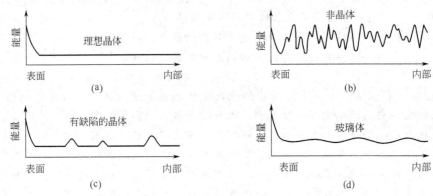

图 3.1　固体的能量曲线

无论是陶瓷釉、日用玻璃、功能玻璃、玻璃纤维、玻璃光纤等均由与其同组成的熔体转变而来。熔体是高温的液态物质，玻璃一般是由液体或熔体急冷而形成的。熔体和玻璃的结构具有相似之处。玻璃被定义为原子排列不规则，存在玻璃转变现象的一种非晶态固体。

在各种无机非金属材料中，一般都包含一定数量的玻璃，玻璃的结构与性能影响着材料的性能。本章主要叙述硅酸盐熔体与玻璃体的结构及其性能。这些基本知识有助于制备和改善材料的性能。

3.1　熔体和玻璃体的结构

3.1.1　熔体的结构

熔融态是介于气态和晶态之间的一种物质状态。了解熔体的结构可借助于 X 射线衍射、核磁共振光谱分析等技术。图 3.2 为白硅石晶体和熔体等 4 种不同状态物质 X 射线衍射实验结果。由图可见，当 θ 角很小时，气体的散射强度极大，熔体和玻璃体并无显著散射现象；随着 θ 角增大，在对应于石英晶体的衍射峰位置，熔体和玻璃体均呈弥散状的散射强度最高值。这说明熔体和玻璃体结构很相似，它们的结构中存在着近程有序的区域。

硅酸盐是结构复杂的无机材料。硅酸盐熔体与其他熔体的区别在于硅酸盐熔体倾向于形成聚集程度大、形状不规则、短程有序的离子聚合物。

3.1.1.1　硅酸盐熔体的形成

在硅酸盐熔体中最基本的离子是硅、氧、碱土或碱金属离子。由于 Si^{4+} 电荷高、半径小，极化力强，具有很强的形成硅氧四面体［SiO₄］的能力。在［SiO₄］中，Si 原子位于 4 个 sp³ 杂化轨道构成的四面体中心。Si—O 键既有离子键又有共价键的成分（其中约 50％为共价键）。如果熔体中 O/Si 比为 4:1，则形成孤立的岛状［SiO₄］；当 O/Si 比小于 4:1 时，则各［SiO₄］之间由共用氧离子相互连接成不同聚合程度的聚合物；当 O/Si 比小于 2:1 时，［SiO₄］连接成架状结构。其中与两个 Si^{4+} 相连的氧称为桥氧（O_b），与一个 Si^{4+} 相连的氧称为非桥氧（O_{nb}）。熔体中的 R—O 键（R 指碱或碱土金属离子）以离子键为主。由于 R—O 键的键强比 Si—O 键弱得多。Si^{4+} 能吸引 R—O 上的氧离子，结果使 Si—O—Si 中的 Si—O 键断裂，使 Si—O 键的键强、键长、键角都发生变化。即在硅酸盐熔体中 R_2O、RO 起使结构网络破裂的作用。

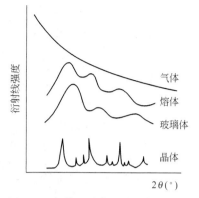

图 3.2　气体、熔体、玻璃体、晶体的 X 射线衍射图谱

　　图 3.3 和图 3.4 是石英熔体中掺入 Na_2O 后结构变化情况的示意图。在熔融 SiO_2 中，由于 Na_2O 的断键作用，使 O/Si 比升高。随着 Na_2O 含量、非桥氧数和 Si—O 键断裂程度的增加，熔体结构逐渐从架状变为层状、链状、环状、岛状的各种不同聚集状态。

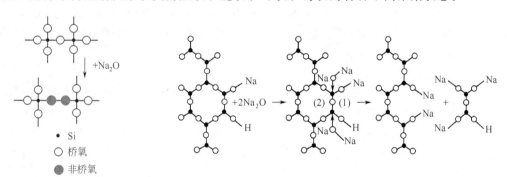

图 3.3　石英熔体掺入 Na_2O

• Si
○ 桥氧
● 非桥氧

图 3.4　四面体网络被碱分化

　　硅酸盐熔体结构由许多［SiO₄］聚合程度不同的聚合物、游离碱、吸附物组成。熔体的结构与其组成和温度有关。当熔体组成不变时，各种聚合物的数量与温度有关。当温度恒定时，熔体中的各种不同类型的聚合物处于缩聚和解聚的平衡状态。温度升高，低聚物浓度增加，反之，低聚物浓度降低。高聚合物主要是三维结构。以高聚合物为主的熔体（如硅酸二钠熔体）具有高黏度、低析晶能力。而以低聚合物为主的熔体（如偏硅酸钠），其黏度低、析晶能力增加。对 MO-SiO_2（M＝Na、Ca、Pb、Fe）系统熔体结构研究表明，熔体中聚合物生成量按下列次序递减：Na 盐＞Ca 盐＞Pb 盐＞Fe 盐，游离 MO 量为 Na_2O＜CaO＜PbO＜FeO。说明熔体化学组成、结构与性能关系是十分密切的。

　　除硅的氧化物能聚集成各种聚合集团之外，熔体中含有硼、锗、磷、砷等氧化物时也会形成类似的聚合。聚合程度随 O/B、O/P、O/Ge、O/As 的比例和温度而变。

3.1.1.2　硅酸盐熔体的结构模型

　　白尔泰（P. Balta）等运用梅逊（Masson）计算法，对偏硅酸钠（NaO·SiO_2）熔体进行聚合物分布数量的计算，并绘制了熔体结构的模型，见图 3.5。

　　该熔体结构模型有助于理解熔体结构中聚合物的多样性和复杂性。从而得出熔体结构特点是近程有序而远程无序的结论。

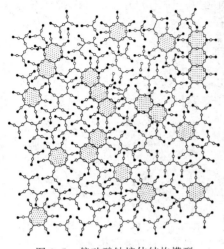

图 3.5　偏硅酸钠熔体结构模型
（二维示意图）

3.1.1.3　熔体的分相

在某些情况下，硅酸盐熔体会出现分相，即熔体由两种或两种以上不混溶的液相组成。如果熔体中某些极化力大的正离子（R）与氧离子形成较强的 R—O 键，以致氧离子不易与硅离子结合，则在熔体中形成独立的 R—O 离子聚集体，其中只含少量的 Si 离子。由此出现两种液相共存的现象，一种含少量 Si 的富 R—O 液相，另一种是含少量 R 离子的富 Si—O 液相，使系统的自由焓降低。所以在熔体中观察到两种液相的不混溶现象。在这种情况下，R 离子和 Si 离子均具有与氧离子形成网络结构的能力，称为网络形成离子。可见，熔体的分相与熔体中含有的网络形成离子的种类和数量、网络形成离子与氧的键性及网络形成离子与氧的配位多面体几何结构有关。

正离子（R^+ 和 R^{2+}）和氧离子的键强近似地取决于正离子电荷与半径（Z/r）之比。Z/r 比值越大，熔体分相的倾向越明显。Sr^{2+}、Ca^{2+}、Mg^{2+} 等正离子的 Z/r 比值最大，容易导致熔体的分相。K^+、Cs^+、Rb^+ 的 Z/r 比值较小，不易使熔体分相。但 Li^+ 的半径小，会使硅酸盐熔体中出现很小的第二液相的液滴，造成乳光现象。有关熔体分相的理论分析可参见相变理论中液-液相变的有关论述。

3.1.2　玻璃的结构

在原子结构的尺度上，玻璃的结构是短程有序、长程无序的。玻璃是熔体快速冷却凝固不发生晶化的过冷液体，因此玻璃保持了熔体的短程有序、长程无序结构，即在玻璃结构单元内，离子的排列是有序的，但结构单元的相互连接方式是不规则的，因此玻璃中不存在离子长程有序的周期性排列。这可用玻璃的径向分布函数描述。

在玻璃中，以任选的一个离子为中心，作一个半径为 R 的球壳，在球壳上的离子密度就定义为径向分布函数，通常把 $4\pi r^2 \rho(r)$ 称为径向分布函数。其中，$\rho(r)$ 为距离为 r 的球壳上离子的平均密度。图 3.6 是石英玻璃的径向分布函数图形，它是用 X 射线衍射法测定的。第一个峰值表示 Si—O 距离为 1.62Å。这与晶态硅酸盐中发现的 Si—O 平均间距 1.60Å 非常符合。按第一个峰值曲线下的面积计算的配位数为 4.3，接近硅离子配位数 4。因此，X 射线分析结果直接指出，在

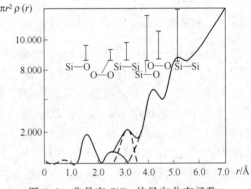

图 3.6　非晶态 SiO_2 的径向分布函数

石英玻璃中的每一个硅离子平均约被四个氧离子以大致 1.62 Å 的距离所围绕。由图可见，随离子径向距离的增加，分布曲线中极大值逐渐模糊，即逐渐显示出结构的无序性。关于玻璃的结构，有许多模型和学说，其中最有影响的是晶子学说和无规则网络学说。

3.1.2.1　晶子学说

晶子学说认为玻璃是由与该玻璃成分一致的晶态化合物组成的，但这个晶态化合物的尺度远比一般多晶体中的晶粒小，故称晶子。所谓晶子，不同于一般微晶，而是带有晶格变化的有序区域，它们分散在无定形介质中，并且，从晶子部分到无定形部分的过渡是逐步完成

的，两者之间无明显界线。晶子学说揭开了玻璃的一个结构特征，即微不均匀性及近程有序性，这是它的成功之处。但是至今晶子学说对晶子尺寸、晶子含量等一系列重要问题未得到解决，故未能取得令人信服的结果。

3.1.2.2 无规则网络学说

无规则网络学说（ramdom network theory）是晶体学家查哈里阿森（Zachariasen）于1932年根据早期硅酸盐晶体结构的 X 射线衍射研究结果提出来的，他认为玻璃氧化物不可能具有比晶态结构高得多的内能。推想玻璃中的离子间的结合力也应同晶体相似，玻璃与晶体具有相同的以简单形式连接的负离子多面体，只是玻璃的键强和键角有一定变化范围。即凡是成为玻璃态的物质与相应的晶体结构一样，也是由一个三维空间网络所构成的，但其周期规律性比晶体结构差。提出氧化物（A_xO_y）玻璃结构单元无序相连而不增加内能须遵守以下规则。

① 每一氧原子最多与两个 A 离子结合。

② A 离子配位数必须最小。

③ 氧多面体共顶连接，不能以共边或共面连接。

④ 每个氧多面体必须至少有三个顶角与相邻的多面体连接，形成三维空间网络。

所有形成玻璃的氧化物均遵循此规则。BeF_2 具有与 SiO_2 相似的结构，也遵循这一规则。根据无规则网络学说，石英玻璃的结构可描述为每个硅与周围四个氧组成硅氧四面体，各四面体之间通过顶角连接而形成向三维空间发展的网络，但其排列是无序的。因此，玻璃是一个不存在对称性和周期性的体系。图 3.7 是无规则网络石英玻璃的结构示意。

若在 SiO_2 玻璃中加入碱金属或碱土金属氧化物，则这种硅酸盐玻璃的结构网络也像硅酸盐熔体结构一样出现网络的破裂，如图 3.8。在纯 SiO_2 玻璃中，每个硅氧四面体都靠桥氧连接起来。当加入碱金属或碱土金属氧化物（如 Na_2O）后，碱金属或碱土金属离子使Si—O—Si 键断开，并处于网络结构的空隙中。在玻璃中，有一些阳离子既可像 Na^+ 一样起到"破网"的作用，也可以起到"补网"的作用。Al^{3+} 和 O^{2-} 可以形成配位四面体，也可以形成配位八面体。在含钠的硅酸盐玻璃中，Al^{3+} 配位数为 4，为使电价平衡，每个 Al^{3+} 必须吸引一个 Na^+，这就增加了网络的致密性，从而提高玻璃的化学稳定性。Al^{3+}的这种补网的作用只有在所含碱金属或碱土金属氧化物含量大于或等于 Al_2O_3 时才能出现。当碱金属或碱土金属氧化物比 Al_2O_3 含量少，则 Al^{3+} 与 Na^+ 一样起着"破网"的作用。

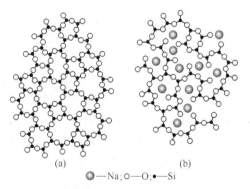

—○—Na；○—O；●—Si

图 3.7 无规则网络石英玻璃的结构示意
(a) 不规则的 SiO_2 网络结构；
(b) 钠硅玻璃结构示意图

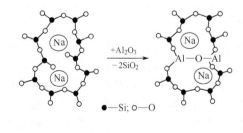

●—Si；○—O

图 3.8 硅酸钠玻璃中用 Al_2O_3
代替 SiO_2 的二维结构

3.1.2.3 氧化物在玻璃中的作用

实用玻璃的大部分，即使掺入少量的卤族元素或硫等，本质上都是氧化物玻璃。不同氧化物在玻璃中所起的作用是不同的，按氧化物的键强将其分成三类。

(1) 网络形成离子　形成玻璃网络的离子（如硅酸盐玻璃中的 Si^{4+}，硼酸盐玻璃中的 B^{3+}，磷酸盐玻璃中的 P^{5+}），其氧化物称为网络形成体，它们能单独形成玻璃。

(2) 网络变性离子　也称网络修饰离子，它是指能改变网络结构的离子（如碱金属和碱土金属离子），其氧化物称网络变性体。它们不能单独形成玻璃，但能使硅氧网络破裂，改变玻璃的性质。

(3) 网络中间离子　这类阳离子在玻璃中的作用与整个玻璃的化学成分有关，其作用介于网络形成离子和网络变性离子之间（如 Al^{3+}），其氧化物称网络中间体。

表 3.1 是氧化物的分类表，表中列出配位数及单键强度等数据。其中，单键能是判断氧化物能否形成玻璃的重要条件，它等于化合物分解能除以化合物阳离子配位数的商。

表 3.1　氧化物的分类表

元素	原子价	每个 MOx 的分解能 E_d/kcal	配位数	M—O 单键能/kcal	类型	元素	原子价	每个 MOx 的分解能 E_d/kcal	配位数	M—O 单键能/kcal	类型
B	3	356	3	119	网络形成体	Na	1	120	6	20	网络变性体
	3		4	89		K	1	115	9	13	
Si	4	424	4	106		Ca	2	257	8	32	
Ge	4	431	4	108		Mg	2	222	6	37	
P	5	442	4	88～111		Ba	2	260	8	33	
V	5	449	4	90～112		Zn	2	144	4	36	
As	5	349	4	70～87		Pb	2	145	4	36	
Sb	5	339	4	68～85		Li	1	144	4	36	
Zr	4	485	6	81		Sc	3	362	6	60	
Zn	2	144	2	72		La	3	406	7	58	
Pb	2	145	2	73		Y	3	399	8	50	
Al	3	317～402	6	53～67	中间体	Sn	4	278	6	46	
Be	2	250	4	63		Ga	3	268	6	45	
Zr	1	485	8	61		Rb	1	115	10	12	
Cd	2	119	2	60		Cs	1	114	12	10	

注：1kcal＝4.18×10³J。

化学键的特性是决定物质结构的重要因素。玻璃态的生成规律只有从物质内部化学键的特性、质点的排列和几何结构出发才能得到根本的解释。高配位数而无方向性的离子键和金属键不可能形成非晶态，纯粹共价键的分子由于分子间的范氏力也无方向性，很少能够形成非晶态。只有当离子键和金属键向共价键过渡，通过强烈的极化作用，使化学键具有方向性和饱和性趋势，在能量上有利于形成一种低配位数时，才易于形成玻璃态。

3.1.2.4　玻璃网络参数

为了表示玻璃结构特征和便于比较玻璃的物理性质，可引入玻璃的四个基本结构参数：

X 为每个氧多面体中非桥氧离子的平均数；

Y 为每个氧多面体中桥氧离子的平均数；

Z 为每个氧多面体中氧离子总数，即网络形成离子的配位数；

R 为玻璃中氧离子总数与网络形成离子总数之比，即分给每个网络形成离子的氧离子数。

这些参数之间存在两个简单的关系数。

$$X + Y = Z \tag{3.1}$$

$$X + \frac{1}{2}Y = R \tag{3.2}$$

每个多面体中的氧离子总数 Z 一般是已知的（在硅酸盐玻璃中，$Z = 4$；在硼酸盐玻璃中，$Z = 3$）。R 即通常所说的氧硅比（或氧硼比），它可以从组成计算出来。式（3.1）表示对每个氧多面体而言，桥氧和非桥氧总数为网络形成离子的配位数。式（3.2）表示在网络中，非桥氧只归一个网络形成离子所有，而桥氧为两个网络形成离子所共有。由式（3.1）和式（3.2）可得：

$$X = 2R - Z \tag{3.3}$$

$$Y = 2Z - 2R \tag{3.4}$$

下面举例说明网络参数的应用。

① 石英玻璃的结构单元为 $[SiO_4]$ 四面体，$Z = 4$；分子式为 SiO_4，$R = \frac{2}{1} = 2$；由此可求得 $X = 0$，$Y = 4$。

② 含 12%（摩尔分数）Na_2O、10%（摩尔分数）CaO 和 78%（摩尔分数）SiO_2 的钠钙硅酸盐玻璃：

$$Z = 4；R = \frac{12 + 10 + 156}{78} = 2.28；X = 0.56；Y = 3.44。$$

③ 组成为 $Na_2O \cdot \frac{1}{2}Al_2O_3 \cdot 2SiO_2$ 的玻璃：

$$Z = 4；R = \frac{1 + \frac{1}{2} \times 3 + 2 \times 2}{\frac{1}{2} \times 2 + 2} = 2.17；X = 0.34；Y = 3.66。$$

例③中，由于碱金属含量大于 Al_2O_3，所以 Al_2O_3 是网络形成体。表 3.2 列出一些典型玻璃的网络参数值。

表 3.2　典型玻璃的网络参数值

组　成	R	X	Y	组　成	R	X	Y
SiO_2	2	0	4	$Na_2O \cdot Al_2O_3 \cdot 2SiO_2$	2	0	4
$Na_2O \cdot 2SiO_2$	2.5	1	3	$Na_2O \cdot SiO_2$	3	2	2
$Na_2O \cdot \frac{1}{2}Al_2O_3 \cdot 2SiO_2$	2.17	0.34	3.66	P_2O_5	2.5	1	3

玻璃的很多性质取决于 Y 值。Y 值小于 2 的硅酸盐玻璃就不能构成三维网络。Y 值越小，网络的聚集程度也越小，结构变松，间隙增大，为网络变性离子的运动提供了条件，不论是在本身位置的振动，还是通过网络跃迁运动都较容易，因此随 Y 值递减，出现热膨胀系数增大、电导率增加和黏度减小等变化。Y 值对玻璃一些性质的影响列于表 3.3。表中每一对玻璃的两种化学组成完全不同。但它们都具有相同的 Y 值，因而具有几乎相同的物理性质。R 值也可说明玻璃网络结构变化情况，在多种釉和搪瓷中，发现氧和网络形成体之比一般在 $2.25 \sim 2.75$ 之间。通常钠钙硅玻璃中 R 值约为 2.4。

表 3.3　Y 对玻璃性质的影响

组　成	Y	熔融温度/℃	膨胀系数 $\alpha / \times 10^{-7}$	组　成	Y	熔融温度/℃	膨胀系数 $\alpha / \times 10^{-7}$
$Na_2O \cdot 2SiO_2$	3	1523	146	$Na_2O \cdot SiO_2$	2	1323	220
P_2O_5	3	1573	140	$Na_2O \cdot P_2O_5$	2	1373	220

3.2 熔体的性质

黏度是玻璃熔体最重要的性质之一。不仅瓷釉,而且陶瓷坯体中经过煅烧后形成的熔质也在冷却时凝固成玻璃体。例如,瓷器中约有60%的玻璃相。因此了解熔体性质有助于陶瓷材料烧成工艺的确定、玻璃加工工艺的选择、耐火材料的使用温度的确定、瓷釉的制备等。黏度是指在单位接触面内,两层液体间摩擦力与速率梯度的比例系数。黏度表示液体流动时,在单位面积和单位速率梯度下两层液体间需克服的内摩擦力 f 的大小。

$$f = \eta S \frac{\mathrm{d}v}{\mathrm{d}x} \tag{3.5}$$

式中,S 为液体面积;x 为两平行液体层之间的距离;$\dfrac{\mathrm{d}v}{\mathrm{d}x}$ 为两平行流体层在外力作用下移动的速率梯度,即 f 与面积 S 及速率梯度 $\dfrac{\mathrm{d}v}{\mathrm{d}x}$ 成正比;η 为比例系数,称为黏度。黏度单位为 Pa·s。黏度的倒数为流动度:$\Psi = 1/\eta$。液体或熔体的黏度低,在外力的作用下,只需很短时间就可改变其中离子的相对位置。

3.2.1 黏度与温度关系

玻璃黏度随温度上升而下降。由于黏度的幅度较大,一般在图中用 $\lg\eta$ 与温度 T 的关系曲线。当温度高于 T_g 时,可用福格尔(Fulcher)关系式表示玻璃的黏度和温度的关系:

$$\lg\eta = A + \frac{B}{T - T_0} \tag{3.6}$$

式中,A、B、T_0 均为常数,可由实验确定,其中 B 与黏滞流动的活化能有关。实际上黏度与温度关系的复杂性远超出任何标准理论的描述范围。硅酸盐熔体黏度随温度变化是玻璃加工工艺的基础之一。图3.9是普通窗玻璃的黏度曲线。当温度下降时,黏度越来越大,在550℃时达到转变点 T_g。这种情况原则上对各种玻璃都适用,只是温度高低和曲线的斜率各有不同。比较一致的是转变点都在 $\lg\eta = 13$。在这一黏度时,屈服时间约为1min,在这个时间内这种物质具有一般的固体性质。

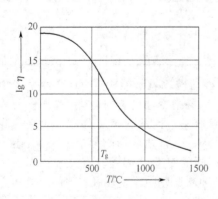

图3.9 钠钙玻璃黏度与温度的关系

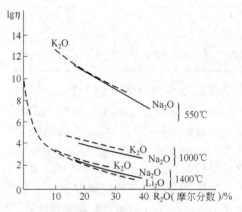

图3.10 网络修饰体对玻璃黏度的影响

3.2.2 黏度与组成关系

石英玻璃的 T_g 相当高,约为1200℃。黏度大的原因是网络结构完整。加入碱金属氧化物或碱土金属氧化物等网络变性离子都可使黏度降低很多,如表3.4。因此常称这些氧化物为助熔剂。

如图 3.10 所示，这主要是因为 R_2O 使 SiO_2 的网络断裂，反之，如前所说增加网络中间离子可使网络缺口消除。在含碱金属氧化物的硅酸盐玻璃中，用 Al_2O_3 代替 SiO_2 可起补网作用，使黏度提高，直至 Al_2O_3 和 R_2O 之比为 1:1。长石（$R_2O \cdot Al_2O_3 \cdot 6SiO_2$）熔质黏度较大也可用这个理由来解释。若在玻璃中含有与氧不等价的阴离子 F^- 或 OH^- 也会使网络中氧桥难以形成。在陶瓷原料中这类使网络断裂的外加剂又称矿化剂。如 CaF_2 等，它起着降低烧成温度的作用。

表 3.4 在 1600℃ 时 Na_2O—SiO_2 系统玻璃黏度表

分子式	O/Si	[SiO₄]连接程度	黏度/Pa·s	分子式	O/Si	[SiO₄]连接程度	黏度/Pa·s
SiO_2	2/1	骨架	10^9	$Na_2O \cdot SiO_2$	3/1	链状	0.16
$Na_2O \cdot 2SiO_2$	5/2	层状	28	$2Na_2O \cdot 2SiO_2$	4/1	岛状	<0.1

3.3 玻璃的形成

3.3.1 玻璃形成过程

玻璃通常是由液体或熔体冷却形成的。物质从液态冷却到凝固点（凝固温度）时可能结晶成晶体，也可能变得越来越稠，黏度越来越大，最后凝结成不结晶的玻璃体。同样，玻璃加热变为熔体的熔融过程也是渐变的，没有固定的熔点，而只存在一个软化温度范围。对于液态、玻璃态和晶态的区别，可以用这三态的体积 V 随温度 T 的变化曲线来说明，见图 3.11。

在普通情况下，液体的体积随温度的降低而缩小。当温度降到 T_m 时，若熔体黏度小，冷却速率慢，体积沿图中 AB' 线收缩，熔体转变为晶体，T_m 称为晶体的熔点。由于出现新相，系统内能突然下降，体积沿 $B'B$ 发生异常收缩，当全部熔体变成晶体后，则继续沿 BC 收缩。可见，熔体凝固为晶体时，V-T 曲线在熔点发生不连续变化。在低于 T_m 的温度内晶体是稳定的，即晶体是处于热力学平衡状态的，而过冷液体则处于介稳的热力学平衡状态。

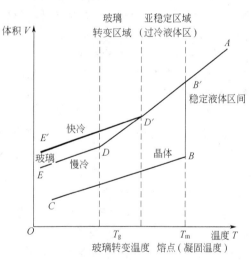

图 3.11 结晶态、玻璃态和液态体积随温度的变化

液体或熔体的黏度越大，越容易形成过冷状态。如图所示，当黏度较大的液体冷却至温度 T_m 时，若冷却速率快，液体中质点来不及规则排列，则液体在 T_m（对应于 B' 点）转变为过冷液体，体积随温度下降而沿 $B'D$ 收缩，其间不发生晶化，温度降到 T_g（对应于 D 点）时变成玻璃状态，体积沿 $B'D$ 线缩小。继续冷却，体积沿 DE 继续收缩，最终在室温下成为对应于 E 点体积的玻璃。即冷却曲线在 D 点出现转折。如果发生析晶，则在 T_m 和 T_g（$B' \rightarrow D$）之间进行。

3.3.2 玻璃转化温度

在 T_g 温度下，物质的黏度已高到继续冷却时结构不可能重排，只能将液态的结构"冻结"，而且玻璃热膨胀系数和比热容在 T_g 温度发生突变。因此将 T_g 温度称为玻璃转化温度

（或称玻璃形成温度、玻璃脆性温度）。当玻璃组成不变时，T_g 与冷却速率有关。冷却越快，T_g 越高。如曲线 $AB'D'E'$，T_g 对应 D' 点。因此，玻璃的转变温度 T_g 是一个随冷却速率而变化的温度区间，不是固定不变的。所以，确切地说，应称 T_g 为玻璃转化范围。

玻璃的转化范围是一个重要参数。因为在这一范围以上，玻璃是熔体，而低于这一范围，玻璃是固体，玻璃中的原子或离子的排列将不随温度的下降而变化，因而是亚稳态。通常经过很长时间后也不变化，仍然是玻璃。然而在 T_m 与 T_g 之间，过冷液体处于热力学不稳定状态。其中原子容易发生平移运动，在晶化温度 T_c 发生晶化，通常 $T_c > T_g$。

由于

$$T_m = 2 \sim 3 T_g \tag{3.7}$$

或

$$T_g = \frac{1}{3} T_m \sim \frac{1}{2} T_m \tag{3.8}$$

所以

$$T_c > \left(\frac{1}{3} \sim \frac{1}{2} \right) T_m \tag{3.9}$$

式中，T_m 是玻璃熔点，T_g 是玻璃转变温度，T_c 是玻璃晶化温度，均用热力学温度表示。T_c 和 T_g 都随加热速率而变，也与热历史有关。因此，到底 T_c 比 T_g 高多少不能简单而论。玻璃一旦发生晶化，就再也不能叫作玻璃或过冷液体。

玻璃的 T_g 随成分而变。如石英玻璃的 $T_g \approx 1150\,℃$，钠硅酸盐玻璃的 $T_g = 500 \sim 550\,℃$。由于在玻璃的转变温度 T_g 附近过冷液体的黏度约为 $10^{12}\,Pa \cdot s$，因此，测定黏度也可以作为判断此非晶态材料是否为玻璃的证明。如果能观测到玻璃转变现象或能测到 T_g，非晶体材料也可称为玻璃。玻璃的各温度点可由热分析方法测定。

3.3.3 玻璃形成条件

3.3.3.1 形成玻璃的热力学条件

从热力学观点来看，玻璃的内能比晶体高，玻璃是介稳态，有转变成稳定晶体的倾向。但近代研究证实形成非晶体的方法除了用液体冷却固化之外，还可用气相反应沉积、高频溅射、凝胶等其他方法。如果冷却速率足够快，各类材料都可能形成玻璃。同样，如在低于熔点范围内保持足够长的时间，则任何玻璃形成体都能结晶。由此可见，从热力学出发研究形成玻璃的物质与对应的晶体能量上的差异已不足以说明玻璃的形成条件。而更有成效的方法是从动力学角度研究以多快的速率使给定的熔体冷却以避免形成晶体。

3.3.3.2 形成玻璃的动力学条件

物质的结晶过程可由晶核生成速率（形核速率）I_v 和晶核中长速率 u 决定。而 I_v 与 u 均与过冷度（$\Delta T = T_m - T$）有关。如果形核速率与生长速率的极大值所处的温度范围很靠近 [图 3.12(a)]，熔体易析晶而不易形成玻璃。反之，熔体就不易析晶而易形成玻璃 [图 3.12(b)]。如果熔体在玻璃形成温度 T_g 附近黏度很大。这时晶核产生和晶体生长阻力均很大，这时熔体易形成过冷液体而不易析晶。因此熔体是析晶还是形成玻璃与过冷度、黏度、形核速率、生长速率均有关。

过冷液体在温度 T 保温时间 t 时，由于均匀形核和各向同性晶体的成长析出的晶体的体积分率 $V^\beta / V \leqslant 1$，V^β / V 可用下式计算出：

$$V^\beta / V \approx \frac{\pi}{3} I_v u^3 t^4 \tag{3.10}$$

式中，V^β 为析出晶体的体积；V 为熔体体积；I_v 为形核速率（单位时间、单位体积内所形成的晶核数）；u 为生长速率；t 为时间。该式表示从过冷液体中析出晶体的体积分数是冷却速率的函数。通过式（3.10）可以估计防止一定体积分数的晶体析出所必需的冷却速率。

如果只考虑均匀形核，为避免得到 10^{-6} 体积分数的晶体，可根据式（3.10）通过绘制 T-T-T（时间、温度、转变）曲线来估算必须采用的冷却速率。绘制这种曲线，首先选择一个特定的结晶分数，在一系列温度下计算出形核速率及生长速率；把计算得到的 I_v、u 代入式（3.10）求出对应的时间 t。用过冷度（$\Delta T = T_m - T$）为纵坐标，冷却时间 t 为横坐标作出 T-T-T 图（图 3.13）。

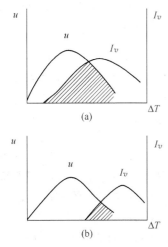

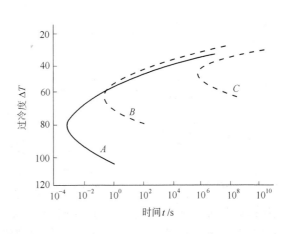

图 3.12　形核、生长速率与过冷度的关系
（a）晶体形核速率与生长速率极大值接近；
（b）晶体形核速率与生长速率极大值较远

图 3.13　析晶体积分数为 10^{-6} 时具有
不同熔点物质的 T-T-T 曲线
A—$T_m = 356.6K$；B—$T_m = 316.6K$；
C—$T_m = 276.6K$

由于结晶驱动力（过冷度）随温度降低而增加，原子迁移率随温度降低而降低，因而造成了 T-T-T 曲线弯曲而出现头部突出点。曲线外部的顶点对应了析出的晶体体积分数为 10^{-6} 时的最短时间。为避免形成给定的晶体分数，所需要的冷却速率可由下式粗略地计算出来：

$$\left(\frac{\mathrm{d}T}{\mathrm{d}t}\right)_c \approx \frac{\Delta T_n}{\tau_n} \tag{3.11}$$

式中，$\Delta T_n = T_m - T_n$，ΔT_n 为过冷度；T_n 和 τ_n 分别为 T-T-T 曲线头部之点的温度和时间。由式（3.10）可以看出，T-T-T 曲线上任何温度下的时间仅随（V^β/V）的 1/4 次方变化，因此形成玻璃的临界冷却速率对析晶晶体的体积分数是不甚敏感的。这样有了某熔体 T-T-T 图，对该熔体求冷却速率才有普遍意义。形成玻璃的临界冷却速率是随熔体组成而变化的。表 3.5 列举了几种化合物生成玻璃的冷却速率和熔融温度时的黏度。

表 3.5　几种化合物生成玻璃的冷却速率和熔融温度时的黏度

性　　能	化　合　物									
	SiO_2	GeO_2	B_2O_3	Al_2O_3	As_2S_3	BeF_2	$ZnCl_2$	$LiCl$	Ni	Se
T_m/℃	1710	1115	450	2050	280	540	320	613	1380	225
$\eta(T_m)$/Pa·s	10^7	10^6	10^5	0.6	10^5	10^6	30	0.02	约 0.01	10^3
T_g/T_m	0.74	0.67	0.72	约 0.5	0.75	0.67	0.58	0.3	约 0.3	0.65
$\mathrm{d}T/\mathrm{d}t$/(℃/s)	10^{-5}	10^{-2}	10^{-6}	10^3	10^{-5}	10^{-5}	10^{-1}	10^6	10^7	10^{-8}

由表 3.5 可以看出，凡是熔体在熔点时具有高的黏度，并且黏度随温度降低而剧烈地增高，这就使析晶位垒升高，这类熔体易形成玻璃。而一些在熔点附近黏度很小的熔体如 LiCl、金属 Ni 等易析晶而不易形成玻璃。$ZnCl_2$ 只有在快速冷却条件下才生成玻璃。从表 3.5 还可以看出，玻璃转变温度 T_g 与熔点之间的相关性（T_g/T_m）也是判别能否形成玻璃的标志。图 3.14 列出一些化合物的熔点 T_m 和转变温度 T_g 的关系。图中直线为 $T_g/T_m =$

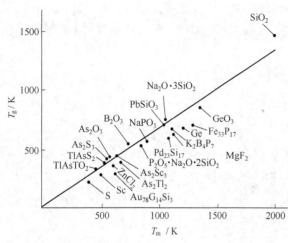

图 3.14　一些化合物的熔点 T_m 和转变温度 T_g 的关系

2/3。由图可知，易生成玻璃的氧化物位于直线的上方，而较难生成玻璃的非氧化物，特别是金属合金位于直线的下方。当 $T_g/T_m \approx 0.5$ 时，形成玻璃的临界冷却速率 $\left(\dfrac{\mathrm{d}T}{\mathrm{d}t}\right)$ 约为 $10^6\ ℃ \cdot s^{-1}$。

3.3.3.3　玻璃形成的结晶化学条件

随着玻璃结构理论研究的深入，仅以单键能作为氧化物玻璃形成能力的判据是不够的。成为玻璃形成体的条件还有以下几点。

（1）混合键型　玻璃形成过程是一个反结晶化的动力学过程，要求熔体在结晶温度时有足够大的黏度，这有利于阻止熔体的晶核形成和长大。在温度相同的条件下，熔体黏度大小是由结构化学决定的。玻璃态物质都是由很复杂的链状或层状分子集团构成的，在熔融状态时，黏度大，冷却时链或层状结构相互交错，不易生成对称性良好的晶体。要使结构为链状或层状，化合物的化学键只能是离子键和共价键混合或共价键和金属键混合的键型。因为纯离子键化合物在熔融时，以阳离子与阴离子形式存在，黏度小，冷却时因正、负离子的电负性而易排列成晶体；金属键化合物也有相似的黏度小、运动速率快、易结晶的特性；共价键化合物以分子形式单独存在，分子与分子间并不连接或以范德瓦尔斯力连接，易运动成晶体。所以，纯粹离子键、金属键、共价键的化合物都不具备高黏度的条件。

（2）低配位数和共顶连接　在混合键型化合物中，要成为玻璃形成体，还必须具有较低的空间利用率和顶角连接的条件，只有这样的结构才能使结构单元之间弯曲或扭曲，成为近程有序、远程无序的玻璃态。因此只有那些阳离子配位数为 3 或 4，阴离子配位数为 2 的化合物能成为玻璃生成体。如能单独形成玻璃的氧化物 SiO_2、B_2O_3、P_2O_5、GeO_2、As_2O_3，这些氧化物之所以可单独形成玻璃，除了具有高的单键能之外，还由于阳离子的电价高、离子半径小、配位数小、阳离子和氧组成的结构单元以顶点相连、形成晶体和形成不规则网络的能量差别小，因而不规则网络能够稳定存在。

（3）电负性满足一定要求　对一般的玻璃网络形成体氧化物，阳离子电负性值在 1.8～2.1 之间，对中间体氧化物（合适条件下可成为网络形成体），其电负性值在 1.5～1.8 之间，对网络修饰体（如碱、碱土金属氧化物），电负性值在 0.7～1.7 之间。碲的电负性与磷相同，都为 2.1，这意味着 TeO_2 和 P_2O_5 相似，可以成为玻璃体，由此引出了对高折射率碲酸盐玻璃的研究。碲酸盐玻璃和磷酸盐玻璃是激光玻璃中重要的特种玻璃。

3.4　玻璃性质

3.4.1　玻璃的强度

玻璃的抗压强度比抗张强度高得多。玻璃不含有导致力学性能降低的位错和晶界等缺陷，故玻璃的本征强度非常高。但由于玻璃与其他物体接触和热变化的影响，玻璃表面易受损伤而出现微裂纹，另外，玻璃内部析出物的存在，由于热膨胀系数的差别，受到热变化也会产生裂纹。这些微裂纹使玻璃的实际强度比理论强度低得多。在十分仔细制成的试样和可靠的试验条件下得出的实际强度数据约为理论强度值的 1/3，与试样的大小无关。实际强度由局部破坏所产生的裂纹的成长所决定，外部压力不过是使这些裂纹扩展到全部破坏为止。通常玻璃密度大，强度也大。但组成相同的玻璃，由于制造过程的差异，强度值存在差异。玻璃缺陷或裂纹深度 l 对强度的影响可以下式表示：

$$\sigma_f = 2\sqrt{\frac{E\gamma}{\pi l}} \tag{3.12}$$

式中，σ_f 为玻璃强度；E 为弹性模量；γ 为表面能。玻璃的弹性模量一般变化不大，而表面能的变化则很大，特别是有气体或液体存在时会明显地降低。在产生裂纹时，所形成的新表面或界面消耗了一部分能量，因而降低了玻璃的强度。

玻璃的断裂通常是由拉伸力引起的，其断裂韧性由断裂力学的开口型断裂方式的应力扩展系数 K_1 的临界值 K_{1c} 表示：

$$K_{1c} = \sigma_f \sqrt{CY} \tag{3.13}$$

式中，Y 为与裂纹和试样的几何形状有关的常数；C 为裂纹尺寸。可以看出，式（3.13）与式（3.12）一样，K_{1c} 是包含弹性模量和断裂能在内的物质常数。式（3.13）表示了附加应力和裂纹深度对断裂的影响。K_{1c} 在指出断裂开始条件的同时，也作为对断裂面抵抗程度的衡量。

3.4.2 玻璃的热膨胀性

玻璃的热膨胀性是玻璃的重要性质之一。热膨胀是由于热能引起组成原子或离子的热振动所造成的。温度升高，振动程度加大，振幅也增大，因而扩大了原子之间的距离，也就是出现膨胀。石英玻璃的热膨胀很小，约为 $0.5 \times 10^{-6}\,℃^{-1}$。碱金属氧化物的加入增大了原子间作用力的不谐调程度，因而热膨胀增大。一般窗玻璃的热膨胀系数为 $9 \times 10^{-6}\,℃^{-1}$。用 Al_2O_3 代替 SiO_2 在力的谐调程度方面变化不大，因而热膨胀系数变化不显著。热膨胀系数具有加和性，通常用化学组成计算线热膨胀系数可用下式：

$$\alpha = \alpha_1 p_1 + \alpha_2 p_2 + \cdots + \alpha_n p_n = \sum \alpha_i p_i \tag{3.14}$$

式中，α_i 是给每一氧化物组成提出的参数，p_i 是氧化物的摩尔分数。实际上，有些组分和玻璃的总组成有关，从结构上来说，这种组分的作用不是线性的，还要受玻璃中另一些组分的影响。在计算陶瓷釉或玻璃的热膨胀系数时，各氧化物的 α_i 值可参考有关书籍。

3.4.3 电导率

介电陶瓷中玻璃相的电导率比主晶相要高，对绝缘瓷的性能有很大影响。玻璃导电是热运动的过程，离子是其主要载流子，在电场作用下其规律与电子导电是一致的。电导率为：

$$\sigma = \sigma_0 \exp\left(-\frac{Q_0}{RT}\right) \tag{3.15}$$

式中，σ_0 为与热振动频率有关的常数；Q_0 为电导激活能，对大多数玻璃，其典型值是 $0.8 \times 10^5\,J/mol$ 左右。电导率与玻璃结构的关系很复杂，对含碱金属的石英玻璃来说，电导率主要与碱金属离子在网络中的键合能及它的尺寸有关，例如，K^+ 的结合强度不如 Na^+，但它尺寸较大，故含 K_2O 的玻璃电导率比含 Na_2O 的玻璃电导率要小。

若同时存在两种不同类型的碱金属离子，如 K_2O 及 Li_2O，发现当这两者的摩尔分数相等时，玻璃具有最小的电导率（图 3.15）。

在含碱金属的玻璃中加入碱土金属离子如 Ca^{2+}、Ba^{2+}、Mg^{2+} 及 Pb^{2+} 等，即使 Na^+ 含量保持不变，仍然可使玻璃的电阻明显提高。这显然是因为碱土金属离

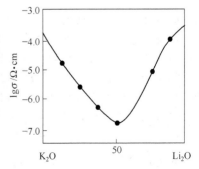

图 3.15　玻璃中 K_2O/Li_2O（摩尔分数）与电导率之间的关系

子妨碍了 Na^+ 的运动。故一般电阻瓷体为提高绝缘性能就要用钡长石作为熔剂，而不能用一般含钠、钾的正长石作为原料。

在玻璃中也有出现电子导电的可能，例如，当含有过渡元素氧化物时，这种过渡元素金属离子本身的活动能力虽然很低，但是它们可以变价，这种变价实际上就是由电子的运动来实现的。例如 $Fe^{2+}-O-Fe^{3+} \rightarrow Fe^{3+}-O-Fe^{2+}$ 就会发生电子导电。

玻璃除上述性质外，其他性质请参阅有关文献。

习题

3.1 熔体、非晶态物质及玻璃的定义。

3.2 黏度的定义及单位。

3.3 玻璃形成过程。

3.4 玻璃形成条件。

3.5 玻璃结构理论。

3.6 玻璃网络形成体的定义，并列出现有玻璃网络形成体。

3.7 一种熔体在 1300℃ 的黏度是 $310 Pa \cdot s$，在 800℃ 是 $10^7 Pa \cdot s$，在 1050℃ 时，其黏度为多少？在此黏度下急冷，是否形成玻璃（硅酸盐熔体在熔融温度范围约为 $5 \sim 50 Pa \cdot s$）？

3.8 熔体在 727℃ 的黏度是 $10^7 Pa \cdot s$，在 1156℃ 是 $10^3 Pa \cdot s$，在什么温度下熔体黏度为 $10^6 Pa \cdot s$（可用 $\lg\eta = A + B/T$ 公式）？

3.9 玻璃组成为 13%（质量分数）Na_2O，13%（质量分数）CaO，74%（质量分数）SiO_2，计算非桥氧分数。

3.10 试用玻璃结构参数分析以下两种不同配比的玻璃高温下黏度的大小。

(1) 10%（质量分数）Na_2O，20%（质量分数）Al_2O_3，70%（质量分数）SiO_2；

(2) 20%（质量分数）Na_2O，10%（质量分数）Al_2O_3，70%（质量分数）SiO_2。

3.11 已知石英玻璃的密度为 $2.3 g/cm^3$，假设玻璃中原子尺寸与石英晶体相同，试计算石英玻璃的原子堆积系数（空间利用率）。

阅读材料

非线性光学玻璃

随着光通讯技术的发展以及全光学信号处理和光计算机研究工作的不断深入，对各种空间光调制器、全光学开关等提出了实用化的要求，要使这些技术得以实现、器件得以运行的先决条件是制取具有优良非线性性能的光学玻璃。

20 世纪 60 年代以前，也就是在激光发现以前，玻璃一直被用作线性光学材料。光学是研究弱光束在介质中的传播规律的科学即线性光学。当材料处于由激光产生的强电场时，在材料中引起的电极化强度 P 和电场强度 E 之间有如下关系：

$$P = \chi^{(1)} E + \chi^{(2)} E \cdot E + \chi^{(3)} E \cdot E \cdot E + \cdots$$

式中，$\chi^{(1)}$ 为线性光敏感度，$\chi^{(2)}$、$\chi^{(3)}$ 分别为二次和三次非线性光敏感度。上式中虽然还存在 $\chi^{(4)}$ 和 $\chi^{(5)}$ 等项，但由于它们的系数非常小，通常可以忽略。

这种非线性光学系数如同弹簧的拉伸与重物的关系一样。当物体达到一定质量，根据虎克定律，弹簧的拉伸与物体质量呈线性关系。可是，质量一旦超过一定值，它们的关系就开始偏离线性。在经典光学中，由于电场 E 通常很弱，且普通材料的 $\chi^{(2)}$、$\chi^{(3)}$ 与 $\chi^{(1)}$ 相比甚小，非线性效应基本上观察不到。可是，由激光产生的电场 E 却非常大，物质中所产生的极化偏离线性关系，显示出非线性的动态，这样就不能忽视非线性效应了。

图 1　非线性光学玻璃

目前研究开发的非线性光学材料有无机非线性光学材料、有机非线性光学材料、单晶非线性光学材料、半导体超格子非线性光学材料、玻璃非线性光学材料（图 1）等，其中，无机、有机、单晶材料已被作为二阶非线性光学材料使用，二阶非线性光学玻璃材料还正在研究；作为三阶非线性光学材料的有机、半导体超格子、玻璃材料也正在研究开发当中，特别是近十几年来关于非线性光学玻璃材料的开发和其非线性产生机理的研究正不断取得进展。

虽然玻璃的非线性光学效应不是非线性光学材料中最好的，但是因为玻璃具有近程有序、远程无序的内部构造，高的透明性，容易制备，较高的化学稳定性，热稳定性和较高的三阶非线性光学系数及快的响应时间等许多优良的特性而引起了国内外许多专家的瞩目。目前各国在应用领域的研究展开了激烈的竞争。这些领域包括图像处理、图像识别、图像关联、摄像靶、光学限制、适应光学、全光开关、光调制、光学存储和记忆系统等。

一、二阶非线性光学玻璃材料

理论上，在各向同性的物质中不存在二阶非线性光学效应，所以人们在很长一段时间内都认为玻璃材料中不存在二阶非线性光学效应，但自从 Sasaki 和 Y. Ohmori 在掺 Ge 的 SiO_2 玻璃纤维中观察到激光诱导的 SHG 效应（即二次谐波产生），SHG 强度与激光照射的时间有关且在 10h 后达到饱和，后来 M. A. Saifa 和 M. J. Andrejco 也在掺 Ge 的 SiO_2 玻璃纤维中观察到 SHG 效应，表明玻璃中存在二阶非线性光学效应。

目前，关于掺 Ge 的 SiO_2 玻璃纤维中产生二阶非线性光学效应的理论解释很多，主要认为与 Ge 的电子构型有关。GeO_2 在外电场作用下，Ge^{4+} 起一个电子陷阱的作用，形成 E' 永久色心且定向排列，在纤维内部自动达到相位匹配。Myers 等从热极化的板状的熔融 SiO_2 玻璃（如：加 5kV 的直流电流后在 300℃ 温度下处理 15min 后冷却到室温）中发现了明显的 SHG 现象，发现不含 Ge 的块状 SiO_2 玻璃的 $\chi^{(2)}$ 值是掺 Ge 的 SiO_2 玻璃纤维的 $10^3 \sim 10^4$ 倍，其 $\chi^{(2)}$ 值相当于 $LiNbO_3$ 单晶 $\chi^{(2)}$ 值的 20% 左右，玻璃中有如此高的 $\chi^{(2)}$ 值可以说对非线性光学玻璃的研究是极大的促进。最近，藤原等人提出了紫外线极化方法，即边照射来自激光发生器的紫外线边加高电场的方法。将用 VAD 法制备的掺 Ge 的 SiO_2 玻璃进行紫外线极化后，发现其 $\chi^{(2)}$ 值也超过 $LiNbO_3$ 单晶，这是因为在强烈的紫外线照射下缺陷数量明显增加，这项成果对二阶非线性光学玻璃的实用化具有特别重要的意义。

从上述分析可知，即使是各向同性的玻璃，只要通过一系列外在条件如电极化、热极化、激光诱导极化、电子束辐射极化等操作的作用，使玻璃结构产生变化，在微小的区域内产生相当强的定向极化，从而打破玻璃的反演对称性，使玻璃具有 SHG 效应。二阶非线性光学玻璃材料有望在以下几个方而得到广泛应用：一是进行光波频率的转换，即通过二次谐波效应、光整流效应、光混频效应等制备二倍倍频器、杂化双稳器、紫外激光器；二是通过光学参量振荡、Pockels 效应制备红外激光器、电光调制器等。

二、三阶非线性光学玻璃材料

三阶非线性光学玻璃因其折射率随入射光强度的变化而产生很大的变化，所以可用于制备超高速光开关、光学存储器、光学运算元件、倍频器以及进行分子非线性电极化率的测定等，对三阶非线性光学玻璃材料的开发要求其三阶非线性极化率 $\chi^{(3)}$ 尽可能大而非线性光学效应的响应时间至少为皮秒级。目前正在研究的三阶非线性光学玻璃材料有超微粒子分散玻璃和均质玻璃两大类。

1. 超微粒子分散玻璃

超微粒子分散玻璃即将粒度为 10nm 左右的超微粒子分散到玻璃中。超微粒子分散玻璃分为半导体超微粒子分散玻璃和金属超微粒子分散玻璃两大类。

半导体超微粒子分散玻璃之所以表现出很高的三阶非线性光学效应是因为用激光照射玻璃时，玻璃中的超微粒子会产生自由电子和空穴的量子状态，这些量子状态被高密度地封闭在零点几纳米到十几纳米这样狭窄的空间内，自由电子和空穴的相互作用很大，进而表现出很高的三阶非线性光学效应。且该效应随粒子尺寸的减小，吸收带蓝移，所以从物理学家到玻璃研究人员都在进行研究。1983 年，美国 Huges 研究所的 Jain 和 Lind 采用 DFWM 法在市场销售的光学滤波玻璃（熔融急冷法制备的 CdS_xSe_{1-x} 掺杂玻璃）上观测到 $\chi^{(3)}$ 为 31.3×10^{-8}esu，响应时间 $t < 10^{-11}$s，微晶平均大小约 10nm，且随微晶尺寸的减小，吸收带蓝移，以此为开端，开始了半导体超微粒子分散玻璃的研究和开发。目前，研究的主要方向是：①研究粒径、组成与 $\chi^{(3)}$ 的关系；②扩大半导体掺入物的种类，研究掺杂浓度与 $\chi^{(3)}$ 的关系，在维持小的粒子尺寸和窄的分布前提下，如何提高粒子的掺杂浓度以减少吸收和散射损失；③寻求缩短响应时间的方法；④在不断改进传统的熔融急冷法的同时，不断开发新的合成方法，如依靠溶胶-凝胶法来固化半导体超微粒子已弥散的溶液的方法，依靠溅射等方法使之从气相生长出含半导体超微粒子玻璃的方法，使众多的半导体超微粒子被成功地掺杂于玻璃基质中，如 CdS、Bi_2S_3、ZnS、CdSe、CdTc、CuCl、CuBr 等。野上正行教授采用溶胶-凝胶法成功制备出 CdS、PbS、ZnS 和 CuCl 超微粒子分散玻璃，得出了半导体超微粒子分散玻璃的吸收光谱与 CdS 结晶相比较移向短波长一侧的结论。向卫东等采用溶胶-凝胶法合成了含 PbS 微晶掺杂的 Na_2O-B_2O_3-SiO_2 玻璃，粒子尺寸约为 $7 \sim 8$mm，采用 Z 扫描曲线法得出含 0.1%PbS 微晶玻璃的三阶非线性极化率 $\chi^{(3)}$ 为 1.3×10^{-11}esu。陈红兵等成功地制备了 Sb_2S_3 微晶掺杂硅凝胶玻璃薄膜，研究发现，随着半导体微晶尺寸的增大，透射光谱上表征能隙的特征透射光谱谱谷逐渐向长波方向移动，说明该玻璃具备明显的量子尺寸效应。

金属超微粒子分散玻璃是在玻璃中分散 Au、Cu 等的微粒子。其非线性光学效应是由介电性被封闭而产生的局域电场造成的，局域电场强度增大，非线性光学效应增强，此种材料的响应时间为皮秒级，伴随光吸收的增加，吸收系数增大，可高浓度掺杂，所以能实现较高的非线性光学效应。如在含有 4nm 左右的金属铜超微粒子分散 BaO-P_2O_5 玻璃中发现其非线性响应时间为亚皮秒级。

2. 均质玻璃

均质玻璃的 $\chi^{(3)}$ 值为 $10^{-14} \sim 10^{-11}$esu，比超微粒子分散玻璃小，且均质玻璃的三阶非线性极化率随其折射率的增加而增大。如 SiO_2、GeO_2、Ga_2O_3、CdO 系统玻璃在可见光范围内，其三阶非线性极化率会随玻璃折射率的增大而增大，说明 $\chi^{(3)}$ 值与玻璃的主要构成成分有很大关系。可是，研究发现 TeO_2、Bi_2O_3 系统玻璃的 $\chi^{(3)}$ 值与折射率之间却无类似的关系。一是 $\chi^{(3)}$ 值的测量不够准确，二是与构成玻璃的离子的结合状态和电子状态有关。均质玻璃产生三阶非线性性的主要原因是构成玻璃的原子或离子的电子极化的影响，所以其响应时间有可能达到飞秒级。由上述分析可知，要获得三阶非线性极化效果大的均质玻璃材料，玻璃中必须含有大量电子极化率大的离子，因此，含有大量电子极化率大的 PbO、Bi_2O_3、TeO_2 等重金属离子的高折射率玻璃成为主要研究对象。最近，研究人员开发出了 $\chi^{(3)} = 9.3 \times 10^{-12}$esu 的 Bi_2O_3 系统玻璃，当入射光波长 1.3μm 时，响应时间为 200 飞秒，接近硫系玻璃，硫系玻璃的 $\chi^{(3)}$ 值为 10^{-11} esu。

随着全光信息处理和光计算机研究的发展，三阶非线性光学玻璃的研究已成为近年来光电子技术领域中最引人注目的研究课题之一。目前三阶非线性光学玻璃的研究方向是寻求非线性光学性能、响应时间、化学稳定性、热稳定性、光学损耗、加工特性及材料成本等诸因素的最佳结合点。其中，新型硫卤玻璃、高折射率氧化物玻璃、各种共振型掺杂玻璃等均有希望成为全光开关材料的最佳选择。

三、结束语

玻璃虽然具有能纤维化、远距离传输的优点，但在实际应用中还应向小型化、高非线性特性方向发展，因此，希望能尽快开发出具有很大 SHG 效应、$\chi^{(3)}$ 值的玻璃。玻璃的二阶及三阶非线性性与构成离子的局域状态和超微粒子的电子状态有关，这方面的基础理论的研究还需不断探讨，在此基础上才能开发出更加优异的非线性光学玻璃，逐步取代晶体非线性光学材料、半导体非线性光学材料、有机非线性光学材料、金属-有机非线性光学材料。

第4章 显微结构

　　人类对客观世界的认识是不断发展的。从认识直接用肉眼看到的事物开始不断深入，逐渐发展为两个领域：宏观领域和微观领域。宏观领域是指以肉眼可见的物体为下限，上至无限大的宇宙天体；微观领域是指以分子和原子为最大起点，下限是无限小的领域。连接宏观领域和微观领域之间的桥梁，是所谓的介观领域。介观领域包括了从微米、亚微米、纳米到团簇尺寸（从几个到几百个原子以上尺寸）的范围。

　　现代材料科学研究的中心内容之一，是研究各种材料的显微结构及其与生产工艺、制品理化性能和使用效果之间的关系。那么，材料的显微结构是什么？它与介观领域是什么关系呢？

　　长期以来，人们在使用中常常将"显微结构"与"构造"、"组织"、"组织结构"、"微观结构"、"细微结构"、"结构构造"等术语相混淆。实际上这些术语各有其特定含义。例如，描述组成矿物在空间分布排列关系的称为"构造"。"织构"专指组成矿物在空间定向排列，使制品具有特殊性能的一类特殊的显微结构。而矿物晶体颗粒自身的各项结构特征，则称为矿物的"细微结构"。可见，这些术语不能一概作为显微结构的同义词使用。对无机材料内部结构的认识，随着所用仪器设备分辨率的不同有很大差别，并且有不同的结构类型和名称。肉眼或借助放大镜和实体显微镜只能分辨大于 $100\mu m$ 的物体，所观测到的结构称为"宏观结构"或"大结构"。光学显微镜（包括偏光显微镜和反光显微镜）的最大分辨率达 $0.2\mu m$ 左右，观测到的结构称为"显微结构"。电子显微镜分辨率可提高到 $0.01\mu m$，即 10nm，观测到的结构称为"超微结构"或"亚显微结构"。用高分辨率透射电镜可观察到物质的分子、原子，直接研究晶格点阵，这种结构被称为"微观结构"。综上所述，显微结构定义如下：在光学和电子显微镜下分辨出的，试样中所含相的种类及各相的数量，颗粒的形状、大小、分布取向和它们相互之间的关系，称为显微结构。可见，显微结构包括了亚显微结构，但不包含宏观结构和微观结构的内容，它所包含的正是介观领域的尺度范围。

　　在纳米尺度空间内，对物质和材料进行研究处理的新科学称为纳米材料科学，又称超微粒子科学。纳米材料科学的最终目标是直接以原子或分子来构造具有特定功能的产品。因此，纳米材料科学实际上是一种用单个原子、分子制造物质的科学，它使人类能在纳米尺度的水平上进行分子、分子簇的组装与生产，制造出所需要的物质形态。纳米材料科学将从根本上改变材料的生产方式。利用纳米材料科学制造纳米结构材料是目前研究非常活跃的领域，因此把纳米结构从显微结构中独立出来，专门进行介绍讲解。

4.1　纳米结构

4.1.1　纳米结构的基本概念

　　纳米（nanometer，nano-源自拉丁文，意思是矮小，符号为 nm）是一种长度单位，和人们熟悉的米、厘米一样。$1nm = 10^{-9}$ m，即十亿分之一米。人的一根头发的直径约为 $100\mu m$，相当于100000nm。在纳米尺度范围内，物质出现了许多奇异的、崭新的物化性质，这种奇异性能是由物质本身的三维尺度、特殊的界面和表面结构所决定的。纳米研究已经达到一个高潮，目前，通常把尺寸为1～100nm范围的粒子作为纳米结构体系的主要研究对象。大约1861年，随着胶体化学的建立，科学家们开始对直径为1～100nm的粒子系统进行研究。但是，当时的化学家们只是从化学角度把纳米粒子作为宏观体系的一个中间环节来研究。直到20世纪60年代，科学家们才开始有意识地把纳米粒子作为研究对象来探索纳米体系的奥秘。20世纪70年代末到80年代初，对一些纳米颗粒的结构、形态和特性进行了比较系统的研究。1990年7月在美国巴尔的摩召开了国际第一届纳米科学技术学术会议，正式把纳米材料科学作为材料科学的一个新的分支公布于世，这标志着纳米材料学作为一个相对比较独立的学科诞生了。

纳米材料科学是以纳米材料为基础的。纳米材料是指在三维空间中至少有一维处于纳米尺度范围内，并且具有与块状材料截然不同的电学、磁学、光学、热学、化学或力学性能的一类材料体系，包括纳米金属材料、纳米磁性材料、纳米陶瓷材料、纳米传感材料、纳米医用材料以及纳米复合材料等。

纳米结构体系是纳米材料领域派生出来的含有丰富的科学内涵的一个重要的分支学科。由于该体系具有奇特的物理现象及与下一代子结构器件的联系，因而成为人们十分感兴趣的研究热点。纳米结构是以纳米尺度的物质单元为基础按一定规律构筑或营造一种新的体系。

以纳米材料的结构特点来划分，纳米材料可分为四种结构类型，如图4.1。第一种类型包括成分、形状各异的原子簇或长径比为1nm到无穷大的纳米粒子和一维纳米材料，这包括纳米碳管和各种材料制成的直径在纳米量级的纳米线；第二种类型为在一个方向上改变成分或厚度（纳米量级）的多层膜；第三种类型为由纳米颗粒在基底表面上生长的颗粒膜；第四种为由纳米微晶构成的纳米相材料，这也包括将不同组分或不同结构的纳米微粒掺杂于块体材料中而形成的纳米复合材料。

由于纳米结构既具有纳米微粒的特性，如量子尺寸效应、小尺寸效应、表面效应等特点，又存在由纳米结构组合引起的新的效应，如量子耦合效应和协同效应等。其次，这种纳米结构体系很容易通过外场（电、磁、光）实现对其性能的控

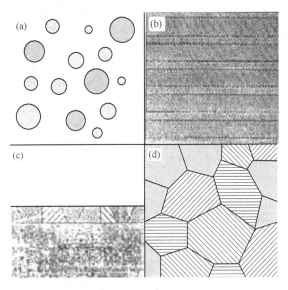

图4.1　纳米结构材料示意
（a）纳米颗粒和一维纳米材料；（b）多层膜；
（c）颗粒膜；（d）纳米相材料

制，这就是纳米超微型器件的设计基础，从这个意义上来说，纳米结构体系是一个科学内涵与纳米材料既有联系、又有一定差异的一个新范畴。目前的文献上已出现把纳米结构体系与纳米材料并列起来的提法，也有人从广义上把纳米结构体系也归结为纳米材料的一个特殊分支。

从基础研究来说，纳米结构的出现把人们对纳米材料出现的基本物理效应的认识不断引向深入。无序堆积而成的纳米块体材料，由于颗粒之间的界面结构的复杂性，很难把量子尺寸效应和表面效应对奇特理化效应的机理搞清楚。纳米结构可以把纳米材料的基本单元（纳米微粒、纳米丝、纳米棒等）分离开来，这使研究单个纳米结构单元的行为、特性成为可能。更重要的是人们可以通过各种手段对纳米材料基本单元的表面进行控制，这就使人们有

可能从实验上进一步调制纳米结构中纳米基本单元之间的间距，进一步认识他们之间的耦合效应。因此，纳米结构出现的新现象、新规律有利于人们进一步建立新原理，这为构筑纳米材料体系的理论框架奠定了基础。

4.1.2 纳米结构单元

纳米结构通常是指尺寸在 100nm 以下的微小结构。构成纳米结构的是纳米结构单元（single structure）。就像一块块各种形状的积木，可以搭建成各式各样的结构。对于纳米领域来说，纳米结构单元就是构成纳米材料的"积木"。纳米结构单元包括纳米微粒、稳定的团簇或人造超原子（artificial atoms）、纳米管、纳米棒、纳米丝等。

4.1.2.1 原子团簇

原子团簇（cluster）是几个到几百个原子的聚集体，如 Fe_m、Cu_nS_m、C_nH_m（n 和 m 都是整数）和碳簇（C_{60}、C_{70}、富勒烯）等，是 20 世纪 80 年代新发现的化学物种，其尺度从零点几纳米到几十纳米，是介于单个原子与宏观固体之间的新层次，代表了凝聚态物质的初始状态，有人称之为"第五态"。

原子团簇是以化学键紧密结合的聚集体，这与以弱结合力结合的松散分子团簇和周期性很强的晶体是不同的。原子团簇的形状是多种多样的，包括线状、层状、管状、洋葱状、骨架状、球状等。原子团簇可分为一元原子团簇、二元原子团簇（如 Ag_nS_m）、多元原子团簇 $[$如 $V_n(C_6H_6)_m]$ 等。一元原子团簇包括金属团簇（如 Na_n、Ni_n 等）和非金属团簇。非金属团簇可分为碳簇（如 C_{60}、C_{70}）、非碳簇（如 B、P、S、Si 等）。

C_{60} 是典型的原子团簇，也是当前能大量制备并分离的原子团簇。1985 年，在瑞斯（Rice）大学的实验室，美国的斯摩雷（Smalley）与英国的科洛托（Kroto）等用激光轰击石墨靶，利用质谱仪分析用苯收集到的碳团簇，发现由 60 个碳原子构成的碳团簇丰度最高，C_{60} 的发现极大地丰富了人们对碳的认识。C_{60} 的 60 个碳原子构成足球式的中空球形分子，见图 4.2。

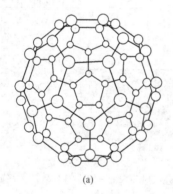 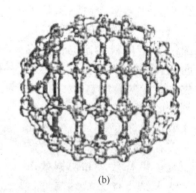

(a)   (b)

图 4.2　碳簇结构
(a) C_{60}；(b) C_{70}

C_{60} 是由 32 面构成的，其中 20 个六边形，12 个五边形，属于面心立方结构。C_{60} 分子的直径为 0.7nm。C_{60} 分子球间距离为 0.29nm，是分子球内部碳原子键长的两倍多，分子间的作用力是范德瓦尔斯力。制备 C_{60} 常用的方法是，在惰性气体（He、Ar）中，用两个石墨棒进行直流电弧放电，挥发物用围于炭棒周围的冷凝板收集。在用这种方法得到的挥发物中，除了 C_{60} 外，还有 C_{70}、C_{20} 等碳团簇。研究表明，构成原子数（称为幻数）为 20、24、28、32、36、50、60 和 70 的碳团簇具有高稳定性。其中，C_{60} 最稳定。因此，为了获得较纯的 C_{60}，可以用酸溶去其他的碳团簇。但 C_{60} 中常常还混有 C_{70}。

原子团簇的研究是多种学科的交叉，包括合成化学、化学动力学、晶体化学、结构化学、原子簇化学等化学分支和原子物理、分子物理、表面物理、晶体生长、非晶态等物理学分支，还包括星际分子、矿岩成因、燃烧烟粒、大气微晶等。团簇的物理和化学特性是当前研究的一个热点，因为它提供了一种研究从原子、分子逐渐过渡到凝聚态体系的新的方法。团簇成为理解某些复杂的凝聚态现象的特殊体系，例如形核、溶解、吸附和相变等。

原子团簇有许多奇异的特性。例如，极大的比表面使它具有异常高的化学活性和催化活性；又如，C_{60} 固体是绝缘体，用碱金属掺杂之后就成为具有金属性的导体，适当的掺杂其他成分还可使其成为超导体。C_{60} 是合成金刚石的理想原料，C_{60} 可以生成单线态氧，因而也具有治疗癌症的作用。C_{60} 和 C_{70} 的溶液具有光限性，可以用作数字处理器中的光阈值器件和强光保护敏感器。

4.1.2.2 纳米微粒

纳米微粒也称为超微颗粒（ultra-fine particle），其尺度大于原子团簇，但小于通常的微细粉末，一般在 1～100nm 之间。纳米微粒是肉眼和一般显微镜看不见的微小粒子。人体血液中红细胞的大小为 200～300nm，一般细菌（如大肠杆菌）长度为 200～600nm，病毒的尺寸一般为几十纳米。相比之下，纳米微粒的尺寸为红细胞和细菌的几分之一，与病毒大小相当，只能用高倍电子显微镜（TEM）观看，图 4.3 是纳米 Ni 微粒的电镜像。

早在 1861 年左右，随着胶体化学（colloid chemistry）的建立，科学家们就开始了对纳米微粒系统（胶体）的研究。真正对分立的纳米微粒进行研究，始于 20 世纪 60 年代。在过去近 30 年的时间内，对各种纳米微粒的制备、性质和应用研究做了大量工作。近几年来对纳米微粒制备、性质及其应用研究更加盛行，获得了一系列的有意义的结果，特别是对由纳米微粒构成的准一维、准二维和准三维纳米结构材料的研究取得了突破性的进展。

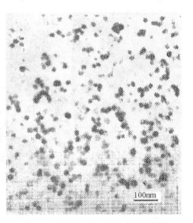

图 4.3　纳米 Ni 微粒的电镜像

纳米微粒具有量子尺寸效应、小尺寸效应、表面效应和宏观量子隧道效应等，因而展现出许多特殊的性质，在催化、滤光、光吸收、医药、磁介质及新材料等方面有广阔的应用前景，同时也推动了基础研究的发展。科学家认为，原子团簇和纳米微粒是由微观世界向宏观世界的过渡区域，许多生物的活性由此产生和发展。

从液相沉积固体是一种合成超细粒子的通用技术。该方法涉及到在含有可溶性的或悬浮盐的水或非水溶液中的化学反应。当液体变为过饱和时，沉积就会借助于均相或异相形核而发生。均相或异相形核的差别在于是否涉及外来稳定核的生成。形核之后，通常由扩散而长大。在扩散控制的长大中，溶液的浓度和温度在决定粒子长大中起重要作用。为形成单分散的粒子，要求所有的核必须几乎在同时形成，而在接下去的生长中，必须没有进一步的形核或粒子的团聚。

一般地说，粒子尺寸和尺寸分布、结晶参数、晶体结构和分散度可由反应动力学控制。影响反应速率的因素包括反应液浓度、反应温度、pH 值及反应物加到溶液中的顺序等。一种多元的复合粒子可以由不同离子的共沉积而制备。但是，同时沉积几种离子并不容易，主要原因是不同的离子一般仅仅可以在不同的 pH 值下沉积。因此，对化学的均一性和计量性必须加以控制。利用把前驱体转变为粉体的喷雾干燥法和冷冻干燥法可以避免液相沉积中的相分离和改善分子水平的均一性。

值得注意的是，根据能量最低原理，物质构成的系统总是稳定在能量最低的状态。由于纳米微粒具有大的比表面积，常常团聚成二次粒子来减小体系的总表面能或界面能。总能量的减小有利于纳米粒子达到稳定状态。当粒子之间因很强的吸附从而贴在一起时，这些硬团聚称为力团聚体。在纳米陶瓷的处理中，如果初始的粉体是团聚的，且有大孔，则由这种粉体压制成的坯体可能有低的密度。当气孔的尺寸大于一定尺寸时，坯体就不能收缩而实现致密化。细小粒子的团聚可能发生在合成阶段、干燥过程及后来的处理中。因此，在粒子制备和处理的每一步都使粒子稳定而不团聚是非常重要的。在合成过程中，表面活性剂常被用于制备分散粒子或分散已合成的团聚的纳米微粒。在液相介质中，利用分散剂分散超细粒子的方法已得到广泛研究。

4.1.2.3 人造原子

第三种基本单元是人造原子（artificial atom），或称为量子点（quantum dot），见图4.4。人造原子是1996年由美国麻省理工学院阿休理（Ashoori）提出的一个新概念。它是指由一定数量的真正原子组成的聚集体，尺寸小于100nm。1997年加利福尼亚大学物理系的迈克尤恩（Mc Euen）把人造原子的内涵进一步扩大，包括准零维的量子点、准一维的量子棒和准二维的量子圆盘，甚至把100nm左右的量子器件也看成人造原子。

图4.4　量子点

人造原子长、宽、高三维均在纳米尺寸内，电子容易被局限在点内（即零维空间），如同电子深陷于洞中不得而出。但当电子获得足够的能量，且旁边也有人造原子或其他可接纳此电子之处，电子不但可跳洞而出，且跳跃入紧邻的人造原子或其他去处（图4.4），这种电子跳跃行为称之为穿隧效应（tunneling effect）。若人造原子按照特定图案排列，这种电子穿隧特性可以被用来制造纳米级的电子元件或光电元件。其优点是体积更小、效率更高，且不需引线。利用人造原子制成电脑，能发展出运算速率更快，体积更轻巧的量子点电脑，取代目前的运算速率慢、笨重的电脑。人造原子也可被制成启动电流低、温度稳定性高的量子点镭射，为光纤通讯提供新而省电的光源。

人造原子和真正原子有许多相似之处，但也有许多差异。首先，人造原子有离散的能级，电荷是不连续的，电子以轨道的方式运动，这与真正的原子极为相似。其次，电子填充的规律也与真正原子相似，服从洪德法则，第1激发态存在三重态。人造原子与真正原子的差别主要在于以下5点。

① 人造原子含有一定数量的真正原子。

② 真正的原子可以用简单的球形和立方形来描述，而人造原子的形状和对称性是多种多样的，人造原子不局限于这些简单的形状，除了高对称性的量子点外，尺寸小于100nm的低对称性复杂形状的微小体系都可以称为人造原子。

③ 人造原子电子间强交互作用比实际原子复杂得多。随着人造原子中原子数目的增加，电子轨道间距减小，强的库仑排斥、系统的限域效应和泡利不相容原理使电子自旋朝同样的方向进行有序排列，因此，人造原子是研究多电子系统的最好对象。

④ 在实际原子中，电子受原子核吸引做轨道运动，而在人造原子中，电子是处于抛物线形的势阱中，具有向势阱底部下落的趋势。由于库仑排斥作用，部分电子处于势阱上部，弱的束缚使它们具有自由电子的特征。

⑤ 人造原子还有一个重要特点。人造原子中电子间的强交互作用比真正的原子复杂得多，放入或拿出一个电子很容易引起电荷涨落，放入一个电子相当于对人造原子充电。这种现象是设计单电子晶体管的理论基础。当大规模集成电路微细化到 100nm 左右时，传统的工作原理将受到严峻的挑战，量子力学的原理将起重要的作用。研究人造原子的意义正在于为设计和制造量子效应器件和纳米结构器件奠定理论基础，这将为大规模集成电路的微细化找到出路。

4.1.2.4 纳米管、纳米丝（纳米线）、纳米棒和同轴纳米电缆

纳米管、纳米丝（纳米线）、纳米棒和同轴纳米电缆也是纳米结构的基本单元。它们在介观领域和纳米器件的研制方面有着重要的应用前景。下面主要介绍碳纳米管，简单介绍纳米棒、纳米丝和同轴纳米电缆。

（1）碳纳米管

① 碳纳米管的结构　1991 年 1 月，在研究石墨放电形成的阴极沉积物时，日本 NEC 公司的饭岛澄男首先用高分辨率电子显微镜观察到碳纳米管（carbon nanotube），又称巴基管（bucky tube）。

石墨碳原子中的 4 个价电子只有 3 个成键，形成六边形的平面网状结构。这种排列使石墨中的每个碳原子有一个未成对电子，这个未成对电子围绕着这个碳环平面高速运转，因而使石墨具有较好的导电性。在石墨的边缘，每个碳原子都有一个边缘悬键，这个边缘悬键就像伸出去的手一样，一直在寻找未成键的原子。如果将石墨加热到 1200 ℃ 以上，碳环就会开始重新排列，这种高能量活性边界开始卷曲，直到两个边界完美地结合在一起，形成两端由半球形的大富勒烯分子罩住的空心管状结构，管体直径在零点几纳米到几十纳米，长度则为几微米到几百微米。由于其组成元素为碳，且直径为纳米尺度，故被命名为碳纳米管。

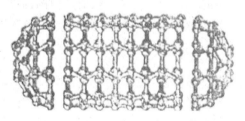

图 4.5　理想单壁碳纳米管

根据管壁碳原子的层数，碳纳米管可以分为单壁碳纳米管（SWNT）和多壁碳纳米管（MWNT）。单壁碳纳米管由美国加利福尼亚的 IBM Almaden 公司实验室伯森（Bethune）等人首先发现。理想单壁碳纳米管是由单层碳原子绕合而成的，侧面由碳原子的六边形组成，两端由碳原子的五边形封顶（图 4.5），结构具有较好的对称性与单一性。单壁碳纳米管可能有扶手椅型、锯齿型和手性型（因镜像图像无法自身重合，称为"手性"）三种类型（图 4.6）。

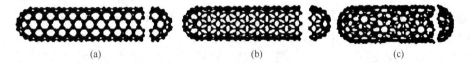

(a)　　　　　　　　　　(b)　　　　　　　　　　(c)

图 4.6　单壁碳纳米管
(a) 扶手椅型；(b) 锯齿型；(c) 手性型

1996 年，美国著名的诺贝尔奖获得者斯莫雷（Smalley）等合成了成行排列的单壁碳纳米管束，每一束中含有许多碳纳米管，这些碳纳米管的直径分布很窄。中国科学院物理研究所解思深等人实现了碳纳米管的定向生长（图 4.7），并成功合成了超长（毫米级）纳米碳

管（图 4.8）。

图 4.7　多壁碳纳米管阵的定向合成

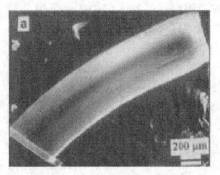
图 4.8　超长碳纳米管

多壁碳纳米管一般由几个到几十个单壁碳纳米管同轴构成，管间距为 0.34nm 左右，管直径为零点几纳米到几十纳米。多壁管在开始形成的时候，层与层之间很容易成为陷阱中心而捕获各种缺陷，因而多壁管的管壁上通常布满小洞样的缺陷。而单壁管则不存在这类缺陷。

② 碳纳米管的制备　目前已有很多种制备碳纳米管的方法，其中电弧放电法和催化裂解法应用得最广泛。

电弧放电法是在一定气压的惰性气氛下，石墨电极之间在强电流下产生电弧，阴极逐渐损耗，部分气态碳离子沉积于阴极形成沉积物。电弧放电设备主要由电源、石墨电极、真空系统和冷却系统组成。为有效地合成碳纳米管需要在阴极中掺入催化剂，有时还配以激光蒸发。在电弧放电过程中，反应室内的温度可高达 2700～3700℃。生成的碳纳米管高度石墨化，接近或达到理论预期的性能。电弧放电法的产物质量较好、管径均匀、管身较直、石墨化程度高，但电弧放电法制备的碳纳米管空间取向不定、易烧结、杂质含量较高，且产量很低，仅局限在实验室中应用，不适于大批量连续生产。

催化裂解法是目前应用较为广泛的一种制备碳纳米管的方法。催化裂解法是在常压下的气流炉中进行的，主要采用过渡金属作催化剂。催化剂为纳米 Fe、Co、Ni 或其合金粉，裂解气体可以为乙炔、苯、甲烷等，载气由氮气或氢气组成，在 500～1100℃ 的温度范围内反应数小时后冷至室温。催化裂解法产物中的碳纳米管含量较高，但与电弧放电法相比，制备出的碳纳米管质量较差，管身虽长，但卷曲不直，管径不均匀，石墨化程度较低，缺陷也多一些。催化裂解法所需的设备和工艺比较简单，制得的碳纳米管易提纯，可通过催化剂颗粒的大小控制碳纳米管的大小，尽管其晶化程度不如通过石墨电弧法制得的好，但是催化裂解法制备碳纳米管还是得到人们的青睐。其他制备方法还有激光蒸发法、聚合物法、太阳能法、电解法、固体低温裂解法、原位催化法、溶盐法、微波等离子体加强 CVD、固相合成等。

③ 碳纳米管的应用　由于其结构赋予的良好物化性能，碳纳米管成为材料界的一颗新星，可望作为结构增强材料、纳米器件、场发射材料、催化剂载体、电磁屏蔽材料、吸波材料、储氢材料等，并在电子、机械、能源、信息、医药、化学、生物等领域得到广泛的应用。

碳纳米管的密度只有钢的 1/6，强度却是钢的 100 倍。由于碳纳米管内电子的运动在径向受到限制，表现出典型的量子限域效应，碳纳米管可看作是人工制备的一维量子线。碳纳米管可以是金属性的，也可以是半导体性的，当一个金属性的单壁碳纳米管与半导体性的单壁碳纳米管同轴套构成一个双层纳米管时（如碳纳米管-硅纳米管），就成为一个实际意义上的分子二极管，具有二极管的整流作用。碳纳米管有可能代替硅芯片，在纳米芯片和纳米电子技术中扮演极重要的角色，而引发计算机行业的革命。碳纳米管表面原子比例大、结晶度高、导电性好、孔径大小可通过合成工艺加以控制，有可能成为一种理想的电极材料，目前以碳纳米管为电极的双层电容器，可望作为电动汽车的启动电源。碳纳米管细尖极易发射电子，用它作为电子枪，电子可从每个细管的末端发射，可望取代现代电视机中笨大的阴极射线管，制作平面显示装置，做成很薄的壁挂式电视屏，其性能可能优于现有的液晶显示屏及等离子体显示屏，成为新的电视制造业发展方向。碳纳米管独特的结构与大的储氢能力和丰富的资源被认为是很有发展前景的新型储氢材料。由于特殊的结构和可调节的导电性，碳纳米管表现出较强的宽带吸收性能，同时具有质量轻、高温抗氧化性强及稳定性好等特点，是一种极有前途的理想的微波吸收剂，可用于制造隐形材料、电磁屏蔽材料和暗室吸收材料。

（2）纳米棒、纳米丝（纳米线）　准一维纳米材料是指截面直径为纳米尺度，长度为宏观尺度的新型纳米材料。纵横比（长度与直径的比值）小的叫纳米棒，纵横比大的称作纳米丝。至今关于纳米棒与纳米丝之间并没有一个统一的标准，半导体和金属纳米线通常称为量子线。

图 4.9 是用溶胶-凝胶法合成的氮化硅纳米丝，直径为 20～50nm，长度为 20～50μm，晶型为 α-相。

（3）同轴纳米电缆（coaxial nanocable）　1997年，在分析电弧放电获得的产物时，法国科学家柯里克斯等发现同轴纳米电缆。同轴纳米电缆呈三明治结构，类似于同轴电缆，而直径为纳米级，故而得名。实际上，同轴纳米电缆芯部为半导体或导体的纳米丝，外包覆异质纳米壳体（导体或非导体），奇妙的是纳米丝不偏不倚地长在外包覆层中间。

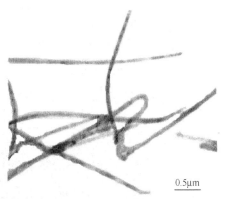

0.5μm

图 4.9　氮化硅纳米丝

如图 4.10 所示是以纳米为 β-SiC 芯，外包非晶 SiO₂ 的同轴电缆。它是利用溶胶-凝胶与碳热还原法合成 β-SiC 纳米线技术，结合 SiO₂ 具有蒸发、凝聚的特性发展出的溶胶-凝胶与碳热还原及蒸发-凝聚法所制备的。

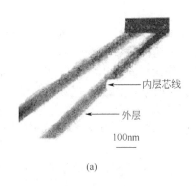

(a)

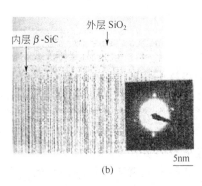

(b)

图 4.10　以纳米为 β-SiC 芯，外包非晶 SiO₂ 的同轴电缆
（a）合成产物在透射电镜下的形貌；（b）单根纳米电缆的晶格条纹像和芯部晶相对应的选区电子衍射花样

4.1.3　纳米组装体系

纳米组装体系是以纳米颗粒或纳米丝、纳米管为基本单元在一维、二维和三维空间组装排列成具有纳米结构的体系，如人造超原子体系、介孔组装体系、有序阵列等。对于纳米组装体系，不仅包含纳米单元的实体组元，而且还包括支撑它们的具有纳米尺度的空间的基体。从 1994 年到现在，纳米组装体系，或者称为纳米尺度的图案材料，越来越受到人们的

关注。根据纳米结构体系构筑过程中的驱动力是来自外因，还是来自内因来划分，大致可分为两类：一是人工纳米结构组装体系；二是纳米结构自组装体系和分子自组装体系。

4.1.3.1　人工纳米结构组装体系

人工纳米结构组装体系是利用物理和化学的方法，人工地将纳米尺度的物质单元组装、排列构成一维、二维和三维的纳米结构体系（如纳米有序阵列体系、介孔复合体系等）。从文献来看，这方面的组装主要分为两类，一类是利用宏观场力（如电场、磁场）对纳米线进行组装，另一类是利用模板的空间限域效应来进行组装。如图 4.11 所示，在加有 50~100V 电压的两个电极之间的衬底上滴加一滴分散了的 InP（磷化铟，indium phosphide）纳米线溶液，溶液中的纳米线在电场作用下自组装排列成平行的纳米线阵列，如果在垂直方向上加一个电场，重复以上组装步骤，可得到如图（d）所示的一个十字结。

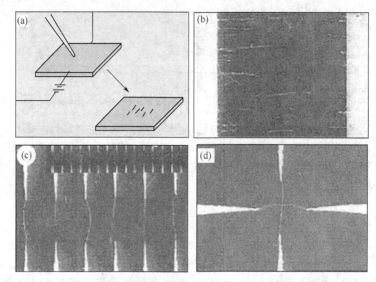

图 4.11　纳米线在电场作用下组装

（a）原理图；（b）水平方向平行排列的纳米线；（c）垂直方向平行排列的纳米线；（d）正交排列的纳米线

4.1.3.2　纳米结构自组装体系

纳米结构的自组装体系是指通过弱的和较小方向性的非共价键，如氢键、范德瓦尔斯键和弱的离子键协同作用，把原子、离子或分子连接在一起构筑成一个纳米结构或纳米结构的花样。自组装过程不是大量原子、离子、分子之间弱作用力的简单叠加，而是一种整体的、复杂的协同作用。形成纳米结构自组装体系有两个重要的条件：①有足够数量的非共价键或氢键存在，这是因为氢键和范德瓦尔斯键等非共价键很弱（0.1~5kcal/mol），只有存在足够量的弱键，才能通过协同作用构筑成稳定的纳米结构体系；②自组装体系能量较低，否则很难形成稳定的自组装体系。

自组装合成技术是近年来引人注目的前沿合成技术。自组装合成的纳米结构主要有以下几个方面。

（1）胶体晶体的自组装合成　1995 年，美国马萨诸塞州技术大学的化学系与材料科学工程系合作制备了 CdSe 纳米晶三维量子点超点阵。这种自组装的纳米结构体系最重要的特点是可以通过胶体晶体的参数调制其物性。例如，随着量子点直径由 6.2nm 减小到 3.85nm，吸收带和发射带出现明显的蓝移；胶体晶体中量子点浓度增加，量子点之间的间距缩短，耦合效应增强，导致了光发射带的红移。

（2）金属胶体自组装的纳米结构　经表面处理后的金属胶体在表面嫁接官能团后，可以在有机环境下形成自组装纳米结构。利用自组装方法也可以将金属纳米粒子嫁接到 DNA 蛋白的大分子上。美国普度大学（Purdue University）用表面包有硫醇的纳米 Au 微粒制成悬浮液，这种悬浮液在高度取向的热解石墨、MoS_2 或 SiO_2 衬底上构筑密排的自组织长程有序的单层阵列结构，Au 颗粒之间通过有机分子链连接起来（图 4.12）。该体系的物性通过 Au 纳米粒子尺寸、悬浮液浓度来进行控制。

美国芝加哥大学和贝尔实验室合作利用自组织生长技术，成功地在共聚物的衬底上合成了 Au 纳米颗粒组成的阵列，如图 4.13。

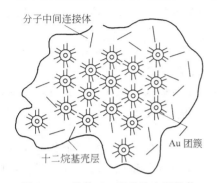

图 4.12　胶体 Au 形成的自组装体

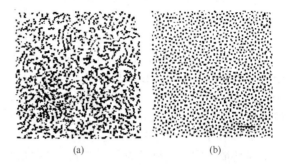

(a)　　　　　　　(b)

图 4.13　纳米 Ag 在薄膜衬底上分散的透射
电子显微（TEM）像

(a) 衬底为对称 PS-PMMA 嵌段共聚物；
(b) 衬底为非对称 PS-PVP 嵌段共聚物
（图上的标尺表示 100nm 尺度）

（3）多孔的纳米结构自组织合成　英国巴斯（Bath）大学利用自组装技术成功地合成了多孔的纳米结构的文石（aragonite）（图 4.14）。

（4）半导体量子点阵列体系的合成　用分子束外延和电子束刻蚀来合成半导体量子点阵列是比较成熟的技术，但它需要价格昂贵的设备，而用自组装技术进行，则具有工艺简便、价格便宜、无需昂贵的仪器设备的优点，因而自组装合成半导体量子点引起人们倍加注意。例如，CdSe 量子点阵列的自组装合成，经量子点包覆层与辛醇的协同作用，在固体表面上可形成 CdSe 量子点的有序取向薄膜；而在甘油表面上则形成了 CdSe 量子点的自由悬浮有序岛屿。

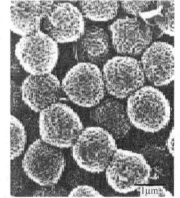

图 4.14　介孔文石的完整空心壳体

4.1.3.3　分子自组装体系

分子自组装普遍存在于生物系统中，是不同的复杂生物结构形成的基础。分子自组装是指分子在均衡条件下通过非共价键作用，分子自发地缔结成稳定的、结构上确定的聚集体。其主要原理是分子间力的协同作用和空间互补。制造分子自组装体系主要有 3 个步骤：①通过有序的共价键，首先结合成结构复杂的、完整的中间分子体；②由中间分子体通过弱的氢键、范德瓦尔斯键及其他非共价键的协同作用，形成结构稳定的大的分子聚集体；③由一个或几个分子聚集体作为结构单元，多次重复自组织排列成纳米结构体系。分子自组装技术可用于有机纳米材料的合成和复杂形态无机纳米材料的制备，可以合成纳米多孔材料、纳米微粒、纳米棒、纳米丝、纳米管和纳米网等。

分子自组装的分类方法多种多样。按照分子自组装组分不同而将分子自组装分为表面活性剂自组装、纳米及微米颗粒自组装以及大分子自组装。

107

表面活性剂两亲分子在材料表面上、在胶体聚集体中或在膜中的排列是高度有序的。通过设计和改变高分子的排列方式，可以得到各种高性能的材料。很多重要的生物化学反应和高技术含量的处理过程都发生在通过自组装而产生的隔膜、囊泡、单层膜或胶束上。

自组装纳米和微米颗粒，特别是金属纳米颗粒和半导体纳米颗粒的自组装，近年来得到了人们的重视。目前，大量的工作正致力于将此类纳米材料应用于光学和电子领域中，并取得了一定的成果。在这些粒子作为单独的实体时就已经可以产生量子尺寸作用，而当适当自组装在一起时，所产生的光学、磁学和电学交互作用更加明显，宏观上会使材料的物理化学性质得到很大的提高。

大分子自组装指高聚物或低聚物分子自发地构筑成具有特殊结构和形状的集合体的过程。除了蛋白质，DNA 和生物高分子膜的天然聚合物高分子的自组装，科学界对合成大分子的自组装行为研究工作也越来越多。目前高聚物大分子自组装领域研究主要针对液晶高分子、嵌段共聚物、能形成 π 键或氢键的聚合物及带相反电荷体系的组合，树枝状大分子的自组装领域也取得了很大的进展。

纳米结构组装体系是物理学、化学、生物学、材料科学在纳米尺度交叉而衍生出来的新的学科领域，它为新材料的合成带来了新的机遇，也为新物理和新化学的研究提供了新的研究对象，是极细微尺度物理和化学很有生命力的前沿研究方向。更重要的是，纳米结构组装体系是下一代纳米结构器件和分子结构器件的基础。

4.1.4 纳米结构材料的物理效应

当小粒子尺寸进入纳米量级时，其本身具有量子尺寸效应、小尺寸效应、表面效应和宏观量子隧道效应，因而展现出许多特有的性质，在催化、滤光、光吸收、医药、磁介质及新材料等方面有广阔的应用前景，同时也将推动基础研究的发展。

4.1.4.1 小尺寸效应

小尺寸效应是指当颗粒尺寸不断减小到一定限度时，在一定条件下会引起材料宏观物理、化学性质的变化。当超细微粒的尺寸与光波波长、德布罗意波长以及超导态的相干长度或透射深度等物理特征尺寸相当或更小时，晶体周期性的边界条件将被破坏；非晶态纳米微粒的颗粒表面层附近原子密度减小，导致声、光、电、磁、热力学等物理性质呈现小尺寸效应。

用高倍率电子显微镜对超细金颗粒（2nm）的结构非稳定性进行观察，发现颗粒形态可以在单晶与多晶、孪晶之间进行连续的转变，这与通常的熔化相变不同，由此提出了准熔化相的概念。

小尺寸效应会改变材料的光学性质，光吸收显著增加。当颗粒尺寸小于 50nm 时，金、银、铜、锡等金属微粒均失去原有的光泽而呈黑色，这是由于这些颗粒不能散射可见光（波长为 380～765nm）而引起的。金属纳米颗粒对光的反射率一般低于 1%，大约有几纳米厚即可消光。利用此特性可制作高效光热、光电转换材料，可高效地将太阳能转化为热能、电能。此外又可作为红外敏感材料、红外隐身材料等。相反，诸如有害的紫外线等放射线的波长比较短，不能轻易透过诸如二氧化钛、氧化锌和氧化铁等分散的纳米相陶瓷粒子。在这种情况下，这种小晶粒就能吸收或散射紫外线。因此，人们正在实验把纳米相粉末用作遮光剂。

小尺寸效应为实用技术开拓了新领域。例如，纳米尺度的强磁性颗粒（如 FeCo 合金、氧化铁等），当颗粒尺寸为单磁畴临界尺寸时，具有较高的矫顽力，可制成磁性信用卡、磁性钥匙、磁性车票等，还可以制成磁性液体，广泛地用于电声器件、阻尼器件、旋转密封、润滑、选矿等领域。纳米微粒的熔点可远低于块状金属。例如，金颗粒为 2nm 时的熔点为 600K，随粒径增加，熔点迅速上升，块状金熔点为 1337K；纳米银粉熔点可降低到 373K，此特性为粉末冶金工业提供了新工艺。利用等离子共振频率随颗粒尺寸变化的性质，可以改变颗粒尺寸，控制吸收边的位移，制造具有一定频宽的微波吸收纳米材料，可用于电磁波屏蔽、隐形飞机等。

4.1.4.2 表面效应

表面效应是指随着颗粒直径的减小，表面积急剧变大，处于表面的原子数迅速增加，同时表面能及表面张力也随着增加，从而引起纳米粒子性质的变化。表面原子数占全部原子数的比例和粒径之间的关系见图4.15。

例如，当粒径为10nm时，比表面积为90m²/g；当粒径为5nm时，比表面积为180m²/g；粒径下降到2nm，比表面积猛增到450m²/g。这样高的比表面积，使处于表面的原子数越来越多，同时表面能迅速增加。由于表面原子数增多，原子配位不足，表面原子所处的晶位场环境及结合能与内部原子有所不同，存在许多悬空键，并具有不饱和性质，因而有很高的化学活性，易与外界的气体、流体甚至固体的原子发生反应，极不稳定。例如，金属铜或铝的纳米颗粒一遇空气就会剧烈燃烧，发生爆炸，可以用作炸药和火箭的固体燃料。无机纳米粒子暴露在空气中会吸附气体，并与气体进行反应。因为有很大的比表面积，可加快化学反应过程，纳米金属颗粒粉体可用作催化剂。

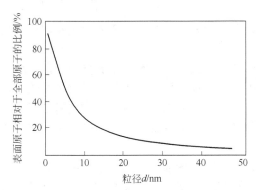

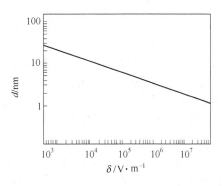

图4.15 表面原子数占全部原子数的比例和　　　　　图4.16 颗粒直径与能级间距的关系
粒径之间的关系

4.1.4.3 量子尺寸效应

量子尺寸效应是指随着颗粒的尺寸进入纳米量级，金属费米能级附近的电子能级由准连续变为离散能级以及能级间距发生分裂的现象。久保及其合作者提出相邻电子颗粒直径和能级间距的关系如图4.16，并提出著名的公式：

$$\delta = \frac{4}{3} \times \frac{E_F}{N} \propto V^{-1} \tag{4.1}$$

式中，N为一个超微粒的总导电电子数；V为超微粒体积；E_F为费米能级。

能带理论表明，金属费米能级附近电子能级一般是连续的，这在高温或宏观尺寸情况下是成立的。宏观物体包含无限个原子（即导电电子数$N \to \infty$），由式（4.1）可得能级间距$\delta \to 0$，即大粒子或宏观物体能级间距几乎为零。由于纳米材料尺寸小，电子被局限在一个体积十分微小的纳米空间，电子输运受到限制，电子平均自由程短，电子的局域性和相干性增强，尺度下降使纳米体系包含的原子数大大降低，宏观固定的准连续能带消失了，而表现为分裂的能级（对纳米微粒，所包含原子数有限，N值很小，这就导致δ有一定的值，即能级间距发生分裂），量子尺寸效应十分显著。当能级间距大于热能、磁能、静磁能、静电能、光子能量或超导态的凝聚能时，必须要考虑量子尺寸效应，这会导致纳米微粒磁、光、声、热、电以及超导电性与宏观特性显著不同。纳米微粒的比热容、磁化率与所含的电子奇偶性有关。光谱线的频移、催化性质以及导体变绝缘体等也与粒子所含电子数的奇偶有关。例如，实验表明，当银进入纳米级时，由导体变为绝缘体。

4.1.4.4 宏观量子隧道效应

在介绍宏观量子隧道效应之前先了解一下什么叫隧道效应。自由电子在金属内可以自由移动，而金属表面由于存在一定高度的势垒，自由电子所具备的能量不足以使其越过势垒而逸出金属表面。假如有一条隧道，它们就有机会通过隧道而逸出金属表面。所以，隧道效应是指微观粒子具有贯穿势垒的能力。近年来，人们发现一些宏观量，例如，微颗粒的磁化强度、量子相干器件中的磁通量等也具有隧道效应，称为宏观的量子隧道效应。宏观量子隧道效应限定了磁带、磁盘进行信息储存的时间极限。量子尺寸效应、隧道效应将会是未来微电子器件的基础，或者它确立了现存微电子器件进一步微型化的极限。当微电子器件进一步细微化时，必须要考虑上述的量子效应。这对于微电子学来说，无疑是极其重要的。

正是由于微粒尺寸的变化，进入纳米量级，导致出现上述 4 种效应后，才使纳米微粒的一系列性质不同于正常粒子。具有这些特异性质的纳米材料具有广阔的应用前景。

4.1.5 纳米结构材料的性能

4.1.5.1 物理性能

在光学性质方面，由于表面效应和量子尺寸效应，纳米微粒具有同质的大块物体所不具备的新的光学特性。主要表现在几个方面。

(1) 宽频带强吸收 因为对可见光范围各种颜色（波长）的反射和吸收能力不同，大块金属具有不同颜色的光泽。当尺寸减小到纳米量级时，各种金属纳米微粒几乎都呈黑色。这是因为金属纳米微粒对可见光的反射率极低，而吸收率变强的缘故。例如，铂纳米粒子的反射率为 1%，金纳米粒子的反射率小于 10%。这种对可见光的低反射率、强吸收率导致粒子变黑。

纳米氮化硅、碳化硅及氧化铝粉都对红外光有一个宽频带强吸收谱。这是由于纳米粒子大的比表面积导致了原子平均配位数下降，不饱和键和悬键增多，因此与大块材料不同，没有一个单一的、择优的键振动模，而存在一个较宽的键振动模的分布，在红外光场作用下它们对红外吸收的频率也就存在一个较宽的分布，导致纳米粒子红外吸收带的宽化。

(2) 蓝移现象 纳米微粒的吸收带普遍存在"蓝移"现象，即吸收带移向短波方向。例如，纳米碳化硅颗粒和大块碳化硅固体的红外吸收频率峰值分别为 $814cm^{-1}$ 和 $794cm^{-1}$，较大块固体蓝移了 $20cm^{-1}$。纳米氮化硅颗粒和大块氮化硅固体的峰值红外吸收频率分别为 $949cm^{-1}$ 和 $935cm^{-1}$，比大块固体蓝移了 $14cm^{-1}$。由不同粒径的 CdS 纳米微粒的吸收光谱（图 4.17）看出，随着微粒尺寸的减小而有明显的蓝移。利用蓝移现象可以设计波段可控的新型光吸收材料。

(3) 发光现象 硅是具有良好半导体特性的材料，是微电子的核心材料之一，但硅不是好的发光材料。至今为止，光电子材料以Ⅲ-Ⅴ族和Ⅱ-Ⅵ族化合物为主。1990 年，日本佳能公司首次在室温下观察到 6nm 大小的硅颗粒的试样在波长为 800nm 附近有一强的发光带，随着尺寸减小到 4nm，发光带的短波侧已延伸到可见光范围，淡淡的红光使人们长期追求硅发光的

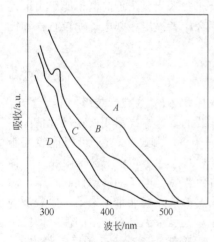

图 4.17 CdS 溶胶微粒在不同
粒径下的吸收光谱
A—6nm；B—4nm；C—2.5nm；D—1nm

努力成为现实。类似的现象在许多纳米微粒中均被观察到，这使纳米微粒的光学性质成为纳米科学研究的热点之一。

在磁学性质方面，纳米微粒奇异的磁特性主要表现在它具有超顺磁性或高的矫顽力上。纳米磁性金属的磁化率是普通磁性金属的 20 倍。10～25nm 的铁磁金属微粒，其矫顽力比相同的宏观材料大 1000 倍。纳米微粒尺寸小到一定临界值时，例如，当 α 铁、四氧化三铁和 α-三氧化二铁粒径分别为 5nm、16nm 和 20nm 时，矫顽力变为零，会失去铁磁性而表现出顺磁性，也称超顺磁性。这种特性可用于提高医学诊断的灵敏度及药物定点传送等。

纳米微粒物性的一个最大特点是与颗粒尺寸有很强的依赖关系。对同一种纳米材料来说，当颗粒达到纳米级时，电阻、电阻温度系数都发生了变化。银是优异的导体，而 10～15nm 的银微粒电阻突然升高，已失去了金属的特征，变成了非导体；典型的共价键结构的氮化硅、二氧化硅等，当尺寸达到 15～20nm 时，电阻却大大下降，用扫描隧道显微镜观察时不需要在其表面镀上导电材料就能观察到其表面的形貌，这是常规氮化硅和二氧化硅等物质根本不出现的新现象。

纳米微粒的熔点比常规粉体低得多。这是由于颗粒小、比表面能高、表面原子数多且活性大、纳米微粒体积远小于大块材料，因此纳米粒子熔化时所增加的内能小得多，使得纳米微粒熔点急剧下降。例如，大块铅的熔点为 600K，而 20nm 球形铅微粒熔点比它低 288K。

纳米微粒表面积大的特性使其具有优异的催化性质。纳米微粒的表面积有多大呢？若将直径为 1nm 的微粒，密密地堆积在 $1cm^3$ 的容器中，那么，这个容器中所有纳米微粒的总表面积相当于 $6000m^2$，比一个足球场还大。因此，纳米微粒非常适宜用作催化剂。纳米铝、纳米镍在火箭固态燃料中起着重要的催化作用。

4.1.5.2　扩散及烧结性能

由于在纳米结构材料中有大量的界面，这些界面为原子提供了短程扩散途径。因此，与单晶材料相比，纳米结构材料具有较高的扩散率。测定 Cu 纳米晶的扩散率，发现它是普通材料晶格扩散率的 10^{14}～10^{20} 倍，是晶界扩散率的 10^2～10^4 倍。例如，室温时 Cu 的晶界扩散率为 $4.8 \times 10^{-24} m^2 \cdot s^{-1}$，晶格扩散率为 $4 \times 10^{-40} m^2 \cdot s^{-1}$，而晶粒尺寸为 8nm 的纳米晶 Cu 的扩散率为 $2.6 \times 10^{-20} m^2 \cdot s^{-1}$。

较高的扩散率对于蠕变、超塑性等力学性能有显著影响，可以在较低的温度下对材料进行有效的掺杂，使不混溶金属形成新的合金相。当材料处于纳米晶状态时，材料的固溶扩散能力往往提高。无论液相还是固相都不混溶的金属，当处于纳米晶状态时，会发生固溶而产生合金。典型的例子是 Ag-Fe、Ti-Mg、Cu-Fe 系统。因此，纳米晶的制备过程就可以作为一种制造固溶合金的新型方法。许多实验证明固溶能力的提高源于界面的弹性应变。扩散能力提高也可以使一些通常在较高温度下才能形成的稳定相或介稳相在较低温度下就可以存在。例如，在纳米状态下，120℃ 就可发现 Pb_3Bi 的存在，这一温度大大低于以前的实验温度。

扩散能力增强使纳米结构材料的烧结温度大大降低。所谓烧结温度是指把粉末先加压成型，然后在低于熔点的温度下使这些粉末互相结合，达到接近于材料的理论密度的温度。纳米微粒尺寸小、表面能高，压制成块后的界面具有高能量，在烧结中高的界面能成为原子运动的驱动力，有利于界面中的孔洞收缩。因此，在较低温度下烧结就能达到致密化的目的。例如，常规氧化铝烧结温度在 1973～2073K 之间，而纳米氧化铝可在 1423～1673K 烧结，致密度可达 99.0% 以上。常规氮化硅烧结温度高于 2073K，纳米氮化硅烧结温度可降低 300～400K。纳米氧化钛在 1273K 加热呈现出明显的致密化，纳米氧化钛微粒在比大晶粒样品低 873K 的温度下烧结就能达到类似硬度。不需要添加任何助剂，粒径为 12nm 的 TiO_2 粉可以在低于常规烧结温度 400～600℃ 下进行烧结。其他的实验也表明，烧结温度的降低是纳米结构材料的一个普遍现象。

4.1.5.3 力学性能

与传统材料相比，纳米结构材料的力学性能有显著的变化，材料的强度和硬度可以成倍地提高。例如，晶粒尺寸为 14nm 的 Pb，屈服强度为 250MPa，而 $50\mu m$ 的粗晶材料的屈服强度为 52MPa。

总的来说，材料的硬度随着粒径的减小而增长。当晶粒尺寸很小时，硬度随着粒径的减小而降低，即表现出反 Hall-Petch 关系式。对于纳米结构材料力学性能的理解还没有形成比较系统的理论，仍然需要做大量的理论和实验的工作。

4.1.5.4 超塑性

超塑性是指材料在断裂前产生很大的伸长量，这种现象通常发生在经受中温（$0.5T_m$）、中等到较低的应变速率（$10^{-6}\sim10^{-2}s^{-1}$）条件下的细晶材料中。超塑性机制目前还在争论中，但是从实验现象中可以得出晶界和扩散率在这一过程中起着主要作用。陶瓷超塑性的主要问题是形变率太小而不足以进行实际的应用。一般认为陶瓷具有超塑性应该具有两个条件：①较小的粒径；②快速的扩散途径。纳米陶瓷具有较小的粒径及快速的扩散途径，所以有望具有室温超塑性。研究发现，随着粒径的减小，纳米 TiO_2 和 ZnO 陶瓷的形变率敏感度明显提高。由于这些试样气孔很少，可以认为这种趋势是细晶陶瓷所固有的。最细晶粒处的形变率敏感度大约为 0.04，几乎是室温下铅的 1/4，表明这些陶瓷具有延展性，尽管没有表现出室温超塑性，但随着晶粒的进一步减小，存在这种可能。

4.1.5.5 光电性能及纳米半导体

（1）光学特性　由于半导体纳米粒子存在显著的量子尺寸效应，它们的光物理和化学性质迅速成为目前最活跃的研究领域之一，其中，纳米半导体粒子所具有的超快速的光学非线性响应及光致发光等特性备受世人瞩目。通常，当半导体粒子尺寸效应与其激子玻尔半径相近时，随着粒子尺寸的减小，半导体粒子的有效带隙增加，相应的吸收光谱和荧光光谱发生蓝移，从而在能带中形成一系列分立的能级。

（2）光电转换特性　由纳米半导体粒子构成的多孔电池由于具有优异的 PEC 光电转换特性而备受瞩目。1991 年，Cratzel 等人报道了经三双吡啶钌敏化的纳米 TiO_2 PEC 电池的卓越性能，在模拟太阳光源照射下，其光电转换效率可达 12%。光电流密度大于 12mA/cm^2。这是由于纳米 TiO_2 多孔电极表面吸附的染料分子数比普通电极表面所能吸附的染料分子数多达 50 倍以上，而且几乎每个染料分子都与 TiO_2 分子直接接触，光生载流子的界面电子转移很快，因而具有优异的光吸收及光电转换特性。

（3）电学特性　介电和压电特性是材料的基本物理性质之一。纳米半导体的介电行为（介电常数、介电损耗）及压电特性同常规的半导体材料有很大不同，概括起来主要有以下几点。

① 纳米半导体材料的介电常数随测量频率的减小呈明显上升趋势，而相应的常规半导体材料的介电常数较低，在低频范围内上升趋势远远低于纳米半导体材料。

② 在低频范围内，纳米半导体材料的介电常数呈现尺寸效应，即粒径很小时，其介电常数较低，随粒径增大，介电常数先增加然后下降，在某一临界尺寸呈极大值。

③ 介电常数温度谱及介电常数损耗谱特征：纳米 TiO_2 半导体的介电常数温度谱上存在一个峰，而在其相应的介电常数损耗谱上呈现一损耗峰。一般认为前者是由于离子转向极化造成的，而后者是由于离子弛豫极化造成的。

④ 压电特性：对某些纳米半导体而言，其界面存在大量的悬键，导致其界面电荷分布发生变化，形成局域电偶极矩。若受外加压力使偶极矩取向分布等发生变化，在宏观上产生电荷积累，从而产生强的压电效应，而相应的粗晶半导体材料粒径可达微米数量级，因此其

界面急剧减小（＜0.01%），从而导致压电效应消失。

4.2 显微结构

4.2.1 显微结构的研究内容

显微结构研究主要是指利用各类显微镜的图像研究法，在研究对象的被观察区域内，区别各物相的种类和它们的大小、形状和排列情况。显微结构研究的任务是根据不同类型显微镜下观察到的显微结构特征，对它们的形成原因做出合理的分析和推断。要把显微结构同材料制备过程中的物理化学条件联系起来，除了对各种物相的表观形貌等有关问题做研究之外，还要进一步研究各相（或各微区）的性质和组成，进一步了解图像中所包含物相形成的先后条件和它们所遵循的变化规律，这样才可以从复杂多样的显微结构图像中，整理出具有条理性的内容，作为指导材料研究的依据。

4.2.1.1 物相组成的分析和鉴定

对物相的分析和鉴定是材料显微结构分析的基础和前提。根据存在状态的不同，无机材料组成相主要分为结晶相、固态非晶质相及气相三类。这三种组成相有不同的研究内容和方法，分别介绍如下。

（1）结晶相 除玻璃外，无机材料的组成相中都存在结晶相。结晶相的组成决定着材料的物理化学性能，尤其是主晶相。其他结晶相的存在和分布同样不可忽视，有时它们对材料性能也有显著的甚至是决定性的影响。结晶相的识别和认定是显微结构分析的基础。结晶相的研究主要包括晶相的种类、晶形、晶粒大小、分布及含量等。

① 晶相的鉴定 结晶相的鉴定方法有偏光显微镜薄片法和油浸法、反光显微镜光片法、X 射线衍射分析法、红外光谱分析法和电子显微镜法等。如果观察时所用的是光学显微镜，首先是根据晶体的光学性质，包括折射率、反射率和双折射率来确认物相，必要时运用特殊显微术，如暗场、相衬等，使微小的物相也能清楚地分辨、观察。若使用的是电子显微镜，则在选用仪器时，首先要考虑透射型和扫描型所得的结果哪个更为合适，同时要考虑是否需要配合使用适当的能谱仪或用电子探针等，以确定微区的物相组成。

显微结构分析主要是根据光学显微镜图像特征及其主要光学性质对结晶相进行鉴定，其他分析方法通常作为辅助的鉴定手段。但对颗粒细小的材料，X 射线衍射分析法和探针微区分析法则常常是鉴定结晶相的主要方法。

② 晶形 晶相的几何形态是显微结构的重要内容。晶体的外形主要取决于晶体的内部结构因素。当生长条件变化很大时，同一种晶体可以长成不同的外形，说明在实际晶体生长过程中，晶形同时又受晶体生长时的物理化学条件和外界环境变化的影响。矿物晶体形状的完整程度称为晶体的自形程度。晶体的自形程度是由矿物晶体的结晶顺序和结晶时的工艺条件决定的，是研究晶体结晶环境及生长顺序的依据。矿物晶体自形程度主要分为自形晶、半自形晶、他形晶和奇形晶。

晶体按自己的结晶习性，形成有规则的几何多面体，叫作自形晶。自形晶晶形完整，具有直边和尖角的整齐光洁结晶多边形（图 4.18），典型的例子如刚玉晶体的六方锥形。

自形晶是溶液及熔体在比较平衡的条件下早期生成的矿物。在烧结型材料中由再结晶、重结晶及反应结晶等作用亦可长成自形晶。

由于生长的空间、时间或熔体黏度等因素的影响，晶体生长受到抑制，晶面只有部分完整或者不完整，分别叫作半自形晶（图 4.19）和他形晶（图 4.20）。高温熔体析晶的较晚期及烧结型材料制品中的矿物组成常形成半自形晶。最常见最大量的晶粒都是不规则的他形晶。

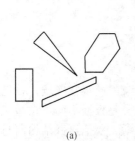

图 4.18　矿物晶体的自形晶

（a）自形晶示意图；（b）刚玉晶体自形晶

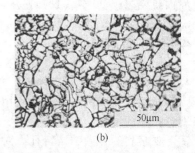

图 4.19　矿物晶体的半自形晶

（a）半自形晶示意图；（b）97 瓷中刚玉晶体
半自形晶（单偏光）

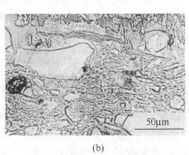

图 4.20　矿物晶体的他形晶

（a）他形晶示意图；（b）日用瓷中石英晶体受侵蚀
后呈现他形晶（单偏光）

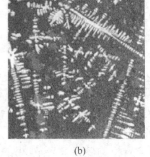

图 4.21　矿物晶体的奇形晶

（a）奇形晶示意图；（b）骸晶状尖晶石（偏光 100×）

　　矿物晶体的形状奇特，呈树枝状、羽毛状、骨架状、漏斗状等特殊形状者，称为奇形晶（图 4.21）。奇形晶实质上是特殊形式的自形晶，是在高黏度、慢扩散体系中，于极不平衡的条件下，快速生长成骸晶的形状，在熔融型无机材料中常见，见图 4.21(b)。

　　晶体之所以会出现多种不同的形态，主要同析出生长的热力学环境和动力学条件有密切的关系。以液-固相结晶过程来讲，其中最重要的因素是过冷程度和系统在结晶时熔体的黏度。过冷度与形核率及晶体线性生长速率是密切相关的。如果同一种晶体从相同的系统中析出，而过冷度不同，则显微结构上的差别也比较明显。过冷度小，即接近于液-固相平衡结晶温度，这时液体黏度小，形核率和线性生长速率均较低，有利于得到较为完整的形貌，一般可以长成粗粒状、板状；过冷度大，液体黏度较大，此时原子或离子的自扩散系数较小，因此容易得到不规整的外形，多数趋向于长成针状、纤维状、羽状、放射状、骨架状或树枝状。例如，在不同过冷度条件下，高炉矿渣中黄长石的晶体在显微结构形态上即有显著差别，其中连生骨架状的黄长石是在高炉矿渣冷却稍慢时析出晶体，而树枝状黄长石是在快速冷却过程中析出产物，如图 4.22 和图 4.23。如果再进一步研究结晶的条件，还可以区别为均匀过冷结晶和非均匀过冷结晶。在这些过程中，对于晶体形态最有影响的因素是质点扩散迁移到晶格位置时的黏度、质点迁移速率以及晶体生长所耗用的时间。

　　晶体生长的形态尽管多变，但基本上还是可以找到规律的。晶体各种特征的生长形态，就好比它们生长过程的记录，由此而提供的资料，对于了解显微结构的形成将起很大作用。一般来说，人们通过同种晶体不同形态的比较，不难定性地估计到当时生长条件的相对稳定程度，诸如由位错造成的晶体表面上的缺陷，或是因环境的改变而导致晶面发育不齐，如出现砂钟构造和树枝晶等，都将在形态上带来特殊的标志。

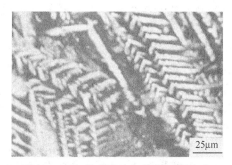

图4.22　高炉矿渣冷却较慢时析出的连生骨架状的黄长石晶体

图4.23　高炉矿渣冷却较快时析出的树枝状黄长石晶体

晶粒的形状对材料的性能影响很大。例如，硅质制品以鳞石英为主的矛头双晶晶粒和以方石英为主的叠瓦状晶粒相比，前者的热稳定性和高温强度比后者大得多。

③ 晶粒大小　晶粒是晶相的组成单元，最基本最重要的显微组成。晶粒尺寸从微米级到毫米级不等。晶粒的成分和结构可以是同一种类的，也可以是不同种类的。晶粒大小受工艺条件影响甚大，如原料的粒度分布，配比的化学组成控制，烧成制度（包括气氛、最高温度、保温时间及冷却方式等）都对晶粒大小起决定性的作用。一般在烧结中后期，随着气孔的排出，晶粒逐渐长大。在过冷度小的情况下，晶粒可形成粗粒或中粒；在过冷度非常大时则会出现玻璃相。晶粒大小还与材料中各晶相的熔点有关。当不同相的熔点差很大时，各个相就有不同程度的自形晶，形成晶粒大小不一致，表现为不等粒结构，如图4.24；各个相的熔点差异不大时则形成等粒结构，如图4.25。

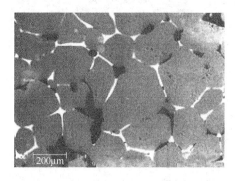

图4.24　烧结镁砂不等粒结构

图4.25　PTC材料（钛酸钡）的等粒结构

（2）固态非晶质相　固态非晶质相包括非晶态团粒和玻璃相两类，两者的形成过程及其结构特点是不同的。

① 非晶态团粒是由某种原料在高温条件下发生分解而形成无定形物质构成的团粒。例如，在有黏土原料的烧结型制品中，黏土矿物在高温下脱水和分解，形成以无定形二氧化硅为主的黏土团粒等。在电子显微镜下研究非晶态团粒时，常发现在非晶态团粒中存在着隐晶质结晶相和玻璃相。因此，不能将非晶态团粒只作为玻璃相来对待。用光学显微镜是无法对非晶态团粒内部构造进行研究的，只能研究其外部形态、大小、分布、含量以及与其他相之间的关系等。对非晶态团粒的最有效研究手段是采用电子显微镜的亚显微结构分析法。

② 玻璃相是由高温熔体冷凝而成的固态非晶质相。玻璃相在制品中起着黏结及填充气孔和空隙的作用。在偏光显微镜下，玻璃相多呈无色透明的无定形状，分布于其他相之间，

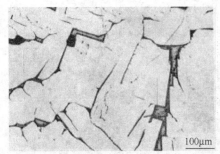

图 4.26 电熔莫来石，晶间
是玻璃相（反光）

如图 4.26。玻璃相可在反光显微镜下进行研究。显微结构分析主要包括测定和分析玻璃相的含量、分布、析晶情况及与其他相之间的关系，必要时需分析玻璃相的化学成分和对矿物种类进行鉴定。

（3）气相　除少数无机材料制品不允许气相存在外，在绝大多数制品中均或多或少地含有气相。无机材料制品中的气相是以气泡或气孔形式存在的，如图 4.27。气相的存在与否以及气孔的形状、大小、含量、分布和气孔间连通情况等对制品的性能、质量及使用均有显著影响，有时起着决定性作用。例如，气孔的

存在将增大制品的介电损耗，降低抗电击穿强度、力学性能和透明度等性能。含大量气孔甚至以气孔为主相的制品，具有质轻、隔热、隔声和保温等特性。因此，对制品气孔的研究是显微结构分析中不可忽略的工作，必要时还要测定气孔中包裹气体的化学成分，便于分析其成因，以便在制造工艺上采取增减气孔的有效措施。

4.2.1.2　显微结构特征的研究和测定

　　无机材料显微结构特征的研究归纳起来有组成相的形态学、体视学、物相排列组合关系及其互相结合关系等 4 方面内容。它们不仅是分析制品生产工艺的有力凭证，也可为研究支配的技术性能和使用特性及其效果提供可靠的理论依据。

　　（1）形态学研究　研究制品中组成相的几何形状及其变化，进一步探究它们与生产工艺及制品性能间关系的科学称为形态学。形态学研究的内容和实际意义对不同物相是存在差异的。

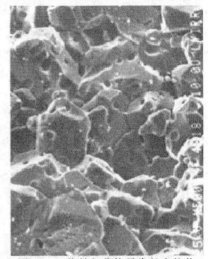

图 4.27　烧结氧化铬异常长大粒状
晶体的晶内气孔

　　① 结晶相的形态学　形态学对结晶相的研究内容包括矿物晶体的形状特点、自形程度、集合体形态（图 4.28）和细微结构等 4 方面。

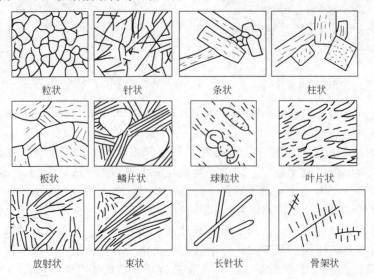

粒状	针状	条状	柱状
板状	鳞片状	球粒状	叶片状
放射状	束状	长针状	骨架状

图 4.28　集合体中矿物的形态示意

每种晶体均有一定的格子构造，只要环境条件允许，均会按一定规律生长发育成具有一定形状的结晶多面体。但是，由于各种环境条件的影响，将导致晶体的实际形态千差万别。例如，高熔点矿物常保留着原料中矿物的形态特点，或在高温条件下因多晶转变、再结晶或重结晶、固相或固-液相反应等作用而稍有变化。又如，在高温熔体中，新生的矿物晶体可长成自形程度很高的结晶多面体；由于生长的空间、时间或熔体黏度等因素的影响，常生长成具有各种形态的他形晶，亦会生长成具有独特形状的骸晶。骸晶形态不仅可以帮助对矿物的鉴别，也是分析生产工艺的重要资料，所以，也是显微结构分析的重要内容。因周围环境物理化学条件的变化，已存在的矿物晶体还会产生某种变化。而形成矿物的细微结构，对矿物晶体细微结构的研究，也属形态学的研究内容。

② 固态非晶质相　固态非晶质相的形态学主要是研究它们的形状特点、分布情况及与其他物相之间的结合关系。非晶态团里的形态特点及其隐晶质的晶体种类、大小、分布和含量等是研究原料颗粒配比和热工制度的重要依据之一。

研究玻璃相的含量和分布以及析晶相的种类和形态特点，尤其是玻璃及其制品的玻璃体内结晶质缺陷（即玻璃结石）的形态学研究，是鉴定结晶矿物和讨论玻璃结石成因及来源的可靠凭证。

③ 气相的形态学　气孔的形状、大小、数量及分布，尤其是气孔的贯通情况及存在形式等，对制品的性能有极大的影响。在研究气孔的分布时，还要注意是晶内气孔，还是晶间气孔及其相应数量，它具有一定的理论价值和实际意义。

（2）体视学研究　研究制品中组成物相的二维形貌特征，通过结构参数的测量，确定各物相三维空间的颗粒的形态和大小以及各相百分含量的科学称为体视学。体视学研究是利用各种图像分析仪器进行的，其中主要是各类显微镜（包括各种光学显微镜和电子显微镜）以及自动图像分析仪。

根据体视学的基本原理，利用各种仪器可以测定无机材料制品中各组成相的颗粒大小、含量以及其他结构参数，并进一步研究各相在空间的分布情况及其均匀性是体视学研究的任务。

此外，利用体视学的原理和方法，还可研究各种物料粉体颗粒的形态特点、颗粒大小、粒度分布和颗粒的其他结构参数。这些粉体颗粒在无机材料工业上是不可缺少的和常见的。例如，生产无机材料制品所用工业粉状原料、配合料生料粉、成品水泥粉、其他细粉和超细粉体等均需要进行体视学研究。

（3）物相排列组合关系的研究　制品中组成物相的空间分布和排列组合情况是生产制造过程中各种因素综合作用的结果，直接影响甚至决定着制品的技术性能、质量、使用性状和效果。在显微结构分析时，要注意制品中各物相分布的均匀性、取向性、致密程度以及玻璃、气相等在结晶相之间的分布情况等。

（4）物相互相结合关系的研究　物相间的结合情况多种多样，与原料质量、混合料配方及其均匀程度、热工制度、冷却速率或热处理制度等均直接有关，显著地影响甚至决定着制品的技术性能、使用性状和效果。在进行显微结构分析时，对不同材料及其制品的要求是有所差别的。

对单相多晶材料，要仔细地研究同种晶体颗粒之间接触的结构情况，即晶界结构。晶界结构是用各种图像分析仪，主要是用电子显微镜进行研究的。晶界结构决定着功能材料的基本功能转性和结构材料的显微结构特点。

对多相多晶料，要注意研究不同相之间的相界面特点，称为相界结构。例如，制品中不同结晶颗粒之间的结合情况，玻璃相与晶相同结合关系和特点以及气孔壁的结构特点等。

4.2.1.3 显微结构的研究意义

无机材料所具有的各种物理化学性质和使用性能，主要由材料的化学组成和显微结构决定。在化学组成确定之后，制造工艺是控制显微组织结构的主要手段，包括原料的热处理、破碎、细磨、配料、混合、成型、干燥、烧成等工艺。加工过程的每一道工序对显微组织结构的影响，最终将在材料的各种性能和使用效果上反映出来。

无机材料的显微组织结构，主要包括晶相的种类、数量和分布，晶粒的大小、形态、结晶特征和取向，玻璃相的存在和分布，气孔的尺寸、数量和分布以及它们之间的关系等。即使是同一化学成分，不同的显微结构将赋予材料不同的性能和使用效果。因此，研究材料的显微结构不仅能帮助人们判断材料性能的优劣，还能帮助人们从工艺过程的诸多因素中，找出影响显微结构形成及变化的规律，分析工艺过程是否合理，提出改进工艺的措施，以达到指导生产的目的。为了获得具有特殊使用性能的新型无机材料，可以通过显微结构的设计，选用合适的原料及工艺配方，采用特定的生产过程及工艺条件，通过实验和研究而获得所需要的制品。因此，研究无机材料的显微结构具有重要的理论价值和实际意义。在无机材料制品的生产制造和实际使用之间，显微结构处于核心的地位。

4.2.2 显微结构的类型

按照不同的分类方法，显微结构的类型多种多样。例如，根据主晶相的粒度尺度可分为巨晶、粗晶、中晶、细晶、微晶和隐晶结构；根据气孔的直径及分布可分为粗孔、细孔和微孔结构；根据某些特殊结构可分为欠烧结构、过烧结构、缺陷结构、反应结构、晶界结构、分相结构、壳芯结构、熔蚀结构等。以下简单介绍晶相生长过程中形成的显微结构和晶体形成后产生的显微结构，并介绍几种无机材料典型显微结构。

4.2.2.1 晶相生长过程中形成的显微结构

矿物晶体在生长过程中由于外界条件及其变化的影响所形成的显微结构均归为这一类，主要有环带结构、包裹结构和共析结构等。

（1）环带结构 矿物晶体在生长过程中，由于结晶体系内的温度、压力、化学组分等条件的变化，使晶体在生长过程中形成沿生长方向与晶面相平行的具有不同颜色和杂质包裹物等的结构，称为矿物的环带结构（图4.29）。晶体上的环带互相平行且连续，并平行矿物的轮廓，只是各处的宽窄不一，层数可多可少，矿物的环带结构在薄片中和光片中均可看到，只是在光片中表现得更清楚，尤其通过化学腐蚀就更利于对矿物环带结构的研究。研究矿物的环带结构，为讨论晶体的结晶条件和材料的形成条件提供了实物依据。

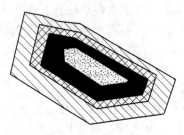

图4.29 环带结构示意

（2）包裹结构 矿物晶体内包裹其他物质形成的结构称为矿物的包裹结构（图4.30）。被包裹的物质可以是同种晶体或其他不同矿物晶体，也可以是非晶态的玻璃相、液相或气相等。矿物晶体的互相包裹是研究矿物晶体生长顺序的凭证。这是因为早期结晶的矿物有充分的空间长成自期形晶，晚期结晶矿物只能在先结晶矿物所剩余空间内生长成半自形甚至他形晶体，就构成了晚期结晶矿物包裹早期结晶矿物的包裹结构。包裹结构有全包裹和不完全包裹两种情况。被矿物晶体包裹的高温熔体，可以是凝固成的玻璃相，也可仍为液相，这主要是由于矿物晶体在极不平衡条件下快速生长造成的结果。

（3）共析结构 高温条件下两种类质同象的晶体，有些可形成有限固溶的晶体，在冷却过程中温度下降时，固溶体中两种晶体互相溶解度降低而发生脱溶，各自结晶成两个成分不同的晶体，其中一个长在主要晶体内的另一种矿物晶体呈麻点状、点线状、发丝状、点滴状等形态，如图4.31。在无机材料制品中，因固溶体脱溶形成的共析结构是常见的。

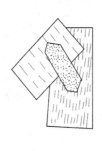

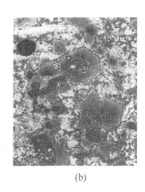

(a)   (b)

图 4.30 包裹结构示意
(a) 两种不同的包裹形式；(b) 以方镁石为核心生长发育的尖晶石

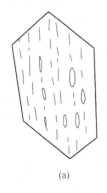

(a)   (b)

图 4.31 共析结构示意
(a) 共析结构简化形式；(b) 方镁石-铬矿的固溶-脱溶结构

4.2.2.2 晶体形成后产生的显微结构

矿物晶体结晶完成后，由于外界条件变化，形成在新条件下稳定的显微结构归纳为这一类，主要有碎裂、熔蚀、反应边、假象等显微结构。

(1) 碎裂结构 矿物晶体生成以后，由于内、外应力作用而产生裂纹出现的结构称为矿物的碎裂结构。碎裂结构中的裂纹与解理不同，没有固定规律，与晶体内部构造无关，主要决定于作用应力的性质及方向，矿物碎裂结构的成因有四种类型。

① 冷却过程中由于矿物晶体自身出现内应力而形成的裂纹。例如，硅酸盐水泥熟料中脑状硅酸二钙，图4.32 为 C_2S 体相变裂纹。

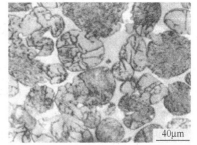

40μm

图 4.32 C_2S 体相变裂纹

② 由于矿物晶体的多晶转变所引起体积效应而产生的裂纹。例如，硅砖及玻璃结石中龟裂状的石英颗粒，图4.33 为石英的贯穿裂纹。

③ 外部机械力作用亦会造成晶体的破碎，图4.34 为方镁石晶体受力沿晶开裂示意。

④ 晶体周围高温熔体凝固或矿物在结晶时出现局部应力的作用，使晶体发生破裂，图4.35 为出现穿晶裂纹的 95%氧化铝瓷。

由此可见，研究矿物的碎裂结构，为讨论制品中所存在的各种应力及其对显微结构、制品力学特性、稳定性等的影响，提供直接依据。

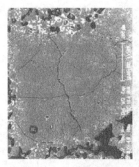

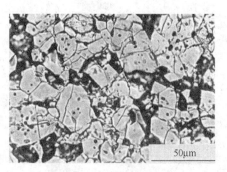

图 4.33 石英的贯穿裂纹   图 4.34 方镁石晶体受力   图 4.35 出现穿晶裂纹的
                          沿晶开裂示意   95％氧化铝瓷（偏光）

（2）熔蚀结构 在高温条件下已结晶的晶体或某些原料颗粒的棱角常被熔蚀而成浑圆状，严重时矿物晶体局部被熔蚀成凹陷的蚕食状，这种结构称为矿物的熔蚀结构（图4.36）。无机材料中熔蚀结构是常见的。研究矿物的熔蚀结构对了解制品的生产工艺，尤其是热工制度十分有用。

（3）反应边结构和假象结构 已存在或新生成的矿物晶体，在高温条件下，由于原体系的化学组成发生变化，新体系中化学成分与已存在晶体颗粒之间发生交代反应，使原晶体边缘生成在新条件下稳定的新晶体，构成由新晶体包裹原晶体残余部分所形成的结构，称为矿物的反应边结构。当反应边结构严重时，整个矿物晶体均经反应而变成新生矿物的晶体，仅保留原矿物外形的结构，称为矿物的假象结构。如在瓷胎中所看到的云母残骸，实际上已经反应生成莫来石，只是保留云母残骸的假象而已，如图4.37。假象结构是反应边结构进一步发展形成的。

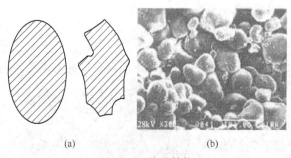
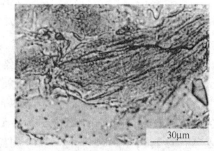

(a)   (b)

图 4.36 熔蚀结构
(a) 晶体局部被熔蚀成凹陷的蚕食状；
(b) 方镁石熔蚀背面呈浑圆现状

图 4.37 坯体中的云母假象（已莫来石化）

反应边结构的原矿物称为原生矿物。反应生成的新矿物称为次生矿物。假象结构就是由保留原生矿物外形的次生矿物构成的。反应边结构和假象结构也可以由多晶转变形成。例如，在蚀变硅砖和玻璃粉料结构中残留石英，边缘因多晶转变而成偏方石英，包裹了残留石英构成的结构亦属反应边结构。严重时整个颗粒转变为偏方石英，甚至鳞石英，仅保留石英颗粒外形的假象。

综上所述，对矿物晶体显微结构的研究，除有助于对矿物的鉴定外，由于它们大都受到矿物晶体形成前后各种物理化学条件及其变化的影响，对无机材料的生产工艺过程及工艺条件的分析，对制品技术性能、使用效果的研究，都有实际意义。

4.2.3 晶粒尺寸及相的相对量测定

无机材料的性能与其显微组织特征有密切的联系。描述显微组织特征的参数有晶粒尺寸、位错密度、相的相对量及第二相粒子的间距等。仅对这些特征参数做定性的分析，已不能满足科学日益发展的要求。要达到合理地设计、控制及评定材质，减少繁重的实验工作量的目的，需要精确了解组织与性能间的关系及其变化规律，建立它们之间的定量关系。人们已建立了一些组织参数与性能之间的理论或经验的关系式，如霍尔-配奇（Hall-Petch）经验关系式：

$$\sigma_s = \sigma_0 + Kd^{1/2} \tag{4.2}$$

式中，σ_s 为屈服强度；d 为晶粒的平均直径；σ_0 及 K 为与材料有关的常数。式（4.2）表明晶粒大小与屈服强度间的定量关系。

显微组织参数需要利用定量金相的方法来测量和计算。定量金相就是用点、线、面和体积要素来定量地表明组织特征。定量金相的基础是体视学和数理统计。由于微观组织上的不均匀性，对某一特征参数不能只由一个视场的数据来决定，而需要用统计的方法，在足够多的视场下进行多次测量才能保证结果的可靠性。因此，用人工进行定量金相测定是很费时的。采用自动图像仪可使定量工作迅速方便地进行。定量测量的方法有计点法、截线法、面积法等，即根据一定的规则数点数、量长度或测出面积，然后将所得结果代入相应的关系式进行计算。对各关系式的推导，因涉及专门的数学问题，可参阅有关著作。注意测量前应确定采用何种测量方法和测量参数，所取试样要能反映材料的客观情况，精心制备试样的测试面，并选取足够多的视场进行测试。一般每个试样上不应少于 5 个视场。

4.2.3.1 晶粒尺寸的测定

晶粒大小是一个重要的组织参数，它可以用晶粒的平均直径或面积表示，也可用标准的晶粒度级别来评定。由于直径的概念只有对球体才有明确的意义，故对形状不规则的晶粒，常用平均截线长度来表示晶粒的直径。平均截线长度是指在截面上任意测试直线穿过每个晶粒长度的平均值。现将几种求晶粒尺寸的方法说明于下。

（1）求晶粒的平均截线长度 $\overline{L}$　当测量的晶粒数足够多时，二维截面上晶粒的平均截线长度等于三维空间晶粒的平均截线长度。若用已知长度的测试线，在放大 M 倍的显微组织图像或照片上随机作截线，截线的总长度为 L_T、截取的晶粒总数为 N，截线与晶界的总交点数为 P，则晶粒的平均截线长度 $\overline{L}$ 可由式（4.3）求得：

$$\overline{L} = \frac{L_T}{NM} \tag{4.3}$$

图 4.38(a) 为单相晶粒组织，此时所截得的晶粒数 N 等于截线与晶界的交点数 P，即 $P=N$。若所测的是分散分布在基体上的第二相颗粒的尺寸，见图 4.38(b)，则 $P=2N$。故欲求晶粒的平均截线长度 $\overline{L}$，可数被截线切割的晶粒数 N 或交点数 P。若用 P 计算时，对单相晶粒组织用式（4.4），对有第二相分布的组织用式（4.5）：

$$\overline{L} = \frac{L_T}{PM} \tag{4.4}$$

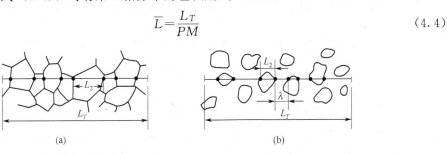

(a)　　　　　　　　　　(b)

图 4.38　截线法求切割的晶粒数 N 和与晶界的交点数 P

(a) 单相晶粒；(b) α-相粒子分布在基体上

L_2—晶粒的截线长度；λ—α-相粒子间的平均自由程

$$\overline{L}=\frac{2L_T}{PM} \tag{4.5}$$

当测试线的端点落在晶界上时，以 0.5 点计算，若正好通过三叉晶界交点，则按 1.5 点计算。线段两端未完全被截割的晶粒数以 0.5 计算。测试用线可以是已知长度的单根直线或一组直线，也可以是一个单圆或一组同心圆。同心圆适用于实际晶粒随位置不同而有明显变化的组织。为保证一定的精度，用直线单次测试，需获得约 50 个交点，并应任选 5～10 个视场进行测量。

（2）求晶粒度　可用面积法、截距法、比较法。

① 面积法　将晶粒大小按每平方毫米内晶粒数的多少进行分级，即为晶粒度等级。按定义：1 级晶粒度是在放大 1 倍下，每平方毫米内有 16 个晶粒。设每平方毫米内的晶粒数为 n，晶粒度级别为 G，则

$$n=2^{G+3}$$

$$G=\frac{\lg n}{\lg 2}-3 \tag{4.6}$$

只要测出每平方毫米内的晶粒数，即可求得 G。

② 截距法　晶粒度级别按晶粒的平均截线长度来分。定义为在放大 100 倍下，当晶粒的平均截线长度 $\overline{L}=32mm$ 时，晶粒度 $G=0$。不同截线长度的晶粒度级别可按下式计算：

$$G=2^{\log_2 \frac{\overline{L}_0}{\overline{L}}}$$

式中，$\overline{L}_0=32mm$；$\overline{L}$ 为实际晶粒的平均截线长度，单位为毫米，其值可由式（4.3）求得。

因 $\log_2 \overline{L}_0=5\overline{x}=\dfrac{x_1+x_2+\cdots+x_n}{n}=\dfrac{1}{n}\sum\limits_{i=1}^{n}x_i$ ，则

$$G=10.0000-6.6439\lg\overline{L} \tag{4.7a}$$

$$G=-3.2877-6.6439\lg\overline{L} \tag{4.7b}$$

当放大倍数为 1，$\overline{L}$ 仍按毫米计算，晶粒度级别则按式（4.7b）计算。

③ 比较法　实际生产上多采用比较法，即将晶粒大小与标准级别图片比较，以最接近的级别作为所求晶粒度。

4.2.3.2　相的相对含量测定

在金相研究中常需确定组织中某一相或组织组成物的相对含量，此相对含量是指该相（或组织组成物）的体积分数 V_V：

$$V_V=\frac{V_\alpha}{V_T} \tag{4.8}$$

式中，V_α 为被测 α-相所占的体积；V_T 为测试用的总体积。根据定量金相的公式：

$$V_V=L_L=P_P \tag{4.9}$$

式中，L_L 为被测 α-相所占的线分数；P_P 为被测相所占的点分数，即

$$L_L=\frac{L_\alpha}{L_T} \tag{4.10}$$

$$P_P=\frac{P_\alpha}{P_T} \tag{4.11}$$

式中，P_T、L_T 为测试用的总点数和总线长；P_α、L_α 为落入被测相中的点数和线段长。根据式（4.9）可知测 V_V 即是测 L_L 或 P_P，后两者的测定都较方便。

（1）计点法测 P_P　选用合适的网格，网格上各线的交点之和为测试用的总点数 P_T。将此透明网格覆盖在显微组织图像或照片上，数出落入被测相上的点数 P_α，即可用式（4.11）

求出 P_P，得出被测相的相对含量。

例如，欲测图 4.39 中块状相所占的体积分数，选用网格的总点数 $P_T=30$，落在块状相上的点数为 $P_a=5.5$（当测试点落在被测相边界上时应以 0.5 计算）。此时求得块状相的相对量为 $P_P=\dfrac{P_a}{P_T}=\dfrac{5.5}{30}\times100\%=18\%$。测试网格的选择，应使落在被测相面积内的测试点数不大于 1，同时网格的中线的间距应接近第二相间距。为操作方便，对不同的显微组织和放大倍数，可分别使用测试点为 3×3、4×4、5×5 或 10×10 的网格。

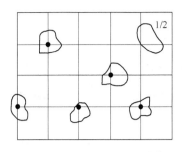

图 4.39　点分析法测 P_P 实例

（2）截线法测 L_L　用截线法来确定相的相对含量就是通过测定 L_L 来求 V_V。在显微组织图中作已知总长为 L_T 的任意直线。落在被测相上各线段的总长为 L_a，则 $L_L=\dfrac{L_a}{L_T}\times100\%=V_V$。用以上两种方法测 V_V 时，必须有足够多的测试次数，至少测 5～10 个视场，才能保证测试精度。

习题

4.1　结合纳米材料的发展，查找相关资料，撰写综合叙述报告。

4.2　结合身边的实例，说明材料显微结构对材料性能的影响。

阅读材料

无机-有机纳米复合材料

无机-有机纳米复合材料正在成为一个新兴的极富生命力的研究领域，吸引着众多研究

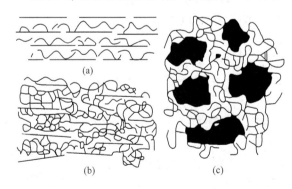

图 1　无机-有机纳米复合材料
(a)，(b) 纳米结构复合材料；(c) 通常复合材料

者。这种材料有别于通常的聚合物/无机填料体系，并不是无机相与有机相的简单加合，而是由无机相和有机相在纳米至亚微米范围内结合形成的（图 1），两相界面间存在着较强或较弱化学键（范德瓦尔斯键、氢键）。其中有机相可以是塑料、尼龙、有机玻璃、橡胶等；无机相可以是金属、氧化物、陶瓷、半导体等，复合后将会获得集无机、有机、纳米粒子的诸多特性于一身的具有许多特异性质的新材料。这些新材料将在诸如光学、电子学、机械、生物学等领域有许多新的应用。目前已引起美、英、德、日等发达国家的重视，都把它的发展摆在了重要位置并制定了相应的发展计划。

一、无机-有机纳米复合材料的制备

1. 纳米微粒直接分散法

将无机纳米微粒直接分散于有机基质制备无机聚合物纳米复合材料称为直接分散法，其中聚合物基质多选用具有良好性能的功能材料。聚吡咯是热稳定性较好的导电聚合物，以

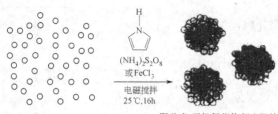

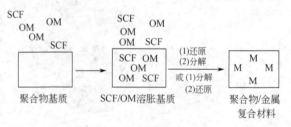

图 2　由无机氧化物微粒形成聚吡咯-无机氧化物复合胶体

SiO$_2$-聚吡咯复合来说明：制备含分散的 SiO$_2$ 微粒（典型粒径 20nm）的胶体，加入单体和作为氧化剂的 (NH$_4$)$_2$S$_2$O$_8$ 或 FeCl$_3$，电磁搅拌，在一定温度下聚合，见图 2。SiO$_2$ 纳米微粒作为沉淀聚吡咯的高比表面的胶体基质，而沉淀的聚吡咯又将 SiO$_2$ 微粒胶粘在一起形成了纳米复合物。

2. 纳米微粒原位生成法

半导体微粒的尺寸减小到纳米范围内会表现出量子尺寸效应、小尺寸效应、表面效应和宏观量子隧道效应等许多优越的性能。目前硫化物半导体纳米微粒与聚合物的复合多采用纳米微粒原位生成法，即无机相硫化物纳米微粒不是预先制备的，而是在反应中直接生成的，聚合物基质既可以是在复合过程中合成的，也可以是预先制备的。全氟羧酸离子交换膜（商品名 Nafion）以其特有的纳米级孔径成为无机-有机纳米复合的理想选材。Nafion 与无机氧化物及硫化物复合的研究一直在进行。对于硫化物复合体系，是用 H$_2$S 与通过离子交换进入 Nafion 膜的分散的金属离子反应生成硫化物微粒。研究表明 Nafion/CdS 纳米复合材料可用于光催化反应，且该材料还可以再结合适当的催化剂。结合 Pt 便是一例，可构成 Nafion/CdS/Pt 体系，该薄膜可在 2S/S^{2-} 溶液中光催化产生 H$_2$。此纳米微粒与聚合物复合体系有如下优点：首先，光活性系统是固定的，故对流动系统的催化很有效；其次，膜系统可被移走以便对反应溶液做更精细的分析；第三，半导体微粒可再生，且分散于 Nafion 膜中的半导体微粒不絮凝或沉降，克服了溶剂分散的微粒体系不能应用于连续流动系统，微粒易絮凝或沉降等不足，且聚合物基质本身可通过离子交换特性浓缩溶液中的一些反应物，排斥其他的，起到一种控制作用。这种聚合物半导体纳米微粒复合薄膜光催化特性为太阳能的利用提供了一条途径。

3. 前驱体法

这是一种简单、实用、直接的聚合物/金属复合物的制备方法。如图 3 所示，选择二甲基环辛二烯铂（简称 OM）作为金属有机前驱体，将前驱体 OM 溶于超临界流体二氧化碳（SCF CO$_2$）中，并注入到聚合物基质聚 4-甲基-1-戊烯（PMP）中成为 SCF CO$_2$/OM-溶胀基质，通过化学或热还原将前驱体还原为金属（M），减压移去溶液，即可得 PMP/Pt 纳米复合材料。这种制备方法有许多优点；首先，CO$_2$ 在聚合物中的高渗透率使这项技术适用于聚合物复合材料的合成，因为聚合物基质和反应产物都

图 3　PMP/Pt 制备示意图

不必可溶于 SCF CO$_2$；其次，调节 SCF 溶剂强度，控制渗透和反应的相对速率可以对复合材料的成分和形态进行控制；第三，SCF 如 CO$_2$ 在正常环境条件下是气态，因此通过减小压力，溶剂可迅速从复合材料中弥散，且相当完全；最后，CO$_2$ 是对环境无害的气体，此法也符合环境保护的要求。可见，只要有合适的压力设备，选择适当的聚合物基质就可以制备满足某种需要的聚合物/金属纳米复合材料。这种方法比较适合于工业化生产。

4. 层间嵌插复合

通过层间嵌插，形成包含交替的无机、有机层的复合固体材料近年来备受重视。如图 4 所示，层间嵌插复合不同于传统的复合材料，它是由一层或多层聚合物或有机分子插入无机

(a)   (b)   (c)

图 4　聚合物-黏土复合的三种可能类型示意

(a) 传统的（无聚合物嵌插）；(b) 嵌插的（纳米）（有限嵌插）；(c) 剥离的（纳米）（过度嵌插）

物的层间间隙而形成的。复合后不仅可大幅度提高力学性能，而且还能获得许多功能特性。层间嵌插复合中使用的无机物是具有层状结构的化合物。

蒙脱石（MMT）是一种水合的铝硅酸盐矿物，具有八面体铝层夹于四面体二氧化硅层的夹心薄片结构，薄片表面的净负电荷使它们能够吸引 Na^+ 或 Ca^{2+} 等正离子，这种特性使它们能够与单体进行嵌插，随后单体聚合形成复合材料。例如，蒙脱石钠与烷基铵盐离子交换反应得蒙脱石有机衍生物，再与环氧树脂作用制得环氧树脂-蒙脱石纳米复合材料。嵌插是由环氧树脂进入蒙脱石有机衍生物的层与层之间而完成的。玻璃转化温度较高（约 150℃）的环氧树脂的复合材料在室温下为玻璃态，与传统复合材料相比力学性能稍有提高，而橡胶态环氧树脂-蒙脱石复合材料的力学性能将大幅度提高。对玻璃态与橡胶态聚合物复合材料的研究表明，二者的区别在于张力作用下的延伸程度不同，如图

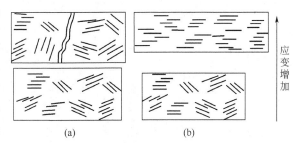

(a)   (b)

应变增加

图 5　玻璃态和橡胶态聚合物-黏土剥离的
纳米复合材料随应变增加而断裂的模型

(a) 玻璃态基质；(b) 橡胶态基质

5 所示，橡胶态环氧树脂基质在断裂时伸长 40%～60%，而玻璃态环氧树脂基质只伸长 5%～8%。

5. LB 膜技术

LB 膜是利用分子间相互作用人为地建立起来的特殊分子体系，是分子水平上的有序组装体。LB 膜的制备原理简单地说就是利用具有疏水端和亲水端的两亲性分子在气-液（一般为水溶液）界面的定向性质，在侧向施加一定压力（高于几兆帕）的条件下，形成分子的紧密定向排列的单分子膜。这种定向排列可通过一定的挂膜方式有序地、均匀地转移到固定载片上。LB 膜技术可用于制备纳米微粒与超薄的有机膜形成的无机、有机层交替的复合材料。一般主要采用以下两种方法。

① 利用含金属离子的 LB 膜，通过与 H_2S 等进行化学反应获得无机-有机交替膜结构。

② 已制备的纳米粒子的 LB 组装。前者能制备的材料是比较有限的，无机相多为金属硫化物，而后者是比较有前途的。

用 LB 膜技术制备的复合材料既具有纳米微粒特有的量子尺寸效应，又具有 LB 膜的分子层次有序、膜厚可控、易于组装等优点，且通过改变 LB 膜的成膜材料、LB 纳米粒子的种类及制备条件还可改变材料的光电特性，因此在微电子学、光电子学、非线性光学和传感器等领域有着十分广阔的应用前景。

三、展望

无机-有机纳米复合材料是一个新兴的多学科交叉的研究领域，涉及无机、有机、材料、物理、生物等许多学科，如何能制备出适合需要的高性能、高功能的复合材料是研究的关键所在。目前已开发出纳米微粒直接分散、原位合成、前驱体法、层间嵌插、LB膜技术等多种较为温和而实用的合成方法。几种方法各具特色，各有不同的适用范围。如对易形成胶体或易制得纳米微粒的无机物可用纳米粒子直接分散法；对不易获得纳米微粒的、易氧化、易团聚的可用前驱体法和纳米粒子原位合成法；层状无机物可用层间嵌插与有机基质复合；膜技术可制备有序的无机-有机交替膜；采用上述方法已制备出多种聚合物无机纳米复合材料，当然，已有的方法仍在不断改进，新的方法仍在不断被发现和采用。由于复合材料的性质优于单一组分，使用具有某种性能的无机、有机功能材料，采用恰当的方法将会获得性能更为优良的新材料。相信随着研究的不断深入和对机理了解的不断深化，无机-有机纳米复合材料领域必将有突破性的进展，根据实际需要人们将能设计并合成出更多性能优异的无机-有机纳米复合材料。

第5章 热力学应用

热力学以及化学热力学是迄今发展得最为完善和普遍适用的一门理论性学科，在众多学科领域中有着广泛的应用，包括无机非金属材料。其价值和意义在于，应用热力学理论可以通过较少的热力学参数，在理论上解决体系复杂过程（如化学反应、相变等）发生的方向性和平衡条件及伴随过程的体系能量变化等问题，避免艰巨的、有时甚至技术上不可能的实验研究，因此，热力学理论及其研究方法是材料科学的重要内容之一，它对探讨各种无机材料系统的具体过程，如烧成、烧结、腐蚀、水化反应等，都有重要的科学研究和生产实践方面的指导意义。

5.1 热力学在凝聚态体系中应用的特点

发生于凝聚态系统的一系列物理化学过程，一般均在固相或液相中进行。固相包括晶体和玻璃体，液相包括高温熔体及水溶液。由于系统的多相性以及凝聚相中质点扩散速度很小，因而在凝聚态系统中所进行的物理化学过程往往难以达到热力学意义上的平衡，产物也常处于亚稳状态（如玻璃体或胶体状态），所以将经典热力学理论与方法用于硅酸盐这样的凝聚系统时，必须充分注意理论与方法应用上的特点及其局限性。下面将以化学反应为例，对比进行分析，所述内容适用于多晶转变、固-液相变或结晶等其他物理化学过程。

5.1.1 化学反应过程的方向性

化学反应是凝聚态系统常见的物理化学过程之一。根据一般热力学理论可知，在恒温、恒压条件下只做膨胀功的开放体系，化学反应过程可沿吉布斯自由能减少的方向自发进行，过程自发进行的判据为：

$$\Delta G_{T,p} \leqslant 0 \tag{5.1}$$

当反应自由能减少并趋于零时，过程趋于平衡并有反应平衡常数：

$$k = \exp\left(-\frac{\Delta G^{\ominus}}{RT}\right) \tag{5.2}$$

但是，在硅酸盐系统中，由于多数反应过程处在偏离平衡的状态下发生与进行，故而平衡常数已不再具有原来的物理化学意义，此时探讨反应发生的方向性问题往往比探讨反应平衡性问题更有实际意义。对于纯固相间的化学反应，只要系统 $\Delta G_{T,p} = 0$，并有充分的反应动力学条件，反应可逐渐进行到底，无需考虑从反应平衡常数的计算中得到反应平衡浓度及反应产率。此时反应自由能 $\Delta G_{T,p}$ 将完全由反应相关的物质生成自由能 $\Delta G_{T,p}$ 决定。例如，对于化学反应：

$$n_A A + n_B B = n_C C + n_D D$$

则反应自由能 $\Delta G_{T,p}$ 应为：

$$\Delta G_{T,p} = \Delta G_{T,p}^{\ominus} = \sum_i (n_i \Delta G_{i,T,p})_{生成物} - \sum_i (n_i \Delta G_{i,T,p})_{反应物} \tag{5.3}$$

但是，对于有气相或液相参与的固相反应，在计算反应自由能 $\Delta G_{T,p}$ 时必须考虑气相或液相中与反应有关物质的活度。此时反应自由能根据下式计算：

$$\Delta G_{T,p} = \Delta G_{T,p}^{\ominus} + RT\ln\frac{a_C^{n_C} \cdot a_D^{n_D}}{a_A^{n_A} \cdot a_B^{n_B}} \tag{5.4}$$

式中，a_i 为与反应有关的第 i 种物质的活度；n_i 为化学反应中各有关物质的式量系数。

5.1.2　过程产物的稳定性和生成序

对于组成计量已经确定，并可能生成多种中间产物和最终产物的固相反应体系，应用热力学基本原理估测固相反应发生顺序及最终产物的种类，是近年来将热力学理论应用于解决实际问题的内容之一。假设一固相反应体系在一定的热力学条件下，可能生成一系列相应于反应自由能 ΔG_i 的反应产物 $A_i(\Delta G_i < 0)$。若按其反应自由能 ΔG_i 依次从小到大排列：ΔG_1，ΔG_2，$\cdots$，ΔG_n，则可得一相应反应产物序列 A_1，A_2，$\cdots$，A_n。根据能量最低原理可知，反应产物的热力学稳定性完全取决于其 ΔG_i 在序列中的位置。反应自由能越低，相应的反应生成物热力学稳定性越高。但是，由于动力学因素的缘故，反应产物的生成序列并不完全等同于上述产物稳定序列。研究表明，产物 A_i 的生成序与产物稳定序间的关系存在三种情况。

5.1.2.1　与稳定序正向一致

随着 ΔG 的下降，生成速率增大，即反应生成速率最小的产物其热力学稳定性会最小（产物 A_n），而反应生成速率最大的产物，其热力学稳定性也最大（产物 A_1）。此时，热力学稳定性最大的反应产物有最大的生成速率，热力学稳定序和动力学生成序完全一致。在这种情况下反应初始产物与最终产物均是 A_1，这就是米德洛夫-别托杨规则。

5.1.2.2　与稳定序反向一致

随着 ΔG 的下降，生成速率亦下降，即反应生成速率最大的产物，其热力学稳定性最小，而最大稳定性的产物有最小的生成速率，热力学稳定性与动力学生成序完全相反。在这种情况下，反应体系最先出现的反应物是生成速率最大、稳定性最小的 A_n，进而较不稳定的产物将随 ΔG 下降的方向逐渐向较稳定的产物转化。最终所能得到的产物种类与相对含量取决于转化反应的动力学特征。仅当具备良好的动力学条件下，最终反应产物为自由能 ΔG 最小的 A_1，这就是奥斯特瓦德（Ostwaxd）规则。

5.1.2.3　反应产物热力学稳定序与动力学生成序间毫无规律性的关系

产物生成次序完全取决于动力学条件，生成速率最大的产物将首先生成，而最终能否得到自由能 ΔG 最小的 A_1 产物，完全依赖于反应系统的动力学条件。

5.1.3　经典热力学应用的局限性

以化学反应、物相转变、质量输运以及能量传递等为总和的材料制备过程往往是一个发生于多相之间复杂的、多阶段的、非平衡的热力学过程，因此，用经典热力学理论计算过程自由能差 ΔG，并将其作为过程进行方向的判据或推动力的度量，仅在决定过程相对速率时有一定的比较意义。一般情况下，各种过程进行的实际速率与过程自由能差 ΔG 不存在确定的关系。甚至热力学上认为可以发生的过程，事实上能否发生和如何进行都将决定于体系的动力学因素。即可能出现从热力学观点判断可以实现的过程，由于动力学因素事实上常常难以实现的情况。所以原则上不能认为，在所有情况下，对某一过程的热力学估计就将决定这一过程的实际状况，尤其在硅酸盐系统所出现的大多数物理化学过程中，各种动力学因素对热力学分析所得知识都存在不同程度的制约。

此外，过程自由能变化 ΔG 常基于原始热力学数据的计算而得到；因此，原始热力学数据的精确度对热力学计算结果以及由此对过程能否进行和过程产物的稳定性做出的判断将产生影响。显然，当原始热力学数据的误差和由计算过程所引起的误差与热力学计算结果数值上相差不大时，则热力学计算结果的可靠性大为降低。经验证明，从氧化物变成硅酸盐化合物的生成热的热化学测定，误差通常为 $\pm 1000\text{J/mol}$，熵的误差为 $\pm 0.5\text{e.u.}$（熵单位），而自由能一般可达 $\pm 2000\text{J/mol}$。相比之下，用电化学方法得到的热力学数据误差一般小得多。在

计算 $\Delta G = f(T)$ 的过程中，原始数据测定上的误差将通过计算式传递给计算结果，并显示出误差的加和与倍增性。例如，用 $\Delta G = \Delta H_f^\ominus - T\Delta S_f^\ominus$ 计算体系在不同温度下自由能变化 ΔG 时，则当 $\Delta H_f^\ominus$ 和 $\Delta S_f^\ominus$ 测量误差分别为 $\delta(\Delta H_f^\ominus)$ 和 $\delta(\Delta S_f^\ominus)$ 时，ΔG 计算结果将具有误差：

$$\delta(\Delta G) = \delta(\Delta H_f^\ominus) + T\delta(\Delta S_f^\ominus)$$

显然计算过程不仅将 $\Delta H_f^\ominus$ 和 $\Delta S_f^\ominus$ 的测量误差 $\delta(\Delta H_f^\ominus)$ 和 $\delta(\Delta S_f^\ominus)$ 通过计算式加和地传递给 ΔG，同时误差 $\delta(\Delta S_f^\ominus)$ 得到了放大，这导致温度越高，ΔG 的误差 $\delta(\Delta G)$ 越大。

对于实际的 $\Delta G = f(T)$ 计算过程，往往要同时考虑物质热容-温度关系，因此，也将引入误差。通常这一误差在 $\pm 5\%$ 范围内。故而在一般硅酸盐系统中，当计算高温下的 ΔG 时，误差可达 $3\% \sim 10\%$。对于那些产物生成热或生成自由能之和与反应物的相差不大的反应体系（如多晶转变），计算误差可高达 60%；因此，在应用热力学计算结果进行过程分析研究时，应特别小心慎重。

5.2 热力学应用计算方法

用热力学原理分析硅酸盐系统在等温等压条件下，过程发生的方向或判断过程产物的稳定性，最终将归结到系统自由能变化 ΔG 的计算。根据计算所基于的热力学函数不同，计算方法可分为经典法和 Φ 函数法两种。

5.2.1 经典法

经典法计算反应过程 $\Delta G_R^\ominus$ 是从基本热力学函数关系出发，运用基本热力学数据而完成的。根据所能够取得的热力学基本数据的情况可分为两种情况处理。

5.2.1.1 利用生成热和自由能的计算方法

当已知在标准条件下反应物与生成物从元素出发的生成热 $\Delta H_{298}^\ominus$、生成自由能 $\Delta G_{298}^\ominus$ 以及反应物与生成物的热容温度关系式 $c_p = a + bT + cT^{-2}$ 中各系数时，则计算任何温度下反应自由能变化可根据吉布斯-亥姆霍兹（Gibbs-Helmhoptz）关系式进行：

$$\left[\frac{\partial\left(\frac{\Delta G_R^\ominus}{T}\right)}{\partial T}\right]_p = -\frac{\Delta H_R^\ominus}{T^2} \tag{5.5}$$

根据基尔霍夫（Kirchoeff）公式：

$$\Delta H_R^\ominus = \Delta H_{R,298}^\ominus + \int_{298}^{T} \Delta c_p \, \mathrm{d}T \tag{5.6}$$

考虑反应热容变化关系：

$$\Delta c_p = \Delta a + \Delta bT + \frac{\Delta c}{T^2} \tag{5.7}$$

可积分求得：

$$\Delta H_R^\ominus = \Delta H_0 + \Delta aT + \frac{1}{2}\Delta bT^2 - \frac{\Delta c}{T} \tag{5.8a}$$

公式中，ΔH_0 为积分常数。若反应于标准状态下进行，可确定为：

$$\Delta H^\ominus = \Delta H_{R,298}^\ominus - 298\Delta a - \frac{298^2 \Delta b}{2} + \frac{\Delta c}{298} \tag{5.8b}$$

将式（5.6）代入式（5.5）并积分，便可得任何温度下反应自由能变化 $\Delta G_R^\ominus$ 的一般计算公式：

$$\Delta G_R^\ominus = \Delta H_0 - \Delta aT\ln T - \frac{1}{2}\Delta bT^2 - \frac{1}{2}\Delta cT^{-1} + yT \tag{5.9a}$$

$$y = \frac{(\Delta G_{R,298}^{\ominus} - \Delta H_0)}{298} + \Delta a \ln 298 + \frac{298 \Delta b}{2} + \frac{\Delta c}{2 \times 298^2} \qquad (5.9b)$$

显然,在式(5.8b)和式(5.9b)中代入标准状态下反应热 $\Delta H_{R,298}^{\ominus}$,反应自由能 $\Delta G_{R,298}^{\ominus}$ 和反应等压热容各温度项系数 Δa、Δb 和 Δc;便可由式(5.9a)得到反应自由能 $\Delta G_R^{\ominus}$ 与温度的函数关系。

5.2.1.2 应用反应熵和热效应的计算方法

应用经典法计算反应自由能变化遇到的第二种情况是,已知反应物和产物标准熵 $S_{298}^{\ominus}$,而不是从元素出发的生成自由能 $\Delta G_{298}^{\ominus}$(其他条件同上)。此时可根据等温等压条件下热力学第二定律首先计算标准状况下反应自由能变化 $\Delta G_{R,298}^{\ominus}$:

$$\Delta G_{R,298}^{\ominus} = \Delta H_{R,298}^{\ominus} - 298 \Delta S_{R,298}^{\ominus} \qquad (5.10)$$

然后同第一种情况一样,依据式(5.8b)和式(5.9a)计算反应 $\Delta G_R^{\ominus}$。由此可见,经典计算反应 $\Delta G_R^{\ominus}$ 一般步骤如下。

① 根据有关数据手册,查找原始热力学基本数据:反应物和生成物的 $\Delta H_{298}^{\ominus}$,$\Delta G_{298}^{\ominus}$(或 $S_{298}^{\ominus}$)以及热容关系式中的各项温度系数 a、b 和 c。

② 计算标准状况下(298K)的反应热 $\Delta H_{R,298}^{\ominus}$,反应自由能变化 $\Delta G_{R,298}^{\ominus}$ 或反应熵变 $\Delta S_{R,298}^{\ominus}$ 以及反应热容变化 Δc_p 中各温度项系数 Δa、Δb 和 Δc。

③ 将 $\Delta H_{R,298}^{\ominus}$、$\Delta a$、$\Delta b$ 以及 Δc 分别代入式(5.8b)各项,计算积分常数 ΔH。

④ $\Delta G_{R,298}^{\ominus}$、$\Delta a$、$\Delta b$ 以及 Δc 分别代入式(5.9b)各项,计算积分常数 y[或先由 $\Delta H_{R,298}^{\ominus}$ 和 $\Delta S_{R,298}^{\ominus}$ 依式(5.10)计算 $\Delta G_{R,298}^{\ominus}$,然后依式(5.9b)计算 y]。

⑤ 将 $\Delta H^{\ominus}$、y、Δa、Δb 以及 Δc 代入式(5.9a)得 $\Delta G_R^{\ominus}\text{-}T$ 函数关系式。

从基本热力学函数关系式出发,准确计算反应自由能变化 $\Delta G_R^{\ominus}$ 的过程中包含烦琐而费时的计算工作。尤其是当反应体系在所研究的温度范围内存在相变(如多晶转变、熔融等现象)时,反应 $\Delta G_R^{\ominus}$ 计算应在由相变温度点所分割的不同温度区间内,用不同反应热容系数(Δa、Δb 和 Δc)进行分段计算,巨大的计算工作量常令人生畏,故而热力学方法得不到普遍的应用。为避免繁复的运算,人们常假设恒压热容 Δc_p 不随温度变化而为一常数(即 $\Delta c_p = c$),以达到简化 $\Delta G_R^{\ominus}$ 的计算过程的目的。由此可以推导出,反应 $\Delta G_R^{\ominus}$ 与温度 T 有如下简洁函数关系:

$$\Delta G_R^{\ominus} = \Delta H_{R,298}^{\ominus} - T \Delta S_{R,298}^{\ominus} + \Delta c_p T \left(\ln \frac{298}{T} + 1 - \frac{298}{T} \right) \qquad (5.11)$$

显然,当反应前、后物质的等压热容不变时,即 $\Delta c_p = 0$,反应 $\Delta G_R^{\ominus}$ 与温度的函数关系将进一步简化成:

$$\Delta G_R^{\ominus} = \Delta H_{R,298}^{\ominus} - T \Delta S_{R,298}^{\ominus} \qquad (5.12)$$

然而,必须指出,计算过程的简化虽然减少了计算工作量,但也降低了计算结果的可靠性。尤其是对于那些热容随温度变化明显,反应后物质热容变化量大的反应体系,上述的简化假设往往给计算结果带来很大的误差,甚至失去意义。

5.2.2 Φ 函数法

Φ 函数法是基于 1955 年 Margrave 提出的热力学势函数 Φ 这一概念而建立起来的一种计算方法。热力学势函数是热力学基本函数的一种组合,其定义为:

$$\Phi_T \equiv -\frac{G_T^{\ominus} - H_{T_0}}{T} \qquad (5.13)$$

式中,$G_T^{\ominus}$ 为物质在温度 T 下的标准自由能;H_{T_0} 为物质在某一参考温度 T_0 下的热焓。若取 $T_0 = 298K$,则上式可写成:

$$\Phi'_T = -\frac{G_T^\ominus - H_{298}^\ominus}{T} \qquad (5.14)$$

由于热力学基本函数 G 和 H 都是状态函数，函数 G 在相变点具有连续性，所以，Φ'_T 也是连续的状态函数，故而对于每一种物质形成热力学势 $\Delta\Phi'_T$：

$$\Delta\Phi'_T = -\frac{\Delta G_T^\ominus - \Delta H_{298}^\ominus}{T} \qquad (5.15)$$

对于任一反应过程有：

$$\Delta\Phi'_{R,T} = -\frac{\Delta G_{R,T}^\ominus - \Delta H_{R,298}^\ominus}{T} \qquad (5.16)$$

于是，由上式可推得反应自由能变化 $\Delta G_{R,T}^\ominus$：

$$\Delta G_{R,T}^\ominus = \Delta H_{R,298}^\ominus - T\Delta\Phi'_{R,T} \qquad (5.17)$$

式中，$\Delta\Phi'_{R,T}$ 为反应势函数变化，其计算可如同其他的反应热力学状态函数变化一样根据下式进行：

$$\Delta\Phi'_{R,T} = \sum_i (\Delta\Phi'_R)_{生成物} - \sum_i (\Delta\Phi'_R)_{反应物} \qquad (5.18)$$

如果可以方便取得各种物质（化合物）在各温度下的 $\Delta\Phi'_T$ 数值，根据式（5.17）和式（5.18）计算相应温度下反应能变化 $\Delta G_{R,T}^\ominus$ 是一件十分方便的事。

20 世纪 70 年代末，中国学者叶大伦经过数年的努力，已以式（5.15）为基本关系式计算出 1233 种常见无机物热力学势函数在不同温度下的数值，为用势函数法计算反应自由能 $\Delta G_{R,T}^\ominus$ 提供了必不可少的数据。由于势函数本身导出过程未做任何假设，在物质势函数计算中所涉及的积分运算用计算机高精度完成，故使用势函数法计算反应自由能变化 $\Delta G_{R,T}^\ominus$，不仅步骤简单明了，且计算结果精度较高。

综上所述，Φ 函数法计算反应自由能 $\Delta G_R^\ominus$ 可依如下具体步骤进行。

① 查出与反应有关物质（从元素出发的）的标准生成焓 $\Delta H_{298}^\ominus$，不同温度下物质的 $\Delta\Phi'_R$。

② 计算标准状况下反应生成焓 $\Delta H_{R,298}^\ominus$ 和根据式（5.18）计算反应 $\Delta\Phi'_{R,T}$。

③ 根据式（5.17）计算不同温度下反应自由能 $\Delta G_{R,T}^\ominus$。

5.2.3 ΔG 计算法举例

下面根据已知的热化学数据分别用经典法和 Φ 函数法对水泥生产工艺过程中重要分解反应，作为反应自由能 $\Delta G_R^\ominus$ 实例计算，并分析其分解温度和分解压力间的关系。

$$CaCO_3 \longrightarrow CaO(s) + CO_2(g)$$

5.2.3.1 经典计算法

（1）利用《实用无机物热力学数据手册》可查出各化合物热化学数据并列于表 5.1 中。

表 5.1 参与 $CaCO_3$ 分解反应的各化合物热化学数据

化　合　物	$\Delta H_{298}^\ominus$ /(kJ/mol)	$S_{298}^\ominus$ /[J/(mol·K)]	$c_p = a + bT + cT^{-2}/[J/(mol·K)]$		
			a	$b \times 10^3$	$c \times 10^{-5}$
$CaCO_3(s)$（方解石）	-1207.53	88.76	104.59	21.94	-25.96
$CaO(s)$	-634.74	39.78	49.66	4.52	-6.95
$CO_2(g)$	-393.79	213.79	44.21	9.04	-8.54

（2）计算 298K 下的反应 $\Delta H_{R,298}^\ominus$、$\Delta S_{R,298}^\ominus$、$\Delta G_{R,298}^\ominus$ 及 Δa、Δb 和 Δc。

$$\Delta H_{R,298}^\ominus = -634.74 - 393.78 + 1207.53 = 178.99(kJ/mol)$$

$$\Delta S_{R,298}^\ominus = 39.78 + 213.79 - 88.76 = 164.80[J/(mol \cdot K)]$$

$$\Delta G_{R,298}^\ominus = 178.99 - 298 \times 164.8 \times 10^{-3} = 129.88(kJ/mol)$$

$$\Delta a = 49.66 + 44.21 - 104.59 = -10.76$$
$$\Delta b = (4.52 + 9.02 - 21.94) \times 10^{-3} = -8.37 \times 10^{-3}$$
$$\Delta c = (-6.95 - 8.54 + 25.96) \times 10^5 = 10.46 \times 10^5$$

（3）计算积分常数 $\Delta H^{\ominus}$ 和 y。
$$\Delta H^{\ominus} = 178.99 + 3.21 + 0.372 + 3.51 = 186.08 (\text{kJ/mol})$$
$$y = \frac{129.88 - 186.09}{298} - 10.76 \times 10^{-3} \ln 298 - \frac{2.50 \times 10^{-3}}{2} + \frac{10.46 \times 10^2}{2 \times 298^2} = -0.245$$

（4）建立反应自由能温度关系式。
$$\Delta G_R^{\ominus} = 186.08 + 10.7 \times 10^{-3} T \ln T + 4.187 \times 10^{-6} T^2 - 5.23 \times 10^2 T^{-1} - 0.245 T$$

（5）计算温度区间 800～1400K 范围内的 $\Delta G_R^{\ominus}$，结果列于表 5.2 中。

表 5.2   用经典计算法得出的反应自由能

T/K	800	900	1000	1100	1200	1300	1400
$\Delta G_R^{\ominus}/(\text{kJ/mol})$	49.36	33.95	18.72	3.68	-11.20	-25.91	-40.45

（6）用图解法求解 $\Delta G_R^{\ominus} = 0$ 的温度条件。

由图 5.1 可以得到当 $T = 1123\text{K}(850℃)$ 时，$\Delta G_R^{\ominus} = 0$，这意味着处于标准状态下的 $CaCO_3$ 分解体系，当温度升至 1123K 时，$CaCO_3$ 开始分解，相应的温度定义为 $CaCO_3$ 分解温度 T_d。但是，实际上由于空气中 CO_2 分压远低于 100kPa，故与空气接触的 $CaCO_3$ 起始分解温度（当 $CaCO_3$ 分解压与空气中 CO_2 分压相等时的温度点）低于 850℃。

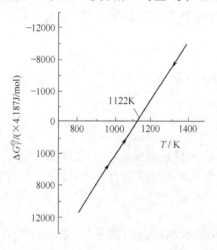

图 5.1   方解石分解反应的 $\Delta G_T^{\ominus}$ 与温度 T 的关系

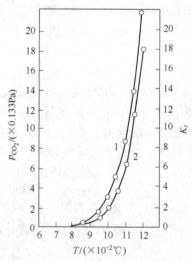

图 5.2   不同温度下 $CaCO_3$ 分解压和分解速率常数

（7）确定 $CaCO_3$ 分解压 p_{CO_2} 与温度的关系。

由于 $CaCO_3$ 分解反应是一个有气相参与的固相反应，故实际反应自由能应依式（5.4）计算，故有：
$$\Delta G_R = \Delta G_R^{\ominus} + RT \ln p_{CO_2} \tag{5.19}$$

随着体系温度的升高，实际反应自由能变化逐渐减少。当 $\Delta G_R = 0$ 时，$CaCO_3$ 开始分解，并具有分解压 p_{CO_2}：
$$\ln p_{CO_2} = -\frac{\Delta G_R^{\ominus}}{RT}$$

代入式（5.19），便可得 $CaCO_3$ 分解压 p_{CO_2} 与温度的解析式：

$$\ln p_{CO_2} = -22.38 \times 10^3 T^{-1} - 1.29 \ln T - 0.50 \times 10^{-3} T + 0.63 \times 10^5 T^{-2} + 29.47$$

由此可算得任何温度下 $CaCO_3$ 的分解压。例如：

当 $T=1000K$ 时，$p_{CO_2}=10.69kPa$；

当 $T=1200K$ 时，$p_{CO_2}=310.87kPa$。

可以看出 $CaCO_3$ 分解压随温度升高而急剧增大。分解压越高，分解反应推动力越大。当分解压 $p_{CO_2} > 100kPa$ 时，$CaCO_3$ 可发生激烈分解。实验表明 $CaCO_3$ 分解动力学与热力学分析结果是完全一致的。图 5.2 中曲线 1 表示 $CaCO_3$ 在不同温度下的分解压（或称为不同大气压下的分解温度）；曲线 2 表示由实验测定的 $CaCO_3$ 分解速度常数 K，两者在整个温度区域内达到完全的吻合。

5.2.3.2 Φ 函数计算法

（1）由数据手册查出反应物与产物的 $\Delta H_{298}^{\ominus}$ 和各温度的 $\Delta \Phi_T'$，并列于表 5.3 中。

表 5.3 $CaCO_3$，CaO 及 CO_2 的热力学数据

化 合 物	$\Delta H_{298}^{\ominus}$ /(kJ/mol)	$\Delta \Phi_T'$/[J/(mol·K)]					
		800K	900K	1000K	1100K	1200K	1300K
$CaCO_3(s)$	−1207.53	124.5	132.7	140.3	147.8	155.1	—
$CaO(s)$	−634.74	56.9	60.9	64.3	67.7	70.9	−74.1
$CO_2(g)$	−393.79	229.3	232.8	236.2	239.5	242.6	245.5

（2）计算反应热 $\Delta H_{R,298}^{\ominus}$ 及各温度下反应 $\Delta \Phi_{R,T}'$：

$$\Delta H_{R,298}^{\ominus} = -634.75 - 393.79 + 120.75 = 178.99(kJ/mol)$$
$$\Delta \Phi_{800}' = 56.86 + 229.32 - 124.52 = 161.66[J/(mol·K)]$$
$$\Delta \Phi_{900}' = 60.63 + 232.84 - 132.68 = 160.78[J/(mol·K)]$$
$$\Delta \Phi_{1000}' = 64.27 + 236.19 - 140.31 = 160.15[J/(mol·K)]$$
$$\Delta \Phi_{1100}' = 67.70 + 239.45 - 147.80 = 159.36[J/(mol·K)]$$
$$\Delta \Phi_{1200}' = 70.97 + 242.55 - 154.92 = 158.60[J/(mol·K)]$$

（3）根据下式计算各相应温度下的 $\Delta G_{R,T}^{\ominus}$，结果列于表 5.4 中。

$$\Delta G_{R,T}^{\ominus} = \Delta H_{R,298}^{\ominus} - T\Delta \Phi_{R,T}'$$

表 5.4 用 Φ 函数计算法得出的反应自由能

T/K	800	900	1000	1100	1200
$\Delta G_{R,T}^{\ominus}$/(kJ/mol)	49.67	34.29	18.84	3.7	−11.13

（4）作 $\Delta G_{R,T}^{\ominus}$-T 图，求得当 $\Delta G_{R,T}^{\ominus}=0$ 时，$T_d=1126K(853℃)$。此值与经典法计算所得数值（$T=850℃$）极为接近。

比较经典法与 Φ 函数法计算反应 $\Delta G_R^{\ominus}$ 的整个过程，可以看出，Φ 函数法计算过程简单，数据精度与经典法相同。但是值得指出的是，经典法可将反应自由能 $\Delta G_R^{\ominus}$ 的关于温度 T 的解析式给出，这有利于进一步的推演处理，而 Φ 函数法只能用列表的方法给出某些温度下的 $\Delta G_R^{\ominus}$ 数值。另外，在 Φ 函数法中可采用如下 $\Delta G_R^{\ominus}$ 与温度的近似表达式：

$$\Delta G_R^{\ominus} = \Delta G_{R,298}^{\ominus} - T\Delta \Phi_{平均}'$$

式中，$\Phi_{平均}'$ 为某一温度区间内数个 $\Delta \Phi_T'$ 的算术平均值，显然区间越小，Φ_T' 随温度变化越小，上式近似精度越高。例如，$CaCO_3$ 分解反应在 $800\sim1800K$ 区间的 $\Delta \Phi_{平均}'$ 为：

$$\Delta\Phi'_{平均}=\frac{\Delta\Phi'_{800}+\Delta\Phi'_{900}+\cdots+\Delta\Phi'_{1200}}{5}$$

$$=\frac{161.66+160.78+160.15+159.36+158.60}{5}=159.85[J/(mol\cdot K)]$$

因此，$CaCO_3$ 分解反应在 $800\sim1200K$ 范围内，$\Delta G_R^\ominus$ 可近似地表达如下：

$$\Delta G_R^\ominus=178.99-0.16T$$

令 $\Delta G_R^\ominus=0$，得 $T_d=\dfrac{178.99}{0.16}=1120K$。

这一求解结果与前面的作图法得到的具有相同的精度。

5.3 热力学应用实例

5.3.1 纯固相参与的固相反应

简单的氧化物通过高温煅烧合成所需要的无机化合物是许多无机材料生产的基本环节之一。根据热力学的基本原理，对材料系统进行热力学分析，往往可以加深对材料系统可能出现的化合物间热力学关系的了解，从而有助于寻找合理的合成工艺途径和参数。

$CaO\text{-}SiO_2$ 系统中的固相反应是硅酸盐水泥生产和玻璃工艺过程中所涉及的重要反应系统。大量研究表明，在 $CaO\text{-}SiO_2$ 系统中存在如下化学反应：

反应一 $\qquad CaO+SiO_2=\!=\!=CaO\cdot SiO_2$ （偏硅酸钙）

反应二 $\qquad 3CaO+2SiO_2=\!=\!=3CaO\cdot 2SiO_2$ （二硅酸三钙）

反应三 $\qquad 2CaO+SiO_2=\!=\!=2CaO\cdot SiO_2$ （硅酸二钙）

反应四 $\qquad 3CaO+SiO_2=\!=\!=3CaO\cdot SiO_2$ （硅酸三钙）

由《实用无机物热力学数据手册》可查得以上化学反应所涉及物质的热力学数据，见表 5.5。

表 5.5 $CaO\text{-}SiO_2$ 系统有关化合物的热力学数据

物　质	$\Delta H_{298}^\ominus$ /(kJ/mol)	$\Delta\Phi'_T/[J/(mol\cdot K)]$									
		900K	1000K	1100K	1200K	1300K	1400K	1500K	1600K	1700K	1800K
$CaO\cdot SiO_2$	−1584.2	126.9	135.0	142.7	150.0	157.1	163.8	195.5	176.9	183.2	189.2
$3CaO\cdot 2SiO_2$	−3827.0	318.0	337.3	355.8	373.5	390.5	406.8	422.4	437.4	451.9	465.8
$2CaO\cdot SiO_2$	−2256.8	186.8	198.9	210.7	222.0	232.8	243.1	253.0	262.6	271.7	28.07
$3CaO\cdot SiO_2$	−2881.1	256.4	272.0	287.0	301.3	315.0	328.2	340.8	353.0	364.7	376.0
CaO	−634.8	60.6	64.3	67.7	83.5	74.1	77.1	79.9	82.7	85.3	87.8
α-石英	−911.5	66.1	70.7	75.2							
α-鳞石英					81.2	85.1	88.9	92.5	96.0	99.3	102.5

按式 (5.17) 和式 (5.18) 对各反应进行热力学 F 函数法的 $\Delta G_R^\ominus(T)$ 计算，所得结果列于表 5.6 及图 5.3(a) 中。显然表 5.4 所列数据是基于各反应式化学计量配比考虑的。由于在实际生产工艺中，反应系统的原料组成配比一经选定，对各个反应都是相同的。所以，研究不同给定原料配比条件下各反应自由能 $\Delta G_R^\ominus$ 与温度间的关系将更加有实际意义。为简单起见，现选择 CaO/SiO_2 为 1、$\dfrac{3}{2}$、2、3 等数据进行讨论。不难看出，在原料配比改变以后，反应自由能的计算只需要根据表 5.5 所列数据做简单处理就可以完成。例如，当 CaO/SiO_2 为 1 时，$3CaO\cdot 2SiO_2$ 生成的反应式为：

$$CaO+SiO_2=\!=\!=\frac{1}{3}(3CaO\cdot 2SiO_2)+\frac{1}{3}SiO_2$$

由此可见，此时，单位式量 CaO 与单位式量 SiO_2 反应仅能生成 $\frac{1}{3}$ 式量的 3CaO·$2SiO_2$，故相应的反应自由能仅为生成单位式量 3CaO·$2SiO_2$ 的 $\frac{1}{3}$。因此欲得反应二当 CaO/SiO_2 为 1 时，各温度下的 $\Delta G_R^{\ominus}(T)$，只需要将表 5.6 中反应二在相应温度下的自由能数值乘以 $\frac{1}{3}$。对于其他各反应和配合完全可以依此类推。

表 5.6　CaO-SiO_2 系统中各反应-$\Delta G_R^{\ominus}$ 与温度 T 的关系　　　　kJ/mol

温度/K	900	1000	1100	1200	1300	1400	1500	1600	1700	1800
反应一	39.3	39.1	38.8	36.5	36.3	36.1	36.0	36.4	36.8	37.1
反应二	103.3	102.8	102.4	97.6	97.1	96.6	96.1	95.7	95.3	94.8
反应三	75.3	75.4	75.5	74.4	75.0	75.8	76.7	77.8	78.9	80.4
反应四	72.9	73.8	74.9	73.9	75.2	76.3	78.1	19.7	81.4	83.3

表 5.7 及图 5.3 中给出了 CaO/SiO_2 为 1、1.5、2、3 等数值时，各反应自由能变化与温度的关系。由此可以看出，当温度足够高时，CaO-SiO_2 系统的 4 种化合物均有自发形成的热力学可能性。但它的各自形成趋势大小随温度以及系统原料配比的变化而改变。

表 5.7　原始配比不同时 CaO-SiO_2 系统中各反应-$\Delta G_R^{\ominus}$ 与温度 T 的关系　　　　kJ/mol

温度/K	900	1000	1100	1200	1300	1400	1500	1600	1700	1800
CaO/SiO_2=1										
反应一	39.3	39.1	38.9	36.5	36.3	36.1	36.0	36.6	36.8	37.1
反应二	34.4	34.3	34.1	32.5	32.4	32.2	32.0	31.9	31.8	31.6
反应三	37.6	37.7	37.9	37.2	37.5	37.9	38.4	38.9	39.5	40.2
反应四	24.7	24.6	24.9	35.9	25.1	25.4	26.0	14	27.1	27.8
CaO/SiO_2=1.5										
反应一	78.5	78.1	77.7	73.1	72.6	72.2	72.1	72.7	73.5	74.1
反应二	103.3	102.8	102.4	106.8	97.1	96.6	96.1	95.6	95.5	94.8
反应三	112.9	113.1	113.9	111.6	112.5	71.9	115.1	116.7	118.4	120.6
反应四	72.9	73.8	74.9	73.9	76.2	76.3	78.1	79.7	81.4	83.3
CaO/SiO_2=2										
反应一	39.3	39.1	38.9	36.5	36.3	36.1	36.0	36.4	36.8	37.1
反应二	51.7	51.4	51.2	48.9	48.5	48.3	48.0	47.8	47.6	47.4
反应三	75.3	75.4	75.9	74.4	75.0	75.8	76.7	77.8	78.9	80.4
反应四	47.1	47.6	48.2	49.3	50.1	50.9	52.0	53.1	54.3	55.5
CaO/SiO_2=3										
反应一	39.3	39.1	38.9	36.5	36.3	36.1	36.0	36.4	36.8	37.0
反应二	51.7	51.4	51.2	48.8	48.5	48.3	48.0	47.8	47.6	47.4
反应三	75.3	75.4	75.9	74.4	75.0	75.8	76.7	77.8	78.9	80.4
反应四	72.9	73.8	74.6	73.9	75.2	76.3	78.1	79.7	81.4	83.3

当系统 CaO/SiO_2=1 时，硅酸钙、偏硅酸钙在整个温度范围内均表现出较大的形成趋势，其次是二硅酸三钙，而硅酸三钙形成趋势最低。随着系统 CaO/SiO_2 的增加，硅酸二钙、二硅酸三钙形成热力学势急剧增大，同时硅酸三钙形成趋势也大幅度增加，致使偏硅酸

钙形成趋势变为最低，尤其值得注意的是当系统 CaO/SiO₂ 的比在此范围内变化时，在水泥熟料矿物体系中具有重大意义的硅酸二钙和硅酸三钙在整个温度范围内，前者始终具有较大的稳定性，这意味着在这种情况下，即使良好的动力学条件也不可能通过氧化钙和硅酸二钙直接化合而合成硅酸三钙。

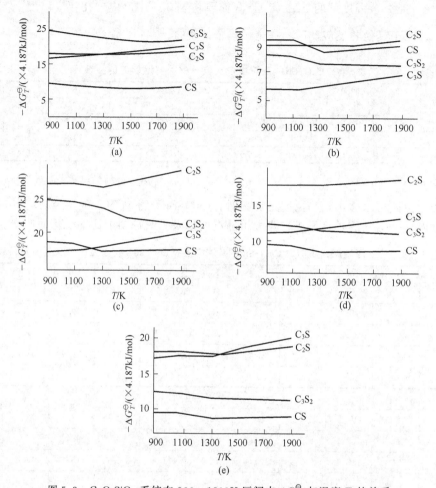

图 5.3　CaO-SiO₂ 系统在 900～1800K 区间内 $\Delta G_T^{\ominus}$ 与温度 T 的关系

(a) CaO/SiO₂ 为化学计量；(b) CaO/SiO₂=1.0；(c) CaO/SiO₂=1.5；(d) CaO/SiO₂=2.0；(e) CaO/SiO₂=3.0

　　当系统 CaO/SiO₂ 的比增加到 3 时，硅酸二钙、硅酸三钙表现出较大的形成势，而偏硅酸钙的形成势最低。比较硅酸二钙和硅酸三钙，随着温度的升高，硅酸三钙的形成势增大比硅酸二钙快得多，当温度大于 1300K 后，硅酸三钙的形成势将超过硅酸二钙。这一结果与 CaO-SiO₂ 系统平衡相图的实测结果在性质上是极为符合的。实验表明，当温度低于 1250℃ 时，硅酸三钙为不稳定化合物，在动力学条件满足的条件下，它将分解为硅酸二钙与氧化钙；而温度高于 1250℃ 直至 2150℃ 时为稳定化合物。显然热力学的计算结果反映了这两种化合物间的平衡关系。当温度低于 1300K 后，硅酸三钙因稳定性低于硅酸二钙而将发生分解，生成硅酸二钙和氧化钙。但在实际硅酸盐水泥矿物系统中，硅酸三钙的大量存在能在水泥水化和强度发展过程中起重要作用。正是由于水泥生产过程中水泥熟料的快速冷却以及常温下硅酸三钙的热力学不稳定性阻止了硅酸三钙的分解。在此高温下，硅酸三钙热力学生成势超过硅酸二钙这一计算结果，在理论上表明了在良好的动力学条件下，通过固相反应，可以合成足够的硅酸三钙。

纯固相反应的另一个例子是与镁质耐火材料（如方镁石砖、镁橄榄石砖）及镁质陶瓷生产密切相关的 MgO-SiO_2 系统。实验表明该系统存在的固相反应为：

反应五 $MgO + SiO_2 = MgO \cdot SiO_2$ （顽火辉石）

反应六 $2MgO + SiO_2 = 2MgO \cdot SiO_2$ （镁橄榄石）

由《实用无机物热力学数据手册》可查得以上化学反应所涉及物质的热力学数据，见表5.8。

表5.8 MgO-SiO_2 系统有关化合物的热力学数据

物 质	$\Delta H_{298}^{\ominus}$ /(kJ/mol)	$\Delta \Phi'_T / [J/(mol \cdot K)]$										
		600K	700K	800K	900K	1000K	1100K	1200K	1300K	1400K	1500K	1600K
$MgO \cdot SiO_2$	−1584.2	85.9	94.1	102.3	110.2	117.8	125.2	132.4	139.2	145.7	152.1	158.2
$2MgO \cdot SiO_2$	−1550.0	121.4	133.9	145.9	157.5	168.7	179.5	189.8	199.6	209.1	218.2	226.9
MgO	−2178.5	35.3	38.9	42.6	46.1	49.5	52.8	55.9	58.8	61.6	64.3	66.9
α-石英	−601.7	51.8	56.5	61.3	66.1	70.7	75.2					
α-鳞石英	−911.5							81.2	85.1	88.7	92.5	96.0

依式（5.17）计算可得上述两反应的 $\Delta G_R^{\ominus}$ 各值，如表5.9。

考虑 MgO-SiO_2 系统的原料配比为 MgO/SiO_2 为1、2，于是可在表5.10基础上得出当原始原料配比不同时，系统化学反应的自由能变化与温度的关系。

表5.9 MgO-SiO_2 系统固相反应 $\Delta G_R^{\ominus}$ 与温度 T 的关系

项 目	$-\Delta G_R^{\ominus}$ /(kJ/mol)										
温度/K	600	700	800	900	1000	1100	1200	1300	1400	1500	1600
反应五	35.0	35.9	35.5	35.0	34.4	33.9	31.3	30.7	30.2	29.7	29.3
反应六	63.4	63.3	63.1	62.8	62.6	62.4	59.5	59.6	59.4	59.2	59.2

表5.10   原始配比不同时 MgO-SiO_2 系统固相反应 $\Delta G_R^{\ominus}$ 与温度 T 的关系

项 目	$-\Delta G_R^{\ominus}$ /(kJ/mol)										
温度/K	600	700	800	900	1000	1100	1200	1300	1400	1500	1600
	$MgO/SiO_2 = 1$										
反应五	35.0	35.9	35.5	35.0	34.4	33.9	31.3	30.7	30.2	29.7	29.3
反应六	31.7	31.7	31.6	31.4	31.3	31.2	30.0	29.8	29.7	29.6	29.6
	$MgO/SiO_2 = 2$										
反应五	35.0	35.9	35.5	35.0	34.4	33.9	33.3	30.7	30.2	29.7	29.3
反应六	63.4	63.3	63.1	62.9	62.6	62.4	60.0	59.7	59.4	59.2	59.2

由计算结果可以看出，对于 MgO-SiO_2 系统，系统原料配比在整个温度范围内决定了哪一种化合物的生成是主要的。当原料配比 MgO/SiO_2 为1时，顽火辉石的生成具有较大的趋势；而当 MgO/SiO_2 为2时，镁橄榄石生成势远大于顽火辉石。因此欲获得一定比例的镁橄榄石和顽火辉石，选择合适的原料配比是非常重要的。从表5.7还可以发现，升高温度在热力学意义上并不利于顽火辉石和镁橄榄石的生成，而仅是反应动力学所要求的。所以在合成工艺条件的选择上，寻找合适的反应温度以保证足够的热力学生成势同时又满足反应动力学条件也是具有重要意义的。

5.3.2 伴有气相参与的固相反应

在无机材料合成工艺过程中，伴有气相参与的固相反应是经常遇到的。如碳酸盐、硫酸盐分解；水化物、黏土被加热后的脱水等。如前所述这种伴有气相参与的固相反应，除温度、配料比等因素可影响固相反应的进程外，参与反应气相的分压也是影响反应的因素之一。

在水泥的工艺生产过程中，提供氧化钙的工业原料往往是方解石（$CaCO_3$）。实验与热力学的计算已经表明，纯方解石开始剧烈分解的温度是850℃左右，即当温度高于此值后，方解石将以氧化钙的形式存在。因此，用热力学的方法通过计算考察在较低温度下（$T<$850℃），$CaCO_3$-SiO_2 系统能否发生固相反应及其所遵循的规律，无疑将有助于人们对硅酸盐水泥矿物烧成的全过程的认识。

如同 CaO-SiO_2 系统一样，考虑 $CaCO_3$-SiO_2 系统存在的 4 种主要反应：

反应七 $\qquad CaCO_3 + SiO_2 = CaO \cdot SiO_2 + CO_2$

反应八 $\qquad 3CaCO_3 + 2SiO_2 = 3CaO \cdot 2SiO_2 + 3CO_2$

反应九 $\qquad 2CaCO_3 + SiO_2 = 2CaO \cdot SiO_2 + 2CO_2$

反应十 $\qquad 3CaCO_3 + SiO_2 = 3CaO \cdot SiO_2 + 3CO_2$

以上反应所涉及物质的热力学数据如表 5.11。

表 5.11　$CaCO_3$-SiO_2 系统有关物质热力学数据

物　　质	$\Delta H^{\ominus}_{298}$ /(kJ/mol)	$\Delta \Phi'_T$/[J/(mol·K)]							
		300K	400K	500K	600K	700K	800K	900K	1000K
$CaO \cdot SiO_2$	−1584.2	82.0	85.6	92.8	101.2	109.9	118.5	126.9	135.0
$3CaO \cdot 2SiO_2$	−3827.0	211.0	219.4	236.2	256.6	277.4	298.0	318.0	337.3
$2CaO \cdot SiO_2$	−2256.8	120.6	126.2	136.9	149.2	161.9	174.5	186.8	198.9
$3CaO \cdot SiO_2$	−2881.1	168.7	175.9	189.9	206.4	224.2	240.1	256.4	272.0
CO_2	−393.8	213.9	215.4	218.5	222.0	225.7	229.3	232.8	236.2
$CaCO_3$	−1207.5	88.8	92.4	99.4	107.6	116.1	124.5	132.7	140.6
α-SiO_2	−911.5	41.5	43.4	47.2	51.8	56.5	61.3		
β-SiO_2								66.1	70.7

按式（5.17）和式（5.18）进行反应热力学势函数 $\Delta \Phi'_T$ 及 $\Delta G_{R,T}$ 计算所得各值列于表5.9中。反应系统处于标准状态，即 $p_{CO_2} = 101325Pa$，则由表 5.12 中 $\Delta G_R^{\ominus}(T)$ 数据可知：偏硅酸钙、二硅酸三钙以及硅酸二钙可分别于温度为 858K、885K、868K 时开始自发生成，而硅酸三钙则在温度 950K 时开始自发生成。与方解石分解温度（1123K）相比，可推知各

表 5.12　$CaCO_3$-SiO_2 系统各反应 $\Delta \Phi'_T$ 与 $\Delta G_R^{\ominus}(T)$ 计算值

反　应	$\Delta \Phi'_T/\Delta G_R^{\ominus}(T)/[kJ/(mol \cdot K)]/(kJ/mol)$				
	300K	400K	500K	600K	700K
七	0.166/90.39	0.165/74.0	0.165/57.7	0.164/41.7	0.163/26.0
八	0.505/286.3	0.502/236.4	0.499/187.6	0.496/139.4	0.493/92.1
九	0.392/183.4	0.329/150.7	0.328/118.3	0.326/86.4	0.325/55.0
十	0.5021/321.0	0.501/271.0	0.500/221.7	0.498/172.9	0.496/124.7

反　应	$\Delta \Phi'_T/\Delta G_R^{\ominus}(T)/[kJ/(mol \cdot K)]/(kJ/mol)$			
	800K	900K	1000K	平均 $\Delta \Phi'_T$
七	0.162/10.4	0.161/(−4.8)	0.160/(−19.7)	0.163
八	0.490/45.4	0.486/(−0.4)	0.483/(−45.4)	0.494
九	0.323/24.0	0.321/(−6.7)	0.319/(−37.1)	0.325
十	0.493/77.1	0.491/(−30.0)	0.492/(−16.4)	0.497

种硅酸钙的生成反应均在 $CaCO_3$ 分解反应剧烈开始之前就已经开始。显然，这是由于系统中存在 SiO_2，它会与 $CaCO_3$ 分解反应所产生的新生态 CaO 迅速反应生成硅酸钙，从而促进 $CaCO_3$ 的加速分解并影响到分解温度的降低。

但是应该充分注意到，在实际工业生产过程中，参与固相反应的 CO_2 并非处于标准状态下，因此，有必要考虑 CO_2 分压对反应的影响。根据式（5.4），可得反应七自由能 $\Delta G_R(T)$ 随温度及 CO_2 分压变化关系式。

反应七
$$\Delta G_R = \Delta G_R^{\ominus}(T) + RT\ln p_{CO_2} = 140.1 - 0.163T + RT\ln p_{CO_2}$$
$$= 140.1 - (0.163 + 8.314 \times 10^{-3}\ln p_{CO_2})T$$

同理可写出反应八、九、十相应的自由能与温度和 CO_2 分压的关系式：

反应八　$\Delta G_{R_2} = 437.3 - (0.494 - 0.025\ln p_{CO_2})T$

反应九　$\Delta G_{R_3} = 282.2 - (0.325 - 0.017\ln p_{CO_2})T$

反应十　$\Delta G_{R_4} = 471.7 - (0.497 - 0.025\ln p_{CO_2})T$

由此可见，CO_2 分压的改变会显著地影响 ΔG_R-T 直线的斜率。p_{CO_2} 越小，ΔG_R-T 直线斜率越大，致使在同一温度下反应自由能越小，同时 $\Delta G_R = 0$ 所对应的温度越低。因此，减小反应系统的 CO_2 分压往往是促进分压达到较大的热力学势，推动反应进行的有效措施之一。

5.3.3　伴有熔体参与的固相反应

硅酸盐材料的高温反应过程常出现伴有熔体参与的固相反应，如水泥熟料的烧成，陶瓷坯釉的烧结，耐火材料的烧结，高温熔体与容器材料的化学作用等。在这种情况下，在热力学计算中应考虑熔体中参与反应组分活度的影响。今举例以热力学方法分析用刚玉坩埚熔制纯镍熔体的可能性。

设在高温（1800K）下，镍熔体与刚玉存在如下反应：

$$\frac{1}{3}Al_2O_3(s) + Ni(l) = NiO + \frac{2}{3}Al(l) \qquad (1800K)$$

由《实用无机物热力学数据手册》可查得以上化学反应所涉及物质的热力学数据：

	Ni(l)	Al_2O_3(s)	NiO(s)	Al(l)
$\Delta H_{298}^{\ominus}/(kJ/mol)$	0	-1674.8	-240.8	0
$\Phi'_{1800K}/[J/(mol \cdot K)]$	58.6	53.60	90.10	61.05

依式（5.17）计算反应 $\Delta G_{R,T}^{\ominus}$：

$$\Delta G_{1800K}^{\ominus} = \left(-240.8 + \frac{1}{3} \times 1674.8\right) - 1800 \times 10^{-3} \times \left(\frac{2}{3} \times 61.05 + 90.1 - 58.6 - \frac{1}{3} \times 53.6\right)$$
$$= 219.67(kJ/mol)$$

$$\Delta G_{1800K} = \Delta G_{1800K}^{\ominus} + RT\ln\frac{a_{Al}^{2/3}}{a_{Ni}} = 219.67 + 8.314 \times 10^{-3}T\ln\frac{a_{Al}^{2/3}}{a_{Ni}}$$

由式（5.4），考虑在实际熔体中 $X_{Al} + X_{Ni} = 1$，并有 $X_{Ni} = 1$，故可将熔体当作理想溶液处理，即 $X_{Ni} = a$，上式变为：

$$\Delta G_{1800K} = \Delta G_{1800K}^{\ominus} + \frac{2}{3}RT\ln X_{Al} = 219.67 + 5.54 \times 10^{-3}T\ln X_{Al}$$

当铝被镍还原并熔于镍熔体中时，达到最大程度（反应达到平衡）时，$\Delta G_{1800K} = 0$，故有：

$$X_{Al,max} = \exp\left(\frac{-219.67}{5.54 \times 10^{-3} \times 1800}\right) = 2.71 \times 10^{-10}$$

由此可见，当用刚玉坩埚作为熔炼纯镍的容器，于1800K温度下，金属铝熔于镍熔体中的最大浓度仅为$X_{Al,max}=2.71\times10^{-10}$。显然刚玉坩埚可用作熔炼高纯度的容器。

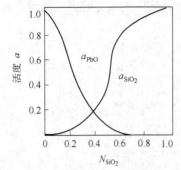

图5.4　PbO-SiO$_2$熔体的活度与SiO$_2$含量的关系

再举一例，在双组分PbO-SiO$_2$玻璃的熔制过程中。常因存在还原气氛而使铅被还原，致使玻璃失透。先考查PbO含量为87%（质量分数）的玻璃在1323K熔制时，熔炉中不使铅被还原的气氛应怎样控制。

实验表明，在PbO-SiO$_2$二元系统熔体中，组分活度与组分含量间的关系如图5.4所示，不难计算当玻璃中PbO含量为87%（质量分数）时，其摩尔分数$x_{PbO}=0.65$，相应活度值为$a_{PbO}=0.19$。

设铅玻璃中，铅的还原反应依下述方式进行：

$$PbO(l)+CO(g)=\!=\!=Pb(s)+CO_2(g)$$

查手册得有关物质的热力学数据为：

	PbO(l)	CO(g)	Pb(s)	CO$_2$(g)
$\Delta H^{\ominus}_{298}/(kJ/mol)$	-219.44	-110.62	0	-393.79
$\Phi'_{1323}/[J/(mol\cdot K)]$	105.39	219.48	89.56	246.20

依式(5.17)计算得：

$$\Delta G^{\ominus}_{1323K}=-63.74-1323\times0.011=-78.16(kJ/mol)$$

由式(5.4)得：

$$\Delta G_{1323K}=\Delta G^{\ominus}_{1323K}+RT\ln\frac{p_{CO_2}}{a_{PbO}\cdot p_{CO}}$$

为使还原反应于1323K下不自发进行，要求$\Delta G_{1323K}\geqslant0$，故：

$$\left(\frac{p_{CO_2}}{p_{CO}}\right)\geqslant a_{PbO}\exp\left(\frac{-\Delta G^{\ominus}_{1323K}}{RT}\right)\geqslant0.19\exp\left(\frac{78.16}{0.31\times10^{-3}\times1323}\right)=231.05$$

因此，为使铅玻璃熔制过程中，铅不被还原，需要严格控制$\dfrac{p_{CO_2}}{p_{CO}}$的值。仅当$\dfrac{p_{CO_2}}{p_{CO}}\geqslant231.05$时，铅还原反应才能得到抑制，若考虑熔炉气氛中，$p_{CO_2}=20265Pa$，则应控制熔炉气氛使$p_{CO_2}$小于88.15Pa。

5.3.4　确定工艺条件

金刚石是大家熟悉的性能优良的高硬材料，用途广泛，是工业上十分重要的材料。天然金刚石的数量有限，大量由石墨人工合成金刚石，才能满足工业上的需要。石墨与金刚石的热力学数据如表5.13。

在标准状态下，298K时，该反应的$\Delta G^{\ominus}_{298}=2866J/mol$，石墨是稳定晶型，不能转变为

表5.13　石墨与金刚石的热力学数据

	C(石墨)→C(金刚石)			C(石墨)→C(金刚石)	
$\Delta G^{\ominus}_{298}/(J/mol)$	0	2866	$\Delta H^{\ominus}_{298}/(J/mol)$	0	1895
	0	0.68		0	0.453
			$c_p/[J/(mol\cdot K)]$	8.66	6.07
$S^{\ominus}_{298}/[J/(mol\cdot K)]$	5.7	2.45		2.07	1.45
	1.365	0.585	密度/(g/cm^3)	2.260	3.513

金刚石。在 298K 时，要使石墨转变成金刚石，需要什么样的工艺条件呢？根据热力学原理，改变压力可以使反应的自由焓值发生变化，设想如下途径：

$$C(石墨,298K,101325Pa) \xrightarrow{\Delta G^{\ominus}_{298}} C(金刚石,298K,101325Pa)$$

$$\Big\downarrow \Delta G_1 \qquad\qquad\qquad\qquad \Big\downarrow \Delta G_2$$

$$C(石墨,298K,p_x) \xrightarrow{\Delta G^{p_x}_{298}} C(金刚石,298K,p_x)$$

当 $\Delta G^{p_x}_{298} < 0$ 时，石墨可以转变为金刚石。利用状态函数法的特点，有：

$$\Delta G^{p_x}_{298} = -\Delta G_1 + \Delta G^{\ominus}_{298} + \Delta G_2$$

由热力学基本方程式可知：

$$\Delta G_1 = \int_1^{p_x} V_{石墨}\,dp$$

$$\Delta G_2 = \int_1^{p_x} V_{金刚石}\,dp$$

因此　　$\Delta G^{p_x}_{298} = -\int_1^{p_x} \dfrac{12.0}{2.26} \times 24.2 \times 10^{-3}\,dp + 685 + \int_1^{p_x} \dfrac{12.0}{3.513} \times 24.2 \times 10^{-3}\,dp < 0$

式中，1升·大气压=101J，在压强变化时，近似认为石墨与金刚石的体积保持不变。

由上式解得　　　　　　　　　　　　　$p_x > 1490MPa$

可见，在 298K 时，当压强高达 1490MPa 以上，石墨才能转变为金刚石。但是，在此工艺条件下，转变的速率是很慢的。为了加快转变速率，必须采用高温，例如，采用 1573K 以上的高温。在 1573K，0.1MPa 下，反应的自由焓是否小于 0？下面来计算一下。

因为　　$\Delta H^{\ominus}_T = \Delta H^{\ominus}_{298} + \int_{298}^T \Delta c_p\,dT = 453 + \int_{298}^T (1.45 - 2.07)\,dT = 638 - 0.62T$

$\Delta S^{\ominus}_T = \Delta S^{\ominus}_{298} + \int_{298}^T \dfrac{\Delta c_p}{T}\,dT = -0.780 + \int_{298}^T \dfrac{(1.45 - 2.07)}{T}\,dT = 2.75 - 0.62\ln T$

因此

$\Delta G^{\ominus}_T = \Delta H^{\ominus}_T - T\Delta S^{\ominus}_T = (638 - 0.62T) - T(2.75 - 0.62\ln T) = 638 - 3.37T + 0.62T\ln T$

当 $T = 1573K$ 时，$\Delta G^{\ominus}_{1573K} = 638 - 3.37 \times 1573 + 0.62 \times 1573\ln 1573 = 10460(J)$

计算结果表明，在 1573K，101325Pa 下，石墨不能转变为金刚石。因此，必须考虑改变压力，设想类似的途径如下：

$$C(石墨,1573K,101325Pa) \xrightarrow{\Delta G^{\ominus}_{1573K}} C(金刚石,1573K,101325Pa)$$

$$\Big\downarrow \Delta G_{\mathrm{I}} \qquad\qquad\qquad\qquad \Big\downarrow \Delta G_{\mathrm{II}}$$

$$C(石墨,1573K,p_y) \xrightarrow{\Delta G^{p_y}_{1573K}} C(金刚石,1573K,p_y)$$

则有　　　　　　　$\Delta G^{p_y}_{1573K} = -\Delta G_{\mathrm{I}} + \Delta G^{p_x}_{1573K} + \Delta G_{\mathrm{II}} < 0$

式中：

$$\Delta G_{\mathrm{I}} = \int_1^{p_y} V_{石墨}\,dp$$

$$\Delta G_{\mathrm{II}} = \int_1^{p_y} V_{金刚石}\,dp$$

因此，$\Delta G^{p_y}_{1573K} = -\int_1^{p_y} \dfrac{12.0}{2.26} \times 24.2 \times 10^{-3}\,dp + 2500 + \int_1^{p_y} \dfrac{12.0}{3.513} \times 24.2 \times 10^{-3}\,dp < 0$。

计算得 $p_y > 5501MPa$。

计算表明，采用 1573K 高温时，压力必须在 5501MPa 以上，石墨才能转变为金刚石。热力学计算确定了石墨转变为金刚石的工艺条件。在制取金刚石时，当温度为 1573～1673K

时，压力为（60000~70000）×101325Pa 时，获得了满意效果。

5.3.5 反应热平衡计算

硅酸盐材料的合成多半需要在高温下进行，因此，无论从反应能否顺利进行的本身还是从热量能否被合理利用的工程意义上考虑，反应过程体系热量的变化情况是设置合理工艺条件的重要环节。利用热力学基本原理即有关物质的热化学数据，可以完成反应的热平衡计算。

为简单起见，设反应物 100% 按化学计量发生，且反应在绝热的条件下进行。此时温度为 T 的反应物 $\sum A_i$ 混合后反应生成温度为 T' 的生成物 $\sum B_i$，则整个反应体的热量变化 ΔH 可构建如下途径进行计算：

$$\sum{}^T A_i \xrightarrow{\Delta H_1} \sum{}^{298K} A_i \xrightarrow{\Delta H_2} \sum{}^{298K} B_i \xrightarrow{\Delta H_3} \sum{}^{T'} B_i$$

$$\underset{\Delta H}{\underline{}}$$

即

$$\Delta H = \Delta H_1 + \Delta H_2 + \Delta H_3 = \int_T^{298} \sum C_{p,A_i} dT + \Delta H_{R,298}^{\ominus} + \int_{298}^{T'} \sum c_{p,B_i} dT$$

$$= -\sum (\Delta H_T^{\ominus} - \Delta H_{298}^{\ominus})_{A_i} + \Delta H_{R,298}^{\ominus} + \sum (\Delta H_{T'}^{\ominus} - \Delta H_{298}^{\ominus})_{B_i} \qquad (5.20)$$

若反应系统压力保持恒定，则反应过程放热量为系统总负焓变：

$$Q_{放} = -\Delta H = \sum (\Delta H_T^{\ominus} - \Delta H_{298}^{\ominus})_{A_i} - \sum (\Delta H_{T'}^{\ominus} - \Delta H_{298}^{\ominus})_{B_i} - \Delta H_{R,298}^{\ominus} \qquad (5.21)$$

于是利用《实用无机物热力学数据手册》中有关数据便可计算出反应的热效应。

现在以 PbO-SiO_2 系统玻璃熔制热平衡计算为例，说明热平衡计算的过程。设 PbO-SiO_2 玻璃熔制以 PbO 和 SiO_2 为原料，并将原料预先加热到 1100K，再依如下化学计量在 1323K 下进行熔融：

$$2PbO(s) + SiO_2(s) === 2PbO \cdot SiO_2(l)$$

由《实用无机物热力学数据手册》可查得以上化学反应所涉及物质的热力学数据，见表 5.14。

表 5.14 PbO-SiO₂ 系统的热力学数据

物 质	2PbO·SiO₂	SiO₂	PbO	物 质	2PbO·SiO₂	SiO₂	PbO
$\Delta H_{298}^{\ominus}$	−1367.22	−911.15	−219.44	$\Delta H_{1323}^{\ominus} - \Delta H_{298}^{\ominus}$	229.15	—	—
$\Delta H_{1100}^{\ominus} - \Delta H_{298}^{\ominus}$	—	52.32	44.98				

依式（5.21）计算得：

$$\Delta H_{R,298}^{\ominus} = 911.51 + 2 \times 219.44 - 1367.22 = -16.83 (kJ/mol)$$

$$Q_{放} = 44.98 \times 2 + 52.32 - 229.15 - 16.83 = -70.02 kJ/mol = -138.27(kJ/kg)$$

因此，熔制每公斤铅玻璃时，理论上需要由外部输入热量 142.78kJ，但实际上由于熔制过程中及熔制本身存在工程上的热损失，实际所需要的热量比理论计算值要高一些。

5.4 自由能-温度曲线及其应用

利用热力学的知识判断各种金属氧化物在不同气氛环境中的稳定性，是在从事无机材料研究生产过程和使用过程中经常遇到的问题。在实际应用中，人们往往将各种金属氧化物的稳定性问题归结为氧化还原反应，并为简单方便起见，将参与反应的 O_2 以 1mol 为基准来计算反应的 $\Delta G^{\ominus}$，用图线的方式汇集各种氧化物标准生成自由能与温度的函数关系，以方便应用，见附录2。

利用氧化物标准生成 $\Delta G^{\ominus}$-T 图（附录2），可以方便地比较各种氧化物的热力学稳定性。显然其标准生成自由能 $\Delta G^{\ominus}$ 负值越大，该金属氧化物稳定性越高。

例如，从 $\Delta G^{\ominus}$-T 图中可以看出，在整个温度范围内，TiO_2 生成 $\Delta G^{\ominus}$-T 图线处于 MnO 生成 $\Delta G^{\ominus}$-T 图线下方，这意味着 TiO_2 的稳定性大于 MnO；或当金属 Ti 与 MnO 接触时，Ti 可使 MnO 得到还原。如当温度 $T=1000℃$ 时，由 $\Delta G^{\ominus}$-T 可查得：

$$Ti(s)+O_2(g)\!=\!=\!=\!TiO_2(s) \qquad\qquad \Delta G^{\ominus}_{1000}=-674.11kJ$$

$$2Mn(s)+O_2(g)\!=\!=\!=\!2MnO(s) \qquad\qquad \Delta G^{\ominus}_{1000}=-586.18kJ$$

$$Ti(s)+2MnO(s)\!=\!=\!=\!2Mn(s)+TiO_2(s) \qquad\qquad \Delta G^{\ominus}_{1000}=-87.93kJ$$

此反应的标准自由能变化 $\Delta G^{\ominus}_{1000}=-87.93kJ<0$，故纯金属 Ti 可还原 MnO。

同理，比较 TiO_2 和 Al_2O_3 标准生成 $\Delta G^{\ominus}$-T 曲线的相对位置，可以推得，纯金属 Ti 不能使 Al_2O_3 得到还原。因为 Al_2O_3 标准生成 $\Delta G^{\ominus}$-T 曲线位于 TiO_2 的标准生成 $\Delta G^{\ominus}$-T 曲线的下方。如当温度 $T=1000℃$ 时：

$$Ti(s)+O_2(g)\!=\!=\!=\!TiO_2(s) \qquad\qquad \Delta G^{\ominus}_{1000}=-674.11kJ$$

$$-\frac{4}{3}Al(s)+O_2(g)\!=\!=\!=\!\frac{2}{3}Al_2O_3(s) \qquad\qquad \Delta G^{\ominus}_{1000}=-845.77kJ$$

$$Ti(s)+\frac{2}{3}Al_2O_3(s)\!=\!=\!=\!\frac{4}{3}Al(s)+TiO_2(s) \qquad\qquad \Delta G^{\ominus}_{1000}=171.67kJ$$

由于 $Ti(s)$ 还原 $Al_2O_3(s)$ 反应 $\Delta G^{\ominus}_{1000}=171.67kJ>0$，故该反应不会发生。但其反应的逆反应 $\Delta G^{\ominus}_{1000}=-171.67kJ<0$，这意味着金属 Al 能使 TiO_2 还原为 Ti。因此，在 $T=1000℃$ 时，TiO_2 的稳定性高于 MnO，但低于 Al_2O_3。

由附录2图可见，CaO 具有最高的热力学稳定性，其次为 MgO 和 Al_2O_3。它们的标准生成自由能 $\Delta G^{\ominus}_{1000}$ 负值都在 $1045.8kJ$ 以上，因此它们也都是耐高温氧化物。此外，从图中还可看出，一氧化碳具有特殊的 $\Delta G^{\ominus}$-T 关系，它的热力学稳定性随温度升高而增加。这说明在足够的温度下，任何金属氧化物都可以被 C 还原。

又如讨论制备纯金属 Ti 时，为保证 Ti 的纯度，应选用硅石质的还是矾土质的容器为宜。此问题在于选择容器的依据，应是金属 Ti 与容器之间不发生以下氧化反应：

$$Ti+O_2 \longrightarrow TiO_2$$

根据氧化物标准生成的自由能可以很快解决，无需通过计算。

从附录2图中可以看到，$Si+O_2 \longrightarrow SiO_2$ 和 $\frac{4}{3}Al+O_2 \longrightarrow \frac{2}{3}Al_2O_3$ 反应自由能曲线分别处于 $Ti+O_2 \longrightarrow TiO_2$ 曲线的上方和下方，即生成自由能顺序应为 $\Delta G^{\ominus}_{Al_2O_3}<\Delta G^{\ominus}_{TiO_2}<\Delta G^{\ominus}_{SiO_2}$，即在相同温度下，$SiO_2$ 比 TiO_2 难生成，而 Al_2O_3 比 TiO_2 容易生成，故为使 Ti 纯净，应选择矾土质的坩埚熔制为宜。

对一些非金属与氧的反应以及固相之间的反应也可以应用自由能-温度曲线讨论和判断许多问题，这将在固相反应一章详细介绍，此处略去。

利用氧化物标准生成 $\Delta G^{\ominus}$-T 图，还可以获得在任意温度下纯金属与其他氧化物平衡时有关的知识。在 $\Delta G^{\ominus}$-T 图上考虑三种反应类型，如以 Ti 的反应为例，有：

反应十一 $\qquad Ti(s)+2CO_2(g)\!=\!=\!=\!TiO_2(s)+2CO(g) \qquad K=\left(\dfrac{p_{CO}}{p_{CO_2}}\right)^2$

反应十二 $\qquad Ti(s)+2H_2O(g)\!=\!=\!=\!TiO_2(s)+2H_2(g) \qquad K=\left(\dfrac{p_{H_2}}{p_{H_2O}}\right)^2$

反应十三 $\quad Ti(s)+2O_2(g)\!\!=\!\!=\!\!TiO_2(s) \qquad\qquad K=\dfrac{1}{p_{O_2}}$

上述反应式右端的 K 分别为各反应的平衡常数，$\dfrac{p_{CO}}{p_{CO_2}}$、$\dfrac{p_{H_2}}{p_{H_2O}}$ 和 $\dfrac{1}{p_{O_2}}$ 值可在 $\Delta G^{\ominus}$-T 图右

端和底部 $\dfrac{p_{CO}}{p_{CO_2}}$、$\dfrac{p_{H_2}}{p_{H_2O}}$ 以及 p_{O_2} 坐标中查出。以反应十三为例，其方法为从左端竖线上标有

"0"的点作在某温度下钛氧化物的 $\Delta G^{\ominus}$ 值的连线，再延长交于 p_{O_2} 坐标，此交点即为反应十

三氧的平衡分压 p_{O_2}。同理，对于反应十二和反应十一只需要将连线的起点分别从左边竖线

上标有"H"和"C"的点作出，延长交于 $\dfrac{p_{H_2}}{p_{H_2O}}$ 和 $\dfrac{p_{CO}}{p_{CO_2}}$ 坐标，即得到平衡时 $\dfrac{p_{H_2}}{p_{H_2O}}$ 和 $\dfrac{p_{CO}}{p_{CO_2}}$

比值。

现在假如温度 $T=1600\,℃$，根据上述方法可查得 $p_{O_2}\approx1.01\times10^{-11}\,Pa$，$\dfrac{p_{CO}}{p_{CO_2}}=4\times10^4$

以及 $\dfrac{p_{H_2}}{p_{H_2O}}=10^4$。这些比值表明了反应十一、十二、十三发生的临界条件。当气氛中氧分压

$p_{O_2}>10^{-11}\,Pa$，则表明 Ti 将会被氧化成 TiO_2；反之，TiO_2 将被还原。同理，对于含 $H_2O(g)$

和 $H_2(g)$ 或含 $CO_2(g)$ 的体系，金属 Ti 的氧化和 TiO_2 的还原反应发生与否的判据为：当

气氛中 $\dfrac{p_{CO}}{p_{CO_2}}>4\times10^4$ 或 $\dfrac{p_{H_2}}{p_{H_2O}}>10^4$ 时，TiO_2 可被还原成金属 Ti；反之，则金属 Ti 可被

氧化。

金属氧化物高温稳定性所涉及的另一方面内容是氧化物在高温下气相的形成。在硅酸盐工业中的烧结、固相反应，耐火材料的使用，高温氧化物晶须的制造，即蒸气镀膜和离子加热材料过程，都不同程度地涉及到氧化物的固相-气相转化。大量研究表明，在高温过程中，凝聚相平衡的气相组成往往与在通常温度下的情况不同。随着温度的升高，气相的组成会变得越加复杂。例如，Li_2O 在高温汽化时，其气相的组要成分除 Li_2O 外，还有 Li_2O 分子以及原子态 Li 和 O。又如高温下与 Al_2O_3 成平衡的气相组成为 Al、O、Al_2O 和 AlO。显然在这些氧化物的气相里，分子的种类和金属离子的氧化态均比固相复杂得多。表 5.15 列出了一些氧化物在高温下的蒸气压、气相主要成分以及熔点。其高温气相成分一般用光谱或质谱技术加以测定。

应该指出，在高温下，固态物质的汽化以及其气相组成的复杂性不仅仅局限于金属氧化物。事实表明，许多金属的碳化物、硼化物和氯化物均有同样的性质。例如，SiC 高温汽化时除分解成原子态 Si 和 C 外，尚有 SiC_2、SiC、Si_2C_2、Si_2C_3 和 Si_4C 等分子。

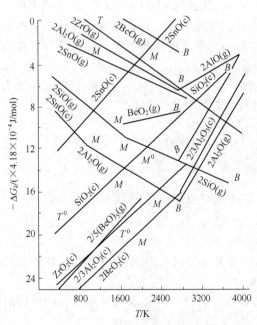

图 5.5 气态氧化物的生成自由能
（以 O_2 的摩尔分数计算）

(c)—凝聚相（液或固）；(g)—气相；B—金属的
沸点；M，M^0—金属及氧化物的熔点；
T，T^0—金属及氧化物的转变点

表 5.15　一些高温氧化物的蒸气压、熔点和主要气相组成

氧　化　物	不同蒸气压时的温度（×133Pa）/K			熔点/℃	主　要　气　相　组　成
	10^{-6}	10^{-3}	1		
Li_2O	1175	1466	1825	(1700)	Li、O、Li_2O、LiO
BeO	1862	2300	2950	2530	Be、O、BeO、$(BeO)_n$
MgO	1600	1968	2535	2800	Mg、O、MgO
CaO	1728	2148	2795	2580	Ca、O
Al_2O_3	1910	2339	3009	2015	Al、O、Al_2O、AlO
La_2O_3	1820	2203	2754	2315	LaO、O、O_2
TiO_2	1800	2512	2825	1640	TiO_2、TiO、O_2
ZrO_2	2060	1654	(3048)	2700	ZrO_2
MoO_2	1368	878	2004	—	MoO_3、MoO_2、$(MoO_3)_5$
MoO_3	762	1954	1038	795	$(MoO_3)_3$、$(MoO_3)_4$、$(MoO_3)_5$
WO_2	1641	1409	(2317)	—	WO_2、WO_3
WO_3	1138	2169	(1531)	1473	$(WO_3)_3$、$(WO_3)_4$、$(WO_3)_5$
UO_2	1754	2165	2786	2176	UO_2
FeO	1314	1774	2239	1420	Fe、O

那么为什么在高温过程中固态氧化物会发生汽化，并在气相中有这种异常的分子态稳定存在呢？从热力学角度理解，主要是在通常温度条件下，$\Delta G = \Delta H - T\Delta S$ 式中第一项 ΔH 的大小对过程的发生与否起决定性作用。但随着温度的增高，$T\Delta S$ 项会变得越加重要，尤其是固态物质汽化后，其结构熵变 ΔS 很大，因此在高温下，往往使 $T\Delta S$ 项远远超过 ΔH，从而导致氧化物的高温汽化和一些异常分子状态在高温下稳定存在的可能。图 5.5 给出了一些气态氧化物生成自由能随温度的变化关系，图中清楚地表明 Al_2O_3、SiO 及 ZrO 在高温时是稳定的。

利用图 5.5 中气态氧化物生成自由能与温度的关系曲线，可计算出高温下固态氧化物的蒸气压。现以 SiO_2 高温气化为例，计算 $T = 1800K$ 时的 SiO 的蒸气压 p_{SiO}。

$$SiO_2(s) \rightleftharpoons SiO(g) + \frac{1}{2}O_2(g)$$

为此，构建如下的反应过程，并利用图 5.5 中的数据可容易算得 SiO_2 汽化反应标准的自由能变化：

$$Si(s) + \frac{1}{2}O_2(g) \rightleftharpoons SiO(g) \qquad \Delta G_1^{\ominus} = -234.47kJ$$

$$Si(s) + O_2(g) \rightleftharpoons SiO_2 \qquad \Delta G_2^{\ominus} = -569.43kJ$$

$$SiO_2(s) \rightleftharpoons SiO(g) + \frac{1}{2}O_2(g) \qquad \Delta G_3^{\ominus} = \Delta G_1^{\ominus} - \Delta G_2^{\ominus} = 334.96kJ$$

因为反应 $\Delta G^{\ominus} = -RT\ln K_p = -RT\ln(p_{SiO} \, p_{O_2}^{1/2})$，并考虑在中性条件下，$p_{SiO} = 2p_{O_2}$，所以有：

$$p_{SiO} = \exp\left\{ \frac{2\ln\sqrt{2}}{3}\left(1 - \frac{\Delta G_3^{\ominus}}{RT\ln\sqrt{2}}\right) \right\}$$

代入 $\Delta G_3^{\ominus}$ 的数值，当 $T = 1800K$ 时，气相分压为 $p_{SiO} = 4235.4Pa$。

一些反应的自由能与温度关系曲线如图 5.6 和图 5.7。利用这些图，可以解决有关的热力学问题。如在研制热压氮化硅陶瓷时，采用普氮保护气氛，并在进入热压炉前应除氧净化。如选用炭脱氧炉在 773K 时除氧，然后进入装有石墨屏蔽模具的等热压炉内。热压后，发现热压氮化硅表面呈绿色，经鉴定该绿色物质为 SiC。希望以热力学知识加以解释。

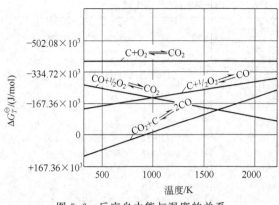

图 5.6 反应自由能与温度的关系

从图 5.6 看到 C 与 O_2 等反应的自由能与温度的关系曲线，当普氮经 773K 的炭脱氧炉而进入温度高达 2023K 的热压炉时，反应 $CO_2+C \Longrightarrow 2CO$ 及 $C+\frac{1}{2}O_2 \Longrightarrow CO$ 的自由能值小于 0，CO 是稳定的。这样，进入热压炉内的 CO_2 及可能的余氧就要与石墨屏蔽等反应，而产生 CO。该 CO 与氮化硅坯表面发生作用而形成绿色的 SiC。由此可见，在这种热压工艺中用炭炉脱氧净化氮气不合适。后来改为用铜炉脱氧，就避免了上述问题。

再以一例说明以自由能与温度关系曲线寻找制品缺陷原因。

有时候在还原性气氛中煅烧陶瓷制品时，会发现制品发黑，讨论此现象出现的原因。可查阅有关自由能-温度曲线，从图 5.7 可见 SiO_2 的还原反应的 $\Delta G_T^{\ominus}$ 几乎在整个温度范围内均为正值，说明它是稳定的。但应该还注意到这些反应的自由能数据是在标准状态下获得的，在非标准状态下，就可能出现 SiO_2 被还原的情形，于是 SiO 就会形成。最后，发生反应 SiO+C $\Longrightarrow$ Si+CO。此反应的 $\Delta G_T^{\ominus}$ 在整个温度范围内均为负值，反应总是从左向右进行，于是在还原性气氛中，Si 优先形成，制品变黑也常由于 Si 的黑色所引起的。SiO 是

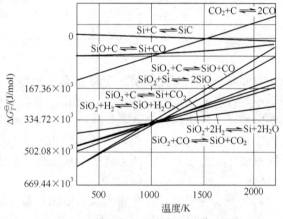

图 5.7 还原反应的自由能与温度的关系

不稳定的，它除了被 C 还原外，自身还要分解为 SiO_2 和 Si，此反应的 $\Delta G_T^{\ominus}$ 在整个温度范围内都是负值，这样所形成的 Si 也导致制品变黑。

由此可以看出，无论利用热力学计算或自由能-温度曲线等方法解决各类实际问题都是十分有利和方便的，这也是热力学逐渐被重视的原因。

习题

5.1 根据热力学热函数定义，计算石英（SiO_2）在下述温度下的热力学函数 Φ_T' 值：298K、400K、800K、1200K、1600K。

5.2 已知气态 $H_2O(g)$ 的生成热 $\Delta_f H_{298} = -242.63$ kJ/(mol·K)，绝对熵 $S_{298} = 188.83$J/(mol·K) 和 H_2 的绝对熵 130.67J/(mol·K) 及 O_2 的绝对熵 205.15J/(mol·K)，试计算 $H_2O(g)$ 的生成自由焓 $\Delta_f G_{298}$。

5.3 应用热力学经典计算方法，计算菱镁矿（$MgCO_3$）的理论分解温度。

5.4 试用热力学函数 Φ_T' 法，计算菱镁矿（$MgCO_3$）的理论分解温度，并与习题 5.3 的计算结果比较，说明两种方法的特点。

5.5 ZrO_2 在 H_2 中的反应为 $ZrO_2(s) + 2H_2(s) \longrightarrow Zr(s) + 2H_2O(g)$，按给出的数据，用热力学方法分析 ZrO_2 在含氢还原气氛中的稳定性。已知在考虑的温度范围内，氢气压 $p_{H_2} = 1.013 \times 10^5$ Pa，其余见表 5.16。

表 5.16　ZrO₂ 还原反应的热力学函数值

热力学函数	温　　度/K			
	1000	1400	1800	2100
$\Phi'_T/[J/(mol \cdot K)]$	91.86	87.17	81.34	78.59

5.6　将氧化铝和石英粉以 Al_2O_3/SiO_2 比为 3:2 配比混合组成原始物料,用以合成莫来石 $3Al_2O_3 \cdot 2SiO_2(A_3S_2)$,若反应以纯固相反应形式进行,应将系统加热至多高温度为宜?(有关热力学数据见表 5.17)。

表 5.17　莫来石合成反应中的热力学数据

物　　质	ΔH_{298} /(kJ/mol)	$\Phi'_T/[J/(mol \cdot K)]$				
		800K	1000K	1200K	1400K	1600K
$Al_2O_3(g)$	−1673.6	86.48	102.72	117.70	133.01	147.61
$SiO_2(s)$	−910.86	61.25	70.67	79.33	87.20	94.39
$A_3S_2(s)$	−6775.0	421.37	489.19	551.66	610.36	669.19

5.7　文石和方解石在一定条件下会发生相变:$CaCO_3$(文石) $\Longrightarrow CaCO_3$(方解石),请按表 5.18 给出的热力学数据:

(1) 判断 298K、101.325kPa 下哪种晶体更稳定;

(2) 求出文石和方解石相变时的温度和压力的关系。

表 5.18　文石和方解石相变时的热力学数据

物　　质	$\Delta_f G_{298}$ /(kJ/mol)	S_{298} /[J/(mol·K)]	$V/(m^3/mol)$	物　　质	$\Delta_f G_{298}$ /(kJ/mol)	S_{298} /[J/(mol·K)]	$V/(m^3/mol)$
文石	−1207.85	88.76	3.4×10^{-5}	方解石	−1207.68	92.95	3.7×10^{-5}

5.8　已知 ΔG-T 关系图,判断在矾土、镁石、硅石质材料中,哪些可以用作熔制金属钙、金属铬的坩埚材料,依据是什么(设熔制温度为 1600～1800K)?

5.9　氮化硅是性能良好的结构陶瓷材料,但自然界无天然 Si_3N_4 化合物,必须用提纯硅粉与氮气在 1623K 下剧烈反应生成,反应式为 $3Si(s) + 2N_2(g) \Longrightarrow Si_3N_4(s)$,请依表 5.19 给出的数据计算:

(1) 硅粉氮化时的 ΔH_{1623};

(2) 烧结 Si_3N_4 时 Si_3N_4 的分解温度。

表 5.19　生成氮化硅的热力学数据

	ΔH_{298} /(kJ/mol)	$c_p = a + bT^{-2} + cT^{-3}/[J/(mol \cdot K)]$			$\Phi'_T/[J/(mol \cdot K)]$				
		a	b $(\times 10^{-3})$	c $(\times 10^{-5})$	1000K	1500K	2000K	2100K	2200K
$Si_3N_4(s)$	−745.25	76.37	109.11	−6.53	173.42	216.37	252.84	259.50	262.81
$Si(s)$	0	22.82	3.85	−3.52	30.44	38.02	48.99	51.29	53.42
$N_2(g)$	0	27.88	4.27		206.95	216.50	224.16	225.54	226.88

阅读材料

氮化硅陶瓷材料的热力学分析

Si_3N_4 陶瓷是 20 世纪 50 年代发展起来的一种高温结构材料,具有高强度、高韧性、高

图1 氮化硅陶瓷材料的应用

热导率、耐磨蚀、抗氧化性、热膨胀系数小、密度低等优良性能，广泛应用于机械、化工、海洋工程、航空航天等重要领域，见图1。采用热力学分析的方法，深入地研究 Si_3N_4 陶瓷在制备及使用过程中存在的各种物理化学过程，如 Si_3N_4 的晶型转变、Si_3N_4 的烧结、Si_3N_4 的相对稳定性、Si_3N_4 的分解、Si_3N_4 与金属固体的作用等，利用已知的热力学数据，运用数学工具，从理论上对这些问题进行论述，对于优化材料的制备工艺、提高和改善材料的性能、选择使用条件等都具有十分重要的意义。

一、热力学方法的应用

1. Si_3N_4 的烧结

（1）Si_3N_4 的反应烧结　反应烧结是在化学反应过程中同时完成烧结，包括：①硅蒸气与氮气反应，通过化学气相沉积过程形成 Si_3N_4；②氮气在液态硅合金中溶解形成 Si_3N_4；③Si_3N_4 在固相硅上的成核和生长以及通过表面扩散到反应区域。此外，Si_3N_4 还可由一氧化硅氮化生成：$3SiO+2N_2 \rightleftharpoons Si_3N_4+3/2O_2$，其中，SiO 可通过反应 $2Si+O_2 \rightleftharpoons 2SiO$；$Si+H_2O \rightleftharpoons SiO+H_2$；或表面的 SiO_2 产生。热力学计算表明，当 $K=p_{SiO}=10^{-6}$ MPa，$p_{N_2}=0.1$ MPa，则 $p_{O_2}<10^{-22}$ MPa，p_{H_2O} 小于 10^{-11} MPa，反应可向右进行，但当气氛中 H_2 的体积分数为 10% 时，p_{O_2} 可升至 10^{-9} MPa，反应即可进行。在实际的工业生产中，硅的氮化是主要的反应。下面对硅氮化反应进行热力学分析。

采用势函数法求反应的自由焓 $\Delta G_T^{\ominus}$ 与温度 T 的关系：$\Delta G_{298}^{\ominus}=\Delta H_{298}^{\ominus}-T\Delta\Phi'$，查表得：$\Delta H_{298,Si_3N_4(s)}^{\ominus}=-744175$ kJ/mol，$\Delta H_{298,Si(l)}^{\ominus}=714121$ kJ/mol，$\Delta H_{298,Si(g)}^{\ominus}=450162$ kJ/mol，硅的熔点 $T_m=1685$ K。

在 298～1685K 温度范围内，对于反应 $3Si(s)+2N_2(g) \rightleftharpoons Si_3N_4(s)$，

$$\Delta H_{298}^{\ominus}=\Delta H_{298,Si_3N_4(s)}^{\ominus}-3\Delta H_{298,Si(s)}^{\ominus}-2\Delta H_{298,N_2(g)}^{\ominus},$$

$$\Delta\Phi'_T=\Delta\Phi'_{T,Si_3N_4(s)}-3\Delta\Phi'_{T,Si(s)}-2\Delta\Phi'_{T,N_2(g)}.$$

不同温度下的 $\Delta G_T^{\ominus}$、$\Delta\Phi'_T$ 的值见表1。对以上数据处理，得到 $\Delta G_T^{\ominus}$ 与 T 的关系式为：$\Delta G_T^{\ominus}=-745138+0.3314T$，当 $T>1685$ K 时，对于反应 $3Si(l)+2N_2(g) \rightleftharpoons Si_3N_4(s)$，计算结果如表2。

表1　当 $T<1685$K 时，不同温度下的 $\Delta G_T^{\ominus}$、$\Delta\Phi'_T$ 值

T/K	$\Delta\Phi'_T$/(kJ/mol)	$\Delta G_T^{\ominus}$/(kJ/mol)	T/K	$\Delta\Phi'_T$/(kJ/mol)	$\Delta G_T^{\ominus}$/(kJ/mol)
298	326.52	−647.43	1000	331.58	−413.17
400	327.23	−613.88	1200	331.41	−347.06
600	329.57	−547.02	1400	330.91	−281.58
800	330.95	−479.99	1600	329.99	−217.02

表2　当 $T>1685$K 时，不同温度下的 $\Delta G_T^{\ominus}$、$\Delta\Phi'_T$ 值

T/K	$\Delta\Phi'_T$/(kJ/mol)	$\Delta G_T^{\ominus}$/(kJ/mol)	T/K	$\Delta\Phi'_T$/(kJ/mol)	$\Delta G_T^{\ominus}$/(kJ/mol)
1700	330.62	−182.72	2000	342.21	−60.33
1800	335.01	−141.71	2100	345.22	−19.79
1900	338.78	−101.09			

$\Delta G_T^{\ominus}$ 与 T 的关系式：$\Delta G_T^{\ominus}=-874.87+0.4071T$，硅蒸气与 N_2 反应通过化学气相沉积（CVD）过程形成 Si_3O_4，相关的热力学数据如表3。

利用势函数可得到 $\Delta G_T^{\ominus}$ 与 T 的关系式：$\Delta G_T^{\ominus}=-1994.51+0.7155T$。不同温度下 $\Delta G_T^{\ominus}$ 与 T 的关系如图2。从图2可以看出，在很宽的温度范围内，$\Delta G_T^{\ominus}$ 均为负值，说明反

表 3　不同温度下的 $\Delta G_T^\ominus$、$\Delta \Phi_T'$ 值

T/K	$\Delta\Phi_T'/(kJ/mol)$	$\Delta G_T^\ominus/(kJ/mol)$	T/K	$\Delta\Phi_T'/(kJ/mol)$	$\Delta G_T^\ominus/(kJ/mol)$
1700	−778.18	−773.71	2000	−766.09	−564.42
1800	−768.56	−713.20	2100	−764.84	−490.45
1900	−767.30	−638.73			

应都能进行。$\Delta G_T^\ominus$ 随着温度的升高逐渐增大，从理论上来说，$\Delta G_T^\ominus$ 越小，反应进行的趋势越大，甚至可以推出 Si_3N_4 可在室温下合成。然而实际的烧结温度一般都在 1498K 以上。原因是在较低的温度下，合成速率太慢，无实际意义。实践表明，将硅坯体置于流动氮气氛中，在 1548～1748K 分阶段加压，可得到反应烧结（reaction bonded silicon nitride，RBSN）制品。再将反应烧结的 Si_3N_4 进行气压或等静压烧结可得到性能优良的重烧结制品。

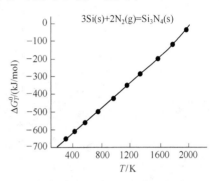

图 2　氮化硅的标准生成自由能

（2）Si_3N_4 的气压烧结　对于反应 $Si_3N_4(s)\Longrightarrow 3Si(l)+2N_2(g)$ 的自由焓 $\Delta G_T^\ominus$ 与 T 的关系式为：

$$\Delta G_T^\ominus = 209.10 - 0.0973T$$

随着温度的升高，$\Delta G_T^\ominus$ 逐渐减小。当 $T=2148K$ 时，$\Delta G_T^\ominus=0$，若温度高于此温度，生成物 Si_3N_4 不稳定，即 Si_3N_4 发生热分解。实际的分解温度为 2151K（氮气的气压为 0.1MPa）。在制备 Si_3N_4 工程陶瓷时，烧结温度一般低于 2098K，这在很大程度上限制了高熔点添加物的使用和坯体致密度的提高。在不同的氮气压力下，反应的自由焓 $\Delta G_T=\Delta G_T^\ominus+RT\ln K_p$，$K_p=p_{N_2}^2$，$p_{N_2}^2=1MPa$，反应达到平衡，$\Delta G_T=0$，即 $\Delta G_T^\ominus+RT\ln K_p=0$，当 $p_{N_2}=1MPa$ 时，解得 $T=2372K$，同样可以求得 $p_{N_2}=10MPa$，Si_3N_4 的分解温度为 2647K。

从以上的热力学计算中可以看出，提高氮气的压力能降低 Si_3N_4 的分解温度，这对于添加物的选取和烧结温度的提高及烧结体的致密化都是十分有利的，气压烧结使用的压力一般为 10MPa 左右，远低于等静压 200MPa，有利于工艺的实用化。例如，在 2198K 时，用 2MPa 氮气和以 $SiBeN_2$ 作为添加物能使氮化硅坯体烧结达到理论密度的 92%～95%；当把气体压力增加至 7～8MPa 时，烧结体能达到理论密度的 99.6%，仅有 1% 的失重。也可用 Y_2O_3 和 Al_2O_3 作为添加物进行二阶段烧结，首先在 0.1MPa 氮气中把样品烧结至气孔封闭，然后在 2078K 把氮气压力增加至 2MPa，烧结体能达到理论密度的 99%，并且失重也很小。

2. Si_3N_4 在真空中的挥发

高温结构陶瓷常在真空气氛下使用，所以必须考虑由于材料在真空下的挥发所引起的陶瓷件的质量和尺寸的变化。现计算 Si_3N_4 在 $T=2000K$ 时的失重。设 Si_3N_4 在高温下自由挥发，保持平衡蒸气压 $Si_3N_4(s)\Longrightarrow 3Si(g)+2N_2(g)$，由表 3 可知：当 $T=2000K$ 时，$\Delta G=-564142kJ/mol$

$$K_p=\frac{p_{Si}^3 p_{N_2}^2}{\partial_{Si_3N_4}}=p_{Si}^3 p_{N_2}^2=\exp\left\{-\frac{\Delta G}{RT}\right\}$$

$Si(g)$ 与 $N_2(g)$ 物质的量之比为 3:2，即

$$\frac{n_{Si}}{n_{N_2}}=\frac{\dfrac{W_{Si}}{M_{Si}}}{\dfrac{W_{N_2}}{M_{N_2}}}=\frac{3}{2}$$

由 Kundsen 方程计算单位时间，单位面积上的失重：

$$\Delta m_{Si} = 44.4 p_{Si} \sqrt{\frac{M_{Si}}{T}} \qquad \frac{n_{Si}}{n_{N_2}} = \frac{p_{Si}}{p_{N_2}} \sqrt{\frac{M_{N_2}}{M_{Si}}} = \frac{3}{2}$$

$$p_{N_2} = \frac{2}{3} p_{Si} \sqrt{\frac{M_{N_2}}{M_{Si}}}$$

$$K_p = \left\{ \frac{2}{3} p_{Si} \sqrt{\frac{M_{N_2}}{M_{Si}}} \right\}^2 p_{Si}^3 = \exp\left\{ -\frac{5764.42 \times 10^3}{8.314 \times 2000} \right\}$$

$$p_{Si} = 1.479 \times 10^{-5} \, atm$$

$$\Delta m = \Delta m_{Si} + \Delta m_{N_2} = 44.4 \frac{p_{Si}}{\sqrt{T}} \left(\sqrt{M_{Si}} + \sqrt{M_{N_2}} \right)$$

$$= 44.4 \times \frac{1.479 \times 10^{-5}}{\sqrt{2000}} \times \left(\sqrt{28.085} + 0.667 \times \sqrt{28.0134} \right)$$

$$= 1.31 \times 10^{-4} \, g \cdot cm^{-2} \cdot s^{-1}$$

结果表明，高温时 Si_3N_4 在真空中的挥发较为严重。所以 Si_3N_4 作为耐热件应尽量避免在真空条件下使用。

3. Si_3N_4 的稳定性

在氧化气氛下，氮化物的抗氧化性与金属氧化物与其氮化物的相对生成自由能有关。氮化物的标准生成自由能与其对应的氧化物的标准生成自由能的差值 ΔG 值越小，抗氧化性越强。对于 Si_3N_4 材料，考虑反应：$Si_3N_4 + 3O_2 =\!=\!=\!= 3SiO_2 + 2N_2$，反应达到平衡：$\ln K = \frac{\Delta G}{19.147T}$，选定 $T = 1500K$ 考查 Si_3N_4 的稳定性，查表得：$\Phi'_{T,Si_3N_4(s)} = 216.23 J/mol$，$\Phi'_{T,Si(s)} = 37.99 J/mol$，$\Phi'_{T,N_2(g)} = 216.31 J/mol$，$\Phi'_T = 230.96 J/mol$，$\Delta G_T^\ominus = \Delta H_{298}^\ominus - T\Delta\Phi'_T$。$Si_3N_4$ 的标准生成自由能：$\Delta G_2 = -744.75 - (51.68 - 37.99 \times 3 - 216.31 \times 2) \times 1500 \times 10^{-3} = -248.11 kJ/mol$；$SiO_2$ 的标准生成自由能：$\Delta G_1 = -744.75 - (216.23 - 37.99 \times 3 - 230.96 \times 2) \times 1500 \times 10^{-3} = -205.27 kJ/mol$，$\Delta G = \Delta G_2 - \Delta G_1 = -248.11 - (-205.27) \times 3 = 366.73 kJ/mol$，反应达到平衡。$\ln K = \frac{\Delta G}{19.147T} = \frac{366.73 \times 10^3}{19.147 \times 1500} = 12.8$，$\Delta G_T = \Delta G_T^\ominus - RT\ln K$，若 $\Delta G_T < 0$，则 Si_3N_4 相对于 SiO_2 稳定存在；当 $K > 10^{13}$ 时，$\Delta G_T < 0$，则

$$K = \frac{\partial_{SiO}^3 \partial_{N_2}^2}{\partial_{Si_3N_4} \partial_{O_2}^3}$$

式中，∂_{SiO}、∂_{N_2}、$\partial_{Si_3N_4}$、∂_{O_2} 分别为 SiO、N_2、Si_3N_4、O_2 的活度。SiO 和 Si_3N_4 都是纯的，因此它们的活度为 1。假设气体的行为和理想气体相同，则 N_2、O_2 可由它们的分压代替。K 的表示式中的 $p_{N_2}^2$，$p_{O_2}^3$ 实际是气体分压与标准大气压（近似为 0.1MPa）之比。

$$K = \frac{\partial_{SiO}^3 \partial_{N_2}^2}{\partial_{Si_3N_4} \partial_{O_2}^3} = \frac{p_{N_2}^2}{p_{O_2}^3}$$

故 $p_{N_2}^2 / p_{O_2}^3$ 必须大于 10^{13}，如果氧分压 p_{O_2} 为 0.1MPa，则：

$$\frac{p_{N_2}^2}{p_{O_2}^3} > 10^{13}$$

氮气气压
$$p_{N_2} > \sqrt{10^{13} \times p_{O_2}^3} = \sqrt{10^{13} \times 0.1^3} = 10^5 \, Pa$$

这种情况在实际中几乎不可能发生，然而 Si_3N_4 却能够稳定存在，这里必须考虑动力学

因素。许多金属如铬、铝、镁都能形成稳定的氮化物，这是因为在材料表面形成氧化物保护膜，阻止了氧化的继续进行。Si_3N_4 在 1598K 时在其表面形成一层致密的 SiO_2 保护膜，使得 Si_3N_4 可以在高于热力学规律决定的温度下使用。氮化物在氧化气氛中使用，除了生成稳定的氧化物，还生成具有挥发性的次氧化物，尤其是当氧分压较低，温度较高时，次氧化物对氮化物的稳定性有较大的影响。

4. Si_3N_4 与金属固体的作用

Si_3N_4 作为高温结构材料常与金属复合使用，或作为增韧相弥散于金属基体中。所以必须考虑 Si_3N_4 与金属的相互作用。Si_3N_4 对于某些金属在整个温度范围内都是稳定的，如 Fe、Cr。某些金属的氮化物的稳定性大于 Si_3N_4 的稳定性，如 Ti、Zr、Al。当温度较高时，就有可能发生反应。图 3 比较了各种氮气压力下，金属硅化物与氮化硅的标准生成自由能，ΔG 的负值越大，此元素相应的硅化物越稳定。从图中可以看出，Si 与 Fe 形成的 FeSi 的稳定性小于 Ti、Zr、Ca 形成的硅化物。Si 在标态下（$p_{N_2} = 0.1MPa$）形成的 Si_3N_4 的生成自由能如图中实线所示，交点表示硅化物在此温度下与 Si_3N_4 达到平衡，例如，Si_3N_4 与 FeSi 在 $T = 1549K$ 时相交，它表明在低于此温

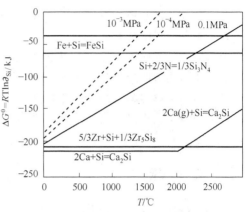

图 3　各种氮气压力下金属硅化物
与氮化硅的标准生成自由能

度，Si_3N_4 是稳定的，高于此温度，FeSi 是稳定的，Si_3N_4 发生分解。Si_3N_4 的稳定性由下式决定：

$$\Delta G = n_{Si}RT\ln\partial_{Si} + n_{N_2}RT\ln\partial_{N_2}$$

很明显，在给定温度下，若 N_2 分压较低，Si 形成金属硅化物的反应性相应增加。所以，Si_3N_4 和金属在氮分压低于某特定的压力时，更易形成金属硅化物。图 3 中的虚线表示在 $p_{N_2} = 10^{-4}MPa$、$10^{-7}MPa$，Si_3N_4 的平衡曲线。从图中可以看出 p_{N_2} 从 0.1MPa 变化到 $10^{-4}MPa$，$10^{-7}MPa$，FeSi 稳定存在的温度从 1548K 变化到 1398K 再到 1198K。

二、应用热力学时应注意的问题

1. 动力学因素的影响

运用热力学可以确定反应进行的可能性、方向性、优先性、生成化合物的稳定性等，而没有涉及反应的速率问题、过程的机理如何、平衡经什么途径达到等动力学方面的问题。属动力学的因素有原料粒度、相与相的接触程度、持续时间等。动力学因素决定了反应速率、生成物的具体产量并决定受热力学规律制约的过程有无实现的可能性。在陶瓷材料的烧结、高温分解、高温氧化等过程中，有些反应进行的速率较慢，一般很难达到真正的平衡，所以用热力学的有关规律分析实际问题时，一定要考虑动力学因素。

2. 热力学常数准确度对计算结果准确度的影响

在计算 $\Delta G = f(T)$ 时，除了累计运算带入的误差，在最终结果中还会加上由热容量与温度关系方程的系数所带入的误差，这些方程的准确度通常在 5% 的范围内。计算高温时的 ΔG 总的误差可达 3% ~ 10%。一般来说，大部分的硅酸盐系统中 ΔG 的绝对值大于 40kJ/mol，计算误差不会影响结论的可靠性。方程两端 ΔG 或 ΔH 相差很小，相对误差则较大，属这类情况主要为多晶反应，误差可达 60%，研究这些反应时必须十分注意。

第6章 表面与界面

在前面有关章节讨论晶体及玻璃体时，假定物体中任意一个粒子（原子、离子或分子）都是处在三维的无限延续的空间之中，并没有考虑到边界的状况。事实上，物体表面和内部的粒子的境遇是不同的。可以把固体的这种状况看作是二维缺陷或者是偏离理想晶格的状态。这就使物体表面呈现出一系列的特殊性质。在许多情况下，弄清物体表面及界面的结构、组成和性质是很必要的，因为这些因素对于材料工业广泛采用粉体物料的性质、材料制造过程中的物理变化以及材料的性能等均有明显影响。因此，近年来研究固体表面与界面的问题已引起普遍的重视。

6.1 表面能

6.1.1 表面能

固体的表面现象和液体的相似。它是属于两相之间的界面行为。通常把一个相与它本身的蒸气（或者在真空下）相接触的分界面称为（相）表面，而把一相与另一相接触的分界面称为（相）界面。如果晶格与空气或液相接触，则相应地称它们的分界面为固-气界面或固-液界面。但是，当一个晶相与另一个晶相相互接触，其接触面则为晶界（面）。

处在表面或界面的分子、原子或离子的排列较混乱，其能量要比内部的能量高一些，因此增加物体单位表面积，必须耗费能量。通常把在恒温恒压下形成单位新表面所需要的最大功称为表面能。

下面列出一些物质的表面能，见表 6.1。

表 6.1 某些物质的表面能

物　　质	水	铅（液）	铜（液）	铜（固）	银（液）	银（固）	硅酸钠（液）	B_2O_3（液）	Al_2O_3（液）	Al_2O_3（固）	MgO（固）	TiO_2（固）
温度/K	298	623	1393	1353	1273	1023	1273	1173	2353	2123	298	1373
表面能/$(\times 10^{-3}\mathrm{J/m^2})$	72	442	1270	1430	920	1140	250	80	700	905	1000	1190

当两相接触形成平的界面层时，根据热力学原理，物系由一个平衡状态变到另一个平衡状态，则其自由能 G 的变化为：

$$dG = -SdT + Vdp + \gamma dA + \sum \mu_i dn_i \tag{6.1}$$

式中，S 为熵，J/(mol·K)；T 为绝对温度，K；p 为压力，Pa；μ_i 为 i 组分的化学位，J/mol；n_i 为 i 组分的物质的量，mol；γ 为比表面能，J/m²；A 为表面积，m²。

在恒温恒压和单一成分的纯物系中，式（6.1）可写作：

$$dG = \gamma dA \tag{6.2}$$

或

$$G = \gamma A \tag{6.3}$$

即一个物系的总表面能为其比表面能与总表面积的乘积。可见在考虑到表面状况时，物系的自由能增加了 γdA 一项。物系既然具有这部分多出来的能量，使它处于较不稳定的状态，而有自动向减少自由能方向变化的趋势。这时有两种途径：或者减少表面积 A，即改变界面的形状或分散度；或者减少比表面能 γ，即改变界面的性质或存在条件（如温度）。例如，在其表面上吸附表面张力小的物质以降低其表面能。

影响表面能因素很多，主要是由物质本身的性质所决定的。如果构成物质本身的粒子相互之间吸引力较大，则相应的表面能也较大。因为此时粒子从内部移到表面要克服较大的吸引力，故消耗的功也较大。其次是杂质对表面能的影响，如果在原来的物质中加入少量具有较小表面能的杂质则这些杂质趋向于富集在其表面上，并使其表面能下降，使物质处在更稳定的状态，这种类型的杂质称为"表面活性物质"。相反，若加入的杂质具有较高的表面张力，则它趋向于富集在原来物质的内部，而在其表面层的浓度仍然较低，对其表面能影响很小。因此，在二元系统中组成对表面张力的影响如图 6.1 所示是非线性的。第三，物质表面能的大小随温度而变化，一般是温度升高，表面能减少。这是由于温度升高而使粒子运动加剧，物体体积膨胀导致密度下降，粒子间距离增大而削弱了物质内部粒子之间的相互吸引力，因而表面能下降。

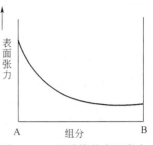

图 6.1 二元系统的表面张力

与表面能相似，当形成单位新界面时所需的能量即为界面能。界面能永远小于二相各自表面能之和。因为在二相间总是存在着一些吸引能。界面能主要由形成界面的两种物质的性质所决定。如果它们之间有强烈的化学吸引力，则它们的界面能很小。表 6.2 列出某些物质的界面能。

表 6.2 某些物质的界面能

物　系	Al$_2$O$_3$-硅酸盐 （固）　（液）	Al$_2$O$_3$-Ag （固）　（液）	SiO$_2$-硅酸钠 （玻璃）（液）	Ag-Na$_2$SiO$_3$ （固）　（液）	MgO-Ag （固）　（液）
温度/K	1273	1273	1273	1173	1573
界面能/($\times 10^{-3}$ J/m^2)	<700	1770	225	1040	850

6.1.2 表面力场

晶体中每个质点周围都存在一个力场，由于晶体内部质点排列是有序和周期重复的，故每个质点力场是对称的。但在固体表面，质点排列的周期重复性中断，使处于表面边界上的质点力场对称性破坏，表现出剩余键力，这就是固体表面力。这种剩余键力是导致固体表面吸引气体分子、液体分子（如润湿或从溶液中吸附）或固体质点（如黏附）的原因。由于被吸附表面也有力场，所以固体表面上的吸引作用是固体表面力场和被吸附质点的力场相互作用所产生的，这种相互作用力称为固体表面力。依性质不同，表面力分为化学力和分子引力两部分。

6.1.2.1 化学力

化学力其本质是静电力。主要来自表面质点的不饱和价键，可以用表面能的数值来估计。当固体吸附剂利用表面质点的不饱和价键将吸附物吸附到表面之后，吸附物和吸附剂分子之间发生电子转移，产生化学力，其实质是形成了表面化合物。

6.1.2.2 分子引力

分子引力也称范德瓦尔斯力，一般是指固体表面与被吸附质点之间的相互作用力。是固体表面产生物理吸附和气体凝聚的原因，并与液体的内压、表面张力、蒸气压、蒸发热等密切相关。分子间引力主要来源于三种不同效应。

（1）定向作用 主要发生在极性分子（离子）之间。每个极性分子（离子）都有一个恒定电偶极矩。相邻两个电偶极矩因极性不同而相互作用的力称为定向作用力。其本质也是静电力。

（2）诱导作用　主要发生在极性分子与非极性分子之间。诱导是指在极性分子作用下，非极性分子被极化诱导出一个瞬时的电偶极矩，随后与原来的极性分子产生定向作用。诱导作用将随极性分子的电偶极矩和非极性分子的极化率的增大而加剧，随分子间距离的增大而减弱。

（3）分散作用　主要发生在非极性分子之间。非极性分子是指其核外电子云呈球形对称而不显示恒定电偶极矩的分子，也就是电子在核外周围出现的概率相等，因而在某一时间内电偶极矩平均值为零的分子。但是在某一瞬间，在空间各个位置上，电子分布并非严格相同，这样就将呈现瞬间的极化电矩。许多瞬间的电偶极矩之间以及它对相邻分子的诱导作用都会引起相互作用效应，称为分散作用或色散力。

6.2　固体表面结构

6.2.1　晶体表面结构

晶体有序的结构在到达表面时终止，处于晶体自由表面的原子键合状态与块体内部不同，他们具有更高的能量，为了达到更稳定的状态，材料往往调整表面结构以达到更低的能量状态，手段包括表面弛豫、表面重构、台阶表面和表面偏聚等。

6.2.1.1　表面弛豫

表面原子处于一种高度非对称环境：它们在朝向块体内部以及表面平面都有相邻原子，但在表面以外却什么都没有。这种各向异性环境强迫原子进入新的平衡位置。对于清洁非重构表面，一般说来，表面最外层和第二层原子之间的键长相对于块体材料有所收缩，收缩量大约为百分之几。对于这种发生在最顶部原子层间距的弛豫，表面越开放（或越粗糙），即表面原子的近邻越少，弛豫的程度越大。弛豫是指表面区原子或离子间的距离偏离块体内的晶格常数，但晶胞结构基本不变的现象。

层间距弛豫现象发生的范围要超过第二层的深度，弛豫的大小随深度近似按指数规律衰减，层间距较小的高密勒指数表面显示出的弛豫现象向下传播更多的原子层，但并不是在距离上更大。深度方向上的弛豫绝不总是收缩的，至少对于金属来说，更普遍的是层间距交替地发生收缩和膨胀。这种振荡现象的波长可能接近于层间距的两倍。

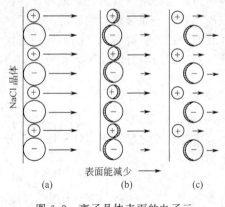

图 6.2　离子晶体表面的电子云
变形和离子重排

（a）理想的（100）面；（b）极化后的表面；
（c）极化后再重排的表面

对于离子晶体而言，其作用力主要是库仑静电力，是一种长程作用力，因此表面容易发生弛豫，形成偶极子。如 NaCl 晶体的弛豫，在离子晶格和金属晶格的表面层中，由于阴离子半径大，容易极化而形成偶极子。而偶极子的正电荷端受内部邻近的阳离子排斥，结果导致阴离子在表面层前进了。而阳离子大部分难以极化，相对来说后退了。图 6.2 为 NaCl 晶体沿（100）面破碎时晶体表面的电子云变形和离子重排的状态，图（a）为理想的（100）面，图（b）为极化后的表面，图（c）为极化后再重排的表面。随着图（a）～图（c）状态的变化，表面能下降。

由图（a）～图（b）过程表面能降低由构成它的离子极化大小而定。对含 Pb^{2+}、Hg^{2+} 这样极化性能大的阳离子固体，其表面能降低大；而含 Si^{4+}、Al^{3+} 这样极化性能小的阳离子的固体，其表面能下降就小。离子极化性能与表面能及硬度的关系如表 6.3。

表 6.3　离子的极化性能和表面能及硬度的关系

化合物	表面能/($\times 10^{-3}J/m^2$)	硬　度	化合物	表面能/($\times 10^{-3}J/m^2$)	硬　度
PbI_2	130	极小	$BaSO_4$	1250	2.5~3.5
Ag_2CrO_4	575	2	$SrSO_4$	1400	3.0~3.5
PbF_2	900	2	CaF_2	2500	4

由表 6.3 可见，PbI_2 在所列化合物中表面能最小，为 $130\times 10^{-3}J/m^2$。Pb^{2+} 和 I^- 极化性能都很大。若用极化性能小的 F^- 代替 I^-，表面能增大，即 PbF_2 较 PbI_2 有较大的表面能。如进一步用极化性能小的 Ca^{2+} 取代 Pb^{2+}，即 CaF_2 有更大的表面能（达 $2500\times 10^{-3}J/m^2$）。又在 $BaSO_4$ 和 $SrSO_4$ 中，Ba^{2+} 比 Sr^{2+} 的极化性能大，因而 $BaSO_4$ 的表面能也较小。表面能大的物质，其硬度相应也较大，这类物质溶液的过饱和度也较大。这是因为由过饱和的溶液生成晶体时，伴随着界面的形成也需要较大的界面能。界面能越大，形成新相越困难，因而过饱和度越大。极化性能大的 Hg^{2+} 氯化物、重金属硫化物、溴化物、碘化物不能制得稳定的过饱和溶液，而含有两种离子都是极化性能小的 CaF_2，其溶液的过饱和度可达 500%。

由图（b）~图（c）的过程是离子重排位移的过程，此时 Cl^- 向表面前进，Na^+ 却向后退。晶格形成的普遍原则是极化性能小的离子占据力场强度最小处。因此表面层的 Na^+ 后退少许，其配位数由平均为 5 变得比 5 稍大一些。相反，Cl^- 前进，其偏移的距离如图 6.3。

这个表面状态包括阴、阳离子的位移，这一过程必须经过一定的时间。由于离子间的距离改变了，离子相互极化增加了，键的性质由离子键向共价键过渡。这样，表面离子排列的稳定性增加，表面能降低，化学活性下降，这种状态称为平衡表面状态。这一表面层离子的重排位移只有在新表面形成时，表面能增加比局部晶格畸变时所需要的能量更大时才能发生。

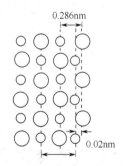

图 6.3　在 NaCl 晶体中，阳离子从（100）面
缩进去，在表面层中形成一个 0.02nm
厚度的双电层

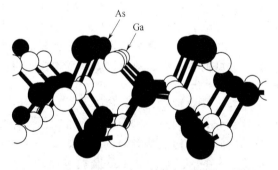

图 6.4　GaAs（110）表面结构侧透视图：最外层
Ga 和 As 原子间的键从平行于表面
转动到与表面大约倾斜 27°

半导体表面常常显示出比金属表面更大的弛豫效应，对于不那么密排的半导体来说，存在着改变键角的更大余地，键长似乎也比金属表面的情况改变更大。如 GaAs（110）和许多Ⅲ-Ⅴ族和Ⅱ-Ⅳ族化合物类似的非重构表面发生很大的转动弛豫，见图 6.4。尽管块体材料的四面体角为 109.5°，而在表面上有些原子键角减少为 90°±4°，而其他一些原子键角升高为 120°±4°。这种变化随原子层而变化，而且在几个原子层深度之内衰减至块体材料的数值。在这些例子中，键长的变化可高达 9%，但更典型的值在 5% 左右，在同一结构中同时

发生收缩和膨胀。这样的效应是由于围绕表面原子的原子轨道重新杂化而造成的。

6.2.1.2　表面重构

　　包括化合物半导体在内，许多半导体、少数金属的表面，原子排列都比较复杂。在平行衬底的表面上，原子平移的对称性与体内显著不同，原子做了较大幅度的调整，这种表面结构称为重构。概括地说，重构是表面化学键优化组合的结果，其主要目的是降低表面能。重构有几种形式，一种是位移型重构（displacive reconstruction），此时原子相对于理想块体点阵位置稍微发生位移，打乱了理想的周期性，从而产生超点阵。一般来讲，在这种形式的重构中，没有打断或新建任何的键，但键长和键角发生了改变。

　　另一种重构是缺行型重构（missing-row reconstruction），典型的例子是 Ir、Pt 和 Au 的（110）表面，此时整列的原子从理想的衬底点阵切面上消失。

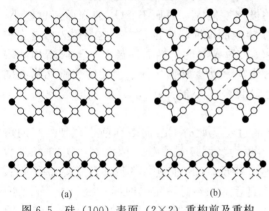

图 6.5　硅（100）表面（2×2）重构前及重构
后表面原子分布及键合状态示意图
（上为顶视图，下为侧视图）
（a）重构前；（b）重构后

　　在金属表面观察到的另一种重构类型是形成一种密排的最表面层。这可以用键长随成键配位数的降低而减少的倾向来加以解释。在这种情况下，最外层的原子面原子间距在平行于表面的方向上收缩几个百分数，这有利于使这层原子崩塌成近似密排六方的密排结构，而不是保持下层原子的正方或完美六方点阵。

　　半导体材料由于化学键的高度方向性常常在一个或更多的表面层发生键的断裂，这些悬键在能量上处于非常不利的状态。半导体表面重构的一个重要驱动机制是尽量减少这种悬键的数量，这将造成表面晶格的强烈畸变。如 Si 的（100）表面有两个悬键，未重构前，每个悬键均有一个未成对电子，重构后表面硅原子一对对相互靠近配对，配对原子间基本转变为电子成对而无悬键的状态，表面能大大降低，如图 6.5。

　　必须指出，表面重构常常同时伴有表面弛豫而进一步降低能量，只是对于表面结构变化的影响程度而言，表面弛豫比表面重构要小得多。

6.2.1.3　台阶表面

　　已经发现经过充分退火的 fcc 和 bcc 金属表面上两个相邻平台之间的台阶是单原子高度的，这部分是因为对于理想的 fcc 和 bcc 表面来讲，接连的台阶在结构上是等同的，而多原子高度的台阶更不利一些。然而，在 hcp 金属表面的台阶却常常是双原子高度的。许多半导体表面的台阶也是双原子层的。图 6.6 为 Pt 有序原子的台阶表面。

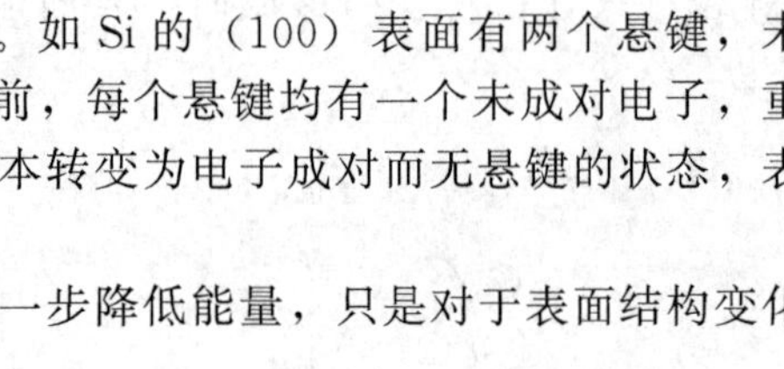

6.2.1.4　表面偏聚

　　许多块体化合物，如氧化物、碳化物、硫化物以及半导体在表面上的成分和块体保持一致。如
NiO(100)、GaAs(110) 等，块体点阵也常常保留下来，但键长和键角有可能发生变化。但是，更多的情形则是表面成分偏离块体成分。如 GaAs(111) 面，Ga 的贫化导致 Ga 空位并引发表面重构。清洁合金和金属间化合物可分为两类：块体合金有序和块体合金无序，前者表面结构一般是有序的，而且保持块体合金成分；后者表面通常是无序的，且表面偏聚可能

图 6.6　Pt(557) 有序原子台阶表面示意图

十分显著，而且可能与原子层有关，有成分随原子层振荡变化的可能性。如 $Pt_x\text{-}Ni_{1-x}$ 块体合金的不同晶体学表面显示非常不同的偏聚行为，而且强烈地与原子层有关，比如块体 Pt 含量为 50% 的合金的（111）面第一、第二和第三层的 Pt 含量分别为 88%、9% 和 65%。

6.2.2 粉体表面结构

粉体一般是指微细的固体粒子集合体，具有极大的比表面积，因此表面结构状态对粉体性质有着决定性的影响。

粉体在制备过程中，由于反复地破碎，不断形成新的表面。表面层离子的极化变形和重排使表面晶格畸变，有序性降低。因此，随着粒子的微细化，比表面积增大，表面结构的有序程度受到越来越强烈的扰乱并不断向颗粒深部扩展，最后使粉体表面结构趋于无定形化。基于 X 射线、热分析和其他物理化学方法对粉体表面结构所做的研究测定，提出两种不同的模型。一种认为粉体表面层是无定形结构；另一种认为粉体表面层是粒度极小的微晶结构。对经过粉碎的 SiO_2 进行差热分析，测定其 573℃ 时 α-相和 β-相之间的转变，发现相应的吸热峰面积随颗粒粒度有明显的变化。当粒度减小到 $5\sim10\mu m$ 时，发生相变的石英量就显著减少。当粒度约为 $1.3\mu m$ 时，仅有一半的石英发生了上述相变。但是若将上述石英粉用 HF 溶去表面层，则参与相变的石英量增至 100%。这表明石英表面是无定形结构，随着粉体变细，表面无定形层所占的比例增加，可能参与相变的石英量减少。按差热分析的数据估计其表面层厚度为 $0.11\sim0.15\mu m$。类似地，应用无定形模型也可说明粉体的 X 射线谱线强度明显减弱的现象。

对粉体进行更精确的 X 射线和电子衍射研究发现，其 X 射线谱线不仅强度减弱而且宽度明显变宽。因此有人认为粉体表面并非无定形态，而是覆盖了一层尺寸极小的微晶体，即表面呈微晶化状态。由于微晶体的晶格是严重畸变的，晶格常数不同于正常值而且十分分散，这才使其 X 射线谱线明显变宽。此外，对鳞石英粉体表面的易溶层进行的 X 射线测定表明，它并不是无定形质；从润湿热测定中也发现其表面层存在硅醇基团。

上述两种观点都得到一些实验结果的支持，似有矛盾，但如果把微晶体看作是晶格极度变形的微小晶体，其结构有序的范围很有限，两者之间的差别也许与玻璃结构中网络学说和微晶学说的差别类似。

6.2.3 玻璃表面结构

表面张力的存在使玻璃表面组成与内部显著不同。在熔体转变为玻璃体的过程中，为了保持最小表面能，各成分将按其对表面自由能的贡献能力自发地转移和扩散。在玻璃成型和退火过程中，碱、氟等易挥发组分自表面挥发损失。

因此，即使是新鲜的玻璃表面，其化学成分、结构也会不同于内部。这种差异可以从表面折射率、化学稳定性、结晶倾向以及强度等性质的观测结果得到证实。玻璃中的极化离子会对表面结构和性质产生影响。

对于含有较高极化性能的离子如 Pb^{2+}、Sn^{2+}、Sb^{3+}、Cd^{2+} 等的玻璃，其表面结构和性质会明显受到这些离子在表面的排列取向状况的影响。这种作用本质上也是极化问题。例如，铅玻璃由于铅原子最外层有 4 个价电子（$6s^2 6p^2$），当形成 Pb^{2+} 时，因最外层尚有两个电子，对接近于它的 O^{2-} 产生斥力，致使 Pb^{2+} 的作用电场不对称，Pb^{2+} 以 $2Pb^{2+} \rightarrow Pb^{4+} + Pb$ 方式被极化变形。在常温时，表面极化离子的电矩通常是朝内部取向以降低其表面能。因此常温下铅玻璃具有特别低的吸湿性。但随着温度升高，热运动破坏了表面极化离子的定向排列，故铅玻璃呈现正的表面张力温度系数。可以想像不同极化性能的离子进入玻璃表面层后，对表面结构和性质会产生不同的影响。

6.2.4 固体表面几何结构

实验观测表明，固体实际表面是不规则而粗糙的，存在着无数台阶、裂缝和凹凸不平的峰谷。即使是完全解理的云母，其表面也存在 $2\sim100nm$，甚至达到 $200nm$ 的不同高度的台阶。这些不同的几何状态同样会对表面性质产生影响，其中最重要的是表面粗糙度和微裂纹。

表面粗糙度会引起表面力场变化，进而影响其表面性质。从色散力的本质可见，位于凹谷深处的质点，其色散力最大，凹谷面上和平面上次之，位于峰顶处则最小；对于静电力而言，则位于孤立峰顶处应最大，而凹谷深处最小。由于固体表面的不平坦结构，使表面力场变得不均匀，其活性和其他表面性质也随之发生变化。表面粗糙度还直接影响到固体比表面积，内、外表面积比值以及与之相关的属性，如强度、密度、润湿、孔隙率和孔隙结构、透气性和浸透性等。此外，粗糙度还关系到两种材料间的封接和结合界面间的吻合和结合强度。

表面微裂纹是由于晶体缺陷或外力作用而产生的。微裂纹同样会强烈地影响表面性质，对于脆性材料的强度，这种影响尤为重要。脆性材料的理论强度约为实际强度的几百倍，正是因为存在于固体表面的微裂纹起着应力倍增器的作用，使位于裂缝尖端的实际应力远远大于所施加的应力。

葛里菲斯（Griffith）建立了著名的玻璃断裂理论，并导出了材料实际断裂强度与微裂纹长度的关系

$$R=\sqrt{\frac{2E\alpha}{\pi C}} \tag{6.4}$$

式中，R 为断裂强度；C 为微裂纹长度；E 为弹性模量；α 为表面自由能。

可见，断裂强度与微裂纹长度的平方根成反比，表面裂纹越长，断裂强度越小。弹性模量和表面能越大，裂纹扩展所需能量越大，断裂越困难。控制裂纹的大小、数量和扩展，就能更充分地利用材料的固有强度。玻璃的钢化和预应力混凝土制品的增强原理就是使外层处于压应力状态以把表面微裂纹闭合。

6.3 表面性质

由于物体表面的结构与其内部的结构有明显的不同，必然导致表面性质和内部性质有很大的差异。而这些表面性质对材料制备过程有着重要的作用。

6.3.1 饱和蒸气压

6.3.1.1 曲面两侧的压力差

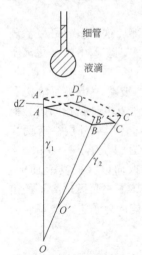

图 6.7 曲面压力差

由于表面能的存在，导致在一个弯曲表面的两侧产生压力差，而这一压力差是表面和界面的许多重要效应的原因。在一根细管端部形成一小液滴。从液滴表面上取下一小部分并将其放大，如图 6.7。在通常情况下，曲面并不是完善的球形表面，但它可以用两个曲率半径 r_1 和 r_2 来表示。如果弯曲表面部分足够小，则 r_1 和 r_2 基本上为一定值，且弧线 $\overparen{AC}$、$\overparen{BC}$、$\overparen{A'B'}$ 及 $\overparen{B'C'}$ 可看作直线。若 $AB=x$，$BC=y$，$A'B'=x+dx$，$B'C'=y+dy$，当表面向外扩展很小距离 dZ 时，其表面的变化为 dA：

$$dA=(x+dx)(y+dy)-xy=xdy+ydx$$

形成这一表面所需要做的功为：

$$\gamma dA=\gamma(xdy+ydx) \tag{6.5}$$

又在曲面两侧的压力差 Δp 作用下，曲面 $ABCD$ 移动了 dZ 距离，即发生体积变化 dV

$$dV = xy dZ$$

相应的功为：

$$\Delta p dV = \Delta p xy dZ \qquad (6.6)$$

当液滴保持不变而达到平衡时，这两个功相等，即 $\gamma dA = \Delta p dV$。根据式（6.5）和式（6.6）得：

$$\gamma(x dy + y dx) = \Delta p xy dZ \qquad (6.7)$$

又因为 $\triangle OAB \backsim \triangle OA'B'$；$\triangle O'BC \backsim \triangle O'B'C'$，故有：

$$\frac{x + dx}{x} = \frac{r_1 + dZ}{r_1}；\frac{y + dy}{y} = \frac{r_2 + dZ}{r_2}$$

即

$$dx = \frac{x dZ}{r_1}；dy = \frac{y dZ}{r_2}$$

代入式（6.7）得：

$$\gamma\left(xy\frac{dZ}{r_2} + xy\frac{dZ}{r_1}\right) = \Delta p xy dZ$$

$$\Delta p = \gamma\left(\frac{1}{r_1} + \frac{1}{r_2}\right) \qquad (6.8)$$

当曲面为球面时，$r_1 = r_2$，上式可写成：

$$\Delta p = \frac{2r}{\gamma} \qquad (6.9)$$

从热力学可知，在一定温度下由于压力变化引起物质的自由能变化为：

$$dG = V dp$$

对一摩尔物质来说，dG 为摩尔自由能变量，V 为摩尔体积。若 V 与压力 p 无关，则有：

$$\Delta G = \int V dp = V \Delta p = \gamma V\left(\frac{1}{r_1} + \frac{1}{r_2}\right) \qquad (6.10)$$

由此可见，在一弯曲表面两侧出现压力差，这就导致任何曲面中凹面一侧的压力大于凸面一侧的压力，使曲面向凸面的曲率中心方向移动。曲率半径越小的颗粒，自由能减少也越大，收缩的趋势也越大。

6.3.1.2 曲面的蒸气压

曲面的压力差使具有小曲率半径微粒的饱和蒸气压增加，由于这一压力差引起自由能的变化为：

$$\Delta G = V \Delta p = RT\ln\frac{p}{p_0} = V\gamma\left(\frac{1}{r_1} + \frac{1}{r_2}\right) \qquad (6.11)$$

式中，V 为摩尔体积，m^3/mol；p 为曲面上的蒸气压，Pa；P_0 为平面上的蒸气压，Pa。

将式（6.11）移项得：

$$\ln\frac{p}{p_0} = \frac{V\gamma}{RT}\left(\frac{1}{r_1} + \frac{1}{r_2}\right) = \frac{M\gamma}{\rho RT}\left(\frac{1}{r_1} + \frac{1}{r_2}\right) \qquad (6.12)$$

若曲面为球面，则 $r_1 = r_2 = r$（球的半径），则式（6.12）变为：

$$\ln\frac{p}{p_0} = \frac{2V\gamma}{RT} \times \frac{1}{r} = \frac{2M\gamma}{\rho RT} \times \frac{1}{r} \qquad (6.13)$$

式中，M 为相对分子质量，g/mol；R 为气体通用常数，$J/(mol \cdot K)$；T 为热力学温度；ρ 为密度，g/m^3。

这就是开尔文公式。

表 6.4　几种材料的曲率、相对蒸气压和压力差的关系

材　料	温　度/K	表面张力 γ /($\times 10^{-3}$ J/m²)	表面曲率半径 $2r/\mu m$	相对蒸气压 p/p_0	压差 Δp /($\times 10^5$ Pa)
水	298	72	0.1	1.02	28.8
			1	1.002	2.88
			10	1.0002	0.29
			100	1.00002	0.029
石英玻璃	1973	300	0.1	1.02	120.6
			1	1.002	12.0
			10	1.0002	1.2
			100	1.00002	0.12
液态钴	1723	1700	0.1	1.02	672
			1	1.002	67.2
			10	1.0002	6.72
			100	1.0002	0.67
固态 Al_2O_3	2123	905	0.1	1.02	361.9
			1	1.002	36.2
			10	1.0002	3.62

由式（6.12）及式（6.13）可见，颗粒的曲率半径越小，其饱和蒸气压也就越大。表 6.4 列出了一些物质的曲率对其相对蒸气压及压力差的影响。

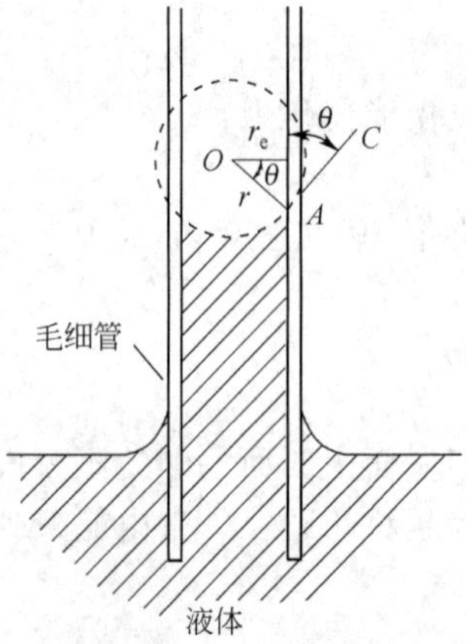

如果液体对毛细管的物质能很好地润湿，则管内液面将成凹形，即曲率半径为负（$r<0$）。此时管内液面上的饱和蒸气压将低于该液体成平面时的饱和蒸气压。因此对于平面尚未达到饱和的蒸气，对毛细管来说可能已达到了过饱和而凝聚成液体，这就是毛细管凝结。

这里必须指出，曲率半径并不等于毛细管半径，它们之间的关系由图 6.8 可见：

图 6.8　毛细管中液面曲率半径与
毛细管半径的关系图
r_e—毛细管半径；r—毛细管中液面曲率半径；
θ—边界角，即在液面与管壁接触点上的
液面切线与管壁的夹角

$$\cos\theta = \frac{r_e}{r}$$

式中，r 为毛细管中液面的曲率半径，cm；r_e 为毛细管半径，cm。

将此值代入开尔文方程得：

$$\ln\frac{p}{p_0} = \frac{2\gamma M}{\rho RT} \times \frac{\cos\theta}{r_e} \tag{6.14}$$

它是描述毛细管半径与蒸气压下降之间关系的方程。粉体的颗粒半径越小，由它堆积而形成的毛细管也越小，毛细管中的蒸气压下降也越大。因此在陶瓷坯体中易出现毛细管凝结。

6.3.2　熔点和溶解度

由于微粒的饱和蒸气压上升，必然导致微小晶体的熔点下降，溶解度增加。

6.3.2.1　熔点

微小晶粒的缺陷多（包括表面缺陷和内部缺陷），能量高，因此要破坏其晶格所必须给予的能量相对来说较低，故熔点下降。现在比较一下大颗粒的晶体与微粒晶体熔点的差异。

设大晶粒在温度 T 下与其熔体达到平衡，温度 T 实为大晶粒的熔点。此时若有 1g 的物质自熔体中析出，且忽略这一析晶过程中所引起大晶粒表面积的变化，那么在平衡相转变过

程中：
$$\Delta G_T = 0 \tag{6.15}$$

又设微晶体在温度 t 下与其熔体达到平衡，温度 t 实为小晶粒的熔点。设有少量物质 dm 由熔体转变到小晶粒表面上，这时必须考虑到小晶粒表面积增加量 ds。对于微晶粒体系，其自由能变化 ΔG_t 应包括体系内部自由能的变化 $dm\Delta G_t$ 和由于表面积增加导致自由能的变化 γds 这两部分。

所以
$$dG_t = dm\Delta G_t + \gamma ds$$

在平衡相转变过程中，$dG_t = 0$。

所以
$$dm\Delta G_t + \gamma ds = 0 \tag{6.16}$$

设结晶相的密度为 ρ，单位为 kg/m^3，则有：
$$m = V\rho = \frac{4}{3}\pi r^3 \rho$$
$$dm = 4\pi r^2 dr\rho \tag{6.17}$$

又小晶粒的表面积增加为：
$$ds = d(4\pi r^2) = 8\pi r dr \tag{6.18}$$

将式（6.17）及式（6.18）代入式（6.16）得：
$$4\pi r^2 dr\rho\Delta G_t + \gamma \times 8\pi r dr = 0$$

整理为
$$r\rho\Delta G_t = -2\gamma \tag{6.19}$$

应用吉布斯-赫姆荷茨方程可求得 ΔG_t 和 ΔG_T 的关系，即
$$\left[\frac{\partial(\Delta G)}{\partial T}\right]_\rho = -\Delta S$$

在恒压条件下
$$d(\Delta G) = -\Delta S dT$$

在 T-t 范围内积分
$$\int_T^t d(\Delta G) = \int_T^t -\Delta S dT$$

若 ΔS 与温度无关，则 $\Delta G_t - \Delta G_T = -\Delta S(t-T)$。

将式（6.15）代入：
$$\Delta G_t = -\Delta S(t-T) \tag{6.20}$$

又在相变过程中，从熔体析出每克晶相的熵变 ΔS 为：
$$\Delta S = \frac{Q_{结晶}}{MT}$$

式中，$Q_{结晶}$ 为摩尔结晶潜热，J/mol；M 为相对分子质量；T 为相变温度，K。

因为 $Q_{结晶} = -Q_{熔融}$，所以：
$$\Delta S = -\frac{Q_{熔融}}{MT} \tag{6.21}$$

将式（6.21）代入式（6.20）得：
$$\Delta G_t = \frac{Q_{熔融}}{MT}(t-T) \tag{6.22}$$

再将式（6.22）代回式（6.19）得：
$$r\rho\frac{Q_{熔融}}{MT}(t-T) = -2\gamma$$
$$(T-t)\frac{r\rho Q_{熔融}}{MT} = 2\gamma$$
$$\Delta T = \frac{2\gamma MT}{r\rho Q_{熔融}} \tag{6.23}$$

这就是晶粒大小对其熔点影响的关系式。从式中可见，微小晶粒熔点下降 ΔT 与晶粒半

径 r、晶体密度 ρ 及熔融潜热 $Q_{熔融}$ 成反比，而与晶体的表面张力 γ、物质的相对分子质量 M 及正常大晶粒的熔点 T 成正比。晶粒越细，其熔点下降越大，因而熔点也越低。

例题 粉碎成半径为 $10\mu m$ 与 $0.1\mu m$ 颗粒的萤石，试计算其熔点的降低。萤石的熔点 $T=1633K$，表面张力 $\gamma=1.019J/m^2$，相对分子质量 $M=78$，$Q_{熔融}=25.94kJ/mol$，$\rho=3.18\times10^6 g/cm^3$。

解：对于半径为 $10\mu m$ 的颗粒，代入式（6.23），得

$$\Delta T = \frac{2\times1019\times7.8\times1633}{0.001\times3.18\times6200\times4.18\times10^7} = 0.3(K)$$

对于半径为 $0.1\mu m$ 颗粒，同样可得 $\Delta T=30K$，比较两值，可看出 $0.1\mu m$ 的萤石熔点降低达 $30K$，可见其影响之大。

6.3.2.2 溶解度

固体的溶解过程实际上是固体表面的分子（离子）离开固体进入液体的过程。微晶粒表面的能量较高，活性较大，易进入到液体中去。从热力学观点来看，在溶解开始时，固体的自由能比液体的大，所以固体不断溶于液体中。与此同时，溶液浓度不断增加，自由能也不断增加。最后当固体与溶液的自由能达到相等时，溶解停止，此时得到饱和溶液。微晶粒的自由能较高，因而与它平衡的溶液自由能也较高，故必然导致相应的溶液浓度升高，也就是其溶解度增加。晶粒大小和溶解度之间的关系可用下式表示：

$$(1-a+na)\frac{RT}{M}\ln\frac{c}{c_\infty} = \frac{2\gamma}{\rho r} \tag{6.24}$$

式中，c 为半径为 r 的晶粒的溶解度，g/m^2；c_∞ 为大晶体的溶解度，g/m^2；a 为晶体分子的离解度；n 为分子离解出来的个数；γ 为晶相与液相的界面能，J/m^2；M 为溶质相对分子质量，g/mol；R 为气体通用常数，$J/(mol \cdot K)$；T 为溶解时的温度（绝对温度），K；ρ 为晶粒的密度，g/m^3。

由于微晶粒的熔点下降，溶解度上升，所以它在熔体或溶液中难以稳定存在。若要使它能稳定存在，就必须要达到更低的温度和更高的过饱和度，这就是从熔体或溶液中析晶的过冷却和过饱和条件。

6.3.3 反应能力及表面化学反应

细颗粒的物体比一般的物体具有更高的反应能力和烧结活性。这不仅是由于它很大的比表面积，因而具有大的表面能，而且也由于各种原因（如粉碎时机械力的冲击等），使颗粒内部结构发生歪曲、变形、缺陷数增多和内应力增大等。这一切都会导致晶格的活化，从而使其反应能力增加。例如，用 $BaCO_3$ 和 TiO_2（锐钛矿）合成 $BaTiO_3$ 瓷料时（固相反应），先将混合粉末经研磨处理，以达到混合均匀和破坏晶格结构、增大活性的目的。随着混磨时间的增加，开始生成 $BaTiO_3$ 的温度和生成 $100\%BaTiO_3$（即反应完全）的温度均下降。其影响如图 6.9 所示，在同一反应温度下，研磨时间越长，产率越高。有时甚至在混合细磨时，就已生成一些产物。如石英和方解石同时混合粉碎，发现有硅酸钙生成。

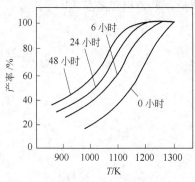

图 6.9 $BaCO_3$ 和 TiO_2 混合粉碎时，反应温度对产率的影响

反应物颗粒的大小直接影响到固相反应速率常数。表 6.5 列出在 $1113K$ 下进行 $BaCO_3 + SiO_2$ 反应的颗粒半径与反应速率常数之间的关系。

表 6.5　1113K 下进行 BaCO₃＋SiO₂ 反应颗粒半径与反应速率常数关系

石英颗粒半径 r/mm	$1/r^2$	$\kappa \times 10^6$	石英颗粒半径 r/mm	$1/r^2$	$\kappa \times 10^6$
0.153	43	5.7	0.053	357	42.3
0.086	135	16.2	0.036	770	96.0

由此可见，颗粒半径越小，反应速率越快，且反应速率常数 κ 与 $\dfrac{1}{r^2}$ 成比例。

由于细颗粒的比表面很大，而表面上的分子、原子和离子的活性较大，因此往往在新鲜的颗粒表面上发生化学反应——表面化学反应。特别是当颗粒粉碎到比表面积达 $1m^2/g$ 以上时，这一现象更不容忽略。

例如，把 $CaCO_3$ 粉碎，在所形成的表面上产生局部电荷过剩。当有少量的水存在时，阳离子就会和氢氧基结合，阴离子和氢离子结合成不稳定状态并放出 CO_2，使表面呈碱性。其表面反应过程如下：

$$CaCO_3 \xrightarrow{\text{破碎}} Ca^{2+} + CO_3^{2-}$$
$$Ca^{2+} + 2H_2O \longrightarrow Ca(OH)_2 + 2H^+ \tag{6.25}$$
$$CO_3^{2-} + 2H^+ \longrightarrow H_2CO_3 \longrightarrow CO_2 + H_2O$$

此外，颗粒表面还可以发生离子交换反应而使颗粒带电。例如，粉碎高岭石形成新表面时，可能 Si—O 键及 Al—O 键发生断裂，形成如图 6.10 这样的不饱和键。一方面产生正电荷的 Si^{4+} 和 Al^{3+} 的电场；另一方面产生负电荷的 O^{2-} 电场。它们强烈地作用于分散介质，特别是吸引 H^+ 和 OH^- 时可形成表面过渡化合物。其形式可能是：

$$Si^{(4-n)+} \cdots\cdots OH^- \qquad \text{①}$$
$$Al^{(3-n)+} \cdots\cdots OH^- \qquad \text{②}$$
$$O^{(2-n)-} \cdots\cdots H^+ \qquad \text{③}$$

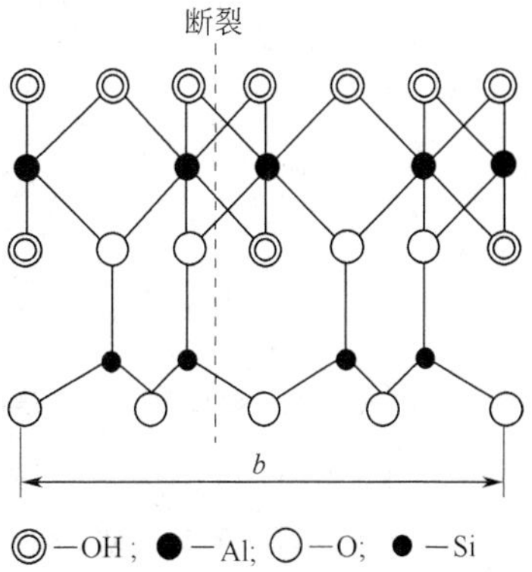

这些表面过渡化合物易与其他离子发生交换反应。如在酸性溶液中，则只有②型的表面过渡化合物能发生如下的反应：

图 6.10　高岭土断裂处出现不饱和键

⊚—OH；●—Al；○—O；●—Si

$$Al^{(3-n)+} \cdots\cdots OH^- + H^+ \longrightarrow Al^{(3-n)+} \cdots\cdots + H_2O$$

使颗粒表面带正电荷。如在碱性溶液中，则①～③三种表面过渡化合物都能发生反应。

$$Si^{(4-n)+} \cdots\cdots O^{2-} \cdots\cdots H^+ + OH^- \longrightarrow Si^{(4-n)+} \cdots\cdots O^{2-} + H_2O$$
$$Al^{(3-n)+} \cdots\cdots O^{2-} \cdots\cdots H^+ + OH^- \longrightarrow Al^{(3-n)+} \cdots\cdots O^{2-} + H_2O$$
$$O^{(2-n)-} \cdots\cdots H^+ + OH^- \longrightarrow O^{(2-n)-} \cdots\cdots + H_2O$$

其结果使颗粒表面带负电荷。

由此可见，表面的离子交换反应会导致表面带不同电荷，而直接影响到粉体颗粒的分散性。

细微颗粒的反应能力的提高和表面易发生化学反应这种现象，必须给予足够的重视。细粉末的分散体在一定条件下与空气中的氧气发生反应，其反应速率有时甚至可达爆炸程度。如面粉厂、糖厂出现淀粉、糖粉的尘粒，是容易引起粉尘爆炸的地方。在制备金属陶瓷制品过程中，当生产金属相粉末时，由于颗粒细，所得的粉末很易在空气中氧化自燃，因此常充 CO_2 加以保护。

6.3.4　吸附与表面改性

6.3.4.1　吸附

吸附是表面一种重要的性质。由于表面上粒子处在力场不平衡状态，能量较高，它有自发地减少表面自由能的趋势。这有两种途径，一种是减少其比表面积，如对液滴来说它可以通过改变界面的形状或分散度来实现；另一种是降低比表面能，这就需要改变界面的性质，吸附就可以使界面性质改变，降低比表面能。吸附的过程是自由能降低的过程，因而也必然是自发的过程。当颗粒产生一个新的表面时，它是无法将这种表面结构保持下去的，除非它处在真空中，否则它就必然要吸附空气中的水分子或介质中的离子，使表面形成吸附层而处于较稳定的状态。因此，长时期暴露于大气中的表面，其活性必然下降。图 6.11 描述了三种典型表面吸附后的情况。

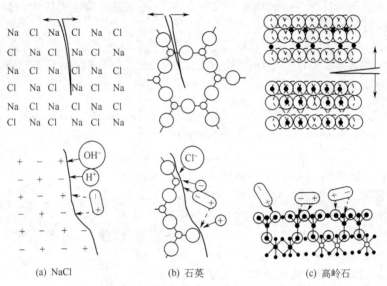

图 6.11　表面吸附的三种类型
(a) 离子键结构的 NaCl 晶体　(b) 共价键结构的石英　(c) 范德瓦尔斯力结合的高岭石

图 6.11 中（a）是离子键结构的氯化钠晶体，当它形成新表面时，出现了剩余价键的不饱和力。它可以用价键力吸附相应的正、负离子而形成化学吸附（图中用实线表示），也可以吸附极性分子而形成物理吸附（图中用虚线表示）。图（b）是共价键结构的石英。当它形成新表面时，也同样出现剩余价键力，可以吸附相应的离子或极性分子而呈化学吸附或物理吸附。图（c）是高岭石晶体，当它沿着层间破裂时，出现的不饱和力是范德瓦尔斯力，因此在其表面上只能发生物理吸附。

当吸附发生时，晶体的表面结构会相应发生变化，以适应新的情况，达到最低的能量状态。主要的结构变化包括以下几个方面。

（1）吸附物引起的弛豫　在一个表面上的化学吸附改变了表面原子的化学环境，因此也就影响了表面的结构。特别地，在吸附时，由于衬底表面原子向理想块体点阵位置方向移动回来，因此任何清洁表面的弛豫一般说来都会因为吸附而降低，更深原子层间距的弛豫也常常因为吸附而降低。如在 Ni 的（110）表面典型情况下，最外层间距相对于块体值收缩大约 10%，在发生吸附时，这种收缩减少到小于 3%～4%。

（2）吸附物引起的重构　吸附原子可能以多种方式引起表面的重构。一种温和的方式是吸附发生时，衬底原子向各个方向进行很小的位移，并借此改变衬底的单胞，称为吸附诱导的位移型局部重构。如碳和氮在 Ni(100) 表面的吸附。吸附原子可能使衬底原子发生位移以提供更好的吸附物衬底键合，局部位移都在同一个数量级，最多为一纳米的百分之几。另外原子的化学吸附消除已有的重构，吸附物在原来未发生重构的表面一起重构以及吸附物改变重构的例子也屡见不鲜。

（3）形成化合物和表面偏聚 通过吸附形成化合物时，发生一种类似块体化合物的重构。不断引入吸附原子也许有可能形成具有块体化合物三维点阵的厚膜，这种行为是金属表面氧化、碳化物形成以及表面合金化的共同特征。吸附物也可能在多组元系统中引起较大的表面成分变化，即产生表面偏聚，这种变化涉及垂直于表面方向的原子扩散，以及由此引起的键的破裂和新键生成。在合金元素之间的化学吸附键能差别很大时，特别容易出现这种现象。

6.3.4.2 表面改性

由于化学或物理吸附作用，表面往往吸附周围的介质而形成一层薄膜，导致其表面的性质发生变化。能够降低其表面能的物质，称为表面活性物质。从结构上来看，表面活性物质都由两种基团组成，一是极性基团如羧基—COOH、羟基—OH、磺酸钠基—SO_3Na、醛基—CHO 等；另一种是非极性基团如烃链、碳环等。极性基团亲极性介质，如对水的吸引力大，容易水化。非极性基团亲非极性介质，或称为亲油，是憎水的。表面活性物质的这种二亲结构：一端亲水、一端亲油，使得它吸附在颗粒的表面上能够改变表面性质。

表面的改性可以强化粉碎过程。表面活性物质能够使表面能降低，也就是说它的存在能够使产生新表面所耗费的功减少，因而强化了粉碎过程，起到助磨作用（或起到减硬作用）。第一，在一切的实际固体中都存在着固有的微细裂缝。不规则分布的微细裂缝之间的平均距离为 $0.01\sim0.1\mu m$，即平均相隔几百个原子大小。固体的粉碎是微裂缝的形成和扩大的过程。在一般情况下，固体因受到各种力的作用会产生新的裂缝。但这些力一旦消除，由于新表面上的剩余价键力及分子间力的作用，微裂缝会自行愈合。要经过多次的作用才能使微裂缝扩大而破裂，这就是疲劳破裂。但是当有表面活性物质存在时，由于润湿作用和吸附作用，它可以进入到固体的微细裂缝中，一方面将新微细裂缝的表面覆盖，使它难以重新愈合。另一方面它进入裂缝深处，对裂缝产生挤压的"劈裂作用"。这种作用就像在裂缝中打进一个"楔子"，从而强化了粉碎过程，如图 6.12。第二，由于表面活性物质能被吸附在颗粒表面上，从而在颗粒表面上形成了一层均匀的薄膜，这一层薄膜一方面起到润滑的作用，使颗粒均匀分布于研磨体中，另一方面它能够阻止微小粒子在分子内聚力的作用下形成聚集体，因而提高研磨效率。例如，在 Al_2O_3 研磨中，加入百分之零点几的表面活性物质，如油酸、三乙醇胺、硅油等都能提高研磨效率，强化粉碎过程。

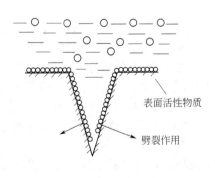

图 6.12 表面活性物质的劈裂作用

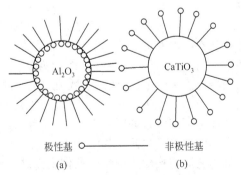

极性基 ○————— 非极性基

（a）　　　　　　　　（b）

图 6.13 粉体表面改性
(a) 油酸对 Al_2O_3 作用；(b) 烷基苯磺酸对 $CaTiO_3$ 作用

表面的改性还可以提高粉体的成型性能。在陶瓷生产中，瓷料有些是亲水的，有些是亲油的。对于亲水的颗粒，要与非极性的成型剂混合成型时就显得困难。同样对于亲油的颗粒，要与极性的成型剂混合成型时也变得困难。在这样的情况下，必须将颗粒表面进行改性，以提高其成型性能。如 Al_2O_3 表面是亲水的（一般硅酸盐和氧化物都是这样的），当用非极性的石蜡作为成型剂时，它们难以相互作用。但当加入少量油酸：

$$CH_3—(CH_2)_7—CH═CH—(CH_2)_7—COOH$$

由于油酸一端为极性基，另一端为非极性基。极性基的一端与亲水的 Al_2O_3 作用，而另一端则竖立于颗粒表面外并伸入到石蜡中，就使 Al_2O_3 颗粒表面被油酸所包围，而外表面为非极性基所覆盖，如图 6.13(a)。这样就使得 Al_2O_3 颗粒由亲水性变为亲油性，使粉料具有更好的成型性。但对于钛酸钙（$CaTiO_3$）粉料，因它是亲油的，故当它以水作为成型剂时，也必须加入表面活性物质对它进行表面改性。如加入烷基苯磺酸钠：

$$RCH_2—CH——SO_3Na$$

则其非极性基就会吸附在 $CaTiO_3$ 表面上，而极性基伸入水中，使 $CaTiO_3$ 颗粒表面被覆盖了一层烷基苯磺酸钠，而外表面为极性基所遮盖，这样使得 $CaTiO_3$ 由亲油变成亲水。

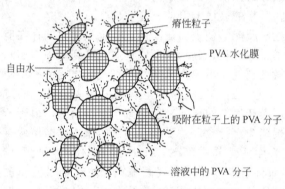

图 6.14　高分子改性瘠性粉体示意图

表面改性还可以增加瘠性粉料的可塑性。特种陶瓷粉料多数为瘠性物质，为了赋予其可塑性，常加入有机高分子塑化剂。因为它们既是亲水的，又是极性的，所以这种分子在水溶液中能生成水化膜。而且这种分子连同其水化膜能被陶瓷粉料颗粒牢固地吸附在表面上。这样瘠性粉料颗粒表面上不但有了一层厚厚的水化膜，而且又有了一层黏性很大的高分子，如图 6.14。由于这种高分子是蜷曲的线型分子，所以能把松散的瘠性粉料黏结在一起。又由于有水膜存在，使泥料在外力作用下，颗粒能发生相对位移。外力消除后，蜷曲的线形高分子又重新将它固定下来。因而使瘠性粉料具有可塑性。

6.3.5　润湿和相分布

6.3.5.1　润湿

表面能和界面能之间的相互关系在很大程度上确定了液体在固体表面上的润湿行为和多相混合中相的形状。

当在某固体表面滴上一液滴时，它将是什么形状？从能量观点来看，在固体表面上液滴的平衡状态必然对应于它总的界面能最小的状态。而这一组物质存在着三个界面及其相应的界面能：固-液界面，相应的界面能为 γ_{SL}；固-气界面，相应的界面能为 γ_{SV}；液-气界面，相应的界面能为 γ_{LV}。如果 γ_{SL} 数值很大，则液滴趋向于成为球形，这就使接触面积尽可能地小，如图 6.15(a)。相反，如果 γ_{SV} 的数值很大，则液体趋向于尽可能覆盖于固体表面上，使接触面尽可能大，如图 6.15(c)。如果 γ_{SV} 的值介于上述两种极端情况之间，则液滴形状介于上述两种形状之间，如图 6.15(b)。

固体表面与接触点上切于液体表面之间的夹角称为润湿角，如图 6.15 中的 θ 角。它可以在 $0°\sim180°$ 范围内变化。其大小符合于能量最低条件。如图 6.16 所示是在界面上的一液滴，其接触点 A 上同时作用着几个力，按照力的平衡原理，必然有：

$$\gamma_{LV}\cos\theta + \gamma_{SL} = \gamma_{SV} \tag{6.26}$$

这时物系所处的能量最低。把 $\theta=90°$ 作为润湿与不润湿的分界线。当 $\theta>90°$ 时，液体在毛细管中下降，为不润湿。当 $\theta<90°$ 时，液体在毛细管中上升，为润湿。当 $\theta=0°$ 时，液体完全覆盖在液体表面上。

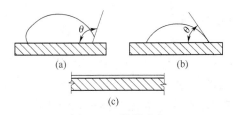

图 6.15 润湿现象

图中：θ—湿润角

(a) θ>90°，不润湿；(b) θ<90°，润湿；

(c) θ=0°，液体展布于固体表面

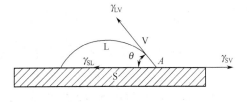

图 6.16 表面润湿力的平衡图

由式（6.26）可得：

$$\cos\theta = \frac{\gamma_{SV} - \gamma_{SL}}{\gamma_{LV}} \qquad (6.27)$$

可见液体对固体润湿与否，即 θ 角的大小取决于它们的界面能的相对大小。当 $\gamma_{SV} - \gamma_{SL} = \gamma_{LV}$ 时，$\cos\theta = 1$，即 θ=0°，即为图 6.15(c) 的情况；当 $\gamma_{LV} > (\gamma_{SV} - \gamma_{SL}) > 0$ 时，$\cos\theta$ 在 0～1 之间，θ 值在 0°～90° 之间，为图 6.15(b) 的情况；当 $(\gamma_{SV} - \gamma_{SL}) < 0$ 时，则 $\cos\theta < 0$，θ>90° 是图 6.15(a) 的情况。

润湿现象实际上要比上面的理论分析更为复杂。因为润湿过程中相的组成通常是变化的。开始时是单纯接触，但到最后已经是相互饱和的相之间的接触。接触相组成的改变，就会引起它们界面张力的改变，从而导致润湿情况的改变。因而要改善润湿情况可以从改变液相的组成来达到。

润湿在陶瓷生产中是重要的。为了能够使釉均匀地覆盖于陶瓷制品上，要求高温下的釉液对陶瓷坯体是充分润湿的。但是在耐火材料中，则要求矿渣熔体对它不润湿，否则矿渣熔体很易渗入耐火材料中去，发生化学反应及引起熔蚀，因而缩短其使用寿命。在金属陶瓷中则要求金属相对于陶瓷相有良好的润湿性，这样有利于提高强度，改善脆性和抗冲击性能。

6.3.5.2 相分布

上面叙述了固相与液相的接触情况，至于两固相接触的情况也是重要的。例如，对平均粒径为 2μm 的多晶陶瓷来说，晶界的体积几乎占总体积的一半以上，对多晶陶瓷有着显著的影响。两个晶相的界面正像固-液界面一样，在升高温度和维持足够长的时间后获得平衡状态，此时能量最低。平衡时晶界的形状也依赖于它们界面能的相对数值。对于晶粒与气相接触的情况，如图 6.17(a)。按照力的平衡原理，相的形状必符合下面的方程：

$$\gamma_{SS} = 2\gamma_{SV}\cos\frac{\varphi}{2} \qquad (6.28)$$

式中，φ 为面间角。

如果晶体与液体存在着平衡，则如图 6.17(b)。各相的形状必符合下面的方程：

$$\cos\frac{\varphi}{2} = \frac{1}{2} \times \frac{\gamma_{SS}}{\gamma_{SL}} \qquad (6.29)$$

由式（6.29）可见，当固-液或固-固界面能发生变化时，相应的面间角也随之发生变化。当 $\gamma_{SS} < \gamma_{SL}$ 时，则 $\cos\varphi < \frac{1}{2}$，$\varphi > 120°$。这时液相不会渗入到晶界中去，而是在晶粒接触点外以杂

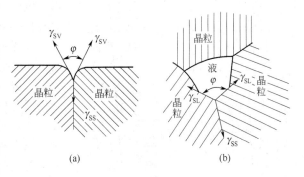

图 6.17 晶粒界面的形状

(a) 固-固-气接触；(b) 固-固-液接触

φ—面间角

167

质的形式单独存在；当 γ_{SS}/γ_{SL} 的比值在 $1\sim\sqrt{3}$ 之间时，$\cos\dfrac{\varphi}{2}=\dfrac{1}{2}\sim\dfrac{\sqrt{3}}{2}$，$\varphi$ 在 $120°$ 到 $60°$ 之间变化。此时液相局部地沿着晶粒界面渗入；当 $\gamma_{SS}/\gamma_{SL}>\sqrt{3}$ 时，$\cos\dfrac{\varphi}{2}>\dfrac{\sqrt{3}}{2}$，所以 $\varphi<60°$，此时液相可以沿着晶粒间的所有界面渗入，在其接触点处形成了三角晶棱，当 $\gamma_{SS}/\gamma_{SL}\geqslant2$ 时，$\varphi=0°$。此时所有固相晶粒界面完全由液相充满，晶粒完全被液相隔离，液相形成连续相，晶相分散在其中。如图 6.18 所示为上述各种类型的两相分布类型。

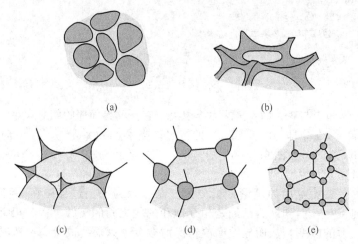

(a)   (b)

(c)   (d)   (e)

图 6.18　不同面间角值的两相分布类型

φ—面间角

(a) $\varphi=0°$；(b) $\varphi=45°$；(c) $\varphi=90°$；(d) $\varphi=135°$；(e) $\varphi=135°$

6.4　晶界

在材料科学中，大多数材料是以多晶体的形式使用的，这种情况不仅对金属是真实的，对陶瓷和高分子材料也是真实的，只有半导体经常以单晶的形式使用。不同的晶粒之间的界面，或更广义地说，不同相之间的界面在各种材料的性能上起着重要的决定性的作用。例如，在 20 世纪 60 年代初期，通过强有力地控制晶粒大小、界面的化学成分及金属中非金属夹杂物，钢的韧性和强度发生了非常显著的改进。

6.4.1　晶界的分类

晶界的结构有两种分类方法，一种根据相邻两个晶粒取向角度偏差的大小分为角度晶界和大角度晶界；另一种根据晶界两边原子排列的连贯性来分为连贯晶界和非连贯晶界。

6.4.1.1　小角度晶界和大角度晶界

根据相邻两个晶粒取向角度偏差的大小把晶界简单地分成小角度晶界和大角度晶界两种类型。图 6.19 是小角度晶界的示意图，图中 θ 角是倾斜角，通常是 $2°\sim3°$。可以看出，小角度晶界可以看作是由一系列刃型位错排列而成的。为了填补相

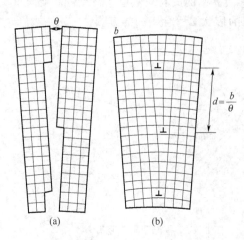

(a)   (b)

图 6.19　小角度晶界

(a) 典型小角度晶界；(b) 相当于一列刃型位错

邻两个晶粒取向之间的偏差，使原子的排列尽量接近原来的完整晶格，每隔几行就插入一片原子，这样小角度晶界就成为一系列平行排列的刃位错。如果原子间距为 b，则每隔 $d = \dfrac{b}{\theta}$，就可以插入一片原子，因此小角度晶界上位错的间距应当是 d。图 6.19（b）是小角度晶界的另一种可能结构。

一般认为，在多晶体中，晶粒完全无序地排列就可能生成大角度晶界。在这种晶界中，原子的排列接近于无序的状态。如果同样认为是一种刃位错的排列，那么在这种排列中位错的间距只有一两个原子的大小，这种模型已经失去意义。图 6.20 是大角度晶界的示意图。

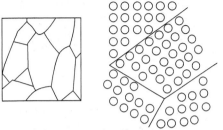

图 6.20　大角度晶界

另外一种晶界结构是两相邻晶粒在某种方向上，共有部分晶格位置形成共格晶界。在这种共格晶界两边的原子，做镜像对称排列，实际上是一种双晶。当金属镁在空气中燃烧生成氧化镁时，就会出现这种双晶。由于 MgO 和 NaCl 这样的离子晶体可能的共格晶界倾斜度为 36.8°（310）孪晶。图 6.21 是这种晶界的结构。

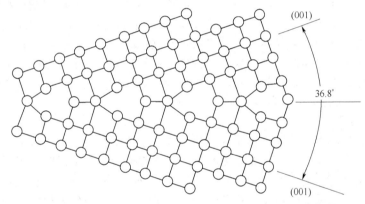

图 6.21　NaCl 或 MgO 中可能的 36.8 倾斜晶界（310）孪晶

6.4.1.2　连贯晶界和非连贯晶界

另一种分类是根据晶界两边原子排列的连贯性来划分的，第一种叫连贯晶界（coherent boundary）。如果两个晶体结构相似，方向也接近，两个晶体之间的晶界容易属于这种连贯边界，在这种界面上的原子连续地越过边界。例如，当氢氧化镁分解生成氧化镁时 $[Mg(OH)_2 \longrightarrow MgO + H_2O]$ 就生成了这种边界。在这种氧化物的生成过程中，氧的密堆积晶面是由与其相似的氢氧晶面演化来的，如图 6.22。因为当从原来的 $Mg(OH)_2$ 结构的区域转变到 MgO 结构的区域时，阳离子晶面是连续的。可是，两个类型的区域中的面间距 c_1 和 c_2 是不同的。晶面间距的不相配度用 $\dfrac{c_2 - c_1}{c_1} = \delta$ 来定义。两个区域的晶面间隔不同，为了保持晶面的连续，必须有其中的一个相或两个相发生弹性应变，或通过引入位错而达到。这样两个相的相邻区域的尺寸大小才能变得一致。不相配度 δ 是弹性应变的一个量度，称为弹性应变。由于弹性应变的存在，系统的能量增大。系统能量与 $c\delta^2$ 成比例，式中，c 是一个常数。系统的能量与结构的不相配度 δ 的函数关系如图 6.23。另外一种类型的晶界叫半连贯边界。最简单的一种认为只有晶面间距 c_1 小的一个相发生应变，弹性应变可以由引入半个原子晶面进入应变相而下降，这样就生成所谓界面位错。位错的引入，使在位错线附近发生局部的晶格畸变，显然晶体的能量也增加。

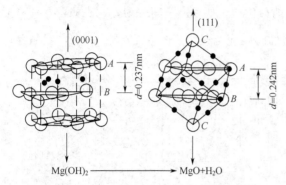

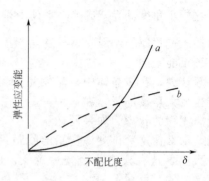

图 6.22 氧化镁和氢氧化镁之间的结晶学关系　　图 6.23　储藏的应变能 w 与两个相邻晶相的结构
不配比度 δ 的函数关系

a—连贯边界；b—含有界面位错半连贯边界

晶界能与 δ 的关系如图 6.23 中的虚线所示，在同样的不相配度 δ 下，引入晶面位错所引起的能量增加要比结构的弹性变形引起的能量增加小，因此引入界面位错在能量上更加有利。在结构上差别很大的固相之间，不可能形成连贯的晶界，而且必定是一种畸变的原子排列。一些原子占据每一个相邻晶体中原子位置之间的中间位置，这样的晶界称为非连贯晶界。用烧结方法得到的陶瓷多晶体，绝大多数具有这样的典型结构。因为在制造过程中，同样组成结构的晶粒相互之间是完全无秩序的排列。这种边界上原子分布的"杂乱无章"的性质使得非连贯晶界的能量难以正确估计。

6.4.2　陶瓷表界面的特征和行为

6.4.2.1　晶界应力

陶瓷多晶体如果由两种不同热膨胀的晶相组成，当烧结至某一高温状态下时，这两个相之间完全密合接触，基本处于一种无应力状态。但当它们冷却至室温时，有可能在晶界上出现裂纹。对于单相材料，例如石英、氧化铝、TiO_2、石墨等，由于不同结晶方向上的热膨胀系数不同，也会产生类似的现象。石英岩是一种玻璃的原料，作为粉碎过程的第一步，就是对石英岩进行煅烧，利用相变和热膨胀产生的晶界应力，使其变得松脆。在大晶粒的氧化铝中，晶界应力可以产生裂纹或晶界分离。显然，晶界应力的存在，对于多晶材料的力学性质、光学性质及电学性质都会产生强烈的影响。

用一个由两种膨胀系数不同的材料组成的层状复合体来说明晶界应力的产生。设两种材料的膨胀系数为 α_1、α_2；弹性模量为 E_1、E_2；泊松比为 μ_1、μ_2。按照图 6.24 的模型组合。

图 6.24(a) 表示在高温下的一种状态，两个相长短相同，并结合在一起。假设这种情况是一种无应力状态，冷却后有两种情况。图 6.24(b) 表示在低于 T_0 的某一温度下，两个相自由收缩到各自的平衡状态。因为是一个无应力状态，这种状态相当于晶界发生完全分离。图 6.24(c) 表示同样在低于 T_0 的温度 T 下，两个相都发生收缩，但晶界应力不足以使晶界发生分离，处于有应力的平衡状态。当温度从 T_0 变到 T_1 时，温度差为 $T_1-T_0=\Delta T$，第一种材料要膨胀变形，其值 $\varepsilon_1=\alpha_1\Delta T$，同时，第二种材料要膨胀，$\varepsilon_2=\alpha_2\Delta T$，而 $\varepsilon_1\neq\varepsilon_2$，因此，如果不发生分离，即处于图 (c) 所示的状态，集合体必须取一个中间膨胀的数值。在复合体中一种材料的净拉力等于另一种材料的净拉力，两者平衡。设 σ_1 和 σ_2 为两个相的线膨胀引起的应力，V_1 和 V_2 为体积分数（等于截面积分数），如果 $E_1=E_2$，$\mu_1=\mu_2$，$\alpha_1-\alpha_2=\Delta\alpha$，则两种相的热应变差为：

$$\varepsilon_1-\varepsilon_2=\Delta\alpha\Delta T \tag{6.30}$$

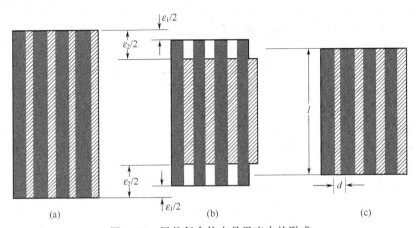

图 6.24　层状复合体中晶界应力的形成

（a）高温下；（b）冷却后无应力状态；（c）冷却后层与层依然结合在一起

第一相的应力为

$$\sigma_1 = \left(\frac{E}{1-\mu}\right) V_2 \Delta\alpha\Delta T \tag{6.31}$$

这种力经过晶界传给一个单层的力，为 $\sigma_1 A_1 = -\sigma_2 A_2$，式中，$A_1$、$A_2$ 分别为第一、第二相的晶界面积，合力 $\sigma_1 A_1 + \sigma_2 A_2$ 产生一个平均晶界剪切力 $\tau_{\text{平均}}$。

$$\tau_{\text{平均}} = \frac{(\sigma_1 A_1)_{\text{平均}}}{S}$$

式中，S 为局部的晶界面积。

对于层状复合体的晶界面积与 V/d 成正比。d 为箔片的厚度，V 为箔片的体积，层状复合体的剪切应力为：

$$\tau \approx \frac{\dfrac{V_1 E_1}{1-\mu_1} \times \dfrac{V_2 E_2}{1-\mu_2}}{\dfrac{E_1 V_1}{1-\mu_1} \times \dfrac{E_2 V_2}{1-\mu_2}} \Delta\alpha\Delta T \frac{d}{L} \tag{6.32}$$

因为对于具体系统，E、μ、V 是一定的，所以上式可改写为：

$$\tau = K\Delta\alpha\Delta T \frac{d}{L} \tag{6.33}$$

从这个式子可以看到，晶界应力与热膨胀系数差、温度变化及厚度成正比。如果晶体热膨胀是各向同性的，$\Delta\alpha = 0$，晶界应力不会发生。如果产生晶界应力，则厚度越大，应力也越大。通常晶粒越大，陶瓷的强度也越差，抗热冲击性也差，这与晶界应力的存在有关。

在三维的等轴晶粒结构中，由于晶界的剪应力的分数比层状物中的要小，这是因为晶界正应力的作用也开始重要起来。对于一个球形粒子处于无限的基体中这样的简单情况，该球受到均匀的等静压力。

上述晶界应力对决定多晶陶瓷的许多性质是重要的。通常发现，对于像细瓷这种具有不同热膨胀系数的组分的试样，或者像氧化铝那样具有各向异性膨胀的单相试样，其应力之大足以导致裂纹产生并可使晶粒分离。虽然应力与晶粒尺寸无关，如式（6.33）所示，但自发的裂纹主要发生于大晶粒的试样中，因为内应变能的降低与颗粒尺寸的立方成比例，而由断裂引起的表面能增加却与颗粒尺寸的平方成比例。这些晶界的分离意味着大晶粒制品由于大的晶界应力而脆弱，通常其物理性能也较差。

6.4.2.2　晶界电位及空间电荷

弗仑克尔及列霍维克（Lehovec）首先指出，在热力学平衡时离子晶体的表面和晶界由于有过剩的同号离子而带有一种电荷，这种电荷正好被晶界邻近的异号空间电荷云所抵消。对于纯的材料来说，若在晶界上形成阳离子和阴离子的空位或填隙离子的能量不同，就会产生这种电荷；如果有不等价溶质存在，它会改变晶体的点阵缺陷浓度，那么晶界电荷的数量和符号也会改变。对于 NaCl 来说，形成阳离子空位所需的能量大概是形成阴离子空位所需能量的 2/3。可以把这一结果看成一种倾向，就是当加热时在晶界或其他空位源的地方（表面、位错）会产生带有有效负电荷的过剩阳离子空位；所产生的空间电荷会减缓阳离子空位的进一步发生而加速阴离子空位的发生。平衡时（与设想的过程无关）在晶体体内是电中性的，但在晶界上带正电荷，这些电荷被电量相同而符号相反的空间负电荷云平衡，后者渗入到晶体内某个深度。

在像 NaCl 这样的晶体中，对于晶格离子和晶界互相作用而形成的空位，可写成：

$$Na_{Na} = Na_{晶界}· + V_{Na'} \tag{6.34}$$

$$Cl_{Cl} = Cl_{晶界'} + V_{Cl}· \tag{6.35}$$

在晶体的任一点阵位置的阳离子空位与阴离子空位数由生成内能（$gV_{M'}$、$gV_{X}·$），有效电荷 Z 及静电势 Φ 决定，即

$$[V_{M'}] = \exp\left(-\frac{gV_{M'} - Z_e\Phi}{KT}\right) \tag{6.36}$$

$$[V_{X}·] = \exp\left(-\frac{gV_{X}· + Z_e\Phi}{KT}\right) \tag{6.37}$$

在远离表面的地方，电中性要求 $[V_{M'}]_\infty = [V_{X}·]_\infty$，而空位浓度由总的生成能决定：

$$[V_{M'}]_\infty = [V_{X}·]_\infty = \exp\left(-\frac{1}{2} \times \frac{gV_{M'} + gV_{X}·}{KT}\right) \tag{6.38}$$

$$[V_{M'}]_\infty = \exp\left(-\frac{gV_{M'} - Z_e\Phi_\infty}{KT}\right) \tag{6.39}$$

$$[V_{X}·] = \exp\left(-\frac{gV_{X}· + Z_e\Phi_\infty}{KT}\right) \tag{6.40}$$

因而晶体内的静电势为：

$$Z_e\Phi_\infty = \frac{1}{2}(gV_{M'} - gV_{X}·) \tag{6.41}$$

而空间的扩展深度取决于介电常数，从晶界起这个深度的典型值为 2～10nm。对于 NaCl，估计 $gV_{M'} = 0.65eV$，$gV_{X}· = 1.21eV$，则得 $\Phi_\infty = -0.28eV$；对 MgO 相应的（可能是不正确的）估计值 $\Phi_\infty \approx -0.7eV$。可见，所讨论的静电势并不是无关紧要的。从物理意义上来说，这相当于（对 NaCl，$gV_{M'} < gV_{M}·$）在晶界上有过剩正离子，使晶界带正电，同时在空间电荷区有过剩的阳离子空位而缺少阴离子空位，如图 6.25。因此，甚至在最纯的材料中，晶界也需要晶体内部空位或间隙离子的平衡。当有浓度为 c_s 的不等价溶质存在时，例如，$CaCl_2$ 在 NaCl 中或 Al_2O_3 在 MgO 中，就形成附加的阳离子空位。在附加空位相对于热释空位具有高值的情况下，式（6.38）仍适用，而且可得：

$$\ln c_s \approx \ln[V_{M'}]_\infty = -\frac{gV_{M'}}{KT} + \frac{Z_e\Phi_\infty}{KT} \tag{6.42}$$

由式（6.42）可知，晶界静电势的符号和数值由溶质浓度及温度所决定。

对在 NaCl 中 $CaCl_2$ 这个典型例子来说，由不等价溶

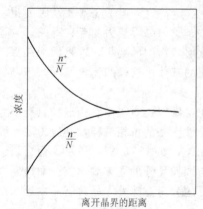

图 6.25　晶界空间电荷及带电缺陷浓度

质产生的空位浓度为：

$$CaCl_2 \xrightarrow{\text{NaCl}} Ca_{Na}{}^{\cdot} + V_{Na'} + 2Cl_{Cl}$$ (6.43)

结合肖特基平衡：

无缺陷态 $V_{Na'} + V_{Cl}{}^{\cdot}$ (6.44)

通过式（6.44）与式（6.34）及式（6.35），同样可以求出由式（6.42）所得的结果。当按式（6.44）添加钙使 $[V_{Na'}]$ 增加时，就使 $[V_{Cl}{}^{\cdot}]$ 减少，并按式（6.34）$[V_{Na'}]$ 的增加使 $[Na_{晶界}]$ 减少，而按式（6.35）$[V_{Cl}{}^{\cdot}]$ 的减少使 $[Cl_{晶界}]$ 增加，结果产生负的晶界电势（正的 Φ_∞）。

由于氧化物体系的热释点阵缺陷浓度低，晶界电势及有关的空间电荷由不等价溶质浓度决定（含 MgO 溶质的 Al_2O_3 晶界带正电，含 Al_2O_3 或 SiO_2 溶质的 MgO 晶界带负电）。

6.4.2.3 晶界的溶质偏析

利用近代分析技术的发展（如俄歇光谱仪）来分析断裂晶界附近的薄层，表明在晶界附近总是存在偏析，尤以缓慢冷却到室温的样品更明显，这结果与使用化学腐蚀后湿法分析化学组成得到的结果一致。其形成原因有两个，其一为晶界电位与空间电荷，如上所述，晶界区点阵缺陷浓度和不等价溶质的浓度不同于晶体内部；其二为晶界的应力场也影响溶质的分布。氧化物陶瓷中溶质的浓度很小，部分是由于电中性的缘故，溶解的同时要求形成伴生的空位或填隙，这需要能量。而晶界区由于晶界应力存在一些畸变位，在这些位置加入溶质原子并伴生空位或填隙引起的附加应变能较小，导致溶质在晶界区偏析。

这种应力场效应可以认为是造成下列结果的原因：锰铁氧体中二氧化硅的淀析促进了氧化钙在晶界上的偏析。这种效应也可能是氧化铝中的偏析与晶粒的相对取向密切相关的原因。这种应力场效应对许多普通氧化物陶瓷，如氧化铝、氧化钛、氧化铍、氧化锆、莫来石和石英来说可能是重要的，这些氧化物的弹性常数和热膨胀系数的各向异性都是很显著的。

6.4.3 界面对陶瓷性能的影响和新材料的开发

6.4.3.1 PTC 热敏电阻陶瓷（thermistor ceramics）

热敏陶瓷（heat sensitive ceramics）是一类电阻率随温度发生明显变化的材料，用于制作温度传感器、线路温度补偿及稳频等的元件——热敏电阻。其优点是品种繁多，灵敏度高，稳定性好，容易制造，价格便宜。按照阻温特性，可把热敏陶瓷分为负温度系数 NTC、正温度系数 PTC、临界温度 CTR 热敏电阻及线性阻温特性热敏陶瓷等 4 大类。这里主要介绍晶粒、晶界状况和电性能对 $BaTiO_3$ PTC 热敏陶瓷的性能的影响。

PTC 热敏电阻陶瓷主要是掺杂 $BaTiO_3$ 系陶瓷。$BaTiO_3$ 陶瓷是铁电体，作为高容量电容器及压电陶瓷已广泛应用。然而，通过对 $BaTiO_3$ 进行掺杂，并控制烧结气氛（氧化气氛），可获得晶粒充分半导化，晶界具有适当电绝缘性的 PTC 热敏陶瓷。$BaTiO_3$ 陶瓷不仅可作为开关型或缓变型热敏陶瓷电阻，用来探测及控制某一特定温区或温度点的温度，也可以作为电流限制器使用。此外，根据其伏安特性（I-V 曲线）和电流时间变化特性（I-t 曲线），可用于定温加热器、彩电消磁电路、马达启动器（如冰箱启动器）和延时开关等。

（1）$BaTiO_3$ 陶瓷产生 PTC 效应的条件 $BaTiO_3$ 陶瓷是否具有 PTC 效应，完全由其晶粒和晶界的电性能决定，没有晶界的单晶不具有 PTC 效应。大量实验结果表明：晶粒和晶界都充分半导化及晶粒半导化而晶界或边界层充分绝缘化的 $BaTiO_3$ 陶瓷都不具有 PTC 效应，而只有晶粒充分半导化，晶界具有适当绝缘性的 $BaTiO_3$ 陶瓷才具有显著的 PTC 效应。

值得指出的是当陶瓷晶粒半导化，而晶界形成极薄的高绝缘层时，虽然材料无 PTC 效应，却具有极高的介电常数，利用这种性质，获得的高电容量陶瓷电容器称为粒界层陶瓷电容器，或者简称为 BL 电容器。

从 $BaTiO_3$ 半导化工艺来看,必须采用施主掺杂半导化技术,使晶粒充分半导化;采用氧化气氛烧结,使晶界及其附近氧化,呈现适当的电绝缘性。晶界氧化的原因在于晶界的结构缺陷为氧提供了快速通道,这一点可以从 $BaTiO_3$ 基半导体陶瓷 PTC 效应与烧结后的冷却速率的关系中看出,即冷却速率越快,PTC 特性越小,越慢;氧化越充分,PTC 效应越强。但是,当 $BaTiO_3$ 基料中混入较多的 CuO、MnO_2、Bi_2O_3、TiO_2 等金属氧化物时,过高温度和过长时间的烧结,会使处于晶界上的金属氧化物充分氧化。由于高价金属离子在晶界附近作为受主俘获半导化 $BaTiO_3$ 施主离子给出的电子,因而在晶界上形成一层极薄的高阻层,使 $BaTiO_3$ 陶瓷失去 PTC 效应,然而,这正是生产边界层电容器陶瓷的途径。

(2) $BaTiO_3$ 陶瓷晶粒的半导化　$BaTiO_3$ 陶瓷晶粒的半导化可以通过两种途径实现,即通过施主金属离子和强制还原(化学计量偏离)。后一种方法虽然能使 $BaTiO_3$ 陶瓷晶粒半导化,但同时也使晶界半导化,因此不能用于制造 PTC 陶瓷(若将强制还原的 $BaTiO_3$ 半导体在空气或氧气中进行适当的热处理,则会显示 PTC 特性),但在生产某些半导体陶瓷电容器时还是经常采用。其原理是由于 $BaTiO_3$ 晶格失氧,内部产生氧缺位并伴随着 Ti^{3+} 产生,从而实现半导化。

在高纯 $BaTiO_3$ 中,用离子半径与 Ba^{2+} 相近而电价比 Ba^{2+} 高的金属离子(如稀土元素离子 La^{3+}、Ce^{4+}、Sm^{3+}、Dy^{3+}、Y^{3+}、Sb^{3+}、Bi^{3+} 等)置换其中的 Ba^{2+},或用离子半径与 Ti^{4+} 相近而电价比 Ti^{4+} 高的金属离子(如 Nb^{5+}、Ta^{5+}、W^{6+} 等)置换其中的 Ti^{4+},则可使 $BaTiO_3$ 陶瓷半导化,形成的半导体称为价控半导体。掺杂的结果是 $BaTiO_3$ 晶格中分别出现 Me^{3+} 和 Me^{5+},由于电荷中性的要求,$BaTiO_3$ 晶格中的易变价的 Ti^{4+} 一部分变成 Ti^{3+},即 $[Ti^{4+}, e]$,因而被 Ti^{4+} 俘获的电子处于亚稳态,在受到热和电场激励时,如同半导体的施主起着载流子的作用,因而使 $BaTiO_3$ 具有半导性。

(3) $BaTiO_3$ 陶瓷的 PTC 特性的机理　目前较好解释 PTC 效应的理论主要有 Heywang-Jonker-Daniels 理论。

① Heywang 理论　PTC 热敏陶瓷的主要特性是其在居里温度附近,电阻值发生几个数量级($10^3 \sim 10^8$)的突发性变化,且热敏陶瓷的介电常数在居里温度附近发生相应的突变,即迅速增大,在居里点以上又迅速减小,恢复常态值。因此,Heywang 认为 $BaTiO_3$ 半导体陶瓷的晶界可以吸附氧及空间电荷,使晶界成了有过量电子存在的具有受主特性的界面状态,即晶界变成带负电荷的、两边吸附有正空间电荷的、阻碍导电子通过的势垒。势垒高度是介电常数的函数,与介电常数成反比。在居里温度以下,势垒高度与有效介电常数成反比,由于此时的有效介电常数较高,约 1000 左右,因此势垒高度较低;然而在居里温度以上,由于介电常数按居里-外斯定律下降,因此势垒高度随介电常数的迅速减小而迅速升高,从而导致体积电导率急剧增大,出现 PTC 效应。

② Jonker 理论　Jonker 认为 $BaTiO_3$ 半导体陶瓷的晶界存在着非平衡氧化还原反应。在一般情况下,$BaTiO_3$ 晶粒为半导体,而晶界为高阻值氧化层。Jonker 认为,在 T_c 以下的铁电相态,虽然 $BaTiO_3$ 陶瓷的有效介电常数高达 10^4 数量级,但仍不足以把势垒高度压低到足以忽略的程度。他认为在 T_c 以下,PTC 陶瓷的低阻态主要是由 $BaTiO_3$ 的铁电性质决定的,铁电畴在晶界上的定向排列形成了正、负相间的界面电荷,晶界上原来俘获的空间电荷会为铁电极化强度在晶界法向的分量所削弱或抵消,这称为铁电补偿,铁电补偿使晶界表面势垒大幅度下降,因此,在居里点以下电阻值显著下降。

③ Daniels 理论　Daniels 认为 $BaTiO_3$ 半导体陶瓷的晶界不是一个界面,而是一个具有一定厚度的边界层或边界区。这一区域内存在大量的 Ba 空位。晶粒内部由于稀土离子(施主)对 Ba^{2+} 的置换,成为 N 型半导体,晶界区由于吸附氧,施主给出的导电电子被 Ba 空位俘获,变成具有一定绝缘性的边界层,使晶界附近(晶界层及其两侧)形成"NPN"结

构。绝缘性边界层的厚度取决于陶瓷冷却过程中的氧化还原条件，PTC 特性也就明显地受冷却条件的影响。显然，Daniels 等把 $BaTiO_3$ 晶界区氧化产生的 Ba 空位视为晶界受主态，能够比较满意地解释 $BaTiO_3$ 系 PTC 热敏电阻的烧成工艺敏感性问题。

6.4.3.2　气敏陶瓷

气敏陶瓷（gas sensitive ceramics）可分为半导体式和固体电解质式。本节主要介绍半导体气敏陶瓷，可按照使用材料的成分划分，如 SnO_2、ZnO、Fe_2O_3、ZrO_2 等系列。表 6.6 列出了各种气敏陶瓷的使用范围和工作条件。

表 6.6　各种气敏陶瓷的使用范围和工作条件

	半导体材料	添 加 物 质	探 测 气 体	使用温度/℃
半导体陶瓷	SnO_2	PdO、Pd	CO、C_3H_3、乙醇	$200\sim300$
	SnO_2+SnCl_2	Pt、Pd、过渡金属	CH_4、C_3H_3、CO	$200\sim300$
	SnO_2	$PdCl_2$、$SbCl_3$	CH_4、C_3H_8、CO	$200\sim300$
	SnO_2	$PdO+MgO$	还原性气体	150
	SnO_2	Sb_2O_3、MnO_2、TiO_2、TiO_2	CO、煤气、乙醇	$250\sim300$
	SnO_2	V_2O_5、Cu	乙醇、苯等	$250\sim400$
	SnO_2	稀土类金属	乙醇系可燃气体	
	SnO_2	Sb_2O_3、Bi_2O_3	还原性气体	$500\sim800$
	SnO_2	过渡金属	还原性气体	$250\sim300$
	SnO_2	瓷土、Bi_2O_3、WO_3	碳化氢系还原性气体	$200\sim300$
	ZnO		还原性和氧化性气体	
	ZnO	Pt、Pd	可燃性气体	
	ZnO	Vi_2O_5、Ag_2O	乙醇、苯	$250\sim400$
	Fe_2O_3		丙烷	
	WO_3、MoO、CrO 等	Pt、Ir、Rh、Pd	还原性气体	$600\sim900$
	$(LnM)BO_3$		乙醇、CO、NO_x	$270\sim390$

气敏陶瓷的工作原理基于元件表面的气体吸附和随之产生的元件电导率变化。氧化性气体吸附于 N 型半导体或还原性气体吸附于 P 型半导体气敏材料，都会使载流子数量减少而表现出元件电导率降低的特性；相反，还原性气体吸附于 N 型，氧化性气体吸附于 P 型半导体气敏材料都会使载流子数目增加而表现出元件电导率增大的特性。气敏原理有以下两种说法。

（1）能级生成理论　当 SnO_2 和 ZnO 等 N 型半导体表面吸附还原性气体时，此还原性气体就把其电子给予半导体，而以正电荷与半导体相吸附，进入到 N 型半导体内的电子束缚少量载流子空穴，使空穴与电子复合率降低。这实际上是加强了自由电子形成电流的能力，因而元件的电阻减少。与此相反，若 N 型半导体吸附氧化性气体，气体将以负离子形式附着，而将其空穴给予半导体，结果是使导带电子减少，元件电阻增加。

（2）接触界面位垒理论　接触界面位垒理论的依据是多晶半导体能带模型。半导体气敏材料是半导体微粒的集合体，存在如图 6.26（a）所示的离子接触界面位垒。当晶粒接触面吸附可以吸收电子的气体时（氧化性气体），位垒增高；当吸附可以给予电子的气体（还原性气体）时，位垒变低 [图 6.26（b）]。此外，接触位垒中尚有与气体吸附关系不大的一部分，这一部分的位垒不因气体吸附而产生明显变化 [图 6.26（c）]。上述位垒高度的变化可以认为是元件电阻变化的机理。

6.4.3.3　压敏陶瓷（voltage-sensitive ceramics）

（1）性质、应用与分类　压敏陶瓷主要用来制作压敏电阻，它是对电压变化敏感的非线性电阻，在某一临界电压下电阻值非常高，几乎没有电流通过，但当超过这一临界电压（压敏电压）时，电阻将急剧变化（减小）并有电流通过。一般压敏电阻的电流-电压特性可用

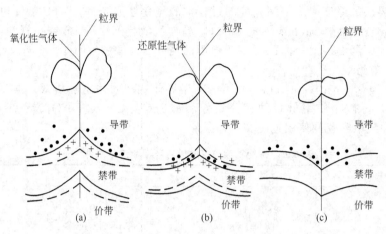

图 6.26　n 型半导体晶粒界面位垒及其变化

(a) 吸附氧化性气体后，接触位垒升高（虚线为原位垒）；(b) 吸附还原性气体后，位垒降低；

(c) 较紧密接触状态时，吸附气体后位垒几乎不变

下列公式近似表示：

$$I=\left(\frac{V}{c}\right)^a \tag{6.45}$$

式中，I 为通过压敏电阻的电流，A；V 为电压，V；a、c 为常数，反映压敏电阻的特性。

对式 (6.45) 两边取对数：

$$\ln I = a\ln V - a\ln c \tag{6.46}$$

两边微分：

$$\frac{dI}{I}=a\frac{dV}{V}，即\ a=\frac{\dfrac{dI}{I}}{\dfrac{dV}{V}} \tag{6.47}$$

上式中，a 称为非线性指数。a 越大，则电压增量所引起的电流相对变化越大，即压敏性越好。但 a 不是常数，在临界电压以下，a 逐步减小，到电流很小的区域，a 趋近 1，表现为欧姆特性。

将式 (6.45) 与欧姆定律比较，可把 c 称为非线性电阻值，对一特定的材料，其非线性电阻值为常数。由此 c 的精确测量非常困难，实际上压敏电阻器呈现显著压敏性时的 I 为 $0.1 \sim 1mA$，因此，常用一定电流时的电压 V 来表示压敏性能，称为压敏电压值。如当电流为 $0.1mA$ 时，相应的压敏电压用 $V_{0.1mA}$ 表示。压敏电阻的性能参数除 a、c 外，还有通流容量、漏电流、电压温度系数等。

陶瓷压敏电阻的应用非常广泛，主要在电力系统、电子线路和一般家用电器设备中作为过压保护（避雷器、高压马达的保护等）、高能浪涌的吸收以及高压稳压等的关键元件。

压敏电阻器的种类较多，有碳化硅压敏电阻、硅压敏电阻、锗压敏电阻以及氧化锌压敏电阻等，其中以氧化锌电阻性能最优。下面简要介绍氧化锌陶瓷压敏电阻及其压敏原理。

(2) 氧化锌陶瓷压敏电阻　氧化锌（ZnO）陶瓷压敏电阻由于 a 值高，有可调整的 c 值和较高的通流容量，因此得到广泛应用。其生产方法是在 ZnO 中加入 Bi、Mn、Co、Ba、Pb、Sb、Cr 等氧化物。其配方中常含 Bi 元素，主晶相为具有 N 型半导特性的 ZnO。此外，瓷相中除有少量添加物与 ZnO 形成的固溶体外，大部分添加物在 ZnO 晶粒之间形成连续晶界相，构成如图 6.27 所示的显微结构，主晶相 ZnO 是 N 型半导体，体积电阻率为 $5\times$

$10^{-3}\sim2.7\times10^{-2}\,\Omega\cdot m$，而晶界相则是体积电阻率为 $10^8\,\Omega\cdot m$ 以上的高电阻层。因此，外加电压几乎都集中加在晶界层上，其晶界的性质和瓷体的显微结构对 ZnO 电阻的压敏特性起着决定性作用。一般 ZnO 的粒径 d 为几微米至几十微米，而晶界层厚度 t 为 $0.02\sim0.2\mu m$。也有人认为晶界相主要集中于三到四个 ZnO 晶粒的交角处，晶界相不连续，在 ZnO 晶粒接触面形成一层厚度 2nm 左右的富铋层，其性质对非线性特性起重要作用。一般认为 ZnO 晶粒之间的富铋层是由分凝进入晶界的铋的吸附层，带有负电荷，它使 ZnO 晶粒表面处的能带发生上弯，形成电子势垒 φ_0，如图 6.28。

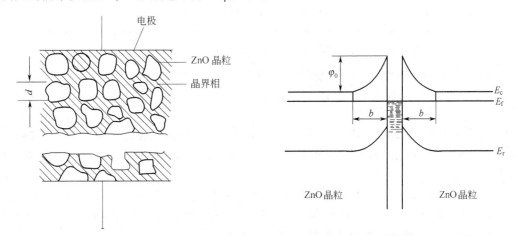

图 6.27　连续晶界相分布的显微结构　　　　图 6.28　ZnO 晶粒表面平稳能带图

图 6.28 中晶粒边界势垒由带有负电荷的富铋层所分隔，由于它极薄，因此这层中的体电荷堪称面电荷，b 是耗尽层厚度。当电压达到击穿电压时，高的场强（大于 105kV/m），使界面中的电子船头势垒层（富铋层），引起电流急剧上升，其通流容量由 ZnO 的晶粒电阻串所决定。

ZnO 压敏电阻器的性能参数与 ZnO 半导体陶瓷的配方有密切关系。下式是目前生产中使用的典型组分之一：

$$(100-x)\text{ZnO}+\frac{x}{6}(\text{Bi}_2\text{O}_3+2\text{Sb}_2\text{O}_3+\text{Co}_2\text{O}_3+\text{MnO}_2+\text{Cr}_2\text{O}_3)$$

当工艺条件不变时，改变 x 值，则产品的 c 值随 x 的增加而增加，但 a 在 $x=3$ 处出现最大值 50。

习题

6.1　在石英玻璃熔体下 20cm 处形成半径为 $5\times10^{-8}\,m$ 的气泡，熔体密度为 $2200kg/m^3$，表面张力为 $0.29N/m$，大气压力为 $1.01\times10^5\,Pa$，形成此气泡所需最低内压力是多少？

6.2　(a) 什么是变曲表面的附加压力？其正、负根据什么划分？（b）设表面张力为 $0.9N/m$，计算曲率半径为 $0.5\mu m$、$5\mu m$ 的曲面附加压力？

6.3　将 $\text{MgO-Al}_2\text{O}_3\text{-SiO}_2$ 系统的低共熔物放在 Si_3N_4 陶瓷片上，在低共熔温度下，液相的表面张力为 $0.9N/m$，液体与固体的界面能为 $0.6J/m^2$，测得接触角为 $70.52°$。求 Si_3N_4 的表面张力。

6.4　什么是吸附和黏附？当用焊锡来焊接铜丝时，用锉刀除去表面层，可使焊接更加牢固，请解释这种现象？

6.5　在高温下，将某金属熔于 Al_2O_3 片上。(a) 若 Al_2O_3 的表面能估计为 $1J/m^2$，此熔融金属的表面能也与之相似，界面能估计约为 $0.3J/m^2$，间接触角是多少？（b）若液相表

面能只有 Al_2O_3 表面能的一半，而界面能是 Al_2O_3 表面能的 2 倍，试估计接触角的大小？

6.6 在 2080℃的 $Al_2O_3(l)$ 内有一半径为 10^{-8}m 的小气泡，求该气泡所受的附加压力是多大？已知 2080℃时 $Al_2O_3(l)$ 的表面张力为 0.700N/m。

6.7 20℃时，水的饱和蒸汽压力 2338Pa，密度为 998.3kg/m³，表面张力为 0.0275N/m，求半径为 10^{-9}m 的水滴在 20℃时的饱和蒸汽压为多少？

6.8 若在 101325Pa，100℃的水中产生了一个半径为 10^{-8}m 的小气泡，问该小气泡能否存在并长大？已知水的密度为 958kg/m³，表面张力为 0.0589N/m。

6.9 在某温度下，对 H_2 在 Cu(s) 上的吸附测得以下数据：

$p_{H_2}/(\times 10^3 Pa)$	5.066	10.13	15.20	20.27	25.33
$p/V/(\times 10^5 Pa/L)$	4.256	7.600	11.65	14.89	17.73

其中，V 是不同压力下每克 Cu 上吸附 H_2 的体积（标准状况），求兰格谬尔公式中的 V。

6.10 已知在高温下，$Al_2O_3(s)$ 表面张力为 0.900N/m，液态 Fe(l) 的表面张力为 1720N/m，$Al_2O_3(s)$ 与 Fe(l) 的界面张力为 2.300N/m，问接触角有多大？液态铁能否润湿氧化铝？

6.11 氧化铝瓷件表面上涂银后，当烧至 1000℃ 时，已知 $\gamma(Al_2O_3$ 固$)=1J/m^2$，$\gamma(Ag，液)=0.92J/m^2$，$\gamma(Ag，液；Al_2O_3，固)=1.77J/m^2$，试问液态 Ag 能否润湿氧化铝瓷件表面？如果不能润湿，可以采取什么措施使其能润湿？

阅读材料

$BaTiO_3$ 基半导体陶瓷的晶界效应

$BaTiO_3$ 陶瓷是一种典型的铁电材料，经掺杂半导化，可成为两种功能材料（PTC 热敏电阻材料和晶界层电容器材料）的基础。Nemoto H 通过直接测量单个晶粒和晶界的电阻-温度曲线可以证实 PTC 效应源于晶界；Waku 对涂敷 CuO 的 $BaTiO_3$ 半导体陶瓷性能的研究证实晶界层电容效应产生于晶界的高绝缘性。可见 PCT 效应和晶界层电容效应均源于晶界，半导化的晶粒和适当绝缘化或绝缘化的晶界层有相似的结构。

一、PTC 效应和晶界层电容效应的模型

Heywang 最早提出说明 PTC 效应的模型，认为在晶界处存在着二维分布的受主表面态，如 $BaTiO_3$ 晶界吸附的氧和其他杂质，该受主表面态捕获两侧晶粒的电子形成带负电的晶界层，使晶界层两侧形成正的空间电荷区，对晶粒内其他导带电子则产生一晶界势垒 $e\varphi_0$，电阻率与 $\exp(e\varphi_0/kT)$ 成正比，Heywang 由泊松方程推出势垒高度为：

$$\varphi_0 = e^2 N_S^2 (2E_0 E_{eef} N_D)$$

式中，N_D 为施主浓度；N_S 为表面态密度。

PTC 效应和晶界层电容效应可统一于一个模型。产生 PTC 效应和晶界层电容效应取决于晶界的绝缘程度，而决定这种绝缘程度的因素是晶界势垒的高度，因为 $\rho = \rho_v \exp\left(\dfrac{\varphi_0}{KT}\right)$（$\varphi_0$ 为晶界势垒的高度，ρ_v 为 φ_0 趋近于零时的电阻率）。在 Heywang 模型中，施主掺杂的 $BaTiO_3$ 陶瓷晶界存在着受主表面态，这些受主表面态与晶粒内载流子相互作用产生势垒，通常这些受主表面态是由于杂质在晶粒界面的凝聚和晶界结构混乱引起的。利用

Heywang 模型可以解释通过改变 PTC 制备工艺的方式不易实现由 PTC 效应向晶界层电容效应的转变。在一般情况下，PTC 瓷片的室温电阻率为 $10^2 \sim 10^5 \Omega \cdot cm$，而晶界层电容器介质的室温电阻率通常大于 $10^8 \Omega \cdot cm$，两者的室温电阻率相差几个数量级，这主要是由于晶界势垒的高低引起的。

Daniels 等继 Heywang 之后，以 $BaTiO_3$ 中的缺陷模型为基础，提出了 Ba 空位模型。在高氧分压下，施主掺杂的 $BaTiO_3$ 中，施主电子被双电离的空位补偿。Ba 空位首先在晶粒表面产生，在高温下由晶粒表面逐步向晶粒内扩散，形成扩散层。在有限扩散的情况下，形成了晶粒表面为高阻层，内部为较高电导层的缺陷非均匀分布，晶粒表面为 Ba 空位补偿的扩散层，在该层中 $N_D \approx 2[V_{Ba''}]$；晶粒内部只有部分施主被 Ba 空位补偿，$N_D \approx 2[V_{Ba''}] + n$，这样在两晶粒间形成了 n-c-n 形式的结构，其中，c 表示扩散绝缘层。

利用 Daniels 模型同样可以解释只改变 PTC 制备工艺不易实现由 PTC 效应向晶界层电容效应的转变。因为扩散高阻层是在冷却过程中形成的，要实现上述转变，就需要使扩散层相当厚，即需要使冷却过程极缓慢，所以在工艺上是相当困难的。Daniels 模型同样难以解释对 PTC 瓷片进行涂敷，受主氧化物在 850℃ 下热处理就能实现这种转变。因为热处理温度低于烧结温度，无论是受主杂质或是 Ba 空位都难再次向高阻层扩散，因此实现 Daniels 模型中提出的势垒高度的提高是很难的，甚至在这一情况下不能转变为晶界层电容效应。

Parkh 和 Payne 做了大量关于晶界层电容器方面的工作，对晶界层电容器提出了比较合理的晶界结构模型，即 n-c-i-c-n 模型（图 1），其中，i 表示绝缘化的第二相。

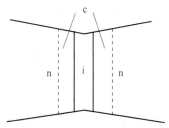

图 1　n-c-i-c-n 结构模型

二、烧结温度对瓷料特性的影响

图 2 所示为保温时间和冷却条件相同，仅改变烧结温度时，瓷料的 PTC 特性变化的情况。由图可见，在 1250℃ 下，烧结瓷料的 PTC 特性最好，随烧结温度的升高，室温电阻率显著增大，升阻比也明显减小，随着烧成温度的提高，由于玻璃相等的作用抑制了晶粒长大，在这个过程中一方面造成晶粒纯化，另一方面使杂质在晶界富集，即引起晶界的分凝与脱溶，使晶界的绝缘程度提高，但并没转变为晶界层电容效应。

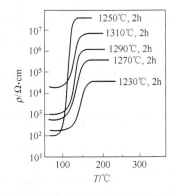

图 2　烧结温度对瓷料特性的影响

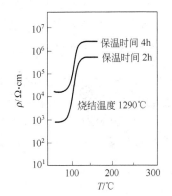

图 3　保温时间对瓷料特性的影响

三、保温时间对瓷料特性的影响

图 3 所示为相同烧结温度下，保温时间的改变对 PTC 特性的影响。由图可以看出随着保温时间的延长，室温电阻率增大，电阻率-温度曲线的升阻比减小，但温度系数增大，这同样是由于晶界分凝与脱溶引起的。保温时间为 50h，仍表现为 PTC 特性，说明通过延长

保温时间来达到由 PTC 效应向晶界层电容效应的转变是非常困难的。

四、冷却条件对瓷料特性的影响

图 4 所示为烧结温度与保温时间相同，不同冷却条件对瓷料特性的影响。由图可以看出缓冷不利于瓷料的半导化，但可使曲线温度系数增大。在液相出现的温度附近缓慢冷却，有利于晶界氧化和晶粒长大，使晶界形成高阻氧化层，并且有助于溶质在晶界上的分凝和脱溶的充分进行，导致晶界层绝缘程度的提高，使室温电阻率升高，电阻率-温度曲线升阻比减小，按 Daniels 理论，在极缓慢冷却条件下，晶界扩散层厚度增加，绝缘程度提高，可导致 PTC 效应向晶界层电容效应转化。当降温速率慢到 30℃/h 时，瓷体仍具有明显的 PTC 特性，并没转变为晶界层电容效应。

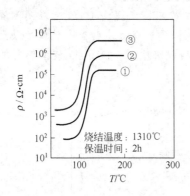

图 4　冷却条件对瓷料特性的影响
①—随炉冷却；②—冷却速率 60℃/h(1100℃)；
③—冷却速率 30℃/h(1100℃)

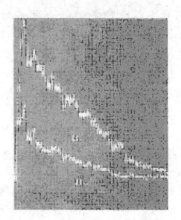

图 5　850℃热处理 4h 试样
厚度方向线扫描图

五、涂敷热处理对瓷料特性的影响

将制好的 PTC 瓷片涂敷 MnO_2-Bi_2O_3 氧化物，在 850℃下热处理 4h。对热处理后的瓷片进行介电性能测量，电阻率为 $9.2×10^9 \Omega \cdot cm$，表观介电常数为 $2.9×10^4$。从上述数据可看出由于涂敷热处理，瓷片已由 PTC 效应转变为晶界层电容效应。

图 5 是沿试样厚度方向进行的线扫描图。由图可见，涂敷物的扩散量很少，但瓷片的电阻率却较高，说明晶界层的绝缘程度已达到很高，以至于在低于 T_c 时也不能被极化所补偿，试样转变成晶界层电容器介质。

六、结论

① 烧结工艺对 PTC 陶瓷的 PTC 特性有较大影响，但改变烧结工艺不易实现由 PTC 效应向晶界层电容效应转变这一质的变化。

② 涂敷受主氧化物在较低的温度下进行热处理就能够实现 PTC 陶瓷由 PTC 效应向晶界层电容效应的转变。

第7章 相平衡

相平衡是研究一个多组分（或单组分）、多相体系的平衡状态如何随影响平衡的因素（温度、压力、组分含量等）变化而改变的规律。这种研究方法的一个很大优点是不需要把体系中的化学物质或相加以分离来分别单独研究，而是综合考察系统中组分间及相间所发生的各种物理的、化学的或物理化学的变化，这就更接近自然界或人类生产活动中所遇到的真实情况，因而具有极大的普遍意义和实用价值。

相图是相平衡的直观表现。它可以帮助人们正确选择配料方案及工艺制度，合理分析生产过程中质量问题产生的原因，进行新材料的研制，可以大大缩小试验范围，节约人力、物力、财力，取得事半功倍的效果。

7.1 相律

1876年吉布斯以严谨的热力学为工具，推导了多相平衡体系的普遍规律——相律。经过长期实践的检验，相律被证明是自然界最普遍的规律之一。

7.1.1 相平衡的基本概念

7.1.1.1 独立组元

系统中每一个能单独分离出来并能独立存在的化学纯物质称为组元。例如，在盐水溶液中，$NaCl$ 和 H_2O 都是组元，因为它们都能分离出来并独立存在。而 Na^+、Cl^-、H^+、OH^- 等离子不是组元，因为它们不能单独存在。

能表示形成平衡系统中各相组成所需要的最少数目的组元称为独立组元。它的数目称为独立组元数，用符号 C 表示。通常把具有 n 个独立组元的系统称为 n 元系统。

只有在特殊情况下，独立组元和组元的含义才是相同的。在系统中如果不发生化学反应，则独立组元数＝组元数，例如，糖和砂子混在一起，不发生化学反应，组元数和独立组元数均为2；盐水溶液也不发生化学反应，组元数和独立组元数也均为2。

若系统中存在化学反应，则每一个独立的化学反应都要建立一个化学反应平衡关系式，就有一个化学反应平衡常数 K。当体系中有 n 个组元，并存在一个化学平衡，于是 $(n-1)$ 个组元的组成可以任意指定，剩下一个组元的组成由化学平衡常数 K 来确定，不能任意改变了。所以，在一个体系中若发生一个独立的化学反应，则独立组元数就比组元数减少一个，即独立组元数＝组元数－独立化学平衡关系式数。

例如，$CaCO_3$ 加热分解，存在反应：

$$CaCO_3(s) \xrightarrow{\text{加热}} CaO(s) + CO_2(g) \uparrow$$

三种物质在一定温度压力下建立平衡关系，有一个化学反应关系式，就有一个独立的化学反应平衡常数。所以独立组元数＝3－1＝2。

如果一个系统中，同一相内存在一定的浓度关系，则独立组元数为：

独立组元数＝组元数－独立的化学平衡关系式数－独立的浓度关系数

如在 $NH_4Cl(s)$ 分解为 $NH_3(g)$ 和 $HCl(g)$ 达到平衡的系统中，因为气相 $NH_3(g)$ 和

HCl(g) 物质的量之比为 1:1，所以独立组元数＝3-1-1＝1。必须注意，只考虑同一相中的这种浓度关系。

硅酸盐物质可视为金属碱性氧化物与酸性氧化物 SiO_2 化合而成的。生产上也经常采用氧化物（或高温下分解成氧化物的盐类）作为原料。因此，在硅酸盐系统中经常采用氧化物作为系统的组分，如 SiO_2 一元系统，Al_2O_3-SiO_2 二元系统，CaO-Al_2O_3-SiO_2 三元系统等。值得注意的是，硅酸盐物质的化学式习惯上往往以氧化物形式表达，如硅酸二钙写成 $2CaO \cdot SiO_2(C_2S)$。在研究 C_2S 的晶型转变时，切记不能把它视为二元系统。因为 $2CaO \cdot SiO_2$ 这种化学式的习惯表示方法仅表示出它是 CaO-SiO_2 二元系统中两个组分之间所生成的一个化合物，表示出其中所包含的各种离子的数量关系，而绝不是表示其中含有 CaO 和 SiO_2。C_2S 已经是一种新的化学物质，而不是 CaO 和 SiO_2 的简单混合物，它具有自己的化学组成和晶体结构，因而具有自己的化学性质和物理性质，根据相平衡中组分的概念，对它单独加以研究时，它应该属于一元系统。同理，$K_2O \cdot Al_2O_3 \cdot 4SiO_2$-$SiO_2$ 系统是一个二元系统，而不是三元系统。从这里也可以看到，虽然硅酸盐系统往往以氧化物作为组分，但不是非要以氧化物不可，根据实际应用的需要，直接以某一种硅酸盐物质作为系统组分也是完全可以的。

7.1.1.2　相

按照相的定义，相是指系统中具有相同物理性质和化学性质的均匀部分。需要注意的是，这个"均匀"的要求是严格的，非一般意义上的均匀，而是一种微观尺度的均匀。按照上述定义，分别讨论相平衡中经常会遇到的各种情况。

(1) 形成机械混合物　几种物质形成的机械混合物，不管其粉磨得多细，都不可能达到相所要求的微观均匀，因而都不能视为单相。有几种物质就有几个相。如在硅酸盐系统中，在低共熔温度下从具有低共熔组成的液相中析出的低共熔混合物是几种晶体的混合物。因而，从液相中析出几种晶体，即产生几种新相。

(2) 生成化合物　组分间每生成一个新的化合物，即形成一种新相。当然，根据独立组分的定义，新化合物的生成不会增加系统的独立组元数。

(3) 形成固溶体　由于在固溶体晶格上各组分的化学质点是随机均匀分布的，其物理性质和化学性质符合相的均匀性要求，因而几个组分间形成的固溶体算一个相。

(4) 同质多晶现象　这是极为普遍的现象。同一物质的不同晶型（变体）虽具有相同化学组成，但由于其晶体结构和物理性质不同，因而分别各自成相。有几种变体，即有几个相。

总之，气相只能是一个相，不论多少种气体混在一起都形成一个相。液体可以是一个相（完全互溶时），也可是多个相（有限互溶时）。固体间如果形成连续固溶体则为一个相，否则，一种固体物质为一个相。

一个系统中所含相的数目称为相数，用符号 P 表示。按照相数的不同，系统可分为单相系统（$P=1$）、二相系统（$P=2$）、三相系统（$P=3$）等。

7.1.1.3　自由度

在已达到平衡的系统中，在一定范围内可以任意改变而不引起旧相消失或新相产生的独立变量称为自由度，平衡系统的自由度用 f 表示。这些变量主要指组成（组分的浓度）、温度和压力等。一个系统有几个独立变量就有几个自由度。

按照自由度数可对系统进行分类，自由度数为 0 的系统，称为无变量系统（$f=0$）；自由度数为 1 的系统，称为单变量系统（$f=1$）；自由度数为 2 的系统，称为双变量系统（$f=2$）等。

7.1.1.4　外界影响因素

影响平衡态的外界因素包括温度、压力、电磁场、重力场等。外界影响因素的数目称为影响因素数，用符号 n 表示。n 的值视具体情况而定。在一般情况下，只考虑温度和压力对系统平衡态的影响，即 $n=2$。对于凝聚系统，由于在一定条件下蒸气压很低，主要是液相和固相参加相平衡，相变过程中压力保持常数，这样可以不考虑压力的影响。因此，影响凝聚系统的外界因素主要是温度，即 $n=1$。

7.1.2　相律

吉布斯（W.Gibbs）根据前人的实验素材，用严谨的热力学作为工具，于 1876 年导出了多相平衡系统的普遍规律——相律。相律确定了多相平衡系统中系统的自由度数（f）、独立组元数（C）、相数（P）和对系统的平衡状态能够发生影响的外界影响因素数（n）之间的关系。相律的数学表达式为

$$f=C-P+n \tag{7.1}$$

在一般情况下，只考虑温度和压力对系统的平衡状态的影响，即 $n=2$，则相律表达式为：

$$f=C-P+2 \tag{7.2}$$

相律的数学表达式也可以直接推导出来，推导过程如下。

假设一个平衡系统中有 C 个组分、P 个相，如果 C 个组分在每个相中都存在，那么对每一个相来讲，只要任意指定 $C-1$ 个组分的浓度就可以表示出该相中所有组分的浓度，因为余下的一个组分的浓度可以用 $100-(C-1)$ 即可求得。由于系统中有 P 个相，所以需要指定的浓度数总共有 $P(C-1)$ 个，这样才能确定体系中各相的浓度。在平衡时，各相的温度、压力相同（其他外界条件不考虑），应再加上这两个变量。这样体系需要任意指定的变量数应为 $f=P(C-1)+2$。但是这些变量还不全为独立变量，由热力学可知，平衡时每个组分在各相间的分配应满足平衡条件，即每个组分在各相中的化学位应该相等：

$$\mu_1^{(1)}=\mu_1^{(2)}=\mu_1^{(3)}=\cdots=\mu_1^{(P)}$$
$$\mu_2^{(1)}=\mu_2^{(2)}=\mu_2^{(3)}=\cdots=\mu_2^{(P)}$$
$$\cdots\cdots$$
$$\mu_C^{(1)}=\mu_C^{(2)}=\mu_C^{(3)}=\cdots=\mu_C^{(P)}$$

此处 $\mu_C^{(P)}$ 为第 C 个组分在第 P 个相中的化学位。这样，每一个化学位相等的关系式就相应地有一个浓度关系式，因此就应该减少系统内一个独立变数。C 个组分在 P 个相中总共有 $C(P-1)$ 个化学位相等的关系式。体系中总可变量数应减去这个关系式数目，即

$$f=P(C-1)+2-C(P-1)=C-P+2$$

这就是式（7.2）所表示的 Gibbs 相律。

对于凝聚系统，仅需考虑温度的影响，即 $n=1$，此时相律的数学表达式为：

$$f=C-P+1 \tag{7.3}$$

由相律可知，系统中组分数 C 越多，则自由度数 f 就越大；相数 P 越多，自由度数 f 越小；当自由度数为零时，相数最大；当相数越小时，自由度数最大。应用相律可以很方便地确定平衡体系的自由度数目。

7.1.3　相平衡的研究方法

相图是在实验结果的基础上制作的，所以测量方法、测试的精度等都直接影响相图的准确性和可靠性。另一方面，由于新的实验技术不断出现，实验精度逐步提高，对原有的相图应加以补充和修正。因此对已有相图要用发展的观点来看待，对不同作者发表的相图所存在的差异要进行科学的分析。

系统在发生相变时，由于结构发生了变化，必然要引起能量或物理化学性质的变化。对于凝聚系统的相平衡，其研究方法的实质就是利用系统发生相变时的能量或物理化学性质的变化，用各种实验方法准确地测出相变时的温度，例如，对应于液相线和固相线温度以及多

晶转变、化合物的分解和形成等温度。

7.1.3.1 动态法

最普遍的动态法就是热分析法。这种方法主要是观察系统中的物质在加热和冷却过程中所发生的热效应。当系统以一定速率加热或冷却时，如系统中发生了某种相变，则必然伴随吸热或放热的能量效应，测定此热效应产生的温度，即为相变发生的温度，常用的有加热或冷却（步冷）曲线法和差热分析法。此外还有热膨胀曲线法和电导（电阻）法。

（1）加热或冷却（步冷）曲线法　这种是将一定组成的体系，均匀加热至完全熔融或加热完全溶解后，使之均匀冷却，测定体系在每一时刻下的温度。作出时间-温度曲线，这样的曲线称为加热曲线或步冷曲线。如果系统在均匀加热或冷却中不发生相变化，则温度的变化是均匀的，曲线是圆滑的；反之，若有相变发生，则因有热效应产生，在曲线上必有突变和转折。曲线的转折程度与热效应的大小有关，相变时热效应小，曲线出现一个小的转折点；相变时热效应大，曲线上便会出现一个平台。

对于单一的化合物来说，转折处的温度就是它的熔点或凝固点，或者是其分解反应点。对于混合物来说，加热时的情况就较复杂，可能是其中某一化合物的熔点，也可能是同别的化合物发生反应的反应点，因此用步冷曲线法较为合适。因为当系统从熔融状态冷却时，析出的晶相是有次序的，结晶能力大的先析出。因此，在相平衡的研究中，步冷曲线是重要的研究方法。

图7.1示意地表示出一个生成不一致熔融化合物的二元相图是如何用冷却曲线法测定的，即根据系统中某些组成的配料从高温液态逐步冷却时得到的步冷曲线。以温度为纵坐标，以组成为横坐标，将各组成的步冷曲线上的结晶开始温度、转熔温度和结晶终了温度分别连接起来，就可得到该系统的相图。

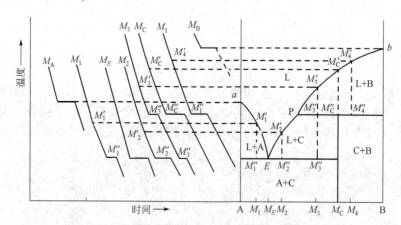

图 7.1　用冷却曲线法测定一个具有不一致熔融化合物的二元系统相图

如果实验的组成点增加，可以提高相图的精度，采用加热曲线也可以获得同样的结果。有时加热曲线和冷却曲线配合使用，可提高实验结果的可靠性。

加热或冷却曲线方法简单，测定速率较快。但要求试样均匀，测温要快而准，对于相变迟缓的系统的测定，则准确性较差。尤其对相变时产生的热效应很小（例如多晶转变）的系统，在加热和冷却曲线上将不易观察出来。为了准确地测出这种相变过程的微小热效应，通常采用差热分析法。

（2）差热分析（DTA）法　差热分析法的特点是灵敏度较高，能把系统中热效应很小、用普通热电偶已难以察觉的物理化学变化感觉出来。由于差热分析法对于加热过程中物质的脱水、分解、相变、氧化、还原、升华、熔融、晶格破坏及重建等物理化学现象都能精确地测定和记录，所以被广泛地应用于材料、地质、化工、冶金等各个部门的研究及生产过程之中。

差热分析装置的基本原理如图 7.2 所示，首先在 DTA 中用的是差热电偶，这种热电偶是由两根普通热电偶的冷端相互对接构成。其中冷端的两条铂丝（或镍铬丝）和检流计相连，而中间两条铂铑丝（或镍铬丝）则自相连接。a 和 b 是差热电偶的两个热端，分别插入被测试样和标准试样内，A 和 B 是放在加热器中的用来盛装被测试样和标准试样的容器。作为标准试样的物料，应是在所测定的温度范围内不发生任何热效应的物质。对于硅酸盐物质的分析，常常采用高温煅烧过的 Al_2O_3 作为标准试样。

当加热器（电炉）均匀升温时，若检测试样无热效应产生，试样和中性体升高的温度相同，于是两对差热电偶所产生的热电势相等，但因方向相反而抵消，检流计指针不发生偏转。当试样发生相变时，由于产生了热效应，试样和中性体之间的温度差破坏了热电势的平衡，使差热电偶中产生电流，检流计指针发生偏转，偏转的程度与热效应的大小相对应。显然放热和吸热效应使检流计的偏转方向不同，相应地将出现放热峰和吸热峰。毫伏计则用于记录系统的温度。

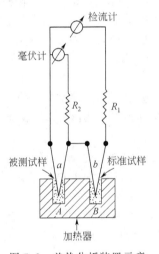

图 7.2　差热分析装置示意

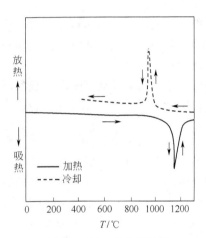

图 7.3　ZrO_2 的差热曲线

以系统的温度为横坐标，以检流计度数为纵坐标，可以作出差热曲线（DTA 曲线）。在试样没有热效应时，曲线是平直的；当有热效应时，曲线上则有谷（吸热峰）和峰（放热峰）出现。根据差热曲线上峰或谷的位置，可以判断试样中相变发生的温度。如图 7.3 所示为 ZrO_2 的差热曲线。

当用差热分析法测定热效应时，加热升温速率要掌握适当，以保证结果的准确性。此外还应当注意试样的形状和质量、粉料的颗粒度等。

差热分析不仅可以用来准确地测出物质的相变温度，而且可以用来鉴定未知矿物，因为每一种矿物都具有一定的差热分析特征曲线。在研究相图过程中如果采用差热分析、X 射线分析、显微镜分析等几种技术配合，将会获得更好的结果。

（3）**热膨胀曲线法**　材料在相变时常常伴随着体积变化（或长度变化）。如果测量试样长度 L 随温度变化的膨胀曲线，就可以通过曲线上的转折点找到相应的相变点，如图 7.4。假如有一系列不同组成试样的膨胀曲线，就可以根据曲线转折点找到相图上一系列对应点，把相图上同类型的点连接起来就得到相图。

用热膨胀法研究相平衡时常出现过冷和过热现象，因此一般采用低速加热和冷却以减少误差。用膨胀曲线测定固态相区的界限，特别是测定固态相变效果较好，所以常和差热分析法配合使用。

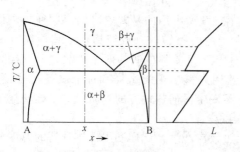

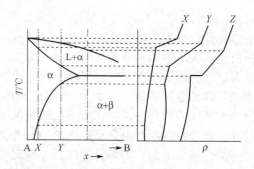

图 7.4　热膨胀曲线法测定相图　　　　　　　　图 7.5　电阻法测定相图

（4）电导（或电阻）法　物质在不同温度下的电阻率（或电导率）是不同的，在相变前、后，物质的电阻率或电导率随温度变化的规律也不同。根据这个特点，测定不同配比试样的电阻率 ρ 随温度变化的曲线，然后根据曲线上转折点找出相图中的对应点，如图 7.5。

总之，用动态法测绘相图，方法简单，对设备的要求也不高，凡是相变时伴随的各种性能变化参数均可用来测绘相图。这个方法的缺点是黏度大的材料很难达到平衡状态，因此存在较大误差；其次这个方法只能确定相变温度，不能确定相变物质的种类和数量。因此在实际工作中往往配合其他研究方法来测绘相图而不是单独使用。

7.1.3.2　静态法

在相变速率很慢或有相变滞后现象产生时，应用动态法常不易准确测定出真实的相变温度，而产生严重的误差。在这种情况下，用静态法（即淬冷法）则可以有效地克服这种困难。

淬冷法的基本出发点是在室温下研究高温相平衡状态。淬冷法装置示意如图 7.6 所示，其原理是将选定的具有不同组成的试样在一系列预定的温度下长时间加热、保温，使它们达到该温度下的平衡状态。然后将试样迅速投入水浴（油浴或汞浴）中淬冷。由于相变来不及进行，因而冷却后的试样就保存了高温下的平衡状态。把所得的淬冷试样进行显微镜或 X 射线物相分析，就可以确定相的数目及其性质随组成、淬冷温度而改变的关系。将测定结果记入图中的对应位置上，即可绘制出相图。

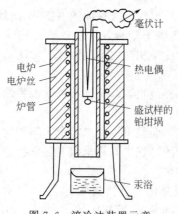

图 7.6　淬冷法装置示意

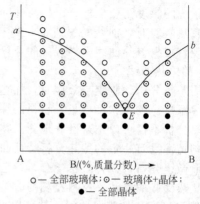

图 7.7　由淬冷法作相图的示意

如图 7.7 所示为淬冷法测定 A-B 二元系统相图。在温度-组成图中有若干小圆圈，每个小圆圈都代表某种状态的平衡试样，对这些平衡试样进行物相分析，其结果有如下几种情况：若试样全部为玻璃相（图中用"○"表示），说明试样全部熔融为液相（淬冷后成为玻璃相），这些试样对应的温度-组成点应在液相线以上的液相区（L 相区）内；若试样全部是 A

和 B 晶体（图中用"●"表示），则这些试样的温度-组成点应在固相区（即 A＋B 相区）内；若试样有晶相也有玻璃相（图中用"○"表示），那么试样的温度-组成点必定处于固液两相共存相区（即 L＋A 或 L＋B 相区），因此通过对各试样的分析研究，确定相态、相的种类和数量，最后就可以绘制出相图。

淬冷法对试样要求很严格，原料纯度及试样的均匀性都直接影响试验的准确性，因此原料越纯越好。

按设计配方要求准确配料，混合均匀后获得合乎要求的混合料。有时采用混合后熔化，然后冷却再磨细来制备混合料。为了确保混合料的均匀性，可多次重复操作，最后获得理想的均一混合料。制备试样时取少量制备好的混合料 0.1～0.01g（试样少，易淬冷），放置在坩埚内（最好用铂金坩埚）。在炉内加热达到设计温度，恒温使试样达到平衡状态，然后淬冷就可得到相分析用的试样。

在制备分析试样时，主要问题是如何判断试样已达到平衡。硅酸盐材料因黏度大，到达平衡是很困难的，有时要持续相当长的时间才能达到平衡。一般采用相对平衡法来缩短研究周期，具体方法是将第一次相分析的试样磨细再进行第二次相同条件的实验，只要延长保温时间即可。若延长保温时间的第二次实验，其相态没有发生进一步变化，就认为第一次实验条件下的试样已达到平衡状态；若第二次实验结果相态发生变化，则需进一步延长保温时间，重复试验，直到相邻两次实验的相态不发生变化为止。

淬冷试样的物相分析鉴定通常采用显微镜或 X 射线分析法或两者配合使用。显微镜分析鉴别相态是有效而方便的方法，但要求实验者有熟练的技能和经验才能获得满意的结果。必要的时候可以采用 X 射线衍射实验配合显微镜进行晶相的定性和定量分析，确定晶相的种类和数量，并进一步确定相区的范围和界限。

淬冷法研究相平衡简单、直观，可以用肉眼借助显微镜观察相态。对黏度较大的材料，如硅酸盐材料的相平衡研究，一般采用淬冷法。用淬冷法测定相变温度的准确程度相当高，但必须经过一系列的实验，先从温度间隔范围较宽实验起，然后逐步把间隔缩小，从而可得到精确的结果。此外，除了以同一组成的物质在不同温度下做实验，还应该取不同组成的物质在同一温度下做实验。因此此方法的工作量相当大，而且对于某些相变速率特别快的系统，淬冷有时也难以阻止降温过程中发生新的相变。

在淬冷过程中能否很好地保存高温下的状态往往成为实验是否成功的关键。近年来由于实验技术的迅速发展，已经能用高温 X 射线衍射仪、高温显微镜以及其他高温技术直接研究高温下的相平衡关系。这大大促进了相平衡的研究，提高了相图的准确性和可靠性。

7.1.4　使用相图时需要注意的问题

相图又称平衡状态图。顾名思义，相图上所表示的一个体系所处的状态是一种热力学平衡态，即一个不再随时间而发生变化的状态。体系在一定热力学条件下从原先的非平衡态变化到该条件下的平衡态，需要通过相与相之间的物质传递，因而需要一定的时间。但这个时间可长可短，依系统的性质而定。从 0℃ 的水中结晶出冰，显然比从高温 SiO_2 熔体中结晶出方石英要快得多。这是由相变过程的动力学因素所决定的。然而，这种动力学因素在相图中完全不能反映，相图仅指出在一定条件下体系所处的平衡状态（即其中所包含的相数，各相的形态、组成和数量），而不管达到这个平衡状态所需要的时间。

记住相图的这种热力学属性，对于讨论实际系统的相平衡特别重要。如硅酸盐材料是一种固体材料，与气体、液体相比，固体中的化学质点由于受近邻粒子的强烈束缚，其活动能力要小得多。即使处于高温熔融状态，由于硅酸盐熔体的黏度很大，其扩散能力仍然是有限的。这就是说，硅酸盐体系的高温物理化学过程要达到一定条件下的热力学平衡状态，所需要的时间往往比较长。而工业生产要考虑经济核算，保证一定的劳动生产率，其生产周期是受到限制的。因此，生产上实际进行的过程不一定达到相图上所指示的平衡状态。至于距平衡状态的远近，则要视系统的动力学性质及过程所经历的时间这两方面因素综合判断。因此，由于上述的动力学原因，热力学非平衡态，即介稳态，经常出现于硅酸盐系统中。如方石英从高温冷却时，只要冷却速率不是足够慢，由于晶型转变的困难，往往不是转变为低温下稳定的 α-鳞石英、α-石英和 β-石英，而是转变为介稳态的 β-方石英。α-鳞石英也有类似现象，冷却时往往直接转变为介稳态的 β 鳞石英和 γ-鳞石英，而不是热力学稳定态的 α-石英和 β 石英。鉴于相图的绘制是以热力学平衡态为依据的。介稳态的频繁出现，是人们利用硅酸盐相图分析实际问题时，必须加以充分注意的。需要说明的是，介稳态的出现不一定都是不利的。由于某些介稳态具有人们所需要的性质，人们有时还创造条件（快速冷却、掺加杂质等）有意把它保存下来。如水泥中的 β-C_2S，陶瓷中介稳的四方氧化锆，耐火材料硅砖中的鳞石英以及所有的玻璃材料，都是人们创造动力条件有意保存下来的介稳态。这些介稳态在热力学上是不稳定的，处于较高的能量状态，始终存在着向室温下的稳定态变化的趋势，但由于其转变速率极其缓慢，因而使它们实际上可以长期存在下去。

因此，在使用相图时，必须坚持对具体事物做具体分析，而不能用教条主义的态度看待相图。同时，也不能因为介稳态的普遍存在而低估相图的普遍意义。由于相图所指示的平衡状态表示了在一定条件下系统所进行的物理化学变化的本质、方向和限度，因而它对于从事科学研究以及解决实际问题仍然具有重要的指导意义。

7.2　单元系统

单元系统中只有一种组分，不存在浓度问题，影响系统的平衡因素只有温度和压力，因此单元系统相图是用温度和压力两个坐标表示的。

单元系统中 $C=1$，根据相律：

$$f=C-P+2=3-P$$

系统中的相数不可能少于一个，因此单元系统的最大自由度为 2，这两个自由度即温度和压力；自由度最少为零，所以系统中平衡共存的相数最多三个，不可能出现四相平衡或五相平衡状态。

在单元系统中，系统的平衡状态取决于温度和压力，只要这两个参变量确定，则系统中平衡共存的相数及各相的形态便可根据其相图确定。因此相图上的任意一点都表示了系统的一定平衡状态，称之为"状态点"。

7.2.1　H₂O 的相图

在 H_2O 的一元相图上（图 7.8），整个图面被三条曲线划分为三个相区 cob、coa 及 boa，分别代表冰、水、水蒸气的单相区。在这三个单相区内，显然温度和压力都可以在相区范围

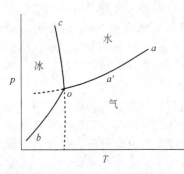

图 7.8　水的相图

内独立改变而不会造成旧相消失或新相产生，因而自由度为 2。这时的系统是双变量系统，或说系统是双变量的。把三个单相区划分开来的三条界线代表了系统中的二相平衡状态：oa 代表水汽二相平衡共存，因而 oa 线实际上是水的饱和蒸汽压曲线（蒸发曲线）；ob 代表冰、汽二相的平衡共存，因而 ob 线实际上是冰的饱和蒸汽压曲线（升华曲线）；oc 则代表冰、水二相平衡共存，因而 oc 线是冰的熔融曲线。在这三条界线上，显然在温度和压力中只有一个是独立变量，当一个参数独立变化时，另一参量必须沿着曲线指示的数值变化，而不能任意改变，

才能维持原有的二相平衡，否则必然造成某一相的消失，因而此时系统的自由度为 1，是单变量系统。三个单相区、三条界线会聚于 o 点，o 点是一个三相点，反映了系统中的冰、水、水蒸气的三相平衡共存状态。三相点的温度和压力是严格恒定的。要想保持系统的这种三相平衡状态，系统的温度和压力都不能有任何改变，否则系统的状态点必然要离开三相点，进入单相区或界线，从三相平衡状态变为单相或二相平衡状态，即从系统中消失一个或两个旧相。因此，此时系统的自由度为零，处于无变量状态。

水的相图是一个生动的例子，说明相图如何用几何语言把一个系统所处的平衡状态直观而形象地表示出来。只要知道了系统的温度、压力，即只要确定了系统的状态点在相图上的位置，便可以立即根据相图判断出此时系统所处的平衡状态；有几个相平衡共存，是哪几个相。

在水的相图上值得一提的是冰的熔点曲线 oc 向左倾斜，斜率为负值。这意味着压力增大，冰的熔点下降。这是由于冰融化成水时体积收缩而造成的。oc 的斜率可以根据克劳修斯-克拉普隆方程计算：$\dfrac{\mathrm{d}p}{\mathrm{d}T}=\dfrac{\Delta H}{T\Delta V}$。冰融化成水时吸热 $\Delta H > 0$，而体积收缩 $\Delta V < 0$，因而造成 $\dfrac{\mathrm{d}p}{\mathrm{d}T} < 0$。像冰这样熔融时体积收缩的物质并不多，统称为水型物质。铋、镓、锗、三氯化铁等少数物质属于水型物质。印刷用的铅字，可以用铅铋合金浇铸，就是利用其凝固时的体积膨胀以填充铸模。大多数物质熔融时体积膨胀，相图上的熔点曲线向右倾斜。压力增加，熔点升高，这类物质统称之为硫型物质。

7.2.2　具有同质多晶转变的单元系统相图

图 7.9 是具有同质多晶转变的单元系统相图的一般形式。图上的实线把相图划分为 4 个单相区，ABF 是低温稳定的晶型 I 的单相区；FBCE 是高温稳定的晶型 I 的单相区；ECD 是液相（熔体）区；低压部分的 ABCD 是气相。把两个单相区划分开来的曲线代表了系统中的二相平衡状态；AB、BC 分别是晶型 I 和晶型 II 的升华曲线，CD 是熔体的蒸气压曲线；BF 是晶型 I 和晶型 II 之间的晶型转变线；CE 是晶型 I 的熔融曲线。代表系统中三相平衡状态的三相点有两个：B 点代表晶型 I、晶型 II 和气相的三相平衡；C 点表示晶型 I、熔体和气相的三相平衡。

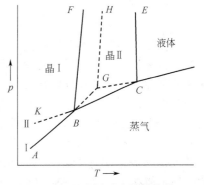

图 7.9　具有同质多晶转变的单元系统相图

图上的虚线表示出系统中可能出现的各种介稳平衡状态（在一个具体单元系统中，是否出现介稳状态，出现何种形式的介稳状态，依组分的性质而定）。FBGH 是过热晶型 I 的介稳单相区，HGCE 是过冷熔体的介稳单相区，BGC 和 ABK 是过冷蒸气的介稳单相区，KBF 是过冷晶型的介稳单相区。把两个介稳单相区划分开的用虚线表示的曲线，代表了相应的介稳二相平衡状态；BG 和 GH 分别是过热晶型 I 的升华曲线和熔融曲线；GC 是过冷熔体的蒸气压曲线；KB 是过冷晶型 II 的蒸气压曲线。三个介稳单相区会聚的 G 点代表过热晶型 I、过冷熔体和气相之间的三相介稳平衡状态是一个介稳三相点。

7.2.3　SiO₂ 系统

SiO_2 在加热或冷却过程中具有复杂的多晶转变。SiO_2 相图（图 7.10）表示出了各变体的稳定范围以及它们之间的晶型转化关系。SiO_2 各变体及熔体的饱和蒸气压极小（2000K 时仅为 10^{-7} MPa），相图上的纵坐标是特意放大的，以便表示各界线上的压力随温度的变化趋势。

相图的实线部分把全图划分成 6 个单相区，分别代表了 β-石英、α-石英、α-鳞石英、α-方石英、SiO_2 高温熔体及 SiO_2 蒸气 6 个热力学稳定态存在的相区。每两个相区之间的界线代了系统中的二相平衡状态。如 LM 代表了 β-石英与 SiO_2 蒸气之间的二相平衡，因而实际上是 β-石英的饱和蒸气压曲线。OC 代表了 SiO_2 熔体与 SiO_2 蒸气之间的二相平衡，因而实际上是 SiO_2 高温熔体的饱和蒸气压曲线。MR、NS、DT 是晶型转变线，反映了相应的两种变体之间的平衡共存如 MR 线表示出了 β-石英和 α-石英之间相互转变的温度随压力的变化。OU 线则是 α-方石英的熔点曲线，表示 α-方石英与 SiO_2 熔体之间的二相平衡。每三个相区会聚的一点都是三相点。图中有 4 个三相点。如 M 点是代表 β-石英、α-石英与 SiO_2 蒸气三相平衡的三相点，O 点则是 α-方石英、SiO_2 熔体与 SiO_2 蒸气三相平衡的三相点。

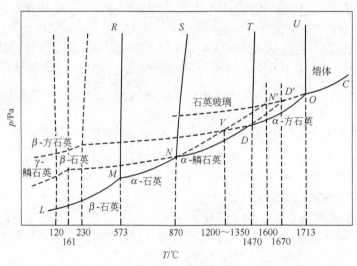

图 7.10　二氧化硅相图

由于晶体结构上的差异较大，α-石英、α-鳞石英与 α-方石英之间的晶型转变困难（这种转变通常称为一级变体间的转变，而石英、鳞石英与方石英的高低温型，即 α、β、γ 型之间的转变则称为二级变体间的转变）。只要加热或冷却不是非常缓慢的平衡加热或冷却，则往往会产生一系列介稳状态。这些可能发生的介稳态都用虚线表示在相图上。如 α-石英加热到 870℃时应转变为 α-鳞石英，但如加热速率不是足够慢，则可能成为 α-石英的过热晶体，这种处于介稳态的 α-石英可能一直保持到 1600℃（N' 点）直接熔融为过冷的 SiO_2 熔体。因此，NN' 实际上是过热 α-石英的饱和蒸气压曲线，反映了过热 α-石英与 SiO_2 蒸气二相之间的介稳平衡状态。DD' 则是过热 α-鳞石英的饱和蒸气压曲线，这种过热的 α-鳞石英可以保持到 1670℃（D' 点）直接熔融为 SiO_2 过冷熔体。在不平衡冷却中，高温 SiO_2 熔体可能不在 1713℃结晶出 α-方石英，而成为过冷熔体。虚线 ON' 在 CO 的延长线上，是过冷 SiO_2 熔体的饱和蒸气压曲线，反映了过冷 SiO_2 熔体与 SiO_2 蒸气二相之间的介稳平衡。α-方石英冷却到 1470℃时应转变为 α-鳞石英，实际上却往往过冷到 230℃转变成与 α-方石英结构相近的 β-方石英。α-鳞石英则往往不在 870℃转变成 α 石英，而是过冷到 163℃转变为 β-鳞石英，β-鳞石英在 120℃下转变成 γ-鳞石英。β-方石英、β-鳞石英与 γ-鳞石英虽然都是低温下的热力学不稳定态，但由于它们转变为热力学稳定态的速率极慢，实际上可以长期保持自己的形态。α-石英与 β-石英在 573℃下的相互转变，由于彼此间结构相近，转变速率很快，一般不会出现过热过冷现象。由于各种介稳状态的出现，相图上不但出现了这些介稳态的饱和蒸气压曲线及介稳晶型转变线，而且出现了相应的介稳单相区以及介稳三相点（如 N'、D'），从而使相图呈现出复杂的形态。

对 SiO_2 相图稍加分析，不难发现 SiO_2 所有处于介稳状态的变体（或熔体）的饱和蒸气压都比相同温度范围内处于热力学稳定态的变体的饱和蒸气压高。在一元系统中，这是一条普遍规律。这表明介稳态处于一种较高的能量状态，它有自发转变为热力学稳定态的趋势，而处于较低能量状态的热力学稳定态则不可能自发转变为介稳态。理论和实践都证明：在给定温度范围内，具有最小蒸气压的相一定是最稳定的相，而两个相如果处于平衡状态，其蒸气压必定相等。

石英是工业上应用十分广泛的一种原料，SiO_2 相图因而在生产和科学研究中有重要价值。现举耐火材料硅砖的生产和使用作为一个例子。硅砖是用天然石英（β-石英）作为原料经高温煅烧而成的。如上所述，由于介稳状态的出现，石英在高温煅烧冷却过程中实际发生的晶型转变是很复杂的。β-石英加热至 573℃ 很快转变为 α-石英，而 α-石英当加热到 870℃ 时并不是按相图指示的那样转变为鳞石英。在生产的条件下，它往往过热到 1200~1350℃（过热 α-石英饱和蒸气压曲线与过冷 α-方石英饱和蒸气压曲线的交点 V，此点表示了这两个介稳相之间的介稳平衡状态）时直接转变为介稳的 α-方石英。这种实际转变过程并不是人们所希望的。人们希望硅砖制品中鳞石英含量越多越好，而方石英含量越少越好。这是因为在石英、鳞石英、方石英三种变体的高、低温型转变中（即 α、β、γ 二级变体之间的转变），方石英体积变化最大（2.8%），石英次之（0.82%），而鳞石英最小（0.2%），见表 7.1。如果制品中方石英含量高，则在冷却到低温时由于 α-方石英转变成 β-方石英伴随着较大的体积收缩而难以获得致密的硅砖制品。那么，如何可以促使介稳态的 α-方石英转变为稳定态的 α-鳞石英呢？生产上一般是加入少量氧化铁和氧化钙作为矿化剂，这些氧化物在 1000℃ 左右可以产生一定量的液相，α-石英和 α-方石英在此液相中的溶解度大，而 α-鳞石英在其中的溶解度小，因而，α-石英和 α-方石英不断溶入液相，而 α-鳞石英则不断从液相中析出。一定量的液相生成，还可以缓解由于 α-石英转化为介稳态的 α-方石英时巨大的体积膨胀在坯体内所产生的应力（表 7.1）。虽然在硅砖生产中加入矿化剂，创造了有利的动力学条件，促使鳞石英生成，但事实上最后必定还会有一部分未转变的方石英残留于制品中，因此，在硅砖使用时，必须根据 SiO_2 相图制订合理的升温制度，防止残留的方石英发生多晶转变时将窑炉砌砖炸裂。

表 7.1 SiO_2 多晶转变时的体积变化

一级变体间的转变	计算采取的温度/℃	在该温度下转变时体积效应/%	二级变体间的转变	计算采取的温度/℃	在该温度下转变时体积效应/%
α-石英→α-鳞石英	1000	+16.0	β-石英→α-石英	573	+0.82
α-石英→α-方石英	1000	+15.4	γ-鳞石英→α-鳞石英	117	+0.20
α-石英→石英玻璃	1000	+15.5	β-鳞石英→α-鳞石英	163	+0.20
石英玻璃→α-方石英	1000	−0.9	β-方石英→α-方石英	150	+2.8

7.2.4 ZrO_2 系统

ZrO_2 相图（图 7.11）比 SiO_2 相图要简单得多。这是由于 ZrO_2 系统中出现的多晶现象和介稳状态不像 SiO_2 系统那样复杂。ZrO_2 有三种晶型：单斜 ZrO_2、四方 ZrO_2 和立方 ZrO_2。它们之间具有如下的转变关系：

$$ZrO_2（单斜）\xrightleftharpoons[约1000℃]{约1200℃} ZrO_2（四方）\xrightleftharpoons{约2370℃} ZrO_2（立方）$$

单斜 ZrO_2 加热到 1200℃ 时转变为四方 ZrO_2，这个转变速率很快，并伴随 7%~9% 的体积收缩。但在冷却过程中，四方 ZrO_2 往往不在 1200℃ 转变成单斜 ZrO_2，而在 1000℃ 左右转变，即从相图上虚线表示的介稳态的四方 ZrO_2 转变成稳定态的单斜 ZrO_2。这种滞后现象在多晶转变中是经常可以观察到的。

ZrO_2 是特种陶瓷的重要原料。由于其单斜型与四方型之间的晶型转变伴有显著的体积变化，造成 ZrO_2 制品在烧成过程中容易开裂，生产上需采取稳定措施。通常是加入适量

CaO 或 Y$_2$O$_3$，在 1500℃ 以上，四方 ZrO$_2$ 可以与这些稳定剂形成立方晶型的固溶体。在冷却过程中，这种固溶体不会发生晶型转变，没有体积效应，因而可以避免 ZrO$_2$ 制品的开裂。这种经稳定处理的 ZrO$_2$ 称为稳定化立方 ZrO$_2$，图 7.12 是 ZrO$_2$ 的热膨胀曲线。

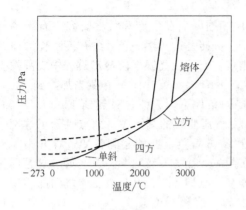
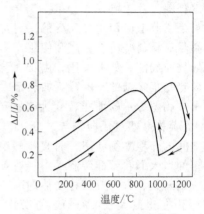

图 7.11　氧化锆相图　　　　　　　图 7.12　氧化锆的热膨胀曲线

ZrO$_2$ 的熔点很高（2680℃），是一种优良的耐火材料。氧化锆又是一种高温固体电解质，利用其导氧、导电的性能可以制备氧敏传感器元件；此外，利用 ZrO$_2$ 发生晶型转变时的体积变化可对陶瓷材料进行相变增韧。

7.3　二元系统

二元系统存在两种独立组分，由于这两个组分之间可能存在各种不同的物理作用和化学作用，因而二元系统相图的类型比一元相图要多得多。阅读任何一张二元相图，重要的是必须弄清这张相图所表示的系统中所发生的物理化学过程的性质以及相图如何通过不同几何要素——点、线、面来表示系统的不同平衡状态。在本节中，仅把讨论范围局限于固-液相平衡的凝聚系统。对于二元凝聚系统：

$$f=C-P+1=3-P$$

当 $f=0$，$P=3$ 时，则二元凝聚系统中可能平衡共存的相数最多为三个。当 $P=1$，$f=1$ 时，则系统的最大自由度数为 2。由于凝聚系统不考虑压力的影响，这两个自由度显然指温度和浓度。二元凝聚系统相图是以温度为纵坐标，以系统中任一组分的浓度为横坐标来绘制的。

依系统中两组分之间的相互作用不同，二元凝聚系统相图可以分成若干基本类型。熟悉了这些基本类型的相图，阅读具体系统的相图就不会感到困难了。

7.3.1　二元凝聚系统相图的基本类型

7.3.1.1　具有一个低共熔点的简单二元凝聚系统相图

这类体系的特点是两个组分在液态时能以任何比例互溶，形成单相溶液，但在固态时则完全不互溶，两个组分各自从液相中分别结晶。组分间无化学作用，不生成新的化合物。

虽然这类系统的相图具有最简单的形式（图 7.13），但却是学习其他类型二元相图的重要基础，因此，对这张相图需稍加详尽地予以讨论。

图中的 a 点是组分 A 的熔点，b 点是组分 B 的熔点，E 点是组分 A 和组分 B 的二元低共熔点。液相线 aE、bE 和固相线 GH 把整个相图划分成 4 个相区。液相线 aE、bE 以上的相区是高温熔体的单相区。固相线 GH 以下的（A＋B）相区是由晶体 A 和晶体 B 组成的二相区。液相线与固相线之间的两个相区，aEG 代表液相与组分 A 的晶体平衡共存的二相区（L＋A），bEH 则代表液相与组分 B 的晶体平衡共存的二相区（L＋B）。

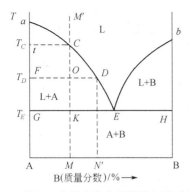

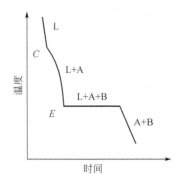

图 7.13　具有一个低共熔点的简单二元系统相图　　　　图 7.14　M 配料的冷却曲线

掌握此相图的关键是理解 aE、bE 两条液相线及低共熔点 E 的性质。液相线 aE 实质上是一条饱和曲线（或称熔度曲线，类似含水二元系统的溶解度曲线），任何富 A 高温熔体冷却到 aE 线上的温度，即开始对组分 A 饱和而析出 A 的晶体；同样，液相线 bE 则是组分 B 的饱和曲线，任何富 B 高温熔体冷却到 BE 线上的温度，即开始对组分 B 饱和，析出 B 的晶体。E 点处于这两条饱和曲线的交点，意味着在 E 点，液相同时对组分 A 和组分 B 饱和。因而，从 E 点液相中将同时析出 A 晶体和 B 晶体，此时系统中三相平衡，$f=0$，即系统处于无变量平衡状态，因而低共熔点 E 是此二元系统中的一个无变量点。E 点组成称为低共熔组成，E 点温度则称为低共熔温度。

现以组成为 M 点的配料加热到高温完全熔融，然后平衡冷却析晶的过程来说明系统的平衡状态如何随温度变化。将组成为 M 点的配料加热到高温的 M' 点，因 M' 处于 L 相区，表明系统中只有单相的高温熔体（液相）存在。将此高温熔体冷却到温度 T_C，液相开始对组分 A 饱和，从液相中析出第一粒 A 晶体，系统从单相平衡状态进入二相平衡状态。根据相律，$f=1$，即为了保持这种二相平衡状态，在温度和液相组成二者之间只有一个独立变量。事实上，A 晶体的析出意味着液相必定是 A 的饱和溶液，当温度继续下降时，液相组成必定沿着 A 的饱和曲线 aE 从 C 点向 E 点变化，而不能任意改变。系统冷却到低共熔温度 T_E，液相组成到达低共熔点 E，从液相中将同时析出 A 晶体和 B 晶体，系统从二相平衡状态进入三相平衡状态。按照相律，此时系统的 $f=0$，系统是无变量的，即只要系统中维持着这种三相平衡关系，系统就只能保持在低共熔温度 T_E 不变，液相也只能保持在 E 点的低共熔组成不变。此时，从 E 点液相中不断按 E 点组成中 A 和 B 的比例析出 A 晶体和 B 晶体。当最后一滴低共熔组成的液相析出 A 晶体和 B 晶体后，液相消失，系统从三相平衡状态回到二相平衡状态，因而系统温度又可继续下降。整个析晶过程发生的相的变化可用冷却曲线表示，见图 7.14。

利用杠杆规则，还可以对析晶过程的相的变化进一步做定量分析。在运用杠杆规则时，需要分清系统组成点、液相点、固相点的概念。系统组成点（简称系统点）取决于系统的总组成，是由原始配料组成决定的。在加热或冷却过程中，尽管组分 A 和组分 B 在固相与液相之间不断转移，但仍在系统内，不会逸出系统以外，因而系统的总组成是不会改变的。对于组成为 M 点的配料而言，系统状态点必定在 MM' 线上变化。系统中的液相组成和固相组成是随温度不断变化的，因而液相点、固相点的位置也随温度而不断变化。把组成为 M 点的配料加热到高温的 M'，配料中的组分 A 和组分 B 全部进入高温熔体，因而液相点与系统点的位置是重合的。冷却到温度 T_C，从 C 点液相中析出第一粒 A 晶体，系统中出现了固相，固相点处于表示纯 A 晶体和 T_C 温度的 I 点。进一步冷却到 T_D 温度，液相点沿液相线从 C 点运动到 D 点，从液相中不断析出 A 晶体，因而 A 晶体的量不断增加，但组成仍为纯

A，所以固相组成并无变化。随温度下降，固相点从 I 点变化到 F 点，系统点则沿 MM' 从 C 点变化到 O 点。因为固、液二相处于平衡状态，温度必定相同，因而在任何时刻，系统点、液相点、固相点三点一定处在同一条等温的水平线上（FD 线称为结线，它把系统中平衡共存的两个相的相点连接起来），又因为固液二相是从高温单相熔体 M' 分解而来的，这两个相的相点在任何时刻必定都分布在系统组成点的两侧，以系统组成点为杠杆支点，运用杠杆规则可以方便地计算任一温度下处于平衡的固、液二相的数量。如在 T_D 温度下的固相量和液相量，根据杠杆规则：

$$\frac{固相量}{液相量}=\frac{OD}{OF}$$

$$\frac{固相量}{固、液总量（原始配料量）}=\frac{OD}{FD}$$

$$\frac{液相量}{固、液总量（原始配料量）}=\frac{OF}{FD}$$

当系统温度从 T_D 继续下降到了 T_E 时，液相点从 D 点沿液相线到达 E 点，从液相中同时析出 A 晶体和 B 晶体，液相点停在 B 点不动，但其数量则随共析晶过程的进行而不断减少。固相中则除了 A 晶体（原先析出的加 T_E 温度下析出的），又增加了 B 晶体，而且此时系统温度不能变化，固相点位置必离开表示纯 A 的 G 点沿等温线 GK 向 K 点运动。当最后一滴 E 点液相消失，液相中的组分 A、B 全部结晶为晶体时，固相组成必然回到原始配料组成，即固相点到达系统点 K。析晶过程结束以后，系统温度又可继续下降，固相点与系统点一起从 K 点向 M 点移动。

上述析晶过程中固、液相点的变化，即结晶路程用文字叙述比较繁琐，常用下列简便的表达式表示：

液相点 $\quad M'\xrightarrow[f=2]{L}C\xrightarrow[f=1]{L\longrightarrow A}E(L_E\longrightarrow A+B)$

固相点 $\quad I\xrightarrow{A}G\xrightarrow{A+B}K$

平衡加热熔融过程恰是上述平衡冷却析晶过程的逆过程。若将组分 A 和组分 B 的配料 M 点的配料加热，则该晶体混合物在 T_E 温度下低共熔形成组成为 E 点的液相，由于三相平衡，系统温度保持不变，随着低共熔过程的进行，A、B 晶体量不断减少，E 点液相量不断增加。当固相点从 K 点到达 G 点，意味着 B 晶体已全部熔完，系统进入二相平衡状态，温度又可继续上升，随着 A 晶体继续熔入液相，液相点沿着液相线从 E 点向 C 点变化。加热到 T_C 温度，液相点到达 C 点，与系统点重合，意味着最后一粒 A 晶体在 I 点消失，A 晶体和 B 晶体全部从固相转入液相，因而液相组成回到原始配料组成。

7.3.1.2 生成化合物的二元凝固系统相图

（1）生成一个一致熔融化合物的二元凝固系统相图 所谓一致熔融化合物是一种稳定的化合物。它与正常的纯物质一样具有固定的熔点，熔化时，所产生的液相与化合物组成相同，称为一致熔融。这类系统的典型相图如图 7.15。组分 A 与组分 B 生成一个一致熔融化合物 A_mB_n，M 点是该化合物的熔点。曲线 aE_1 是组分 A 的液相线，bE_2 是组分 B 的液相线，E_1ME_2 则是化合物 A_mB_n 的液相线。一致熔融化合物在相图上的特点是化合物组成点位于其液相线的组成范围内，即表示化合物晶相的 A_mB_n-M 线直接与其液相线相交，交点 M（化合物熔点）是液相线上的温度最高点。因此，A_mB_n-M 线将此相图划分成两个简单分二元系统。E_1 是 A-A_mB_n 分二元的低共熔点，E_2 是 A_mB_n-B 分二元的低共熔点。讨论任一配料的结晶路程与上述讨论简单二元系统的结晶路程完全相同。原始配料如落在 A-A_mB_n 范围内，最终析晶产物 A 和 A_mB_n 两个晶相；原始配料位于 A_mB_n-B 区间，则最终析晶产物为 A_mB_n 和 B 两个晶相。

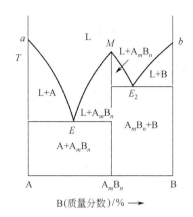

图 7.15 生成一个一致熔融化合物的
二元系统相图

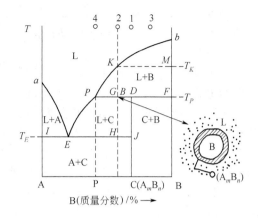

图 7.16 生成一个不一致熔融化合物的
二元系统相图

（2）生成一个不一致熔融化合物的二元凝固系统相图　所谓不一致熔融化合物是一种不稳定的化合物。加热这种化合物到某一温度便发生分解，分解产物是一种液相和一种晶相，二者组成与化合物组成皆不相同，称为不一致熔融。图 7.16 是此类二元系统的典型相图。加热化合物 C(A_mB_n) 到分解温度 T_P，化合物 C 分解为 P 组成的液相和组分 B 的晶体。在分解过程中，系统处于三相平衡的无变量状态（$f=0$），因而 P 点也是一个无变量点，称为转熔点（又称回吸点，反应点）。

曲线 aE 是与晶相 A 平衡的液相线，EP 是与晶相 C(A_mB_n) 平衡的液相线，bP 是与晶相 B 平衡的液相线。无变量点 E 是低共熔点，在 E 点发生的相变化是 $L_E \underset{\text{加热}}{\overset{\text{冷却}}{\rightleftharpoons}} A+C$；另一个无变量点 P 是转熔点，在 P 点发生的相变化是 $L_P+B \underset{\text{加热}}{\overset{\text{冷却}}{\rightleftharpoons}} C$。需要注意的是转熔点 P 位于与 P 点液相平衡的两个晶相 C 和 B 的组成点 D、F 的同一侧，这是与低共熔点 E 的情况不同的，运用杠杆规则不难理解这种差别。不一致熔融化合物在相图上的特点是化合物 C 的组成点位于其液相线 PE 的组成范围以外，即 CD 线偏在 PE 的一边，而不与其直接相交，因此，表示化合物的 CD 线不能将整个相图划分为两个分二元系统。

现以熔体 2 为例分析结晶路程。将熔体 2 冷却到了 T_K 温度，从液相中析出第一粒 B 晶体，液相点随后沿液相线 KP 向 P 点变化，从液相中不断析出 B 晶体，固相点则从 M 点向 F 点变化，达到转熔温度 T_P，发生 $L_P+B \longrightarrow C$ 的转熔过程，即原先析出的 B 晶体此时重又熔入 L_P 液相（或者说被液相回吸，本质是与液相起反应）而结晶出化合物 C。在转熔过程中，系统温度保持不变，液相组成保持在 P 点不变，但液相量和 B 晶体量不断减少，C 晶体量不断增加，因而固相点离开 F 点向 D 点移动。当固相点到达 D 点，意味着 B 晶体已耗尽，转熔过程结束。系统中残留的二相是 L_P 和化合物 C，其数量可根据液相点 P、系统点 G 及固相点 D 的相对位置用杠杆规则确定。在 B 晶体耗尽以后，系统从三相平衡状态回复二相平衡状态，温度又可继续下降，液相点将离开 P 点沿与 C 晶体平衡的液相线 PE 向 E 点变化，从液相中不断析出 C 晶体，固相点则从 D 点向 J 点变化。到达低共熔温度 T_E，从 E 点液相中将同时析出 A 晶体和 C 晶体。当最后一滴 L_E 液相消失，固相点必从 J 点到达 H 点，与系统点重合。此时全部析晶过程结束，所获得的析晶产物是 A 晶体与 C 晶体，两者的量可由 I、H、J 三点的相对位置计算。上述所讨论的熔体 2 的结晶路程可以下述表达式表示：

液相点　　　$2 \xrightarrow[f=2]{L} K \xrightarrow[f=1]{L \longrightarrow B} P(L_P+B \longrightarrow C) \xrightarrow[f=1]{L \longrightarrow C} E(L_E \longrightarrow A+C)$

固相点　　$M \xrightarrow{B} F \xrightarrow{B+C} D \xrightarrow{C} J \xrightarrow{C+A} H$

熔体 3 与熔体 2 不同，由于在转熔过程中 P 点液相先耗尽，其结晶终点不在 E 点，而在 P 点，请读者自行分析。

（3）生成在固相分解的化合物　化合物 $A_m B_n$ 从加热到低共熔温度 T_E 以下的温度 T_D，即分解为组分 A 和组分 B 的晶体，没有液相生成（图 7.17）。相图上没有与化合物 $A_m B_n$ 平衡的液相线，表明从液相中不可能直接析出 $A_m B_n$，$A_m B_n$ 只能通过晶体 A 和晶体 B 之间的固相反应生成。由于固态物质之间的反应速率很小（尤其在低温下），因而达到平衡状态需要的时间将是很长的。将 A 晶体和 B 晶体配料，按照相图，即使在低温下也应获得（$A + A_m B_n$）或（$A_m B_n + B$），但事实上，如果没有加热到足够高的温度并保温足够长的时间，上述平衡状态是很难达到的，系统往往处于 A、$A_m B_n$ 和 B 三种晶体同时存在的非平衡状态。

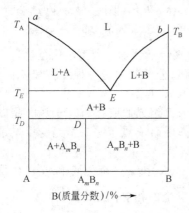

图 7.17　在低共熔点以下有化合物生成的
二元系统相图

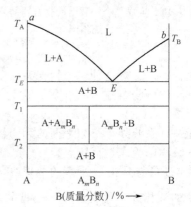

图 7.18　在低共熔点以下有化合物生成和
分解的二元系统相图

若化合物 $A_m B_n$ 只在某一温度区间存在，即在低温下也要分解，则其相图形式如图 7.18。

7.3.1.3　具有多晶转变的二元系统相图

同质多晶现象在材料中十分普遍。图 7.19 中组分 A 在晶型转变点 P 发生 A_α 与 A_β 的晶型转变，显然在 A-B 二元系统中的纯 A 晶体在 T_P 温度下都会发生这一转变，因此 P 点发展为一条晶型转变等温线。在此线以上的相区，A 晶体 α 形态存在；在此线以下的相区，则以 β 形态存在。

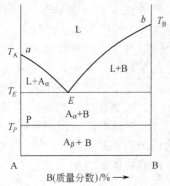

图 7.19　在低共熔点温度以下发生多晶转变的
二元系统相图

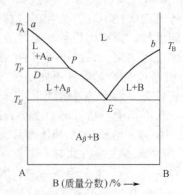

图 7.20　在低共熔点温度以上发生多晶转变的
二元系统相图

如晶型转变温度 T_P 高于系统开始出现液相的低共熔温度 T_E，则 A_α 与 A_β 之间的晶型转变在系统带有 P 点组成液相的条件下发生，因为此时系统中三相平衡共存，所以 P 点也是一个无变量点（图 7.20）。

7.3.1.4　形成固溶体的二元凝固系统相图

（1）形成连续固溶体的二元凝固系统相图　这类系统的相图形式如图 7.21 所示，液相线 aL_2b 以上的相区是高温熔体单相区，固相线 aS_3b 以下的相区是固溶体单相区，处于液相线与固相线之间的相区则是液态溶液与固溶体平衡的固、液二相区。固、液二相区内的结线 L_1S_1、L_2S_2、L_3S_3 分别表示不同温度下互相平衡的固、液二相的组成。此相图的最大特点是没有一般二元相图上常常出现的二元无变量点，因为此系统内只存在液态溶液和固溶体两个相，不可能出现三相平衡状态。

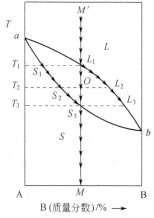

图 7.21　形成连续固溶体的二元系统相图

M' 高温熔体冷却到 T_1 温度时开始析出组成为 S_1 的固溶体，随后液相组成沿液相线向 L_3 变化，固相组成则沿固相线向 S_3 变化。冷却到了 T_2 温度，液相点到达 L_2，固相点到达 S_2，系统点则在 O 点；根据杠杆规则，此时液相量∶固相量 $= OS_2∶OL_2$。冷却到 T_3 温度，固相点 S_3 与系统点重合，意味着最后一滴液相在 L_3 消失，结晶过程结束。原始配料中组分 A、B 从高温熔体全部转入低温的单相固溶体。

在液相从 L_1 到 L_3 的析晶过程中，固溶体组成需从原先析出的 S_1 相应变化到最终与 L_3 平衡的 S_3，即在析晶过程中固溶体需时时调整组成以与液相保持平衡。固溶体是晶体，原子的扩散迁移速率很慢，不像液态溶液那样容易调节组成，可以想像，只要冷却过程不是足够缓慢，不平衡析晶是很容易发生的。

（2）形成有限固溶体的二元凝固系统相图　组分 A、B 间可以形成固溶体，但溶解度是有限的，不能以任意比例互溶。图 7.22 上的 $S_A(B)$ 表示组分 B 溶解在 A 晶体中所形成的

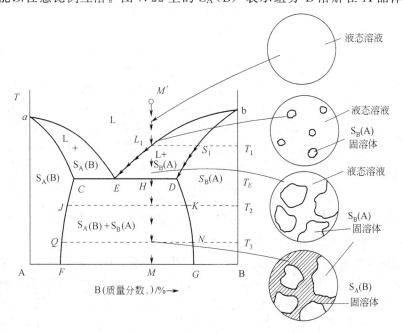

图 7.22　形成有限固溶体的二元系统相图

197

固溶体，$S_B(A)$ 表示组分 A 溶解在 B 晶体中所形成的固溶体，aE 是与 $S_A(B)$ 固溶体平衡的液相线，bE 是与 $S_B(A)$ 固溶体平衡的液相线。从液相线上的液相中析出的固溶体组成可以通过等温线在相应的固相线 aC 和 bD 上找到，如等温线 L_1S_1 表示从组成为 L_1 点的液相中析出的 $S_B(A)$ 固溶体的组成是 S_1。E 点是低共熔点，从 E 点的液相中将同时析出组成为 C 的 $S_A(B)$ 和组成为 D 的 $S_B(A)$ 固溶体。C 点表示了组分 B 在组分 A 中的最大固溶度，D 点则表示了组分 A 在组分 B 中的最大固溶度。CF 是固溶体 $S_A(B)$ 的溶解度曲线，DG 则是固溶体 $S_B(A)$ 的溶解度曲线。根据这两条溶解度曲线的走向，A、B 两个组分在固态互溶的溶解度是随温度下降而下降的。相图上 6 个相区的平衡各相已在图上标注。

将 M' 高温熔体冷却至 T_1 温度，从 L_1 点的液相中将析出组成为 S_1 的 $S_B(A)$ 固溶体，随后液相点沿液相线向 E 点变化，固相点从 S_1 沿固相线向 D 点变化。到达低共熔温度 T_E，从 E 点的液相中同时析出组成为 C 的 $S_A(B)$，和组成为 D 的 $S_B(A)$ 系统进入三相平衡状态，$f=0$，系统温度保持不变。平衡各相组成也保持不变，但液相量不断减少，$S_A(B)$ 和 $S_B(A)$ 的量不断增加，固相总组成点从 D 点向 H 点移动，当固相点与系统点 H 重合，最后一滴液相在该点消失。结晶产物为 $S_A(B)$ 和 $S_B(A)$ 两种固溶体。当温度继续下降时，$S_A(B)$ 的组成沿 CF 线变化，$S_B(A)$ 的组成则沿 DG 线变化，如在 T_3 温度，组成为 Q 的 $S_A(B)$ 与组成为 N 的 $S_B(A)$ 二相平衡共存。M' 熔体的结晶路程可用固、液相点的变化表示如下：

液相点 $\quad M' \xrightarrow[f=2]{L} L_1 \xrightarrow[f=1]{L \longrightarrow S_B(A)} E[L_E \longrightarrow S_B(A)+S_A(B)]$

固相点 $\quad S_1 \xrightarrow{S_B(A)} D \xrightarrow{S_B(A)+S_A(B)} H$

7.3.1.5 具有液相分层的二元凝固系统相图

前面所讨论的各类二元系统中两个组分在液相中都是完全互溶的。但在某些实际系统

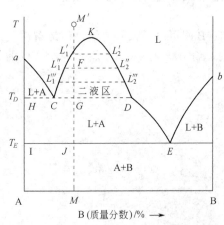

图 7.23 具有液相分层的二元系统相图

中，两个组分在液相中并不完全互溶，只能有限互溶。这时，液相分为两层，一层可视为组分 B 在组分 A 中的饱和溶液（L_1），另一层则可视为组分 A 在组分 B 中的饱和溶液（L_2）。图 7.23 中的 CKD 帽形区是一个液相分层区。等温结线 $L_1'L_2'$、$L_1''L_2''$、$L_1'''L_2'''$ 表示不同温度下互相平衡的两个液相的组成。温度升高，两层液相的溶解度都增大，因而其组成越来越接近，到达帽形区最高点 K，两层液相的组成已完全一致，分层现象消失，故 K 点是一个临界点，K 点温度叫临界温度。在 CKD 帽形区以外的其他液相区域，均不发生分液现象，为单相区。曲线 aC、DE 均为与 A 晶相平衡的液相线，bE 是与 B 晶相平衡的液相线。除低共熔点 E 之外，系统中还有另一个无变量点 D。在 D 点发生的相的变化为 $L_C \underset{加热}{\overset{冷却}{\rightleftharpoons}} L_D+A$，即冷却时从组成为 C 的液相中析出晶体 A，而 L_C 液体相变为含 A 低的 L_D 液相。

把 M' 高温熔体冷却到 L_1' 点所在的温度，液相开始分层，第一滴具有 L_2' 组成的 L_2 液相出现，随后 L_1 液相沿 KC 线向 C 点变化，L_2 液相沿 KD 线向 D 点变化。冷却到 T_D 温度，液相 L_C 不断分解为 L_D 液相和 A 晶体，直到 L_C 耗尽。L_C 消失以后，系统温度又可继续下降，液相组成从 D 点沿液相线 DE 到达 E 点，并在 E 点结束结晶过程，结晶产物是晶相 A 和晶相 B。上述结晶路程可用液、固相点的变化表示：

液相点 $\quad M' \xrightarrow[f=2]{L} L'_1 \xrightarrow[f=1]{L_1+L_2} G \xrightarrow[f=0]{L_C \longrightarrow L_D+A} D \xrightarrow[f=1]{L \longrightarrow A} E(L_E \longrightarrow A+B)$

固相点 $\quad H \xrightarrow{A} I \xrightarrow{A+B} J$

7.3.2 具体二元系统凝固相图举例

7.3.2.1 CaO-SiO₂ 系统相图

阅读像 CaO-SiO₂ 系统相图（图 7.24）这样图面比较复杂的二元相图，首先应看系统中生成几种化合物以及各化合物的性质，根据一致熔融化合物可把系统划分成若干分二元系统，然后对这些分二元系统逐一加以分析。

根据图上的竖线可知，CaO-SiO₂ 二元系统中共生成 4 种化合物：CS（CaO·SiO₂，硅灰石）和 C₂S（2CaO·SiO₂，硅酸二钙）是一致熔融化合物，C₃S₂（3CaO·2SiO₂，硅钙石）和 C₃S（3CaO·SiO₂，硅酸三钙）是不一致熔融化合物，因此，CaO·SiO₂ 系统可以划分成 SiO₂-CS、CS-C₂S、C₂S-SiO₂ 3 个分二元系统。然后，对这 3 个分二元系统逐一分析各液相线、相区，特别是无变量点的性质，判明各无变量点所代表的具体相平衡关系，见表 7.2。相图上每一条横线都是一根三相线，当系统状态点到达这些线上时，系统都处于三相平衡的无变状态，其中有低共熔线、转熔线、化合物分解或液相分解线以及多条晶型转变线。晶型转变线上所发生的具体晶型转变需要根据和此线紧邻的上、下两个相区所标示的平衡相加以判断。如 1125℃的晶型转变线，线上相区的平衡相为 α-鳞石英和 α-CS，而线下相区则为 α-鳞石英和 β-CS，此线必为 α-CS 和 β-CS 的转变线。

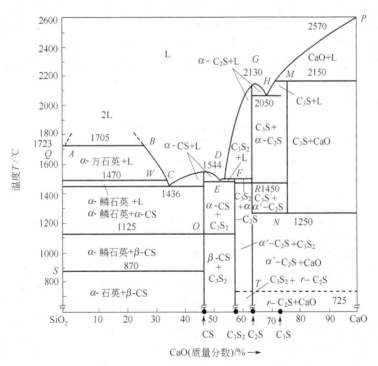

图 7.24 CaO-SiO₂ 系统相图

先讨论相图左侧的 SiO₂-CS 分二元系统。在此分二元的富硅液相部分有一个分液区，C 点是此分二元系统的低共熔点，C 点温度为 1436℃，组成是含 37％CaO。由于在与方石英平衡的液相线上插入了 2L 分液区，使 C 点位置偏向 CS 一侧，而距 SiO₂ 较远，液相线 CB 也因而较为陡峭。这一相图上的特点常被用来解释为何在硅砖生产中可以采取 CaO 作为矿化剂而不会严重影响其耐火度。用杠杆规则计算，如向 SiO₂ 中加入 1％CaO，在低共熔温度

1436℃下所产生的液相量为 $\frac{1}{37} \times 100\% = 2.7\%$。这个液相量不大，并且由于液相线 CB 较陡峭，温度继续升高时，液相量的增加也不会很多，这就保证了硅砖的高耐火度。在 CS-C$_2$S 这个分二元系统中，有一个不一致熔融化合物 C$_3$S$_2$，其分解温度是 1464℃。E 点是 CS 与 C$_3$S$_2$ 的低共熔点。F 点是转熔点，在 F 点发生 L+α-C$_2$S $\longrightarrow$ C$_3$S$_2$ 的相变化。C$_3$S$_2$ 常出现于高炉矿渣中，也存在于自然界中。

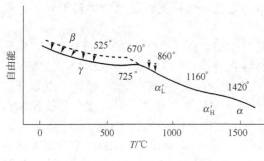

图 7.25 C$_2$S 的多晶转变

最右侧的 C$_2$S-CaO 分二元系统，含有硅酸盐水泥的重要矿物 C$_3$S 和 C$_2$S。C$_3$S 是一个不一致熔融化合物，仅能稳定存在于 1250～2150℃ 的温度区间，在 1250℃ 分解为 α'-C$_2$S 和 CaO，在 2150℃ 则分解为 M 组成的液相和 CaO。C$_2$S 有 α、α'、β、γ 之间的复杂晶型转变（图 7.25）。常温下稳定的 γ-C$_2$S 加热到 725℃ 转变为 α'-C$_2$S，α'-C$_2$S 则在 1420℃ 转变为高温稳定的 α-C$_2$S。但在冷却过程中，α'-C$_2$S 往往不平衡转变为 γ-C$_2$S，

而是过冷到 670℃ 左右转变为介稳态的 C$_2$S，β-C$_2$S 则在 525℃ 再转变为稳定态 γ-C$_2$S。β-C$_2$S 向 γ-C$_2$S 的晶型转变伴随 9% 的体积膨胀，可以造成水泥熟料的粉化。由于 β-C$_2$S 是一种热力学非平衡态，没有能稳定存在的温度区间，因而在相图上没有出现 β-C$_2$S 的相区。C$_3$S 和 β-C$_2$S 是硅酸盐水泥中含量最高的两种水硬性矿物，但当水泥熟料缓慢冷却时，C$_3$S 将会分解，β-C$_2$S 将转变为无水硬活性的 γ-C$_2$S，为了避免这种情况发生，生产上采取急冷措施，将 C$_2$S 和 β-C$_2$S 迅速越过分解温度或晶型转变温度，在低温下以介稳态保存下来。介稳态是一种高能量状态，有较强的反应能力，这或许就是 C$_3$S 和 β-C$_2$S 具有较高水硬活性的热力学上的原因。

表 7.2 CaO-SiO$_2$ 系统中的无变量点

编号	相间平衡	平衡性质	温度/℃	组成/%	
				CaO	SiO$_2$
P	CaO $\Longrightarrow$ 液体	熔化	2570	100	0
Q	SiO$_2$ $\Longrightarrow$ 液体	熔化	1723	0	100
A	α-方石英+液体 B $\Longrightarrow$ 液体 A	分解	1705	0.6	99.4
B	α-方石英+液体 B $\Longrightarrow$ 液体 A	分解	1705	28	72
C	α-CS+α-鳞石英 $\Longrightarrow$ 液体	低共熔	1436	37	63
D	α-CS $\Longrightarrow$ 液体	熔化	1544	48.2	51.8
E	α-CS+C$_3$S$_2$ $\Longrightarrow$ 液体	低共熔	1460	54.5	45.5
F	C$_3$S$_2$ $\Longrightarrow$ CaO+液体	转熔	1464	55.5	44.5
G	α-C$_2$S $\Longrightarrow$ 液体	熔化	2130	65	35
H	α-C$_2$S+C$_3$S $\Longrightarrow$ 液体	低共熔	2050	67.5	32.5
M	C$_3$S $\Longrightarrow$ CaO+液体	转熔	2150	73.6	26.4
N	α'-C$_2$S+CaO $\Longrightarrow$ C$_3$S	固相反应	1250	73.6	26.4
O	β-C$_2$S $\Longrightarrow$ α-CS	多晶转变	1125	51.8	48.2
R	α'-C$_2$S $\Longrightarrow$ α-C$_2$S	多晶转变	1450	65	35
T	γ-C$_2$S $\Longrightarrow$ α'-C$_2$S	多晶转变	725	65	35

7.3.2.2 Al$_2$O$_3$-SiO$_2$ 系统相图

图 7.26 是 Al$_2$O$_3$-SiO$_2$ 系统相图。在该二元系统中，只生成一个一致熔融化合物 A$_3$S$_2$（3Al$_2$O$_3$·2SiO$_2$，莫来石）。A$_3$S$_2$ 中可以固溶少量 Al$_2$O$_3$，固溶体中 Al$_2$O$_3$ 含量在 60%～

63%（摩尔分数）之间。莫来石是普通陶瓷及黏土质耐火材料的重要矿物。

黏土是硅酸盐工业的重要原料。黏土加热脱水后分解为 Al_2O_3 和 SiO_2，因此 Al_2O_3-SiO_2 系统相平衡早就引起广泛的兴趣，先后发表了许多不同形式的相图。这些相图的主要分歧是莫来石的性质，最初认为是不一致熔融化合物，后来认为是一致熔融化合物，到 20 世纪 70 年代又有人提出是不一致熔化合物。这种情况在硅酸盐体系相平衡研究中是屡见不鲜的，因为硅酸盐物质熔点高，液相黏度大，高温物理化学过程速率缓慢，容易形成介稳态，这就给相图制作造成了实验上的很大困难。

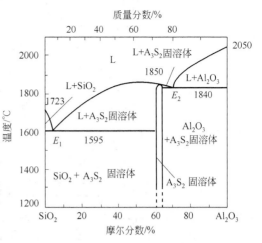

图 7.26　Al_2O_3-SiO_2 系统相图

以 A_3S_2 为界，可以将 Al_2O_3-SiO_2 系统划分成两个分二元系统。在 A_3S_2-SiO_2 这个分二元系统中，有一个低共熔点 E_1，加热时 SiO_2 和 A_3S_2 在低共熔温度 1595℃下生成含 Al_2O_3 5.5%（质量分数）的 E_1 点液相，与 CaO-SiO_2 系统中 SiO_2-CS 分二元的低共熔点 C 不同，E_1 点距 SiO_2 一侧很近。如果在 SiO_2 中加入 1%（质量分数）Al_2O_3，根据杠杆规则，在 1595℃下就会产生 $(1/5.5)×100\%=18.2\%$ 的液相量，这样就会使硅砖的耐火度大大下降。此外，由于与 SiO_2 平衡的液相线从 SiO_2 熔点 1723℃向 E_1 点迅速下降，Al_2O_3 的加入必然造成硅砖全熔温度的急剧下降。因此，对硅砖来说，Al_2O_3 是非常有害的杂质，其他氧化物都没有像 Al_2O_3 这样大的影响。在硅砖的制造和使用过程中，要严防 Al_2O_3 混入。

系统中液相量随温度的变化取决于液相线的形状。本分二元系统中莫来石的液相线 E_1F 在 1595～1700℃的温度区间比较陡峭，而在 1700～1850℃的温度区间则比较平坦。根据杠杆规则，这意味着一个处于 E_1F 组成范围内的配料加热到 1700℃前系统中的液相量随温度升高增加并不多，但在 1700℃以后，液相量将随温度升高而迅速增加。这一点，是使用化学组成处于这一范围，以莫来石和石英为主要晶相的黏土质和高铝质耐火材料时，需要引起注意的。

在 A_3S_2-Al_2O_3 分二元系统中，A_3S_2 熔点（1850℃）、Al_2O_3 熔点（2050℃）以及低共熔点（1840℃）都很高。因此，莫来石质及刚玉质耐火砖都是性能优良的耐火材料。

7.3.2.3　MgO-SiO_2 系统

图 7.27 是 MgO-SiO_2 系统相图。本系统中有一个一致熔融化合物 M_2S（Mg_2SiO_4，镁橄榄石）和一个不一致熔融化合物 MS（$MgSiO_3$，顽火辉石）。M_2S 的熔点很高，达 1890℃。MS 则在 1557℃分解为 M_2S 和 D 组成的液相。本系统各无变量点的性质见表 7.3。

在 MgO-Mg_2SiO_4 这个分二元系统中，有一个熔有少量 SiO_2 的 MgO 有限固溶体单相区以及此固溶体与 MgO-Mg_2SiO_4 形成的低共熔点 C，低共熔温度是 1850℃。

在 Mg_2SiO_4-SiO_2 分二元系统中，有 1 个低共熔点 E 和 1 个转熔点 D，在富硅的液相部分出现液相分层。这种在富硅液相发生分液的现象，不但在 MgO-SiO_2、CaO-SiO_2 系统，而且在其他碱金属和碱土金属氧化物与 SiO_2 形成的二元系统中也是普遍存在的。MS 在低温下的稳定晶型是顽火辉石，在 1260℃时转变为高温稳定的原顽火辉石。但在冷却时，原顽火辉石不易转变为顽火辉石，而以介稳态保持下来，或在 700℃以下转变为另一介稳态斜顽火辉石，伴随 2.6% 的体积收缩。原顽火辉石是滑石瓷中的主要晶相，如果制品中发生向

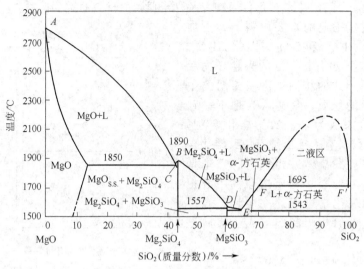

图 7.27　MgO-SiO$_2$ 系统相图

斜顽火辉石的晶型转变，将会导致制品气孔率增加，机械强度下降，因而在生产上要采取稳定措施予以防止。

表 7.3　MgO -SiO$_2$ 系统中的无变量点

图中符号	相 间 平 衡	平衡性质	温度/℃	组　成/%	
				MgO	SiO$_2$
A	液体⇌MgO	熔化	2800	100	0
B	液体⇌Mg$_2$SiO$_4$	熔化	1890	57.2	42.8
C	液体⇌MgO+Mg$_2$SiO$_4$	低共熔	1850	约57.7	约42.3
D	Mg$_2$SiO$_4$+液体⇌MgSiO$_3$	转熔	1557	约38.5	约61.5
E	液体⇌MgSiO$_3$+α-方石英	低共熔	1543	约35.5	约64.5
F	液体F'⇌液体F+α-方石英	分解	1695	约30	70
F'	液体F'⇌液体F+α-方石英	分解	1695	约0.8	99.2

可以看出，在 MgO -Mg$_2$SiO$_4$ 这个分二元系统中的液相线温度很高（在低共熔温度1850℃以上）而在 Mg$_2$SiO$_4$-SiO$_2$ 分二元系统中液相线温度要低得多，因此，镁质耐火材料配料中 MgO 含量应大于 Mg$_2$SiO$_4$ 中的 MgO 含量，否则配料点落入 Mg$_2$SiO$_4$-SiO$_2$ 分二元系统中，开始出现液相温度及全熔温度急剧下降，造成耐火度大大下降。

7.4　三元系统

在学习了二元系统相图以后，不难理解，二元相图的图形是由系统内两种组分之间的相互作用的性质所决定的。三元系统内三种组分之间的相互作用，从本质上说，与二元系统内组分间的各种作用没有区别，但由于增加了一个组分，情况变得更为复杂，因而其相图也要比二元系统复杂得多。

对于三元凝聚系统，$f=C-P+1=4-P$。当 $f=0$，$P=4$，即三元凝聚系统中可能存在的平衡共存的相数最多为 4 个。当 $P=1$，$f=3$，即系统的最大自由度数为 3。这 3 个自由度指温度和 3 个组分中任意两个的浓度。由于要描述三元系统的状态，需要 3 个独立变量，其完整的状态图应是一个三坐标的立体图，但这样的立体图不便于应用，实际使用的是它的平面投影图。

7.4.1 三元相图概述

7.4.1.1 三元系统组成表示方法

三元系统的组成与二元系统一样，可以用质量分数，也可以用摩尔分数。由于增加了一个组分，其组成已不能用直线表示。通常是使用一个每条边被均分为一百等份的等边三角形（浓度三角形）来表示三元系统的组成。图7.28是一个浓度三角形。浓度三角形的三个顶点表示3个纯组分A、B、C的一元系统；3条边表示3个二元系统A-B、B-C、C-A的组成，其组成表示方法与二元系统相同；而在三角形内的任意一点都表示一个含有A、B、C 3个组分的三元系统的组成。

设一个三元系统的组成在 M 点，该系统中3个组分的含量可以用下面的方法求得：过 M 点作 BC 边的平行线，在 AB、AC 边上得到截距 a＝A％＝50％；过 M 点作 AC 边的平行线，在 BC、AB 边上得到截距 b＝B％＝30％；过 M 点作 AB 边的平行线，在 AC、BC 边上得到截距 c＝C％＝20％。根据等边三角形的几何性质，不难证明：

$$a+b+c=BD+AE+ED=AB=BC=CA=100\%$$

事实上，M 点的组成可以用双线法，即过 M 点引三角形两条边的平行线，根据它们在第三条边上的交点来确定，如图7.29。反之，若一个三元系统的组成已知，也可用双线法确定其组成点在浓度三角形内的位置。

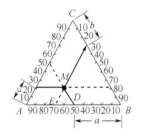

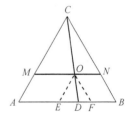

图7.28　浓度三角形　　　图7.29　双线法确定三元组成　　　图7.30　定比例规则的证明

根据浓度三角形的这种表示组成的方法不难看出，一个三元组成点越靠近某一顶角，该顶角所代表的组分含量必定越高。

在浓度三角形内，下面两条规则对分析实际问题是有帮助的。

(1) 等含量规则　平行于浓度三角形某一边的直线上的各点，其第三组分的含量不变。图7.30中 MN∥AB，则 MN 线上任一点的C含量相等，变化的只是A、B的含量。

(2) 定比例规则　从浓度三角形某角顶引出之射线上各点，另外两个组分含量的比例不变。图7.30中 CD 线上各点A、B、C三组分的含量皆不同，但A与B含量的比值是不变的，都等于 BD：AD。

此规则不难证明。在 CD 线上任取一点 O。用双线法确定A的含量为 BF，B的含量为 AE，则 $\dfrac{BF}{AE}=\dfrac{NO}{MO}=\dfrac{BD}{AD}$。

上述两规则对不等边浓度三角形也是适用的。不等边浓度三角形表示三元组成的方法与等边三角形相同，只是各边需按本身边长均分为100等份。

7.4.1.2 杠杆规则

杠杆规则是讨论三元相图十分重要的一条规则，它包括两层含义：①在三元系统内，由两个相（或混合物）合成一个新相时（或新的混合物），新相的组成点必在原来两相组成点的连线上；②新相组成点与原来两相组成点的距离和两相的量成反比。

设质量为 m 的 M 点组成的相与质量为 n 的 N 点组成的相合成为一个（$m+n$）的新相

（图 7.31），按杠杆规则，新相的组成点 P 必在 MN 连线上，并且 $\dfrac{MP}{PN}=\dfrac{n}{m}$。

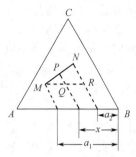

上述关系可以证明如下：过 M 点作 AB 边的平行线 MR，过 M、P、N 点作 BC 边的平行线，在 AB 边上所得截距 a_1、x、a_2 分别表示 M、P、N 各相中 A 的含量。两相混合前与混合后的 A 的含量应该相等，即 $a_1m+a_2n=x(m+n)$，因而：

$$\frac{n}{m}=\frac{a_1-x}{x-a_2}=\frac{MQ}{QR}=\frac{MP}{PN}$$

根据上述杠杆规则可以推论，由一相分解为两相时，这两相的组成点必分布于原来的相点的两侧，且三点成一直线。

图 7.31　杠杆规则的证明

7.4.1.3　重心原理

三元系统中的最大平衡相数是 4 个。处理四相平衡问题时，重心规则十分有用。

处于平衡的四相组成设为 M、N、P、Q。这 4 个相点的相对位置可能存在下列三种配置方式（图 7.32）。

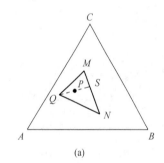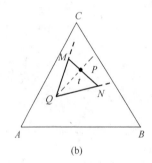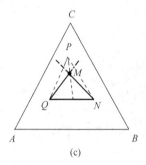

(a) (b) (c)

图 7.32　重心原理
（a）重心位；（b）交叉位；（c）共轭位

① P 点处在 $\triangle MNQ$ 内部。根据杠杆规则，M 与 N 可以合成 S 相，而 S 相与 Q 相可以合成 P 相，即 $M+N=S$，$S+Q=P$，因而 $M+N+Q=P$，即 P 相可以通过 M、N、Q 三相合成而成；或反之，从 P 相可以分解出 M、N、Q 三相。

P 点所处的这种位置叫作重心位。

② P 点处于 $\triangle MNQ$ 某条边（如 MN）的外侧，且在另两条边（QM、QN）的延长线范围内。根据杠杆规则，$P+Q=t$，$M+N=t$，因而 $P+Q=M+N$，即从 P 和 Q 两相可以合成 M 和 N 相；或反之，从 M、N 相可以合成 P、Q 相。

P 点所处的这种位置，叫作交叉位。

③ P 点处于 $\triangle MNQ$ 某一顶角（如 M）的外侧，且在形成此顶角的两条边（QM、NM）的延长线范围内。

此时，运用二次杠杆规则可以得到 $P+Q+N=M$，即从 P、Q、N 三相可以合成 M 相，按一定比例同时消耗 P、Q、N 三相可以得到 M 相。

P 点所处的这种位置，叫作共轭位。

7.4.2　具有一个低共熔点的简单三元系统立体状态图与平面投影图

在这个系统内，三个组分各自从液相分别析晶，不形成固溶体，不生成化合物，液相无分层现象，因而是一个最简单的三元系统。

（1）立体状态图　图 7.33(a) 是这一系统的立体状态图。它是一个以浓度三角形为底，以垂直于浓度三角形平面的纵坐标表示温度的三方棱柱体，三条棱边 AA'、BB'、CC'分别表示 A、B、C 三个一元系统，A'、B'、C' 是三个组分的熔点，即一元系统中的无变量点；三个侧面分别表示三个简单二元 A-B、B-C、C-A 的状态图，E_1、E_2、E_3 为相应的二元低共熔点。

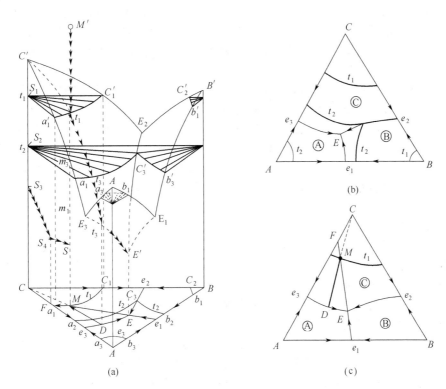

图 7.33　具有一个低共熔点的简单三元系统相图
(a) 立体状态图；(b) 平面投影图；(c) 结晶路线

　　二元系统中的液相线在三元立体状态图中发展为液相面，如 $A'E_1E'E_3$ 液相面即从 A 组分在 A-B 二元中的液相线 $A'E_1$ 和在 A-C 二元中的液相线 $A'E_3$ 发展而来。因而，$A'E_1E'E_3$ 液相面本质上是一个饱和曲面，任何富 A 的三元高温熔体冷却到该液相面上的温度，即开始对 A 饱和，析出 A 的晶体，所以液相面代表了一种二相平衡状态。$B'E_2E'E_1$、$C'E_3E'E_2$ 分别是组分 B、C 的液相面。在三个液相面的上部空间则是熔体的单相区。

　　三个液相面彼此相交得到三条空间曲线 E_1E'、E_2E' 及 E_3E'，称为界线。在界线上的液相同时饱和着两种晶相，如 E_1E' 上任一点的液相对 A 和 B 同时饱和，冷却时同时析出 A 晶体和 B 晶体，因此界线代表了系统的三相平衡状态，$f = 4 - P = 1$。三个液相面、三条界线相交于 E' 点，E' 点的液相同时对三个组分饱和，冷却时将同时析出 A 晶体、B 晶体和 C 晶体。因此，E' 点是系统的三元低共熔点。在 E' 点，系统处于四相平衡状态，自由度 $f = 0$，因而是一个三元无变量点。

　　(2) 平面投影图　三元系统的立体状态图不便于实际应用，解决的方法是把立体图向浓度三角形底面投影成平面图。在平面投影图上，立体图上的空间曲面（液相面）投影为初晶区 A、B、C，空间界线投影为平面界线 e_1E、e_2E、e_3E，e_1、e_2、e_3 分别为三个二元低共熔点 E_1、E_2、E_3 在平面上的投影，E 是三元低共熔点 E' 的投影。

　　为了能在平面投影图上表示温度，采取了截取等温线的方法（类似于地图上的等高线）。在立体图上每隔一定温度间隔作平行于浓度三角形底面的等温截面，这些等温截面与液相面相交即得到许多等温线，然后将其投影到底面并在投影线上标上相应的温度值。图 6.30(a) 底面上的 a_1c_1 即空间等温线 $a'_1c'_1$ 的投影，其温度为 t_1；a_2c_3 即 $a'_2c'_3$ 的投影，其温度为 t_2。显然，所有组成落在 a_1c_1 上的高温熔体冷却到 t_1 温度时即开始析出 C 晶体，而组成落在 a_2c_3 上的高温熔体则要冷却到比温度 t_1 低的温度 t_2，才开始析出 C 晶体。除了等温线，三元相图上的各一元、二元、三元无变量点温度也往往直接在图上无变量点附近注明（或另列表）。二元液相线和三元界线的温度下降方向则用箭头在线上标示。由于等温线使相图图面变得复杂，有些三元相图上是不画的，界线的温度下降方向则往往需要运用后面将要学习的连线规则独立加以判断。

（3）结晶路线　现在利用图 7.33(a) 和（c）来讨论简单三元系统的结晶路程。将组成为 M 点的 M' 高温熔体冷却，由于系统中此时只有一个液相，液相点与系统点重合，两者同时沿 $M'M$ 线向下移动，到达与 C 晶体平衡的液相面 $C'E_2E'E_3$ 上的 l_1 点（l_1 点温度为 t_1，因其位于 $a'_1c'_1$ 等温线上），液相开始对 C 饱和，析出 C 的第一粒晶体，因为固相中只有 C 晶体，固相点的位置处于 CC' 上的 S_1 点。液相点随后将随温度下降沿着此液相面变化，但液面上的温度下降方向有许多路线，液相点究竟沿哪条路线走呢？此时需要运用定比例规则（或杠杆规则）来加以判断。当液相在 C 的液相面上析晶时，从液相只析出 C 晶体，因而留在液相中的 A、B 两组分的含量的比例是不会改变的，根据定比例规则，液相组成必沿着平面投影图上 [图 7.33(c)]CM 连线延长线的方向变化（或根据杠杆规则，析出的晶相 C、系统总组成与液相组成必在一条直线上）。在空间图上就是沿着 CM 与 CC' 形成的平面与液相面的交线 l_1l_3 变化。当系统冷却到温度 t_2 时，系统点到达 m_2，液相点到达 l_2，固相点则到达 S_2。根据系统组成点、液相点、固相点三点相对位置的变化，运用杠杆规则不难看出，系统中的固相量随温度下降是不断增加的（虽然组成未变，仍为纯 C）。当冷却过程中系统点到达 m_3 时，液相点到达 E_3E' 界线上的 l_3 点（投影图上的 D 点），由于此界线是组分 A 和组分 C 的液相面的交线，液相同时对 A、C 饱和，因此，从 l_3 液相中将同时析出 C 晶体和 A 晶体，而液相组成在进一步冷却时必沿着与 A、C 晶体平衡的 E_3E' 界限向三元低共熔点 E' 的方向变化（在投影图上沿平面界线 e_3E 向温度下降的 E 点变化）。在此析晶过程中，由于固相中已不是纯 C 晶相，而是含有不断增加的 A 晶体，因而固相点将离开 CC' 轴上的 S_3 沿着 $C'CAA'$ 二元侧面向 S_4 点移动（在投影图上离开 C 点向 F 点移动）。当系统冷却到低共熔温度 T_E 时，系统点到达 S 点，液相点到达 E' 点，固相点到达 S_4 点（投影图上的 F 点）。按杠杆规则，这三点必在同一条等温的直线上。此时，从液相中开始同时析出 C、A、B 三种晶体，系统进入四相平衡状态，自由度为零，因而系统温度保持不变（系统点停留在 S 点不动），液相点保持在 E' 点（投影图上的 E 点）不变。在这个等温析晶过程中，固相中除了 C、A 晶体又增加了 B 晶体，固相点必离开 S_4 点向三棱柱内部运动。由于此时系统点 S 及液相点 E' 都停留在原地不动，按照杠杆规则，固相点必定沿着 $E'SS_4$ 直接向 S 点推进（投影图上离开 F 点沿 FE 线向三角形内的 M 点运动）。当固相点回到系统点 S（投影图上相点回到原始配料组成点 M），意味着最后一滴液相在 E' 点结束结晶。此时系统重新获得一个自由度，系统温度又可继续下降。最后获得的结晶产物为晶相 A、B、C。

M' 熔体的析晶过程可用图 7.34 的冷却曲线表示，图上的 M、D、E 与投影图上相应的点对应。

上面讨论的 M' 熔体的结晶路程用文字表达冗繁，常用析晶过程中在平面投影图上固、液相点位置的变化简明地加以表述。M' 熔体的结晶路程可以表示为：

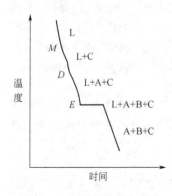

图 7.34　M' 熔体的冷却曲线

液相点 $\quad M \xrightarrow[f=2]{L \longrightarrow C} D \xrightarrow[f=1]{L \longrightarrow C+A} E(L_E \longrightarrow C+A+B)$

固相点 $\quad C \xrightarrow{C+A} F \xrightarrow{C+A+B} M$

从上述结晶路程的讨论可以看出，杠杆规则在三元相图的应用中极为重要。尽管系统在冷却析晶过程中，不断发生液、固相之间的相变化，液相组成和固相组成不断改变，但系统的总组成（原始配料组成）是不变的，按照杠杆规则，这三点在任何时刻必须处于一条直线上。这就使人们能够在析晶的不同阶段，根据液相组成点或固相组成点的位置反推另一相组成点的位置。利用杠杆规则，也可以计算某一温度下系统中的液相量和固相量，如液相组成到达 D 点时 [图 7.33(c)]：

$$\frac{液相量}{固相量} = \frac{CM}{MD}$$

$$\frac{液相量}{液固总量（配料量）} = \frac{CM}{CD}$$

$$\frac{固相量}{液固总量（配料量）} = \frac{MD}{CD}$$

7.4.3 其他三元凝聚系统相图基本类型

7.4.3.1 生成一个一致熔融二元化合物的三元系统相图

在三元系统中，某两个组分间生成的化合物叫二元化合物，因此二元化合物的组成点必处于浓度三角形的某一条边上。设在 A、B 两组分间生成一个一致熔融化合物 S（图 7.35），其熔点为 S'，$A_m B_n$ 与 A 的低共熔点为 e_1'，$A_m B_n$ 与 B 的低共熔点为 e_2'，图 7.35 下部用虚线表示的就是在立体状态图上 A-B 二元侧面上的二元相图。在 A-B 二元侧面上的 $e_1' S' e_2'$ 是化合物 S 的液相线，这条液相线在三元立体状态图上必然会发展出一个 S 的液相面，其在底面上的投影即 Ⓢ 初晶区。这个液相面与 A、B、C 的液相面在空间相交，共得 5 条界线，2 个三元低共熔点 E_1 和 E_2。在平面图上 E_1 位于 Ⓐ、Ⓢ、Ⓒ 3 个初晶区的交汇点，与 E_1 点液相平衡的晶相是 A、S、C。E_2 点是 Ⓢ、Ⓑ、Ⓒ 3 个初晶区的交汇点，与 E_2 点液相平衡的是 S、B、C 晶相。

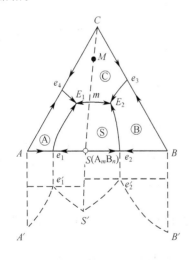

图 7.35　生成一个一致熔融二元化合物的
三元系统相图

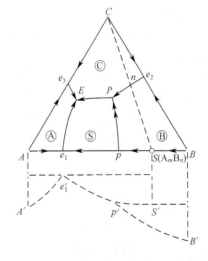

图 7.36　生成一个不一致熔融二元化合物的
三元系统相图

一致熔融化合物 S 的组成点位于其初晶区 Ⓢ 内，这是所有一致熔融二元或一致熔融三元化合物在相图上的特点。由于 S 是一个稳定化合物，它可以与组分 C 形成新的二元系统，从而将 A-B-C 三元划分为两个分三元系统 ASC 和 BSC。这两个分三元系统的相图形式与简单三元系统的完全相同，显然，如果原始配料点落在△ASC 内，液相必在 E_1 点结束析晶，析晶产物为 A、S、C 晶体；如落在△ASC 内，则液相在 E_2 点结束析晶，析晶产物为 S、B、C 晶体。

如同 e_4 是 A-C 二元低共熔点一样，连线 CS 上的 m 点必定是 C-S 二元系统中的低共熔点。而在分三元 A-S-C 的界线 mE_1 上，m 必定是温度最高点（低共熔点温度随 A 的加入继续下降）。同理，在 mE_2 界线上，m 也是温度最高点。因此，m 点是整条 E_1E_2 界线上的温度最高点。

7.4.3.2　生成一个不一致熔融二元化合物的三元系统相图

（1）相图一般介绍　图 7.36 是生成一个不一致熔融二元化合物的三元系统相图。组分 A、B 间生成一个不一致熔融化合物 S。在 A-B 二元相图中，$e_1'p'$ 是与 S 平衡的液相线，而化合物 S 的组成点不在 $e_1'p'$ 的组成范围内。液相线 $e_1'p'$ 在三元立体状态图中发展为液相面，其在平面图中的投影即Ⓢ初晶区。显然，在三元相图中不一致熔融二元化合物 S 的组成点仍然不在其初晶区范围内。这是所有不一致熔融二元或三元化合物在相图上的特点。

由于 S 是高温分解的不稳定化合物，在 A-B 二元中，它不能和组分 A、组分 B 形成分二元系统，在 A-B-C 三元中，它自然也不能和组分 C 构成分二元系统。因此，连线 CS 与图 7.35 中的连线 CS 不同，它不代表一个真正的二元系统，它不能把 A-B-C 三元划分成两个分三元系统。

划分初晶区Ⓐ、Ⓢ的界线 e_1E 从二元低共熔点 e_1（立体图上 e_1' 在底面的投影）发展而来，冷却时从此界线上的液相将同时析出 A 晶相和 S 晶相，是一条共熔线。划分初晶区Ⓢ、Ⓑ的界线 pP 从二元转熔点 p（立体图上 p' 在底面的投影）发展而来，冷却时，此界线上的液相将回吸 B 晶体而析出 S 晶体，是一条转熔线。因此，如同二元系统中有共熔点和转熔点两种不同的无变量点一样，三元系统中的界线也有共熔和转熔两种不同性质的界线。

无变量点 E 位于三个初晶区Ⓐ、Ⓢ、Ⓒ的交汇点，与 E 点液相平衡的是 A、S、C 晶相。E 点位于这三个晶相组成点所连成的三角形△ASC 的重心位置，根据重心原理，$L_E \longrightarrow A+S+C$，即从 E 点液相中将同时析出 A、S、C 三个晶相，E 点是一个低共熔点。无变量点 P 位于初晶区Ⓢ、Ⓑ、Ⓒ的交汇点，与 P 点液相平衡的是 S、B、C 晶相。P 点处于△SBC 的交叉位，根据重心原理，在 P 点发生的相变化应为 $L_P+B \longrightarrow C+S$，即 B 晶体被回吸，析出 C 晶体和 S 晶体，因此，P 点与 E 点不同，是一个转熔点（因只有一种晶相被回吸，称为单转熔点。另有一种转熔点，两个晶相被回吸，析出第三种晶相，称为双转熔点）。所以，三元系统中的无变点也有共熔与转熔之分。

（2）判读三元相图的几条重要规则　在分析本系统结晶路程以前，首先学习几条对于正确判读三元相图十分重要的规则。一个复杂的三元相图上往往有许多界线和无变量点，只有首先判明这些界线和无变量点的性质，才有可能讨论系统中任一配料在加热和冷却过程中发生的相变化。

① 连线规则　连线规则是用来判断界线温度走向的。

"将一界线（或其延长线）与相应的连线（或其延长线）相交，其交点是该界线上的温度最高点"。

所谓"相应的连线"，是指与界线上液相平衡的二晶相组成点的连接直线。如图 7.36 中界线 e_2P 与初晶区Ⓑ、Ⓒ毗邻，与 e_2P 上的液相平衡的晶相是 B 晶体和 C 晶体，其组成点连线是 BC，界线 e_2P 与相应的连线 BC 交于 e_2 点，根据连线规则，e_2 点是界线上的温度最高点，表示温度下降方向的箭头应指向 P 点。界线 EP 与初晶区Ⓢ、Ⓒ毗邻，其相应连线是 CS，界线与连线不能直接相交，此时需延长界线使其相交，交点在 P 点右侧，因此，温降

箭头应从 P 点指向 E 点。图 7.40 中的 E_2P 界线与相应的连线 AS 不直接相交，此时需延长连线与界线相交于 m_1 点，m_1 点是界线上的温度最高点，从 m_1 点应画两个箭头分别指向 E_2 点和 P 点。

② 切线规则　切线规则用于判断三元相图上界线的性质。

"将界线上某一点所作的切线与相应的连线相交，如交点在连线上，则表示界线上该处具有共熔性质；如交点在连线的延长线上，则表示界线上该处具有转熔性质，远离交点的晶相被回吸"。

图 7.36 上的界线 e_1E 上任一点的切线都交于相应连线 AS 上，所以是共熔界线，冷却时，从界线的液相中同时析出 A 晶体和 S 晶体。pP 上任一点的切线都交于相应连线 BS 的延长线上，所以是一条转熔界线，冷却时远离交点的 B 晶体被回吸，析出 S 晶体。图 7.40 上的界线 E_2P 上任一点切线与相应的连线 AS 相交有两种情况，在 E_2F 段，交点在连线上，而在 FP 段，交点在 AS 的延长线上。因此，E_2F 段界线具有共熔性质，冷却时从液相中同时析出 A、S 晶体；而 FP 段具有转熔性质，冷却时远离交点的 A 晶体被回吸，析出 S 晶体。F 点是界线上的一个转折点。

为了区别这两类界线，在三元相图上共熔界线的温度下降方向规定用单箭头表示，而转熔界线的温度下降方向则用双箭头表示。

切线规则可以这样理解：界线上任一点的切线与相应连线的交点实际上表示了该点液相的瞬时析晶组成（瞬时析晶组成指液相冷却到该点温度从该点组成的液相中所析出的晶相组成，与系统固相的总组成是不同的，固相总组成不仅包括了该点液相析出的晶体，而且还包括了冷却到该点温度前从液相中所析出的所有晶体）。如交点在连线上，根据杠杆规则，从瞬时析晶组成中可以分解出这两种晶体，即从该点液相中确实发生了共析晶；如在连线的延长线上，则意味着从该点液相中不可能同时析出这两种晶体，根据杠杆规则，只可能是液相回吸远离交点的晶相，生成接近交点的晶相。

③ 重心规则　重心规则用于判断无变量点的性质。

"如无变量点处于其相应副三角形的重心位置，则该无变量点为低共熔点；如无变量点处于其相应副三角形的交叉位，则该无变量点为单转熔点；如无变量点处于其相应副三角形的共轭位，则该无变量点为双转熔点"。

所谓相应的副三角形，指与该无变量点液相平衡的三个晶相组成点连成的三角形。如图 7.40 中与无变量点 E_1 液相平衡的是 S、B、C 晶相。这三个晶相组成点连成的三角形为 $\triangle SBC$，点 E_1 处于 $\triangle SBC$ 的重心位置，因而是低共熔点。与无变量点 P 液相平衡的是 A、B、S 晶相，P 点处于其相应副三角形 $\triangle ABS$ 的交叉位，因此 P 点是一个单转熔点，根据重心原理，回吸的晶相是远离 P 点的角顶 A，析出的是 S 和 B 晶相，即在 P 点发生下列变化：$L_P + A \longrightarrow S + B$。图 7.41 中无变点 R 处于初晶区Ⓐ、Ⓑ、Ⓢ的交点，其相应的副三角形是 $\triangle ABS$，R 处于 $\triangle ABS$ 的共轭位，因而 R 是一个双转熔点。根据重心原理，被回吸的两种晶相是 A 和 B，析出的则是晶相 S，即在 R 点，液相 L_R 与 A、B、S 三晶相具有下列平衡方式：$L_R + A + B \longrightarrow S$。

除了上述重心规则，还可以根据界线的温降方向来判断无变点性质。任何一个无变量点必处于三个初晶区和三条界线的交汇点。凡属低共熔点，则三条界线的降温箭头一定都指向它。凡属单转熔点，两条界线的温降箭头指向它，另一条界线的降温箭头则背离它。被回吸的晶相是降温箭头指向它的两条界线所包围的初晶区的晶相（如图 7.36 中的 P 点，回吸的是晶相 B）。因为从该无变量点出发有两个温度升高的方向，所以单转熔点又称"双升点"。凡属双转熔点，只有一条界线的降温箭头指向它，另两条界线的降温箭头则背向它，所析出的晶体是降温箭头背向它的两条界线所包围的初晶区的晶相（如图 7.41 中的 R 点，回吸的是 A、B 晶体，析出的是 S 晶体）。因为从该无变量点出发，有两个温度下降的方向，所以双转熔点又称"双降点"。

④ 三角形规则 三角形规则用于确定结晶产物和结晶终点。

"原始熔体组成点所在三角形的三个顶点表示的物质即为其结晶产物；与这三个物质相应的初晶区所包围的三元无变量点是其结晶结束点"。

根据此规则，凡组成点落在图 7.36 中 $\triangle SBC$ 内的配料，其高温熔体析晶过程完成以后所获得的结晶产物是 S、B、C 晶体，而液相在 P 点消失。凡组成点落在 $\triangle ASC$ 内的配料，其高温熔体析晶过程完成以后所获得的析晶产物为 A、S、C 晶体，液相则在 E 点消失。运用这一规律，可以验证对结晶路程的分析是否正确。

（3）结晶路程 图 7.37 是图 7.36 中富 B 部分的放大图。图上共列出四个配料点。下面分别讨论其冷却析晶或加热熔融过程。

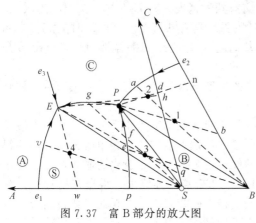

图 7.37 富 B 部分的放大图

当配料 1 的高温熔体冷却到通过 1 点的等温线所表示的温度时，开始析出 B 晶体，液相组成随后沿 $B1$ 连线的延长线方向变化，从液相中不断析出 B 晶体。当系统冷却到 a 点的温度，液相点到达共熔界线 e_2P 上的 a 点，从液相中开始同时析出 B 晶体和 C 晶体。液相点随后将沿着 e_2P 界线向温度下降方向的 P 点变化，从液相中不断析出 B 晶体和 C 晶体，固相组成则相应离开 B 角顶沿 BC 边向 C 点方向运动，当系统温度刚冷却到 T_P，转熔过程尚未开始时，固相点到达 $P1$ 延长线与 BC 的交点 b 点。随后，系统中将立即开始下述转熔过程，$L_P+B \longrightarrow C+S$，系统从三相平衡进入四相平衡的无变状态，$f=0$，系统温度不能改变，液相组成也不能改变（但液相量和 B 晶体量不断减少，C 晶体和 S 晶体的量不断增加）。在转熔过程中，由于液相点恒定在 P 点不动，而固相中又增加了 S 晶相，固相组成必离开 B、C 二元边沿着 $b1$ 线向 $\triangle SBC$ 内的 1 点运动，当固相组成到达 1 点（回到原始配料组成）时，根据杠杆规则，最后一滴液相必在 P 点消失，转熔过程结束，析晶产物为 S、B、C 晶体。因配料 1 位于 $\triangle SBC$ 内，所获得的析晶产物与液相消失的结晶终点是符合三角形规则的。

配料 1 高温熔体的析晶路程可以用下述表达式表示：

液相点 $\quad 1 \xrightarrow[f=2]{L \longrightarrow B} a \xrightarrow[f=1]{L \longrightarrow B+C} P(L_P+B \longrightarrow S+C)$

固相点 $\quad B \xrightarrow{B+C} b \xrightarrow{B+C+S} 1$

配料 2 的组成点也处于初晶区 Ⓑ，但位于 $\triangle ASC$ 内，按照三角形规则，该配料高温熔体的最终析晶产物应为 A、S、C 晶体，而结晶终点应为 E 点。把配料 2 的高温熔体冷却到 2 点温度，开始析出 B 晶体，液相点其后随温度下降沿 $B2$ 延长线变化到 a 点时，开始同时析出 B 晶体和 C 晶体。当液相点沿 e_2P 界线刚到达 P 点时，固相点到达 $P2$ 延长线与 BC 边的交点 n。其后在 T_P 温度下发生 $L_P+B \longrightarrow C+S$ 的转熔过程，液相点固定在 P 点不变，固相点则随着时间的推移，从 n 点沿 nP 线向三角形内部推进。当固相点到达 $\triangle SBC$ 的 SC 边上的 d 点，根据组成的表示方法可以判断，此时 B 晶体已经全部耗尽，而 P 点液相尚有剩余（液相量：固相量=$d2$：$P2$），因此结晶过程尚未结束。由于系统中消失了一个晶相，从四相无变平衡状态回复三相单变平衡状态，$f=1$，系统温度不能保持在 T_P 不变，液相点将离开 P 点，沿着与 C 晶相和 S 晶相平衡的界线 PE 向温度下降方向的 E 点运动。PE 是一条共熔界线，从液相中不断析出 C 晶体和 S 晶体。当系统温度冷却到 T_E，液相点刚到低共熔点 E 瞬间，固相组成延长线 CS 从 d 点变化到 h 点（因固相中只有 C、S 两种晶体），随即在 E 点发生 $L_E \longrightarrow A+S+C$ 的共析晶过程，系统又进入四相平衡状态，温度保持在 T_E 不变，液相组成保持在 E 点不变，固相点则因固相中增加了 A 晶体而离开 CS 边上的 h 点，沿 $h2$ 线向 $\triangle ASC$ 内部推进。当最后一滴 E 点液相析晶完毕，固相组成必回到原始配料组成点 2。获得的结晶产物是 A、S、C 晶体。析晶产物与析晶终点均与三角形规则的预测相符。

配料 2 的结晶路程可用液、固相点的变化表示为：

液相点 $\quad 2 \underset{f=2}{\xrightarrow{L \longrightarrow B}} a \underset{f=1}{\xrightarrow{L \longrightarrow B+C}} P(L_P + B \longrightarrow C+S) \underset{f=1}{\xrightarrow{L \longrightarrow C+S}} E(L_E \longrightarrow C+S+A)$

固相点 $\quad B \xrightarrow{B+C} n \xrightarrow{B+C+S} d \xrightarrow{C+S} h \xrightarrow{C+S+A} 2$

配料 3 的组成点虽然也在 $\triangle ASC$ 内，但其高温熔体的结晶路程却与配料 2 不同。系统冷却到 3 点温度，从液相中首先析出 B 晶体，液相点沿 B3 延长线变化到界线 pP 上的 e 点。pP 界线是一条转熔界线，液相回吸已析出的 B 晶体，生成 S 化合物，在转熔过程中，固相点将离开 B 点沿 BS 线向 S 点移动。当液相点从 e 点沿 pP 界线向降温方向变化到 f 点，固相点到达 S 点，意味着固相中的全部 B 晶体已耗尽，固相中只有 S 晶体。按照相平衡的观点，此时液相将不能继续沿与 B、S 二晶相平衡的 pP 界线变化，而只能沿与 S 晶相平衡的液相面向温度下降的方向变化，在平面图上即沿 Sf 延长线方向穿过初晶区 Ⓢ。在冷却过程中不断析出 S 晶体，系统处于二相平衡状态。当液相点到达另一条界线 EP 上的 g 点，从液相中开始同时析出 S 和 C 晶体，随后液相点沿 PE 界线向 E 点变化，固相组成则离开 S 点沿 SC 线向 C 点方向运动，当液相组成刚到达 E 点瞬间，固相组成到达 q 点。在 T_E 温度下，从 E 点液相中不断析出 S、C、A 晶体，固相组成则离开 q 点沿 $q3$ 线向 3 点不断推进。当固相点与系统点 3 重合，意味着最后一滴液相在 E 点消失，结晶过程结束。

上述结晶路程可用液、固相点的变化表示为：

液相点 $\quad 3 \underset{f=2}{\xrightarrow{L \longrightarrow B}} e \underset{f=1}{\xrightarrow{L+B \longrightarrow S}} f \underset{f=2}{\xrightarrow{L \longrightarrow S}} g \underset{f=1}{\xrightarrow{L \longrightarrow S+C}} E(L_E \longrightarrow S+C+A)$

固相点 $\quad B \xrightarrow{B+S} S \xrightarrow{S+C} q \xrightarrow{S+C+A} 3$

从配料 1 和配料 2 结晶路程的讨论可以看出，转熔点 P 是否是结晶终点取决于 P 点液相和 B 晶相哪一相先耗尽。如果 L_P 先耗尽，则 P 为结晶终点，所有配料点落在 $\triangle SBC$ 内的高温熔体都属于这种情况；如果 B 晶体先耗尽，L_P 有剩余，则结晶过程尚要继续进行，P 点仅是液相路过点而已，配料点落在 $\triangle ASC$ 中的高温熔体到达 P 点时都属于这种情况；如果配料组成点恰好落在 CS 线上，则 L_P 和 B 同时耗尽，P 点是结晶终点，而最终析晶产物只有 C 和 S 两相晶体。

分析三元系统结晶路程，必须牢固树立相平衡的平衡观点。液、固相的变化是互相影响、互相制约的。固相组成的变化固然是由液相的析晶过程所决定的，而液相的变化也要受到系统中固相的制约，液相总是沿着与固相平衡的相图上的几何要素变化。当在转熔过程中某一晶相被耗尽时，液相点离开界线穿入另一初晶区，或离开转熔点进入另一界线，这都是由当时系统中实际存在的晶相，也就是由当时的具体平衡关系所决定的。而在这一点上，相图表现出极大的优越性，因为它把各种具体的相平衡关系表达得十分形象生动：处于初晶区内的液相与该初晶区的晶相成二相平衡；处于界线上的液相与该界线两侧的初晶区的晶相成三相平衡；处于无变点的液相则与相会于该无变点的三个初晶区的晶相成四相平衡。具备了平衡观点，加上熟练地掌握相律及各项具体规则，任何复杂三元相图的结晶路程都是不难分析的。

上面讨论的都是平衡析晶过程，即冷却速率缓慢，在任一温度下系统都达到了充分的热力学平衡状态。平衡加热过程应是上述平衡析晶过程的逆过程。从高温平衡冷却和从低温平衡加热到同一温度，系统所处的状态应是完全一样的。在分析了平衡析晶以后，再以配料 4 为例说明平衡加热过程。配料 4 处于 $\triangle ASC$ 内，其高温熔体平衡析晶终点是 E 点，因而配料中开始出现液相的温度应是 T_E，此时，A＋S＋C ——→L_E（注意：原始配料用的是组分 A、S、C，但按热力学平衡状态的要求，在低温下，A、B 通过固相反应生成化合物 S、B 已耗尽。由于固相反应速率很慢，实际过程往往并非如此。这里讨论的前提是平衡加热），即在 T_E 温度下，A、S、C 晶体不断低共熔生成 E 点组成的熔体。由于四相平衡，液相点保持在 E 点不变，固相点则沿 $E4$ 连线延长线方向变化，当固相点到达 AB 边上的 w 点，表明固相中的 C 晶体已熔完，系统温度可以继续上升。由于系统中此时残留的晶相是 A 和 S，因而液相点不可能沿其他界线变化，只能沿与 A、S 晶相平衡的 e_1E 界线向升温方向的 e_1 点运动。e_1E 是一条共熔界线，升温时发生下列共熔过程：A＋S——→L，A 和 S 晶体继续熔入熔体。当液相点到达 v 点，固相组成从 w 点沿 AS 线变化到 S 点，表明固相中的 A 晶体已全部熔完，系统进入液相与 S 晶体的二相平衡状态。液相点随后将随温度升高沿 S 的液相面，从 v 点向 4 点接近。温度升到液相面上的 4 点温度，液相点与系统点（原始配料点）重合，最后一粒 S 晶体熔完，系统进入高温熔体的单相平衡状态。不难看出，此平衡加热过程恰是配料 4 熔体的平衡冷却析晶过程的逆过程。

7.4.3.3 生成一个固相分解的二元化合物的三元系统相图

在图 7.38 中，组分 A、B 间生成一个固相分解的化合物 S，其分解温度低于组分 A、B 的低共熔温度，因而不可能从 A、B 二元液相线 ae'_3 及 be'_3 直接析出 S 晶体。但从二元发展到三元时，液相面温度是下降的，如果降到化合物 S 的分解温度 T_R 以下，则有可能从液相中直接析出 S。图中Ⓢ即二元化合物 S 在三元中所获得的初晶区。

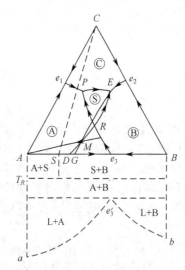 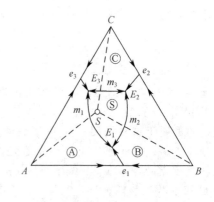

图 7.38　生成一个固相分解的二元化合物的
三元系统相图

图 7.39　具有一个一致熔融三元化合物的
三元系统相图

该相图的一个异常特点是系统具有三个无变量点 P、E、R，但只能画出与 P、E 点相应的副三角形。与 R 点液相平衡的三晶相 A、S、B 组成点处于同一直线上，不能形成一个相应的副三角形。根据三角形规则，在此系统内任一三元配料只可能在 P 点或 E 点结束结晶，而不能在 R 点结束结晶。根据三条界线降温方向判断，R 点是一个双转熔点，在 R 发生下列转熔过程：L_R＋A＋B——→S。如果分析 M 点结晶路程，可以发现，在 R 点进行上述转熔过程时，实际上液相量并未减少，所发生的变化仅仅是 A 和 B 生成化合物 S（液相起介质作用），R 点因此当然不可能成为析晶终点。像 R 这样的无变量点常被称为过渡点。

7.4.3.4　具有一个一致熔融三元化合物的三元系统相图

图 7.39 中的二元化合物 S 的组成点处于其初晶区 Ⓢ 内，因而是一个一致熔融化合物。由于生成的化合物是稳定化合物，连线 SA、SB、SC 都代表一个独立的二元系统，m_1、m_2、m_3 分别是其二元低共熔点。整个系统被三根连线划分成三个简单三元 A-B-S、B-S-C 及 A-S-C，E_1、E_2、E_3 分别是它们的低共熔点。

7.4.3.5　具有一个不一致熔融三元化合物的三元系统相图

图 7.40 及图 7.41 中三元化合物 S 的组成点位于其初晶区 Ⓢ 以外，因而是一个不一致熔融化合物。在划分成副三角形后，根据重心规则判断，图 7.40 中的 P 点是单转熔点，在 P 点发生下列转熔过程：$L_P + A \longrightarrow B + S$。图 7.41 中的 R 点是一个双转熔点，在 R 点发生的相变化是 $L_R + A + B \longrightarrow S$。当按照切线规则判断界线性质时，发现图 7.40 上的 E_2P 线及图 7.41 中的 RE_1 线具有从转熔性质变为共熔性质的转折点，因而在同一条界线上既有双箭头，也有单箭头。

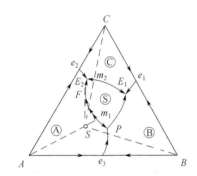

图 7.40　有单转熔点的生成不一致熔融
三元化合物的三元系统相图

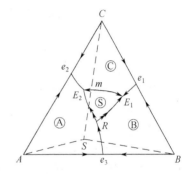

图 7.41　有双转熔点的生成不一致熔融
三元化合物的三元系统相图

本系统配料的结晶路程可因配料点位置不同而出现多种变化，特别在转熔点的附近区域。请读者自行分析，并用三角形规则检验自己所作的结晶路程是否正确。

7.4.3.6　具有多晶转变的三元系统相图

图 7.42 中的组分 C 在高温下的晶型是 α 型，在温度 t_1 下转变为 β 型，β 型则在更低温度 t_2 下转变为 γ 型。化合物 A_mB_n 也有 α 高温型和 β 低温型两种晶型，晶型转变温度为 t'。

显然，三元相图上的晶型转变线与某一等温线是重合的，该等温线表示的温度即晶型转变温度。

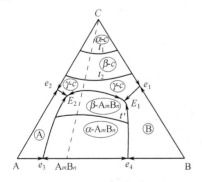

图 7.42　具有多晶转变的三元系统相图

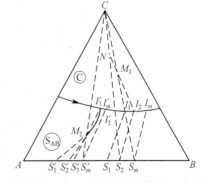

图 7.43　形成一个二元连续固溶体的三元系统相图

7.4.3.7　形成一个二元连续固溶体的三元系统相图

这类系统的相图见图 7.43。组分 A、B 形成连续固熔体，而 A-C、B-C 则为两个简单二元系统。在此相图上有一个初晶区 ⓒ，一个固溶体的初晶区 Ⓢ_AB。从界限液中同时析出 C 晶体和 S_AB 固溶体。结线 l_1S_1、l_2S_2、l_mS_m 表示与界线上不同组成液相相平衡的 S_AB 固溶体的不同组成。由于此相图上只有两个初晶区和一条界线，不可能出现四相平衡，所以相图上没有三元无变量点。

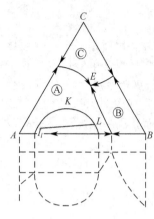

图 7.44 具有液相分层的
三元系统相图

M_1 熔体冷却时首先析出 C 晶体，液相点到达界线上 l_1 后，从液相中同时析出 C 晶体和 S_1 点组成的固溶体。当液相点随温度下降沿界线变化到 l_2 点时，固溶体组成到达 S_2 点，固相总组成点为 l_2M_1 的延长线与 CS_2 连线的交点 N。当固溶体组成到 S_m 点，C、M_1 与 S_m 三点成一直线时，液相必在 l_m 消失，析晶过程结束。

在 Ⓢ_AB 初晶区的 M_2 熔体在析出 S_AB 固溶体后，液相点在 S_AB 液相面上的变化轨迹 M_2l_3'（结晶线）必须通过实验确定，否则不能判断其结晶路程。

7.4.3.8 具有液相分层的三元系统相图

图 7.44 中的 A-C、B-C 均为简单二元系统，而 A-B 二元系统中有液相分层现象。从二元发展为三元时，组分 C 的加入使分液范围逐渐缩小，最后在 K 点消失。在分液区内，两个相平衡的液相组成由一系列结线表示（如图中的结线 l_1l_2）。

7.4.4 三元系统相图举例

7.4.4.1 CaO-Al₂O₃-SiO₂ 系统

具体的硅酸盐系统三元相图往往图形比较复杂。首先以 CaO-Al₂O₃-SiO₂ 系统为例说明判读一张实际相图的步骤（图 7.45）。

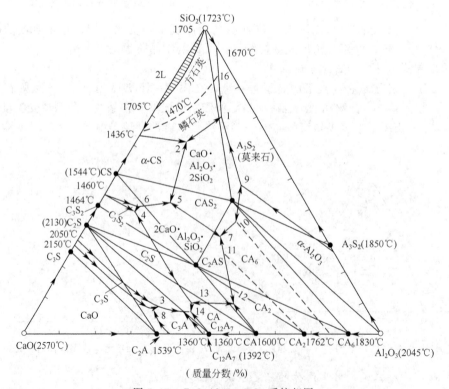

（质量分数 /%）

图 7.45 CaO-Al₂O₃-SiO₂ 系统相图

① 首先看系统中生成多少化合物，找出各化合物的初晶区，根据化合物组成点与其初晶区的位置关系，判断化合物的性质。本系统共有 10 个二元化合物，其中 4 个是一致熔融化合物 CS、C_2S、$C_{12}A_7$、A_3S_2，6 个不一致熔融化合物 C_3S_2、C_3S、C_3A、CA、CA_2、CA_6。两个三元化合物都是一致熔融的：CAS_2（钙长石）及 C_2AS（铝方柱石）。这些化合物的熔点或分解温度都标在相图上各自的组成点附近。

② 如果界线上未标明等温线，也未标明界线的降温方向，则需要运用连线规则，首先判明各界线的温度下降方向，再用切线规则判明界线性质。然后，在界线上打上相应的单箭头或双箭头。

③ 运用重心规则判断无变量点性质。

如果在判断界线性质时，已经画出了与各界线相应的连线，则与无变量点相应的副三角形已经自然形成；如果先画出与各无变量点相应的副三角形，则与各界线相应的连线也会自然形成。

需要注意的是，不能随意在两个组成点间连线或在三个组成点间连副三角形。如 A_3S_2 与 CA 组成点间不能连线，因为相图上这两个化合物的初晶区并无共同界线，液相与这两个晶相并无平衡共存关系；在 A_3S_2、CA、Al_2O_3 的组成点间也不能连副三角形，因为相图上不存在这三个初晶区相交的无变量点，它们并无共同析晶关系。

三元相图上的无变量点必定都处于三个初晶区、三条界线的交点，而不可能出现其他的形式，否则是违反相律的。

在一般情况下，有多少个无变量点，就可以将系统划分成多少个相应的副三角形（有时副三角形可能少于无变量点数目）。本系统共有 15 个无变量点，所以整个相图可以划分成 15 个副三角形。在副三角形划分以后，根据配料点所处的位置，运用三角形规则，就可以很容易地预先判断任一配料的结晶产物和结晶终点。

本系统 15 个无变量点的性质、温度和组成列于表 7.4。

表 7.4　$CaO-Al_2O_3-SiO_2$ 系统中的无变量点的性质、温度、组成

图上编号	相间平衡	平衡性质	平衡温度/℃	组成/%		
				CaO	Al$_2$O$_3$	SiO$_2$
1	液体⇌鳞石英＋CAS＋A_3S_2	低共熔点	1345	9.8	19.8	70.4
2	液体⇌鳞石英＋CAS_2＋α-CS	低共熔点	1170	23.3	14.7	62.0
3	C_3S＋液体⇌C_3A＋C_2AS	双升点	1455	58.3	33.0	8.7
4	α'-C_2S＋液⇌C_3S_2＋C_2AS	双升点	1315	48.2	11.9	39.9
5	液体⇌CAS_2＋C_2AS＋α-CS	低共熔点	1265	38.0	20.0	42.0
6	液体⇌C_2AS＋C_3S_2＋α-CS	低共熔点	1310	47.2	11.8	41.0
7	液体⇌CAS_2＋C_2AS＋CA_6	低共熔点	1380	29.2	39.0	31.8
8	CaO＋液体⇌C_3S＋C_3A	双升点	1470	59.7	32.8	7.5
9	Al_2O_3＋液体⇌CAS_2＋A_3S_2	双升点	1512	15.6	36.5	47.9
10	Al_2O_3＋液体⇌CA_6＋CAS_2	双升点	1495	23.0	41.0	36.0
11	CA_2＋液体⇌C_2AS＋CA_6	双升点	1475	31.2	44.5	24.3
12	液体⇌C_2AS＋CA＋CA_2	低共熔点	1500	37.5	53.2	9.3
13	C_2AS＋液体⇌α'-C_2S＋CA	双升点	1380	48.3	42.0	9.7
14	液体⇌α'-C_2S＋CA＋$C_{12}A_7$	低共熔点	1335	49.5	43.7	6.8
15	液体⇌α'-C_2S＋C_3A＋$C_{12}A_7$	低共熔点	1335	52.0	41.2	6.8

④ 仔细观察相图上是否指示系统中存在晶型转变、液相分层或形成固溶体等现象。本相图在富硅部分液相有分液区（2L），它是从 $CaO-SiO_2$ 二元的分液区发展而来的。此外，在 SiO_2 初晶区还有一条 1470℃ 的方石英与鳞石英之间的晶型转变线。

CaO-Al$_2$O$_3$-SiO$_2$ 系统与许多硅酸盐产品有关，其富钙部分相图与硅酸盐水泥生产关系尤为密切。在这一部分相图（图 7.46）上，共有三个无变量点 h、k、F（表 7.4 中的点 8、3、15），h、k 是单转熔点，F 是低共熔点。与这三个无变量点相应的副三角形是 CaO-C$_3$S-C$_3$A、C$_2$S-C$_3$A-C$_{12}$A$_7$。用切线规则判断，CaO 与 C$_3$S 初晶区的界线在 Z 点从转熔界线变为共熔界线，而 C$_3$S 与 C$_2$S 初晶区的界线则在 Y 点从共熔性质变为转熔性质。在 Yk 段，冷却时，L$+$C$_2$S $\longrightarrow$ C$_3$S，即 C$_2$S 被回吸，生成 C$_3$S。但到达 k 点，L$_k$ $+$C$_3$S $\longrightarrow$ C$_2$S$+$C$_3$A，C$_3$S 被回吸，生成 C$_2$S。这个有趣的现象说明，系统从三相平衡进入四相平衡，是一种质的飞跃，而不是量的渐变，不能简单地从三相平衡关系类推四相平衡关系。

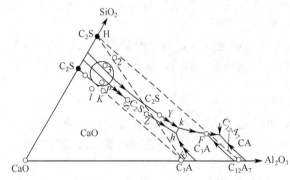

图 7.46　CaO-Al$_2$O$_3$-SiO$_2$ 系统的富钙部分相图

以硅酸盐水泥熟料的典型配料，图上的点 3 为例，分析一下结晶路程。将配料 3 加热到高温完全熔融（约 2000℃），然后平衡冷却析晶，从熔体中首先析出 C$_2$S，液相组成沿 C$_2$S-3 连线的延长线变化到 C$_2$S-C$_3$S 界线，开始从液相中同时析出 C$_2$S 与 C$_3$S。当液相点随温度下降沿界线变化到 Y 点时，共析晶过程结束，转熔过程开始，C$_2$S 被回吸，析出 C$_3$S。当系统冷却到 k 点温度（1455℃），液相点沿 Yk 界线到达 k 点，系统进入相平衡的无变量状态，L$_k$ 液相与 C$_3$S 晶体不断反应生成 C$_2$S 与 C$_3$A。由于配料点处于三角形 C$_3$S-C$_2$S-C$_3$A 内，最后 L$_k$ 首先耗尽，结晶过程在 k 点结束。获得的结晶产物是 C$_3$S、C$_2$S、C$_3$A。

下面就硅酸盐水泥生产中的配料、烧成及冷却，结合相图加以讨论，以提高利用相图分析实际问题的能力。

（1）硅酸盐水泥的配料　硅酸盐水泥熟料中含有 C$_3$S、C$_2$S、C$_3$A、C$_4$AF 四种矿物，相应的组成氧化物为 CaO、Al$_2$O$_3$、SiO$_2$、Fe$_2$O$_3$。因为 Fe$_2$O$_3$ 含量较低（2%～5%），可以合并入 Al$_2$O$_3$ 一并考虑，C$_4$AF 则相应计入 C$_3$A，这样可以用 CaO-Al$_2$O$_3$-SiO$_2$ 三元来表示硅酸盐水泥的配料组成。

根据三角形规则，配料点落在哪个副三角形，最后析晶产物便是这个副三角形三个顶角所表示的三种晶相。图中点 1 配料处于三角形 CaO-C$_3$A-C$_3$S 中，平衡析晶产物中将有游离 CaO。点 2 配料处于三角形 C$_{12}$A$_7$-C$_2$S-C$_3$A 内，平衡析晶产物中将有 C$_{12}$A$_7$，而没有 C$_3$S，前者的水硬活性很差，而后者是水泥中最重要的水硬矿物。因此，这两种配料都不符合硅酸盐水泥熟料矿物组成的要求。硅酸盐水泥生产中熟料的实际组成是含 62%～67% CaO、20%～24% SiO$_2$、6.5%～13%（Al$_2$O$_3$＋Fe$_2$O$_3$），即在三角形 C$_3$S-C$_2$S-C$_3$A 内的小圆圈内波动。从相平衡的观点看，这个配料是合理的，因为最后析晶产物都是水硬性能良好的胶凝矿物。以 C$_3$S-C$_2$S-C$_3$A 作为一个浓度三角形，根据配料点在此三角形中的位置，可以读出平衡析晶时水泥熟料中各矿物的含量。

（2）烧成　工艺上不可能将配料加热到 2000℃ 左右完全熔融，然后平衡冷却析晶。实际上是采用部分熔融的烧结法生产熟料。因此，熟料矿物的形成并非完全来自液相析晶，固态组分之间的固相反应起着更为重要的作用。为了加速组分间的固相反应，液相开始出现的温度及液相量至关重要。如果是非常缓慢地平衡加热，则加热熔融过程应是缓慢冷却平衡析晶的逆过程，且在同一温度下，应具有完全相同的平衡状态。以 3 点配料为例，其结晶终点是 k 点，则平衡加热时应在 k 点出现与 C$_3$S、C$_2$S、C$_3$A 平衡的 L$_k$ 液相，但 C$_3$S 很难通过纯固相反应生成（如果很容易，水泥就不需要在 1450℃ 的高温下烧成了），在 1200℃ 以下组分间通过固相反应生成的是反应速率较快的 $C_{12}A_7$、C_3A、C_2S。因此，液相开始出现的温度并不是 k 点的 1445℃，而是与这三个晶相平衡的 F 点温度 1335℃（事实上，由于工艺配料中含有 Na_2O、K_2O、MgO 等其他氧化物，液相开始出现的温度还要低，约 1250℃）。F 点是一个低共熔点，加热时 $C_2S+C_3A+C_{12}A_7 \longrightarrow L_F$，即 C_2S、C_3A、$C_{12}A_7$ 低共熔形成 F 点液相。当 $C_{12}A_7$ 熔完后，液相组成将沿 Fk 界线变化，在升温过程中，C_2S 与 C_3A 继续熔入液相，液相量随温度升高不断增加。系统中一旦形成液相，生成 C_3S 的固相反应 $C_2S+CaO \longrightarrow C_3S$ 的反应速率将大大增加。从某种意义上来说，水泥烧成的核心问题是如何创造良好的动力条件促成熟料中的主要矿物 C_3S 的大量生成。$C_{12}A_7$ 是在非平衡加热过程中在系统中出现的一个非平衡相，但它的出现降低了液相开始形成温度，对促进热力学平衡相 C_3S 的大量生成是有帮助的。

（3）冷却　水泥配料达到烧成温度时所获得的液相量约为 20%～30%。在随后的降温过程中，为了防止 C_3S 分解及 β-C_2S 发生晶型转化，工艺上采取快速冷却措施，而不是缓慢冷却，因而冷却过程也是不平衡的。这种不平衡的冷却过程可以用下面两种模式加以讨论。

① 急冷　此时冷却速率超过熔体的临界冷却速率，液相完全失去析晶能力，全部转变为低温下的玻璃体。

② 液相独立析晶　如果冷却速率不是快到使液相完全失去析晶能力，但也不是慢到足以使它能够和系统中其他晶相保持原有的相平衡关系，则此时液相犹如一个原始配料高温熔体那样独自析晶，重新建立一个新的平衡体系，不受系统中已存在的其他晶相的制约。这种现象特别容易发生在转熔点上的液相中。譬如在 k 点，$L_k+C_3S \longrightarrow C_2S+C_3A$，生成的 C_2S 和 C_3A 往往包裹在 C_3S 表面，阻止了 L_k 与 C_3S 的进一步反应，此时液相将作为一个原始熔体开始独立析晶，沿 kF 界线析出 C_2S 和 C_3A，到 F 点后又有 $C_{12}A_7$ 析出。因为 k 点在三角形 C_2S-C_3A-$C_{12}A_7$ 内，独立析晶的析晶终点必在与其相应的无变量点 F。因此，在发生液相独立析晶时，尽管原始配料点处在三角形 C_3S-C_3A-C_2S 内，其最终获得的产物中可能有 4 个晶相，除了 C_3S、C_2S、C_3A 外，还可能有 $C_{12}A_7$，这是由过程的非平衡性质造成的。由于冷却时在 k 点发生 $L_k+C_3S \longrightarrow C_2S+C_3A$ 的转熔过程，C_3S 要消耗，如在 k 点发生液相独立析晶或急冷成玻璃体，可以阻止这一转熔过程。因此，对某些硅酸盐水泥配料，快速冷却反而可以增加熟料中 C_3S 的含量。

必须指出，所谓急冷成玻璃体或发生液相独立析晶，这不过是非平衡冷却过程的两种理想化了的模式，实际过程很可能比这两种理想模式更复杂，或者二者兼而有之。

7.4.4.2 K_2O-Al_2O_3-SiO_2 系统

本系统有 5 个二元化合物及 4 个三元化合物。在这 4 个三元化合物的组成中，K_2O 含量与 Al_2O_3 含量的比值是相等的，因而它们排列在一条 SiO_2 与二元化合物 K_2O-Al_2O_3 的连线上（图 7.47）。三元化合物钾长石 KAS_6（图中的 W 点）是一个不一致熔融化合物，其分解温度较低，在 1150℃ 即分解为 KAS_4 和富硅液相（液相量约为 60%），因而是一种熔剂性矿物。白榴石 KAS_4（图中的 X 点）是一致熔融化合物，熔点为 1686℃。钾霞石 KAS_2（图中的 Y 点）也是一个一致熔融化合物，熔点为 1800℃。化合物 KAS（图中的 Z 点）的性质迄今未明，其初晶区范围尚未能予以确定。由于 K_2O 在高温下易于挥发等实验上的困难，本系统的相图不是完整的，仅给出了 K_2O 含量在 50% 以下部分的相图。

图中的 M 点和 E 点是两个不同的无变量点。M 点处于莫来石、鳞石英和钾长石三个初晶区的交点，是一个三元无变量点，按照重心规则，它是一个低共熔点（985℃）。M 点左侧的 E 点是鳞石英和钾长石初晶区界线与相应连线 SiO_2-W 的交点，是该界线上的温度最高点，也是鳞石英与钾长石的低共熔点（990℃）。

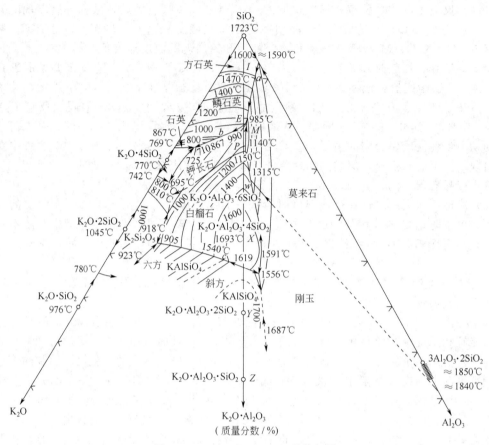

图 7.47　$K_2O\text{-}Al_2O_3\text{-}SiO_2$ 系统相图

本系统与日用陶瓷及普通电瓷生产密切相关。日用陶瓷及普通电瓷一般用黏土（高岭土）、长石和石英配料。高岭土的主要矿物组成是高岭石 $Al_2O_3 \cdot 2SiO_2 \cdot 2H_2O$，煅烧脱水后的化学组成为 $Al_2O_3 \cdot 2SiO_2$，称为烧高岭。图 7.48 上的 D 点即为烧高岭的组成点，D 点不是相图上固有的一个二元化合物组成点，而是一个附加的辅助点，用以表示配料中的一种原料的组成。

根据重心原理，用高岭土、长石、石英三种原料配制的陶瓷坯料组成点必处于辅助三角形 QWD（常被称为配料三角形）内，而在相图上则处于副三角形 QWm（常称为产物三角形）内。即配料经过平衡析晶（或平衡加热）后在制品中获得的晶相应为莫来石、石英和长石。

在配料三角形 QWD 中，1-8 线平行于 QW 边，根据等含量规则，所有处于该线上的配料中烧高岭的含量是相等的。而在产物三角形 QWm 中，1-8 线平行于 QW 边，意味着在平衡析晶（或平衡加热）时，从 1-8 线上各配料所获得的产品中，莫来石的含量是相等的。这就是说，产品中的莫来石的含量取决于配料中的黏土的含量。莫来石是日用陶瓷中的重要晶相。

如将配料 3 加热到高温完全熔融，平衡析晶时首先析出莫来石，液相点沿 A_3S_2-3 连线延长线方向变化到石英与莫来石初晶区的界线后（图 7.47），从液相中同时析出莫来石与石英，液相沿此界线到达 985℃ 的低共熔点 M 后，同时析出莫来石、石英与长石，析晶过程在 M 点结束，当将配料 3 平衡加热时，长石、石英及通过固相反应生成的莫来石将在 985℃ 下低共熔生成 M 点组成的液相，即 $A_3S_2 + KAS_6 + S \longrightarrow L_M$。此时系统处于四相平衡，$f=0$，液相点保持在 M 点不变，固相点则从 M 点沿 M-3 连线延长线方向变化，当固相点到达 Qm 边上的点 10（图 7.48）时，意味着固相中的 KAS_6 已首先熔完，固相中保留下来的晶相是莫来石和石英。因消失了一个晶相，系统可继续升温，液相将沿与莫来石和石英平衡的界线向温度升高的方向移动，莫来石与石英继续熔入液相，固相点则相应从点 10 沿 Qm 边向 A_3S_2 移动。由于 M 点附近界线上的等温线很紧密，说明此阶段液相组成及液相量随温度升高变化并不急剧，日用瓷的烧成温度大致处于这一区间。当固相点到达 A_3S_2，意味着固相中的石英已完全熔入液相。此后液相组成将离开与莫来石、石英平衡的界线沿 A_3S_2-3 连线的延长线进入莫来石初晶区，当液相点回到配料点 3，最后一粒莫来石晶体熔完。可以看出，上述平衡加热熔融过程是平衡冷却析晶过程的逆过程。

　　配料在 985℃ 下低共熔过程结束时，首先消失的晶相取决于配料点的位置。如配料 7，因 M-7 连线的延

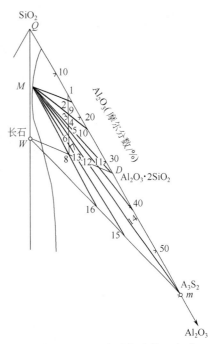

图 7.48　配料三角形与产物三角形

长线交于 Wm 边的点 15，表明首先熔完的晶相是石英，固相中保留的是莫来石和长石。而在低共熔温度下所获得的最大液相量，根据杠杆规则，应为线段 7-15 与线段 M-15 的长度之比。

　　日用陶瓷实际烧成温度为 1250~1450℃，系统中要求形成适宜数量的液相，以保证坯体的良好烧结，液相量不能太少，也不能太多，由于 M 点附近等温线密集，液相量随温度变化不敏感，使这类陶瓷的烧成温度范围较宽，工艺上较易掌握。此外，因 M 点及邻近界线均接近 SiO_2 顶角，熔体中 SiO_2 含量很高，液相黏度大，结晶困难，在冷却时系统中的液相往往形成玻璃相从而使瓷质呈半透明状。

　　在实际工艺配料中，不可避免地会含有其他杂质组分，实际生产中的加热和冷却过程不可能是平衡过程，会出现种种不平衡现象，因此，开始出现液相的温度、液相量以及固、液相组成的变化事实上都不会与相图指示的热力学平衡态完全相同。但既然相图指出了过程变化的方向及限度，对分析问题仍然是很有帮助的。譬如，根据配料点的位置，人们有可能大体估计烧成时液相量的多少以及烧成后获得的制品中的相组成。在图 7.48 上列出的从点 1 到点 8 的 8 个配料中，只要工艺过程离平衡过程不是太远，则可以预测，配料 1~5 的制品中可能以莫来石、石英和玻璃相为主，配料 6 则以莫来石和玻璃相为主，而配料 7~8 则很可能以莫来石、长石及玻璃相为主。

7.4.4.3　MgO-Al₂O₃-SiO₂ 系统

　　图 7.49 是 MgO-Al_2O_3-SiO_2 系统相图。本系统共有 4 个二元化合物 MS、M_2S、MA、A_3S_2 和 2 个三元化合物 $M_2A_2S_5$（堇青石）、$M_4A_5S_2$（假蓝宝石）。堇青石和假蓝宝石都是不一致熔融化合物。堇青石在 1465℃ 分解为莫来石和液相，假蓝宝石则在 1482℃ 分解为尖晶石、莫来石和液相（液相组成即无变量点 8 的组成）。

　　相图上共有 9 个无变量点（表 7.5）。相应地，可将相图划分成 9 个副三角形。系统内各组分氧化物及多数二元化合物熔点都很高，可制成优质耐火材料。但是三元无变量点的温度大大下降。因此，不同二元系列的耐火材料不应混合使用，否则会降低液相出现的温度和材料的耐火度。

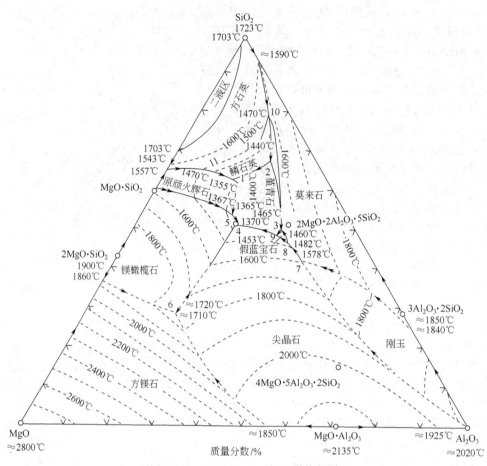

图 7.49　MgO‑Al₂O₃‑SiO₂ 系统相图

表 7.5　MgO‑Al₂O₃‑SiO₂ 系统的三元无变量点

图上编号	相 间 平 衡	平衡性质	平衡温度/℃	组 成/%		
				CaO	Al₂O₃	SiO₂
1	液体⇌MS+S+M₂A₂S₅	低共熔点	1355	20.5	17.5	62
2	A₃S₂+液体⇌M₂A₂S₅+S	双升点	1440	9.5	22.5	68
3	A₃S₂+液体⇌M₂A₂S₅+M₄A₅S₂	双升点	1460	16.5	34.5	49
4	MA+液体⇌M₂A₂S₅+M₂S	双升点	1370	26	23	51
5	液体⇌M₂S+MS+M₂A₂S₅	低共熔点	1365	25	21	54
6	液体⇌M₂S+MA+M	低共熔点	约1710	51.5	20	28.5
7	A+液体⇌MA+M	双升点	1578	15	42	43
8	A+液体⇌MA+A₃S₂	双降点	1482	17	37	46
9	M₄A₅S₂+液体⇌M₂A₂S₅+MA	双升点	1453	17.5	33.5	49

　　副三角形 SiO₂‑MS‑M₂A₂S₅ 与镁质陶瓷生产密切相关。镁质陶瓷是一种用于无线电工业的高频瓷料，其介电损耗低。镁质陶瓷以滑石和黏土配料。图7.50上画出了经煅烧脱水后的偏高岭土（烧高岭）及偏滑石（烧滑石）的组成点的位置，镁质陶瓷配料点大致在这两点连线上或其附近区域，L、M、N 各点配料以滑石为主，仅加入少量黏土，故称为滑石瓷。其配料点接近 MgO·SiO₂ 顶角，因而制品中的主要晶相是顽火辉石。如果在配料中增加黏土的含量，即把配料点拉向靠近 M₂A₂S₅ 一侧（有时在配料中还另加 Al₂O₃ 粉），则瓷坯中将以董青石为主晶相，这种瓷叫董青石瓷。在滑石瓷配料中加入 MgO，把配料点移向

接近顽火辉石和镁橄榄石初晶区的界限（如图中的 P 点），可以改善陶瓷配料电学性能，制成低损耗滑石瓷。如果加入的 MgO 量足够多，使坯料组成点到达 $MgO \cdot 2SiO_2$ 组成点附近，则将制得以橄榄石为主晶相的镁橄榄石瓷。

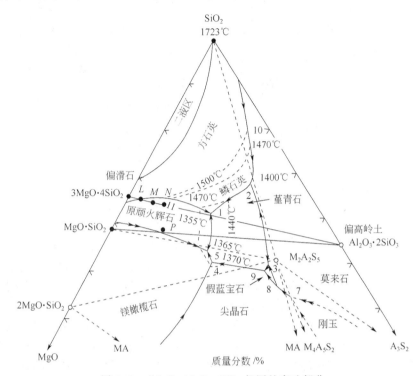

图 7.50　MgO-Al_2O_3-SiO_2 相图的富硅部分

　　滑石瓷的烧成温度范围狭窄。这可从相图上得到解释。滑石瓷配料点处于三角形 SiO_2-MS-$M_2A_2S_5$ 内，与此副三角形相应的无变量点是点 1，点 1 是一个低共熔点，因此，在平衡加热时，滑石瓷坯料将在点 1 的 1355℃ 出现液相。根据配料点位置（L、M 等）可以判断，低共熔过程结束时消失的晶相是 $M_2A_2S_5$，其后液相组成将离开点 1 沿与石英和顽火辉石平衡的界线向温度升高的方向变化，相应的固相组成点则可在 SiO_2-MS 边上找到。运用杠杆规则，可以计算出任一温度下系统中出现的液相量。在石英与顽火辉石初晶区的界线上画出了 1400℃、1470℃、1500℃ 三条等温线，这些等温线分布宽疏，意味着当温度升高时，液相点位置变化迅速，液相量将随温度升高迅速增加。滑石瓷瓷坯在液相量为 35% 时可以充分烧结，但在液相量为 45% 时则已过烧变形。根据相图进行的计算表明，L、M 点的配料（分别含烧高岭 5%、10%）的烧成温度范围仅为 30～40℃，而 N 点的配料（含烧高岭 15%）则在低共熔点 1355℃ 已出现 45% 的液相。因此，在滑石瓷中一般限制黏土用量在 10% 以下。在低损耗滑石瓷及董青石瓷配料中用类似方法计算其液相量随温度的变化，发现它们的烧成温度范围都很窄，工艺上常需加入助烧结剂以改善其烧结性能。

　　在本系统中熔制的玻璃，配料组成位于接近低共熔点 1 及邻近界线区域，因而熔制温度约为 1355℃。由于这种玻璃的析晶倾向大，加入适当促进熔体结晶的形核剂，可以制得以董青石为主要晶相的低热膨胀系数的微晶玻璃材料。

7.4.4.4　Na_2O-CaO-SiO_2 系统

　　本系统的富硅部分与钠钙硅酸盐玻璃的生产密切相关。图 7.51 是 SiO_2 含量在 50% 以上的富硅部分相图。

　　Na_2O-CaO-SiO_2 系统富硅部分共有 4 个二元化合物 NS、NS_2、N_3S_8、CS 及 4 个三元

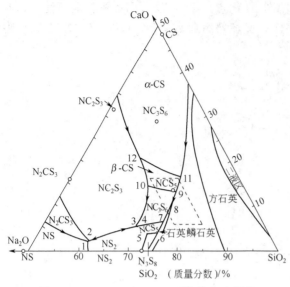

图 7.51　$Na_2O\text{-}CaO\text{-}SiO_2$ 系统的富硅部分

化合物 N_2CS_3、NC_2S_3、NC_3S_6、NCS_5。这些化合物的性质和熔点（或分解温度）列于表 7.6。

每个化合物都有其初晶区，加上组分 SiO_2 的初晶区，相图上共有 9 个初晶区。在 SiO_2 初晶区内有两条表示方石英、鳞石英和石英间多晶转变的晶型转变线和一个分液区。在 CS 初晶区内有一条表示 α-CS 与 β-CS 晶型转化的晶型转变线。相图上共有 12 个无变量点，这些无变量点的性质、温度和组成列于表 7.7。

玻璃是一种非晶态的均质体。玻璃中如出现析晶，将破坏玻璃的均一性，是玻璃的一种严重缺陷，称为失透。玻璃中的析晶不仅会影响玻璃的透光性，还会影响其力学性能和热稳定性。因此，在选择玻璃的配料方案时，析晶性能是必须加以考虑的一个重要因素，而相图可以帮助人们选择不易析晶的玻璃组成。大量实验结果表明，组成位于低共熔点的熔体比组成位于界线上的熔体析晶能力小；而组成位于界线上的熔体又比组成位于初晶区内的熔体析晶能力小。这是由于在组成位于低共熔点或界线上的熔体中，有几种晶体同时析出的趋势，而不同析晶晶体结构之间的相互干扰降低了每种晶体的析晶能力。除了析晶能力较小，这些组成的配料熔化温度一般也比较低，这对玻璃的熔制也是有利的。

表 7.6　$Na_2O\text{-}CaO\text{-}SiO_2$ 系统富硅部分化合物

化 合 物	性 质	熔点/℃	化 合 物	性 质	熔点/℃
$Na_2O \cdot SiO_2$（NS）	一致熔融	1088	$2Na_2O \cdot CaO \cdot 3SiO_2$（$N_2CS_3$）	不一致熔融	1141
$Na_2O \cdot 2SiO_2$（NS_2）	一致熔融	874	$Na_2O \cdot 3CaO \cdot 6SiO_2$（$NC_3S_6$）	不一致熔融	1047
$CaO \cdot SiO_2$（CS）	一致熔融	1540	$3Na_2O \cdot 8SiO_2$（N_3S_8）	不一致熔融	793
$Na_2O \cdot 2CaO \cdot 3SiO_2$（$NC_2S_3$）	一致熔融	1284	$Na_2O \cdot CaO \cdot 5SiO_2$（$NCS_5$）	不一致熔融	827

表 7.7　$Na_2O\text{-}CaO\text{-}SiO_2$ 系统富硅部分的无变量点

图上编号	相 平 衡 关 系	平衡性质	平衡温度/℃	组 成/%		
				Na_2O	CaO	SiO_2
1	$L \rightleftharpoons NS+NS_2+N_2CS_3$	低共熔点	821	37.5	1.8	60.7
2	$L+NC_2S_3 \rightleftharpoons NS_2+N_2CS_3$	双升点	827	36.6	2.0	61.4
3	$L+NC_2S_3 \rightleftharpoons NS_2+NC_3S_6$	双升点	785	25.4	5.4	69.2
4	$L+NC_2S_6 \rightleftharpoons NS_2+NCS_5$	双升点	785	24.4	5.4	69.6
5	$L \rightleftharpoons NS_2+N_3S_8+NCS_5$	低共熔点	755	22.0	3.6	72.0
6	$L \rightleftharpoons N_3S_8+NCS_5+S$（石英）	低共熔点	755	19.0	3.8	74.2
7	$L+S$（石英）$+NC_3S_6 \rightleftharpoons NCS_5$	双降点	827	18.7	6.8	74.2
8	α-石英 $\rightleftharpoons \alpha$-鳞石英	晶型转变	870	13.7	7.0	74.3
9	$L+\beta$-CS $\rightleftharpoons NC_3S_6+S$	双升点	1035	19.0	12.9	73.4
10	$L+\beta$-CS $\rightleftharpoons NC_2S_3+NC_3S_6$	双升点	1035	14.4	14.5	66.5
11	α-CS $\rightleftharpoons \beta$-CS	多晶转变	1110	17.7	15.6	73.0
12	α-CS $\rightleftharpoons \beta$-CS	多晶转变	1110	16.5	15.6	62.8

当然，在选择玻璃组成时，除了析晶性能外，还必须综合考虑到玻璃的其他工艺性能和使用性能。各种实用的钠钙硅酸盐玻璃的化学组成一般波动于下列范围内：12%～18% Na_2O、6%～16%CaO、68%～82%SiO_2，即其组成点位于图 7.51 上用虚线画出的平行四边形区域内，而并不在低共熔点 6。这是由于尽管点 6 组成的玻璃析晶能力最小，但其中的氧化钠含量太高（22%），其化学稳定性和强度不能满足使用要求。

相图还可以帮助人们分析玻璃生产中产生失透现象的原因。对上述成分的玻璃的析晶能力进行研究表明，析晶能力最小的玻璃是 Na_2O 与 CaO 含量之和等于 26%，SiO_2 含量为 74%的那些玻璃，即配料组成位于 8～9 界线附近的玻璃。这与上面所讨论的玻璃析晶能力的一般规律是一致的。如果配料中 SiO_2 含量增加，组成点离开界线进入 SiO_2 初晶区，则从熔体中析出鳞石英或方石英的可能性增加；配料中 CaO 含量增加，容易出现硅灰石（CS）析晶；当 Na_2O 含量增加时，则容易析出失透石（NC_3S_6）晶体。因此，根据对玻璃中失透石的鉴定，结合相图，可以为分析其产生原因及提出改进措施提供一定的理论依据。

熔制玻璃时，除了参照相图选择不易析晶而又符合性能要求的配料组成，严格控制工艺条件也是十分重要的。高温熔体在析晶温度范围内停留时间过长，或混料不匀而使局部熔体组成偏离配料组成，都容易造成玻璃的析晶。

习题

7.1 解释下列基本概念。

相，组元数，独立组元数，自由度，相图，相平衡，凝聚系统，可逆多晶转变，不可逆多晶转变。

7.2 固体硫有两种晶型，即单斜硫、斜方硫，因此，硫系统可能有 4 个相，如果某人实验得到这 4 个相平衡共存，试判断这个实验有无问题。

7.3 图 7.52 是具有多晶转变的某物质的相图，其中 DEF 线是熔体的蒸发曲线。KE 是晶型Ⅰ的升华曲线；GF 是晶型Ⅱ的升华曲线；GF 是晶型Ⅱ的升华曲线；JG 是晶型Ⅲ的升华曲线，回答下列问题。（1）在图中标明各相的相区，并把图中各无变量点的平衡特征用式子表示出来。（2）系统中哪种晶型为稳定相？哪种晶型为介稳相？（3）各晶型之间的转变是单向转变还是双向转变？

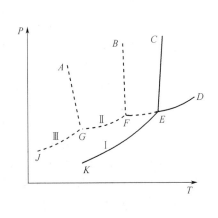

图 7.52

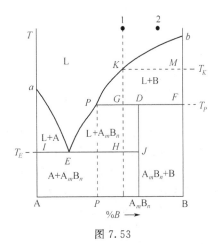

图 7.53

7.4 在具有一个不一致熔融化合物 C 的二元系统相图（如图 7.53）中，请依图回答：（1）写出 P 点和 E 点的平衡析晶方程；（2）请分别标出熔体 2 冷却析晶过程、液相和固相状态点的变化途径，说明结晶过程各阶段系统所发生的相变；（3）用冷却曲线表示熔体 1 和

2 的析晶过程。

7.5 根据 Al_2O_3-SiO_2 系统相图说明：（1）在铝硅质耐火材料、硅砖（含 SiO_2 ＞ 98％）、黏土砖（含 Al_2O_3 35％ ～ 50％）、高铝砖（含 Al_2O_3 65％ ～ 90％）、刚玉砖（含 Al_2O_3 ＞ 90％）内，各有哪些主要的晶相。（2）为了保持较高的耐火度，在生产硅砖时应注意什么？（3）若耐火材料出现 40％ 液相便软化不能使用，试计算含 40％ Al_2O_3（摩尔分数）的黏土砖的最高使用温度。

7.6 在 CaO-SiO_2 系统与 Al_2O_3-SiO_2 系统中，SiO_2 的液相线都很陡，为什么在硅砖中可掺入约 2％ 的 CoO 作为矿化剂而不会降低硅砖的耐火度，但在硅砖中却要严格防止原料中混入 Al_2O_3，否则会使硅砖耐火度大大下降？

7.7 图 7.54 是最简单的三元系统投影图，图中等温线从高温到低温的次序是 t_6＞t_5＞t_4＞t_3＞t_2＞t_1，根据此投影图回答：（1）三个组分 A、B、C 熔点的高低次序是怎样排列的。（2）液相面下降的陡势如何？哪一个最陡？哪一个最平坦？（3）指出组成为 65％A、15％B、20％C 的系统的相组成点，此系统在什么温度下开始结晶？结晶过程怎样（说明液、固相组成点的变化及结晶过程各阶段中发生的变化过程）？（4）计算第一次析晶过程析出晶相的含量是多少？第二次析晶过程结束时，系统的相组成如何？结晶结束的相组成又如何？

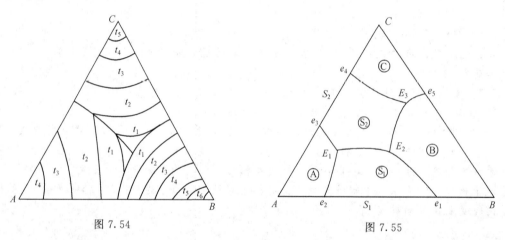

图 7.54　　　　　　　　　　　　　　图 7.55

7.8 图 7.55 为生成两个一致熔融二元化合物的三元系统，据图回答下列问题：（1）可将其划分为几个简单的三元系统？（2）标出图中各边界及相区界线上温度下降方向。（3）判断各无变量点的性质，并将他们的平衡特征式子表示出来。

7.9 根据图 7.56 回答下列问题：（1）说明化合物 S_1、S_2 的性质；（2）在图中划分分三元系统及用箭头指示出各界线的温度下降方向；（3）指出各无变量点的性质并写出各点的平衡关系；（4）写出点 1、点 3 组成的熔体的冷却结晶过程（表明液、固相组成点的变化及结晶过程各阶段系统中发生的变化过程），并总结判断结晶产物和结晶过程结束点的规律；（5）计算熔体 1 结晶结束时各相的含量，若在第三次结晶过程开始前将其急冷（这时液相凝固成为玻璃相），各相的含量又如何（用线段表示即可）？（6）加热组成点为 2 的三元混合物将于哪一点温度开始出现液相？在该温度下生成的最大液相量是多少？在什么温度下完全熔融？写出它的加热过程。

7.10 根据图 7.57 回答下列问题。（1）说明化合物 S 的熔融性质，并分析相图中各界线上温度变化的方向以及界线和无变量点的性质；（2）说明组成点为 1、2、3 及 4 各熔体的冷却结晶过程；（3）分别将组成点为 5 和 6 的物系，在平衡条件下加热到完全熔融，说明其固、液相组成的变化途径。

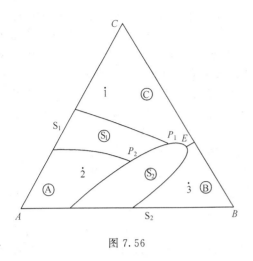

图 7.56

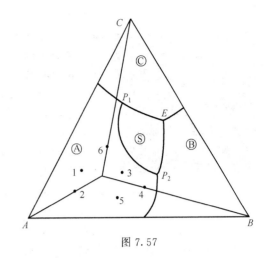

图 7.57

7.11　参看 CaO-Al_2O_3-SiO_2 系统相图，回答下列问题。（1）组成为 66％CaO、26％SiO_2、8％Al_2O_3，即图中 3 点的水泥配料将于什么温度开始出现液相？这时生成的最大液相量是多少（根据图 CaO-C_2S-C_2A_4 部分系统计算）？（2）为了得到较高的 C_3S 含量，本题（1）组成的水泥烧成后急冷好，还是缓冷让其充分结晶好？（3）欲得到本题（1）组成的水泥，若只用高岭土和石灰石（$Al_2O_3 \cdot 2SiO_2 \cdot 2H_2O$ 和 $CaCO_3$）配料，能否得到该水泥的组成点？为什么？若不能，需要加入何种原料？并计算出所需各种原料的含量。

7.12　根据 Na_2O-CaO-SiO_2 系统相图回答下列问题。（1）组成为 13％ Na_2O、13％ CaO、74％ SiO_2 玻璃配合料将于什么温度出现液相？在什么温度熔融？（2）上面组成的玻璃，当加热到 1050℃、1000℃、900℃、800℃时，可能会分解出什么晶体？（3）NC_3S_6 晶体加热时是否会不一致熔化？分解出什么晶体，熔化温度如何？

7.13　在陶瓷生产中一般出现 35％液相就足以使瓷坯玻璃化，而当液相达到 45％时，将使瓷坯变形，成为过烧。根据教材中图 7.49 的相图 MgO-Al_2O_3-SiO_2 系统具体计算含 10％偏高岭石、90％偏滑石的配料的烧成温度范围。

7.14　计算含 50％高岭石、30％长石、20％石英的一个瓷器配方在 1250℃烧成达到平衡时的相组成及各相的相对量。

7.15　根据教材中的相图 K_2O-Al_2O_3-SiO_2 系统，如果要使瓷器中仅有 40％莫来石晶相及 60％的玻璃相，原料中应含 K_2O 多少？若仅从长石中获得，K_2O 原料中长石配比应是多少？

7.16　高铝水泥的配料通常选择在 CA 相区范围内，生产时常烧至熔化后冷却制得，高铝水泥主要矿物为 CA，C_2AS 没有水硬性，因此希望水泥中不含 C_2AS。这样在 CA 相区内应取什么范围的配料才好，为什么（注意生产时不可能完全平衡，可能会出现独立结晶过程）？

阅读材料

吉布斯相律

　　吉布斯（J. W. Gibbs，1839～1903）是美国物理化学家，出生于康涅狄格州的纽黑文，其父为著名的大学——耶鲁大学的教授。吉布斯于 1854～1858 年在该校就读，24 岁获耶鲁

吉布斯（Gibbs Josiah Willard）
（1839～1903）

学院哲学博士学位后，留校任助教（当时所谓"哲学博士"，指的就是自然科学博士），1866～1868 年先后在法国和德国的高等学府留学，1869 年回到耶鲁大学继续任教，1871 年成为数学物理教授。获过伦敦皇家学会的科普勒奖章。

吉布斯的主要成就是在理论方面奠定了化学热力学及统计力学基础，如吉布斯自由能、吉布斯系综等。其中特别重要的是在 1873～1878 年间有关几何热力学、化学热力学及化学平衡方面的 3 篇论文：《流体热力学中的图解法》、《物质的热力学性质的几何曲面表示法》及《关于多相物质的平衡》，共计约 400 页的篇幅，分别登载于《康涅狄格（州）科学院学报》（Transactions of the Connecticut Academy of Science）。在这些论文中，他以详尽的数学形式和严密的逻辑推理，探讨了卡诺、焦耳、亥姆霍兹以及开尔文等人创立的热力学原理，尽管这些原理是以研究热机而引出的，但吉布斯却将这些原理通过数学论述应用到化学反应及多相体系中。在这 3 篇论文中，最为有名的是第三篇。这是一篇综合性论文，先后分两部分发表，对化学热力学的数学基础和理论基础做出了开拓性的巨大贡献，对多相平衡的理论研究有着极为丰富的思想内容。他根据热力学有关内能的原理，提出了"自由能"和"化学势"在化学反应中起着动力作用的现代概念，奠定了化学平衡的理论基础；而论文中关于多相平衡的基本规律，即现在通常说的"相律"（phase rule），则是最为有名的普适性的理论发现。

不幸的是，吉布斯的研究工作发表在不出名的美国期刊上，而当时位居世界科学中心欧洲的科学家们本来就对偏离中心的美国期刊很少问津。其间最早注意并理解吉布斯工作的人是麦克斯韦（J. C. Maxwell，1831～1879，英国数学家和物理学家），他曾向范德瓦尔斯（J. D. Van der Waals，1837～1923，荷兰物理学家）介绍过自己对吉布斯工作重要意义的初步看法，并在吉布斯的前两篇论文发表后不久就在自己的《热的理论》一书中专设一章叙述吉布斯的文章，可惜他在吉布斯第三篇文章问世之后不久就去世了，来不及深入探讨和全面宣传吉布斯的工作。另外，吉布斯的论文以数学论述的抽象逻辑的形式为特点，而且内容如此博大精深，400 页的篇幅，700 个数学公式，使多数看到的化学家难于理解，甚至望而生畏。就连康涅狄格州科学院里也没有一个人能够看懂，而期刊的编辑们起初也拿不定主意是否刊载吉布斯的论文。及至论文发表后，在具有功利主义传统的美国人眼里看来，论文不过是毫无实际用处的废纸。耶鲁大学甚至掀起了撤换吉布斯教授职务的运动。吉布斯的"相律"连同他的论文就这样被埋没下来，而且是长达 10 多年之久才被逐渐发掘和应用。

相律的发掘首先是指通过科学实验考察其正确性。因为相律在提出之际并没有实验证明，仅是以抽象的数学论述形式，通过大量公式推导出来的理论发现。其次是指在生产实践中开发相律的应用，并通过各种多相体系的科学研究找到有关相律应用的细节。这里应当着重提到的是荷兰物理化学家罗泽布姆（H. W. B. Roozeboom，1854～1907）的杰出工作，他把相律的实验证明与生产应用结合起来进行，为相律的发掘和推广做出了巨大贡献。罗泽布姆是阿姆斯特丹大学的无机化学及物理化学教授，是范德瓦尔斯在该校的学生。范德瓦尔斯虽从麦克斯韦那里得知了吉布斯的工作并一度加以效仿，但未能对相律做出验证和推广应用。罗泽布姆受到范德瓦尔斯的指点，将相律应用于自己正在从事的盐水体系的研究工作，证明了相律与实验结果完全一致。此后他又做了大量的实验，对相律和各项参数进行实地测定。他还研究和解释了将相律应用到许多非均相平衡体系的特例细节。1887 年他发表了《复相化学平衡的各种形式》，其中采用了易于被化学家和冶金学家理解的图解法，就是现在常用的"相图"，对多相平衡体系加以描述，其中尤为重要的是进行了"固溶体"及"三相点”的研究，为后来研制合金及发展冶金学、地矿学等奠定了基础。可以毫不夸张地说，没有罗泽布姆对相律的发扬光大，也不会有现代化学热力学、合金化学、冶金学及地质学的存在、发展和生产应用。

对“相律”的发掘做出贡献的还有奥斯特瓦德（F. W. Ostwald，1853～1932，俄国-德国物理学家）。作为化学史家及化学教育家，为了总结前人的工作、办好《物理化学杂志》（德文）和发展物理化学，他在大量翻印和出版物理和化学方面的各国论文单行本以及编撰《精密科学经典著作》（多卷本）的基础上，1891 年终于把目光投向了吉布斯的 3 篇论文。经过潜心研究和认真翻译，于 1892 年以《热力学的研究》为书名用德文出版了吉布斯 3 篇论文的合订本，积极向当时的化学策源地和科学发展中心欧洲介绍远在美洲的吉布斯的杰出工作。奥斯特瓦德评价认为“吉布斯从内容到形式都赋予物理化学整整百年的发展进程”。1892 年这一年成为吉布斯相律在国际科学界被广泛熟知和接受的年份标志。1899 年，勒夏特里（H. L. Le Chatelier，1850～1936，法国化学家）又将吉布斯的第三篇论文《关于多相物质的平衡》译成了法文，以《化学体系的平衡》为书名在巴黎出版。勒夏特里当时对吉布斯工作的评价是“发现了化学科学的新领域，可以同发现质量不灭定律相提并论”。

事实上，吉布斯的“相律”对于多相体系是“放之四海而皆准”的具有高度概括性的普适规律，虽然是抽象的，但却是最本质的热力学关系。在“相律”提出前后的一个时期内，曾在一些学者甚至一些著名学者对相平衡问题独立地做过研究，也得出一些规律，如早期的拉乌尔定律、亨利定律以及“相律”提出后但被埋没的十几年里，比吉布斯出名得多的范霍夫和赫姆霍兹也曾不同程度地进行了研究工作。但这些人的工作都不过是“相律”的某些特例，可见吉布斯相律的优先权和详尽性是毋庸置疑的。吉布斯相律虽然是研究物质聚集状态之间的相态转变及其平衡的规律，本质上是分子整体运动，应属于分子物理学范畴；但是不同相态（物相）的分子之间的转变，在一定意义上也可视为分子性质的质变，则属于化学范畴。从相变过程在学科发展中的历史来看，它一直是化学家研究的世袭领地，因而成为边缘学科——物理化学的一个基本内容。吉布斯相律的重要意义就在于推动了化学热力学及整个物理化学的发展，也成为相关领域诸如冶金学和地质学等的重要理论工具。“相律”的埋没和发掘过程启示人们：一切科学理论的发现，必须重视信息媒体的传播作用，必须重视科学实验的证明以及在生产实际中的应用。

第8章 扩 散

凝聚相内发生微观结构变化或进行各种形式的化学反应，不可缺少的要素是晶态或非晶态固体中质点的移动。晶体中质点（原子或离子）在热起伏过程中随机地获得能量，加剧振动，脱离结点位置到一新位置的现象，称为晶格中原子或离子的扩散。

当在物质内部有组分、应力、化学梯度存在的条件下，原子或离子的这种扩散迁移成为定向，宏观上表现为物质的传输，所以扩散是固体中的重要传质过程。

固体材料中发生许多物理、化学变化及硅酸盐材料制备工艺中高温下实现烧结的基本要素都与扩散有密切的联系。因此，对扩散规律、扩散现象与特点，扩散与缺陷间的关系及扩散系数的认识十分必要和重要。本章将较为详细地讨论扩散的这些基本内容。

8.1 菲克定律

8.1.1 固体扩散的特点

质点在固体中的迁移远不如流体那样显著。受其结构所限，固体中的扩散具有自身的特点：①构成固体的所有质点均束缚于三维周期性势场中，依靠质点间较强的作用维系着它的结构。质点的每一步迁移必须以从热起伏中获取足够的能量为条件，因此固体中明显的质点扩散常开始于低于固体熔点的较高的温度。②始态和终态间势垒的存在使固体质点的迁移扩散过程十分缓慢。图8.1显示出一个原子发生迁移时，系统能量的变化过程。③晶体原子或离子依一定方式堆积成的结构将以一定的对称性和周期性限制着质点每一步迁移的方向和行程。如图8.2所示，处于平面点阵内间隙位的原子，只可能存在四个等同的迁移方向，每一迁移的发生均需获取高于势场 ΔG 的能量，迁移自由行程相当于晶格常数的大小。所以晶体中质点的扩散往往是各向异性的。

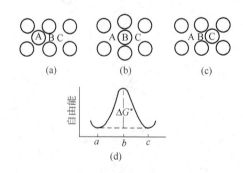

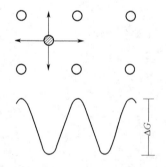

图8.1　原子从 A→B→C 迁移时整个晶格自由能的变化　　　图8.2　间隙原子扩散势场示意图

8.1.2 扩散机制

由于固体（晶体）中质点均束缚于三维周期势场中，固体质点的迁移方式（又称为扩散的微观机构或扩散机制）受到晶体结构对称性和周期性的限制。一般迁移均会依靠不同载体来完成。当以空位和间隙作为载体时，构成空位机制和间隙机制，这也是到目前为止已为人们所认识的晶体原子或离子迁移的主要机制。它们的主要机理如图 8.3 所示，主要包括两类三种形式。

如果在晶格结点中有某个位置，由于本征热缺陷或杂质离子不等价取代而存在空位，空位周围格点上的原子或离子就可能跳入空位，此时空位与跳入空位的原子或离子分别做了相反方向的移动。这种以空位迁移作为载体（媒介）的质点迁移方式称为空位机制。无论金属体系或离子化合物体系，空位机制是固体材料中质点扩散的主要方式。在一般情况下，离子晶体可由离子半径不同的阴、阳离子构成晶格，而较大离子的扩散多半是通过空位机制进行的。图 8.3(a) 中所显示的是空位扩散机制。

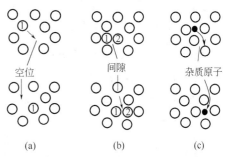

图 8.3　晶体材料中主要的扩散机制
(a) 空位扩散；(b) 间隙扩散；
(c) 杂质原子的间隙扩散

另一种重要的扩散机制是间隙机制。它的两种形式，图 8.3(b) 所显示的是那些纯晶体中原来位于间隙位置上的质点（如 1 质点），通过热运动将格点上的质点（如 2 质点）撞入间隙，自己则进入格点位置的迁移方式，通常称之为亚间隙机制或推填式机制。这种扩散造成的晶格变形程度处于空位机制和间隙机制之间。当杂质原子在纯材料中从主晶格的一个间隙进入另一个间隙时就构成杂质离子的间隙扩散机制。图 8.3(c) 表明的就是这种情况。一般说来，间隙原子相对于晶格原子的尺寸越小，间隙机制的扩散就越容易进行，反之难以发生。

从能量上比较这两种机制，空位机制更容易进行。因为在 0K 以上时，每种晶体中都有空位。这种机制的扩散速率除取决于扩散激活能外，还取决于空位浓度。其次是间隙原子的推填式扩散，尤其是在那些一个原子比另一个原子小得多的化合物中，如 AgBr 中的 Ag^+ 的扩散，或有开放晶格结构的 UO_{2+x} 中的 O^{2-} 的扩散，均属于此类。

除这两种主要机制外，还有几种从晶体结构理论上可能发生的扩散机制。如易位机制，指两个相邻原子直接交换位置的过程，图 8.4 (a) 描述的就是这类机制。从能量上看，由于这将导致过高的应变能，实际上难以发生。另一种称环转位机制，指一个同种原子组成的封闭环，通过环转易位交换位置，如图 8.4 (b) 所示，尽管这种方式从能量上是可能的，但目前仍未在任何体系中证实它们的存在。在任何一个特定系统中会出现哪种机制，主要取决于不同晶体结构及与扩散过程有关的能量。

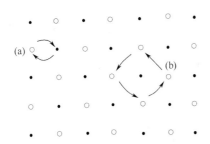

图 8.4　晶体材料中其他可能的扩散机制
(a) 易位机制；(b) 环行机制

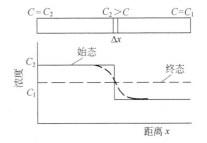

图 8.5　扩散对溶质原子分布的影响

8.1.3　扩散第一定律——菲克第一定律

扩散方程是定量地描述在外场（浓度场、应力场、温度场、电场等）作用下，物质沿外场方向迁移和传递的规律。

若有一根均匀的合金长棒，沿其长度方向存在着某溶质的浓度梯度（图 8.5）。在棒中取垂直 X 方向，厚度为 ΔX 的薄层，其两侧浓度分别为 C_2、C_1，并 $C_2 > C_1$，则薄层中的浓度梯度 $\dfrac{\mathrm{d}c}{\mathrm{d}x} = \dfrac{C_2 - C_1}{\Delta t}$。在此浓度梯度推动下，溶质原子沿 X 方向通过薄层自左向右扩散迁移，溶质浓度 C 随位置而变化，在一维情况下可记作 $C = C(x)$。

扩散在无限长时间后，整个试棒内溶质浓度为 C。这说明单个原子运动是无规则的，但从大量溶质原子统计来看，原子总是自高浓度移向低浓度的，直至浓度处处相等为止。

菲克（Adolf Fick）1855 年分析了固态中原子扩散的规律后，通过实验证明：在稳定扩散时，经过垂直扩散方向上面积为 $\mathrm{d}s$（cm^2）层，时间为 $\mathrm{d}t$（s），物质的扩散数量 $\mathrm{d}G$（mol）和浓度梯度成正比。即

$$\mathrm{d}G = -D \frac{\mathrm{d}c}{\mathrm{d}x} \mathrm{d}s \mathrm{d}t$$

$$\frac{\mathrm{d}G}{\mathrm{d}t} = -D \frac{\mathrm{d}c}{\mathrm{d}x} \mathrm{d}s \tag{8.1}$$

式中，$\mathrm{d}c/\mathrm{d}x$ 为扩散层浓度梯度，c 是溶质浓度，以 $\mathrm{g/cm}^3$、$1/\mathrm{cm}^3$ 或原子数 cm^{-3} 表示，x 是扩散方向上的距离（cm）；D 为比例常数，又称扩散系数。当 $\mathrm{d}t = 1$ 时，$D = \mathrm{d}G$，此时扩散系数 D 表示单位浓度梯度时，扩散通过单位截面积的扩散速率。一般固体当温度在 $20 \sim 1500℃$ 范围内，D 值约波动在 $10^{-20} \sim 10^{-4} \mathrm{cm}^2/\mathrm{s}$ 范围内。方程前面的负号表示原子流动方向与浓度梯度方向相反。

菲克第一定律的另一种形式为：

$$J = -\frac{D \mathrm{d}c}{\mathrm{d}x} \tag{8.2}$$

式中，J 为扩散通量，即单位时间、单位面积上溶质扩散的量，以 $\mathrm{g} \cdot \mathrm{cm}^{-2} \cdot \mathrm{s}^{-1}$ 或原子数 $\cdot \mathrm{cm}^{-2} \cdot \mathrm{s}^{-1}$ 表示。

菲克第一定律另一种叙述：原子的扩散通量与浓度梯度成正比。

由于扩散有方向性，故 J 为矢量。令 i、j、k 表示 x、y、z 方向的单位矢量，则得：

$$J = iJ_x + jJ_y + kJ_z = -D \left(i \frac{\partial c}{\partial x} + j \frac{\partial c}{\partial y} + k \frac{\partial c}{\partial z} \right) \tag{8.3}$$

8.1.4 扩散第二定律——菲克第二定律

菲克第一定律仅适用于扩散流量在 x 方向处处相等和在薄层 Δx 内各处溶质浓度与时间无关的稳定扩散。而实际上通常的扩散过程大多是非稳定扩散的。

通过测定某体积元流入和流出的流量差，可以确定扩散过程中任一点浓度随时间的变化。如有两个相距为 $\mathrm{d}x$ 的平行面，如图 8.6 所示，通过横截面积为 A、相距为 $\mathrm{d}x$ 的微小体积元前后的流量分别为 J_1 和 J_2。由位置平衡关系可得出：流入 $A\mathrm{d}x$ 体积元的物质量减去流出该体积的量即为积存在微小体积元中的物质量。

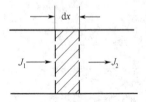

图 8.6 扩散通过微小体积
后流量的变化

物质流入速率 $= J_1 A$

物质流出速率 $= J_2 A = J_1 A + \dfrac{\partial(JA)}{\partial x} \mathrm{d}x$

物质积存速率 $= J_1 A - J_2 A = -\dfrac{\partial J}{\partial x} A \mathrm{d}x$

物质在微体积中积聚速率可表示为：

$$\frac{\partial(CA\mathrm{d}x)}{\partial t} = \frac{\partial c}{\partial t} A \mathrm{d}x$$

$$\frac{\partial c}{\partial t} A \mathrm{d}x = -\frac{\partial J}{\partial x} A \mathrm{d}x$$

$$\frac{\partial c}{\partial t} = -\frac{\partial J}{\partial x} \tag{8.4}$$

将式（8.1）代入，$\dfrac{\partial c}{\partial t} = \dfrac{\partial}{\partial x}\left(D\,\dfrac{\partial c}{\partial x}\right)$。

这就是菲克第二定律数学式。它反映扩散物质的浓度、流量和时间的关系。如果扩散系数 D 与浓度无关，则式(8.3)可以写作：

$$\frac{\partial c}{\partial t} = D\frac{\partial^2 c}{\partial x^2} \tag{8.5}$$

三维菲克第二定律形式：

$$\frac{\partial c}{\partial t} = D\left(\frac{\partial^2 c}{\partial x^2} + \frac{\partial^2 c}{\partial y^2} + \frac{\partial^2 c}{\partial z^2}\right) \tag{8.6}$$

如果半径为 r 的球对称扩散，式（8.6）变换为极坐标表达式：

$$\frac{\partial c}{\partial t} = D\left(\frac{\partial^2 c}{\partial x^2} + \frac{2}{r}\times\frac{\partial c}{\partial r}\right) \tag{8.7}$$

式（8.1）、式（8.2）和式（8.5）分别为菲克第一和第二定律的基本数学表示式。第一定律是描述在稳定扩散条件下物质迁移的规律。第二定律则是描述在不稳定扩散条件下，在介质中各点作为时间函数的扩散物质聚集的过程。从形式上看，某点浓度随时间的变化率与浓度分布曲线在该点的二阶导数成正比。如图 8.7 所示，若浓度与位置的关系曲线为凹形，即 $\dfrac{\partial^2 c}{\partial x^2}$ 大于 0，则该点浓度会随时间增加而增加，即 $\dfrac{\partial c}{\partial t}$ 大于 0；若曲线为凸形，即 $\dfrac{\partial^2 c}{\partial x^2}$ 小于 0，则该点浓度会随时间增加而降低，即 $\dfrac{\partial c}{\partial t}$ 小于 0。菲克第一定律表示扩散方向与浓度降低的方向一致。从上述意义来讲，菲克第一定律和第二定律本质上是一个定律，均表明扩散的结果是使不均匀体系均匀化，由非平衡逐渐达到平衡。

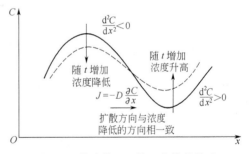

图 8.7　菲克第一、第二定律的关系

8.1.5　扩散方程的应用

在工程材料的研制和生产中，经常遇到测定扩散系数或求扩散速率等问题，则必须求解扩散方程。这类问题实际上即为求解不同边界条件的偏微分方程。一般情况下，如将扩散系数视为常数，这些解有如下两种形式：①短时解，如果扩散路程相对于初始不均匀性的尺度而言是短小的，则浓度分布作为时间和路程的函数，可用误差函数表示；②长时解，当扩散接近完全均匀时，$C(x,t)$ 可用无穷三角级数的第一项表示。

8.1.5.1　稳定扩散——第一定律的应用

气体通过玻璃或陶瓷隔板的渗透过程属于稳定扩散，可用式（8.2）来确定流量。设有一玻璃薄板，板的一边使气体压力保持 P_1（图 8.8），另一边保持较低的均匀气压 P_2。当达到稳定状态时，气体以恒定速率通过隔板进行渗透，板两边任一表面上的浓度由气体在玻璃中的溶解度（s）确定。因此可用溶解度来表示浓度梯度 $\mathrm{d}c/\mathrm{d}x$。

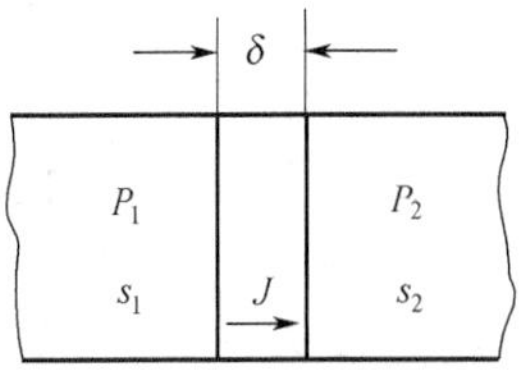

图 8.8　气体通过玻璃板的扩散示意图

$$\frac{\mathrm{d}c}{\mathrm{d}x} = \frac{s_1 - s_2}{\delta} \tag{8.8}$$

根据西弗尔特（Sievert）定律：许多双原子气体溶解度通常和压力的平方根成正比例。这也说明气体如氢、氧是作为独立的两个离子而溶解的，故有：

$$s_1 = KP_1^{1/2}$$
$$s_2 = KP_2^{1/2} \qquad (8.9)$$

将式（8.8）、式（8.9）代入式（8.2）得到：

$$J_s = -\frac{D\mathrm{d}c}{\mathrm{d}x} = -\frac{DK}{\delta}(\sqrt{P_1} - \sqrt{P_2}) \qquad (8.10)$$

式中，δ 为薄板厚度，K 为常数。

8.1.5.2　不稳定扩散——第二定律的应用

（1）短时解　在实际应用中常需要探求的一种边界条件是进入半无限固体时的情况。即在扩散方向上这种固体或液体的尺寸是大的。当扩散时间为零时，表面就有了某一比表面浓度，并在整个过程中表面浓度保持不变。属于这类扩散的如陶瓷或玻璃试样表面镀银，银扩散到试样内；半导体的硅片中硼和磷的扩散。

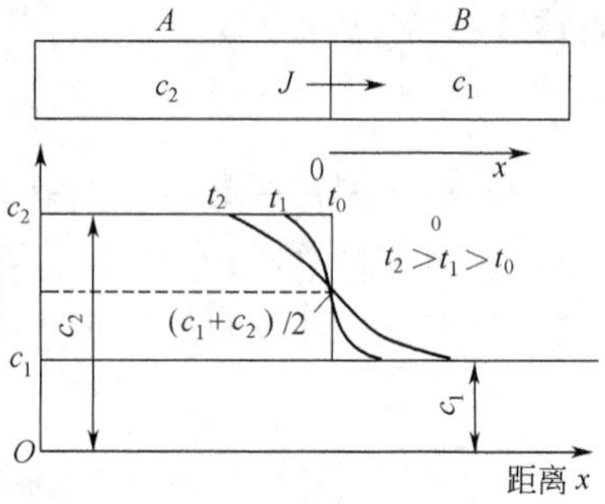

如果把某物质浓度分别为 c_2 和 c_1 的两根截面均匀的 A 棒和 B 棒接在一起，如图 8.9。两棒对接界面为坐标原点。两棒在 $+x$ 和 $-x$ 范围内设想为无限长，加热扩散时，棒两端浓度 c_1 和 c_2 不随时间而变化，将扩散系数 D 视为恒值，则可写出初始条件：

图 8.9　扩散偶成分随时间的变化

当 $t=0$ 时，$x>0$，则 $c=c_1$，

$\qquad\qquad\qquad x<0$，$c=c_2$；

当 $t \geqslant 0$ 时，$x=\infty$，则 $c=c_1$，

$\qquad\qquad\qquad x=-\infty$，$c=c_2$。

解方程（8.5）时先引入新变量 $u=\dfrac{x}{\sqrt{t}}$，使 c 只是单变量 u 的函数。将式（8.5）由偏微方程变为常微分方程。

$$\frac{\partial c}{\partial t} = \frac{\partial c}{\partial u} \times \frac{\partial u}{\partial t} = -\frac{\mathrm{d}c}{\mathrm{d}u} \times \frac{x}{2t^{3/2}} = -\frac{\mathrm{d}c}{\mathrm{d}u} \times \frac{u}{2t} \qquad (8.11)$$

$$\frac{\partial^2 c}{\partial x^2} = \frac{\partial^2 c}{\partial u^2}\left(\frac{\partial u}{\partial x}\right)^2 = \frac{1}{t} \times \frac{\mathrm{d}^2 c}{\mathrm{d}u^2} \qquad (8.12)$$

将式（8.11）和式（8.12）代入式（8.5）得常微分方程：

$$-\frac{\mathrm{d}c}{\mathrm{d}u} \times \frac{u}{2t} = D\frac{\mathrm{d}^2 c}{\mathrm{d}u^2} \times \frac{1}{t}$$

$$2D\frac{\mathrm{d}^2 c}{\mathrm{d}u^2} + u\frac{\mathrm{d}c}{\mathrm{d}u} = 0$$

解之得

$$c(u) = A'\int_0^u \exp\left(-\frac{u^2}{4D}\right)\mathrm{d}u + B$$

令

$$\beta = \frac{u}{2\sqrt{D}} = \frac{x}{2\sqrt{Dt}}$$

代入上式得

$$c(x,t) = A\int_0^\beta \mathrm{e}^{-\beta^2}\mathrm{d}\beta + B \qquad (8.13)$$

由边界条件解之得：

$$c(x,t) = \frac{c_1+c_2}{2} + \frac{c_1-c_2}{2}\mathrm{erf}\left(-\frac{x}{2\sqrt{Dt}}\right) \qquad (8.14)$$

式（8.14）即为棒上各个时间的浓度计算式。其中 $\mathrm{erf}\left(-\dfrac{x}{2\sqrt{Dt}}\right)$ 称为误差函数，$\mathrm{erfc}\left(\dfrac{x}{2\sqrt{Dt}}\right) = 1 - \mathrm{erf}\left(\dfrac{x}{2\sqrt{Dt}}\right)$ 称为余误差函数。即将误差函数补足到 1，可以证明 $\mathrm{erf}(\infty) =$

1，且 $\text{erf}(-\beta)=-\text{erf}(\beta)$，不同 β 值的 $\text{erf}(\beta)$ 值可以由函数表查出。

若棒 B 原始浓度 $c_1=0$，则式（8.14）改写为：

$$c(x,t)=\frac{c_2}{2}\text{erfc}\left(\frac{x}{2\sqrt{Dt}}\right)=\frac{c_2}{2}\left[1-\text{erf}\left(\frac{x}{2\sqrt{Dt}}\right)\right] \tag{8.15}$$

由式（8.15）可以看出以下两点。

① 在任何时间，界面上（$x=0$）的浓度都是 $c_2/2$，它相当于棒 A 和 B 的平均成分。

$$c(x,t)=\frac{c_2}{2}\text{erfc}\left(\frac{0}{2\sqrt{Dt}}\right)=\frac{c_2}{2}(1-0)=\frac{c_2}{2}$$

② 式（8.15）也可表示出扩散路程 x、时间 t、扩散系数 D 三者的关系，这对晶体管或集成电路生产中往往要控制扩散层的表面浓度和扩散深度（结深）有显著作用。

把式（8.14）改为：

$$x=2\sqrt{Dt}\ \text{erfc}^{-1}\left[\frac{2c(x,t)}{c_2}\right] \tag{8.16}$$

若 c、c_2 为已知（或实验可测）时，则：

$$x=K\sqrt{Dt} \tag{8.17}$$

K 是一个与比值 c/c_2 有关的常数，可以从式（8.16）求得 $\dfrac{x}{2\sqrt{Dt}}$-$\dfrac{c}{c_2}$ 关系曲线，如图 8.10 所示。当已知 c/c_2 的比值后，查图 8.9 即可得 $\dfrac{x}{2\sqrt{Dt}}$，再由 D、t 求扩散深度 x。

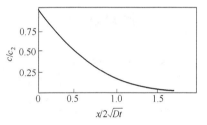

图 8.10　c/c_2 与 $x/2\sqrt{Dt}$ 的关系

由式（8.17）得知，x 与 $t^{1/2}$ 成正比例。所以在指定一浓度 c 时，增加一倍扩散深度，则需延长 4 倍的扩散时间。

生产中遇到估算在一定时间内原子通过扩散移动了多远的问题，在缺乏菲克第二定律精确解的情况下，可用式（8.17）来估计在给定条件下，扩散物浓度分布与时间的关系。

（2）长时解　如果体系的边界是有限的，而扩散时间无限长，溶质浓度趋于均匀化，即扩散已超出板厚 L，溶质从两个表面消失，此时求解扩散方程即为长时解。

假如物体内某一组元的起始组成为 c_0，当 $t>0$ 时，表面组成保持在 c_s，则试样中平均浓度 c_m 的可靠近似解可取无穷三角级数的第一项求得。即

$$\frac{c_m-c_s}{c_0-c_s}=\frac{8}{\pi^2}\exp\left(-\frac{\pi^2}{L^2}Dt\right) \tag{8.18}$$

上式在 $\dfrac{D_m-c_s}{D_0-c_s}<0.8$ 时是有效的，即为长时解。

8.1.5.3　扩散系数的测定

扩散系数可用含放射性示踪剂薄层和半无限长棒组成的薄膜源法，求解菲克第二定律来获得。

如用放射性示踪剂涂在两个均匀长棒之间，加热使其扩散，如图 8.11。如果在时间 t 时，放射性示踪物质扩散入半无限长棒中的量为 a，则菲克定律的薄膜解为：

$$c(x,t)=\frac{a}{2\sqrt{\pi Dt}}\exp\left(\frac{-x^2}{4Dt}\right) \tag{8.19}$$

起始条件：在 $|x|>0$ 处，$t=0$，$c=0$。

将式（8.19）取对数：

$$\ln c(x,t) = \ln \frac{a}{2\sqrt{\pi Dt}} - \frac{x^2}{4Dt} \qquad (8.20)$$

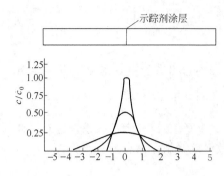

图 8.11 由 $x=0$ 的平面源向两边
扩散传播过程

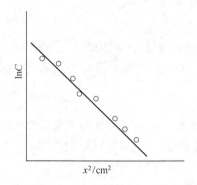

图 8.12 时间为 t 时，扩散到半无限介质中
示踪物的渗透曲线

如测量从表面至不同深度处放射性原子的浓度，从所得到的函数关系可直接求得扩散系数，用 $\ln c$-x^2 作图，如图 8.12。直线的截距为 $\ln[a/(2\sqrt{\pi Dt})]$，斜率为 $-1/(4Dt)$。由此可求出扩散系数。

8.2 扩散系数

8.2.1 扩散过程的推动力

以热力学讨论任何一种过程，只有当系统的 $\Delta G < 0$ 时，过程变为自发；当 $\Delta G = 0$ 时，过程达到平衡，对由菲克第一定律 $J_x = -D\frac{\partial c}{\partial x}$ 确定的扩散过程，当 $\frac{\partial c}{\partial x} \rightarrow 0$ 时，系统也将趋于平衡，直至 $\frac{\partial c}{\partial x} = 0$，扩散将停止。这种讨论经常是以组分浓度为产生扩散的条件，扩散结果是系统中扩散组分的均化，是将组分浓度梯度作为扩散推动力的。这使那些不存在浓度梯度的系统，扩散质点受到某一力场的作用而出现定向物质流动的现象无法获得解释。显然，浓度梯度难以作为所有扩散过程的推动力确切的表征。根据广泛适用的热力学理论，扩散过程的发生应决定于包含了浓度梯度在内的热力学基本量——化学位。物质从高化学位流向低化学位应是更普遍的规律。而一切影响扩散的外场（浓度场、电场、磁场、应力场等），都将统一于化学位梯度之中，而且以化学位梯度为零作为各种扩散过程的限度。

下面以化学位梯度的概念建立扩散系统的热力学关系，即深入说明扩散推动力。

设一个多组分系中，i 组分的质点沿 x 方向扩散所受到的力应等于该组分化学位在 x 方向上梯度的负值：

$$F_i = -\frac{\partial u_i}{\partial x} \qquad (8.21)$$

相应的质点运动平均速率 V_i 正比于作用力 F_i：

$$V_i = B_i F_i = -B_i \frac{\partial u_i}{\partial x} \qquad (8.22)$$

式中，比例系数 B_i 为在单位力作用下，i 组分质点的平均速率或称淌度。显然此时 i 组分的扩散通量 J_i 等于单位体积中该组成质点数 C_i 和质点移动平均速率的乘积：

$$J_i = C_i V_i \qquad (8.23)$$

将式（8.22）代入式（8.23）中，便可得用化学位梯度概念描述扩散的一般方程式。

234

若所研究体系不受外场作用，化学位为系统组成活度和温度的函数，则式（8.23）可写成：

$$J_i = -C_i B_i \frac{\partial u_i}{\partial C_i} \times \frac{\partial C_i}{\partial x} \tag{8.24}$$

将上式与菲克第一定律比较得到扩散系数 D_i：

$$D_i = -C_i B_i \frac{\partial U_i}{\partial C_i} = \frac{B_i \partial U_i}{\partial \ln C_i}$$

因 $\frac{C_i}{C} = N_i$，$d\ln C_i = d\ln N_i$，故有：

$$D_i = B_i \frac{\partial u_i}{\partial \ln N_i} \tag{8.25}$$

又因为 $\mu_i = \mu_i^0(T, P) + RT\ln a_i = \mu_i^0 + RT(\ln N_i + \ln\gamma_i)$

则

$$\frac{\partial \mu_i}{\partial \ln N_i} = RT\left(1 + \frac{\partial \ln\gamma_i}{\partial \ln N_i}\right) \tag{8.26}$$

将式（8.26）代入式（8.24）得：

$$D_i = RTB_i\left(1 + \frac{\partial \ln\gamma_i}{\partial \ln N_i}\right) \tag{8.27}$$

上式作为扩散系数的一般热力学关系，式中，$\left(1 + \frac{\partial \ln\gamma_i}{\partial \ln N_i}\right)$ 项称为扩散系数的热力学因子，它与扩散系数有密切的联系，被作为判断扩散类型的特征项。

对于一个二元系统，按式（8.27），其两个组元的扩散系数分别为：

$$D_1 = D_1^*\left(1 + \frac{\partial \ln\gamma_1}{\partial \ln N_1}\right) \tag{8.28}$$

$$D_2 = D_2^*\left(1 + \frac{\partial \ln\gamma_2}{\partial \ln N_2}\right) \tag{8.29}$$

式中，$D_i(D_1、D_2)$ 称为本征扩散系数，一般 $D_1 \neq D_2$，则是自扩散系数。由吉布斯-杜亥姆（Gibbs-Duhem）公式：

$$\frac{\partial \ln\gamma_1}{\partial \ln N_1} = \frac{\partial \ln\gamma_2}{\partial \ln N_2} \tag{8.30}$$

比较式（8.28）和式（8.29），可以判定，造成 $D_1 \neq D_2$ 的原因在于两组元自扩散系数不等，即 $D_1^* \neq D_2^*$。此结果还可以用式（8.27）来进一步解释。

对于理想混合体活度系数 $\gamma_i = 1$，此时有：

$$D_i = D_i^* = RTB_i \tag{8.31}$$

也必定有 $B_1 \neq B_2$ 的结论。按 B 的初始含意，是不同组元在单位力作用下产生的该组元质点的平均速率，此力又来源于化学位梯度，足以说明化学位梯度才是决定扩散的基本因素。在这一梯度下进行的迁移，将导致自由焓降低，表明了化学位梯度是扩散的真正推动力。且在理想体系中 i 组分本征扩散系数 D_i 与自扩散系数 D_i^* 相等。

非理想混合体系以热力学因子为判断依据，存在着两种情况。

① 热力学因子 $\left(1 + \frac{\partial \ln\gamma_i}{\partial \ln N_i}\right) > 0$，此时 $D_i > 0$，称为正扩散（或顺扩散），在这种情况下，化学位梯度与浓度梯度方向一致，物质流将由高浓度流向低浓度处，扩散的结果使溶液趋于均匀化。

② 热力学因子 $\left(1 + \frac{\partial \ln\gamma_i}{\partial \ln N_i}\right) < 0$，此时 $D_i < 0$，称为负扩散（或逆扩散），与上述情况相反，在化学位梯度作用下，物质将从低浓度处向高浓度处迁移流动，扩散结果使溶质偏聚或分相。逆扩散在无机非金属材料领域中也是时而可见的。如固溶体中有序、无序相变，玻璃

在旋节区（spinodal range）分相以及在晶界上的选择性吸附过程，某些质点通过扩散而富集于晶界上等过程都与质点的逆扩散相关。对于此类问题本书其他章节将做详细叙述，此处不再赘述。

8.2.2 扩散系数

菲克第一、第二定律对扩散的动力学过程进行了定量描述后，1905 年爱因斯坦（Einstein）在研究大量质点做无规则布朗运动的过程中，首先用统计方法得到扩散的动力学方程，将宏观的扩散系数与质点微观运动联系起来，即在质点无序运动的基础上确定了菲克定律的扩散系数的物理意义。

在晶体中以不同微观机制进行的质点扩散，其扩散系数也有不相同的形式，以跃迁距离、跃迁频率为基本因素的扩散过程中的扩散系数一般形式为：

$$D = \gamma \lambda^2 P \nu \tag{8.32}$$

式中，γ 为几何因子，以适应不同晶格类型；λ 是原子跃迁的自由行程，应由晶体结构所决定，与晶格常数 a_0 有对应关系；P 和 ν 来源于质点成功跃迁的两个条件：邻近可供迁移的位置条件和质点本身的能量条件，分别将 P 称为易位概率，ν 称为跃迁频率，对不同的扩散机构，它们有不同的内容和含意。

8.2.2.1 空位扩散系数

对于空位扩散，跃迁的易位概率 P 正比于该温度下的空位分数 n_v：

$$P = \frac{n_v}{N} = \exp\left(-\frac{\Delta G_f}{2RT}\right)$$

式中，ΔG_f 为空位形成焓。

ν 是在给定温度下，单位时间内每个晶体中的原子成功跳过势垒的次数，它与原子振频和迁移活化能有如下关系：

$$\nu = \nu_0 \exp\left(-\frac{\Delta G_m}{RT}\right)$$

综合这些要素，可写出各种晶体内的空位扩散系数：

$$D_v = \gamma \lambda^2 P \nu = \gamma a_0^2 \nu_0 \exp\left(-\frac{\Delta G_f}{2RT}\right)\exp\left(-\frac{\Delta G_m}{RT}\right)$$

$$= \gamma a_0^2 \nu_0 \exp\left(-\frac{\frac{\Delta S_f}{2}+\Delta S_m}{R}\right)\exp\left(-\frac{\frac{\Delta H_f}{2}+\Delta H_m}{RT}\right) \tag{8.33}$$

式中，ΔS_f、ΔS_m 和 ΔH_f、ΔH_m 分别为空位形成熵、迁移熵和形成能、迁移能。

8.2.2.2 间隙扩散系数

由于晶体中间隙原子浓度往往很小，使实际上可供间隙原子迁移的位置几乎永远存在，认为 $P=1$，所以间隙原子扩散无需形成能，只需迁移能。其扩散系数相应可写成：

$$D_i = \gamma a_0^2 \nu_0 \exp\left(-\frac{\Delta G_m}{RT}\right) = \gamma a_0^2 \nu_0 \exp\left(\frac{\Delta S_m}{R}\right)\exp\left(-\frac{\Delta H_m}{RT}\right) \tag{8.34}$$

比较式（8.33）和式（8.34），空位扩散系数 D_v 与间隙扩散系数 D_i 具有相同的形式，可统一写作：

$$D = D_0 \exp\left(-\frac{Q}{RT}\right) \tag{8.35}$$

式中，D_0 作为指数前项，称为频率因子，它包括了多种因素，与温度无关，对各种体系可视为常数。对于空位机制来说，$D_0 = \gamma a_0^2 \nu_0 \exp\left(-\frac{\frac{\Delta S_f}{2}+\Delta S_m}{R}\right)$，对于间隙机制来说，

$$D_0 = \gamma a_0^2 \nu_0 \exp\left(-\frac{\Delta S_m}{R}\right).$$

Q 称为扩散激活能。对空位和间隙原子扩散有着不同的内容和数值，空位扩散激活能包括了空位形成能和空位迁移能两部分，而间隙扩散激活能则只有间隙原子迁移能一项。

8.2.3 固体氧化物中的扩散

8.2.3.1 化学计量氧化物中的扩散

化学计量组成的氧化物，可以具有某一种主要热缺陷，肖特基缺陷、或弗仑克尔缺陷，由这类缺陷引起的扩散是本征扩散；除此之外那种由于杂质缺陷引起的扩散则是非本征扩散。各类扩散相应的扩散系数与各自的缺陷特征密切相关。

大多数晶体材料中的扩散是按空位机制进行的，实际晶体材料结构中空位的来源，除由热缺陷提供的以外，还往往包括杂质离子固溶所引入的空位。以 KCl 晶体中引入微量 $CaCl_2$ 为例，将发生如下的取代关系：

$$CaCl \xrightarrow{KCl} Ca_K\cdot + V_{K'} + 2Cl_{Cl}$$

因此，空位机构扩散系数中应考虑晶体结构中总空位浓度 $N_v = N_{v'} + N_i$。其中，$N_{v'}$ 和 N_i 分别为本征空位浓度和杂质空位浓度。此时扩散系数应由下式表达：

$$D = \gamma a_0^2 \nu_0 (N_{v'} + N_i) \exp\left(\frac{\Delta S_m}{R}\right) \exp\left(-\frac{\Delta H_m}{RT}\right) \tag{8.36}$$

在温度足够高的情况下，结构中来自于本征缺陷的空位浓度 $N_{v'}$ 可远大于 N_i，此时扩散为本征缺陷所控制，式（8.36）完全等价于式（8.33），扩散活化能 Q 和频率因子 D_0 分别等于：

$$Q = \frac{\Delta H_f}{2} + \Delta H_m$$

$$D_0 = \gamma a_0^2 \nu_0 \exp\left(\frac{\frac{\Delta S_f}{2} + \Delta S_m}{R}\right)$$

当温度足够低时，结构中本征缺陷提供的空位浓度 $N_{v'}$ 可远小于 N_i，从而式（8.36）变为：

$$D = \gamma a_0^2 \nu_0 N_i \exp\left(\frac{\Delta S_m}{R}\right) \exp\left(-\frac{\Delta H_m}{RT}\right) \tag{8.37}$$

因扩散受固溶引入的杂质离子的电价和浓度等外界因素所控制，故称为非本征扩散。相应的 D 则称为非本征扩散系数，此时扩散活化能 Q 和频率因子 D_0 为：

$$Q = \Delta H_m$$

$$D_0 = \gamma a_0^2 \nu_0 N_i \exp\left(\frac{\Delta S_m}{R}\right)$$

图 8.13 表示了含微量 $CaCl_2$ 的 NaCl 晶体中，Na^+ 的自扩散系数 D 与温度 T 的关系。在高温区活化能较大，对应于本征扩散；在低温区活化能较小，则对应于非本征扩散。Patterson 等人测量了单晶 Na^+ 和 Cl^- 两者的本征扩散系数，并得到了活化能数据，如表 8.1。

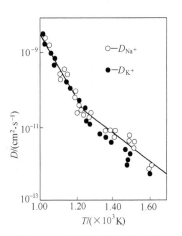

图 8.13　NaCl 单晶中 Na^+ 的自扩散系数

表 8.1　NaCl 单晶中自扩散活化能

	活化能 Q/(kJ/mol)				活化能 Q/(kJ/mol)		
	$\Delta H_m + \Delta H_f/2$	ΔH_m	ΔH_f		$\Delta H_m + \Delta H_f/2$	ΔH_m	ΔH_f
Na^+	174	74	199	Cl^-	261	161	199

由ⅡA族金属所形成的氧化物具有化学计量的组成，并具有 NaCl 型结构（BeO 例外）。质点在这些氧化物中的扩散活化能远高于非化学计量氧化物。库马尔（Kumar）等研究了 Ca 在单晶 CaO 中的扩散，他们将 CaO 在 1465～1760℃ 于氩气气氛中加热，CaO 组成保持为化学计量。在实验温度范围内，钙离子的扩散具有本征的特点，其扩散系数为：

$$D_{Ca}^* = 11.25 \times 10^{-5} \exp\left(-\frac{4.46 \times 10^{-5}}{KT}\right)(cm^2/s)$$

古伯塔（Gupta）等研究了在 CaO 中掺入微量 Al 时 Ca 的低温扩散，实验的扩散活化能为 2.4×10^{-19} J。可以认为此时 Ca 的扩散具有非本征的特点。依前所述，高温时的活化能应包括迁移能和形成能两部分：$\Delta H_m + \Delta H_f/2$。而低温时的扩散活化能只包括迁移能 ΔH_m。从活化能的数值和含义可以看出化学计量化合物中的本征、非本征扩散特性。利用这些数据作出的 $\ln D_{Ca}^* - \frac{1}{T}$ 关系图也具有与图 8.13 相同的形态，这也是本征、非本征扩散随温度变化而转变的特征曲线形式。曲线显示出由不同温度范围内的两条斜率和截距均不相同的直线构成的折线，反映了计量氧化物中分别以本征、非本征扩散起主导作用的温度区间及不同的活化能数值。至于转折温度的更深含义，将在影响扩散的因素讨论中再谈。

表 8.2 列出ⅡA族金属氧化物中金属离子本征扩散的实验扩散活化能数值。其中 SrO 的扩散活化能值较低，这与 SrO 可以偏离其化学计量有关，至于 Ba 在 BaO 中的扩散活化能数值偏高则需作进一步的实验研究解释。

表 8.2 某些计量化合物的实验扩散活化能

氧化物	BeO	MgO	CaO	SrO	BaO
阳离子扩散活化能/($\times 10^{-19}$ J)	6.4	5.47	4.46	3.2	17.6

8.2.3.2 非化学计量氧化物中的扩散

有相当多的氧化物属于非化学计量组成。质点在这类物质中的扩散会十分敏感地受到温度、气氛及其压力与杂质等的影响，改变扩散过程，这是一类极其重要的扩散。当计量氧化物由于不同原因产生各类缺陷，成为非计量化合物后，扩散过程常受到缺陷主导，使扩散变得复杂。例如，过渡金属元素氧化物中金属离子的价态随环境变化，引起结构中出现不同类型的空位，导致扩散系数对于气氛的依赖和数值上的差异。

下面按不同空位类型，对其扩散加以讨论。

（1）金属离子空位型　造成这种非化学计量空位的原因往往是环境中氧分压升高迫使部分亚铁离子、镍离子还有锰离子等二价过渡金属离子变成三价金属离子：

$$2M_M + \frac{1}{2}O_2(g) = O_O + V_{M''} + 2M_M \cdot \tag{8.38}$$

当缺陷反应平衡时，平衡常数 K_P 由反应自由焓 ΔG_0 控制：

$$K_P = \frac{[V_{M''}][M_M \cdot]^2}{p_{O_2}^{1/2}} = \exp\left(-\frac{\Delta G_0}{RT}\right)$$

考虑到平衡时，$[M_M \cdot] = 2[V_{M''}]$，因此非化学计量空位浓度 $[V_{M''}]$：

$$[V_{M''}] = \left(\frac{1}{4}\right)^{1/3} p_{O_2}^{1/6} \exp\left(-\frac{\Delta G_0}{3RT}\right) \tag{8.39}$$

将式（8.39）代入式（8.36）的空位浓度项，则得非化学计量空位对金属离子空位扩散系数的贡献。

$$D_M = \left(\frac{1}{4}\right)^{1/3} \gamma a_0^2 \nu_0 p_{O_2}^{1/6} \exp\left(\frac{\Delta S_m + \frac{\Delta S_0}{3}}{R}\right) \exp\left(-\frac{\Delta H_m + \frac{\Delta H_0}{3}}{RT}\right) \tag{8.40}$$

显然若温度不变，根据式（8.40），用 $\ln D$-$\ln p_{O_2}$ 作图所得直线斜率为 $1/6$，若氧分压 p_{O_2} 不变，$\ln D$-$1/T$ 图直线斜率负值为 $(\Delta H_m + \Delta H_0/3)/R$。图 8.14 为实验检测的氧分压对钴离子空位扩散系数的影响关系。其直线斜率为 $1/6$，因而理论分析与实验结果是一致的。

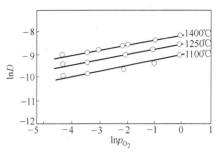

图 8.14　氧分压对 CoO 中 Co^{2+} 扩散系数的影响

（2）氧离子空位型　氧离子缺位氧化物是另一类非化学计量氧化物，例如 CdO、TiO_2、ZrO_2、CeO_2、Nb_2O_5 等。它们在高温下会产生氧空位，并作为载体进行扩散。

以 ZrO_2 例，高温下氧分压的降低将导致如下缺陷反应发生：

$$O_O \longrightarrow \frac{1}{2}O_2(g) + V_O^{\cdot\cdot} + 2e' \tag{8.41}$$

反应平衡常数为：

$$K_P = p_{O_2}^{1/2}[V_O^{\cdot\cdot}][e']^2 = \exp\left(-\frac{\Delta G_0}{RT}\right)$$

考虑到平衡时，$[e'] = 2[V_O^{\cdot\cdot}]$，即

$$[V_O^{\cdot\cdot}] = \left(\frac{1}{4}\right)^{-1/3} p_{O_2}^{-1/6} \exp\left(\frac{\Delta G_0}{3RT}\right) \tag{8.42}$$

于是非化学计量空位对氧离子的空位扩散系数贡献为：

$$D_O = \left(\frac{1}{4}\right)^{-1/3} \gamma a_0^2 \nu_0 p_{O_2}^{-1/6} \exp\left(\frac{\Delta S_m + \dfrac{\Delta S_0}{3}}{R}\right) \exp\left(-\frac{\Delta H_m + \dfrac{\Delta H_0}{3}}{RT}\right) \tag{8.43}$$

比较式（8.40）和式（8.43），可以看出，对过渡金属非化学计量氧化物，氧化分压 p_{O_2} 的增加将有利于金属离子的扩散而不利于氧离子的扩散。

对 CdO 的研究表明，氧在 CdO 中的扩散系数 D_O 正比于氧分压 p_{O_2} 的 $-1/5 \sim -1/6$ 次方。对此结果同样可以用缺陷化学来解释：

$$O_O = [V_O^{\cdot\cdot}] + 2e' + \frac{1}{2}O_2(g) \tag{8.44}$$

可以求得

$$[V_O^{\cdot\cdot}] \propto p_{O_2}^{-1/6} \tag{8.45}$$

所以

$$D_O \propto [V_O^{\cdot\cdot}] \propto p_{O_2}^{-1/6} \tag{8.46}$$

在 CdO 中，如果分别掺入微量的锂或铝之后，测定氧离子的扩散系数。发现加入锂后氧的扩散系数将加大，而加入铝后氧的扩散系数将减小。这是因为微量的锂使 CdO 中 $[V_O^{\cdot\cdot}]$ 增大，氧离子扩散系数也应随之加大，铝的掺入情况正好相反。有人提出 CdO 可能属金属间隙氧化物，对于 CdO 中质点的扩散特征尚需要做深入的研究。

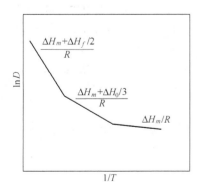

图 8.15　缺氧型氧化物中扩散系数与温度的关系

无论是金属离子或是氧离子，其扩散系数的温度依赖关系在 $\ln D$-$1/T$ 关系图中均有相同的斜率负值表达式 $\dfrac{\Delta H_m + \Delta H_0/3}{R}$。倘若在非化学计量氧化物中同时考虑本征缺陷空位，杂质缺陷空位以及由于气氛改变所引起的非化学计量空位对扩散系数的贡献，可以用 $\ln D$-$1/T$ 图分析。图形由两个转折点的直线段构成，高温和低温段分别为本

征空位和非化学计量空位所致。图 8.15 示意地给出了这一关系的图像。

(3) 金属间隙离子扩散　这是由一类典型的称为金属间隙氧化物的非化学计量氧化物所产生的扩散。例如，作为重要敏感材料的 ZnO，Secco 等的实验结果表明，在 $1000℃$，$(2×10^4)\sim(2×10^5)$ Pa 的 $Zn(g)$ 压力时，锌离子在 ZnO 中的自扩散系数与分压的关系为：

$$D_{Zn}^* \propto p_{Zn}^{0.52} \tag{8.47}$$

如果依缺陷反应，应有：

$$Zn(g) \longrightarrow Zn_i\cdot + e' \tag{8.48}$$

可得：

$$[Zn_i\cdot] \propto p_{Zn(g)}^{1/2}$$
$$D_{Zn}^* \propto [Zn_i\cdot] \propto p_{Zn(g)}^{1/2} \tag{8.49}$$

从式 (8.47) 和式 (8.48) 看出实验结果与理论计算结果十分吻合，可以推断在上述的条件下锌离子在 ZnO 中的扩散是以间隙锌的形式进行的。

总的看来，氧化物的扩散现象往往比较复杂，实验数据的差异往往使人难以确定扩散机理以及其扩散系数与外部条件的函数关系。对于各种氧化物中质点的扩散仍需要做大量的实验与研究工作，不断地完善与丰富氧化物中的扩散资料。

8.2.4　短路扩散

当固体材料处于不太高的温度时，质点沿着固体的表面、界面或位错的扩散系数明显地大于质点在固体晶格内的扩散系数。前三种扩散可以统称为短路扩散。当温度较低时，短路扩散是主要的；当温度较高时，晶格扩散（又称体扩散）成为主要的。事实上，这 4 种扩散过程通常是同时存在的；但是，在不同的温度范围内，主导的扩散过程不同。

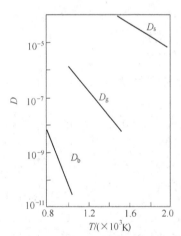

图 8.16　Ag 的自扩散系数 D_b、晶界扩散系数 D_g 和表面扩散系数 D_s

在固体表面、界面和位错核心区，由于缺陷密度较高，质点即使在动能较低的条件下仍具有较高的跳动能力。因此，在短路扩散区域，质点的迁移率大而扩散活化能小。一般来说，它们有如下的关系：

$$Q_{表} \approx 0.5Q_{晶格}$$
$$Q_{晶界} \approx 0.7Q_{晶格}$$

对于间隙固溶体，由于溶质原子尺寸一般较小，扩散相对较易，因而短路扩散活化能与晶格扩散活化能的差别不大。

图 8.16 表示了金属银中 Ag 原子的晶粒内部扩散系数 D_b、晶界区域扩散系数 D_g 和表面扩散区域系数 D_s 的比较。其扩散激活能大小分布为 193kJ/mol、85kJ/mol 和 43kJ/mol。此外，晶界的结构、晶界所受的力、晶界上杂质的富集等都会影响晶界的扩散系数。它们做了一种结构疏松的"管道"，总会使扩散加速，低温下尤为显著。

8.2.5　扩散系数与电导率的关系

从菲克定律推导中获得的 $D=RTB$ [式 (8.31)] 的关系式被称为能斯特-爱因斯坦 (Nerst-Einstein) 方程。该方程还有另一种表达形式，现进一步讨论。

已知带电质点的电导率 σ 可由下式表示：

$$\sigma = \frac{J}{E} \tag{8.50}$$

式中，J 为电流密度，是单位时间内通过单位面积的电荷量；E 为电场强度。J 的值可以由下式给出：

$$J = n(ze)v \tag{8.51}$$

式中，n 是单位体积内带电的粒子数；每个粒子所带的电荷量为 ze（z 为电价，e 为电子电荷），v 为迁移速率。将式（8.51）代入式（8.50），可得：

$$\sigma = \frac{n(ze)v}{E} = \frac{n(ze)^2 v}{F} \tag{8.52}$$

其中，$E = \frac{F}{ze}$，是电场力与相关量的基本关系，从菲克第一定律的推导中已知淌度 $B = \frac{v}{F}$ [式（8.22）]，代入式（8.52）得到电导率与淌度的关系式：

$$\sigma = n(ze)^2 B \tag{8.53}$$

所以，将上式代入式（8.31）中，即得扩散系数与电导率关系：

$$D = \frac{\sigma RT}{n(ze)^2} \tag{8.54}$$

这就是能斯特-爱因斯坦方程的另一种表达式，它清楚地表明了带电粒子的扩散系数与其电导率之间的关系。此时，D 正比于电导率，而反比于带电粒子的数量和电荷量。它为以"电导法"测定化学扩散系数提供了依据。

8.3 扩散的影响因素

8.3.1 温度对扩散系数的影响

从前面的讨论中，已经对温度的影响有所认识。在固体中，原子、离子等质点迁移的实质是一个热激活过程，使温度对扩散有特殊重要的意义。这种关系已在式（8.35）中展示，即

$$D = D_0 \exp\left(-\frac{Q}{RT}\right)$$

激活能 Q 值越大，温度的影响越敏感。图 8.17 给出一些常见氧化物中参与构成氧化物的阳离子或阴离子的扩散系数随温度变化的关系。这些关系多为单一线段，并未出现如前所述的那种具有转折的特征。转折的含义在于系统扩散机制的转化，显然，这样转化与温度有着密切的关系。转折点的温度应该是本征点缺陷浓度与非本征缺陷浓度相近或相等的温度，低于此温度，扩散过程由非本征缺陷浓度控制，反映了由杂质控制的非本征扩散；高于此温度，本征缺陷浓度增大，显示出材料质点本征扩散的特点，使其成为主导机制。图中展示的各类物质的扩散可分为两类——杂质离子的非本征扩散和组分的本征扩散。前者如 K 在 β-Al_2O_3 中的扩散系数对温度的曲线，平缓且处于较低温度区间，属于

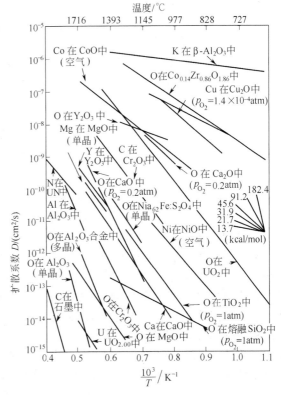

图 8.17 扩散系数与温度的关系
1atm=101325Pa

非本征扩散；而如 Co 在 CoO 中等一类较为陡直且处于相对高温区间，应属于本征扩散。当晶体中杂质浓度高时，就难以达到和完成扩散机制的转化，始终显示为由杂质控制。如 MgO、CaO 和 Al$_2$O$_3$ 等氧化物中的肖特基缺陷形成焓为 628×10^3 J/mol 左右，当 $T = 2000$℃时，晶体内异种杂质浓度必须小于 10^{-5} 数量级才能观察到本征扩散，这就导致转折温度偏高，使在 D-$1/T$ 图中难以显示出来，而绝不代表扩散始终由一种机制控制。

从前面对不同类型氧化物扩散系数的讨论，已了解到不同的扩散机制对温度有着不同的依赖关系。对大多数实用晶体，由于其或多或少地含有一定量的杂质及其有一定的热历史，因而温度对其扩散系数的影响往往不完全像图 8.17 所示的那样，$\ln D$-$1/T$ 间呈直线关系，而可能出现曲线或不同温度区间出现不同斜率的直线段。显然，这一差别主要是由于活化能随温度变化所引起的。本征点缺陷与温度关系密切，使这类扩散对温度有较大的依赖性，此时曲线斜率大，数值上等于 $\dfrac{\Delta H_m + \Delta H_{f/2}}{R}$，而非本征缺陷导致的扩散系数与温度曲线斜率只为 $\left(\dfrac{\Delta H_m}{R}\right)$。这在前面已经分析过，不再赘述。

8.3.2 杂质的影响

杂质将从种类、浓度、杂质离子与扩散介质间的作用等几个方面影响扩散过程。

8.3.2.1 杂质浓度

在讨论温度影响时已述及，杂质浓度可以决定在某一温度范围内扩散的控制机制。杂质浓度的增加会使杂质在很宽的温度区间作为主要机制，只有达到较高温度时才有可能转化到本征扩散上去，否则就必须大大降低杂质浓度。

8.3.2.2 杂质种类及性质

表 8.3 列出了 Pb 在 PbSe 中的扩散受杂质种类影响的实验结果。

表 8.3　Pb 在 PbSe 中的扩散受杂质种类的影响

杂质种类	$D_{Pb}/(\mathrm{cm^2/s})$	杂质种类	$D_{Pb}/(\mathrm{cm^2/s})$
PbSe（未掺杂）	$4.98 \times 10^{-8} \exp(-1.33 \times 10^{-19}/kT)$	PbSe+0.5mol% Ag$_2$Se	$4.41 \times 10^{-7} \exp(-0.88 \times 10^{-19}/kT)$
PbSe+0.5mol% Bi$_2$Se$_3$	$4.28 \times 10^{-6} \exp(-2.58 \times 10^{-19}/kT)$		

对于不同的掺杂，Pb 的自扩散系数值有不同的变化趋势。产生这种原因是不同的掺杂使 PbSe 中具有不同的点缺陷。掺 Bi$_2$Se$_3$ 与 Ag$_2$Se 后，应有如下的缺陷反应：

$$\mathrm{Bi_2Se_3} \xrightarrow{\mathrm{PbSe}} 2\mathrm{Bi_{Pb'}} + V_{Pb''} + 3\mathrm{Se_{Se}}$$

$$\mathrm{Ag_2Se} \xrightarrow{\mathrm{PbSe}} 2\mathrm{Ag_{Pb'}} + \mathrm{Pb_i''} + \mathrm{Se_{Se}}$$

实验数据表明，微量 Bi$_2$Se$_3$ 掺入 PbSe 后，Pb 在 PbSe 中的 D_{Pb} 值减小；而微量 Ag$_2$Se 掺入 PbSe 后，情形正好相反。因此，可以推断 Pb 通过 Pb$_i$ 方式的扩散快于通过 $V_{Pb''}$ 方式的扩散，Pb 将主要以前一种方式，即 Pb$_i''$ 方式发生扩散。

来源于杂质离子半径的影响主要是杂质在晶体内的存在形式。一般说当 $r_{杂} \ll r_{晶}$ 时，杂质会以间隙形式存在，如 H、N、C、B 在金属中扩散属于间隙扩散；但如果 $r_{杂} \approx r_{晶}$，杂质就有可能进入主晶格，并以不同形式的化合物影响扩散过程，包括生成计量化合物，有限固溶体或无限固溶体的非计量化合物等，这时杂质将有不同的作用。

8.3.3 缺陷间反应的影响

杂质的引入会导致生成缺陷和造成晶格畸变，如果高价阳离子引入可造成晶格中出现阳离子空位和使阳离子扩散加剧，扩散系数增大，同时还必须注意这种作为扩散载体的缺陷之间的相互作用，它们会改变缺陷浓度，影响扩散系数和扩散过程。仍以 KCl 中引入 CaCl$_2$ 为例，其缺陷方程前面已经介绍过，其中包括了 Ca$_K^\cdot$ 和 $V_{K'}$，如果 Ca$_K^\cdot$ 与 $V_{K'}$ 发生缔合，晶体中总空位浓度为：

$$[V_{K'}]_{\Sigma} = [V_{K'}] + [Ca_K \cdot -V_{K'}]$$

随缔合不断进行，$[V_{K'}]$ 的量不断增大，扩散系数也不断增大。若缔合造成双空位，更会加剧影响。以 MgO 中掺 Fe_2O_3 为例，缺陷方程为：

$$Fe_2O_3 \xrightarrow{MgO} 2Fe_{Mg} \cdot + V_{Mg''} + 3O_O$$

Fe^{3+} 取代镁 Mg^{2+}，形成 $Fe_{Mg} \cdot$ 和镁空位 $V_{Mg''}$，当这两种缺陷相距甚近时，产生复合，成为 $Fe_{Mg} \cdot -V_{Mg''}$ 或 $2Fe_{Mg} \cdot -V_{Mg''}$，缔合能分别为 1eV 和 0.5eV，而这种缺陷作为载体时的扩散更易于单个缺陷。尤其当这种不稳定的复合缺陷靠近氧空位 $[V_{O''}]$ 时，又会尽快与空位作用释出 $V_{Mg''}$，重新缔合为 $Fe_{Mg} \cdot -V_{O''}$，缔合能为 2.8eV，明显地稳定于前两种复合。被释放了的 $V_{Mg''}$ 又会与相邻的未缔合的 $Fe_{Mg} \cdot$ 进行新的缔合……如此循环，大大加速扩散进程，$Fe_{Mg} \cdot$ 在其中起到扩散触媒的作用。

可见，杂质对扩散的影响是一种既重要又复杂的作用。

8.3.4 气氛的影响

气氛不仅对扩散系数的大小，更主要是对扩散机制产生影响。它的途径仍是通过造成的缺陷来进行的。如前所述，氧化气氛将产生氧离子过剩及阳离子空位，使扩散按阳离子空位机制进行；而还原气氛（缺氧）气氛，常造成阳离子过剩和氧离子空位，扩散会按氧离子空位扩散机制进行。如果气氛造成了间隙离子，间隙扩散必定优先。

习题

8.1 浓度差会引起扩散，扩散是否总是从高浓度处向低浓度处进行？为什么？

8.2 当锌向铜内扩散时，已知在 x 点处，锌的含量为 2.5×10^{17} 个锌原子/cm^3，300℃时每分钟每平方厘米要扩散 60 个锌原子，求与 x 点相距 2mm 处锌原子的浓度（已知锌在铜内的扩散体系中 $D_0 = 0.34 \times 10^{-14} m^2/s$，$Q = 18.81 kJ/mol$）。

8.3 对含碳量为 0.1%（质量分数）的钢表面进行渗碳强化处理，渗碳时，钢所接触的高温气氛使钢表面的碳浓度最高达到 1.2%（质量分数）。然后，碳向钢表面内部扩散。为了获得最佳性能，钢必须在其表面下 0.2cm 深处具有 0.45%（质量分数）的碳，如果扩散系数是 $2 \times 10^{-7} cm^2/s$，试求渗碳工序需要多长时间？

8.4 在恒定源条件下，820℃时，钢经 1h 的渗碳，可得到一定厚度的表面渗碳层，其在同样条件下，要得到 2 倍厚度的渗碳层需要几个小时？

8.5 在不稳定扩散条件下，820℃时，在钢中渗碳 100min，可得到合适厚度的渗碳层，其在 1000℃时要得到同样厚度的渗碳层，需要多少时间（$D_0 = 2.4 \times 10^{-12} m^2/s$；$D_{1000℃} = 3 \times 10^{-11} m^2/s$）？

8.6 在制造硅半导体器件中，常使硼扩散到硅单晶中，若在 1600K 温度下，保持硼在硅单晶表面的浓度恒定（恒定源半无限扩散），要求距表面 $10^{-3} cm$ 深度处，硼的浓度是表面浓度的一半，问需要多长时间？

（已知 $D_{1600℃} = 8 \times 10^{-12} cm^2/s$；当 $erf\left(\dfrac{x}{2\sqrt{Dt}}\right) = 0.5$ 时，$\dfrac{x}{2\sqrt{Dt}} \approx 0.5$）

8.7 当 Zn^{2+} 在 ZnO 中扩散时，563℃时的扩散系数为 $3 \times 10^{-4} cm^2/s$；450℃时的扩散系数为 $1.0 \times 10^{-4} cm^2/s$，求：（1）扩散的活化能和 D_0；（2）750℃时的扩散系数；（3）根据你对结构的了解，请从运动的观点和缺陷的产生来推断激活能的含义；（4）根据 ZnS 和 ZnO 相互类似，预测 D 随硫的分压而变化的关系。

8.8 实验测得不同温度下碳在钛中的扩散系数分别为 $2 \times 10^{-9} cm^2/s$、$5 \times 10^{-9} cm^2/s$

$(782℃)$、$1.3×10^{-8}\,cm^2/s(736℃)$。（1）请判断该实验结果是否符合 $D=D_0\exp\left(-\dfrac{\Delta G}{RT}\right)$；
（2）请计算扩散活化能 $[J/(mol\cdot℃)]$，并求出在 $500℃$ 时碳的扩散系数。

8.9　在某种材料中，某粒子的晶界扩散系数与体积扩散系数分别为 $D_g=2.00×10^{-10}$ $\exp\left(-\dfrac{19100}{T}\right)$ 和 $D_v=2.00×10^{-4}\exp\left(-\dfrac{38200}{T}\right)$，试求晶界扩散系数和体积扩散系数分别在什么温度范围内占优势？

8.10　碳、氮、氢在体心立方铁中的扩散活化能分别为 $84kJ/mol$、$75kJ/mol$ 和 $13kJ/mol$，试对此差异进行分析和解释。

8.11　MgO、CaO、FeO 均具 NaCl 结构，在各晶体中它们的离子扩散活化能分别为：Na^+ 在 NaCl 中为 $171.38kJ/mol$、Mg^{2+} 在 MgO 中为 $346.94kJ/mol$、Ca^{2+} 在 CaO 中为 $321.86kJ/mol$、Fe^{3+} 在 FeO 中为 $96.14kJ/mol$，试解释这种差异的原因。

8.12　试分析离子晶体中，阴离子扩散系数一般都小于阳离子扩散系数的原因。

8.13　试从结构和能量的观点解释为什么 $D_s>D_g>D_b$。

8.14　试讨论从室温到熔融温度范围内，氯化锌添加剂对 NaCl 单晶中所有离子（Zn^{2+}、Na^{2+}、Cl^-）的扩散能力的影响。

8.15　试推测在贫铁的 Fe_3O_4 中，氧分压和铁离子扩散的关系；试推测在铁过剩的 Fe_3O_4 中氧分压和氧扩散的关系。

阅读材料

基于扩散机制制备功能梯度陶瓷

作为一个规范化的技术概念，"功能梯度材料"（functionally graded materials，FGM）这个词起源于 20 世纪 80 年代中期日本的一系列政府报告。其中，在以太空飞机为重点的航天研究中，开发的一种新的材料体系结构——通过仔细引入成分和微观结构梯度，避免了由于外力影响而产生的应力和应变集中。在最初的结构材料尝试成功以后，又开发了非结构应用的功能梯度材料。例如，制备出了垂直于生长面的具有极化梯度的钾钽铌铁电薄膜等新材料。经过近十年的努力，科研人员已开发出了两个系列，多种 FGM 制备的方法：①按照预先设定的分布，在空间逐层地构造梯度材料；②利用流体流动、原子扩散或热传导等自然传输现象在成分和微观结构中制造宏观梯度材料。下面介绍后一种系列——利用扩散机制构造功能（电阻率等电性能）梯度材料。

研究表明，聚碳硅烷裂解转化陶瓷的电导率依赖于碳含量和最终碳的石墨化程度以及碳积聚状态，聚碳硅烷在 NH_3 气氛下裂解，通过引入氮，可以明显降低产物中碳的含量（从 38% 降到 0.1%），并生成 Si-N-C 相。据此，设想在活性气氛（NH_3 气）中裂解聚碳硅烷，利用活性气体脱碳机制，通过控制扩散过程，在材料内部构造梯度分布的碳浓度，使最终材料呈现出比电阻梯度特性。为了达到工艺控制目的，需要对脱碳过程中的物质扩散过程进行分析，故采用数值模拟的方法对其进行分析。

一、扩散模型——脱碳渗氮模型

在聚碳硅烷活性气氛（NH_3）中，裂解可以看作是一个脱碳渗氮过程，氮首先通过气-固反应从气氛向坯体表面传递，然后受浓度控制沿厚度方向扩散至一定深度，整个过程用 Fick 第二定律加上初始边界条件来描述。

为了计算方便，以氮的浓度作为研究对象，这样脱碳渗氮模型就可写成：

$$\frac{\partial c}{\partial t} = D \frac{\partial^2 c}{\partial x^2}$$

$$c|_{t=0} = C_0$$

$$c|_{t=\infty} = C_{max}$$

$$\left. \frac{-D \partial c}{\partial x} \right|_{x=0} = \beta(C_g - c|_{x=0})$$

$$\beta = \beta_0 \exp\left(-\frac{E}{RT}\right)$$

式中，D 为扩散系数；C_0 为初始氮浓度，这里为 0；C_{max} 为常数，小于 0.4（由 Si 和 N 的配比所决定）；β 为气相-固相传递系数；C_g 为气氛氮化学势，这里为常数；E 为反应活化能；T 为热力学温度，K；R 为热力学常数，8.314J/(mol·K)；t 为时间，s。依照经典理论，扩散系数是温度、浓度的函数，借鉴一般的扩散系数关系式，在这里扩散系数 D 可以写成：

$$D(T,c) = D_0 \exp(-QRT) \exp[-B_c(1-c)]$$

式中，B_c 为常数（实验确定）；D_0 为常数（实验确定）；Q 为扩散激活能（实验确定）；R 为热力学常数，8.314J/(mol·K)；T 为热力学温度，K。

二、计算方法与结果

利用差分的方法可以求解上述微分方程。计算模型所需的物理参数可根据实测多点（5点以上）浓度值采用最小二乘法求得。

（1）测试样品 将聚碳硅烷按 15%（质量分数）的比例与 SiC_p 超细粉（1μm）共混，球磨分散，干燥，造粒，压制成 25mm×25mm×2mm 的生坯，放置于烧结炉中，在氩气气氛下，分别在不同温度下（700K 恒温 1h 和 900K 恒温 0.5h）引入氨气（50% 体积分数，由流量控制），在 1500K 下快速烧成，转化为陶瓷，然后通过元素分析的方法（氮氧分析仪）测定在不同温度、时间条件下，陶瓷（不计 SiC_p 质量）表面不同深度处（表面磨削取样）的氮含量，测试结果如表 1。

表 1 不同温度、时间条件下的氮含量

温度＋时间	700K＋1h			900K＋0.5h		
与自由表面距离/mm	0	0.5	1	0	0.5	1
氮含量/%	0.31	0.07	0.01	0.32	0.13	0.01

（2）参数估计 根据以上测量值，采用高斯-牛顿非线性最小二乘法迭代求解模型参数。首先赋予参数向量初值 θ，求出参数导数（这里选用向前差分的数值导数）。求得的参数值如表 2。

表 2 计算模型参数

参数	$D_0/(m^2/s)$	$\beta_0/(m/s)$	$Q/(J/mol)$	$E/(J/mol)$	B_c
结果	1.13×10^{-5}	0.221	9.01×10^4	9.22×10^4	0.9

（3）模拟结果 将以上各参数带入模型，模拟不同工艺条件下氮分布曲线，结果如图 1～图 3。在图中，温度和时间是指通入氨气的温度和时间，N 在气氛中的含量是由氨气含量换算得来的。

三、结果讨论与分析

从图 1 结果可以看到，高的温度导致高的表面氮浓度，进一步研究表明这一趋势是由扩散激活能与表面反应活化能相对大小决定的。同时，提高温度还能降低沿厚度方向的氮浓度

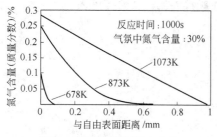

图 1　不同温度-氮分布曲线

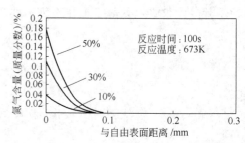

图 2　气氛中不同氨气含量-氮分布曲线

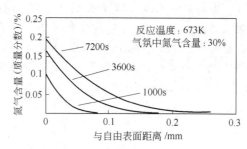

图 3　不同时间-氮分布曲线

梯度，使氮分布曲线趋于平缓。图 2 的结果则说明了增加气氛中氨气含量能明显提高表面氮浓度，并加大厚度方向的氮浓度梯度。图 3 说明了随着时间的延长，表面氮浓度略有提高，沿厚度方向氮分布曲线趋于平缓。这三项结果说明，可以通过调节温度和气氛中氨气浓度以及时间来调节氮浓度分布。但要记住实际上的氮浓度值是有上限的（小于 C_{max}）。

以上结果说明，依靠扩散过程，可以实现在单层均质（先驱体陶瓷生坯）中成分的梯度变化，从而可以实现某种功能上的梯度分布。

第9章 固相反应

由于固体的反应能力比气体和液体的低得多，在较长时间内，人们对它的了解和认识甚少。尽管像铁的渗碳这样的固相反应过程早就为人们所了解并加以利用，但系统的研究工作直到 20 世纪 30 年代才开始。在这方面，泰曼（Tammann）及其学派在合金系统方面、杨德（Jander）等人在非合金系统方面的工作占有重要的地位。

现在，固相反应是一系列合金、传统硅酸盐材料以及新型无机功能材料生产过程中的基础反应已众所周知，它直接影响这些材料的生产过程和产品质量。鉴于与一般气、液相反应相比，固相反应在反应机理、动力学和研究方法上都有其特点，故本章重点讨论固相反应的机理和动力学关系。

9.1 固相反应机理

9.1.1 固相反应的含义及特征

按照反应物和产物的聚集状态（固、液、气），物质反应可分为两种类型：均相反应和多相反应。前者指反应物和产物都在同一相中，如气相反应和液相反应；后者指反应物和产物处于不同相中，其反应形式包括多相物理变化和化学变化，物理变化有晶型转变、析晶、蒸发及升华等各种相变过程，化学变化包括液-气、固-气、固-液和固-固反应四种类型。传统上固相反应指反应物和生成物均为固相，且反应在高温下进行。但广义上凡有固相参与的反应都属于固相反应，今天人们普遍接受后一种概念，因此固相反应包括了固-液和固-气反应、固态表面反应、固态电化学、固相转变、固态烧结、固态分解、气相沉淀等。

固相反应有以下几方面的特征。

① 固相反应开始的温度常远低于反应物的熔点或反应混合物的低共熔点，而与反应物内部开始呈现明显扩散作用的温度相一致，称为泰曼温度。对于不同类型的物质，泰曼温度与它的熔点 T_m 之间有一定的关系：金属为 $0.3 \sim 0.4 T_m$；盐类和硅酸盐类则分别为 $0.57 T_m$ 和 $0.8 \sim 0.9 T_m$。若反应物存在多晶转变，此温度也往往是反应开始变得明显的温度，这一规律称为海德华定律。

② 固相反应属于多相反应，固相反应反应物的混合程度与均相反应的不同，均相反应是在原子或分子水平混合，反应是原子或分子碰撞造成的，描述反应速率的方程只与时间和浓度有关，而与空间坐标无关。固相反应中反应物只能以固相的粒度混合，不能以原子程度混合，反应物尺度远远大于原子尺度，反应必须在固相界面上进行，所以参与反应的固相相互接触是反应物间发生化学作用和物质传输的先决条件，反应时除了固体化学键的断裂和重新形成外，还需要固态物质彼此的扩散和渗透，所以空间坐标成为控制因素。因此浓度因素对固相反应并不十分重要，晶体的形状、结构、表面及内部缺陷等因素对固相反应却十分重要。

③ 均相反应的速率一般只由化学反应速率决定，固相反应过程由化学和物理过程共同构成，包括扩散传质、升华、晶核形成和增长等物理过程以及化学反应过程，总的反应速率

由其中最慢的过程控制。因此固相反应中往往出现同一反应在初期和后期的反应机理和反应速率方程式不相同的现象。

④ 固相反应动力学方程具有复杂性和多相性。对应于固相反应的不同控制过程有不同的动力学方程，若两个以上的过程同时控制着一个固相反应，则难以用一个动力学方程式表示。

9.1.2 固相反应的分类

固相反应的分类方法一般有三种，按参加反应的物质状态分、按反应的机理分、按反应的性质分。

9.1.2.1 按参加反应的物质状态分

固相反应分为三类。

（1）纯固相反应 纯固相反应的反应物和产物都是固态，反应过程中可以有液态中间产物出现。化学反应式可以写为：

$$A(s) + B(s) \longrightarrow AB(s)$$

（2）有液相参与的反应 包括反应物中有液相和产物中有液相两种类型。反应式可写为：

$$A(s) + B(s) \longrightarrow AB(l)$$
$$A(s) + B(l) \longrightarrow AB(s)$$

（3）有气相参与的反应 包括固态物质分解放出气体的反应和固态物质与气体的反应。反应式可以写为：

$$AB(s) \longrightarrow A(s) + B(g)$$
$$AB(s) + C(g) \longrightarrow AC(s) + B(g)$$

有气相或液相参与的反应经常出现，即使是纯固相反应，有时也伴有液相或气相出现。例如，当晶体内部有少量具有较大能量的结构基元时，会发生局部反应，放出热量，同时使物料局部加热，该处因温度迅速上升，有可能达到该体系的低共熔点出现液相。气体则由于物质在一定温度下有一定的饱和蒸气压，所有物质在环境中都存在气相。

9.1.2.2 按反应机理划分

按照反应机理，固相反应可分为扩散控制过程、相界面化学反应控制过程、晶核形成和晶核增长控制过程及升华控制过程等，这种分类方法在研究固相反应动力学问题时十分有用。

9.1.2.3 按照反应的性质分

按照反应的性质，固相反应可分为氧化反应、还原反应、加成反应、置换反应和分解反应（表9.1）。

表 9.1 固相反应按反应的性质分类

名 称	编号	反 应 式	例 子
氧化反应	(1)	$A(s) + B(g) \longrightarrow AB(s)$	$Zn(s) + \frac{1}{2}O_2(g) \longrightarrow ZnO(s)$
还原反应	(2)	$AB(s) + C(g) \longrightarrow A(s) + BC(s)$	$Cr_2O_3(s) + 3H_2(g) \longrightarrow 2Cr(s) + 3H_2O(s)$
加成反应	(3)	$A(s) + B(s) \longrightarrow AB(s)$	$MgO + Al_2O_3 \longrightarrow MgAl_2O_4$
置换反应	(4)	$A(s) + BC(s) \longrightarrow AC(s) + B(s)$	$Cu(s) + AgCl(s) \longrightarrow CuCl(s) + Ag(s)$
	(5)	$AC(s) + BD(s) \longrightarrow AD(s) + BC(s)$	$AgCl(s) + NaI(s) \longrightarrow AgI(s) + NaCl(s)$
	(6)	$ABX(s) + CX(s) \longrightarrow ACX(s) + BX(g)$	$TiO_2(s) + SrCO_3(s) \longrightarrow SrTiO_3(s) + CO_2(s)$
分解反应	(7)	$AB(s) \longrightarrow A(s) + B(g)$	$MgCO_3(s) \longrightarrow MgO(s) + CO_2(g)$

9.1.3 反应机理

在典型的固相反应中，一般有三个步骤：①扩散传质——反应物扩散迁移到相界面上；

②相界面反应——反应物在相界面处接触并发生化学反应生成产物；③晶核形成及增长——刚生成的产物是无定形的，通过结构基元的位移和重排而形成产物晶体。因此固相反应机理应按以上三个步骤讨论。

9.1.3.1 扩散传质机理

要发生固相反应，反应物分子必须相互接触，而扩散正好可以提供这样一个机会。例如，A、B 两种粉末颗粒接触，若 A 物质的扩散系数远大于 B 物质的，则被迁移的 A 物质通过颗粒之间的接触点沿着 B 颗粒表面进行表面扩散，把 B 颗粒表面覆盖并发生化学反应，生成产物 AB。然后，A 物质继续沿着表面进行扩散，然后再通过产物层 AB 向 B 颗粒扩散，此时发生体积扩散。如果两反应物都具有较大的扩散能力，也可相互扩散。

扩散能够进行必须有两个要素，一个是参与反应的晶体中有可供扩散进行的通道，即晶体中存在各种缺陷，如点缺陷、位错、界面等；另一个是有扩散进行所需的化学位梯度，如浓度梯度和温度，温度对原子获得跃过迁移势垒所需的能量至关重要，因此固相反应常常需要一定的高温。

固相反应的性质不同，反应界面和参与扩散的原子或离子都有所不同，这在下面将详细论述。

9.1.3.2 相界面反应机理

相界面发生的化学反应机理像均相反应那样包括旧化学键的断裂和新化学键的形成，可以用均相反应的理论来处理。

9.1.3.3 晶核形成及增长机理

在固相反应中反应物分子经接触、反应而生成产物分子。产物分子经位移、重排而形成晶核，晶核增长而发展成为新晶相。晶核的形成及增长的机理与第 10 章相变中晶体的形核与生长机理相同。晶核的形成和增长都与温度有关，且随温度变化有一个最大速率，形核速率最大值出现在低温处，生长速率最大处出现在高温处，高温对晶体生长有利，低温对形核有利。当晶核的形成和增长速率很慢时就成为固相反应的控制步骤。

9.1.3.4 固相反应机理的定性描述

以 ZnO 和 Fe_2O_3 生成锌铁尖晶石 $ZnFe_2O_4$ 的固相反应为例，反应可分 5 个步骤，如图 9.1。

第一步，开始相互作用期。反应物混合以后即使在较低的温度下也发生相互作用。明显表现出表面吸附中心的数目增加。当反应混合物轻微加热，反应物表面彼此变得紧密接触，导致比表面积减少、密度增加。如图 9.1（b）。

第二步，表面分子的形成——第一活化期。在较低温度下，反应物 A 或 B 的表面分子就能充分移动而离开原来的晶格位置，扩散到另一反应物表面上并发生化学反应，生成表面分子 AB。它是在 A、B 晶界面上形成的一种疏松结构。此时反应混合物具有相当大的催化活性。如图 9.1（c）。

第三步，表面分子的致密化——第一脱活期。随着温度升高，生成物 AB 的数量也增加。当增加到一定程度时，它就会在表面上形成致密薄层。在一定程度上阻碍反应物的进一步扩散。而且随着这薄层厚度的增加，这一阻碍增大，从而使反应混合物活性下降。如图 9.1（d）。

以上三步仅仅是由具有过剩能量的表面分子的移动所引起的。生成产物 AB 的量也无法用化学分析或 X 射线分析法来确定。

第四步，扩散到内部形成产物分子——第二活化期。由于温度升高，使反应物分子有更大的能量。不仅表面层的分子可以扩散，而且可以通过产物薄层扩散到晶体的内部并发生反应，生成产物。这时的产物具有很多缺陷，结构疏松，密度降低，活性增大。用 X 射线谱

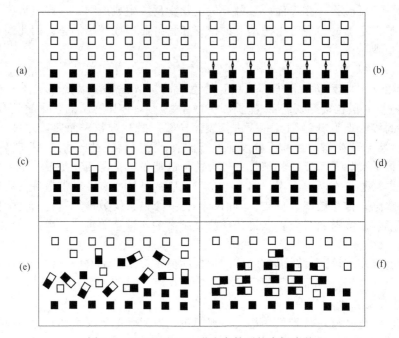

图 9.1　ZnO＋Fe₂O₃ 形成尖晶石的中间步骤

（a）反应物 A 和 B 混合；（b）最初的相互作用；（c）产物分子在表面开始形成；（d）表面分子
致密层的形成；（e）产物分子在内部开始形成；（f）产物正常晶体的形成

可以证明，锌铁尖晶石的晶核已经形成。如图 9.1（e）。

　　第五步，正常晶体的形成——第二脱活期。新形成的产物晶体还存在着相当数量的结构缺陷。由于温度升高，晶体内的结构基元继续迁移，校正了晶体内的各种缺陷，使体系的能量降低，达到了热力学稳定态。另一方面，温度升高使原来生成的较小晶体发生聚集再结晶，从而生成较大的完整晶体。呈现出催化活性减少，密度增大，X 射线谱的线条逐渐明锐和具有标准的衍射谱图。如图 9.1（f）。

　　反应所经历的不同步骤通常以温度区间来划分。以上述反应为例，温度在 300℃ 以下为第一步骤；温度在 300～400℃ 为第一活化期；在 400～500℃ 为第一脱活期；在 500～620℃ 为第二活化期；温度在 620℃ 以上为第二脱活期。当然不同的反应划分的温度区间是不同的，另外，也不是所有的反应都有这 5 个步骤。例如，MnO＋Fe₂O₃ 的固相反应就没有第三步。事实上，固相反应的温度远低于新晶相形成的温度，例如，ZnO＋Fe₂O₃ 固相反应在 300℃ 时已经开始，而新晶相 ZnFe₂O₄ 的形成却在 500～620℃ 才开始。此时才能由 X 射线分析锌铁尖晶石的存在。

9.1.4　固相反应的驱动力

　　有固相参与的反应是比较复杂的反应。典型的固相反应有三个步骤：扩散传质，相界面化学反应和晶核的形成及增长。反应的每一步都对应有一个活化能，如图 9.2。

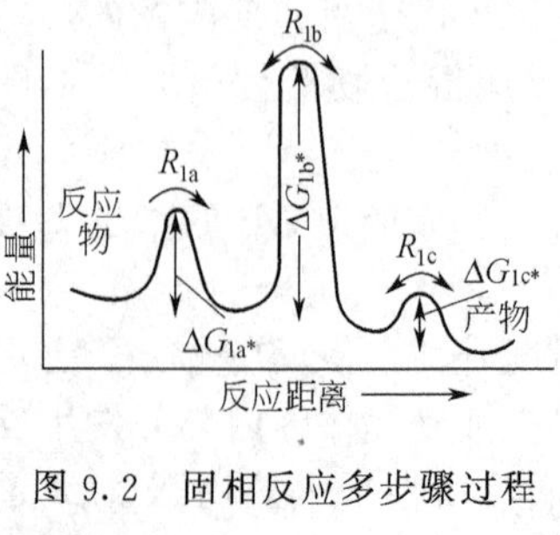

9.1.4.1　化学反应驱动力

　　以反应物 A、B 构成的系统，可能有两个、三个甚至更多的反应进行。应用热力学的基本原理，能估计混合晶态物质在某种条件下能否发生化学反应，按怎样的反应类型进行变化，此外，如果反应达到平衡，可利用热力学计算平衡时物质的数量。

图 9.2　固相反应多步骤过程

固相反应绝大多数是在等温等压下进行的，故可用 ΔG 来判断反应的方向及限度。如果可能发生的几个反应，生成几个变体 A_1、A_2、A_3、A_4……相应的自由焓变化分别为 ΔG_1、ΔG_2、ΔG_3、ΔG_4……当自由焓变化值大小的顺序为 $\Delta G_1 < \Delta G_2 < \Delta G_3 < \Delta G_4 < \cdots$ 则最终的产物是 ΔG 最小的变体，即 A_1 相。但当 ΔG_2、ΔG_3……都是负值时，则生成这些相的反应均可进行，而且生成这些相的实际顺序并不完全由 ΔG 值的相对大小决定，而是和动力学（即反应速率）有关，反应速率越大，在这种条件下，反应进行的可能性也越大。

纯固相反应，其反应的熵变 ΔS 小到可以忽略不计，则 $T\Delta S \rightarrow 0$，因此 $\Delta G \approx \Delta H$。所以，没有液相或气相参与的固相反应，只有当 $\Delta H < 0$ 时，即放热反应才能进行，这称为范特荷浦规则。

对于放热的纯固相反应，反应总是向放热方向进行的，一直到反应物之一耗完为止，出现平衡的可能性很小，只有在特定的条件下才有可能。这种固相反应要达到平衡，就要使 ΔG 趋于零，只有下列情况有可能达到这一条件。

① 反应产物的生成热很小，ΔH 值很小，使得差值 $(\Delta H - T\Delta S) \rightarrow 0$。

② 当反应物和生成物的总热容差很大时，熵变就变得很大。因为 $T\Delta S = \int_0^T \dfrac{\Delta c_p}{T} \mathrm{d}T$。

③ 各相能相互溶解，生成混合晶体或固溶体、玻璃体时。因为能使 ΔS 增大，促使 $\Delta G \rightarrow 0$。

④ 当反应中有液相或气相参加时，ΔS 可能达到一个相当大的值，特别在高温时。因为 $T\Delta S$ 项增大，使得 $T\Delta S \rightarrow \Delta H$，即 $(\Delta H - T\Delta S) \rightarrow 0$。

在后面两种可能性中，反应不是纯固相反应，范特荷浦规则不适用。因为当有液相或气相参与反应时，系统处于更加无序的状态，它的熵 ΔS 必然很大，在温度上升时，熵项 $T\Delta S$ 总是促使反应向着增大产生的液相或气体数量的方向进行。例如，在高温下，碳的燃烧优先向如下反应方向进行，$2C + O_2 \Longrightarrow 2CO$，虽然在任何温度下，都存在着 $C + O_2 \Longrightarrow CO_2$ 的反应，而且反应热比前者大得多。在高于 $700 \sim 750\,^{\circ}\mathrm{C}$ 下的反应 $C + CO_2 \longrightarrow 2CO$，虽然伴随着很大的吸热效应，反应还是能自动地往右边进行，这是因为当系统中气态分子增多时，熵增大，以至于 $T\Delta S$ 的乘积超过反应的吸热效应值，吸热反应也能进行。

一般认为，为了在固相之间进行反应，放出的热大于 $4.184\,\mathrm{kJ/mol}$ 就够了，在晶体中许多反应的产物生成热相当大，大多数硅酸盐反应测得的反应热为每摩尔几十到几百千焦。因此，从热力学观点看，没有气相或液相参加的固相反应，会随着放热反应而进行到底。实际上，由于固体之间反应主要是通过扩散反应进行的，由于接触不良，反应不能进行到底，也就是受到动力学因素限制的缘故。

9.1.4.2　扩散传质过程驱动力

对扩散控制的固相反应，反应总是在晶体物相中发生物质的局部传输时才发生的。这时晶格点阵中的电子构型有明显的改变，这种改变与晶体组分 i 的化学位（偏摩尔自由能 μ_i）的局域变化有关，固相反应表现为组分原子或离子 i 在化学势场 μ_i 中的扩散。因此，离子化学位的局域变化便是固相反应的驱动力，扩散速率与驱动力成正比，比例常数就是扩散系数，这在第 8 章扩散中有详细的论述。此外，其他因素，如温度、外电场、表面张力等也可推动固相反应的进行。

9.1.4.3　晶核的形成驱动力

固相反应中产物分子开始时为无定形物，必须经过形核-生长过程成为新晶相。根据形核-长大的机理，新相形成时旧相体积减少，并生成新的界面，因此新相晶核在旧相中生成时自由能变化包括两项：体积自由能减少和界面自由能增加。与扩散型的形核-生长相变一节中讨论的一样，产物分子只有具有超过临界形核势垒的能量，才能形成稳定的尺寸大于或等于临界晶核尺寸的晶核，具体的计算公式见 10.2 熔体的析晶。临界晶核一旦形成，分子就会跃过界面，克服扩散活化能进入晶相。

9.2 固相反应动力学

固相反应动力学的任务是研究固相反应的速率、机理和影响反应速率的因素。虽然和均相反应一样，固相反应可以用热力学的基本理论计算过程的各热力学函数变量，判断过程的方向和限度，若反应达到平衡，可以确定其平衡时各种物质的数量，但在动力学方面它们有很大的不同，均相反应的一般动力学理论不能直接用到固相反应中。

如前所述，固相反应包含有扩散传质、相界面反应和晶核形成和增长三个基本步骤，总反应速率由这三步的速率共同决定。但不同的反应物，不同的反应条件，不同的反应时间，这三个基本步骤的贡献是不同的，整个反应的速率由其中最慢的一步速率决定。若反应中扩散速率最慢，控制了整个固相反应，称为扩散控制过程，此时扩散速率即为固相反应速率。依此类推，还有相界面反应控制过程和晶核的形成和增长控制过程。

9.2.1 扩散控制过程

固相反应一般都伴随着物质的扩散迁移，由于在固相反应中的扩散速率通常较慢，因而在大多数情况下，扩散速率起控制作用。根据反应截面积的变化情况，扩散控制的反应动力学方程也将不同，在众多的反应动力学方程中，基于平板模型和球体模型所导出的杨德方程和金斯特林格方程具有一定的代表性。

9.2.1.1 抛物线型速率方程

抛物线型速率方程从平板扩散模型导出。如图 9.3 所示，设平板状物质 A 与 B 相互接触和扩散生成了厚度为 x 的 AB 化合物。随后 A 质点通过 AB 层扩散到 B-AB 界面继续反应，若化学反应速率远大于扩散速率，则过程由扩散控制，经过时间 dt，通过 AB 层迁移的 A 物质质量为 dm，平板间接触面积为 S，浓度为 dc/dx，按非克律：

$$\frac{dm}{dt} = -DS\frac{dc}{dx} \tag{9.1}$$

如图所示，A 物质在 a、b 两点处的浓度为 100% 和 0，式（9.1）可改写成：

$$\frac{dm}{dt} = DS\frac{1}{x} \tag{9.2}$$

假设扩散系数 D 和扩散截面积在扩散过程中保持不变，由于 A 物质迁移量 dm 与 Sdx 成正比，$dm = \rho Sdx$（ρ 为扩散物的密度），代入式（9.2）得：

$$\frac{dx}{dt} = \frac{D}{\rho x}$$

积分得
$$x^2 = 2\frac{D}{\rho}t = k_p t \tag{9.3}$$

上式即为抛物线型速率方程的积分式。式中，k_p 为抛物线型速率常数。式（9.3）说明反应产物层厚度与时间的平方根成比例，这是一个重要的基本关系，可以描述各种物理或化学的扩散控制过程并有一定的精确度。图 9.4 的金属镍氧化时的增重曲线就是一个例证。但是，在实际的固相反应中，反应物常是具有一定细度的粉末，采用的平板模型，忽略了反应物间的接触面积随时间变化的因素，使方程的准确性和适用性都受到限制。

9.2.1.2 杨德方程

在硅酸盐材料生产中，通常用粉状物料作为原料，这时，在反应过程中，颗粒间的接触面积是不断变化的，所以用简单的方法来测定大量粉状颗粒上的反应产物层厚度是困难的。为此，杨德在抛物线型速率方程的基础上采用了"球体模型"（图 9.5），导出了扩散控制的

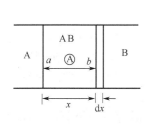

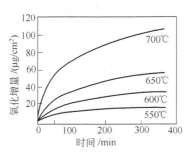

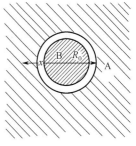

图 9.3 平板扩散模型   图 9.4 金属镍的氧化增重曲线   图 9.5 杨德模型

动力学关系。

如图 9.5 所示，杨德对固相反应的几何模型做了如下假设。

① 固相反应为加成反应 $A(s)+B(s) \longrightarrow AB(s)$。

② 发生体积扩散时连续的表面产物层已形成。

③ 固相反应为体积扩散控制过程。

④ 反应物 B 完全被反应物 A 覆盖，即 $R_B/R_A \gg 1$，B 组分数远大于 A 组分。

⑤ 体积扩散是无方向性的。

⑥ 反应产物不与任一反应物混溶。

⑦ 所有反应物的固体颗粒都为均一半径球粒。

⑧ 反应物与产物密度相同，即反应过程并未引起体积变化。

⑨ 反应产物层厚度的增加服从抛物线型速率方程。

⑩ 迁移物的扩散系数为常数，不随反应时间而发生变化。

⑪ 反应界面两侧的反应物浓度为常数。

设反应物 B 为半径 R_0 的等径球粒，经时间 t 反应以后，生成物层的厚度为 x，则有：

反应物颗粒初始体积
$$V_0 = \frac{4}{3}\pi R_0^3 \tag{9.4}$$

未反应部分的体积
$$V_t = \frac{4}{3}\pi (R_0 - x)^3 \tag{9.5}$$

产物的体积
$$V = \frac{4}{3}\pi [R_0^3 - (R_0 - x)^3] \tag{9.6}$$

以 B 物质为基准的转化程度 G（表示反应某一瞬间反应产物量占反应物总量的体积分数）为：

$$G = \frac{V}{V_0} = \frac{R_0^3 - (R_0 - x)^3}{R_0^3} = 1 - (1 - \frac{x}{R_0})^3 \tag{9.7}$$

$$\frac{x}{R_0} = 1 - (1 - G)^{1/3} \tag{9.8}$$

代入抛物线型速率方程式（9.3）得：

$$x^2 = R_0^2 [1 - (1 - G)^{1/3}]^2 = K_p t$$

$$F_3 = [1 - (1 - G)^{1/3}]^2 = \frac{k_p}{R_0^2} t = k_J t \tag{9.9}$$

这就是杨德（Jander）方程式，杨德速率常数 $k_J = \frac{2D}{\rho R_0^2} = Ce^{-Q/RT}$（$C$ 是常数，Q 是反应活化能，R 是气体常数），它有两个特征：第一，若以 F_3 对 t 作图，得一条过原点的直线，斜率为 k_J；第二，k_J 不随反应过程而发生变化。

对式（9.9）微分得：

$$\frac{dG}{dt} = k_J \frac{(1-G)^{2/3}}{1-(1-G)^{1/3}} \qquad (9.10)$$

9.2.1.3　金斯特林格方程

虽然不少固态反应可以用杨德方程来描述反应速率，但却只限于反应的早期阶段，此时 $R_B/R_A \gg 1$，球面可看作平面，符合杨德假设，适用抛物线型方程。随着反应的进行，未起反应的 B 颗粒越来越小，曲率越来越大，不能将球面近似看作平面，故反应后期杨德方程不适用。

1950 年，前苏联学者 Ginsting 和 Brounshtein 指出抛物线型速率方程是以扩散横截面维持恒定为基础，即扩散是稳定的，适用菲克（Fick）第一定律。但随着反应的进行，B 颗粒

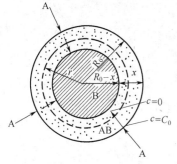

图 9.6　金斯特林格模型

球面的面积越来越小，此时扩散是不稳定的，要用菲克第二定律来处理。

如图 9.6 所示，设反应物 A 是扩散相，且 B 是平均半径为 R_0 的球状颗粒，反应沿整个球表面进行，首先 A 和 B 合成产物 AB，其厚度 x 随反应进行不断增厚，若 A 扩散到 A-AB 界面的阻力远小于通过 AB 层的扩散阻力，则 A-AB 界面上 A 的浓度可看作不变，即等于 C_0，因过程是扩散控制，故 A 在 B-AB 界面上的浓度为零。

由于粒子是球形的，产物两侧界面上 A 的浓度不变，故随产物层增厚，A 在层内的浓度分布是 r 和时间 t 的函数，即过程是一个不稳定的扩散过程，可以用球面坐标情况下的菲克扩散方程求解。由于过程过于复杂，为了简化求解，可以近似地把不稳定的球形扩散问题的解，归结为一个等效的稳定扩散问题的解，即 AB 层厚度为 x 时，单位时间内通过该层的 A 物质量 $M(x)$ 不随时间变化，而仅仅和 x 有关。设经过时间 t，未起反应的 B 球半径为 R_0-x，体积为 V_t。此时 V_t 随时间的变化速率可用球壳的稳态扩散方程描述：

$$\frac{dV_t}{dt} = \frac{-4\pi k D R_0 (R_0 - x)}{x} \qquad (9.11)$$

式中，D 为迁移物质 A 的扩散系数；k 为速率常数。在时间 t 内未起反应的 A 物质体积 V_t 可表示为：

$$V_t = \frac{4}{3}\pi(R-x)^3 \qquad (9.12)$$

也可表示为：

$$V_t = \frac{4}{3}\pi R_0^3 (1-G) \qquad (9.13)$$

联合上面两式得：

$$x = R_0 [1-(1-G)^{1/3}] \qquad (9.14)$$

将式（9.12）对 t 微分，可得 V_t 的消耗速率：

$$\frac{dV_t}{dt} = -4\pi(R_0-x)^2 \frac{dx}{dt} \qquad (9.15)$$

由式（9.11）和式（9.15）相等可得：

$$xR_0\,dx - x^2\,dx = kDR_0\,dt \qquad (9.16)$$

$$\frac{dx}{dt} = \frac{kDR_0}{x(R_0-x)} = k_{G'}\frac{R_0}{x(R_0-x)} \qquad (9.17)$$

由边界条件 $t=0$ 时，$x=0$，对式（9.16）积分得：

$$\frac{x^3}{R_0} + \frac{x^2}{2} - 2x = -3kDt \tag{9.18}$$

将式（9.14）代入上式，并整理得：

$$D_4 = 1 - \frac{2}{3}G - (1-G)^{\frac{2}{3}} = k_G t \tag{9.19}$$

$$\frac{\mathrm{d}G}{\mathrm{d}t} = k_G \frac{(1-G)^{1/3}}{1-(1-G)^{1/3}} \tag{9.20}$$

式（9.19）是金斯特林格方程的积分式，式（9.20）是它的微分式，$k_G = \dfrac{2kD}{R_0^2}$，为金斯特林格速率常数。

对于半径为 R_0 的圆柱形颗粒，当反应物沿圆柱表面形成的产物层扩散的过程起控制作用时，其动力学方程为：

$$F(G) = (1-G)\ln(1-G) + G = Kt \tag{9.21}$$

许多实验研究表明，金斯特林格方程具有更好的普遍性。图 9.7 是 Na_2CO_3 与 SiO_2 的物质的量之比为 $1:1$，$R_0 = 0.036\mathrm{mm}$，820℃，反应时间 330min，SiO_2 反应分数 G 从 0.24 到 0.62 变化，用金斯特林格方法（D_4）处理得 $k_G = 1.83 \times 10^{-4}/\mathrm{min}$，为常数。用杨德方程（$D_3$）处理，$k_J$ 在 $(1.81 \sim 2.25) \times 10^{-4}/\mathrm{min}$ 范围内变化，不是常数。可见，在较高转化程度条件下，式（9.19）仍然适用，但杨德方程出现了偏差。

此外，金斯特林格方程本身说明它的普遍性较好。令 $i = \dfrac{x}{R_0}$，代入式（9.17）得：

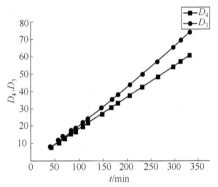

图 9.7　$Na_2CO_3 + SiO_2$ 反应的 D_3-t，D_4-t 图，$T = 820℃$，$R = 0.036\mathrm{mm}$

$$\frac{\mathrm{d}x}{\mathrm{d}t} = k_{G'} \frac{R}{x(R_0-x)} = \frac{k_{G'}}{R_0} \times \frac{1}{i(1-i)} = \frac{k}{i(1-i)} \tag{9.22}$$

以 i-$\left(\dfrac{1}{k} \times \dfrac{\mathrm{d}x}{\mathrm{d}t}\right)$ 作图（图 9.8），由图可见，产物层增厚速率 $\dfrac{\mathrm{d}x}{\mathrm{d}t}$ 随 $\dfrac{x}{R_0}$ 而变化，并于 $i \approx 0.5$ 处出现极小值。当 i 很小，即转化程度很小时，$\dfrac{\mathrm{d}x}{\mathrm{d}t} \approx \dfrac{k_{G'}}{x}$，方程可转化为抛物线型速率方程。

当 $i = 0$，或 $i = 1$ 时，$\dfrac{\mathrm{d}x}{\mathrm{d}t} \longrightarrow \infty$，这说明反应不受扩散控制而进入化学反应动力学范围了。

比较式（9.10）与式（9.20）得：

$$\frac{\left(\dfrac{\mathrm{d}G}{\mathrm{d}t}\right)_G}{\left(\dfrac{\mathrm{d}G}{\mathrm{d}t}\right)_J} = \frac{k_G(1-G)^{\frac{1}{3}}}{k_J(1-G)^{\frac{2}{3}}} = (1-G)^{-\frac{1}{3}} \tag{9.23}$$

按上式令 $\left(\dfrac{\mathrm{d}G}{\mathrm{d}t}\right)_G \Big/ \left(\dfrac{\mathrm{d}G}{\mathrm{d}t}\right)_J$ 对 G 作图可得图 9.9 的曲线。由图可见，当 G 值较小，即转化程度较低时，$\dfrac{\left(\dfrac{\mathrm{d}G}{\mathrm{d}t}\right)_G}{\left(\dfrac{\mathrm{d}G}{\mathrm{d}t}\right)_J} \approx 1$，说明两方程是基本一致的；反之，随 G 值增加，两式偏差越来越大，可见杨德方程只是在转化程度较小时才适用，当 G 较大时，k_J 将随 G 的增大而变化，而金斯特林格方程则在一定程度上克服了杨德方程的局限。

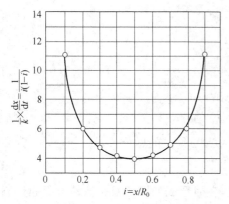

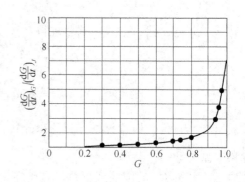

图 9.8　反应产物层增厚速率与 i 的关系　　　　图 9.9　金斯特林格方程与杨德方程比较

9.2.1.4　卡特方程

杨德方程和金斯特林格方程中没有考虑反应物与反应产物密度不同所带来的体积效应，

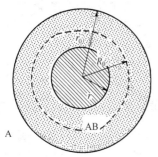

图 9.10　卡特的几何模型

实际上由于反应物与反应产物密度的差异，反应前后体积发生了变化。

如图 9.10 是卡特的几何模型，设扩散相为 A，R_0 为球粒 B 的原始半径，r 为反应时间 t 后 B 颗粒的半径，r_0 为经反应时间 t 的反应物 B 加上产物层厚度的球粒半径。扩散相 A 在反应产物层中扩散路程并非 $R_0 \to r$，而是 $r_0 \to r$，并且 $|R_0 - r_0|$ 随着反应进一步进行而增大。为此，卡特对金斯特林格方程进行了修正，Z 为消耗单位体积 B 组分生成反应产物 AB 组分的体积，应用金斯特林格方程的推导方法，可得卡特动力学方程为：

$$D_5 = [1 + (Z-1)G]^{\frac{2}{3}} + (Z-1)(1-G)^{\frac{2}{3}} = Z + (1-Z)k_C t \tag{9.24}$$

式中，$k_C = \dfrac{2kD}{r_0^2}$，称为卡特速率常数。

卡特将该方程用于镍球氧化过程的动力学数据处理，发现一直进行到 100%，方程仍然与事实符合得很好。如图 9.11 所示，使用大小均一的镍球进行实验，取 $Z=1.52$，实验数据分别用杨德方程和卡特方程处理，得图 (a)、图 (b)，比较两图可见，当 $G > 0.5 \sim 0.6$ 时，杨德方程与实验偏离，而卡特方程直到 $G=1.0$ 都与实验吻合。但因缺乏高温密度数据，Z 值难以计算，使应用困难。

9.2.2　相界面反应控制过程

如果在某一固相反应中，反应物通过产物层的扩散速率远大于接触界面上的化学反应速率，此时固相反应速率则为化学反应速率控制。它与均相反应有相似的地方，速率方程包含时间和浓度参数，但因参与固相反应的粉末颗粒远大于原子、分子，空间坐标因素反应物的接触面积 F 对动力学方程也有影响，对于均相二元反应系统，若化学反应依下式进行：

$$mA + nB \longrightarrow A_m B_n$$

则化学反应速率一般表达式为：

$$v = kC_A^m C_B^n \tag{9.25}$$

式中，C_A、C_B 分别代表反应物 A 和 B 的浓度；k 为反应速率常数，它与温度的关系可由阿累尼乌斯公式表示：

$$k = K_0 \exp\left(-\frac{Q}{RT}\right) \tag{9.26}$$

式中，K_0 为常数；Q 为反应活化能。

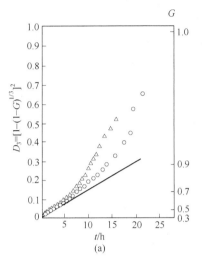 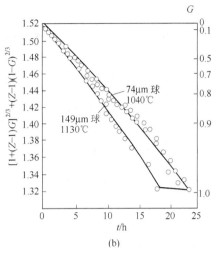

图 9.11　不同大小 Ni 球在不同温度下氧化速率关系
（a）用杨德方程处理；（b）用卡特方程处理

如果反应过程中只有一个反应物的浓度是可以变的，则上式可化简为：

$$v = k_n C^n \quad (n \neq 1, n > 0) \tag{9.27}$$

然而，在大多数情况下，式（9.27）不能直接用来描述化学动力学关系。因为固相反应是在界面上进行的非均相反应，其接触面不仅决定于反应物的分散度，而且，随反应进程而变化，因此，化学反应速率除与反应浓度有关外，还与反应物间的接触面积大小有关。如果以 X 表示在时间 t 内形成的反应产物量或反应物消耗量，F 为反应物间接触面积，那么，对于二元系统的非均相反应的一般速率方程应是：

$$\frac{dX}{dt} = k_n F C_A^m C_B^n \tag{9.28}$$

或

$$\frac{dX}{dt} = k_n F C^n \tag{9.29}$$

为了估计接触面积 F 随反应进程的变化关系，设反应物颗粒呈球形，半径为 R_0，经过时间 t 后，每个颗粒表面形成的产物层厚度为 x，则转化程度 G 为：

$$G = \frac{R_0^3 - (R_0 - x)^3}{R_0^3} \tag{9.30}$$

$$R_{0-x} = R_0(1-G)^3 \text{ 或 } x = R_0\left[1 - (1-G)^{1/3}\right] \tag{9.31}$$

相应的每个颗粒的反应表面面积 F' 与转化程度 G 的关系为：

$$F' = A'(1-G)^{2/3} \tag{9.32}$$

式中，A' 是原料颗粒的起始表面积，对于球形，$A' = 4\pi R_0^2$。若系统中反应物颗粒总数为 N，则总接触表面积 $F' = NF' = NA'(1-G)^{2/3}$。其中，$N = \dfrac{1}{\frac{4}{3}\pi R_0^3 \gamma} = kR_0^{-3}$（$k = \dfrac{3}{4\pi\gamma}$，$\gamma$ 是反应物表观密度）。

F 可写为：

$$F = A(1-G)^{2/3} \tag{9.33}$$

其中，对球形颗粒，$A=\dfrac{3}{\gamma R_0}$，将式（9.33）代入式（9.29），可求得不同级数的化学反应动力学方程的微分和积分形式。例如，零级反应：

$$\frac{\mathrm{d}G}{\mathrm{d}t}=k_{R'}F=k_{R'}A(1-G)^{2/3}=k_{R_0}(1-G)^{2/3} \tag{9.34}$$

式中，$k_{R_0}=k_{R'}A$。积分并考虑到初始条件 $t=0$，$G=0$，得：

$$\int_0^G \frac{\mathrm{d}G}{(1-G)^{2/3}}=\int_0^t k_{R_0}\,\mathrm{d}t$$

$$R_0=1-(1-G)^{1/3}=k_{R_0}t \tag{9.35}$$

用上述方法可得出零级反应圆柱状颗粒的公式：

$$R_1=1-G^{1/2}=k_{R_1}t \tag{9.36}$$

对于平板状颗粒也同样可以求出：

$$R_2=G=k_{R_2}t \tag{9.37}$$

对于一级反应，则：

$$\frac{\mathrm{d}G}{\mathrm{d}t}=k_{R'_3}F(1-G)=k_{R'_3}A(1-G)^{5/3}$$

令 $k_{R_3}=k_{R'_3}A$，则：

$$\frac{\mathrm{d}G}{\mathrm{d}t}=k_{R_3}(1-G)^{5/3} \tag{9.38a}$$

若忽略了接触面积的变化，则：

$$\frac{\mathrm{d}G}{\mathrm{d}t}=k_{R'_3}(1-G) \tag{9.38b}$$

积分并考虑到初始条件 $t=0$，$G=0$，得：

$$R_3=[(1-G)^{-2/3}-1]=k_{R_3}t \tag{9.39a}$$

$$R'_3=\ln(1-G)=-k_{R'_3}t \tag{9.39b}$$

碳酸钠 Na_2CO_3 和 SiO_2 在 740℃ 下进行固相反应：

$$Na_2CO_3(s)+SiO_2(s)\longrightarrow Na_2O\cdot SiO_2(s)+CO_2(g)$$

当颗粒 $R_0=0.036\mathrm{mm}$，并加入少许 NaCl 作为溶剂时，整个反应动力学过程完全符合式（9.39a）的关系，$[(1-G)^{-2/3}-1]$ 对 t 作图是一条直线，如图 9.12。这说明该反应体系在该反应条件下，反应总速率为化学反应动力学过程所控制，而扩散的阻力已经小到可以忽略不计，而且反应属于一级化学反应。

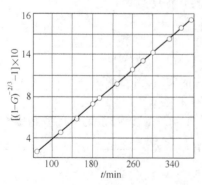

图 9.12　在 NaCl 存在的条件下
$Na_2CO_3+SiO_2\longrightarrow Na_2O\cdot SiO_2+CO_2$
反应动力学曲线（$T=740℃$）

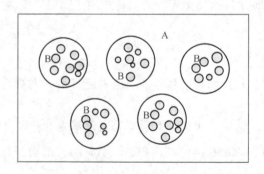

图 9.13　固相反应的晶核生长几何模型

9.2.3 晶核形成和增长控制过程

反应生成的产物分子向活性点聚集形成晶核，当它达到临界晶核大小时，便发生增长而形成产物晶体。如果这些步骤是最慢的，则它控制整个固相反应的速率。可以将相变的形核生长模型扩展应用到固相反应中去，解决晶核形成和增长控制的固相反应问题。

假设反应为加成反应，产物晶体是从反应物 B 中混乱分布的晶核生长而获得的，此过程的几何模型如图 9.13。产物的晶体生长速率是各相异性的，但假设产物各相同性生长，产物呈球状，有不少实际反应接近这种假设。晶体生长受两种不同机理控制，一是扩散控制机理，另一是相界面控制机理。

晶核生长控制过程的通式为：

$$-\ln(1-G)=kt^m \tag{9.40}$$

式中，m 为晶核增长速率参数，它取决于反应机理、形成晶核的速率和晶核的几何形状。如晶核形成速率恒定，生长受扩散控制，晶核在三维方向生长，则 m 取 2.5；二维方向生长，m 取 2.0，一维方向生长，m 取 1.5；生长受相界面控制，晶核在三维生长，m 取 4。若全部晶核早已存在且不增减，生长受扩散控制，晶核在三维方向生长，则 m 取 1.5，二维方向生长，m 取 1.0，一维方向生长，m 取 0.5；生长受相界面控制，晶核在三维生长，m 取 3。

如果固态反应可以用晶核增长模型来描述的话，则根据方程式（9.40），以 $\ln[-\ln(1-G)]$ 对 $\ln t$ 作图可得直线。从该直线的截距可以求得增长速率常数 k，从斜率可求得 m 值。如果它们不成直线，则说明晶核增长模型不适用。

9.2.4 其他控制步骤及过渡控制区

除了上述常见的三种控制步骤以外，还可能出现其他控制过程，如升华控制过程、热传递控制过程、自动催化反应控制过程等。如果有气体参与反应，也常会出现吸附或解吸的控制过程。例如，反应若由反应物的升华速率所控制，则其速率方程为：

$$1-(1-G)^{2/3}=kt \tag{9.41}$$

固态反应的复杂性一方面体现在它的反应速率可以由各种各样步骤所控制，不同的反应有不同的速率方程，即使同一反应，初期与后期阶段可能出现不同的反应机理，有不同的反应速率方程。例如，在 NaCl 存在条件下，$SiO_2+Na_2CO_3$ 反应在它们的物质的量之比为 1，粉末颗粒半径为 0.036mm，反应温度为 750℃时，当 SiO_2 转化率 $G<0.6$ 时，过程为界面化学反应速率控制，服从动力学方程式（9.39a），且 $k=4.72\times10^{-3}$ min；但在反应后期，当 $G>0.6$ 时，过程为扩散速率控制，服从金斯特林格方程，且 $k=3.14\times10^{-4}$ min。

固态反应的复杂性还体现在它有时会由两个步骤共同控制，而出现过渡控制区。这样就得用一个综合的动力学方程来描述。目前还不能得到一个简单而精确的综合动力学方程式，但是下面的分析有助于对这一问题的进一步理解。

任何一个过程的进行，其速率不外乎由两个因素所决定：一个是过程的推动力，加速过程的进行；另一个是过程的阻力 W，使反应速率减慢。具体对一个固态反应来说，推动力就是产物与反应物化学位之差 $\Delta\mu$。它是热力学函数，只取决于产物和反应物的状态和性质，而与反应过程的途径无关；而阻力则是动力学函数，主要取决于反应的过程。阻力包括扩散阻力 W_D，相界面阻力 W_P 以及晶核形成-生长阻力 W_G。而反应速率正比于推动力而反比于阻力，故有：

$$\frac{dx}{dt}=C\frac{\Delta\mu}{W_D+W_P+W_G} \tag{9.42}$$

式中，C 为比例系数；x 为产物的厚度。各种不同的阻力与 x 有不同的函数关系，只有找出它们之间的关系才能确定反应速率。在最简单的情况下，W_D 远远大于 W_P 和 W_G，即过程为扩散所控制，且 W_D 与 x 之间有如下关系：

$$W_D = \frac{1}{D} \int \frac{\mathrm{d}x}{S} \tag{9.43}$$

式中，D 为扩散系数；S 为扩散层的横截面积。此时式（9.42）简化为：

$$\frac{\mathrm{d}x}{\mathrm{d}t} = C \frac{\Delta\mu}{\frac{1}{D}\int\frac{\mathrm{d}x}{S}} \tag{9.44}$$

如果扩散是平面扩散，即 S 为常数，则对式（9.44）积分可得：

$$x^2 = kt \tag{9.45}$$

式中，$k = 2CDS\Delta\mu$，这就还原为平面扩散控制的抛物线型速率方程。但是如果几个步骤同时控制反应，则式（9.42）难以得到解。

9.2.5 各种模型反应速率方程式的归纳

从上面固相反应动力学的研究中发现，反应在时间 t 与产物的转化率 G 的关系是多样化的，但绝大部分的积分形式可写为 $F(G) = kt$，少部分可写为 $F(G) = k\ln t$。归纳列于表9.2。

表9.2 一些常用的固态反应速率方程的积分式和折合时间表达式

控制区	代号	反应的模型	积分速率方程式 $F(G) = kx$		折合时间方程式 $F(G) = A\left(\dfrac{t}{t_{0.5}}\right)$
			$F(G)$	X	$A\left(\dfrac{t}{t_{0.5}}\right)$
扩散控制	D_1	一维	G^2	t	$0.2500(t/t_{0.5})$
	D_2	二维	$(1-G)\ln(1-G)+G$	t	$0.1534(t/t_{0.5})$
	D_3	三维（杨德方程）	$[1-(1-G)^{\frac{1}{3}}]^2$	t	$0.0426(t/t_{0.5})$
	D_4	三维（金斯特林格方程）	$(1-\frac{2}{3}G)-(1-G)^{\frac{2}{3}}$	t	$0.0367(t/t_{0.5})$
	D_5	三维（卡特方程）	$(1+G)^{\frac{2}{3}}+(1-G)^{\frac{2}{3}}$	t	$1.9404(t/t_{0.5})$
相界面控制	F_1	一级反应（经验式）	$-\ln(1-G)$	t	$0.6931(t/t_{0.5})$
	R_2	零级（圆盘状粒子）	$1-(1-G)^{\frac{1}{2}}$	t	$0.2929(t/t_{0.5})$
	R_3	零级（球状粒子）	$1-(1-G)^{\frac{1}{3}}$	t	$0.2063(t/t_{0.5})$
	ϕ	零级动力学	G	t	$0.500(t/t_{0.5})$
晶核生长控制	A_2	Avrami 式	$[-\ln(1-G)]^{\frac{1}{2}}$	t	$0.8326(t/t_{0.5})$
	A_3	Erofe'ev 式	$[-\ln(1-G)]^{\frac{1}{3}}$	t	$0.8850(t/t_{0.5})$
	T_3	Hulbert-Klawitter 式	$-\ln(1-G)^{\frac{2}{3}}$	$\ln t$	$0.4621(\ln t/\ln t_{0.5})$

注：积分速率方程式中 $F(G)$ 与折合时间方程式中 $F(G)$ 是相同的。

为了便于实验数据的处理，Shrap 提出用折合时间 $(t/t_{0.5})$ 来表示反应速率方程。所谓折合时间是指反应时间 t 与反应到 $G=0.5$ 时的时间 $t_{0.5}$ 之比值。这样每种模型的速率方程可表示为 $F(G) = A\left(\dfrac{t}{t_{0.5}}\right)$，$A$ 值因不同的速率方程而异，可由方程确定。以金斯特林格方程为例，取 $G = 0.5$ 代入方程式（9.19），求得：

$$D_4(0.5) = 0.0367 = k_G t_{0.5} \tag{9.46}$$

将式（9.19）与上式相比，则求得金斯特林格的折合时间速率方程式：

$$D_4(G) = \left(1 - \frac{2}{3}G\right)(1-G)^{2/3} = 0.0367\left(\frac{t}{t_{0.5}}\right) \tag{9.47}$$

若以 G 对 $\dfrac{t}{t_{0.5}}$ 作图，所有曲线都交于点

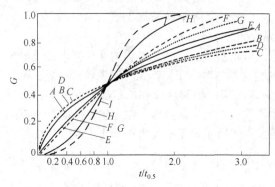

图 9.14 各种模型反应速率方程的 $G-t/t_{0.5}$ 曲线

$A—D_1$；$B—D_2$；$C—D_3$；$D—D_4$；$E—F_1$；
$F—R_2$；$G—R_3$；$H—A_2$；$I—A_3$；

$G = 0.5$，$\dfrac{t}{t_{0.5}} = 1$。图 9.14 中的 9 条曲线分三组：第一组为扩散控制的 A、B、C、D 4 条曲线，第二组为相界面控制的 E、F、G 3 条曲线，第三组为晶核形成与增长控制的 H、I 2 条曲线。

9.3　影响固相反应的因素

由于固相反应过程主要包括相内部的物质传递、界面的化学反应、晶核的形成和增长三个步骤。因此，除了反应物的化学组成、特征和结构状态以及温度、压力等因素外，凡是可能活化晶格，促进物质的内、外扩散作用的因素都会对反应起影响。

9.3.1　反应物化学组成、比例及矿化剂

化学组成是影响固相反应的内因，是决定反应方向和速率的重要条件。从热力学角度看，在一定的温度、压力条件下，反应可能进行的方向是吉布斯自由能减少的过程，而且，ΔG 的负值越大，该过程的推动力也越大，沿该方向反应的概率也大；从结构角度看，反应物中质点间的作用键强越大，则可动性和反应能力越小，反之亦然。

在同一反应系统中，固相反应速率还与各反应物间的比例有关，如果颗粒相同的 A 和 B 反应形成 AB，若改变 A 和 B 的比例会改变产物层厚度、反应物表面积和扩散截面积的大小，从而影响反应速率。例如，增加反应混合物中"遮盖物"的含量，则产物层厚度变薄，相应的反应速率也增加。

例如，在 $SiO_2 + Na_2CO_3$ 固态反应中，反应温度为 820℃，颗粒半径 $r = 0.036mm$，但两者比例分别为 1 和 2 的两个反应所得速率常数 k 截然不同。图 9.15 是其动力学曲线，图中显示，用金斯特林格方程对 t 作图呈直线，为扩散控制过程，但两条直线斜率不同，k 值不同，增加扩散组分 Na_2CO_3 有利于增大反应速率。

反应物比例的改变有时会导致整个反应机理改变。图 9.16 是 $CaCO_3 + MoO_3$ 反应的动力学曲线，图（a）、图（b）分别为 $[CaCO_3]:[MoO_3]$ 为 1 和 15 的图形。前者为扩散控制，可用杨德方程描述；后者为升华控制，用式（9.41）描述。

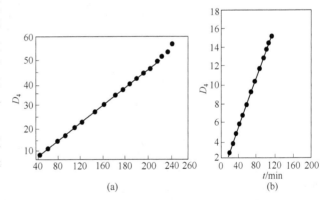

图 9.15　$SiO_2 + Na_2CO_3$ 反应动力学曲线
(a) $T = 820$℃，$r = 0.036mm$，$[SiO_2]:[Na_2CO_3] = 1$；
(b) $T = 820$℃，$r = 0.036mm$，$[SiO_2]:[Na_2CO_3] = 2$

虽然其中有温度和颗粒大小的因素影响，但就差别而言，反应物比例的改变是主要原因。由于 MoO_3 是挥发性的，含量多，升华也多，生成的产物层较厚，所以反应速率取决于 MoO_3 通过产物层的扩散速率。当 MoO_3 含量少时，升华少，产物层薄，扩散快，反应速率取决于 MoO_3 的升华速率。

当反应混合物中加入少量矿化剂（也可能是由存在于原料中的杂质引起的）时，则会对反应产生特殊的作用。表 9.3 列出少量 NaCl 对 Na_2CO_3 与 Fe_2O_3 反应的加速作用。数据表明，在一定温度下，添加少量 NaCl 可以使不同尺寸的 Na_2CO_3 颗粒的转化率提高 0.5～6 倍，而且，颗粒越大，作用越明显。矿化剂的作用机理则是复杂和多样的，一般认为它可以通过与反应物形成固溶体而使晶格活化，反应能力增强；或是与反应物形成低共熔物，使系

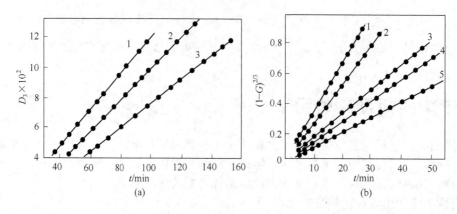

(a)   (b)

图 9.16 $CaCO_3 + MoO_3$ 反应动力学曲线

(a) $[CaCO_3]:[MoO_3]=1$, $r_{MoO_3}=0.036mm$；

1—$r_{CaCO_3}=0.13mm$, $T=600℃$；2—$r_{CaCO_3}=0.153mm$, $T=600℃$；3—$r_{CaCO_3}=0.13mm$, $T=580℃$

(b) $[CaCO_3]:[MoO_3]=15$, $r_{CaCO_3}<0.03mm$, $T=620℃$

1—$r_{MoO_3}=0.052mm$；2—$r_{MoO_3}=0.064mm$；3—$r_{MoO_3}=0.119mm$；4—$r_{MoO_3}=0.130mm$；5—$r_{MoO_3}=0.0153mm$

统在较低温度下出现液相，加速扩散和对固相的溶解作用；或是与反应物形成某种活性中间体而处于活化状态；或是通过矿化剂离子对反应物离子的极化作用，促使其晶格产生畸变和活化等。但应认为，矿化剂总是以某方式参与到固相反应中去的。

表 9.3   NaCl 对 $Na_2CO_3 + Fe_2O_3$ 反应的作用

NaCl 添加量（相对于 Na_2CO_3 的含量）/%	不同颗粒尺寸的 Na_2CO_3 转化率/%		
	0.06～0.088mm	0.27～0.35mm	0.6～2mm
0	53.2	18.9	9.2
0.8	88.6	36.8	22.5
2.2	88.6	73.8	60.1

9.3.2   反应物颗粒形状、大小及均匀性的影响

固相反应是在远大于原子、分子尺寸的颗粒间进行的，颗粒形状、大小及均匀性是影响反应速率的主要因素。从表 9.2 的反应速率方程可看出颗粒形状的影响。若颗粒形状是针状或细棒状，其反应过程是一维空间过程；颗粒为平盘状或片状，则过程是二维空间过程；颗粒是球状，则为三维空间过程。不同形状颗粒的同一过程，速率方程不同。

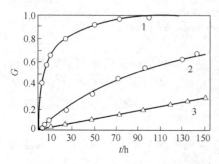

图 9.17 $MgO + Al_2O_3$ 反应动力学曲线
1—$T=1302℃$, $r_0≈1μm$；2—$T=1300℃$,
$r_0=45～53μm$；3—$T=1300℃$,
$r_0=90～105μm$

颗粒尺寸主要是通过以下途径对固相反应起影响的，首先，物料颗粒尺寸越小，比表面积越大，反应界面和扩散截面增加，反应产物层厚度减少，使反应速率增大，同时，按威尔表面学说，随粒度减少，键强分布曲线变平，弱键比率增加，反应和扩散能力增强。因此，粒径越小，反应速率越快。反之亦然。此外颗粒尺寸的影响也直接反映在各动力学方程中的速率常数项 k，因为 k 值反比于颗粒半径 R_0^2。图 9.17 表示不同颗粒尺寸的 MgO 和 Al_2O_3 在 1300℃时反应的动力学影响，明显看到小颗粒比大颗粒反应速率快。

其次，同一反应物系由于物料颗粒尺寸不同，反应速率可能会属于不同动力学范围控制。例如，$CaCO_3$ 与

MoO_3 反应，当取等分子比成分并在较高温度（600℃）下反应时，若 $CaCO_3$ 颗粒大于 MoO_3，反应由扩散控制，反应速率主要随 $CaCO_3$ 颗粒度减小而加速。倘若 $CaCO_3$ 与 MoO_3 比值较大，$CaCO_3$ 颗粒小于 MoO_3 时，由于产物层厚度减薄，扩散阻力很小，则反应将由 MoO_3 的升华过程控制，并随 MoO_3 粒径减小而加剧。

最后应该指出，在实际生产中往往不可能控制均等的物料粒径，这时反应物料的颗粒级配对反应速率同样是重要的，因为物料颗粒大小对反应速率的影响是平方关系，于是，即使少量较大尺寸的颗粒存在，都可能显著的延缓反应过程的完成。故生产上宜使物料颗粒分布控制在较窄的范围内。

9.3.3 反应温度的影响

温度是影响固相反应速率的重要外部条件，一般随温度升高，质点热运动动能增大，反应能力和扩散能力增强，对于化学反应，因其速率常数服从阿累尼乌斯（Arrhenius）方程 $k = A\exp\left(-\dfrac{Q}{RT}\right)$。式中，碰撞系数 A 是概率因子 P 和反应物质点碰撞数目 Z_0 的乘积（$A = PZ_0$），Q 是反应活化能。显然，随温度升高，质点动能增加，Q 值下降，P 和 Z_0 增加，于是 k 值迅速增大。对于扩散过程，因扩散系数 $D = D_0\exp\left(-\dfrac{u}{RT}\right)$。式中，$D_0 = \alpha\nu a_0^2$ 决定于质点在晶格位置上的本征振动频率 ν 和质点间均距离 a_0，而随温度升高，a_0、ν 增大，扩散活化能 U 减少，故扩散系数 D 增大，说明温度对化学反应和扩散两过程有着类似的影响，但由于 u 值通常比 Q 值小，因此温度对化学反应的加速作用一般也远比对扩散过程为大。

9.3.4 压力和气氛的影响

压力对固相反应的影响可以分两个方面。

第一，气相压力对固相反应的影响。对不同固相反应类型，压力的影响是不一样的。纯固相反应，增大压力有助于颗粒的接触，增大接触面积，加速物质传递过程，使反应速率增加。但有液、气相参与的反应，扩散过程主要不是通过固体粒子的直接接触实现的。因此提高压力有时并不出现积极作用，甚至会适得其反，例如，$CuSO_4 + PbO$ 反应，其反应机理是反应物通过 PbO 升华进行传质，升华速率为控制因素，增加压力会使反应速率下降。黏土的脱水反应也是同样的道理，由表 9.4 所列数据可见，随着水蒸气压的增高，高岭土的脱水温度和活化能明显提高，脱水速率将降低。实验表明，当在 475℃ 时，水蒸气压分别为 $<10^{-3}$ 和 47mmHg（1mmHg = 133.322Pa）下，高岭土脱水 50% 所需时间 $t_{0.5}$ 分别为 5min 和 315min，其变化约达 60 倍。脱水速率和水蒸气压的关系可由下式估计：

$$\lg\left(1 - \frac{K_p}{K_0}\right) = m + n\lg p$$

式中，K_p，K_0 分别相当于水蒸气压为 p 和 0 时的脱水反应速率常数；m，n 是决定于温度的参数。

表 9.4　不同水蒸气压下高岭土的脱水活化能

水蒸气压/(×133.322Pa)	温度范围/℃	活化能/(kJ/mol)	水蒸气压/(×133.322Pa)	温度范围/℃	活化能/(kJ/mol)
$<10^{-3}$	390~450	213	14	430~450	376
4.6	435~475	351	47	470~495	468

第二，成型压力对固相反应的影响。成型压力的影响与气相压力的影响有同样的效果，如图 9.18，今井久和保坂仁研究了 Th＋C，ThO_2＋C 两个反应，反应式如下：

$$Th + C \longrightarrow ThC \tag{1}$$

$$ThO_2 + 4C \longrightarrow ThC + 2CO \tag{2}$$

随着成型压力的增大，表观密度增大，对纯固相反应（1），反应产物增加，但不成正

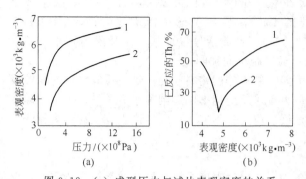

图 9.18 （a）成型压力与试片表观密度的关系
　　　　[1—Th+C(直径 12.5cm 圆片)；
　　　　2—ThO₂+C(直径 12.5cm 圆片)]
　　（b）已反应 Th% 与试片表观密度的关系
　　　　[1—Th+C(1100℃，20 分钟)；
　　　　2—ThO₂+C(1700℃，1 小时)]

比，成型压力提高 10 倍，密度提高 82%，产物仅增加 22%。这是因为成型压力提高，有助于缩短颗粒间距，增大接触面积，加速物质传递过程，使反应速率增大；对反应（2），成型压力增加，反应速率下降。因为反应（2）伴有气相 CO 生成，虽然表观密度增加有利于固相反应，但却使 CO 排出困难，阻碍反应进行。

除压力外，气氛对固相反应也有重要影响，它可以通过改变固体吸附特征而影响其表面的反应活性，对于一系列能形成非化学计量的化合物，如 ZnO、CuO 等，气氛可直接影响晶体表面缺陷的浓度和扩散机构与速率。

9.3.5　反应物活性的影响

固态反应速率很大程度受反应物所处的活化状态影响。而活化状态包括以下几个方面。

（1）反应物的晶型　反应物的晶体结构越牢固，晶格能越大，则反应越困难。例如：

$$\alpha\text{-}Al_2O_3 + MgO \xrightarrow{920℃} MgO \cdot Al_2O_3$$

$$\gamma\text{-}Al_2O_3 + MgO \xrightarrow{700℃} MgO \cdot Al_2O_3$$

在合成镁铝尖晶石中，采用 $\alpha\text{-}Al_2O_3$，反应温度要求更高，反应更为困难。这是因为 $\alpha\text{-}Al_2O_3$ 晶格结构更牢固。它要到 2050℃才发生相转变，变成熔融体；而 $\gamma\text{-}Al_2O_3$ 则在 950℃下就发生相转变，生成 $\alpha\text{-}Al_2O_3$。可见 $\alpha\text{-}Al_2O_3$ 比 $\gamma\text{-}Al_2O_3$ 更为稳定。类似的情况在 TiO_2 中也出现，金红石型 TiO_2 反应温度要比板钛矿型或钛矿型 TiO_2 的反应温度高。

（2）初生态的反应物　初生态的反应物具有更多内部和表面缺陷，晶格不完整，处于更高的能量不稳定状态——活化状态，因而具有更大的反应活性。要得到初生态的活化反应物通常采用两种方法。

第一种，利用反应物的分解活化。例如，在 $MgO + Cr_2FeO_4$ 的反应中，利用 $MgCO_3$ 分解生成初生态 MgO 的反应能力比直接用 MgO 的更大，图 9.19 描述了这两种反应在不同温度下的产率。

应注意的是，要想得到较高活性的初生态反应物，要尽可能在较低的分解温度下和较短的时间内获得。温度过高、时间过长会导致初生态的反应物钝化。例如，在 $Al_2O_3 + Co \longrightarrow CoAl_2O_4$ 的反应中，Al_2O_3 可以采用 $Al(OH)_3$ 加热分解的方法获得。在 800℃温度下处理 4h 所获得的 Al_2O_3 比在 1100℃下处理 4h 所获得的 Al_2O_3 的反应活性大得多。因为在较高温度或较长时间下会消除初生态反应物的晶格缺陷。

第二种，Hadvall 效应，它是指固体物质的反应活性在其发生相转变的温度下强烈增大的现象。在相转变温度下，反应物从一种晶相转变另一种晶相。此时晶体中的原子、分子发生明显位移，结构发生较大变化，缺陷增多，晶体中的键被削弱甚至断裂，反应活性强烈增大。例如，在 $Fe_2O_3 + SiO_2$ 反应中发现，在 600℃时 Fe_2O_3 扩散进入 SiO_2 的速率大为加快，而温度达 900℃时，它们的反应急剧增加。这是因为反应物是 β 石英，它在 573℃转化为 α 石英，在 870℃ α-石英再转化为 α-磷石英之故。

图 9.20 描述了 $2AgI + BaO \longrightarrow BaI_2 + Ag_2O$ 在不同温度下的产率，由图可见，在 AgI

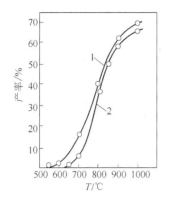

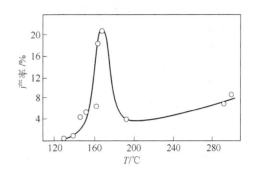

图 9.19　初生态反应物增加反应活性的例子
1—$MgCO_3 + Cr_2FeO_4 \longrightarrow Cr_2MgO_4 + FeO + CO_2$；
2—$MgO + Cr_2FeO_4 \longrightarrow Cr_2MgO_4 + FeO$

图 9.20　$AgI + BaO$ 反应在不同温度下的产率

的相转变点 145℃ 附近的反应速率最大。

表 9.5　**Hedvall 效应的一些实例**

含氧酸盐		$AgNO_3$	Ag_2SO_4
转变温度/℃		160	411
反应温度/℃	与 BaO	170	342
	与 SrO	172	422
	与 CaO	164	422

表 9.5 列出了一些金属氧酸盐的反应温度与转变温度的具体数值，可见它们是相互对应的。利用 Hedvall 效应是使反应物从惰性变成活性的一种有效方法。

（3）反应物的表面处理　反应物经过表面处理，反应性能发生很大的变化。例如，在 $NiO + H_2$ 还原反应中，反应物 NiO 用下列不同方法处理：一是在 90% 甲酸溶液中及 60℃ 温度下处理 $\frac{1}{2}$h，然后用蒸馏水洗涤三次，在 120℃ 下干燥 2h，再在真空 210℃ 搅拌 1h；二是用 90% 甲酸润湿，在 120℃ 下干燥 15min，再在真空 210℃ 下搅拌 2h；三是在真空中 210℃ 下搅拌 1h；四是先在空气中加热，然后在真空中 210℃ 下搅拌 5min；五是浸入 20℃ 甲醛中 3h，干燥并在真空中 210℃ 下搅拌 5min，六是浸入 20℃ 30% H_2O_2 中 3h，干燥并在真空中 210℃ 下搅拌 5min。所有以上 6 种 NiO 试样进行加氢还原反应，测得其动力学曲线如图 9.21。

从 9.21 图可见，6 种 NiO 的反应能力是相同的。这是由于通过不同表面处理方法，NiO 试样表面的化学计量发生不同的变化。通常表现出金属原子与氧原子比例不同而导致还原反应的活性发生变化。

（4）反应物的陈化时间　新制得的及放置不同时间陈化后的反应物，其反应性能发生很大的变化，图 9.22 描述了新制得的 PbC_2O_4 以及分别放置 1 天、10 天和 30 天后的热分解动力学曲线。由图可见，随着放置时间延长，PbC_2O_4 的活化性能下降，这是由于新制得的物质具有较高浓度的缺陷，随着陈化时间增长，缺陷部分消失，活性下降。

9.3.6　力学化学效应

　　稳态的固体物质受到机械力，如冲击、压延、研磨等作用，接受了机械能，其本身的结构和物理化学性质发生变化。这种现象称为 "力学化学"（mechanochemistry）。而由于机械力作用使固体物质结构和性能发生变化的作用称为 "力学化学效应"。

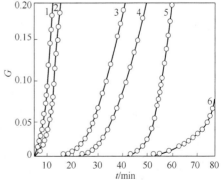

图 9.21　不同处理方法所得 NiO 对反应
$NiO + H_2 \longrightarrow Ni + H_2O$(210℃) 的影响
1—HCOOH，30min；2—HCOOH，15min；
3—真空，1h；4—空气，5min；5—HCHO，
3h；6—H_2O，30%，3h

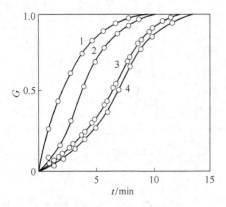

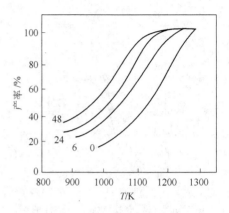

图 9.22　PbC₂O₄ 的陈化时间对
其反应活性的影响

1—新制得的 PbC₂O₄；2—放置 1 天；
3—放置 10 天的 PbC₂O₄；4—放置 30 天

图 9.23　BaCO₃ 和 TiO₂ 混合物研磨时间
对产率的影响（图中曲线的数字表示
研磨的时间，单位为小时）

在研究粉末混合物的固态反应中，这一效应是十分重要的。因为它使原来完整的晶体结构破坏，缺陷增多，反应活性提高。一个例子是锐钛矿转变成金红石的相转变温度随着研磨而下降。如图 9.23 所示，由普通硫酸法制得的 TiO₂ 相转变温度为 1050℃，但当它研磨 96h 后，相转变温度就下降到 750℃。另一个例子是 BaCO₃＋TiO₂ ⟶ BaTiO₃＋CO₂，增长反应混合物的研磨时间，会导致产率的提高，这从图 9.23 清楚可见。有时甚至在反应混合物的研磨过程中就发现有产物生成。

力学化学效应能增大固体反应活性的主要原因有：①固体颗粒在机械力的作用下被粉碎，颗粒尺寸减少，比表面积增大；②在机械力的作用下，晶体结构破坏，内部缺陷增多，内应力增大，内部结构发生扭曲、变形等，晶体向无定形转变；③固体接受机械能以后，部分转变成表面能，部分转变成内能，使固体总能量增大。

值得注意的是，并不是研磨时间越长，颗料越细，比表面积越大，反应活性越高。如 NaCl 晶体研磨后的比表面积随研磨时间呈波浪式的变化。图 9.24 描述了 CaCO₃ 的分解率及 CO₂ 的放出量随研磨时间的变化。

从图可见，CaCO₃ 试样经研磨 1.5min 具有最大活性，而延长研磨时间表到 3min，反应活性反而降到最低。主要原因是二次粒子的形成，即在机械压力及摩擦热作用下，小颗粒聚结成大颗粒。这样便消除了晶粒部分表面，使缺陷得到调整，应力得到缓和，最后导致比表面积下降，活性也降低。当然二次料、粒子也会因继续研磨而破坏，使比表面和活性得到

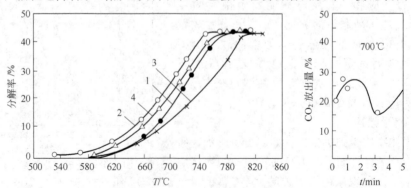

图 9.24　在 67Pa 下 CaCO₃ 的分解率和 CO₂ 的放出量与研磨时间的关系

1—未研磨；2—研磨 2min；3—研磨 3min；4—研磨 5min

提高。因而曲线出现波浪形状。

习题

9.1 若由 MgO 和 Al_2O_3 球形颗粒之间的反应生成 $MgAl_2O_4$ 是通过产物层的扩散进行的：(1) 画出其反应的几何图形并推导出反应初期的速率方程。(2) 若在1300℃时，阳离子扩散系数 $D_{Al^{3+}} > D_{Mg^{2+}}$，$O^{2-}$ 基本不动。那么哪一种离子的扩散控制着 $MgAl_2O_4$ 的生成？为什么？

9.2 镍（Ni）在10132.5Pa的氧气中氧化，测得其质量增量如下表：

(1) 导出合适的反应速率方程；

(2) 计算其活化能。

$\mu g/cm^2$

温度/℃	时　间				温度/℃	时　间			
	1h	2h	3h	4h		1h	2h	3h	4h
550	9	13	15	20	650	29	41	50	65
600	17	23	29	36	700	56	75	88	106

9.3 由 Al_2O_3 和 SiO_2 粉末反应生成莫来石，过程由扩散控制，扩散活化能为209kJ/mol，1400℃下1h完成10%，求1500℃下，1h和4h各完成多少（应用杨德方程计算）？

9.4 粒径为 $1\mu m$ 球状 Al_2O_3 由过量的 MgO 微粒包围，观察尖晶石的形成，在恒定温度下，1h内有20%的 Al_2O_3 起了反应，计算完全反应的时间。(1) 用杨德方程计算；(2) 用金斯特林格方程计算。

9.5 Al_2O_3 和 SiO_2 粉末反应生成莫来石，由扩散控制并符合杨德方程，实验在温度保持不变的条件下，当反应进行1h的时候，测知已有15%的反应物发生了反应。(1) 将在多长时间内全部反应物都生成产物？(2) 为了加速莫来石的生成，应采取什么有效措施？

9.6 如果要合成镁铝尖晶石，可供选择的原料为 $MgCO_3$、$Mg(OH)_2$、MgO、$Al_2O_3·3H_2O$、$\gamma-Al_2O_3$、$\alpha-Al_2O_3$。从提高反应速率的角度出发，选择什么原料较好？请说明原因。

9.7 已知铜的氧化反应：$4Cu + O_2 \Longrightarrow 2Cu_2O$，在500℃和1000℃时的 ΔG_R 分别为 $-230.12kJ$ 和 $-175.73kJ$，如要求铜在上述温度下不被氧化，氧分压应分别控制在多少？

阅读材料

中低温固相反应

广义地讲，凡有固体参加的反应，如固体之间的反应、固体与气体的反应、固体与液体的反应都属于固相化学反应。反应直接发生在两相界面上，而且没有溶剂参加。固体无机化合物材料的制备大多是利用高温固相反应，这些反应难以控制，能耗大，成本高。为此，发展了其他各种合成方法，如前体法、置换法、共沉淀法、溶化法、水热法、微波法、气相输运法、软化学法、自蔓延法、力化学法、分子固体反应法（包括固相有机反应和固相配位化学反应）等。其中，近年来提出的软化学合成方法最为突出，它力求在中低温或溶液中使起始反应物在分子态尺寸上均匀混合，进行一步步可控的反应，经过生成前驱体或中间体，最后生成具有指定组成、结构和形貌的材料。

一、光学材料的研究

苏勉曾等用均相沉淀法在水溶液中合成了氟氯化钡铕，经过处理后制得无余辉、发光性能良好的多晶体。用这种多晶体制成的高速增感屏，见图1，其增感因素是钨酸钙中速屏的4～5倍，已被全国2000所医院使用。

图1　高速增感屏　　　　　　　图2　MCM-41的两个六角形孔道

　　苏锵等用溶胶-凝胶法合成一系列的稀土硅酸盐和铝酸盐等固体纯相发光材料，使合成温度降低了150～300℃。

二、多孔晶体材料的研究

　　徐如人、庞文琴等在水热法合成各种类型分子筛的基础上，发展了溶剂热合成法，利用前驱体和模板剂，制备了一系列水热技术无法合成的新型磷酸盐及砷酸盐微孔晶体，所合成的JDF-20是目前世界上孔最大的微孔磷酸铝；1989年，徐如人、冯守华等首次报道了微孔硼铝酸盐的合成和性质，之后，又获得了一系列新型微孔硼铝氯氧化物。其中硼的配位数可取4，也可取3，但不会高于4；铝、镓、铟的配位数大多超过4，有的甚至达到了6。所有这些都突破了传统分子筛纯粹由四面体结构基元构成的概念，为开发新型结构特征的微孔材料提供了丰富的实验依据。

　　庞文琴等系统研究了介孔分子筛的不同合成途径，首创了湿凝胶加热合成法及干粉前驱体灼烧合成法合成MCM-41，见图2。她们还开发了双硅源法并成功合成了丝光沸石大单晶体；在非碱性介质中利用F^-作为矿化剂，成功合成了一系列高硅沸石分子筛大单晶体及一些笼形氧化硅大单晶。

三、纳米相功能材料及超微粒的研究

　　近几年来，中国科学家在纳米管和其他功能纳米材料研究方面，取得了具有重要影响的7项成果，引起国际科技界的很大关注。范守善等首次利用碳纳米管成功地制备出GaN一维纳米棒，并提出了碳纳米管限制反应的概念，该项成果成为1997年 *Science* 杂志评选出的十大科学突破之一；他们还与美国斯坦福大学戴宏杰教授合作，在国际上首次实现硅衬底上的碳纳米管阵列的自组装生长，推进了碳纳米管在场发射和纳米器件方面的应用研究。解思深等利用化学气相法制备纯净碳纳米管的技术，合成了大面积定向纳米管阵列，该项工作发表在1996年的 *Science* 上。他们还利用改进后的基底，成功地控制了碳纳米管的生长模式，大批量地制备出长度为2～3mm的超长定向碳纳米管，该项工作发表于1998年的 *Nature* 上。张立德等应用溶胶-凝胶与碳热还原相结合的方法及纳米液滴外延等新技术，首次合成了准一维纳米丝和纳米电缆，在国际上受到高度重视。钱逸泰等用γ-射线辐射法或水热法及两者的结合，成功地制备出各种纳米粉；用溶剂热合成技术首次在300℃左右制得30mmGaN，此外，他们还利用溶剂热法制得了InP及CrN、Co_2P、Ni_2P、In_2S_3等纳米相化合物；用催化热分解法从CCl_4制得纳米金刚石，该项成果发表于1998年的 *Science* 上，成为人们推崇的"稻草变黄金"的范例。

四、无机膜与敏感材料的研究

　　孟广耀等利用高温溶盐离子交换法获得固体电解质Ag^+-β''-Al_2O_3，设计并发展了全固

态 SO_x 传感器；中国科技大学气敏传感器实验室还研制了 CO、C_2H_2、C_2H_4 等多种气敏传感器，有的已达国际先进水平。彭定坤等建立了先进而有效的溶胶-凝胶工艺，制得了 γ-Al_2O_3 超微粉和 Y_2O_3 稳定的 ZrO_2 膜；通过不同溶剂中的溶胶-凝胶过程，研制了有支撑体和无支撑体的 TiO_2 膜。彭定坤、孟广耀等发展了化学气相沉积法（CVD）和金属有机化学气相沉积法（MOCVD），合成了高温超导体 $YBa_2Cu_3O_{7-x}$ 薄膜和透氢的 PB-Ni、Pb-Y 膜。

五、电、磁功能材料的研究

苏勉曾、林建华等用软化学方法合成了一系列稀土-过渡金属间化合物，制得了 10 余种满足制备稀土永磁黏结磁体要求的金属间化合物。任玉芳等合成了 300 多种不同组成的稀土与 Ti、V、Mn、Fe、Co、Ni、Cu、Mo、W、Ir、In、Sn 的复合氧化物及稀土复合硫化物、稀土复合氟化物、稀土磷化物；研究了它们的结构和性质，光电、热电、气敏、热敏、磁敏等传感性质，快离子导电性质，超导性质及影响电性的规律；并研究开发了这些性质的应用。1987 年，任玉芳等在国际上较早提出临界温度为 90.4K 的掺银的 Y-Ba-Cu-Ag-O 超导材料。

六、C_{60} 及其衍生物的研究

1990 年底，中国科学院化学研究所和北京大学开始 C_{60} 团簇的合成实验研究，随后国内十余个单位相继开展了 C_{60} 的研究，取得了很好的结果，如首先在国际上建立了重结晶分离 C_{60} 和 C_{70} 的方法；在国内首次获得了 K_3C_{60} 和 Rb_3C_{60} 超导体，达到了当时的国际先进水平；发现在阴极中掺杂 Y_2O_3 可以大大提高阴极沉积物中碳纳米管的含量；首先报道了直接氧化含氮化合物的研究成果等。

七、多酸化合物的研究

顾翼东等在常温及较低酸度下合成了活性粉状白钨酸，使钨化学研究取得重要突破；谢高阳等以活性白钨酸为原料，制备了多种不同结构的含钨化合物。王恩波等结合钨、钼、钒的催化、抗病毒、抗肿瘤、抗艾滋病等特性，合成了大量钨、钼、钒以及含稀土元素的多酸化合物，并以多酸化合物为催化剂，在酯化反应、烷基化反应、缩合脱水反应等方面进行了卓有成效的工作。

八、金属氢化物的研究

申泮文等设计了有特殊搅拌设备的固-液-气多相反应釜，使"金属还原氢化反应"在 $400\sim500℃$ 范围内进行完全；利用此类反应以新方法合成复合金属氢化物；以"共沉淀还原法"和"置换扩散法"制备了钛铁系、镍基或镁基合金等储氢材料；创造了钕铁硼等永磁材料合成新工艺。

九、其他

黄金陵等通过固相合成获得了一系列具有奇特的层状结构的三组元碲化物，第三组元离子是插入到"薄板"内，而不是在"薄板"之间，见图 3。他们还合成了具有优异的光、电、磁、生物等特性的金属酞菁、萘酞菁类配合物等功能材料。

秦金贵等对具有特殊固体物理性能的金属有机功能材料的合成、结构与物理性能进行了研究。孙聚堂等研究了一些固相反应的可能机理，希望为一些化合物的合成提供新方法。秦子斌、曹锡章、计亮年等在大环配体金属配合物，尤其是自由卟啉、氮杂或硫杂卟啉的配合物的合成、表征及其性质方面进行了广泛研究，取得了许多有意义的成果。

此外，国内还有人利用微波辐射法合成了氧化物、硫化物、硅酸盐、磷酸盐、铝酸盐、硼酸盐、钨酸盐等各类荧光体，其中制得的 $CaWO_4$:Pb 荧光粉的相对发光亮度为市售荧光粉的 119%；利用掺 Sm^{2+} 的 $M_{1-x}M_xFCl_{1-y}Br_y$（M＝Mg，Ca，Sr，Ba）的选择光激励，在世界上第一个实现了室温光谱烧孔；建立了 $1\times10^{11}Pa$ 高压实验室，完成了模拟地下 6×10^9Pa 和 1500℃ 的高温高压实验；利用高温高压法合成了立方氮化硼超硬材料、宝石级的掺

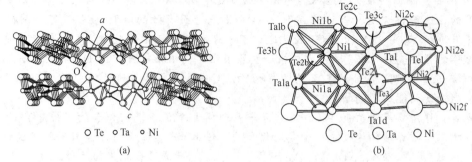

图 3 层状结构的三组元碲化物

（a）$TaNi_2Te_3$ 结构沿 [010] 投影；（b）结构中层内的原子排布

稀土的翡翠及双稀土钙钛矿结构的新相物质。

第10章 相 变

相变是自然界最常见的物理现象，但是也是最变化无常、难以把握的。根据晶体结构的知识可知，不同的相有不同的结构，对应着截然不同的材料物理性质，例如，金刚石和石墨，两者的硬度有天壤之别，用途完全不同，而它们却只是同一种化学物质的不同的相。相变在无机材料生产中也是十分重要的，无机材料的生产和使用过程都涉及到相变，例如，制造陶瓷和耐火材料必须经烧成和重结晶产生需要的晶相，有时还需要引入矿化剂控制其晶型转变；制造透明玻璃必须防止玻璃结晶失透，制造各种微晶玻璃则必须控制结晶；制造单晶、多晶和晶须采用液相或气相外延生长的方法，从非晶相中长出晶相；瓷釉、搪瓷和各种复合材料的熔融和析晶过程；新型铁电材料中自发极化产生的压电、热释电、电光效应；磁性材料的铁磁性、反铁磁性等。相变过程中涉及的基本理论对获得特定性能的材料和制订合理工艺过程是极为重要的，是无机材料研究的重要课题。

相变是有序和无序两种倾向矛盾斗争的表现。相互作用是有序的起因，热运动是无序的来源。在缓慢降温的过程中，每当一种相互作用的特征能量足以和热运动能量 kT 相比时，物质的宏观状态就发生突变。换句话说，每当温度降低到一定程度，以至于热运动不再能破坏某种特定相互作用造成的秩序时，就可能出现一个新相。多种多样的相互作用导致形形色色的相变现象。新相突然出现，同时伴随着许多物理性质的急剧变化。

本章将对无机材料生产和研究中经常出现的基本的相变动力学理论及方法做一些简单的介绍。

10.1 相变的形式

物质的相变种类和方式很多，显而易见的是物质有固、气、液三态的变化，按固相晶体结构变化特征分为位移型相变和重建型相变。但是同样是晶体结构变化，25℃时，α-石英向 β-石英的转变具有相变潜热 580J/mol，而合金的铁磁性-顺磁性转变没有相变潜热，因此仅仅按照物质状态区分相变类型很难把握相变的本质。对相变常见的分类方法有按热力学分类、按相变方式分类、按相变时质点迁移情况分类等。

10.1.1 相变的一般特征

在均匀单相或混合相的系统中，出现成分或结构（包括原子、离子或电子位置及位相的改变）、组织形态和性质不同的相，就称为相变。当条件改变时，母相失稳而新相具有较高的稳定性，相变就会发生。这时原母相体系的自由能一定大于形成新相的体系的自由能，自由能-组成曲线有变化。不同类型的相变，变化的特征不同。温度变化是引起母相失稳的主要原因，比如一般的物质随温度下降从气体变为液体最终变为固体。除此之外，压强和应变也可以引起母相的失稳，温度不变，增加压力可以使气体变为液体，石墨变为金刚石，常温下切应变可使四方相氧化锆转变为单斜相氧化锆。母相失稳是由于点阵振动模——光学振动模或声学振动模的软化所致，在 20 世纪 60 年代初开始建立起了相变的软模理论。

大多数相变需要驱动力，以补偿新相形成增加的表面能量、扩散所需的能量和界面迁动的能量，此驱动力往往是相对于平衡相变温度的过冷度或过热度而言。

相变的另一特点是有时先产生亚稳过渡相再转化成稳定相。如有些无机熔体急冷形成玻璃，加热处理又产生晶态，形成含有大量微小晶体的微晶玻璃；钢中经常出现亚稳相 Fe_3C，而不是稳定相石墨。亚稳过渡相出现的热力学原因是，在一定温度下，亚稳相的形核驱动力（相变自由能）大于稳定相的驱动力，当温度条件改变时，亚稳相的形核驱动力减小，小于稳定相的形核驱动力，则亚稳相由稳定相代替。

相变时，母相和新相间的界面结构影响新相长大的形态和动力学。凝固时，液固间的界面分为粗糙界面和光滑界面，形成粗糙界面晶体长大速率大，形成光滑界面晶体长大速率小。固态相变，两相都是晶体，相界面结构有三种情况，完全共格、半共格和非共格。

10.1.2 相变的分类

10.1.2.1 按热力学分类

用热力学研究相变问题，探讨的是各个相的能量状态在不同的外界条件下所发生的变化，而不涉及具体的原子间结合力或相对位置的改变，热力学无法解释相变机理，但其结论却是普遍适用的。

热力学分类把相变分为一级相变、二级相变与 n 级相变。

一级相变定义为相变前、后两相的化学势相等，但化学势的一级偏微商（一级导数）不相等，即

$$\mu_1 = \mu_2$$

$$\left(\frac{\partial \mu_1}{\partial P}\right)_T \neq \left(\frac{\partial \mu_2}{\partial P}\right)_T$$

$$\left(\frac{\partial \mu_1}{\partial P}\right)_T \neq \left(\frac{\partial \mu_2}{\partial P}\right)_T$$

由于 $\left(\frac{\partial \mu}{\partial T}\right)_P = -S$；$\left(\frac{\partial \mu}{\partial P}\right)_T = V$，因此一级相变时，具有体积和熵（及焓）的突变（图 10.1），有相变潜热存在。

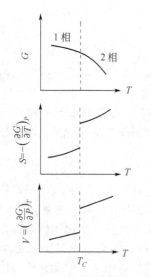

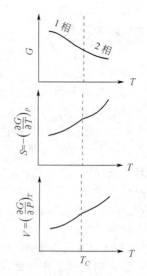

图 10.1　一级相变时两相的自由能、　　　　图 10.2　二级相变时两相的自由能、
　　　　熵及体积的变化　　　　　　　　　　　　　熵及体积的变化

一级相变是最普遍的相变类型，晶体的熔化、升华、沉积，液体的凝固、汽化，气体的凝聚以及晶体中大多数晶型转变都属于一级相变。

相变时两相化学势相等，而且化学势的一级偏微商也相等，但化学势的二级偏微商不相

等的，称为二级相变。根据热力学基本方程，化学势的一级偏微商相等，就是相变前、后两相的熵、焓和体积相等，无相变潜热（图10.2）；化学势的二级偏微商不相等也就是相变前、后两相热容、热膨胀系数、压缩系数不相等，这三个物理量有突变（图10.3），二级相变也形象地称为 λ 相变。属于二级相变的有超导态相变、磁性相变、玻璃态相变、液氦的 λ 相变及合金中的有序-无序相变。

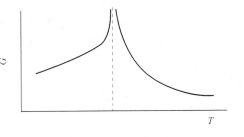

图 10.3 在二级相变中热容的变化

当相变时两相的化学势相等，其一级、二级偏微商也相等，但三级偏微商不相等时，称为三级相变。由此类推，化学势的 $(n-1)$ 级偏微商相等，n 级偏微商不相等的称为 n 级相变。量子统计爱因斯坦玻色凝结现象为三级相变。实际中，二级以上相变很少见。

一级相变问题可以用经典热力学处理，而二级相变通常用唯象的朗道理论来处理，现在一级相变也能使用朗道理论处理，但本章将介绍的内容仅限于用经典热力学分析一些典型的一级相变，至于朗道理论这里不做讨论。

虽然热力学分类方法比较严格，但并非所有相变形式都能明确划分。例如，$BaTiO_3$ 的相变具有二级相变特征，然而，$\Delta = 2E_{AB} - E_{AA} - E_{AB}$，它又有不大的相变潜热。$KH_2PO_4$ 的铁电体相变在理论上是一级相变，但它实际上却符合二级相变的某些特征。在许多一级相变中都重叠有二级相变的特征，因此有些相变实际上是混合型的。

10.1.2.2 按质点迁移特征分类

根据相变过程中质点的迁移情况，可以将相变分为扩散型和无扩散型两大类。

扩散型相变的特点是相变依靠原子（或离子）的扩散来进行。这类相变较多，如重建型晶型转变、熔体中析晶、沉淀、贝氏体相变、Spinodal 分解和部分有序-无序转变等。

无扩散型相变过程中不存在原子（或离子）的扩散，或虽存在扩散但不是相变所必需的过程。无扩散型相变主要存在于固态-固态相变中，相结构变化为位移型，原子的位移有两种，一种原子位移是若干原子的某种协调运动，不产生点阵扭曲性变形，原子或离子位置调整，经位移后点阵不发生畸变，只改变晶体对称性或结构，在理想状态下，这种形变不产生应变能，只有界面能，称为"调位型转变"，它起因于母相的某种振动失稳，称为"软模"相变，在铁电、铁磁材料（如 $SrTiO_3$、$BaTiO_3$ 等）中十分常见，有序-无序相变、合金的 ω 相变也属此列；另一种是经位移后点阵发生畸变的相变，相变前后的体积及形状变化，在母相和生成相中引起弹性应变能，将母相和生成相分开的界面产生界面能，必须克服这两种能量才能产生"点阵畸变型转变"，如以切应力为主的马氏体相变、以正应力为主的膨胀型相变。

10.1.2.3 按相变方式分类

Gibbs（吉布斯）将相变过程分为两种不同方式：一种是由程度大、范围小的浓度起伏开始发生相变，并形成新相核心，称为经典的形核-长大型相变；另一种却由程度小、范围广的浓度起伏连续地长大形成新相，称为连续型相变。

扩散型形核-长大型相变（见 10.2 熔体的析晶）包括无机玻璃熔体的冷却析晶、液态金属的凝固、合金固相的脱溶（沉淀）相变。无扩散型形核-长大型相变的典型例子是马氏体相变（见 10.4 马氏体相变）。

扩散型的连续相变主要包括 Spinodal 分解、连续有序化及起伏的聚集。其中 Spinodal 分解在合金体系、氧化物体系、玻璃体系中可观察到，本章第三节将专门讲述。在具有简单不溶解区的合金体系或玻璃体系中，当在足够大的过冷度下产生长波长的准周期性起伏，经上坡扩散而聚集，从而由一个单相分解成亚稳的两相，这种相变称为 Spinodal 分解。无扩散型的连续相变有 ω 相变。

本章将在经典热力学的理论框架下讨论在无机材料中常见的几种一级相变，熔体的析晶、spinodal 分解和马氏体相变在相变分类上分别属于扩散型的形核-生长相变，扩散型的连续相变和无扩散型的形核-生长相变。

10.2　熔体的析晶

物质高温时以熔体状态存在，但温度降低，熔体就释放出能量，析出晶体或变成玻璃体。从热力学观点来看，玻璃体处于介稳状态，其吉布斯自由能高于相同组成的晶体，因此，当熔体冷却释放出全部多余能量时，则析晶为晶态物质，最终变成晶粒大小不同的多晶体。这一过程需要通过原子的迁移来完成，是扩散型相变。熔体的析晶过程包括晶核形成和晶体长大两个过程。

扩散型相变是材料相变中的重要一种，扩散型相变不仅有晶体结构的变化，还有成分的变化，如金属的第二相颗粒沉淀、熔体的析晶、珠光体转变、钢中的 AF 转变、玻璃分相等都是扩散型相变。许多扩散型相变都遵循形核-生长相变机制，如上面提到的金属的第二相颗粒沉淀、熔体的析晶等，本章以熔体析晶为例介绍形核-长大相变的物理化学过程。下面将从热力学和动力学角度进行讨论。

10.2.1　形核-生长相变热力学

10.2.1.1　热力学驱动力

相变过程的推动力是相变过程前后自由熔的差值：

$$\Delta G_{T,p} \leqslant 0 \qquad \begin{array}{l} \text{过程自发进行} \\ \text{过程达到平衡} \end{array}$$

（1）相变过程的温度条件　由热力学可知在等温等压下有：

$$\Delta G = \Delta H - T\Delta S$$

在平衡条件下，$\Delta G = 0$，则有 $\Delta H - T\Delta S = 0$。

$$\Delta S = \frac{\Delta H}{T_0} \tag{10.1}$$

式中，T_0 为相变的平衡温度，K；ΔH 为相变热，kJ/mol。

若在任意温度 T 的不平衡条件下，则有：

$$\Delta G = \Delta H - T\Delta S \neq 0$$

若 ΔH 与 ΔS 不随温度而变化，将式（10.1）代入上式得：

$$\Delta G = \Delta H - \Delta H \frac{T}{T_0} = \Delta H \frac{T_0 - T}{T_0} = \Delta H \frac{\Delta T}{T_0} \tag{10.2}$$

从式（10.2）可见，相变过程要自发进行，必须有 $\Delta G < 0$，则 $\Delta H \dfrac{\Delta T}{T_0} < 0$。若相变过程放热（如凝聚过程、结晶过程等），$\Delta H < 0$，要使 $\Delta G < 0$，必须有 $\Delta T > 0$，$\Delta T = T_0 - T > 0$，即 $T_0 > T$，这表明在该过程中系统必须"过冷"，或者说系统实际温度比理论相变温度还要低，才能使相变过程自发进行；如相变过程吸热（如蒸发、熔融等），$\Delta H > 0$，要满足 $\Delta G < 0$ 这一条件，则必须 $T < 0$，即 $T_0 < T$，这表明系统要发生相变过程必须"过热"。由此得出结论：相变驱动力可以表示为过冷度（过热度）的函数，因此相平衡理论温度与系统实际温度之差即为该相变过程的推动力。

（2）相变过程的压力和浓度条件　从热力学知道，在恒温可逆不做有用功时：

$$dG = V dp$$

对理想气体而言：

$$\Delta G = \int V \mathrm{d}p = \int \frac{RT}{p} \mathrm{d}p = RT \ln \frac{p_2}{p}$$

当过饱和蒸气压力为 p 的气相聚成液相或固相（其平衡蒸气压力为 p_0）时，有：

$$\Delta G = RT \ln \frac{p_0}{p} \qquad (10.3)$$

要使相变能自发进行，必须 $\Delta G < 0$，即 $p > p_0$，即要使凝聚相变自发进行，系统的饱和蒸气压应大于平衡蒸气压 p_0。这种过饱和蒸气压差为凝聚相变过程的推动力。

对溶液而言，可以用浓度 c 代替压力 p，式（10.3）可写成：

$$\Delta G = RT \ln \frac{c_0}{c} \qquad (10.4)$$

若是电解质溶液还要考虑电离度 α，即 $1\mathrm{mol}$ 能离解出 α 个离子：

$$\Delta G = \alpha RT \ln \frac{c_0}{c} = \alpha RT \ln\left(1 + \frac{\Delta c}{c}\right) \approx \alpha RT \frac{\Delta c}{c} \qquad (10.5)$$

式中，c_0 为饱和溶液浓度，$\mathrm{mol/L}$；c 为过饱和溶液浓度，$\mathrm{mol/L}$。

要使相变过程自发进行，应使 $\Delta G < 0$，式（10.5）右边 α、R、T、c 都为正值，要满足这一条件，必须 $\Delta c < 0$，即 $c > c_0$，液相要有过饱和浓度，它们之间的差值 $c - c_0$ 即为这一相变过程的推动力。

综上所述，相变过程的推动力应为过冷度、过饱和浓度、过饱和蒸气压、系统温度、浓度和压力与相平衡时温度、浓度和压力之差值。

10.2.1.2 晶核形成的热力学条件

均匀单相并处于稳定条件下的熔体或溶液，一旦进入过冷或过饱和状态，系统就具有结晶的趋向，但此时所形成的新相的晶胚十分微小，其溶解度很大，很容易溶入母相溶液中。只有当新相的晶核足够大时，它才不会消失而继续长大形成新相。那么至少要多大的晶核才不会消失而形成新相呢？

当熔体（溶液）冷却发生相转变时，系统由一相变成两相，这就使体系在能量上出现两种变化，一种是系统中一部分原子（离子）从高自由焓状态（例如液态）转变为低自由焓的另一状态（例如晶态），这就使系统的自由焓减少（ΔG_1）；另一种是由于产生新相，形成了新的界面（例如固-液界面），这就需要做功，从而使系统的自由焓增加（ΔG_2）。因此系统在整个相变过程中自由焓的变化（ΔG）应为此两项的代数和：

$$\Delta G = \Delta G_1 + \Delta G_2 = V \Delta G_V + A\gamma$$

式中，V 为新相的体积；ΔG_V 为单位体积中旧相和新相之间的吉布斯自由能之差；A 为新相的总表面积；γ 为新相界面能。

假设生成的新相晶胚呈球形，则上式写成：

$$\Delta G = \frac{4}{3} \pi r^3 \Delta G_V + 4\pi r^2 \gamma \qquad (10.6)$$

式中，r 为球型晶胚半径。

将式（10.4）代入式（10.6）得：

$$\Delta G = \frac{4}{3} \pi r^3 \Delta H \frac{\Delta T}{T_0} + 4\pi r^2 \gamma \qquad (10.7)$$

由式（10.7）可见，ΔG 是晶胚半径 r 和过冷度 ΔT 的函数。图 10.4 表示 ΔG 与晶胚半径 r 的关系。系统自由焓

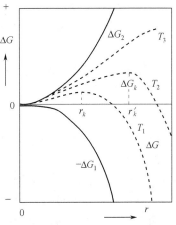

图 10.4　晶核大小与体系吉布斯
自由能关系之图解

ΔG 是由两项之和决定的。图中曲线 ΔG_1 为负值，它表示由液态转变为晶态时，吉布斯自由能是降低的。图中曲线 ΔG_2 表示新相形成的界面吉布斯自由能，它为正值。当新相晶胚半径 r 和 ΔT 很小时，即系统温度接近 T_0（相变温度）时，$\Delta G_1 < \Delta G_2$。如图中 T_3 温度时，ΔG 随 r 增加而增大，并始终为正值。当温度远离 T_0，即温度下降并晶胚半径逐渐增大时，ΔG 开始随 r 增长而增加，接着随 r 增长而降低，此时 ΔG-r 曲线出现峰值，如图温度 T_1、T_2 所对应的曲线。在这两条曲线峰值的左侧，ΔG 随 r 增长而增加，即 $\Delta G > 0$，此时系统内产生的新相是不稳定的。反之在曲线峰值的右侧，ΔG 随新相晶胚长大而减少，即 $\Delta G < 0$。故此晶胚在母相中能稳定存在，并继续长大。显然，相对于曲线峰值的晶胚半径 r_k 是划分这两个不同过程的界限，r_k 称为临界半径。从图 10.4 还可以看到，在低于熔点的温度下，r_k 才能存在，而且温度越低 r_k 值越小，图中 $T_3 > T_2 > T_1$，$r_{k_2} > r_{k_1}$，r_k 值可以通过求曲线的极值来确定。

$$\frac{\mathrm{d}(\Delta G)}{\mathrm{d}r} = 4\pi \frac{\Delta H \Delta T}{T_0} r^2 + 8\pi r \gamma = 0$$

$$r_k = -\frac{2\gamma T_0}{\Delta H \Delta T} = -\frac{2\gamma}{\Delta G_v} \tag{10.8}$$

由上式可知，临界晶核尺寸越小，新相越易形成，在相平衡温度，临界晶核尺寸 r_k 趋于无穷大，相变不可能发生。影响 r_k 的因素既有系统本身的性质 γ 和 ΔH，也有外界条件如 ΔT，晶核的界面能 γ 降低和相变热 ΔH 增加均可以使 r_k 变小，ΔT 增加则使临界晶核尺寸减小。

将式（10.8）代入式（10.7），得到临界晶核尺寸时系统吉布斯自由能的变化：

$$\Delta G_k = -\frac{32}{3} \times \frac{\pi \gamma^3}{\Delta G_v^2} + \frac{16\pi \gamma^3}{\Delta G_v^2} = \frac{1}{3}\left(\frac{16\pi \gamma^3}{\Delta G_v^2}\right) \tag{10.9}$$

当晶核为临界半径 r_k 时，形成的新相表面积 A_k，对比式（10.9）中的第二项知：

$$A_k = 4\pi r_k^2 = \frac{16\pi \gamma^2}{\Delta G_v^2} \tag{10.10}$$

因此可得：

$$\Delta G_k = \frac{1}{3} A_k \gamma \tag{10.11}$$

由方程式（10.11）可知，要形成临界半径大小的新相，则需要对系统做功，其值等于所需克服的势垒。这一数值越低，相变过程就越容易进行。式（10.11）还表明，液-固相之间的自由焓差值只能供给形成临界晶核所需界面能的 2/3。而另外的 $1/3(\Delta G_k)$，对于均匀形核而言，则需依靠系统内部存在的能量起伏来补足。通常描述系统的能量均为平均值，但从微观角度看，系统内不同部位由于质点运动的不均衡性，而存在能量起伏，动能低的质点偶尔较为集中，即引起系统局部温度的降低，为临界晶核的形成产生了必要条件。

系统内能形成的 r_k 大小的粒数 n_k 可用下式描述：

$$\frac{n_k}{k} = \exp\left(-\frac{\Delta G_k}{RT}\right) \tag{10.12}$$

式中，n_k/n 表示半径大于或等于 r_k 粒子的分数。由此可见，ΔG_k 越小，具有临界半径 r_k 的粒子数越多。

10.2.2 形核生长相变动力学

10.2.2.1 晶核形成过程动力学

晶核形成过程是析晶第一步，它分为均匀形核和非均匀形核两类。所谓均匀形核是指晶核在均匀的单相熔体中产生的概率处处是相同的。非均匀形核是指借助于表面、界面、微粒裂纹、器壁以及各种催化位置等而形成晶核的过程。

（1）均匀形核　当母相中产生临界核胚以后，必须从母相中由原子或分子一个个逐步加到核胚上，使其生长成稳定的晶核。因此形核速率除了取决于单位体积母相中核胚的数目以外，还取决于母相中原子或分子加到核胚上的速率，可以表示为：

$$I_v = \nu n_1 n_k \tag{10.13}$$

式中，I_v 为形核速率，指单位时间、单位体积中所产生的晶核数目，其单位通常是：晶核个数每秒立方厘米；ν 为单个原子或分子同临界晶核碰撞的频率；n_1 为临界晶核周界上的原子或分子数。

碰撞频率 ν 表示为：

$$\nu = \nu_0 \exp\left(-\frac{\Delta G_m}{RT}\right) \tag{10.14}$$

式中，ν_0 为原子或分子的跃迁频率；ΔG_m 为原子或分子跃迁新、旧界面的迁移活化能。因此形核速率可以写成：

$$I_v = \nu_0 n_1 \exp\left(-\frac{\Delta G_k}{RT}\right)\exp\left(-\frac{\Delta G_m}{RT}\right) = B\exp\left(-\frac{\Delta G_k}{RT}\right)\exp\left(-\frac{\Delta G_m}{RT}\right) \tag{10.15}$$
$$= PD$$

式中，P 为受核化位垒影响的形核率因子；D 为受原子扩散影响的形核率因子；B 为常数。

式（10.15）表示形核速率随温度变化的关系。当温度降低，过冷度增大时，由于 $\Delta G_k \propto \dfrac{1}{\Delta T^2}$ [将式（10.2）代入式（10.9）可得]，因此形核位垒下降，形核速率增大，直至达到最大值。若温度继续下降，液相黏度增加，原子或分子扩散速率下降，ΔG_m 增大，使 D 的值剧烈下降，致使 I_v 降低，形核率 I_v 与温度的关系应是 P 和 D 的综合结果，如图 10.5 中的 I_v 曲线。在温度低时，D 项因子抑制了 I_v 的增长；在温度高时，P 项因子抑制了 I_v 的增长，只有在合适的过冷度下，P 与 D 因子的综合结果使 I_v 有最大值。

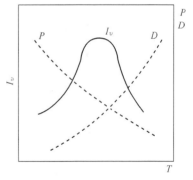

图 10.5　形核速率与温度关系

（2）非均匀形核　熔体过冷或液体过饱和后不能立即形核的主要障碍是晶核要形成液-固相界面需要能量。如果晶核依附于已有的界面（如容器壁、杂质粒子、结构缺陷、气泡等）形成，则高能量的晶核与液体的界面被低能量的晶核与形核基体之间的界面所取代。显然，这种界面的代换比界面的创生所需要的能量少。因此，形核基体的存在可降低形核位垒，使非均匀形核能在较小的过冷度下进行。

非均匀形核的临界位垒 ΔG_k 在很大程度上取决于接触角 θ 的大小。

当新相的晶核与平面形核基体接触时，形成的接触角 θ 如图 10.6。晶核形成一个具有临界大小的球冠粒子，这时形核位垒为：

$$\Delta G_k^* = \Delta G_k f(\theta) \tag{10.16}$$

式中，ΔG_k^* 为非均匀形核时的自由焓变化；ΔG_k 为均匀形核时的自由焓变化。$f(\theta)$ 可由图 10.7 球冠模型的简单几何关系求得：

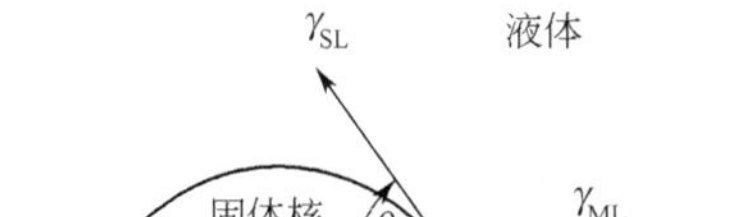

$$f(\theta) = \frac{(2+\cos\theta)(1-\cos\theta)^2}{4} \tag{10.17}$$

图 10.6　非均匀形核模型

由式（10.17）可见，在形核基体上形成晶核时，形核位垒应随着接触角 θ 的减小而下降。若 $\theta = 180°$，则 $\Delta G_k^* = \Delta G_k$；若 $\theta = 0°$，则 $\Delta G_k^* = 0$。表 10.1 列出角 θ 对 ΔG_k^* 的影响。

表 10.1　接触角对非均匀形核自由能变化的影响

项　目	θ	$\cos\theta$	$f(\theta)$	ΔG_k^*
润湿	$0\sim90°$	$1\sim0$	$0\sim1/2$	$(0\sim1/2)\Delta G_k$
不润湿	$90\sim180°$	$0\sim-1$	$1/2\sim1$	$(1/2\sim1)\Delta G_k$

由表 10.1 可见，由于 $f(\theta)\leqslant1$，所以非均匀形核比均匀形核的位垒低，析晶过程容易进行；而润湿的非均匀形核又比不润湿的位垒更低，更容易形成晶核。因此在生产实际中，为了在制品中获得晶体，往往选定某种形核基体加入到熔体中去。例如，在铸石生产中，一般用铬铁砂作为形核基体。在陶瓷结晶釉中，常加入硅酸锌和氧化锌作为核化剂。

非均匀晶核形成速率为：

$$I_s=B_s\exp\left(-\frac{\Delta G_k^*+\Delta G_m}{RT}\right)u\approx B\nu(1-0)\approx B\nu \tag{10.18}$$

式中，ΔG_k^* 为非均匀形核位垒；B_s 为常数。I_s 与均匀形核速率公式中的 I_v 极为相似，只是以 ΔG_k^* 代替 ΔG_k，用 B_s 代替 B 而已。

10.2.2.2　晶核长大过程动力学

在稳定的晶核形成后，母相中的质点按照晶体格子构造不断地堆积到晶核上去，使晶体得以生长。晶体生长速率 u 受温度（过冷度）和浓度（过饱和度）等条件所控制。它可以用物质扩散到晶核表面的速率和物质由液态转变为晶体结构的速率来确定，下面讨论理想生长过程的晶体生长速率。

图 10.7 表示析晶时液-固界面的势垒图。图中 q 为液相质点通过相界面迁移到固相的扩散活化能，ΔG 为液体与固体吉布斯自由能之差，即析晶过程吉布斯自由能的变化；$\Delta G+q$ 为质点从固相迁移到液相所需的活化能；λ 为

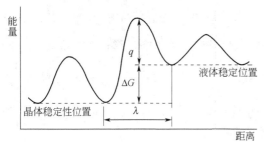

图 10.7　液-固界面势垒示意图

界面厚度。质点由液相向固相迁移的速率应等于界面的质点数目 n 乘以跃迁频率，并应符合玻尔兹曼分布定律，即

$$Q=Q_{L\to S}-Q_{S\to L}=n\nu_0\exp\left(-\frac{q}{RT}\right)\left[1-\exp\left(-\frac{\Delta G}{RT}\right)\right]$$

$$U=Q\lambda=n\nu_0\lambda\exp\left(-\frac{q}{RT}\right)\left[1-\exp\left(-\frac{\Delta G}{RT}\right)\right]$$

从固相到液相的迁移率应为：

$$Q_{S\to L}=n\nu_0\exp\left(-\frac{\Delta G+q}{RT}\right)$$

所以，粒子从液相到固相的净速率为：

$$Q=Q_{L\to S}-Q_{S\to L}=n\nu_0\exp\left(-\frac{q}{RT}\right)\left[1-\exp\left(-\frac{\Delta G}{RT}\right)\right]$$

晶体生长速率是以单位时间内晶体长大的线性长度来表示的，因此也称为线性生长速率。用 u 表示：

$$U=Q\lambda=n\nu_0\lambda\exp\left(-\frac{q}{RT}\right)\left[1-\exp\left(-\frac{\Delta G}{RT}\right)\right] \tag{10.19}$$

式中，λ 为界面层厚度，约为分子直径大小。又因为 $\Delta G=\dfrac{\Delta H\Delta T}{T_0}N_\tau=I_vV_adtdV_\beta=$

$V_\beta N\tau$，T_0 为晶体熔点，$\nu_0\exp\left(-\dfrac{q}{RT}\right)$ 为液-晶相界面迁移的频率因子，可用 ν 来表示。$B=n\lambda$，这样式（10.19）表示为：

$$V=B\nu\left[1-\exp\left(-\frac{\Delta H\Delta T}{RTT_0}\right)\right] \tag{10.20}$$

当过程离开平衡态很小，即 $T\to T_0$，$\Delta G\ll RT$ 时，则式（10.20）可以写成：

$$V=B\nu\left(\frac{\Delta H\Delta T}{RTT_0}\right)=B\nu\left(\frac{\Delta H\Delta T}{RT_0^2}\right) \tag{10.21}$$

这就是说，此时晶体生长速率与过冷度 ΔT 成线性关系。

当过程离平衡态很远，即 $T\ll T_0$ 时，则 $\Delta G\gg RT$，方程式（10.21）可以写成 $u\approx B\nu(1-0)\approx B\nu$。亦即此时晶体生长速率达到了极限值。约为 $10^{-5}\,\mathrm{cm/s}$。

乌尔曼对 GeO_2 晶体进行研究时，作出生长速率与过冷度关系图，如图 10.8 所示，在熔点时生长速率为零，开始时它随着过冷度增加而增加，并成直线关系增至最大值后，由于进一步过冷，黏度增加使相界面迁移的频率因子 ν 下降，故导致生长速率下降。u-ΔT 曲线之所以出现峰值是由于在高温阶段主要由液相变成晶相的速率控制，增大过冷度，对该过程有利，故生长速率增加；在低温阶段，过程主要由相界面扩散所控制，低温对扩散不利，故生长速率减慢，这与图 10.8 的晶核形成速率与过冷度的关系相似，只是其最大值较晶核形成速率的最大值对应的过冷度更小而已。

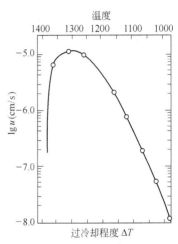

图 10.8　GeO_2 生长速率与过冷度的关系

10.2.2.3　总的结晶速率

结晶过程包括形核和晶体生长两个过程，若考虑总的相变速率，则必须将这两个过程结合起来。总的结晶速率常用结晶过程中已经结晶出晶体体积占原来液体体积的分数和结晶时间 t 的关系来表示。

假设将一物相 α 快速冷却到与它平衡的新相 β 的稳定区，并将维持一定的时间 t，则生成新相的体积为 V_β，原始相余下的体积为 V_α。

	α 相	→	β 相
$t=0$	V		0
$t=\tau$	$V_\alpha=V-V_\beta$		V_β

在 dt 时间内形成新相的粒子数 N_τ 为：

$$N_\tau=I_v V_\alpha dt \tag{10.22}$$

式中，I_v 为形成新相核的速率，即单位时间、单位体积内形成新相的颗粒数。

又假设形成的新相为球状；u 为新相生长速率，即单位时间内球形半径的增长；u 为常数，不随时间 t 而变化。

在时间 dt 内，新相 β 形成的体积 dV_β 等于在 dt 时间内形成新相 β 的颗粒数 N_τ 与一个新相 β 颗粒体积 V_β 的乘积，即

$$dV_\beta=V_\beta N_\tau \tag{10.23}$$

经过时间 t：

$$V_\beta=\frac{4}{3}\pi r^3=\frac{4}{3}\pi(ut)^3 \tag{10.24}$$

将方程式（10.24）、式（10.22）代入方程式（10.23）得：

$$\mathrm{d}V_\beta = \frac{4}{3}\pi u^3 t^3 I_v V_\alpha \mathrm{d}t \qquad (10.25)$$

在相转变开始阶段 $V_\alpha \approx V$，所以有：

$$\mathrm{d}V_\beta = \frac{4}{3}\pi u^3 t^3 I_v V \mathrm{d}t$$

在时间 t 内产生新相的体积分数为：

$$\frac{V_\beta}{V} = \frac{4}{3}\pi \int_0^t I_v u^3 t^3 \mathrm{d}t \qquad (10.26)$$

又在相转变初期，I_v 和 u 为常数，与 t 无关：

$$\frac{V_\beta}{V} = \frac{4}{3}\pi u^3 I_v \int_0^t t^3 \mathrm{d}t = \frac{1}{3}\pi I_v u^3 t^4 \qquad (10.27)$$

式（10.27）是析晶相变初期的近似速率方程，随着相变过程的进行，I_v 与 u 并非都与时间无关，而且 V_α 也不等于 V，所以该方程会产生偏差。

阿弗拉米（M. Avrami）1939 年对相变动力学方程做了适合的校正，导出公式：

$$\frac{V_\beta}{V} = 1 - \exp\left(-\frac{1}{3}\pi u^3 I_v t^4\right) \qquad (10.28)$$

在相变初期，当转化率较小时，则方程式（10.28）可还原成式（10.27）。

克拉斯汀（I. W. Christion）在 1965 年对相变动力学方程做了进一步修正，考虑到时间 t 对新相核的形成速率 I_v 及新相的生长速率 u 的影响，导出如下公式：

$$\frac{V_\beta}{V} = 1 - \exp(-Kt^n) \qquad (10.29)$$

式中，$\frac{V_\beta}{V}$ 为相转变的转变率；n 为阿弗拉米指数，当 I_v 随 t 减少时，阿弗拉米指数可取 $3 \leqslant n \leqslant 4$，而当 I_v 随 t 增大时，可取 $n > 4$；K 为包括新相核形成速率及新相的生长速率的系数。式（10.29）称为阿弗拉米方程。

阿弗拉米方程可用于两类相变的处理，一类是扩散控制的相变，另一类是以多晶转变为代表的无扩散型相变。图 10.9 是伯克所作的转变率 $\frac{V_\beta}{V}$ 随时间 t 的典型变化曲线。由图可见，当 $n=1$ 时，阿弗拉米方程表示出类似于一级动力学方程的情况，而对于较高数值的 n，$\frac{V_\beta}{V}$-t 曲线具有中心区域为最大长大速率的"S"形状。转变曲线均以 $\frac{V_\beta}{V} = 100\%$ 的水平线为渐近线。在开始阶段，形成新相核的速率 I_v 的影响较大，新相长大速率 u 的影响稍次，曲线平缓，这阶段主要为进一步相变创造条件，故称为"诱导期"。中间阶段由于大量新相核已存在，故可

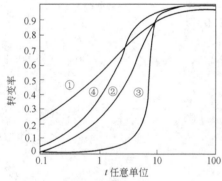

图 10.9　伯克根据阿弗拉米方程计算的转变动力学曲线

①—K 值相同，n 值为 1/2；②—K 值相同，n 值为 1；③—K 值相同，n 值为 4；④—$n=1$，而 K 值是前面几条线 K 值的一半

以在这些核上长大，此时 u 较大，而它是以 u^3 形式对 $\frac{V_\beta}{V}$ 产生影响的，所以转化率迅速增长，曲线变陡，类似加入催化剂使化学反应速率加快那样，故称为"自动催化期"。在相变的后期，相变已接近结束，新相大量形成，过饱和度减少，故转化率减慢，曲线趋于平滑，转化率接近于 100%。

10.2.3 析晶过程定性描述

当熔体过冷到析晶温度时，由于粒子动能的降低，液体中粒子的"近程有序"排列得到了延伸，为进一步形成稳定的晶核准备了条件。这就是"核胚"，也有人称为"核前群"。在一定条件下，核胚数量一定，一些核胚消失，另一些核胚又会出现。温度回升，核胚解体。如果继续冷却，可以形成稳定的晶核，并不断长大形成晶体，因而析晶过程是由晶核形成过程和晶粒长大过程所共同构成的。这两个过程都各自需要有适当的过冷度。但并非过冷度越大，温度越低，越有利于这两个过程的进行。因为形核与生长都受着两个互相制约的因素共同的影响。一方面当过冷度增大，温度下降，熔体质点动能降低，粒子间吸引力相对增大，因而容易聚积和附在晶核表面上，有利于晶核形成；另一方面，由于过冷度增大，熔体黏度增加，粒子不易移动，从熔体中扩散到晶核表面也困难。对晶核形成和长大过程都不利，尤其对晶粒长大过程影响更甚。由此可见，过冷却程度 ΔT 对晶核形成和长大速率的影响必有一个最佳值。以 ΔT 对形核和生长速率作图，如图 10.10。

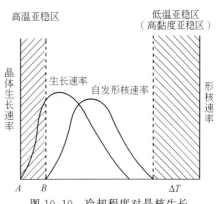

图 10.10　冷却程度对晶核生长及晶体生长速率的影响

从图中可以看到以下几点。

① 过冷度过大或过小对形核与生长速率均不利，只有在一定过冷度下才能有最大形核和生长速率。

图中对应有 I_v 和 u 的两个峰值。从理论上来讲，峰值的过冷度要以 $\frac{\partial I_v}{\partial T}=0$ 和 $\frac{\partial u}{\partial T}=0$ 来求得。由于 $I_v=f_1(T)$，$U=f_2(T)$，$f_1(T)\neq f_2(T)$，因此形核速率和生长速率两曲线峰值往往不重叠。而且形核速率曲线的峰值一般位于较低温度处。

② 形核速率与晶体生长速率两曲线的重叠区通常称为"析晶区"，在这一区域内，两个速率都有一个较大的数值。所以最有利于析晶。

③ 图中 T_m 为熔融温度，图中两侧阴影区是亚稳区。高温亚稳区内表示理论上应该析出晶体。而实际上却不能析晶的区域。B 点对应的温度为初始析晶温度。在 T_m 温度（相当于图中 A 点），$\Delta T\rightarrow 0$，而 $r_k\rightarrow\infty$，此时无晶核产生。而此时如有外加形核剂，晶体仍能在形核剂上成长，因此晶体生长速率在高温亚稳区内不为零，其曲线起始于 A 点。图中右侧为低温亚稳区。在此区域内，由于温度太低，黏度过大，以致质点难以移动而无法形核与生长。在此区域内不能析晶而只能形成过冷液体——玻璃体。

④ 形核速率与晶体生长速率两曲线峰值的大小、它们的相对位置（即曲线重叠面积的大小）、亚稳区的宽狭等都是由系统本身性质所决定的，而它们又直接影响析晶过程及制品的性质。如果形核与生长曲线重叠面积大，析晶区宽则可以用控制过冷大小来获得数量和尺寸不等的晶体。若 ΔT 大，控制在形核率较大处析晶，则往往容易获得晶粒多而尺寸小的细晶，如搪瓷中 TiO_2 析晶；若 ΔT 小，控制在生长速率较大处析晶，则容易获得晶粒少而尺寸大的粗晶，如陶瓷结晶釉中的大晶花。如果形核与生长两曲线完全分开而不重叠，则无析晶区，该熔体易形成玻璃而不易析晶。若要使其在一定过冷度下析晶，一般采用移动形核曲线的位置，使它向生长曲线靠拢的方法来实现。可以用加入适当的核化剂，使形核位垒低，用非均匀形核代替均匀形核，使两曲线重叠而容易析晶。

熔体形成玻璃正是由于过冷熔体中晶核形成最大速率所对应的温度低于晶体生长最大速率所对应的温度所致。当熔体冷却到生长速率最大处，因为形核率很小，当温度降到最大形核速率时，生长速率又很小，因此，两曲线重叠区越小，越易形成玻璃；反之，重叠区越大，则容易析晶而难于玻璃化。由此可见，要使自发析晶能力大的熔体形成玻璃，只有采用增加冷却速率以迅速越过析晶区的方法，使熔体来不及析晶而玻璃化。

10.2.4 微晶玻璃

控制析晶的实例以微晶玻璃的制造来说明。微晶玻璃是以玻璃为基体，控制其结晶而制成的，材料中含有体积分数为 $95\%\sim98\%$、尺寸小于 $1\mu m$ 的微小晶粒，具有低膨胀、高强度、易加工的特点，在机械零件、电子材料方面有广泛的应用。

在生产的开始阶段，微晶玻璃与普通玻璃外观上没有什么不同，都是均匀透明体。但在热处理阶段就会出现不同，普通玻璃经在玻璃转变温度的保温，仍是透明体，若玻璃质量不好，内部有杂质或气泡，由于非均匀形核活化能低，在缺陷位置很容易出现结晶，玻璃体内生成大尺寸晶粒的结晶体，使玻璃体不均匀，透光度变差，强度、韧性下降，严重影响玻璃质量。而微晶玻璃是经人为控制的玻璃结晶，玻璃体中形成大量均匀的微小晶体，材料呈均匀的半透明状，强度、韧性增加。

微晶玻璃工艺要求在一定条件下同时生成大量的晶核，并均匀长大到一定的尺寸。因此在图 10.11 的形核-生长速率曲线上，选择形核和生长的控制区域温度不要离得太近，以便控制。在形核阶段，形核有一定的速率，但不能太高，为使晶核大量生成，需要形核温度维持一段时间，通常是 $1\sim2h$，生成晶核尺寸约为 $30\sim70\text{Å}$。为了达到形核的要求，常常在玻璃配料中预先加入形核剂，以保证晶核的生成效率和生成速率。常用的形核剂有 TiO_2 和

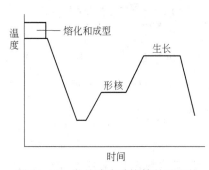

图 10.11 微晶玻璃受控结晶过程的温度-时间循环

ZrO_2，也有用 P_2O_5、铂族贵金属及氟化物的。加入形核剂的玻璃在热处理之前，用仪器观察不到不均匀现象，但在形核温度能促进晶核的大量生成。形核以后，把样品的温度快速提高到晶体生长速率最大的温度下保温，此温度还要保证制品不变形，且不生成不需要的其他晶相。图 10.11 是微晶玻璃的控制析晶过程。

热处理条件可以控制微晶玻璃中晶体的尺寸，从而得到不同性能的材料。例如，组成为 70%（质量分数）SiO_2、18%（质量分数）Al_2O_3、3%（质量分数）MgO、3%（质量分数）Li_2O、5%（质量分数）TiO_2 的 $Li_2O\text{-}Al_2O_3\text{-}SiO_2$ 系统玻璃，形核剂为 TiO_2。估计约

有 35%（质量分数）的富 TiO_2 晶核在 $725℃$ 左右开始形成，在 $800℃$ 和 $825℃$ 之间形成速率达到最大值，而在 $850℃$ 左右又下降。主晶相 β-锂霞石在富 TiO_2 晶核上生成，随后在高于 $1000℃$ 的温度下转变成 β-锂辉石。在 $825℃$ 左右，锂霞石晶体的生长速率变得很显著，并在此温度以上的一个区域内，随温度的上升而增大。若将样品快速加热到 $875℃$ 并保温 $25min$，得到晶粒数量少而尺寸大的材料，锂霞石的尺寸大至几微米。这是因为快速升温时，快速通过晶核生成区，产生的晶核少。同一组成的样品，在形核速率较大的 $775℃$ 下保温 $2h$，然后在生长速率较大的 $975℃$ 再保温 $2h$，得到的材料晶粒尺寸很小，在 $0.1\mu m$ 之内。不同热处理方法得到的两种材料晶粒尺寸和数量不同，材料的性质也有极大差别，特别是强度，晶粒尺寸大，强度小。

10.3 Spinodal 分解

Spinodal 分解是连续扩散型相变的一种，在很多系统中可以观察到，本章通过了解连续性相变的特点和本质。在硼硅酸盐玻璃等玻璃的分相系统，如 $Na_2O\text{-}SiO_2$；氧化物或非氧化物陶瓷系统，如快速淬火的 $Al_2O_3\text{-}SiO_2\text{-}ZrO_2$ 和 $SiC\text{-}AlN$ 陶瓷系统；Al-Zn 等二元金

属固溶系统中都可以观察到。为了更好地理解 spinodal 分解，首先了解一下玻璃中的分相现象。

10.3.1　液相的不混溶现象——玻璃的分相

10.3.1.1　玻璃的分相现象

一个均匀的玻璃相在一定的温度和组成范围内分成两个互不溶解或部分溶解的玻璃相，并相互共存的现象称为玻璃的分相（或称液相不混溶现象）。

分相原来是冶金学家所熟悉和研究的相变现象，吉布斯在 19 世纪就曾详细讨论过热力学理论。直到 20 世纪 20 年代分相理论才开始引用到硅酸盐系统中来。特纳等在 1926 年首先指出硼硅酸盐玻璃中存在着明显的微分相现象。直至 1952 年鲍拉依-库西茨应用 X 射线小角散射技术测得了玻璃中的微分相尺寸。随后 1956 年欧拜里斯获得了第一张硼硅酸盐钠玻璃中微分相的电子显微镜照片，电子显微镜的应用使玻璃分相研究得到迅速发展。如图 10.12 铁红釉中的分相现象，分相区中的小白点是富 Fe 玻璃孤立相、黑色连续相是贫铁玻璃、花瓣状析晶是含 Fe 硅酸盐。

在硅酸盐或硼酸盐熔体中，液相线以上或以下有两类液相的不混溶区。

如在 Mg-SiO$_2$ 系统中，液相线以上出现的

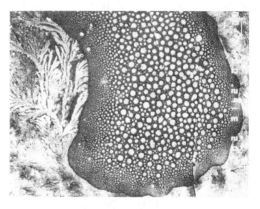

图 10.12　铁红釉中的分相现象

相分离现象，如图 10.13。在 T_1 温度时，任何组成都是均匀熔体。在 T_2 温度时，原始组成 C_0 分为组成 C_α 和 C_β 两个熔融相。

常见的另一类液-液不混溶区是出现在"S"形液相以下，如图 10.13 所示，在不混溶区中析出富 BaO 或富 SiO$_2$ 的非晶态固体。从相平衡角度考虑，相图上平衡状态下析出的固态都是晶体，而严格地说不应该用相图表示，因为析出产物不处于平衡状态。为了表示出液相以下的不混溶区，一般在相图中用虚线画出分相区。在 Na$_2$O、Li$_2$O、K$_2$O 和 SiO$_2$ 的二元系统中都存在这种现象。以图 10.14（b）所示的 Na$_2$O-SiO$_2$ 二元系统液相线以下的分相为例，来说明液相线以下不混溶区的分相特点。在 T_k 温度以上（图中约 850℃），任何组成都是单一均匀的液相；在 T_k 温度以下，该区又分为两部分。

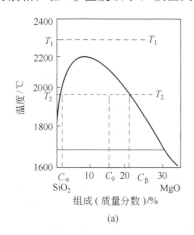

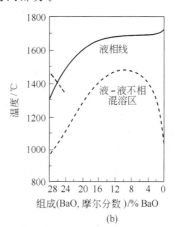

图 10.13　相图中的分相区

（a）在 MgO-SiO$_2$ 系统相图中，富 SiO$_2$ 部分的不混溶区；（b）BaO-SiO$_2$ 系统中的液相线及不相混溶区

（1）亚稳定区（形核-生长区）　图中有剖面线的区域。如系统组成点落在该区域的 C_1 点，在 T_1 温度时不混溶的第二相（富 SiO_2 相）通过形核-生长而从母相（富 Na_2O 中）析出。颗粒状的富 SiO_2 相在母液中是不连续的。颗粒尺寸在 $3\sim15nm$ 左右，其亚微观结构示意如图 10.14（c）。若组成点落在该区的 C_3 点，在温度 T_1 时，同样通过形核-生长从富 SiO_2 的母液中析出富 Na_2O 的第二相。

（2）不稳区（Spinodal 分解区）　当组成点落在如图 10.14②区的 C_2 点时，在温度 T_1 时，熔体迅速分为两个不混溶的液相。相的分离不是通过形核-生长，而是通过浓度的波形起伏而达到的。相界面开始时是弥散的，但逐渐出现明显的界面轮廓。在此时间内相的成分在不断变化，直至达到平衡值为止。析出的第二相（富 Na_2O 相）在母液中互相贯通，连续，并与母液交织而成为两种成分不同的玻璃，其亚微观结构示意如图 10.14（c）。

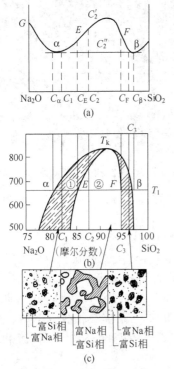

图 10.14　$Na_2O\text{-}SiO_2$ 系统的分相区
（a）自由能-组成图；（b）$Na_2O\text{-}SiO_2$ 系统分相区；
（c）各分相区的亚微观结构

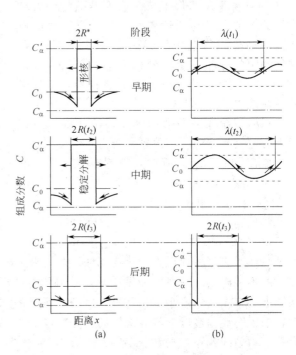

图 10.15　形核生长相变和 Spinodal 分解的
溶质空间分布随时间变化
（a）形核成长；（b）Spinodal 分解

两种不混溶区的浓度剖面示意图如图 10.15 所示，图（a）表示亚稳区内第二相形核-生长的浓度变化。若分相时母液平均浓度为 C_0，第二相浓度为 C'_α，形核生长时，由于核的形成，使局部地区由平均浓度 C_0 降至 C_α，同时出现一个浓度为 C'_α 的"核胚"，这是一种由高浓度 C_0 向低浓度 C_α 的正扩散，这种扩散的结果导致核胚粗化直至最后"晶体"长大。这种分相的特点是起始时浓度变化程度大，而涉及的空间范围小，分相自始至终第二相成分不随时间而变化。分相析出的第二相始终有显著的界面，但它是玻璃而不是晶体。图（b）表示 Spinodal 分解时第二相浓度的变化。相变开始时，浓度变化程度很小，但空间范围很大，它是发生在平均浓度 C_0 的母相中瞬间的浓度起伏。相变早期类似组成波的生长，出现浓度低处 C_0 向浓度高处 C_α 的负扩散（爬坡扩散）。第二相浓度随时间而维持变化直至达到平衡成分。

液相线以下不混溶区的确切位置可以由一系列热力学活度数据根据自由焓-组成的关系

式推算出来。图 10.14（a）即为 $Na_2O\text{-}SiO_2$ 二元系统在温度 T_1 时的自由熔（G）-组成（C）曲线。根据吉布斯自由熔-组成曲线建立相图的两条基本定理：①在温度、压力和组成不变的条件下，具有最小 Gibbs 自由熔的状态是最稳定的。②当两相平衡时，两相的自由熔-组成曲线上具有公切线，切线上的切点分别表示两平衡相的成分。先分析图 10.14（a）$G\text{-}C$ 曲线各部分如下。

① 当组成落在 75%（摩尔分数）SiO_2 与 C_α 之间，由于 $\dfrac{\partial^2 G}{\partial C^2}>0$，存在富 Na_2O 单相的均匀熔体在热力学上有最低自由熔。同理，当组成在 C_β 与 100%（摩尔分数）SiO_2 之间时，富 SiO_2 相均匀体单相是稳定的。

② 组成在 $C_\alpha \to C_E$ 之间，虽然 $\dfrac{\partial^2 G}{\partial C^2}>0$，但由于有 $\alpha\beta$ 公切线存在。这时成分 C_α 和 C_β 两相比均匀单相有更低的自由熔。因此分相比单相更稳定。如组成点在 C_1，则富 SiO_2 相（成分为 C_β）自母液富 Na_2O（成分为 C_α）中析出。两相的组成分别在 C_α 和 C_β 上读得，两相的比例由 C_1 在分切线 $\alpha\beta$ 上的位置，根据杠杆规则读得。

③ 当组成在 E 点和 F 点。这是两条正曲线率曲线与负曲率曲线相交的点，称为拐点。用数学式表示为 $\left(\dfrac{\partial^2 G}{\partial C^2}\right)_{T,p}=0$。即组成发生起伏时系统的化学位不发生变化。此点为亚稳和不稳分相区的转折点。

④ 组成在 $C_E \to C_F$ 之间，由于 $\dfrac{\partial^2 G}{\partial C^2}<0$，因此是热力学不稳定区。当组成落在 C_2 时，由于 $G_{C_2'}\gg G_{C_2''}$，能量上差异很大，分相动力学障碍小，分相很容易进行。

由以上分析可知，一个均一相对于组成微小起伏的稳定性或亚稳性的必要条件之一是相应的化学位随组成的变化应该是正值，至少为零。$\left(\dfrac{\partial^2 G}{\partial C^2}\right)_{T,p}\geqslant 0$ 可以作为一种根据判断由于过冷所形成的液相（熔融体）对分相是亚稳的还是不稳的。当 $\dfrac{\partial^2 G}{\partial C^2}>0$ 时，系统对微小的组成起伏是亚稳的，分相如同析晶中的形核生长，需要克服一定的形核位垒才能形成稳定的核。而后新相再得到扩大。如果系统不足以提供此位垒，系统不分相而呈亚稳态。当 $\left(\dfrac{\partial^2 G}{\partial C^2}\right)_{T,p}<0$ 时，系统对微小的组成起伏是不稳定的。组成起伏由小逐渐增大，初期新相界面弥散，因而不需要克服任何位垒，分相是必然发生的。

如果将 T_k 温度以下，每个温度的自由熔-组成曲线的各个切点轨迹相连即得出亚稳分相区的范围。若把各个曲线的拐点轨迹相连即得不稳分相区的范围。

表 10.2 比较了亚稳和不稳分相的特点。

表 10.2　亚稳和不稳分相比较

项目	亚稳（形核-生长相变）	不稳（Spinodal 分解相变）
热力学	$\left(\dfrac{\partial^2 G}{\partial C^2}\right)_{T,p}>0$	$\left(\dfrac{\partial^2 G}{\partial C^2}\right)_{T,p}<0$
成分	第二相组成不随时间变化	第二相组成随时间而连续向两个极端组成变化,直至达到平衡组成
形貌	第二相分离成孤立的球形颗粒	第二相分离成有连续性的非球形颗粒
有序	颗粒尺寸和位置在母液中是无序的	第二相分布在尺寸上和间距上均有规则
界面	在分相开始界面有突变	分相开始界面是弥散的逐渐明显
能量	分相需要位垒	不存在位垒
扩散	正扩散	负扩散
时间	分相所需时间长,动力学障碍大	分相所需时间极短,动力学障碍小

10.3.1.2 分相的结晶化学原因

用结晶化学观点分析，可以从玻璃结构中不同质点的排列状态以及相互作用的化学键强度和性质去深入了解玻璃分相的原因，现有的理论有能量观点、静电键观点、离子势观点……这里仅简单介绍。

玻璃熔体中离子间相互作用程度与静电键 E 的大小有关。$E = \dfrac{Z_1 Z_2 e^2}{r_{12}}$，其中，$Z_1$、$Z_2$ 是离子 1 和 2 的电价，e 是电荷，r_{12} 是两个离子的间距。例如，玻璃熔体中 Si—O 间键能较强，而 Na—O 间键能相对较弱；如果除 Si—O 键外还有另一个阳离子与氧的键能也相当高时，就容易导致不混溶。这表明分相结构取决于这两者间键力的竞争。具体说，如果外加阳离子在熔体中与氧形成强键，以致氧很难被硅夺去，在熔体中表现为独立的离子聚集体。这样就出现了两个液相共存，一种是含少量 Si 的富 R—O 相，另一种是含少量 R 的富 Si—O 相，造成熔体的不混溶。若对于氧化物系统，键能公式可以简化为离子电势 Z/r，其中，r 是阳离子半径。表 10.3 列出不同阳离子的 Z/r 值以及它们和 SiO_2 一起熔融时的液相曲线类型。"S" 形液相线表示亚稳不混溶。从表中还可以看出随 Z/r 的增加，不混溶趋势也加大，如 Sr^{2+}，Ca^{2+} 的 Z/r 较大，故可导致熔体分相；而 K^+，Cs^+，Rd^+ 的 Z/r 值小，故不易引起熔体分相。其中，Li^+ 因半径小，使 Z/r 值较大，因而使含锂的硅酸盐熔体产生分相而呈乳光现象。表 10.3 说明，含有不同离子系统的液相线形状与分相有很大关系。

表 10.3 离子电势和液相曲线的类型

阳离子	Z	Z/r	曲线类型	阳离子	Z	Z/r	曲线类型	阳离子	Z	Z/r	曲线类型
Cs^+	1	0.61		Na^+	1	1.02		Sr^{2+}	2	1.57	
Rb^+	1	0.67	近似直线	Li^+	1	1.28	"S"形线	Ca^{2+}	2	1.89	不混溶
K^+	1	0.75		Ba^{2+}	2	1.40		Mg^{2+}	2	2.56	

图 10.16 表示液-液不混溶区的三种可能的位置，即图（a）与液相线相交（形成一个稳定的二液区）；图（b）与液相线相切；图（c）在液相线之下（完全是亚稳的）。当不混溶区接近液相线时［图（a）、图（b）］，液相线将有倒 "S" 形或有趋向于水平的部分，因此，可以根据相图中液相线的坡度来推知液相不混溶区的存在及可能的位置。例如，对于一系列二元碱土金属和碱金属氧化物与二氧化硅

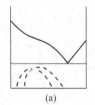 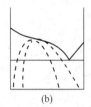 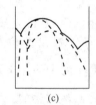

(a)   (b)   (c)

图 10.16 液相不混溶区的三种可能位置

(a) 与液相线相交；(b) 与液相线相切；(c) 在液相线之下

组成的系统，其组成为 $55\% \sim 100\%$（摩尔分数）SiO_2 之间的液相线如图 10.17。由图可见，$MgO\text{-}SiO_2$、$CaO\text{-}SiO_2$ 及 $SrO\text{-}SiO_2$ 系统里显示出稳定的液相不混溶性；而 $Ba\text{-}SiO_2$、$Li_2O\text{-}SiO_2$、$Na_2O\text{-}SiO_2$ 及 $K_2O\text{-}SiO_2$ 系统里显示出其液相线的倒 "S" 形有依次减弱的趋势，这就说明，当后一类系统在连续降温时，将出现一个亚稳不混溶区。由于这类系统的黏度随着温度降低而增加，可以预期在形成玻璃时，$BaO\text{-}SiO_2$ 系统发生分相的范围最大，而 $K_2O\text{-}SiO_2$ 最小。实际工作中如将组成 $5\% \sim 10\%$（摩尔分数）BaO 的 $Ba\text{-}SiO_2$ 系统急冷后也不易得到澄清玻璃而呈乳白色，然而在 $K_2O\text{-}SiO_2$ 系统中，还未发现乳光。这种液相线平台越宽，分相越严重的现象和液相线 "S" 形越宽，亚稳分相区组成范围越宽的结论是一致的。

液相线的倒 "S" 形状可以作为液-液亚稳相的一个标志，这与特定温度下，系统的自由焓-组成变化关系有一定的联系。

由此可见，从热力学相平衡的角度分析所得到的一些规律可以用离子势观点来解释，也就是说离子势差别（场强差）越小，越趋于分相。沃伦和匹卡斯曾指出，当离子的离子势 $Z/r>1.40$ 时（如 Mg、Ca、Sr），系统的液相区中会出现一个圆顶形的不混溶区域；而若 Z/r 在 1.40 和 1.00 之间（如 Ba、Li、Na），液相便呈倒"S"形，这是系统中发生亚稳分相的特征；当"Z/r"<1.00 时（如 K、Rb、Cs），系统不会发生分相。

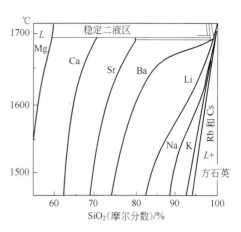

图 10.17　碱土金属和碱金属硅酸盐系统的液相线

10.3.2　Spinodal 分解的热力学理论

稳定分相的相变属形核-生长相变，其临界核形成的自由焓变化 ΔG_k 同式（10.9），形核速率同式（10.15）。在形核-生长区，如果单相液体不存在界面，则形成新相核的界面必须消耗功，此功大小随界面能 γ 增加而增大；随过冷度 ΔT 增加而减少。当 $\Delta T=0$ 时，r_k 将无穷大，即不会形成新相。这些新相核呈液滴状，就其组成与结构而言，是非化学计量的玻璃体，而不是化学计量的晶体，这与析晶过程是不相同的。形核-生长过程中不同系统所需的能量（活化能）不同；例如，LiO_2-Na_2O-SiO_2 系统为 156.8kJ/mol；Na_2O-CaO-SiO_2 系统为 147.0kJ/mol；LiO_2-BaO-SiO_2 系统为 297.3kJ/mol；PbO-SiO_2 系统为 34.3kJ/mol。

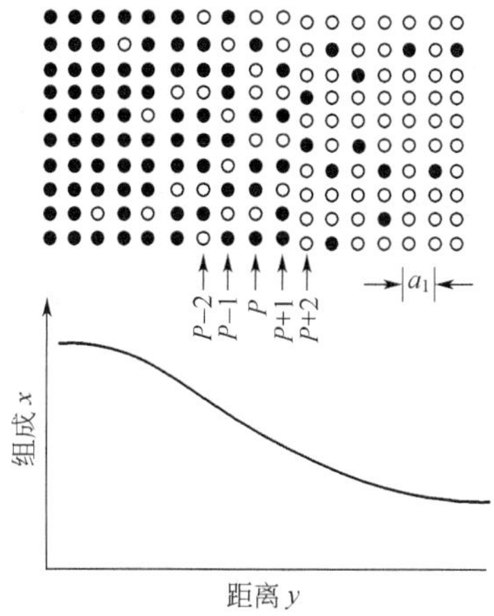

下面重点分析 Spidonal 分解热力学。

在不稳定分解区内，组成波动随着质点（原子或离子）的扩散，原有 A 相和 B 相相互扩散，A 通过界面层扩散到 B，所有组成波动引起的能量变化必然与 AA、BB 和 AB 质点对的相对键能有关。这可以用规则溶液的最邻近相互作用模型来说明。

设一个 AE 固熔体的组成沿 y 方向有变化，如图 10.18 所示，原子平面中 A 的浓度（以原子分数计）相继为 X_{P-1}，X_P，X_{P+1}……。N 为单位面积的原子密度；Z 为每个原子和相邻原子成键的数目；E_{AA}、E_{BB}、E_{AB} 分别为 AA、BB、AB 的键的键能。在 P 平面上单位面积中含有 N_{X_P} 个原子 A，而 Z 个键中出现 AA 键的数目为 Z_{X_P} 个，

图 10.18　沿 y 方向组成波动

故共有 $\dfrac{N_{X_P}+Z_{X_P}}{2}$ 个 AA 键（由于每个键计算了两次，故乘以系数 $\dfrac{1}{2}$）。同理，有 $\dfrac{NZ(1-X_P)^2}{2}$ 个 BB 键及 $NZX_P(1-X_P)$ 个 AB 键。若相邻平面具有同样组成，则 X_P 原子平面的能量为 E_{X_P} 为：

$$E_{X_P}=\frac{1}{2}NZ[X_P X_P E_{AA}+(1-X_P)(1-X_P)E_{BB}+2X_P(1-X_P)E_{AB}]$$

对于 X_{P+1} 平面，同样可以得到类似的式子：

$$E_{X_{P+1}}=\frac{1}{2}NZ[X_{P+1}X_{P+1}E_{AA}+(1-X_{P+1})(1-X_{P+1})E_{BB}+2X_{P+1}(1-X_{P+1})E_{AB}]$$

当有组成波动时，具有不同组成的 X_P 和 X_{P+1} 原子平面间的键能的总和为：

$$E_{X_P-X_{P+1}} = \frac{NZ}{2}\{X_P X_{P+1} E_{AA} + (1-X_P)(1-X_{P+1}) E_{BB} +$$

$$[X_P(1-X_{P+1}) + X_{P+1}(1-X_P)] E_{AB}\} \tag{10.30}$$

上式推导是根据 P 平面有 NX_{P+1} 个 A 原子，每个 A 原子在 $P+1$ 面上有配位数为 Z 的原子，其中，A 原子为 $Z_{X_{P+1}}$，所以 P 与 $P+1$ 面之间 AA 键的数目为 $\frac{NX_P Z_{X_{P+1}}}{2} = \left(\frac{NZ}{2}\right) X_P X_{P+1}$。

当两个面的组成均为 X_P 或 X_{P+1} 时，总能量为 $E_{X_P} + E_{X_{P+1}}$；与此相对应，当组成不相同时，总能量等于 $2E_{X_P-X_{P-1}}$。因此若与均匀组成相比较，有组成波动时引起的附加能量 E_s 等于有组成梯度的能量 $2E_{X_P-X_{P+1}}$ 减去均匀组成的能量 $E_{X_P} + E_{X_{P+1}}$，即

$$E_s = \frac{NZ}{2}(2E_{AB} - E_{AA} - E_{BB})(X_P - X_{P+1})^2 \tag{10.31}$$

由于 a_0 是 X_P 和 X_{P+1} 原子平面间距，可以用 $\frac{X_P - X_{P+1}}{a_0}$ 表示沿 y 方向的组成梯度 $\frac{\partial C}{\partial y}$，又令：

$$\Delta = 2E_{AB} - E_{AA} - E_{BB} \tag{10.32}$$

Δ 又称为相互作用能，组成梯度所引起的附加能 E_s 可写成：

$$E_s = \frac{NZ}{2}a_0^2 \Delta \left(\frac{\partial C}{\partial y}\right) = K\left(\frac{\partial C}{\partial y}\right)^2 \tag{10.33}$$

如考虑三维方向的组成梯度，则用 $\nabla C = \frac{\partial C}{\partial x} + \frac{\partial C}{\partial y} + \frac{\partial C}{\partial z}$ 代入式（10.33）得三维方向组成波动引起的附加能量：

$$E_s = K(\nabla C)^2 \tag{10.34}$$

由于 $(\nabla C)^2 > 0$ 总是正值，因而附加能量 E_s 的正、负完全由 $K = \frac{NZa_0^2 \Delta}{2}$ 值决定。其中，$\frac{NZa_0^2}{2} > 0$，故 E_s 的正、负由相互作用能 Δ 决定。若 $\Delta < 0$，则 $E_{AB} < \frac{E_{AA} + E_{BB}}{2}$，从而使 $E_s < 0$，这表明组成波动引起系统的键作用能降低，或者说当 AA 原子间和 BB 原子间的平均作用能大于 AB 原子间的作用能时，则系统形成的均匀 AB 相是稳定的；反之若 $\Delta > 0$，则 $E_{AB} > \frac{E_{AA} + E_{BB}}{2}$，$E_s > 0$，此时系统分成 AA 和 BB 两相比形成均匀的 AB 一相所需能量低，系统趋于分相。

现考虑一个有组成波动的非均匀系统的自由焓，因各处的组成和平均组成相差很小，只有很小的组成梯度，因此它的吉布斯自由能是组成 C_0 的均匀溶液吉布斯自由能 $g(C)$ 和溶液存在组成梯度 ∇C 时的附加吉布斯自由能之和，即

$$G = \int_V [g(C) + K(\nabla C)^2] \mathrm{d}V \tag{10.35}$$

在分相区域内，若发生浓度起伏仅很小地偏离平均组成 C_0。在 $\mathrm{d}V$ 范围内，吉布斯自由能变化对浓度关系虽然很复杂，但只要是一个连续函数，就可按泰勒级数展开：

$$g(C) = g(C_0) + (C-C_0)\left(\frac{\partial g}{\partial C}\right)_{C_0} + \frac{1}{2}(C-C_0)^2 \left(\frac{\partial^2 g}{\partial C^2}\right)_{C_0} + \cdots$$

在各向同性的玻璃中，三维方向情况相同，上式简化为一维。由于分相只对起始阶段感兴趣，所以可以取二级近似而略去三次方以上的高次项。这样，非均匀溶液的吉布斯自由能与均匀溶液的吉布斯自由能之差为：

$$\Delta G = \int_V \left(\frac{\partial g}{\partial C}\right)_{C_0}(C-C_0)\mathrm{d}V + \int_V \frac{1}{2}\left(\frac{\partial^2 g}{\partial C^2}\right)_{C_0}(C-C_0)^2\mathrm{d}V + \int_V K(\nabla C)^2\mathrm{d}V \tag{10.36}$$

式中，$\left(\dfrac{\partial g}{\partial C}\right)_{C_0}$ 为常数，可提到积分号外，对于各向同性的玻璃，问题还可以简化，即 $g(C)$ 展开式的奇数项可为零，故 $\displaystyle\int_V (C-C_0)\mathrm{d}V=0$。原因是对于单一玻璃，用小角度 X 射线散射技术或电子显微镜能够观察到不规则热起伏的玻璃结构。起伏的幅度随温度而变化，可以用一个对应于组成变化的波长来表示。通常可设组成沿 x 方向做余弦波起伏，而 $(C-C_0)\Delta x$ 实际上可看作一个小面积，整个面积则为这些小面积之和，即 $\displaystyle\sum_{i=1}^n (C_i-C_0)\Delta x$ 如果起伏无限小，即 n 无限大，如图 10.19。其中，$n=2$、4、8……每个小波动 Δx 无限小，则曲线包围的面积就是所有面积之和，即积分值为 $\displaystyle\lim_{n\to\infty}\sum_i^n (C_i-C_0)$

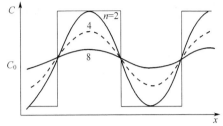

图 10.19 组成波动余弦示意图

$\Delta x=\displaystyle\int_x\int_y\int_z (C_i-C_0)\mathrm{d}x\mathrm{d}y\mathrm{d}z=\int_V (C_i-C_0)\mathrm{d}V=0$。

由于 (C_i-C_0) 做余弦波动。所以曲线是相对于 x 轴对称的。x 轴上半部 $C_i>C_0$，故 $(C_i-C_0)>0$；而下半部 $C_i<C_0$，故 $(C_i-C_0)<0$。这样，其积分的每一块小面积都有正、负之分，也就是说 x 轴上半部曲线包围的面积是正，而下半部是负，而且上、下部分的小块面积均相等，块数也相等，所以 $\displaystyle\int (C_i-C_0)\mathrm{d}x=0$，在 y 轴、z 轴方向也如此，这样整个体积积分 $\displaystyle\int_x\int_y\int_z (C_i-C_0)\mathrm{d}x\mathrm{d}y\mathrm{d}z=\int_V (C_i-C_0)\mathrm{d}V=0$。因此，凡是 (C_i-C_0) 的奇次项积分都具有相互抵消作用，均为零。然而，对于偶次项，如 $\displaystyle\int (C_i-C_0)^2\mathrm{d}x$ 就不等于零，因为无论 (C_i-C_0) 为正或负，其平方均为正值，这样式（10.36）变为：

$$\Delta G=\int_V \left[\frac{1}{2}\left(\frac{\partial^2 g}{\partial C^2}\right)_{C_0}(C_i-C_0)^2+K(\nabla C)^2\right]\mathrm{d}V \tag{10.37}$$

从式（10.37）可以看出，若 C_0 在亚稳曲线以外，即 $\left(\dfrac{\partial^2 g}{\partial C^2}\right)_{C_0}>0$，又因为 $K(\nabla C)^2>0$，所以，系统的 ΔG 为正值，这表明当组成微小波动时，系统仍是稳定的；反之，若 C_0 在亚稳曲线内，即 $\left(\dfrac{\partial^2 g}{\partial C^2}\right)_{C_0}<0$，而 $K(\nabla C)^2>0$，所以只有当 $\dfrac{1}{2}\left|\left(\dfrac{\partial^2 g}{\partial C^2}\right)_{C_0}\right|(C-C_0)^2>K(\nabla C)^2$ 时，系统的吉布斯自由能为负值，此时组成波动伴随吉布斯自由能的降低，均匀系统是不稳定的。

现在进一步讨论组成波动为余弦波时的临界状态情况，设：

$$C-C_0=A\cos\beta x \tag{10.38}$$

式中，A 为振幅；β 为波数，$\beta=\dfrac{2\pi}{\lambda}$；$\lambda$ 为波长。

把式（10.38）代入式（10.37）前一项得：

$$\int_0^\beta \frac{1}{2}\left(\frac{\partial^2 g}{\partial C^2}\right)_{C_0}(C-C_0)^2$$

$$=\int_0^\beta \frac{1}{2}\left(\frac{\partial^2 g}{\partial C^2}\right)_{C_0}A^2\cos^2\beta x\mathrm{d}x$$

$$=\frac{A^2}{2}\left(\frac{\partial^2 g}{\partial C^2}\right)_{C_0}\int_0^\beta \cos^2\beta x\mathrm{d}x=\frac{A^2}{4}\left(\frac{\partial^2 g}{\partial C^2}\right)_{C_0}$$

将式（10.38）代入式（10.37）后一项，只考虑一维得：

$$\int K(\nabla C)^2 \mathrm{d}x = \int_0^\beta KA^2\beta^2\sin^2\beta x\,\mathrm{d}x = KA^2\beta^2\int_0^\beta \sin^2\beta x\,\mathrm{d}x = \frac{\beta}{2}KA^2$$

将两项结果代入式（10.37）得：

$$\frac{\Delta G}{V} = \frac{1}{4}A^2\left[\left(\frac{\partial^2 g}{\partial C^2}\right)_{C_0} + 2K\beta^2\right] \tag{10.39}$$

在临界情况下，$\Delta G = 0$ 或单位体积吉布斯自由能 $\dfrac{\Delta G}{V} = 0$，则：

$$\left(\frac{\partial^2 g}{\partial C^2}\right)_{C_0} + 2K\beta^2 = 0 \tag{10.40}$$

此时，波数称为临界波数 β_C。

$$\beta_C = \left[-\frac{1}{2K}\left(\frac{\partial^2 g}{\partial C^2}\right)_{C_0}\right]^{\frac{1}{2}} \tag{10.41}$$

由于 $\beta_C = \dfrac{2\pi}{\lambda_C}$，因此与临界波数相对应的临界波长 λ_C 为

$$\lambda_C = \left[-\frac{8\pi^2 K}{\left(\dfrac{\partial^2 g}{\partial C^2}\right)_{C_0}}\right]^{\frac{1}{2}} \tag{10.42}$$

式（10.39）可以说明系统的吉布斯自由能 ΔG 与 $\left(\dfrac{\partial^2 g}{\partial C^2}\right)_{C_0}$ 同号，当 $\left(\dfrac{\partial^2 g}{\partial C^2}\right)_{C_0} > 0$ 时，系统对微小的浓度波动是稳定的；反之，当 $\left(\dfrac{\partial^2 g}{\partial C^2}\right)_{C_0} < 0$，则 $\Delta G < 0$，系统对微小的浓度波动不稳定，必然发生分相。

式（10.42）的物理意义是：对于所有的浓度波动使溶液不稳定的条件是组成波动的波长要大于临界波长 λ_C。因为当系统吉布斯自由能 $\Delta G < 0$ 时，即式（10.40）$\left(\dfrac{\partial^2 g}{\partial C^2}\right)_{C_0} + 2K\beta_0 < 0$，$\beta < \beta_C$ 时，$\Delta G < 0$，也即当 $\beta < \beta_C\lambda_0 R(\beta)$ 时，组成波的振幅会随时间的增加而增大，即分相会自发进行，直至完全分相完毕为止，此时称"负扩散"或"爬坡扩散"；反之，若 $\left(\dfrac{\partial^2 g}{\partial C^2}\right)_{C_0} > 0$，则 $\Delta G > 0$，而 $\lambda < \lambda_C$，组成波振幅会随时间增加而减小。

上面讨论了形核-生长和不稳分解两种机理，其判断是 $\left(\dfrac{\partial^2 g}{\partial C^2}\right)_{C_0}$ 的正、负，它们无论在分解方式、分解机理和形貌上都有很大区别，表 10.2 已列出这两种方式的异同点。

10.3.3 Spinodal 相变的动力学

通过形核-生长机理而发生分相的动力学可借用结晶相变动力学理论。其分相速率取决于形核的数目及其分布情况，并由扩散控制新相核的生长。通过这种机理而产生分相的形貌是母相上出现一些球形颗粒，在这些粒子相的体积分数达到一定值以前，粒子直径按时间的 $\dfrac{1}{2}$ 次方增加；在体积分数达到一定值以后，粒子直径按时间的 $\dfrac{1}{3}$ 次方增加，这些粒子随时间而长大，最终还可能互相结合起来。

前已述及 Spinodal 分解中质点迁移是负扩散，因而扩散方程中的浓度梯度应该用化学位梯度代替，即

$$J = -D\frac{\mathrm{d}C}{\mathrm{d}x} = -M\frac{\mathrm{d}\mu}{\mathrm{d}x} \tag{10.43}$$

由于与浓度梯度有关的能量梯度倾向于阻止波动，因此化学位梯度 $\Delta\mu$ 比吉布斯自由能

梯度 $\dfrac{\partial g}{\partial C}$ 小。若考虑此能量梯度的阻力，则净化学位差为：

$$\Delta \mu = \frac{\partial g}{\partial C} - 2K \frac{\partial^2 C}{\partial x^2} + \cdots \tag{10.44}$$

若只对相变开始阶段感兴趣，则略去高次项，将上式代入式（10.43）

$$J = -M \frac{\partial}{\partial x} \left(\frac{\partial g}{\partial C} - 2K \frac{\partial^2 C}{\partial x^2} \right) = -M \left(\frac{\partial^2 g}{\partial C^2} \times \frac{\partial C}{\partial x} - 2K \frac{\partial^3 C}{\partial x^3} \right)$$

由不稳定扩散条件下可得：

$$\frac{\partial C}{\partial t} = -\frac{\partial J}{\partial x} = M \left(\frac{\partial^2 g}{\partial C^2} \times \frac{\partial^2 C}{\partial x^2} - 2K \frac{\partial^4 C}{\partial x^4} \right) \tag{10.45}$$

将 $C - C_0 = A \cos\beta x$ 关系代入上式，得：

$$\frac{\partial^2 C}{\partial x^2} = -A\beta\cos\beta x = -\beta^2 (C - C_0)$$

$$\frac{\partial^4 C}{\partial x^4} = A\beta^4 \cos\beta x = \beta^4 (C - C_0)$$

$$\frac{\partial C}{\partial t} = -M\beta^2 \left[\left(\frac{\partial^2 g}{\partial C^2} \right)_{C_0} + 2K\beta^2 \right] (C - C_0) \tag{10.46}$$

令

$$-M\beta^2 \left[\left(\frac{\partial^2 g}{\partial C^2} \right)_{C_0} + 2K\beta^2 \right] = R(\beta) \tag{10.47}$$

$R(\beta)$ 称为振幅因子，将 $R(\beta)$ 代入式（10.46），得：

$$\frac{\mathrm{d}(C - C_0)}{\mathrm{d}t} - R(\beta)(C - C_0) = 0 \tag{10.48}$$

用傅里叶法求解式（10.48）得通解：

$$C - C_0 = \exp[R(\beta) \cdot t] \cos(\boldsymbol{\beta} \cdot \boldsymbol{r}) \tag{10.49}$$

式中，$\boldsymbol{\beta}$ 为波数矢量；$\boldsymbol{r}$ 为位置矢量。

式（10.49）说明：①组成波动是余弦函数 $\cos(\boldsymbol{\beta} \cdot \boldsymbol{r})$，$\exp[R(\beta)t]$ 是此函数的振幅，并且它随 $R(\beta) > 0$ 和时间 t 而变化，故称 $R(\beta)$ 是浓度起伏 $C-C_0$ 的振幅因子，此振幅因子又随波矢 β 而变化；②当组成波动发生在 $\dfrac{\partial^2 g}{\partial C^2} < 0$ 的不稳分解区，由式（10.47）可知，第一项 $-M\beta^2 \left(\dfrac{\partial^2 g}{\partial C^2} \right)_{C_0}$ 是正值，而 $R(\beta)$ 的正、负则取决于第一项与第二项 $2MK\beta^4$ 的代数和，当 $\left| \left(\dfrac{\partial^2 g}{\partial C^2} \right)_{C_0} \right| > 2K\beta^2$ 时，$R(\beta) > 0$，则使组成波动的振幅 $\exp[R(\beta)t]$ 随时间而迅速增大，这就是不稳分解过程，此时 $\beta < \beta_C$；③反之，当 $\beta > \beta_C$ 时，即 $2M\beta^2 > \left(\dfrac{\partial^2 g}{\partial C^2} \right)_{C_0}$ 时，则 $R(\beta)$ 为负值，这时组成波动的振幅随时间迅速减小甚至消失，即系统对组成波动是稳定的，这就是需要通过形核、生长过程使波数 β 小于 β_C 后，才能自发分相。④当 $\beta = \beta_C$ 时，$R(\beta) = 0$，此时的波数为临界波数 β_C，其对应的波长为临界波长 $\lambda_C R(\beta)$ 存在一个极大值，对 $R(\beta)$ 求极值 $\dfrac{\partial R(\beta)}{\partial \beta} = -2M \left(\dfrac{\partial^2 g}{\partial C^2} \right)_{C_0} \beta_m - 8MK\beta_m^2 = 0$，则

$$\beta_m = \frac{1}{2} \left[-\frac{1}{k} \left(\frac{\partial^2 g}{\partial C^2} \right)_{C_0} \right]^{\frac{1}{2}} \tag{10.50}$$

$$\beta_C = \frac{1}{\sqrt{2}} \left[-\frac{1}{k} \left(\frac{\partial^2 g}{\partial C^2} \right)_{C_0} \right]^{\frac{1}{2}} \tag{10.51}$$

所以
$$\beta_m = \frac{\beta_0}{\sqrt{2}} \tag{10.52}$$

若将 β_m 代入式（10.48），得 $R(\beta_m)$：

$$R(\beta_m) = \frac{M}{8K}\left(\frac{\partial^2 g}{\partial C^2}\right)^2_{C_0} \tag{10.53}$$

由此可见，当 $R(\beta) > 0$ 时，随着时间推移，振幅将越来越大，直至达到 $R(\beta_m)$。因为 $R(\beta)t$ 是无量纲量，故 $R(\beta)$ 的因次应该是 $1/t$，那么，$R(\beta)$ 的倒数即为分相所需的时间。$R(\beta_m)$ 的倒数就是分相所需要的最短时间：

$$t_m = \frac{1}{\beta^2_C\left[-\dfrac{M}{4}\left(\dfrac{\partial^2 g}{\partial C^2}\right)_{C_0}\right]} \tag{10.54}$$

从扩散方程 $J = -D\dfrac{\partial C}{\partial x}$ 和 $\mu = \dfrac{\partial g}{\partial C}$ 可得：

$$D = -M\left(\frac{\partial^2 g}{\partial C^2}\right)_{C_0}$$

将上式代入式（10.54）可得：

$$t_m = \frac{1}{\beta^2_C\left(-\dfrac{D}{4}\right)} = \frac{1}{\left(\dfrac{2\sqrt{2}\pi}{\lambda_m}\right)\left(-\dfrac{D}{4}\right)} = \frac{\lambda^2_m}{2\pi^2 D} \tag{10.55}$$

式（10.55）即为近似估计分相从开始到最大振幅因子所需的时间 t_m 的公式。如果最大起伏波长 $\lambda_m = 100\,\mathrm{nm}$，则 $t_m = \dfrac{10^{-12}}{2\pi^2 D} \approx \dfrac{5\times10^{-14}}{D}$。对不同组成的硅酸盐玻璃，在 1000K 时其扩散系数的数量级约为 $10^{-16} \sim 10^{-8}\,\mathrm{cm^2/s}$。若把各种原子在玻璃中的扩散系数代入式（10.55），所求得的 t_m 值为几秒或几分之一秒。这说明在不稳分解区，Spinodal 分解的最初阶段进行很快，这时玻璃结构的微不均匀性是不可避免的。

10.4　马氏体相变

马氏体（martensite）是在钢淬火时得到的一种高硬度产物的名称。马氏体相变有时也称为剪切相变或位移相变，是固态相变的基本形式之一，不但在金属系统中，而且在非金属固体中也发生这种相变，如 ZrO_2 系统中由高温四方型转变为低温单斜型及 $BaTiO_3$、$KTa_{0.05}Nb_{0.35}O_3$(KTN)、$PbTiO_3$ 等钙钛矿型氧化物由高温顺电立方相向低温铁电四方相的转变均属此列。

马氏体相变需要形核并经过母相和生成相的两相共存区，是一级无扩散相变，相变过程中伴随着体积变化，正转变和逆转变分别伴随着放热和吸热效应，且正转变和逆转变温度不同，被一个热滞后量分隔，见 ZrO_2 相变的热膨胀曲线和差热曲线图（图 7.4 和图 7.12）。

根据第一节的分类方法，马氏体相变可归类成点阵畸变的、无扩散的、具有切变分力主使的结构改变并具形状改变的，因此应变能决定相变动力学及形态的位移型相变，是一级、形核-长大的无扩散型相变。

10.4.1　马氏体相变晶体学

从相变样品的形状改变、惯习面、晶体学取向关系及特征显微结构等实验可以观察到马氏体型转变。

表面抛光的样品冷却到马氏体相变温度，在抛光表面可以观察到一种浮凸（图10.20），温度升高到马氏体逆转变温度，浮凸又消失。若将一个抛光试样表面画上一条直线，马氏体相变时直线被转变成另外一条直线，在转折点观察不到非连续现象（图10.21）。马氏体相通常为片状，母相和马氏体相之间的交界面被称为"惯习面"，如图10.22。

图 10.20 高碳钢马氏体的表面浮突

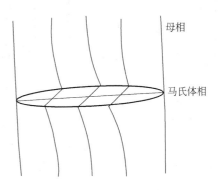

图 10.21 切变式位移

宏观的形状改变可定量描述，分解成一个垂直惯习面的表示形状改变的分量，和一个平行惯习面的与体积变化相关联的界面切变方向的切变分量。对表面浮凸仔细研究，发现惯习面自身没有旋转，惯习面上的任何矢量也没有旋转，没有因形状改变而畸变。

图 10.22（a）为母相-奥氏体块。图（b）是从母相中形成马氏体板的示意。其中，$A_1B_1C_1D_1$-$A_2B_2C_2D_2$ 由母相转变为 $A_2B_2C_2D_2$-$A_1'B_1'C_1'D_1'$ 马氏体。由图可见，原来母相表面上的 $PQRS$ 直线在相变后变成 PQ、QR'、$R'S'$ 三条直线，但是这三条直线仍然是相连的，这表明在母相与马氏体的界面上有很好的匹配。另外，两个界面 $A_2B_2C_2D_2$ 和 $A_1'B_1'C_1'D_1'$

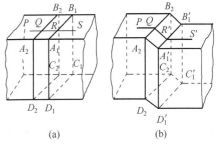

图 10.22 从一个母晶体四方块
形成一个马氏体板
（a）母晶体四方块；（b）马氏体板

在相变前、后保持既不扭曲变形也不旋转的状态，把母相奥氏体和转变相马氏体之间连接起来的这两个相界面就是惯习面，或称习性平面。

10.4.1.2 晶体学取向关系

马氏体沿母相的习性平面生长并与母相保持一定的取向关系。A_2B_2、$A_1'B_1'$ 两条棱均保持直线表明在马氏体中宏观上剪切的均匀整齐性。奥氏体和马氏体发生相变后，宏观上晶格仍是连续的，因而新相和母相之间严格的取向关系是靠切变维持共格晶界关系的，如图10.23。取向关系的描述可用发生相变的两相中一定的晶体学方向之间的夹角，也可通过规定某些晶面和某些方向之间的平行度来描述。实际上这种平行度并不严格，常有实验偏差，但可为解释晶体结构改变的可能机制提供重要信息。检查发现马氏体相变的重要结晶学特征相变后存在习性平面晶的定向关系。

10.4.2 转变滞后

马氏体相变不是发生在一个固定温度而是发生在一个温度范围之内。也就是说相变量随温度变化，但不是某一固定温度的时间函数。另外，马氏体相变呈现很大的热滞后现象。例如，ZrO_2 单斜至四方相的相变发生在 1170℃，而四方至单斜相的相变则发生在 850～1000℃之间，相差数百摄氏度之多。

在母相冷却时，奥氏体开始转变为马氏体的温度称为马氏体开始形成温度，以 M_s 表示，转变程度取决于 M_s 以下的范围，转变的程度与温度的关系如图 10.24 所示，完成马氏体转变的温度称为马氏体终了温度，以 M_f 表示，低于 M_f，马氏体相变基本结束。

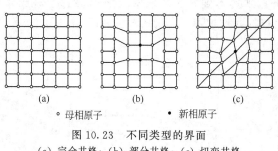

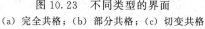

图 10.23　不同类型的界面
(a) 完全共格；(b) 部分共格；(c) 切变共格

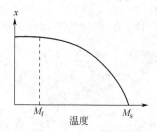

图 10.24　马氏体转变的
程度与温度的关系

马氏体滞后行为是与能量耗散过程相联系的，形状记忆合金就是利用了热滞后现象。

10.4.3　马氏体相变热力学和动力学

10.4.3.1　相变驱动力

对温度引起的马氏体相变可以从简单的相变热力学考虑。假设母相（γ）和马氏体相（α）的摩尔吉布斯自由能分别为 G^γ 和 G^α。于是，任意温度时马氏体相变的摩尔吉布斯自由能变化为：

$$\Delta G^{\gamma \to \alpha}\big|_T = G^\alpha - G^\gamma$$

若处于 α 相稳定的温度范围，则上式值为负；若处于 γ 相稳定的温度范围，则上式值为正。两相热力学平衡温度 T_0，上式值为零，可写成：

$$\Delta G^{\gamma \to \alpha}\big|_{T = T_0} = 0$$

由于马氏体相变时有界面能和弹性能产生，马氏体相变不在 T_0 时开始，而是在低于或高于 T_0 的某个温度开始，因此，相变需要过冷或过热，直至达到正转变（$\gamma \to \alpha$）温度 M_s，或逆转变（$\alpha \to \gamma$）温度 A_s。处在相变温度 M_s 或 A_s 时，吉布斯自由能的变化 $\Delta G^{\gamma \to \alpha}$ 非常大，足以诱导相变，故在相变温度 M_s 时的 $\Delta G^{\gamma \to \alpha}$ 是临界化学驱动力。

在马氏体相变时，马氏体相（α）镶嵌在母相（γ）中，相变发生时有体积和形状的变化，因此必须考虑弹性应变能 E_e。用 M_s 表示镶嵌在母相中的马氏体相，相变时的吉布斯自由能变化为：

$$\Delta G^{\gamma \to M} = \Delta G_c^{\gamma \to \alpha} + \Delta E_e^{\alpha \to M}$$

当温度低于 M_s 时，α、γ 两相共存，且处在平衡态，$\Delta G^{\gamma \to M}\big|_T = 0$。当 $T = M_s$ 时，应变能 $\Delta E_e^{\alpha \to M}\big|_T$ 趋近于零。材料中储存的应变能是切变产生的应变能和体积变化产生的应变能之和。其中切变产生的应变能取决于母相的强度，因而也取决于晶粒大小，所以 M_s 也取决于晶粒大小。在高于 M_s 温度时，马氏体相变可由外应力诱发，现在研究外应力如何影响相变温度 T_0。假设在应力 σ 作用下的冷却过程中，马氏体相变的起始转变温度是 M_s^σ。在此温度时，化学吉布斯自由能的变化等于外应力 σ 的转变功：

$$\Delta G_\sigma^{P \to M} = \frac{1}{2}\sigma_a \left[\delta_0 \sin 2\theta \pm \varepsilon_0 (1 + \cos 2\theta)\right] V_m$$

式中，P 表示母相；M 表示镶嵌马氏体相；δ_0 是切应变；θ 是应力轴与切平面的法线间的夹角；ε_0 是与相变对应的应变；V_m 是摩尔体积。

通过实验测量 $\Delta H^{P \to M}$、$\Delta S^{P \to M}$，通过热力学可计算平衡相变温度 T_0：

$$\Delta G^{P \to M} = \Delta H^{P \to M} - T \Delta S^{P \to M}$$

$$\Delta H^{P \to M} = T_0 \Delta S^{P \to M}$$

应该说明，由于实验测量误差，T_0 并不总是准确的。因为应力是与温度无关的状态函数，热力学处理中应考虑应力。

10.4.3.2 形核

马氏体相变是一级相变，伴随有形核生长过程，多数情况下马氏体片的生长十分迅速，相变动力学由形核速率控制。已经提出的各种马氏体形核机制，可概括成两类模型，第一类是局域化形核模型，采用的是扩散形核动力学的一些概念；第二类模型基于点阵失稳性考虑，包括静态点阵失稳性和动态点阵失稳性。

经典的马氏体形核理论，假定晶核形成时结构和成分不变，晶核的状态由几何尺度决定。临界晶核假设为扁球形（图10.25），晶核形状改变造成的应变能的减小等于晶面能的增加。

晶核的界面吉布斯自由能为：

$$v\Delta g_s = 2\pi r^2 \Gamma$$

式中，v 是该马氏体片的体积；Δg_s 是每单位体积的表面能；而 Γ 是其界面能。

晶核的应变能为：

$$v\Delta g_e = \frac{4}{3}\pi r^2 c \left(\frac{Ac}{r}\right)$$

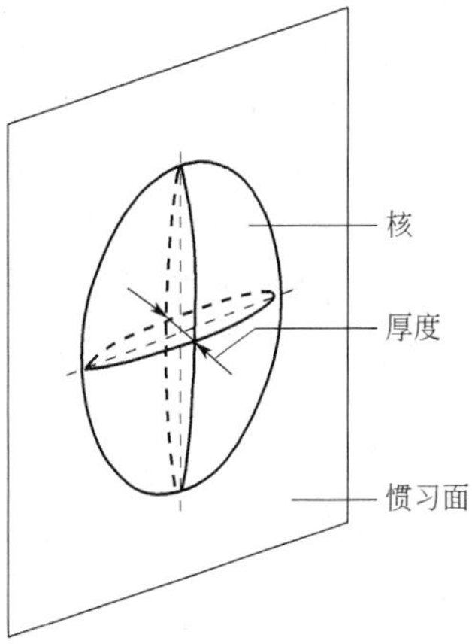

式中，$\Delta g_e (=Ac/r)$ 为每单位体积的应变自由能；(c/r) 为晶核的形状比；$(4/3)\pi r^2 c$ 为晶核体积，而 A 为一个由线弹性理论导出的因子，因此 A 是弹性常数、切应变和膨胀应变的函数。

图 10.25　马氏体片晶核形状

核

厚度

惯习面

每个马氏体片的相变前后吉布斯自由能的改变量为 $v\Delta g_c$。

若晶核在点阵缺陷处形成，还需考虑缺陷引起的吉布斯自由能 G_d 和晶核-缺陷相互作用能 G_i，因此马氏体晶核形成所需的总吉布斯自由能为：

$$G(r,c) = G_d + G_i + v(\Delta g_c + \Delta g_e + \Delta g_s)$$

图 10.26 是各种情况下临界形核吉布斯自由能 ΔG^*、临界晶核尺寸 r^* 和 c^* 的示意。若为均匀形核，G_d 和 G_i 为零，临界形核吉布斯自由能 ΔG^* 高出了几个数量级。即使假设有局部的成分起伏或者母晶存在预种晶胚，也得不出完全满意的结果。这意味着马氏体是非均匀形核，假设在缺陷处形核，则形核势垒 ΔG^* 和晶核的临界尺寸都可以减小 ［图10.26 (b)］。在某些特定的条件下，这种非均匀形核甚至可以是无势垒的 ［图10.26 (c)］。

10.4.3.3 生长

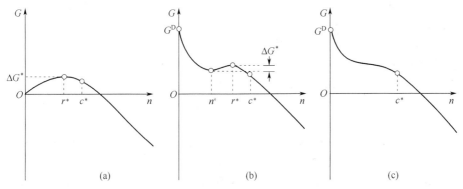

图 10.26　经典形核形核自由能（G）曲线

(a) 均匀形核；(b) 非均匀形核；(c) 无势垒形核（Olson 和 Cohen，1982）

马氏体相变往往以很高的速率进行，有时高达声速。例如，在 Fe-C 和 Fe-Ni 合金中，马氏体的形成速率很高，在 $-195\sim-20℃$ 之间，每一片马氏体形成时间约为 $0.05\sim5\mu s$。一般来说，在这么低的温度下，原子扩散速率很低，相变不可能以扩散方式进行。

马氏体的生长可能是"热弹"型或"爆发"（burst）型，后一种方式较常见。爆发型生长是由大量的马氏体（通常 10%～30%，体积分数）爆发性形成所构成的，许多马氏体片的自催化形核和快速生长导致"爆发"。每个马氏体片以大于 $10^5 cm/s$ 的速率完全形成，转变通过瓣片的产生而向前推进。因此，马氏体相变的整体动力学实际上由形核频率控制。热弹型生长方式的特点在于形成薄的、平行对边的片或楔形片，随着温度降低到 M_s 以下，这种片渐渐地形成和长大，随着温度升高这种片收缩和消失。这种行为起因于基体弹性地容纳马氏体片的形变，所以，在特定的温度，马氏体片的转变前沿和其基体处于热力学平衡态。温度的微小变化也可使平衡发生移动，从而导致马氏体片的长大或收缩。

根据观察，可把马氏体型转变分成截然不同的两类：变温（非等温）马氏体转变和等温马氏体转变。变温马氏体转变随温度降低而进行；等温马体转变在恒定的温度下随时间的延伸而进行。

由等温转变可获得有关马氏体型相变动力学的定量描述，因为等温转变易于把形核和转变速率都确定出来。在具有等温马氏体转变的合金中，发现在某一温度下，相变在奥氏体中开始，转变量是时间的函数，相变具有"C"曲线的特性。等温马氏体转变动力学是由两个效应构成的，起初的增加和随后的减小，前者归结于一些新马氏体片的自催化形核，而后者是因为奥氏体不断地被格子化而成为越来越小的区域。

习题

10.1 分析发生固态相变时，组分及过冷度变化对相变驱动力的影响。

10.2 马氏体相变具有什么特征？它和扩散型形核-生长相变有何差别？

10.3 为什么在形核-生长机理相变中，要有一点过冷或过热才能发生相变？什么情况下需过冷？什么情况下需过热？

10.4 何谓均匀形核？何谓不均匀形核？形核剂对熔体结晶核半径 r^* 有何影响？

10.5 在均匀形核的情况下，相变活化能与表面张力有关，试讨论不均匀形核的活化能 ΔG_h^* 与接触角 θ 的关系，并证明当 $\theta=90°$ 时，ΔG_h^* 是均匀形核活化能的一半。

10.6 在熔体冷却结晶过程中，1000℃时，单位体积自由焓变化为 418J/cm³；在 900℃时是 2090J/cm³，设固-液界面能为 $5\times10^{-5}J/cm^2$，求：(1) 在 900℃ 和 1000℃ 时的临界晶核半径；(2) 在 900℃ 和 1000℃ 时进行相变所需的能量。

10.7 如在液相中形成长为 a 的立方体晶核时，求出"临界核胚"立方体边长 a^* 和 ΔG^*。为什么立方体的 ΔG^* 大于球形的 ΔG^*？

10.8 铜的熔点 $T_m=1385K$，在过冷度 $\Delta T=0.2T_m$ 的温度下，通过均匀相形核得到晶体铜。计算该温度下的临界核胚半径及临界核胚的原子数（$\Delta H=1628J/cm^3$、$\gamma=1.77\times10^{-5}J/cm^2$，设铜为面心立方晶体，$a=0.3615nm$）。

10.9 什么叫爬坡扩散？为什么在 Spinodal 分解中能产生这种扩散，在形核-生长相变中则不能？

10.10 在最后的形态中，形核-生长相变和 Spinodal 相变都有可能形成三维连贯的结构，在实验上能否区别为哪种机理？

10.11 在下列两组多晶转变中，分别讨论每组转变中，哪个转变所需的激活能最低？哪个最高？为什么？(1) Fe(bcc)→Fe(fcc)；石墨→金刚石；立方 $BaTiO_3$→四方 $BaTiO_3$；(2) α-石英→α-鳞石英；α-石英→β-石英。

10.12 如果直径为 $20\mu m$ 的锗液滴，测得形核速率 $I_v = 10^{-1}S^{-1}cm^{-1}$，如果锗能过冷 227℃，试计算锗的晶-液表面能（锗的熔点为 1231K，结晶潜热为 34.8kJ/mol，密度为 5.35g/cm³，摩尔质量为 72.59kg/mol）？

阅读材料

可擦重写相变光盘的研究进展

信息存储技术的发展在 20 世纪是基于电子学向光电子学发展的阶段；21 世纪是由光电子学向光子学发展的新阶段。光存储就是信息载体为光子的存储，由于光子的速率比电子速率快得多，光的频率比无线电的频率高得多，因此它可进入到电子载体所不能进入的超高密度、超快速率以及并行输入/输出、高度互联的领域。提高存储密度和数据传输速率一直是光盘存储技术的主要发展目标，同时，性能的多功能，即不仅能读出、能记录，而且能可擦重写，也是光盘存储技术的发展方向，也由此才能与日益发展的磁盘存储技术相竞争。以下将综合近十几年来有关可擦重写相变光盘的研究成果，简单介绍相变可擦重写光盘的记录原理、记录性能、记录材料，详细叙述相变光盘今后的发展趋势。

一、可擦重写相变光盘的记录原理和记录性能

相变光盘的写、读、擦原理如图 1 所示，其原理是聚焦的激光脉冲在晶态膜上写入非晶态记录信息（写入过程），另一束激光使非晶态退火回到晶态（擦除过程），利用非晶态膜与晶态膜之间光学性质的不同来读出信息（读出过程）。衡量可擦重写相变光盘记录性能的主要指标包括载噪比、写入功率、擦除功率、擦除率、扰动、串扰、直接重写循环性、眼图、数据传输速率等。在通常情况下，要求可擦重写相变光盘具有高的载噪比、擦除率和数据传输速率，直接重写循环性好，写入功率、擦除功率、跳动和串扰低，眼图的张开程度大，记录畴规整匀称。

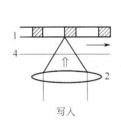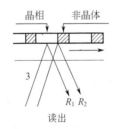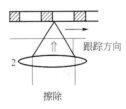

图 1　相变型可擦重写光盘工作原理
1—记录介质膜；2—记录和擦除激光束；3—探测激光束；4—基板

二、可擦重写相变光盘的记录材料

在相变光盘的写擦过程中，要求光盘始终保持优良的写擦性能，这就对记录介质提出了很高的要求：可记录性，耐久储存和可擦除性，可读取性，重复擦写特性等。

最早提出把相变材料用于光存储的当首推 Ovshinsky。此后，许多科学工作者都致力于这方面的研究，涌现了一大批具有可逆光存储性能的相变新材料。这些材料大多由元素周期表中Ⅲ-Ⅳ族的一些半导体元素构成，主要分为 Te 基、Se 基和 InSb 基合金三大类。其中，光存储性能最好的是 Ge-Sb-Te 三元合金，已成为高密度数字化随机存取多用途光盘（DVD-RAM）的首选记录材料；Ag-In-Te-Sb 四元合金也较引人注目，已成为可擦重写光盘（CD-RW、DVD-RW）的首选记录材料。

三、相变光盘今后的发展趋势

引导光存储领域不断向前发展的一条主线是如何提高存储密度。在目前的光盘存储技术中，载有信息的调制激光束通过物镜聚焦于光盘存储介质层上记录，属于远场光记录，记录点的尺寸决定于聚焦光的衍射极限。在光的衍射极限下，光线的聚焦直径 d 与光波长 λ 呈正比例，而与镜头的数值孔径（NA）成反比，即

$$d = \frac{0.56\lambda}{NA} \tag{1}$$

而存储密度正比于 $(NA/\lambda)^2$。所以，要提高存储的位密度，就要缩短激光波长和升高物镜的数值孔径。增加存储的道密度，就要缩短伺服道的间距，也可以采取台和槽同时记录的方法。目前用于增加相变光盘存储密度的三种主要方法是：短波长＋高数值孔径 NA（包括 SIL 技术）＋近场技术，这对面记录非常有效；双层记录，形成体存储；多级记录。

1. 短波长、高数值孔径 NA 存储技术

目前，针对缩短记录激光波长的主要工作集中于蓝绿光激光器的研制开发上，特别是 GaN 半导体激光器。如果进一步缩短记录激光波长至紫外波段，可使存储密度更大。增加数值孔径 NA 值同样可增加存储密度，但随着 NA 值的增大，如何把聚焦光斑准确定位在高速旋转的光盘记录槽上将变得越来越困难。当 NA 值变得更大时，盘片的散焦和翘曲、衬底的厚度和折射率变化都会降低写入和读出性能。

Yamamoto 等设计了一种双元件物镜，其结构如图 2。这种双元件物镜的优点是通过控制两个物镜间的距离来抵消由于盘片厚度变化产生的偏差。

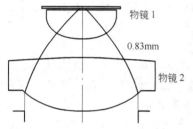

图 2　高 NA 值双元件物镜结构图

2. 近场光学存储技术

光通过比光波长还小的微细端口，端口附近就会渗出一种极其微小的光斑，即"近场光"，利用这种近场光可观察到数十纳米的物质。近场光用于信息存储，可将现在的光盘容量提高两个数量级，实现 Tb/in^2 量级的高记录密度。Tominaga 等报道了一种不用探针的超分辨近场结构（SERNS）。

图 3（a）和（b）分别示出了孔径型 SRENS 和散射型 SRENS 的原理。二者均采用 $Ge_2Sb_2Te_5$ 相变记录材料，不同之处是前者采用锑（Sb）膜作掩模层，后者用氧化银作掩模层。锑膜在通常条件下是结晶状态，不透明，但如果受强激光照射，它将变成非晶相，于是其折射率发生变化，从而变得透明。这一变化的结果就是锑膜上的光斑中心点形成微小的

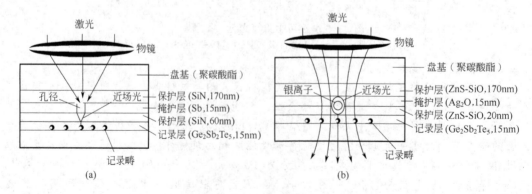

图 3　近场光储存原理

（a）孔径型 SRENS；（b）散射型 SRENS

光学孔径。而图3(b)中的氧化银本身是透明的，受强光照射它便分解成银和氧，于是在激光斑点的中心形成微小的银粒，这种银粒即近场光的表面等离子体激元，脉冲激光作用结束后，分解的银和氧又还原成氧化银。采用氧化银的散射型超分辨近场结构在工作方式、材料选择以及实际应用等方面均优于采用锑膜的孔径型，原因在于前者更易于数据高速化、热稳定性好、信噪比高。实验表明，SRENS 的可分辨最小标记长度已达到 60nm，这意味着可实现 40 倍（200GB）于 DVD-ROM 的高记录密度。

3. 双层记录存储技术

由于双层记录法可与台、槽记录和标记边记录方法相结合，因此它是一种很有吸引力和发展前景的光存储技术。

图 4 给出了双层光盘的纵向剖面图。对于层 1（靠近激光束的一侧）和层 2，信号的读出都是从同一个方向进行的。层 1 的记录和读出性能不受层 2 的影响，而层 2 则受层 1 的影响非常大。对于只读式光盘，只需优化每层的反射率即可。但是，记录型光盘则不同，记录层的变化不仅涉及反射率，还包括透过率和吸收率的变化。因此，为了使两层的性能一致，必须优化两层的光学性能。两层的性能必须满足以下几点要求：①来自层 1 和层 2 的信号强度必须相当；②层 1 和层 2 具有相等的记录灵敏度；③层 2 的记录和读出性能基本不受层 1 的影响。为了满足上述要

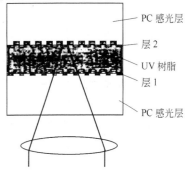

图 4　双层光盘的纵向剖面图

PC 感光层
层 2
UV 树脂
层 1
PC 感光层

求，层 1 要有大的透过率和小的吸收率以减轻其对层 2 的影响，同时层 2 要具有大的吸收率和反射率，因为到达层 2 的激光强度往往被层 1 所减弱。通常采用调整两层的厚度来实现层 1 与层 2 反射率的相当。

Nishiuchi 等以 $Te_{42}O_{46}Pd_{12}$ 作为记录介质，单面存储容量为 5.2GB。后来他们用 Ge-Sb-Te 作为记录膜，Au 为半反射层，用蓝光记录，可实现 5in 光盘上 20GB 的存储容量。

4. 多级记录存储技术

多级记录首先于 1997 年在相变电子转换存储装置中提出。由于多级存储能在不改变读出装置和记录畴尺寸的情况下增加记录密度，因此它也受到了广泛的重视。2000 年，Ohta 提出了一种新的多级记录概念，即畴径向宽度调制（MRWM）记录。其记录原理如下：MRWM 记录的关键在于对每一级记录畴都采用特殊的激光脉宽和能量，这样可使每级记录畴的长度相同，而其径向宽度不同。若以未变化的状态为级 0，从级 1 到级 3 的径向宽度逐渐增加，可实现四级记录。图 5 是在相变光盘上 MRWM 记录畴的轮廓示意图，级 1、级 2 和级 3 的径向宽度分别为级 0 的 1/3、2/3 和 1 倍。

在相变光盘上进行 MRWM 记录的第一步是找出记录相同长度的多级记录畴所需的激光脉冲宽和能量，然后根据所得到的激光脉冲宽和能量设定信号记录波形，MRWM 记录的信号记录波形共分为两类：一种是基于简单多级记录的单一信号，如级 1（0～1）、级 2（0～2）和级 3（0～3）；另一种是多级记录的结合，如级 1 到级 2（1～2）、级 1 到级 3（1～3）和级 2 到级 3（2～3）。图 6 给出了上述各种 MRWM 记录畴的轮廓示意图。

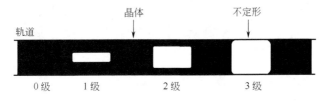

晶体　　　　　不定形
轨道
0级　　1级　　　2级　　　3级

图 5　相变光盘上 MRWM 四级记录畴的轮廓示意图

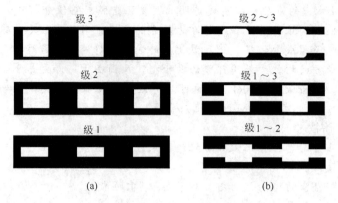

图 6　MRWM 记录畴的轮廓示意图
(a) 单级记录；(b) 多级记录

　　如果把多级记录与蓝光记录技术结合起来，将会大大提高记录密度。采用 425nm 的蓝光波长记录可实现 $11.4GB/in^2$ 的记录密度，结合双层记录技术，记录密度能达到 $20GB/in^2$，再加上多级记录技术（如 4 级记录），可获得 $35.2GB/in^2$ 的记录密度，这相当于 5in 光盘的存储容量为 47GB。

第11章 烧 结

陶瓷、耐火材料和水泥熟料等通常是把固体粉料经一定高温烧成过程制备而成的。在烧成过程中往往包括多种物理、化学和物理化学变化。例如，陶瓷坯体烧成时可能伴随有脱水、热分解和相变；共熔、熔融和溶解；固相反应和烧结以及析晶、晶体长大和剩余玻璃相的凝固等过程。烧成过程使陶瓷致密化，同时控制陶瓷制品的微观结构，因此烧成制度极大地影响那些与微观结构有相关性的陶瓷物理性能，如强度、韧性及介电性等。

烧结是陶瓷烧成中重要的一环，它并不依赖于化学反应的作用。它可以在不发生任何化学反应的情况下，简单地将固体粉料加热，转变成坚实的致密烧结体，如各种氧化物陶瓷和粉末冶金制品的烧结就是这样，这是烧结区别于固相反应的一个重要方面。故烧结可以代替液态成型的方法，在远低于固体物料的熔点温度下，制成接近于理论密度的大件异型无机材料制品，并改善其物理性能。因此，探讨烧结的机理，了解其定量规律，对于硅酸盐材料和粉末冶金生产有着重要的实际意义。

11.1 烧结机理

11.1.1 烧结定义和阶段

烧结现象是怎样产生的，它的过程和机理如何？烧结的定义是什么？这是讨论烧结问题首先必须回答的。

有人采用被氢还原的新鲜电解铜粉，经高压成型，在不同温度的氢气气氛中烧结2h后分别测定其密度，体积电导率和拉力，以考察烧结进程和变化规律，结果整理如图11.1。由图可见，随烧结温度提高，密度几乎没有变化，只有当温度进一步提高，密度才急剧增大。这一现象表明，颗粒间隙被填充之前，颗粒接触点处可能已产生某种键合，从而导致电导和拉力增大。继续升高温度，除了这种键合增多外，物质开始向空隙传递并伴随密度的增大。进一步实验还发现，当密度达到一定程度（约90%～95%理论密度）后，其增长速率显著减慢，并且在通常条件下很难达到完全致密，说明最后部分的空隙（气孔）排除是极其困难的。

粉料成型后成为具有一定形状的坯体，坯体一般含有35%～60%的气孔，粉料颗粒间是点接触。在高温下，坯体中晶粒配位形状发生变化，这种变化使晶粒以空间填充方式排列，即晶粒中心相互靠近，减小粉末压实体的尺寸并排除气孔，这就是烧结过程。图11.2是这一过程的示意图：在二维情况下，初始圆形晶粒将变为六角形以达到完全密堆；在三维情况下，球形将转变为十四面体。两种最终的排列方式使得空间填充堆分别具有可能最小的比界面面积。表面积及界面面积的减小是烧结过程的驱动力。

烧结可以定义为，一种或多种固体（金属、氧化物、氮化物、黏土……）粉末经过成型，在加热到一定温度后开始收缩，在低于熔点温度下变成致密、坚硬的烧结体的过程。

烧结过程的本质是粉末颗粒表面的黏结和粉末内部物质的传递和迁移，因此以上定义不能完全揭示烧结的本质。一些学者指出：烧结是由于固态分子（或原子）相互吸引，通过加热使粉末体产生颗粒黏结，经过物质的迁移使粉末产生强度并导致致密化和再结晶的过程。

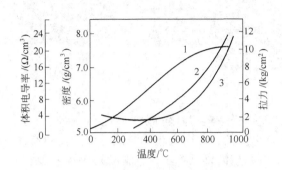

图 11.1　烧结温度对烧结体性质的影响
1—比电导；2—拉力；3—密度

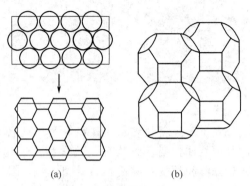

(a)　　　　　　　(b)

图 11.2　烧结现象示意
（a）粉末压实体的收缩意味着单个晶粒形状的变化。
在二维，可以解释为从圆形变为六角形；（b）在
三维，通过十四面体的堆积达到理想堆积

11.1.2　烧结机理和阶段

由于烧结体宏观上出现体积收缩、致密度增加、强度提高，烧结程度可以用坯体收缩率、气孔率、吸水率或烧结体密度与理论密度之比（相对密度）等指标来衡量。

基于上述内容，可以把烧结过程划分为初期、中期和后期三个阶段。烧结初期只能使成型体中颗粒重排，空隙变形和缩小，但总表面积没有减少，并不能最终填满空隙；烧结中、后期则可能最终排除气孔，而得到充分的烧结体。

为了定量描述烧结的三个阶段，Kwon 和 Messing（1991）提出了三元液相烧结相图（图 11.3）。初始密度为 60% 的坯体在一定温度下经过一段时间，以组成颗粒几何排列变化为标志的初始阶段停止，坯体致密化程度有限。随着温度的升高和烧结时间的延长，传质过程得以进行，致密化程度提高很大，气孔排除，并开始变得不连贯，烧结中期结束。当气孔封闭之后，烧结相对密度达 90% 以上，最终烧结阶段开始。

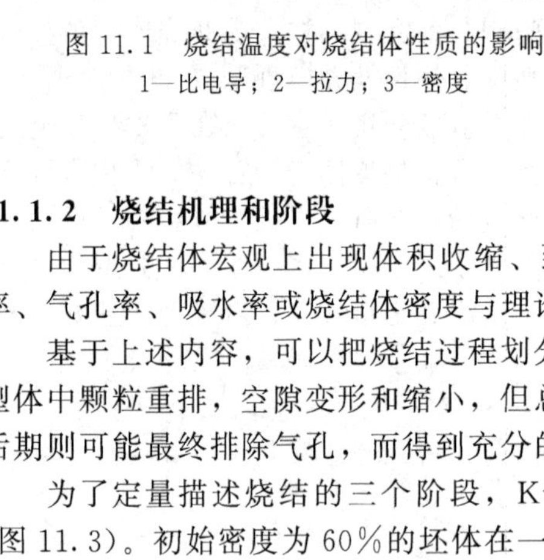

1949 年，库津斯基（Kuczynsh）从动力学角度考虑，提出了一种可区分主要烧结机理的方法。物质可通过四种方式进行迁移：① 蒸发-凝聚；② 体积扩散；③ 表面扩散；④ 黏滞流动（玻璃化）。

这些过程的动力学贡献可用颈部半径 x 与时间 t 的普通关系式来进行描述：

$$x^m \approx t$$

m 的取值取决于主要烧结机理：对于黏滞流动（玻璃化），$m=2$；对于蒸发-凝聚机制，$m=3$；对于晶格扩散机制，$m=5$；对于表面扩散机制，$m=7$。

在致密化过程中，固相烧结（SSS）、液相烧结（LPS）、黏滞复相烧结（VCS）和黏滞玻璃相烧结（VGS）（后两者即黏性流动）的相对体积分数的变化可表示为致密化方向，过量液相粉末体（液相量，20%～100%，体积分数；图 11.3 中的 VCS 和 VGS 的烧结行为与 LPS（液相量，1%～

图 11.3　三元相图表示由 SSS，LPS，黏滞复相烧结（VCS）以及黏滞玻璃相烧结（VGS）时的相的体积分数关系
箭头表示初始密度为 60% 时，各相体积分数变化方向；在 LPS 烧结区域 ABCS，表示出此烧结机理的不同分阶段，Ⅰ—重排；Ⅱ—溶解及沉淀；Ⅲ—气孔排除
（Kwon 和 Messing，1991）

20%，体积分数）的差别很大，有液相存在的烧结和纯固相烧结行为也有很大差别。VCS和VGS不需要溶解沉淀作为致密化机理，不要把这两个过程与LPS混淆。而固相烧结的传质方式只能是扩散或蒸发-凝聚，在常压下，烧结速率比有液相参与的烧结慢得多。这一章中将根据液相量的多少，分为固相烧结、液相烧结、黏性流动烧结三部分，下面具体地讨论烧结的机理。

在研究烧结问题时，建立适当的烧结模型是一个好方法，根据不同的烧结机理，可建立不同的模型，在下面的讨论中将使用这一方法。

11.1.3 烧结推动力

由于烧结的致密化过程是依靠物质传递和迁移实现的，因此必须存在某种化学位梯度才能推动物质的迁移。

粉体颗粒尺寸很小，比表面积大，具有较高的表面能，即使在加压成型体中，颗粒间接触面积也很小，总表面积很大而处于较高的能量状态。根据最小能量原理，它将自发地向最低能量状态变化，并伴随系统的表面能减少。可见，烧结是一个自发的不可逆的过程，烧结后形成多晶体，以晶界能取代了表面能，系统表面能降低是推动烧结进行的基本动力。

根据第6章表面与界面中的介绍，表面张力会使弯曲液面产生毛细孔引力或附加的压强差 Δp，此压强差与曲率半径有关 [见第6章6.3节中的式（6.8）]，成反比关系。对于表面能 γ 约为 $1.5 \times 10^{-4} J/cm^2$ 的铜粉，可计算当颗粒半径为 $1 \mu m$ 时，附加的压强差 Δp 约为30个大气压（$3 \times 10^6 Pa$），这显然是十分可观的，由此引起的系统摩尔吉布斯自由能变化为：

$$\Delta G = V \Delta p = 7.1 cm^3/mol \times 3 \times 10^6 J/m = 21.3 J/mol$$

与相变的能量变化几百焦耳每摩尔、化学反应前后的能量变化几万焦耳每摩尔相比，烧结的推动力还是很小的。

表面张力使凹、凸表面处的蒸气压 p 分别低于和高于平表面处的蒸气压 p_0，这一关系可以用开尔文式表达 [式（6.12）]。显然，在不同温度下，表面张力对不同曲率半径的弯曲表面上蒸气压的影响不同。因此，如果固体在高温下有较高蒸气压，则可以通过气相导致物质从凸表面向凹表面处传递。此外，若以固体表面的空位浓度 c 或固体溶解度 L 分别代替开尔文式的蒸气压 p，则对于空位浓度和溶解度也都有类似于开尔文式的关系，并能推动物质的扩散传递。可见，作为烧结动力的表面张力可以通过流动、扩散和液相或气相传递等方式推动物质的迁移。但由于固体有巨大的内聚力，这在很大程度上限制着烧结的进行，只有当固体质点具有明显的可动性时，烧结才能以可以度量的速率进行，故温度对烧结速率有本质的影响。一般当温度接近于泰曼温度（$0.5 \sim 0.8 T_m$）时，烧结速率就明显增加。

烧结过程中物质的传质方式是烧结存在不同机理的根本原因，在晶体材料中，原子只能在界面被移动或添加（位错攀移除外）。晶粒中心的靠近是通过热激活扩散，把原子从晶界移走并添加到气孔表面。在非晶态材料中，晶粒形状的变化可通过黏性流动实现；在滑移系统具有足够低剪切应力的材料中（多数金属，可能在MgO中），可通过位错滑移实现。物质的传质方式与烧结时存在的液相量密切相关，下面将分别讨论。

11.2 固相烧结

固相烧结指没有液相参加的烧结，单一粉末的烧结常常属于典型的固相烧结。在压力条件下进行的烧结称为热压烧结，在热压情况下，额外驱动力是应力下坯体体积的减小。

11.2.1 烧结的阶段

固相烧结过程通常分为以下三个阶段，如图11.4。

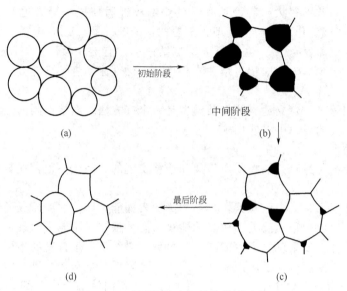

图 11.4　不同烧结阶段晶粒排列过程

11.2.1.1　初期

陶瓷在成型、干燥和脱脂之后，坯体一般具有 40%～70% 的理论密度。烧结初期分两步，第一步是通过平移和旋转运动重排晶粒，使每个晶粒接触点数量（以配位数表示）最大；第二步，当温度足够高，扩散可以进行时，晶界和气孔表面形成网络［图 11.4（b）］，并达到局部受力平衡状态，即气孔表面和晶界的交角（二面角，Ψ）由比表面能（γ_s）与晶界能（γ_b）之比确定：

$$\cos\frac{\Psi}{2} = \frac{\gamma_b}{2\gamma_s} \tag{11.1}$$

结果晶粒接触面积将增加，直至达到二面角 Ψ［图 11.4（c）］。同时由于配位数的增加，导致自由晶粒表面曲率的变化，由凸变至凹。致密结构中晶粒配位数为 12.5～14.5。当达到这一配位数值时，晶粒的重排不可能再进行下去，初始烧结阶段结束。单一尺寸球体的非规则堆积，可以看作是简单立方和六方密堆的混合。相对密度与配位数的关系如图 11.5。从这一关系可知，初始烧结阶段可估计为在相对密度 75%，烧结收缩 0～5% 时结束。若是具有长扩散路径的粗晶材料，致密化将在这一阶段结束（例如，烧结金属）。

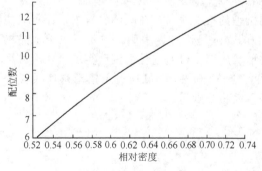

图 11.5　单一尺寸球体不规则排列相对
密度与配位数的关系

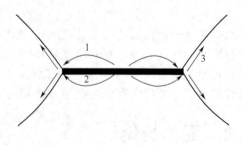

图 11.6　烧结颈部扩散途径：从晶界的物质
迁移可以通过晶格或晶界扩散，在气孔
表面的分布，主要通过表面扩散
1—晶格；2—晶界；3—表面

烧结过程和机理常利用简化几何模型来研究，通常将固体粉末抽象成球体或平板状。在固相烧结初期，将粉粒抽象成等径球以点接触或面接触联系在一起［图 11.2 (a) 和图 11.4 (a)、(b)］。

11.2.1.2　中期

在烧结中期，所有晶粒都与最近邻晶粒接触，因此晶粒整体的移动已停止。只有通过晶格或晶界扩散，把晶粒间的物质迁移至颈表面，收缩才能进行（图 11.6）。这一阶段气孔由颈部周围柱状通道联系在一起，构成连续网络。当气孔通道变窄无法稳定而分解为封闭气孔时，这一阶段将结束，这时相对密度约为 93%。

11.2.1.3　末期

在烧结末期，气孔封闭，主要处于四晶粒交界处。现在可发生主要的晶粒生长。如果气孔中含有不溶于固相的气体，那么收缩时，内部气体压力将升高并最终使收缩停止。

11.2.2　固相烧结驱动力

固相烧结的驱动力是粉末压实体吉布斯自由能 G_F 的减小，即低能量晶界取代高能量晶粒表面和粉末体收缩引起的总界面积减少，造成的系统吉布斯自由能的下降。这一过程是通过物质的迁移实现的，物质迁移总气孔体积减少，导致粉体体积 V 的减小。

$$\mathrm{d}G_F = \gamma_s \mathrm{d}A_s + \gamma_b \mathrm{d}A_b + p\,\mathrm{d}V \tag{11.2}$$

式中，A_b 为总晶界面积；A_s 为总气孔表面积；p 为外部施加的压力；最后一项表示热压烧结时对外界做的功。

原子的迁移是由于原子源和空位处的化学势差引起的。每一原子迁移的化学势差不一定相同，定义这种化学势差的平均值（一段时间内所有迁移原子的平均）为烧结势能 $\overline{\Delta\mu}$：

$$\overline{\Delta\mu} = \frac{\gamma_s \mathrm{d}A_s + \gamma_b \mathrm{d}A_b + p\,\mathrm{d}V}{\mathrm{d}\xi} < 0 \tag{11.3}$$

式中，ξ 表示迁移原子数。如果一个原子从晶界迁移进一个气孔，原子占据了气孔的部分，这一气孔将收缩，等于周围物质向气孔移动。由一个原子迁移引起粉末体的收缩与原子体积 Ω 之比被称为"效率因子" Φ：

$$\Phi = -\frac{\mathrm{d}V}{\Omega\,\mathrm{d}\xi} \tag{11.4}$$

在晶态材料中，当厚度为 δ 的一层从面积 A_b（体积 δA_b）的晶界移走，粉末体将收缩体积 $\delta(A_b + A_p)$，其中 A_p 是被气孔占据的晶界面积（图 11.7）：

$$\Phi|_{晶体} = \frac{A_b + A_p}{A_b} \tag{11.5}$$

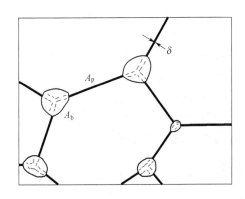

图 11.7　晶态固体的效率因子 Φ 示意

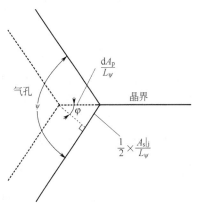

图 11.8　无限小收缩时，气孔-晶界
交汇几何图（Eisele，1989）

式（11.4）可以改写为：

$$\overline{\Delta\mu}=\Phi\Omega\frac{\gamma_s\mathrm{d}A_s+\gamma_b\mathrm{d}A_b+p\mathrm{d}V}{\mathrm{d}V} \tag{11.6}$$

以上模型适用于烧结的三个阶段。烧结中后期气孔的分布和形状发生变化，假设局部平衡状态，即气孔表面是球形的，只是在气孔与晶界交叉处曲率有间断。这一阶段，把物质通过表面或气相扩散均匀分布到气孔表面的过程，比通过晶界和体扩散，速率更快。

气孔表面积的变化 $\mathrm{d}A_s$ 有两个贡献：在球面部分，当添加原子时，是气孔表面的向气孔内运动，即

$$\mathrm{d}A_s\vert_s=-\chi_s\Omega\mathrm{d}\xi \tag{11.7}$$

式中，χ_s 是气孔曲率；$A_s\vert_s$ 是球面部分气孔表面积的变化。在气孔与晶界交界处，总长 L_Ψ，气孔表面消失，额外晶界面积出现，图 11.8 的虚线为新增气孔表面和晶界面。

$$\cos\frac{\Psi}{2}=\sin\varphi=\frac{1}{2}\times\frac{\mathrm{d}A_s\vert_j}{L_\Psi}\times\frac{L_\Psi}{\mathrm{d}A_p} \tag{11.8}$$

式中，$A_s\vert_j$ 是气孔与晶界交叉处气孔表面积的变化，φ 如图 11.8 所定义。由二面角 Ψ 的定义［式（11.7）和式（11.8）］，可得：

$$A_s\vert_j=\mathrm{d}A_p\frac{\gamma_b}{\gamma_s} \tag{11.9}$$

由式（11.4）及式（11.7），气孔表面积的变化为

$$\mathrm{d}A_s=\mathrm{d}A_s\vert_s+\mathrm{d}A_s\vert_j=\chi_s\frac{\mathrm{d}V}{\Phi}+\mathrm{d}A_p\frac{\gamma_b}{\gamma_s} \tag{11.10}$$

定义晶粒单元由一个晶粒及相邻气孔组成

$$C^3\rho=G^3 \tag{11.11}$$

式中，C 为晶粒单元的尺寸；ρ 为相对密度；G 为晶粒尺寸。引入几何因子 g_2 和 g_3，使 g_2C^2 和 g_3C^3 分别为晶粒单元的表面积和体积。为了计算晶界面积，首先给定：

$$A_b+A_p=\frac{1}{2}\times\frac{g_2C^2}{g_3C^3}V \tag{11.12}$$

令 $g=g_2/g_3$，取上式的微分形式：

$$\mathrm{d}(A_b+A_p)=\frac{1}{3}\times\frac{g}{C}\mathrm{d}V \tag{11.13}$$

由式（11.6）、式（11.10）和式（11.13），得到：

$$\overline{\Delta\mu}=-\Phi\Omega\left(\frac{\gamma_s\chi_s}{\Phi}+\frac{1}{3}\times\frac{g}{C}\gamma_b+p\right) \tag{11.14}$$

括号中的三项分别为弯曲气孔表面的毛细管力，使粉末压实体尺寸减小的晶界表面张力以及外部施加压力。若为施加外应力的轴向热压（≤30MPa）或热等静压（≤200MPa）烧结，烧结势能可简单由 $\overline{\Delta\mu}\approx\Phi\Omega p$ 给出。

在文献中，经常采用"烧结应力"的概念，而非"烧结势"。烧结应力 σ_Σ 指在粉末体中产生与表面张力同样大小的驱动力所需施加的外部应力的大小。烧结应力为：

$$\sigma_\Sigma=\frac{\gamma_s\chi_s}{\Phi}+\frac{1}{3}\times\frac{g}{C}\gamma_b \tag{11.15}$$

可以认为施加 $-\sigma_\Sigma$ 大小的张应力可以使收缩停止。在烧结末期，当气孔内部的气体压力达到 $-(\sigma_\Sigma+p)$ 时，收缩将停止。式（11.15）中的右端两项都与晶粒尺寸成反比，当晶粒尺寸大到一定程度时，烧结应力（烧结驱动力）很小，烧结无法进行下去。

对于一个十四面体，$g_2=3.45$，$g_3=0.523$，$g=6.60$。把合理的数值代入式（11.15），发现烧结应力为 1MPa 数量级。

对于空位扩散机理的烧结，烧结势是由颈部和颗粒其他部位的浓度梯度造成的。在颈部形成一个空位时，颈部毛细管引力所做的功 $\Delta W=\dfrac{\gamma\delta^3}{\tau}$，$\gamma$ 是颗粒表面能，τ 是毛细管曲率。故在颈部表面形成一个空位所需的活化能应为 $\Delta G_f-\dfrac{\gamma\delta^3}{\tau}$，$\Delta G_f$ 为不受应力的晶体形成本征空位所需的活化能。根据点缺陷浓度计算式，晶体的本征空位浓度 c_0 和颈部表面空位浓度 c' 分别为：

$$c_0=\frac{n_0}{N}=\exp\left(-\frac{\Delta G_f}{kT}\right) \tag{11.16}$$

$$c'=\exp\left[-\frac{\Delta G_f}{kT}+\frac{\gamma\delta^3}{\rho kT}\right] \tag{11.17}$$

颈部表面的过剩浓度相应的空位浓度 Δc 为：

$$\Delta c=c_0\frac{\Delta c}{c_0}=c_0\frac{c'-c_0}{c_0}=c_0\exp\left(\frac{\gamma\delta^3}{\tau kT}-1\right)\approx\frac{\gamma\delta^3}{kT}\times\frac{1}{\tau}c_0 \tag{11.18}$$

在这空位浓度差的推动下，空位从颈部表面不断向颗粒的其他部分扩散；而固体质点则向颈部逆向扩散。这时，颈部表面起着提供空位的空位源作用。由此迁移出去的空位最终必须在颗粒的其他部分消失，这个消失空位的场所也可称为空位的阱（sink），它实际上就是提供形成颈部的原子或离子的物质源。

11.2.3 动力学

没有液相存在的固态物质间烧结可以有不同机理，相应的动力学规律也不相同。当温度高于物质的泰曼温度时，质点就具有显著的可动性，烧结总是某种迁移传质的过程，固相烧结的传质方式主要有蒸发-凝聚、扩散传质和固体晶格的塑性流动。对于在高温下有较大蒸气压的物料如 BeO 等初期烧结速率，可能受蒸发-凝聚机理控制，而平均粒径几微米的颗粒，蒸发-凝聚烧结要求最低蒸气压为 1～10Pa，一般的硅酸盐材料达不到如此高的蒸气压，如氧化铝在 1200℃时的蒸气压只有 10^{-41}Pa，故这种传质方式并不多见。对于高熔点氧化物的固相烧结，体积扩散更可能是最重要的机理。现在以此为例来讨论固相烧结的动力学关系。

11.2.3.1 烧结初期

在颗粒和空隙形状未发生明显变化的初期阶段，即 $x/r<0.3$，线收缩率小于 6% 左右，库津斯基（Kuczynski）首先推导了基于体积扩散机理的烧结初期动力学方程。选用平板-球模型（图 11.9），令颈部表面作为空位源，质点从颗粒界面扩散到颈部表面，空位反向扩散到界面上，并通过界面通道溢出消失。由于在毛细孔引力作用下颈部表面的过剩空位浓度差 $\Delta c=\dfrac{2\gamma\delta^2}{kT\tau}c_0$，$d$ 为质点的直径，γ 为颗粒的表面张力。故在单位时间内通过颈部表面积 A 的空位扩散速率应等于颈部体积 $\overline{V}$ 增长速率，并可以由菲克扩散方程给出：

$$\frac{\mathrm{d}\overline{V}}{\mathrm{d}t}=A\frac{\Delta c}{\rho}D' \tag{11.19}$$

式中，D' 为空位扩散系数，它与原子自扩散系数（体积扩散系数）D_V 的关系为：

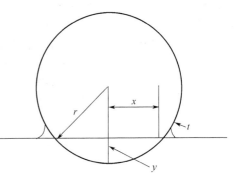

图 11.9　平板-球模型
r—球粒半径；x—接触半径；y—颗粒中心距的变化
颈部曲率半径 $t=x^2/2r$；颈部表面积
$A=px^3/r$；颈部体积 $V=px^4/r$

$$D_V = \delta^3 D' \exp(-\Delta G_f / kT) \tag{11.20}$$

式中，G_f 为颈部形成一个空位所需的能量，因平表面的空位浓度 c_0 应该等于平衡空位浓度 $e^{\left(-\frac{\Delta G_f}{kT}\right)}$，表面过剩浓度差为：

$$\Delta c = \frac{2\gamma\delta^3}{kT\tau} e^{-\frac{\Delta G_f}{kT}} \tag{11.21}$$

将式 (11.20)、式 (11.21) 代入式 (11.19) 得：

$$\frac{dV}{dt} = A \frac{2\gamma\delta^3}{kT\tau^2} D_V \tag{11.22}$$

根据所设模型的几何关系有：

$$\tau = \frac{x^2}{2r}; \quad A = \frac{\pi x^3}{r}; \quad V = \frac{\pi x^4}{2r}$$

代入式 (11.22) 并积分整理得：

$$x^5 = \frac{20\gamma\delta^3}{kT} D_V r^2 t \tag{11.23}$$

或

$$\frac{x}{r} = \left(\frac{20\gamma\delta^3 D_V}{kT}\right)^{1/5} r^{-3/5} t^{1/5} \tag{11.24}$$

可见，体积扩散的烧结，其颈部半径增长率 $\left(\frac{x}{r}\right)$ 与时间的 1/5 次方成比例，而随着颈部的长大，颗粒中心至平板的距离缩短，由模型图 11.9 的几何关系，烧结收缩率 $\left(\frac{\Delta L}{L_0}\right)$ 为：

$$\frac{\Delta L}{L_0} = \frac{y}{r}$$

考虑到烧结初期颈部很小，可近似认为 $\tau \approx y$，则：

$$\frac{\Delta L}{L_0} = \frac{y}{r} \approx \frac{\rho}{r} = \frac{x^2}{2r^2}$$

$$\frac{\Delta L}{L_0} = \left[\frac{5\gamma\delta^3 D_V}{\sqrt{2}kT}\right]^{2/5} r^{-6/5} t^{2/5} \tag{11.25}$$

即线收缩率分别与时间的 2/5 次方和颗粒半径的 -6/5 次方成比例。从图 11.10 (b) NaF 和 Al_2O_3 烧结初期的 $\Delta L/L_0$ 对数和时间对数关系曲线可见，曲线斜率约为 2/5，与式 (11.25) 良好吻合。图 11.10 (a) 是以 $\Delta L/L_0$ 对时间直接作图，可以看出，反应烧结速率的线收缩率随时间的延续而减少。这是因为随着烧结的进行，颈部扩大、曲率减小，由此引起的毛细孔引力和空位浓度差也减少的缘故。所以试图以延长时间来最终提高致密度并非有效。图 11.11 是在保持一定烧结时间和温度的条件下，颗粒尺寸对 Al_2O_3 烧结的影响。可

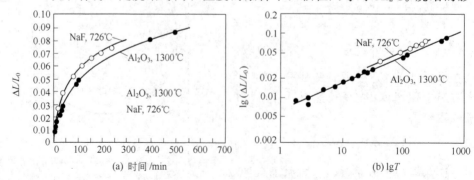

图 11.10　NaF 和 Al_2O_3 烧结线收缩率

见随粒度减小，烧结速率增加，并与式（11.21）关系一致，说明控制颗粒尺寸对烧结是重要的。

采用不同的几何模型，导出的动力学方程有多种（Johnson，Beere，Hsueh 等），所有方程都有共性。如卿格尔（Kingery）等人曾采用双球模型并设定三种不同扩散途径，分别导出相应的体积扩散烧结动力学方程，结果与式（11.24）基本一致。

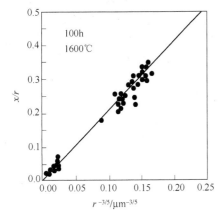

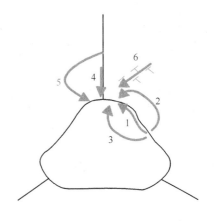

图 11.11　颗粒尺寸对 Al_2O_3 烧结时 x/r 的影响　　　　图 11.12　不同烧结机理的传质途径

除体积扩散外，质点（或空位）还可以沿表面、界面或位错处等多种途径扩散（图11.12，表11.1），其相应的烧结动力学方程和线收缩率关系也会不同。但与式（11.24）类似，可用下面的一般关系描述：

$$\left(\frac{x}{r}\right)^n = \frac{K_1\gamma\delta^3 D}{kT}r^{-m}t = \frac{F(T)}{r^m}t \qquad (11.26)$$

式中，指数 n、m 的值见表11.2。对于同属一种扩散机理，出现不同的指数、系数值是采用不同模型和扩散系数值所致。

表 11.1　烧结初期物质迁移路线

	线　路	物质来源	物质沉积		线　路	物质来源	物质沉积
1	表面扩散	表面	颈部	4	晶界扩散	晶界	颈部
2	晶格扩散	表面	颈部	5	晶格扩散	晶界	颈部
3	蒸发-凝聚	表面	颈部	6	晶格扩散	位错	颈部

表 11.2　式（11.26）中的指数值

传质方式	n	m	传质方式	n	m	传质方式	n	m	传质方式	n	m
蒸发-凝聚	3	1	体积扩散	5	3	晶界扩散	6	2	表面扩散	7	3

由于实际烧结过程可能有几种传质过程同时作用，而且以上公式的推导采用了简化模型，因此以上方程对实际烧结过程常有偏差。但尽管如此，这些定量描述对于估计初期的烧结速率，探讨和控制影响初期烧结的因素以及判断烧结机理等还是有意义的。

11.2.3.2　烧结中期

进入烧结中期，颈部将进一步增长，空隙进一步变形和缩小，但仍然是连通的，构成一种隧道系统。因此要定量处理中（后）期的烧结动力学过程就要涉及颗粒的形状、大小和空间堆积形式等几何因素，较难做严格的描述。

考虑到中期以后颗粒接触均已形成一定的颈部，使球状颗粒变成多面体形，空位形状也

随之变化。于是考波（Coble）提出了如图 11.13（a）所示的十四面体的简化模型，每个十

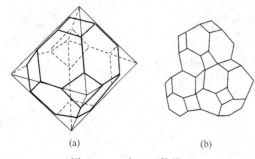

图 11.13 十四面体模型
(a) 考波模型；(b) 体心立方堆积方式

四面体由正八面体沿着它的顶点在边长 $\frac{1}{3}$ 处截去一段而成。这个十四面体有 6 个四边形和 8 个六边形的面，按体心立方的方式可以完全紧密地堆积在一起，如图 11.13（b）。每个边是 3 个颗粒（十四面体）的交界线，它相当于一个圆柱形气孔通道。每个顶点是 4 个颗粒的交汇点。依此模型可以把圆柱形空隙表面作为空位源，空位从这里向颗粒界面扩散，质点则逆向迁移，从而使坯体继续致密化。

令十四面体边长为 l，圆柱形空隙的半径为 τ，根据图中几何关系，考虑到每个边棱（空隙）是 3 个十四面体所共有，则可以分别计算十四面体的体积 V 和空隙体积 v：

$$V = 8\sqrt{2}\, l^3 \tag{11.27}$$

$$v = \frac{1}{3}(36\pi\tau^2 l) = 12\pi\tau^2 l \tag{11.28}$$

由此，坯体气孔率 P_c 为：

$$P_c = \frac{v}{V} = 3.24\,\frac{\tau^2}{l^2} \tag{11.29}$$

假设空位从圆柱形空隙表面向颗粒界面扩散是放射状的，则可以与相应的传热过程相比拟。故在单位圆柱体长度的空位扩散流通量 J 可用下式表示：

$$\frac{J}{l} = 4\pi D'\delta^3 \Delta c \tag{11.30}$$

式中，δ^3 是空位体积；D' 是空位扩散系数；Δc 是空位浓度差；l 是圆柱形空位的长度，相当于扩散流的宽度。为了简化，可视为 $l = 2\tau$。考虑到从空位源出发的每一个空位扩散流分岔，故有：

$$\frac{J}{l} = \frac{J}{2\tau} = 2 \times 4\pi D'\delta^3 \Delta c \tag{11.31}$$

因每个十四面体有 14 个面，而每个面为两个十四面体所共有。故单位时间内每个十四面体中空位的体积流动速率为：

$$\frac{\mathrm{d}v}{\mathrm{d}t} = \frac{14}{2}J = 112\pi\tau D'\delta^3 \Delta c \tag{11.32}$$

将式（11.20）、式（11.21）分别代入得：

$$\frac{\mathrm{d}v}{\mathrm{d}t} = \frac{112\pi\tau D_V \delta^3 \gamma}{kT} \tag{11.33}$$

积分并考虑到式（11.29）得：

$$P_c = \frac{v}{V} = \frac{32.4\gamma D_V \delta^3}{l^3 kT}(t_f - t) \tag{11.34}$$

式中，t_f 为空隙完全消失所需的时间；t 为烧结时间。

对于界面扩散，用类似的方法可求得：

$$P_c = \left(\frac{2D_b w\gamma\delta^3}{l^4 kT}\right)^{2/3}(t_f - t)^{2/3} \tag{11.35}$$

式中，D_b、w 分别为界面扩散系数和界面宽度。

当温度一定时，式（11.34）、式（11.35）中的 γ、D_V 和 D_b 为恒值，若保持颗粒尺寸不变，则按体积扩散烧结时坯体气孔率 P_c 应随时间延续而成比例地减少；而沿界面扩散的烧结，则 $\lg P_c$ 对 $\lg t$ 呈线性关系。

11.2.3.3　烧结后期

在这一阶段，坯体一般已达 95% 以上的理论密度，多数空隙已经变成孤立的闭气孔。从十四面体模型来看，此过程可看作是相邻的三个圆柱形空隙向顶点收缩，因而形成的闭气孔将分布在十四面体的 24 个顶点处。据此，考波导出烧结后期的动力学公式。

设孤立气孔半径为 r_s，并考虑到每个气孔是分属于 4 个十四面体的。从几何关系可求出每个十四面体的气孔体积 $v=8\pi r_s^3$。则气孔率 P_s 为：

$$P_s=\frac{v}{V}=\frac{8\pi r_s^3}{8\sqrt{2}l^3}=\frac{\pi}{\sqrt{2}}\times\frac{r_s^3}{l^3} \tag{11.36}$$

若以球形气孔表面作为空隙源，则空位向外扩散是球对称的，用与上述相似的方法处理，即可求出烧结后期的动力学关系：

$$P_s=\frac{6\pi D_V\gamma\delta^3}{\sqrt{2}l^3kT}(t_f-t) \tag{11.37}$$

此结果与式（11.34）相似，当温度和颗粒尺寸不变时，气孔率随时间而线性地减少，坯体致密度增高。图 11.14 是 α-Al_2O_3 在不同温度下恒温烧结时，相对密度随时间的变化。由图可见，在 98% 理论密度以下的中、后期恒温烧结时，坯体相对密度与烧结时间均呈良好的线性关系。由此可求得的活化能约为

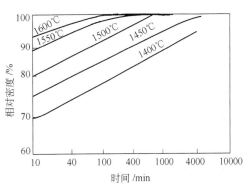

图 11.14　α-Al_2O_3 恒温烧结时相对密度随时间的变化关系

160kJ/mol，这与 Al_2O_3 在烧结初期所求得的数据颇为一致，故可以作为支持上述动力学关系的一个实例。

11.2.4　晶粒生长

11.2.4.1　晶粒正常长大

细颗粒晶体聚集体在高温下平均晶粒尺寸总会增大，并伴随有一些较小晶粒被兼并和消失。所以晶粒长大速率是与这些被兼并晶粒的消失速率相当的。这一过程的推动力是晶界过剩的表面能。由于驱动力降低以及使扩散路径变长，晶粒的生长将降低烧结速率，从而使烧结速率变慢。

与烧结类似，晶粒生长驱动力是每个原子迁移穿过晶界的自由能减少的平均值。由于晶粒长大，其晶界曲率也会随之变化，这时晶界两侧晶粒的吉布斯自由能变化 ΔG 为：

$$\Delta G=\gamma V\left(\frac{1}{r_1}+\frac{1}{r_2}\right) \tag{11.38}$$

式中，γ 为表面能；V 为分子体积；r_1 和 r_2 分别为两晶粒表面的曲率半径。吉布斯自由能差 ΔG 即该晶界移向曲率中心的推动力。而晶界移动的速率和界面的曲率及原子跃过界面的速率成正比例。

图 11.15（a）是晶界结构图。根据绝对反应速率理论，总过程的速率是由原子跃迁过界面的速率决定的。图 11.15（b）晶界两侧原子位置的吉布斯自由能图，原子自 A 向 B 跃迁的频率 f_{AB} 为：

$$f_{AB}=\frac{RT}{Nh}\exp\left(\frac{-\Delta G^*}{RT}\right) \tag{11.39}$$

$$f_{BA} = \frac{RT}{Nh}\exp\left(-\frac{\Delta G^* + \Delta G}{RT}\right) \tag{11.40}$$

式中，R 为气体常数；N 为阿伏伽德罗常数；h 为普朗克常数。令原子每次跃迁距离为 λ，则晶界移动速率 $\mu = \lambda f$，则：

$$u = \lambda(f_{AB} - f_{BA}) = \frac{\lambda RT}{Nh}\exp\left(\frac{-\Delta G^*}{RT}\right)\left[1 - \exp\left(\frac{\Delta G}{RT}\right)\right] \tag{11.41}$$

因为 $1 - \exp\left(\dfrac{\Delta G}{RT}\right) \approx \dfrac{\Delta G}{RT}$，而 $\Delta G = \gamma V\left(\dfrac{1}{r_1} + \dfrac{1}{r_2}\right)$，$\Delta G^* = \Delta H^* - T\Delta S^*$，故得：

$$u = \frac{\lambda \gamma V}{Nh}\exp\left(\frac{\Delta S^*}{R}\right)\exp\left(-\frac{\Delta H}{RT}\right)\left(\frac{1}{r_1} + \frac{1}{r_2}\right) \tag{11.42}$$

晶粒长大速率随温度呈指数增加。由于原子是跃过界面的跃迁，故其活化能和界面扩散的活化能近似。

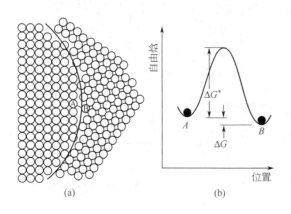

图 11.15　晶界结构及原子能位图
（a）晶界结构；（b）晶界两侧原子
位置的吉布斯自由能

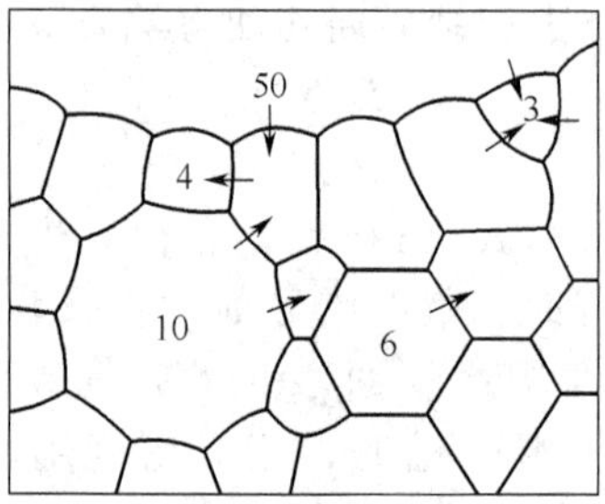

图 11.16　烧结后期晶粒长大示意图
当边数从少于 6 增至多于 6 时，界面的曲率符号
发生变化；曲率半径越小，边数与 6 相差越大。
箭头表示界面迁移的方向

在烧结的中、后期，坯体通常是大小不等的晶粒聚集体。三个晶界在空间相遇，如果晶界上各表面张力相等，那么平衡时将呈 120°角，如图 11.16。因此在二度空间截面上边数大于 6 的多面体，它们的晶界将是向外弯曲的凹面；而少于六边形，其界面就向外凸；只有六边形的晶粒才具有 120°的直线晶界。由式（11.38）可知，晶粒界面是向曲率中心移动的，故少于六边的晶粒趋向缩小，多于六边的晶粒趋于长大，结果使整体的平均相应的晶粒长大速率 u 和晶粒尺寸成反比，即

$$u = \frac{\mathrm{d}D}{\mathrm{d}t} = \frac{K'}{D} \tag{11.43}$$

积分得：

$$D^2 - D_0^2 = Kt \tag{11.44}$$

式中，D_0 为时间 $t = 0$ 时的颗粒平均直径。到烧结后期，$D \gg D_0$，故有：

$$D = Kt^{1/2} \tag{11.45}$$

以 $\lg D$ 和 $\lg t$ 作图，可得出斜率为 $1/2$ 的直线。但实验结果通常偏小，约在 $0.1 \sim 0.5$ 之间，例如，一些氧化物陶瓷接近于 $1/3$，其原因或是因 D_0 比 D 小得不多；或是因晶界移动时遇到杂质，分离的溶质或气孔等的阻滞，使正常的晶粒长大停止。例如，Al_2O_3 中添加 MgO，KCl 中添加 $CaCl_2$，ThO_2 中添加 Y_2O_3 等均会有效地阻止晶粒长大。而且包含的杂质

越多，晶粒长大过程结束得越快，最后获得的晶粒平均直径 $D_{终}$ 也越小。

11.2.4.2 异常晶体长大

前已述及，晶粒长大时伴随的晶界移动可能被杂质或气孔等所阻滞。但当坯体中存在某些边数较多，晶界能量特别大的大晶粒时，它们就可能越过杂质或气孔继续推移，以致把周围邻近的均匀基质晶粒吞并，而迅速长大成更大的晶粒，这样又增加了界面曲率，加速了长大，因此称为异常晶体长大，或二次再结晶 [图 11.17 (a)]。异常晶体长大的驱动力是大晶粒晶面与邻近高表面能和小曲率半径的晶面相比有较低的表面能，在表面能推动下，大晶粒界面向曲率半径小的晶粒中心推进，造成大晶粒进一步长大，小晶粒消失。异常晶体的初始长大速率取决于它的边数，但当它长大到其直径 D_g 远超过基质晶粒直径 D_m，即 $D_g \gg D_m$ 时，其长大速率就趋于恒定。

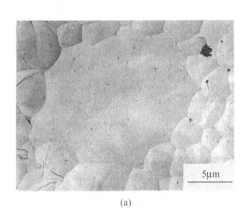
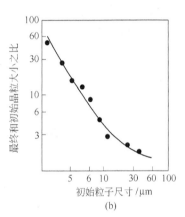

(a)　　　　　　　　　　　(b)

图 11.17　晶粒的异常长大
(a) PLZT 陶瓷的晶体异常生长，大晶粒晶界向外弯曲，大晶粒仍在继续长大；
(b) BeO 在 2000℃ 下经过 2.5h 二次再结晶后的相对晶粒大小

异常晶体长大还与初始的原料颗粒尺寸有关。图 11.17 (b)，是不同颗粒尺寸的 BeO 粉料在 2000℃ 加热 2.5h 进行二次再结晶时，晶粒长大与初始颗粒尺寸的关系。可以看到，最终晶粒尺寸随初始颗粒尺寸的减小而增大，这是因为细晶粒基质中常存在少数比平均粒径 D_m 大的晶粒，它们可以作为异常晶体长大的核胚，并以正比于 $\frac{1}{D_m}$ 的速率迅速长大；反之，当初始原料粒径增大时，则晶粒比平均粒径较大的机会相对较小，二次再结晶的形核较难，同时正比于 $\frac{1}{D_m}$ 的长大速率也较小。

再结晶，特别是二次再结晶和晶粒长大，对烧结进程和最终产品的显微结构与性能有着重要的影响，因而是工艺控制的一项重要任务。

在烧结初期，物料中存在许多气孔，晶粒间界处于能量较低的位置，故晶粒不会长大。进入烧结中期，晶界形成，开始了晶粒长大过程。但这种正常的晶粒长大会受到处于晶界上的杂质或气孔等第二相物质的阻滞，这时晶界移动可能出现三种情况。

① 晶界移动被气孔或杂质所阻挡，使正常的晶粒长大终止。

② 晶界带动气孔或杂质继续以正常速率移动，使气孔保持在晶界上，并可以利用晶界的快速通道排除，坯体继续致密化。

③ 晶界越过气孔或杂质产生二次再结晶，把气孔等包入晶粒内部。这时，由于气孔离开了晶界，不能够再利用晶界的快速通道，扩散途径增长而难于排除，从而可能使烧结停顿下来，致密度不再提高。

显然，这三种不同情况将直接影响烧结体的致密度、晶粒和气孔的尺寸与分布以及晶界上的杂质等显微结构和性能。而这三种不同情况的产生只要决定于晶界的能量、杂质和气孔的含量及尺寸，也就是决定于晶界移动的推动力与第二相对晶界移动的阻力间的相对关系。阻碍质点越多，就只有曲率半径更小的晶界才能通过。采纳（Zener）给出了如下的近似关系，以表述临界晶粒尺寸 D_c 和第二相质点之间的关系：

$$D_c \approx \frac{4}{3} \times \frac{d}{v} \approx \frac{d}{v} \qquad (11.46)$$

式中，d 是二相质点的直径；v 是二相质点的体积分数。此式近似地反映了最终晶粒平均尺寸与第二相物质的阻碍作用间的平衡关系。在烧结初期，气孔率很大，故 v 相当大，初始粒径为 D_c，晶粒一般不会长大。随着烧结的进行，气孔迅速减少，晶粒开始缓慢地均匀长大，并推动气孔移动促使它沿晶界通道排除，坯体继续致密化。但这时如有较多的杂质，则可能使正常的晶粒长大终止；反之，如坯体中存在少数尺寸很大，晶面数也很多的晶粒，

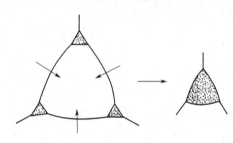

图 11.18　由于晶粒长大使气孔扩大示意

它们便可能越过杂质或气孔继续长大，开始出现异常晶体长大作用。异常晶体长大一旦出现，大晶粒因兼并了周围的小晶粒而变得更大，晶面更多，长大的趋势就更为明显。这就导致在一般晶粒尺寸比较均匀的基质中，出现少数大晶粒，直至它们相互接触为止。与此同时，气孔将脱离晶界进入晶粒内部成为孤立气孔，烧结速率大为减慢，甚至停止。此外，由于孤立小气孔中气体压力较大，它可能扩散或迁移到气压较低的大气孔中去。因此，如图 11.18 所示，处于晶界上的气孔也可能随着晶粒长大而变大。而晶粒继续长大的速率不仅与基质晶粒平均直径 D 成反比，也与气孔直径 D_g 成反比。考虑到 D_g 与 D 成比例，则式 (11.43) 变成：

$$\frac{\mathrm{d}D}{\mathrm{d}t} = \frac{K'}{D} \times \frac{K''}{D_g} = \frac{K'''}{D^2} \qquad (11.47)$$

积分得：

$$D^3 - D_0^3 = Kt \qquad (11.48)$$

式 (11.48) 反映了原始物料的粒度和气孔尺寸对异常晶体长大速率的影响。

一般扩散过程的致密化是连续进行的，直到气孔率达到约 10% 为止，此时由于晶粒异常长大，致密化速率急剧下降，为了获得致密制品，必须防止或减缓异常晶粒长大过程。工艺上常用添加物来阻止或减缓晶界移动，以使气孔沿晶界排除。在氧化铝中添加少量 MgO 以细化氧化铝瓷晶粒，是一个行之有效的实例。这可能是由于形成的尖晶石质点处于晶界上，使气孔有更多的机会排除，因而在异常晶体长大发生之前，坯体已达到足够的致密度。

11.3　液相烧结

液相烧结（LPS）是一种重要的致密化过程，最早用于粉末冶金制品。由于粉末中总含有杂质，大多数材料在烧结过程中都会出现一些液相，即使没有杂质的纯固相系统，高温下也会出现"接触"熔融现象，因而纯粹的固相烧结实际上难以实现，材料制造中液相烧结的应用更为广泛。根据液相量的不同，又可分为液相量较少的液相烧结和液相量较多的黏性流动，本节介绍液相烧结，黏性流动下一节讨论。在古代，大多数陶器和瓷器就是采用复杂的

液相烧结过程制造的，现代采用液相烧结技术制造的陶瓷有 Al_2O_3 和 AlN 电子基片，Al_2O_3 和 SiC 机械密封件，Al_2O_3 和 Si_3N_4 电热塞，Si_3N_4/Sialon 结构部件，ZnO 压敏电阻，$BaTiO_3$ 电容器，PLZT$[(Pb,La)(Zr,Ti)-O_3]$压电元件以及各种复合材料。

液相烧结致密化过程的主要优点是提高烧结速率，首先，液相烧结可以在比固相烧结低的温度，将用固相烧结难以致密的坯体达到烧结致密度；其次，液相烧结是一种制备具有可控微观结构和优化性能的陶瓷复合材料的方法，如一些具有显著改善断裂韧性的氮化硅复合材料。

Kingery 指出了液相烧结有三个基本要求：①在烧结温度下，必须有液相存在；②固相可被液相很好浸润（即低接触角）；③固相必须在液相中有一定的溶解度。

11.3.1 液相烧结的不同阶段

液相烧结致密化过程有三种速率机理，传统上划分为三个明显的阶段（Kingery，1950），在图 11.19（a）中，示意性表示为阶段Ⅰ、Ⅱ、Ⅲ。但明显致密化之前，发生一些重要的物理化学过程，如熔化、浸润（或液相流动）以及固相和液相之间的反应；在图 11.19（a）中表示为阶段 0。阶段 0 为过渡态，只产生可忽略的致密化。随着密度增加，致密化机理逐渐从重排（阶段Ⅰ）到溶解-沉淀（阶段Ⅱ），最后的气孔（或气相）排除（阶段Ⅲ）。但在实际粉末烧结中，交接阶段之间存在明显的重叠 [图 11.19（b）]。一般来说，随着烧结的进行，致密化速率显著减小，一般从 10^{-3}/s 变为 10^{-6}/s。如图 11.19（b）所示，随着烧结时间的延长，在液相烧结的后期，会出现明显的反致密化（或反烧结）。

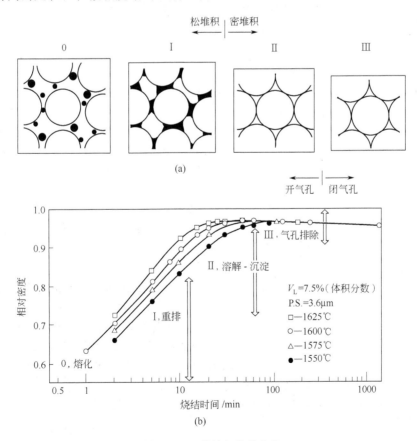

图 11.19　晶界气孔的变化

（a）液相烧结不同阶段的示意图（0—溶化；Ⅰ—重排；Ⅱ—溶解及沉淀；Ⅲ—气孔排除）；

（b）在不同温度下，氧化铝-玻璃体系中，实际致密化作为烧结时间的函数所示意的不同 LPS 阶段从 Kwon 和 Messing（1991）提出的三元液相烧结相图（图 11.3）中可见，对于液相烧结，在 O 点的多孔粉末压制体顺序通过三个烧结机理区域（图 11.3 中 Ⅰ、Ⅱ、Ⅲ 区域），沿着箭头到 Q 点而致密。假设单一尺寸球形颗粒，当达到密堆结构 $V_S = 0.74$ 时，颗粒的重排将停止，溶解沉淀的致密化边界可保守地确定为三角形 DEF。

$$0.74 < V_S < 0.92$$
$$0 < V_L < 0.20$$
$$0.08 < V_P < 0.26$$

在溶解沉淀末期，当气孔封闭后，即当 $\rho(=V_S+V_L) > 0.92$ 时，最终烧结阶段（气孔排除）会立即开始。

11.3.2 液相烧结驱动力

液相烧结的推动力仍然是表面张力。通常固体表面能（γ_{SV}）比液体表面能（γ_{LV}）大。当满足 $\gamma_{SV} - \gamma_{SL} > \gamma_{LV}$ 的条件时，液相将润湿固相。总体来说，在固-液-气系统中从一种形态进行到另一种［图 11.19（a）］的自由能变化为：

$$\Delta G = (\Delta A_{SV}\gamma_{SV}) + (\Delta A_{SS}\gamma_{SS}) + (\Delta A_{SL}\gamma_{SL}) + (\Delta A_{LV}\gamma_{LV}) \tag{11.49}$$

其中，ΔA_{SV}、ΔA_{SS}、ΔA_{SL} 和 ΔA_{LV} 是不同界面面积的变化，γ_{SV}、γ_{SS}、γ_{SL}、γ_{LV} 是对应的界面能（下标 S、L 和 V 分别代表固相、液相和气相）。若假设固相被液相很好地浸润，则 ΔA_{SV} 和 ΔA_{SS} 不重要。而且当无晶粒生长时，ΔA_{SL} 可忽略。因此在确定 LPS 烧结驱动力时，ΔA_{LV} 是主要的和最重要的变量。

图 11.20 是两晶粒接触的双球模型的固-液-气系统。假设两球体间接触形成凹液面，根据弯曲表面的张力，每个接触的力为：

$$F = (2\pi r_L \gamma_{LV}\cos\varphi) - \left[\pi r_L^2 \gamma_{LV}\left(\frac{1}{R_1} + \frac{1}{R_2}\right)\right] \tag{11.50}$$

式中，r_L 是凹镜的半径；φ 如图 11.20 中所定义；R_1 和 R_2 是弯液面的主半径。式（11.50）中的第一项取决于液相表面张力；第二项是由于液-气相界面弯曲而形成的，被称为拉普拉斯（Laplace）力。对于接触角 $\theta < 30°$，浸润很好的情形，角 φ 变为很大，第一项可忽略。因此，当具有很好浸润时，烧结中期的致密化驱动力可由在颗粒接触点弯液面产生的拉普拉斯力近似给出。

在图 11.20 中，毛细管力被接触点的压应力所平衡。毛细管力导致化学势 μ 增大。假设应变能的贡献可忽略，应力和化学势差的关系为：

$$\Delta\mu = \mu' - \mu^0 = \sigma\Omega \tag{11.51}$$

式中，$\Delta\mu$ 是由液-固界面的正应力 σ 所引起的化学势差；μ' 为在某一正应力下的化学势；μ^0 为在参比态下的化学势；Ω 为固相的摩尔体积。对于标准溶液，正应力下的相应溶解度为：

$$\ln\left(\frac{c_L'}{c_L^0}\right) = \frac{\sigma\Omega}{k_B T} \tag{11.52}$$

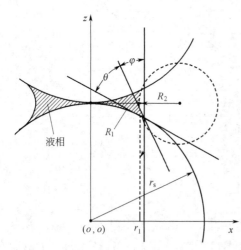

图 11.20　液相烧结经典双球模型
［液相凹镜在晶粒接触点形成的拉普拉斯力，导致
接触点处的法向压应力（Heady 和 Cahn，1970）］

式中，c_L' 为正应力下的溶解度；c_L^0 为标准状态下的溶解度；k_B 为玻尔兹曼常量；T 为绝对温度。因此，接触点溶解度的增加将产生浓度梯度 Δc_1，从而产生使物质从接触点处迁移开的驱动力。

11.3.3　动力学

11.3.3.1　重排

在液相烧结初期，会发生一些连续的、同时进行的过程，包括熔化、浸润、铺展和再分布。由于固相颗粒周围局部毛细管力呈随机方向分布，固相和液相都会经历显著的重排过程。局部重排由颗粒接触方式和弯液面几何形状控制，产生颗粒切向和旋转运动。在液相烧结过程中，颗粒间的液相膜起润滑作用。颗粒重排向减少气孔的方向进行［减小式（11.49）中的 $\Delta A_{LV}\gamma_{LV}$］，同时减小系统的表面自由能。当坯体的密度增加时，由于周围颗粒的紧密接触，颗粒进一步重排的阻力增加，直至形成紧密堆积结构。

早期的轴对称模型（图 11.21）不能充分解释重排的驱动力和相应的移动方向。重排的驱动力来自毛细管力的不平衡，这种不平衡来自颗粒和颗粒尺寸的分布、颗粒的不规则形状、坯体中局部密度波动以及材料性质的各向异性。颗粒堆积的随机性导致颗粒的局部运动：推拉、滑动和转动。

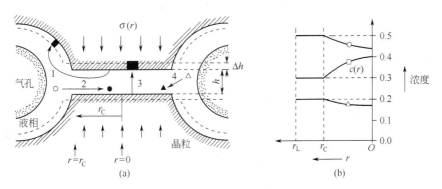

图 11.21　轴对称模型

（a）液相烧结溶解-沉淀阶段的两晶粒接触示意图，示意出物质迁移的三个途径；1—溶质的外扩散（□）；
2，4—溶解物组分（○和△）向晶粒接触区域流动；3—在接触区域的溶解-再沉淀；（b）三个组分液相
所对应浓度梯度作为 r 的函数，其中 r_C 是接触半径，h 是液相膜厚度（Kwon 和 Messing，1991）

Kwon 的模型认为固相颗粒间层状液相的黏滞流动限制了重排过程。假设两颗粒间有一牛顿型液体，形变速率与施加在颗粒上的剪切应力成正比，则致密化速率由下式给出：

$$\frac{\mathrm{d}\left(\dfrac{\Delta\rho}{\rho_0}\right)}{\mathrm{d}t}=A(g)\frac{\gamma_{LV}}{\eta\, r_S} \tag{11.53}$$

式中，ρ 为相对密度；ρ_0 为初始坯体密度；$\Delta\rho$ 为密度差；t 为时间；$A(g)$ 为几何常数，它是 V_L、ρ 和接触几何形状的函数；η 是液相的黏度；r_S 是固相颗粒半径。$A(g)$ 随固相和液相的体积分数增大而增大，随相对密度增大而减小。对于实际的颗粒压制体，在约 30%～35%（体积分数）液相时，只通过重排可达到完全致密化。

11.3.3.2　溶解-沉淀

当重排基本完成后，为了进一步致密化，其他致密化机理必须起作用，这一阶段溶解-沉淀的致密化速率变得很显著。在晶粒接触处溶解度增加值 Δc_L 与法向力成正比，此力来自于使固相颗粒靠近的毛细管力（拉普拉斯力），即式（11.52）。由于在颗粒接触点的溶解-沉淀，这一阶段的体积收缩主要来自于相邻颗粒间的中心至中心的距离。

对于多组分系统（图 11.21），在受压颗粒接触区的高浓度溶解物，通过液相扩散，向晶粒非受压区迁移，然后在非受压（自由）固相表面再沉淀。这一物质迁移使接触点变平，坯体产生相应线收缩。由于同时减小了接触区域的有效应力，当接触区增大时，固相溶解速率降低。因此，当坯体密度增加时，致密化（体积收缩）速率减小。在溶解-沉淀的后期，

相互连接的气孔结构断开，形成孤立（封闭）气孔。

对晶粒、液相和气孔结构采用合适的几何模型，可推导出致密化速率的参数关系。假设气孔处于十四面体（TKD）晶粒的边或角位置，由固-液-气系统的几何关系，可确定驱动力。

对于溶解-沉淀，通常存在两种决定速率过程，当物质迁移由液相的扩散所限制时，致密化速率为：

$$\frac{\mathrm{d}\left(\frac{\Delta\rho}{\rho_0}\right)}{\mathrm{d}t} = B(g)\frac{\delta D_b c_L \gamma_{LV}\Omega}{k_B T}r_S^{-2} \tag{11.54}$$

式中，$B(g)$ 是取决于 V_S、V_L、ρ 和表观二面角的几何常数；δ 是液面界面的厚度（典型值为 $1\sim3\mathrm{nm}$）；D_b 溶质的晶界扩散常数；c_L 是溶质的溶解度。若物质迁移由界面反应控制，致密化速率为

$$\frac{\mathrm{d}\left(\frac{\Delta\rho}{\rho_0}\right)}{\mathrm{d}t} = C(g)\frac{K c_L \gamma_{LV}\Omega}{k_B T}r_S^{-2} \tag{11.55}$$

式中，$C(g)$ 为几何常数；K 为界面反应常数。同样，几何常数的大小 $C(g)$ 取决于相对密度、液相含量和接触几何形状。例如，在一定密度下，若液相含量 V_L 较高，那么 $C(g)$ 将较大。式（11.54）和式（11.55）都表明，致密化强烈依赖于颗粒尺寸 r_S、扩散和界面反应，r_S 指数分别为 4 和 2。因此，可以通过测定晶粒尺寸指数确定致密化机理。小颗粒更倾向于晶界反应控制，这与简单的几何分析一致，为了致密化，较大晶粒需要更长的扩散路程从晶粒接触点扩散到气孔处。在液相烧结阶段，若晶粒生长很快，快速机理可能从界面反应变为扩散控制。

对于液相烧结的溶解-沉淀阶段控制致密化的机理，几乎没有严格的研究分析，这主要是因为早期过于简化的模型以及对于理想模型很难进行严密的实验验证。

11.3.3.3 气孔排除

在烧结中期，相互连续的气孔通道收缩，形成封闭的气孔，对不同材料，密度范围为 $0.9\sim0.95$。实际上，气孔封闭后，液相烧结后期马上开始。封闭气孔中包含的气体物质通常来源于烧结气氛和液态蒸气。气孔封闭后，致密化的驱动力为：

$$S_D = \left(\frac{2\gamma_{LV}}{r_P}\right) - \sigma_P \tag{11.56}$$

式中，σ_P 为气孔内部的气压；r_P 为气孔半径。若 r_P 和 σ_P 保持很小（即 $S_D>0$），那么致密化将进行。当固相颗粒间的接触变平时，由溶解-沉淀决定的致密化速率将减小。但若由于晶粒生长和/或气孔粗化使 r_S 增大以及由于内部反应而引起气体放出（例如，金属氧化物还原和残余炭的氧化）使 σ_P 增大，致密化驱动力可能是负值，在某些情况下，引起反致密化。

在液相烧结后期，晶粒和气孔的生长和粗化，液相组分扩散进固相，固相、液相及气相间反应产物的形成等几个过程可以同时发生。由于缺少这些同时发生的过程实验和模型，液相烧结后期致密化难以预测。

压力辅助烧结技术，例如热压和热等静压（HIP），可用于降低烧结温度，达到更高的最终密度，从而得到更均匀的微观结构。压力辅助烧结经常用于制造高性能和高质量的部件。施加的应力（或压力）提高了 LPS 烧结所有三个阶段的致密化驱动力。在压力辅助 LPS 烧结的后期，施加应力时的驱动力由下式给出：

$$S_D = \left(\frac{2\gamma_{LV}}{r_P}\right) + \sigma_a - \sigma_P \tag{11.57}$$

式中，σ_a 是施加应力。使用热等静压时，σ_a 可高至 400MPa。因此，作为施加应力的函数，溶解-沉淀的上界限可移至更高的密度。气孔中的气体在液相中的溶解度，是气体压力和温度的函数。当气孔显著收缩时，气孔中的气体压力将增加。因此，对于采用压力辅助致密的密实体，在大气压下加热至高温时，根据不同的加热程度，会产生鼓泡和膨胀。

11.3.4 晶粒生长

液相烧结的晶粒生长与固相烧结有很大不同。若固相可被液相很好地浸润，晶粒间的物质迁移只通过液相发生，液相既可以促进，也可阻碍晶粒生长。在某些情况下，由于物质通过液相迁移的速率较高，液相烧结晶粒生长速率要比固相烧结快得多。在另一些情况下，液相也能起晶粒生长抑制剂的作用。

一般在大量液相中，球形颗粒的晶粒生长由下式给出：

$$(r_s)^n - (r_s^0)^n = kt \tag{11.58}$$

式中，r_s 为在时间为 0 时的晶粒平均半径；r_s^0 为在时间为 0 时的晶粒平均半径；k 为晶粒生长速率常数；半径（或晶粒尺寸）指数 n 取决于晶粒生长机理；$n=3$ 和 $n=2$ 分别为扩散控制和界面反应控制。

当固相在液相中的溶解促进致密化时，不同形状和尺寸的颗粒溶解度不同，细小颗粒及颗粒尖角处溶质趋向于溶解，并在较粗大颗粒表面再沉淀。因此，当细小颗粒消失时，粗大颗粒长大。当液相量是晶粒生长的决定性变量时，液相中很小浓度的添加物会极大地影响晶粒生长的动力学和形貌。例如，在烧结氧化铝/玻璃时，当 CaO 作为烧结助剂同 SiO_2 一起加入到氧化铝中时，与加入 MgO 相比，产生更快的晶粒生长及更多的小晶面（Kaysser 等，1987）。

图 11.22 是添 2%MgO 的高岭土在 1750℃下的烧成收缩与时间的对数曲线。由图可见，各曲线均可明显地分为三段。例如曲线 G，初期的斜率接近于 1；中段的斜率粗略地接近于 $\frac{1}{3}$，基本上与上述关系相符。至于后期，曲线十分平坦，说明在烧结后期致密化速率迅速减慢了。

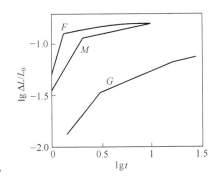

图 11.22 添加 2%MgO 的高岭土在 1750℃
烧结时相对收缩（烧结前 MgO 粒度为 $G=3\mu m$，
$M=1\mu m$，$F=0.5\mu m$）

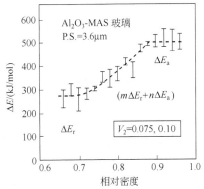

图 11.23 表观活化能与相对密度的关系试样
V_1 为 7.7％和 10％，ΔE 为表观活化能，ΔE_r
和 ΔE_a 分别为重排和溶解-沉淀活化能，
m 和 n 为分数（$m+n=1$）

Kwon 和 Messing 通过测量氧化铝-玻璃体系致密化活化能与密度的关系，研究重排和溶解-沉淀致密化机理的重叠程度。图 11.23 表示测得的表观活化能与相对密度的函数关系。两个平台区域分别对应于重排和溶解-沉淀致密化机理。由于偏离理想粉末坯体，可以看到在这一系统中，两个平台区域间存在很宽的控制机理重叠区。尽管采用了气流分级的窄颗粒尺寸分布粉末，以减小与理想模型的偏差，结果表明，在液相烧结的大部分密度区域，两种机理同时发生。

液相烧结生产工艺的缺点为陶瓷易于变形和易于与垫板黏结，因此，应对成分和敏感的烧结周期严格控制。例如，液相的黏度应该足够高，以阻止烧结时的塌陷，此外由于液相的存在，液相与气相和气氛之间的反应很活跃，经常使表面层的成分和性能与基体有显著的差别。

11.4 黏性流动烧结

黏性流动烧结是大多数传统陶瓷和烧结玻璃的主要致密化机理，这种高温下由液相流体造成完全致密化的致密过程，也称为玻璃化。

烧结玻璃是通过玻璃化过程制得的，在玻璃转化温度以上，玻璃都具有一定的黏度，从而能发生黏滞流动。在此类材料中，黏性流动烧结一般并不能使制品达到所希望的气孔率极限，总会有一定的气孔保留下来。最典型的例子是碱石灰玻璃、硼硅酸盐玻璃、含氟玻璃和生物玻璃。一些玻璃陶瓷也存在黏性流动，只不过在致密化过程中，材料中同时发生黏滞流动和反玻璃化两大过程。

传统陶瓷中的陶器、釉砖、卫生瓷、日用和工业搪瓷、堇青石瓷和一些传统耐火材料的烧结机理是黏性流动，主要的组成系统是 SiO_2-Al_2O_3-XO 系，XO 代表了 Na_2O、K_2O、MgO、CaO、Fe_2O_3 和 TiO_2 中的一种或多种氧化物的混合物。组成中，SiO_2 的量相对大一些，这些二氧化硅一般以自由态（例如砂子中所带有的石英）和黏土中的结合态存在。不同氧化物（XO）则是由于原料中的杂质带入，或作为助熔剂有意添加的。典型的助熔剂为钠长石（钠长石和霞石）或钾长石（正长石）。

在一些加热过程产生大量过渡液相的技术产品中，黏性流动烧结也起着一定的作用。例如，在用锆英石（$ZrSiO_4$）作为原料的反应烧结过程中就会发生这种现象，在高温下（>1500℃，由杂质含量决定），锆英石分解，产生的无定形 SiO_2 可与其他氧化物反应形成黏性液相硅酸盐。

11.4.1 概述

传统陶瓷中组分，在热处理过程中会发生一系列通常为连续的但有时也同步的现象（图11.25）。

① 坯体中组成矿物的变化，主要是相转变，例如，α-石英和 β-石英的相间转变，黏土的脱水作用或黏土结构的破坏。

② 当炉温超过下列几种温度时有液相生成：（a）某一特定组分的熔点温度（例如长石）；（b）对应晶粒接触点处的混合物的低共熔温度；（c）某种事先存在的无定形相的玻璃转变温度。

③ 在足够高的温度下，无定形相的黏度降低，从而允许无定形颗粒发生流动。如图11.24中的过程所示，先是造成相邻颗粒间颈部的形成，而后接触面增大，如此便降低了气孔率和压实体中的气相表面积。

④ 在足够高的温度下，作为时间的函数，固体颗粒可以与无定形相反应，并部分溶解，从而改变液相成分以及它的流体特性，有时可以导致新相的结晶。

玻璃化时间 →

图 11.24　作为玻璃化时间函数的两相邻无定形颗粒的黏滞流动

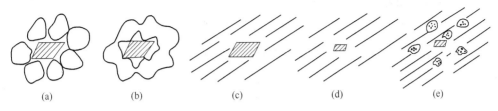

图 11.25 传统陶瓷中玻璃化现象的示意

(a) 石英（阴影部分）和黏土颗粒；(b) 脱水作用及黏土结构的破坏；(c) 黏土成分的无定形相；
(d) 部分石英溶解为无定形相；(e) 冷却过程中的结晶化（打点部分）

⑤ 最后是在冷却过程中可以发生进一步的结晶化。

黏性流动烧结的推动力是多孔体的表面积减少所造成的能量降低。人们建立的许多模型，根据能量平衡和形变来尝试描述这种现象。这些模型主要考虑了三方面的变量因素，即几何因素——颗粒尺寸；动力学因素——黏度；热力学因素——表面张力。

11.4.2 动力学

针对黏性流动烧结，人们提出了大量模型，主要有两类，一类是基于对理想系统的几何假设，即假定在整个过程中球体的排列，黏性颗粒的几何尺寸，物理特性（表面能和黏度）都保持恒定不变；另一类是基于对致密化全过程的唯象描述。几何模型都是从 Frenkel 假设（Frenkel，1945）出发推导得到的，都是将表面能的变化速率和能量消耗速率等同而推出应变速率（致密化）。这些模型只是在假定颗粒的几何特性方面有所不同，然而实际系统中几何条件并不这样简单，因为烧结过程中颈部形状会发生连续的变化。颈部形状的数学描述变得较为困难，而且这必然迫使这种严格的简化只对烧结中的有限阶段有效。相反，唯象模型，如 Ivensen（1970）和 Anseau-Cambier-Deletter（Anseau 等，1981）模型可以用一个方程描述烧结全过程。Zagar 提出了由双球几何模型推导的 Ivensen 动力学常量表达式，Anseau 等人（1981）的模型与 Lemaitre 和 Bulens（1976）模型都考虑了玻璃化过程中的玻璃黏度问题，因此只有这两种模型可以令人满意地描述玻璃相黏度发生变化的黏土烧结。本节只介绍前一类几何模型。

11.4.2.1 初始阶段

Frenkel（1945）首先提出了描述黏性材料烧结的模型。黏性流动的烧结可以用两个等径粉末颗粒的结合、兼并过程的模型。设两颗粒相互接触的瞬间，因流动、变形而形成半径为 x 的接触面积。为了简化，令此时颗粒半径保持不变，且可以类比，如图 11.26。两个球形颗粒在高温下彼此接触时，空位在表面张力作用下也可能发生类似的流动变形，形成圆形的接触面，这时系统总体积不变，但总表面积和表面能减少了。而减少了的总表面能，应等于黏性流动引起的内摩擦力或变形所消耗的功。Frenkel 导出了一定温度下描述玻璃化第一阶段的公式：

$$\frac{\Delta V}{V_0} = -\frac{9\gamma}{4\eta r_0}t \qquad (11.59)$$

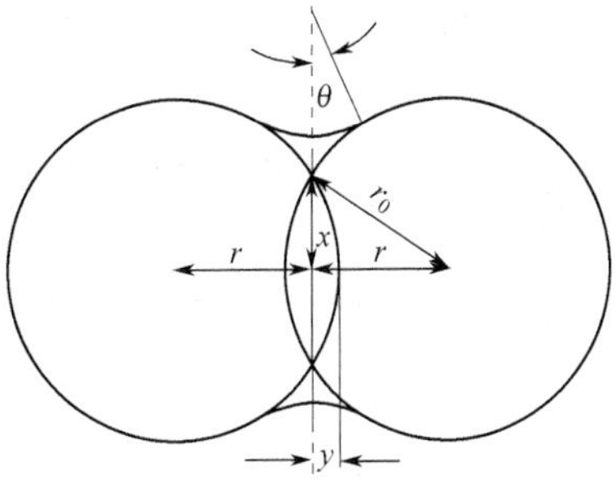

式中，V_0 为原始体积；γ 为表面张力；η 为黏度；r_0 为原始颗粒半径；t 为热处理时间。根据这一模型，体积收缩与热处理时间成一定的比例关系。动力学常数则与表面张力、玻璃的黏度和粉体尺寸有关。

大多数的实验结果，尤其值得指出的是那些黏土的实验结果表明这一公式的应用范围是十分有限的。Frenkel 表达式（Frenkel，1945）很逼真地描述了有显著颈部

图 11.26 双球模型的烧结示意

长大而致密化程度小的烧结初始阶段。

lemaltre 和 Bulens(1976) 对 Frenkel 公式进行了修正，在假定材料黏度与时间按 $\eta = \eta_0(1+at)$ （a 为常数）的线形关系变化，令 $k = \dfrac{9\gamma}{4r_0}$，则有：

$$\frac{t}{\dfrac{\Delta V}{V_0}} = \frac{\eta_0}{k} + \frac{\eta_0 a}{k}t \tag{11.60}$$

要指出的是这一线性表达式不适于描述收缩后期。

11.4.2.2 中间阶段

Scherer (1977，1984，1986，1987) 利用由圆柱近似所形成的一个立方单元排列组合的颗粒链来取代单一球形颗粒模型，图 11.25 是一个单元的立方组合的示意图。Scherer 描述了气孔相互连接的烧结中间阶段。

在表面积减小所造成的过剩能量增加烧结速率与黏滞流动所消耗能量之间建立平衡关系，按 Frenkel 表达式，将复杂的应力张量计算分别通过立方胞中圆柱体的几何尺寸与表面张力、玻璃的黏度、坯体密度的增加及烧结时间的关系，计算出该结构模型的烧结速率：

$$\frac{\mathrm{d}x_l}{\mathrm{d}t} = \frac{\gamma}{2\eta l} \tag{11.61}$$

式中，a 为圆柱体半径；l 为立方单元长度；$x_l \approx a/l$；η 为黏度；γ 为表面张力；l 为时间的函数，有积分式：

$$K(t-t_0) = \int_0^x \frac{2}{\sqrt[3]{(3\pi - 8\sqrt{2}x_l)x_l^2}} \tag{11.62}$$

式中，$K = \dfrac{\gamma}{\eta l_0}\sqrt[3]{\dfrac{\rho_s}{\rho_0}}$；$\rho_0$ 为起始密度；l_0 为 l 的起始值；ρ_s 为固相的理论密度。

这一公式决定了 $x_1 \approx a/l$ 为时间的函数，因为 ρ/ρ_s 只是 $x_l(t)$ 的函数，单元的密度可用时间函数来确定。

在积分之后，可得到一条理论曲线；图 11.27 为 SiO_2 的实验数据与理论值的比较。从图中看到，符合得较好。这一模型还可扩展应用于刚性基板上的多孔玻璃层及含有坚硬夹杂物的复合材料等特殊情况。

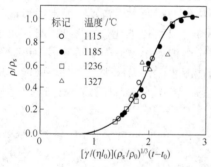

图 11.27 SiO_2 预成型体在空气中煅烧时
相对密度与时间的关系（Scherer，1997）

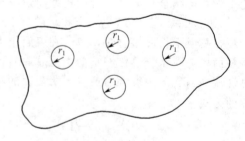

图 11.28 保留在黏滞基体中
半径为 r_1 的球形气孔

11.4.2.3 最终阶段

Mackenzie 和 Shuttleworth (1949) 针对可以将气孔看作黏滞相基体中的孤立球体的致密化阶段提出了自己的理论。根据他们的假设，固体材料中包含有如图 11.28 所示的大小一致的球形气孔。他们认为每一半径为 r_1 的气孔都被半径为 $r_2 - r_1$ 的不可压缩材料的球壳包围。假壳外部介质与"气孔-壳"系统的性质相同。这一系统如图 11.29。

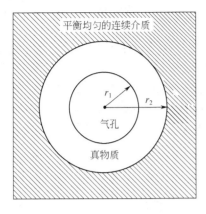

平衡均匀的连续介质

气孔

真物质

图 11.29 "气孔-壳层"系统示意

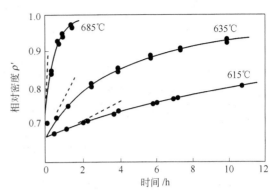

图 11.30 钠钙硅玻璃的致密化

这样的一个模型只有在 r_1/r_2 远远小于 1 的时候才成立，即气孔之间不发生任何作用。表面能的作用与气孔内压 $-2\gamma/r_1$ 相近，烧结过程是通过气孔半径的减小来描述的。通过在壳层中材料流动所消耗的能量与表面张力所做功之间建立等式关系就可求出气孔的封闭速率。

考虑到固体具有牛顿型黏滞特性，得到下式：

$$\frac{\mathrm{d}r_1}{\mathrm{d}t} = -\frac{\gamma}{2\eta} \times \frac{1}{\rho'} \qquad (11.63)$$

式中，ρ' 是相对密度。单位体积内的气孔体积可表示为：

$$\frac{1-\rho'}{\rho'} = n_P \frac{4}{3}\pi r_1^3 \qquad (11.64)$$

式中，n_P 为气孔数。由这一表达式可定义和推导出 $r_1(\rho')$ 函数。导出函数与式（11.66）相结合就得到 Mackenzie 和 shuttleworth 关系式：

$$\frac{\mathrm{d}\rho'}{\mathrm{d}t} = \frac{3}{2}\sqrt[3]{\frac{4\pi}{3}} \times \frac{\gamma\sqrt[3]{n_P}}{\eta}\sqrt[3]{(1-\rho')^2}\sqrt[3]{\rho'} \qquad (11.65)$$

$$\frac{\mathrm{d}P}{\mathrm{d}t} = \frac{3}{2}\sqrt[3]{\frac{4\pi}{3}} \times \frac{\gamma\sqrt[3]{n_P}}{\eta}\sqrt[3]{P^2}\sqrt{1-P} \qquad (11.66)$$

式中，P 为体积气孔率。

根据假设，这一模型只适用于闭气孔的排除，也就是说，适用于最终的致密化阶段。然而又发现在相对密度 0.7~1.0 的范围内理论与实验吻合得很好，即在一些仍为开气孔的区段也是如此。图 11.30 为实验结果示例，实线是式（11.68）的计算结果，虚线是由式（11.62）计算而得的初始烧结速率（Kingery，1960）。

11.5 烧结的影响因素

影响烧结的因素是多方面的。首先，从上面讨论的各种不同机理的动力学方程可以看到，烧结温度、时间和物料粒度是三个直接的因素。

烧结温度是影响烧结的重要因素，因为随着温度升高，物料蒸气压增高，扩散系数增大，黏度降低，从而促进了蒸发-凝聚、离子和空位扩散以及颗粒重排和黏性塑性流动过程使烧结加速。这对于黏性流动和溶解-沉淀过程的烧结影响尤为明显。

延长烧结时间一般都会不同程度地促使烧结完成，但对黏性流动机理的烧结较为明显，而对体积扩散和表面扩散机理影响较小。然而在烧结后期，不合理地延长烧结时间，有时会加剧二次再结晶作用，反而得不到充分致密的制品。

减小物料颗粒度则总表面能增大因而会有效加速烧结，这对于扩散和蒸发-凝聚机理更为突出。

但是，在实际烧结过程中，除了上述这些直接因素外，尚有许多间接的因素。例如，通过控制物料的晶体结构、晶界、粒界、颗粒堆积状况和烧结气氛以及引入微量添加物等，以改变烧结条件和物料活性，同样可以有效地影响烧结速率。

11.5.1 物料活性的影响

烧结是基于在表面张力作用下的物质迁移而实现的。高温氧化物较难烧结，重要的原因之一，就在于它们有较大的晶格能和较稳定的结构状态，质点迁移需较高的活化能，即活性较低。因此可以通过降低物料粒度来提高活性，但单纯依靠机械粉碎来提高物料分散度是有限度的，并且能量消耗也多。于是开始发展用化学方法来提高物料活性和加速烧结的工艺，即活性烧结。例如，利用草酸镍在 450℃ 轻烧制成的活性 NiO 很容易制得致密的烧结体，其烧结致密化时所需活化能仅为非活性 NiO 的 1/3（37.6kJ/mol）左右。

活性氧化物通常是用其相应的盐类热分解制成的。实践表明，采用不同形式的母盐以及热分解条件，对所得氧化物活性有着重要影响。实验指出，在 $300 \sim 400℃$ 低温下分解 $Mg(OH)_2$，制得的 MgO，比高温分解的具有较高的热容量、溶解度和酸溶解度，并表现出很高的烧结活性。图 11.31 示出温度与分解所得 MgO 的雏晶大小和晶格常数的关系。可以看到低温分解的 MgO 雏晶尺寸小、晶格常数大，因而结构松弛且有较多的晶格缺陷，随着分解温度升高，雏晶尺寸长大、晶格常数减小，并在接近 1400℃ 时达到方镁石晶体的正常数值，这说明低温分解 MgO 的活性是由于晶格常数较大、结晶度低和结构松弛所致。因此，合理选择分解温度很重要。一般说来对于给定的物料有着一个最适宜的热分解温度。温度过高会使结晶度增高、粒径变大、比表面积和活性下降；温度过低则可能因残留有未分解的母盐而妨碍颗粒的紧密填充和烧结。由图 11.32 可见，对于 $Mg(OH)_2$，此温度约为 900℃。当分解温度给定时，分解时间将直接影响产物的活性。有些研究指出，由 $Mg(OH)_2$ 和天然水镁石分解所得 MgO 的粒度，随分解时间指数的增大，晶格常数也迅速变小，故活性下降。此外，不同的母盐形式对活性也有重要影响。从表 11.3 列出若干镁盐分解所得 MgO 的性质和烧结性能。

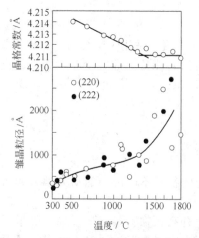

图 11.31　$Mg(OH)_2$ 热分解温度与 MgO
雏晶大小和晶格常数的关系

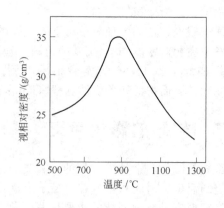

图 11.32　$Mg(OH)_2$ 热分解温度对 MgO 烧结
致密化的影响（1400℃ 下烧结 4h）

表 11.3　不同形式镁盐分解所得 MgO 的性质

母盐形式	最适宜的分解温度/℃	粒子尺寸/nm	所得 MgO		1400℃烧结3h后的试样	
			晶格常数/nm	雏晶尺寸/nm	视相对密度	相当于理论密度的/%
碱式碳酸镁	900	500～600	4.212	550	3.33	93
草酸镁	700	200～300	4.216	250	3.03	85
氢氧化镁	900	500～600	4.213	600	2.92	82
硝酸镁	700	6000	4.211	900	2.08	58
硫酸镁	1200～1500	1000	4.211	300	1.76	50

11.5.2　添加剂的影响

实践证明，少量添加物常会明显地改变烧结速率，但对其作用机理的了解还是不充分的。许多实验研究表明，以下的作用是可能的。

11.5.2.1　与烧结物形成固溶体

当添加物能与烧结物形成固溶体时，将使晶格畸变而得到活化。故可降低烧结温度，使扩散和烧结速率增大，这对于形成缺位型或填隙型固溶体尤为强烈。例如，在 Al_2O_3 烧结中，通常加入少量 Cr_2O_3 或 TiO_2 促进烧结，就是因为 Cr_2O_3 与 Al_2O_3 中正离子半径相近，能形成连续固溶体之故。当加入 TiO_2 时，烧结温度可以更低，因为除了 Ti^{4+} 与 Cr^{3+} 大小相同，能与 Al_2O_3 固溶外，还由于 Ti^{4+} 与 Al^{3+} 电价不同，置换后将伴随有正离子空位产生，而且在高温下 Ti^{4+} 可能转变成半径较大的 Ti^{3+}，从而加剧晶格畸变，使活性更高，故能更有效地促进烧结。图 11.33 表示 TiO_2 对 Al_2O_3 烧结时的扩散系数的影响，因此，对于扩散机理起控制作用的高温氧化物烧结过程，选择与烧结物正离子半径相近但电价不同的添加物以形成缺位型固溶体；或是选用半径较小的正离子以形成填隙型固溶体通常会有助于烧结。

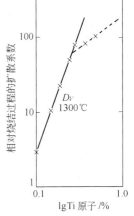

图 11.33　添加 TiO_2 对 Al_2O_3 烧结时扩散系数的影响

11.5.2.2　阻止晶型转变

有些氧化物在烧结时发生晶型转变并伴有较大的体积效应，这就会使烧结致密化发生困难，并容易引起坯体开裂。这时若能选用适宜的添加物加以抑制，即可促进烧结。ZrO_2 烧结时添加一定量的 CaO、MgO 就属于这一机理。在 1200℃左右，稳定的单斜 ZrO_2 转变成正方 ZrO_2 并伴有约 10% 的体积收缩，使制品稳定性变坏。引入电价比 Zr^{4+} 低的 Ca^{2+}（或 Mg^{2+}），可形成立方型的 $Zr_{1-x}Ca_{2x}O_2$ 稳定固溶体。这样既防止了制品开裂，又增加了晶体中空位浓度，使烧结加速。

11.5.2.3　抑制晶粒长大

由于烧结后期晶粒长大，对烧结致密化有重要作用。但若二次再结晶或间断性晶粒长大过快，又会因晶粒变粗、晶界变宽而出现反致密化现象并影响制品的显微结构。这时，可通过加入能抑制晶粒异常长大的添加物，来促进致密化进程。例如，上面提及的在 Al_2O_3 中加入少量 MgO 就有这种作用。此时，MgO 与 Al_2O_3 形成的镁铝尖晶石分布于 Al_2O_3 颗粒之间，抑制了晶粒长大，并促使气孔的排除，因而可能获得充分致密的透明氧化铝多晶体。但应指出，由于晶粒成长与烧结的关系较为复杂，正常的晶粒长大是有益的，要抑制的只是二次再结晶引起的异常晶粒长大。因此，并不是能抑制晶粒长大的添加物都会有助于烧结。

11.5.2.4　产生液相

已经指出，烧结时若有适宜的液相，往往会大大促进颗粒重排和传质过程。添加物的另一作用机理，就在于能在较低温度下产生液相以促进烧结。液相的出现，可能是添加物本身熔点较低，也可能与烧结物形成多元低共熔物有关。例如，在 BeO 中加入少量 CaO、SrO、TiO_2；在 MgO 中加入少量 V_2O_5 或 CuO 等属于前者；而在 Al_2O_3 中加入 CuO 和 TiO_2、MnO 和 TiO_2 以及 SiO_2 和 CaO 等混合添加物时，则两种作用兼而有之，从而能更有效加速烧结。例如，在生产"九五瓷"（95％Al_2O_3）时，加入少量 CaO 和 SiO_2，因形成 CaO-Al_2O_3-SiO_2 玻璃可能使烧结温度降低到 1500℃ 左右，并能改善其电性能。

由于 Si_3N_4 熔点高且易分解，液相烧结是惟一一种使之致密化的实用方法。加入少量形成液相的添加剂，如 MgO、Y_2O_3、Al_2O_3＋Y_2O_3、$BeSiN_2$ 及其他稀土氢化物作为助烧剂很有效。在烧结过程中，约 1800℃ 下，促进 α 至 β 相变的硅酸盐液相，可以提供快速物质迁移路径。为了达到完全致密化，必须优化温度-时间制度，使组分的尺寸允许气孔中的气体迁移。在高温下，也会发生烧结气氛与坯体间的复杂化学反应，这是液相烧结 Si_3N_4 不完全致密化的部分原因。

一些特殊的体系还可采用过渡液相来提高致密化动力学，并可以通过蒸发或与固相形成固溶体或结晶反应产物来消除过渡相。例如，MgO 试样加入少量 LiF 进行热压，并在 1300℃ 退火 3h，可接近 MgO 的理论密度，晶格常数与 MgO 相同，变为无色透明的。由氧化铝和氧碳化铝反应产生的过渡液相，在高于约 1850℃ 时，可使碳化硅陶瓷快速致密化。所得的陶瓷细晶、致密，在室温下表现出高强度。由于在两晶粒交汇处无晶界液相，过渡液相烧结 α-SiC 的高温蠕变与固相烧结 α-SiC 表现出相似的特性。因此，若直接固相烧结困难，过渡液相烧结是制备完全致密、多晶陶瓷的另一条途径。

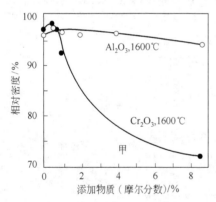

图 11.34 Al_2O_3、Cr_2O_3 添加量对 MgO 烧结的影响

但必须指出，能促进产生液相的添加物，并不都会促进烧结。例如，对 Al_2O_3，即使是少量碱金属氧化物也会严重阻碍其烧结。这方面的机理尚不清楚，可能与液相本身的黏度、表面张力以及对固相的反应能力和溶解作用是有关的。此外，尚应考虑到液相对制品的显微织构及性能的可能影响。因此，合理选择添加物常是一个重要的课题。例如，作为高温材料的难熔氧化物烧结，形成液相虽可能有利于烧结，但却损害了耐火性，故必须统筹考虑。

添加物一旦选定，合理的添加量就是主要因素。从上述各作用机理的讨论中可以预期，对每一种添加物都会有一个适宜的添加量。图 11.34 示出 Al_2O_3、Cr_2O_3 添加量对 MgO 烧结的影响。图中表明，两曲线都呈现出不同程度的极值。当加入少量 Cr_2O_3 或 Al_2O_3 时，烧结体致密度提高，但过量后反而下降，其最佳加入量，对于 Cr_2O_3，约为 1％；对于 Al_2O_3，约为 0.4％。因为加入的少量 Al_2O_3 和 Cr_2O_3，可固溶于 MgO 中，使空位浓度提高，加速烧结；但过量后则部分与 MgO 反应生成镁铝尖晶石而阻碍烧结。

11.5.3 气氛的影响

在实际生产中常可发现，有些物料的烧结过程对气体介质十分敏感。气氛不仅影响物料本身的烧结，也会影响各添加物的效果。为此常需进行相应的气氛控制。

气氛对烧结的影响是复杂的。同一种气体介质对于不同物料的烧结，往往表现出不同的甚至相反的效果。然而就作用机理而言，不外乎是物理的和化学的两方面的作用。

11.5.3.1 物理作用

在烧结后期，坯体中孤立闭气孔逐渐缩小，压力增大，逐步抵消了作为烧结推动力的表面张力作用，烧结趋于缓慢，使得在通常条件下难以达到完全烧结。这时继续致密化除了由气孔表面过剩空位的扩散外，闭气孔中的气体在固体中的溶解和扩散等过程起着重要作用。当烧结气氛不同时，闭气孔内的气体成分和性质不同，它们在固体中的扩散、溶解能力也不相同。气体原子尺寸越大，扩散系数就越小，反之亦然。例如，在氢气气氛中烧结，由于氢原子半径很小，易于扩散而有利于闭气孔的消除；而原子半径较大的氮则难于扩散而阻碍烧结。有些实验指出，Al_2O_3（添加 0.25% 的 MgO）在氢气气氛中烧结可以得到接近于理论密度的烧结体，而在氮、氩或空气中烧结则不可能。这显然与这些气体的原子尺寸较大，扩散系数较小有关，对于氩气，则还可能与它在 Al_2O_3 晶格中溶解性小有关。

11.5.3.2 化学作用

化学作用主要表现在气体介质与烧结物之间的化学反应。在氧气气氛中，由于氧被烧结物表面吸附或发生化学作用，晶体表面形成正离子缺位型的非化学计量化合物，正离子空位增加，扩散和烧结被加速，同时使闭气孔中的氧可以直接进入晶格，并和 O^{2-} 空位一样沿表面进行扩散。故凡是正离子扩散起控制作用的烧结过程，氧化气氛或较高的氧分压是有利的，例如，Al_2O_3 和 ZnO 的烧结等；反之，对于那些容易变价的金属氧化物，则还原气氛可以使它们部分被还原，形成氧缺位型的非化学计量化合物，也会因 O^{2-} 缺位增多而加速烧结，如 TiO_2 等。

值得指出的是，有关氧化、还原气氛对烧结影响的实验资料，常会出现差异和矛盾。这通常是因为实验条件不同，控制烧结速率的扩散质点种类不同所引起的。当烧结由正离子扩散控制时，氧化气氛有利于正离子空位形成；对负离子扩散控制，还原气氛或较低的氧分压将导致 O^{2+} 空位产生并促进烧结。

但是气氛的作用有时是综合而更为复杂的。图 11.35 是在不同水蒸气压下，MgO 在 900℃ 时恒温烧结的收缩曲线。可以看到，水蒸气分压越高，烧结收缩率越大，相应的烧结活化能降低。图 10.35 明显地反映出水蒸气介质对 MgO 烧结的促进作用。对于 CaO 和 UO_2 也有类似效应。这一作用机理尚不甚清楚，可能与 MgO 粒子表面吸附—OH 而形成正离子空位以及由于水蒸气作用使粒子表面质点排列变乱，表面能增加等过程有关，如图 11.36。

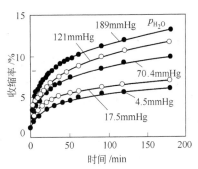

图 11.35　在不同水蒸气压下，MgO 成形体在 900℃ 烧结时的等温收缩曲线
（1mmHg＝133.322Pa）

对于 BeO，情况正好相反，水蒸气对 BeO 烧结是十分有害的。因为 BeO 烧结主要是按蒸发-冷凝机理进行的，水蒸气的存在会抑制 BeO 的升华作用 $[BeO(s)+H_2O \longrightarrow Be(OH)_2(g)$，后者较为稳定]。

此外，工艺上为了兼顾烧结性和制品性能，有时尚需在不同烧结阶段控制不同气氛。例如，一般日用陶瓷或电瓷烧成时，在釉玻化以前（约 900～1000℃）要控制氧化气氛以利于原料脱水、分解和有机物的氧化。但在高温阶段则要求还原气氛，以降低硫酸盐分解温度，并使高价铁（Fe^{3+}）还原为低价铁（Fe^{2+}），以保证产品白度的要求，并能在较低温度下形成含低铁共熔体而促进烧结。

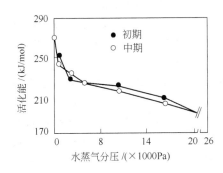

图 11.36　水蒸气压对 MgO 烧结过程的表面活化能的影响

11.5.4 压力的影响

外压对烧结的影响主要表现在两个方面：生坯成型压力和烧结时的外加压力（热压）。从烧结和固相反应机理容易理解，成形压力增大，坯体中颗粒堆积就较紧密、接触面积增大，烧结被加速。与此相比，热压的作用是更为重要的。如表 11.4 所示，与普通烧结相比，在 $150kg/cm^2$ 压力下，热压烧结温度降低了 200℃，但烧结体密度却提高了 2%，而且这种趋势随压力增高而加剧。如果采用活性热压烧结，在 1300℃烧结 1h 即可达到 99.6% 的理论密度。

表 11.4　不同烧结条件下 MgO 的烧结致密度

烧结条件	热压压力/(kg/cm²)	烧结温度/℃	烧结时间/h	视相对密度/(g/cm³)	密度(相对于理论密度)/%
普通烧结	—	1500	4	3.37	94
热压烧结	150	1300	4	3.44	96
热压烧结	300	1350	10	3.48	97
活性热压烧结	240	1200	0.5	3.48	97
活性热压烧结	480	1000	1	3.52	98.4
活性热压烧结	480	1100	1	3.55	99.2
活性热压烧结	480	1300	1	3.56	99.6

习题

11.1　烧结推动力是什么？它可凭哪些方式推动物质的迁移，各适用何种烧结处理？

11.2　什么是烧结过程？烧结过程分为哪三个阶段？各有何特点？

11.3　某氧化物粉末的表面能是 $1×10^4J/mol$，烧结后晶界能是 $5.5×10^{-5}J/cm^2$，若用粒径为 $1μm$ 的粉料（假定为立方体）压成 $1cm^3$ 的压块进行烧结，试计算烧结时的推动力。

11.4　有人试图用延长烧结时间来提高产品致密度，你以为此法是否可行，为什么？

11.5　假如直径为 $5μm$ 的气孔封闭在表面张力为 $2.8×10^{-3}N/cm^2$ 的玻璃内，气孔内氮气压力是 $0.8×101325Pa$，当气体压力与表面张力产生的负压平衡时，气孔尺寸是多少？

11.6　假定 $NiCr_2O_4$ 的表面能为 $6×10^{-5}J/cm^2$，由半径 $0.5μm$ 的 NiO 和 Cr_2O_3 粉末合成尖晶石。在 1200℃ 和 1400℃ 时，Ni^{2+} 和 Cr^{3+} 的扩散系数分别为：Ni^{2+} 在 NiO 中，$D_{1473}=1×10^{-11}cm^2/s$；$D_{1673}=3×10^{-10}cm^2/s$；$Cr^{3+}$ 在 Cr_2O_3 中，$D_{1473}=7×10^{-11}cm^2/s$，$D_{1673}=10^{-9}cm^2/s$，求在 1200℃ 和 1400℃ 烧结时，开始 1 小时的线收缩率是多少（假定扩散粒子的半径为 $0.059nm$）？

11.7　在 1500℃ 下，Al_2O_3 正常晶粒生长期间观察到晶体在 1 小时内直径从 $0.5μm$ 长大到 $10μm$，如已知晶界扩散活化能力为 335kJ/mol，试预测在 1700℃ 时保温时间为 4 小时后，晶粒尺寸是多少？你估计加入 0.5% MgO 杂质对 Al_2O_3 晶粒生长速率会有什么影响？在与上述相同条件下烧结，会有什么结果，为什么？

11.8　材料的许多性能如强度、光学性能等要求其晶粒尺寸微小且分布均匀，工艺上应如何控制烧结过程以达到此目的？

11.9　(a) 烧结 MgO 时，加入少量 FeO，在氢气和氧分压低时都不能促进烧结，只有在氧分压高的气氛下才促进烧结；(b) 当烧结 Al_2O_3 时，氢气易促进致密化而氮气妨碍致密化，试分析其原因。

11.10　磁性氧化物材料被认为遵遁正常晶粒长大方程。当颗粒尺寸增大，超出 $1μm$ 的平均尺寸时，则磁性和强度等性质就变坏，未烧结前的原始颗粒大小为 $0.1μm$，烧结

30min，使晶粒尺寸长大为原来的 3 倍。因大坯件翘曲，生产车间主任打算增加烧结时间。你想推荐的最长时间是多少？

11.11 当晶界遇到夹杂物时，会出现几种情况，从实现致密化的目的考虑，晶界应如何移动？怎样控制？

阅读材料

几种新的烧结方法

相同化学组成的陶瓷素坯，采用不同的陶瓷工艺，可以制备出显微结构和性能差别极大的陶瓷材料，为此，陶瓷科学工作者对烧结工艺进行了大量研究，发展了许多新的烧结技术。当前，陶瓷材料的显微结构正从微米级向纳米级发展，这又给陶瓷的烧结工艺研究提出了新的课题，除传统的烧结方法以外，目前常采用的烧结工艺有热压烧结、反应烧结、超高压烧结、化学蒸镀烧结、连续热压、真空烧结、电火花烧结、爆炸烧结、高频和超高频电场烧结。当前较重要的新工艺有以下几种。

一、气氛加压烧结

气氛加压烧结是在加压的氮气或其他惰性气氛下完成陶瓷坯体的烧结，以制取致密、复杂形状的陶瓷制品。该方法是 20 世纪 70 年代中期，由日本和美国同时发明的，主要用以制备高性能氮化硅陶瓷。它利用高的氮气压力抑制氮化硅的分解，使之在较高温度下达到高致密化而获得高性能。

通常氮化硅材料的烧结方法有反应烧结、热压烧结和无压烧结。用无压烧结虽然可制取致密且形状复杂的氮化硅烧结体，但在 101325Pa 的氮气气氛和 1650℃ 的烧结温度下，氮化硅将发生分解：$Si_3N_4 \Longrightarrow 3Si + 2N_2$。因此，常压烧结的氮化硅陶瓷质量损失大而密度低，仅为理论密度的 90% 左右，若在该温度下烧结 Si_3N_4，只好采用较多的添加剂，使之与 Si_3N_4 及 Si_3N_4 颗粒表面的 SiO_2 添加物一起，在高温下生成大量液相，使氮化硅得以烧结；或者采用热压的方法，使 Si_3N_4 在温度和压力的同时作用下，在较低的温度下达到致密化。这两种方法都存在不足，如添加剂含量多，可导致制品高温性能恶化；热压只能制造形状简单的氮化硅陶瓷部件，且生产成本较高等。

气氛加压烧结时，先将 Si_3N_4 和少量添加剂均匀混合，按所需的形状成型，然后将成型坯置于高温（1800～2100℃）加压氮气气氛中进行烧结。高压可抑制 Si_3N_4 的分解反应，促进扩散，减少质量损失，从而使烧结温度提高，得到组织致密烧结体。气体加压烧结的可能烧结温度与氮气压之间的关系是：烧结温度越高，气氛压力也要求越高。与常压烧结相比，可使烧结体在室温或高温下的强度提高。

用气氛加压烧结技术制备 Si_3N_4 陶瓷具有以下优点：①烧结温度提高，添加剂含量减少；②扩大添加剂的范围，由于烧结温度高，可选择一些高熔点的化合物作为添加剂，有利于改善材料性能；③改善显微结构，如增加气氛压力有利于 Si_3N_4 晶粒细化和长柱状晶体生长，这种显微结构有利于制品力学性能的提高；④提高液相黏度，改善了材料的高温力学性能，如以 3%～10% 的 MgO、Y_2O_3、稀土金属氧化物为添加剂的 Si_3N_4 材料，其烧结体室温强度可达 850～1000MPa，1200℃时强度可达 600～700MPa，室温断裂韧性达 45MPa；⑤有利于硅的氮化；⑥易于制造形状复杂和大尺寸制品，不受模具和封套等的限制。

新发展的将反应烧结法和气氛加压烧结法融于一体的 Si_3N_4 反应烧结体快速制备方法，即"一步烧结法"，可将 Si 粉压块在高压氮炉中先反应烧结，再在炉中直接重烧结成致密材料，可使反应烧结时间大为缩短，又不需超细 Si_3N_4 作为起始原料，从而可降低成本，缩短生产周期，适于制造复杂的烧结体。

二、热等静压烧结

热等静压烧结是使陶瓷粉料或素坯在加热过程中经受各向均衡的气体压力，使其在高温高压共同作用下使材料致密化的烧结工艺，简称 HIP。1955 年由美国首先研制成功，70 年代开始在陶瓷烧结方面获得应用。

与传统的陶瓷无压烧结和陶瓷热压烧结相比，采用热等静压工艺可以降低烧结温度和缩短烧结时间，甚至在无烧结添加剂的条件下也可制备出显微结构均匀，且几乎不含气孔的完全致密材料。用热等静压工艺烧结的陶瓷，具有强度高、韧性好和韦布尔模数高等优点。此外，由热等静压工艺可直接从粉体制得形状复杂和大尺寸的制品，并能实现陶瓷与陶瓷或陶瓷与金属之间的良好焊接。

当前，热等静压设备的工作温度可达 2000℃，并向 2600℃的超高温发展，气体压力将增加到 1000MPa，发热元件采用石墨，热绝缘层用石墨、钼片和陶瓷纤维等材料复合组成，测温采用新型的热电偶和特种光学元件，用光导纤维引向炉外的辐射测温计，可以测到 2200～2600℃的高温。大部分先进结构陶瓷用 2000℃的高温热等静压装置可以烧结，2000℃以上的超高温热等静压烧结炉主要用以烧结碳化物、硼化物等。

在热等静压烧结过程中，最常用的压力介质是氩气。依烧结材料的要求，还可选用氮气、氧气、氢气、甲烷等气体。热等静压烧结工艺可分为两类：①由陶瓷粉末成型封装或直接封装后经热等静压烧结，即包套 HIP；②由陶瓷粉末成型，烧结后经热等静压再处理，即无包套 HIP。

包套 HIP 技术的关键是根据不同的材料选用不同的包套材料。包套必须具有良好的耐高温性，优良的可焊性和可变形性。对于氧化物陶瓷，可采用低碳钢或不锈钢作为包套材料；对于非氧化物陶瓷，由于需要很高的烧结温度，包套通常用熔点高的钼、钨等金属或石英玻璃制成。玻璃易于成型，便于直接制备形状复杂的制品，焊接不易开裂，在冷却过程中易与制品脱离，被认为是最合适的包套材料。包套材料 HIP 的工作步骤为：①粉料制备，包括原料粉末处理，混入各种添加剂，加入胶黏剂后混合造粒或制成粒浆等；②成型用干压、冷等静压、注射成型或浇注制备出尺寸形状准确和密度均匀一致的陶瓷素坯；③脱除黏合剂；④包套；⑤热等静压；⑥去除包套。在热等静压过程中，可根据烧结材料、包套材料及 HIP 设备来选用不同的方式进行升温和加压：①先加热到烧结温度，再升到所需压力；②先加到一定压力，再升到烧结温度，最后升到所需压力；③在室温下先加压至所需压力，然后再升温到烧结温度。

无包套 HIP 技术是将烧结体直接放在炉膛中热等静压，烧结不用任何包套。它主要用于烧结体的后处理，如消除烧结体中的剩余气孔，愈合陶瓷烧结体中的缺陷等。它要求处理前烧结体中基本上不含开口气孔，即其密度必须达到理论密度 92％以上。它只能减少烧结体中剩余气孔的数量和大小，而不能改变晶粒的大小和第二相的含量，也不能改变晶粒及第二相的分布。它适用于具有液相烧结的陶瓷、粉末冶金材料，且压力传递介质——惰性气体对制品又无有害影响的烧结。无包套 HIP 技术与普通热等静压比较，降低了成本，生产率高，无需后续加工。

三、微波烧结

利用陶瓷及其复合材料在微波电磁中的介电损耗，使其整体加热至烧结温度而实现致密化的快速烧结工艺称为微波烧结。该技术最早出现在 20 世纪 70 年代，Sutton 将其用于注浆氧化铝瓷烧结，80 年代以前，微波烧结仅限于容易吸收微波而烧结温度较低的陶瓷。1986 年后，用该技术成功地烧结出 Al_2O_3、ZrO_2、PZT、Al_2O_3-TiC 等陶瓷材料和陶瓷超导材料。微波装置功率也从数百瓦达到 200 千瓦，频率从 915MHz 达到 60GHz。

微波烧结的本质是微波电磁场与材料的相互作用，由高频交变电磁场引起陶瓷材料内部的自由束缚电荷，如偶极子、离子和电子等的反复计划和剧烈运动在分子间产生碰撞、摩擦和内耗，将微波能转变成热能，从而产生高温，达到烧结目的。作为一种快速烧结技术，微波烧结的时间缩短至几十分钟甚至几十秒钟，而传统技术（如倒焰窑、隧道窑、箱式炉等）烧结技术烧成时间长达几十分钟至几十小时。微波烧结突破了传统的烧结概念，被材料界称之为"烧结技术的一场革命"。

影响微波加热的主要因素为电场强度和材料的介电性能。微波烧结陶瓷的装置，大都采用单模式可调谐振腔。微波烧结具有以下优点：①极快的加热速率和烧结速率。传统烧结是通过外部热源的辐射由表及里的热传导来加热的，为防止热应力引起的断裂，加之多数陶瓷导热性差，因此，升温速率慢，时间长；微波烧结则是利用材料吸收微波能，在材料内部加热，由于这种独特的体内均匀加热机理，升温速率极快，一般可达 $500℃/min$，从而大大缩短烧结时间。②降低烧结温度，可以在低于常规烧结温度几百度的情况下，烧结出与常规方法同样密度的制品。③改进材料的显微结构和宏观性能。由于烧结速率快、时间短，从而避免了陶瓷材料烧结过程晶粒的异常长大，有希望获得具有高强度、高韧性的超细晶粒的结构。例如，常规方法烧结密度为 99% 的 Al_2O_3，平均晶粒尺寸为 $8\mu m$，而微波烧结仅为 $0.8\mu m$。④经济简便地获得 $2000℃$ 以上的超高温，在微波烧结中只有试样本身处于高温，因此，整个装置紧凑、简单、成本低。⑤高效节能，节能效率可达 50% 左右，这是因为微波直接被材料吸收转化成热能，而烧结时间特别短。⑥无热惯性，便于实现烧结的瞬时升、降温，自动控制。

微波烧结所显示出的卓越优点，向陶瓷工业界展示了其巨大发展前景和尚未被开发利用的领域。目前亟待解决的问题：①进一步完善微波材料间的相互作用理论，并实现定量化研究；②完善各种材料的介电性能及介质损耗与微波频率及温度之间的关系的基础理论数据，从而验证这种加热方式对各种材料应用的可行性；③加强微波工艺、微波材料及微波设备的综合研究与开发，从而使实验成果迅速转化为生产力。

四、等离子体烧结

等离子体烧结是利用等离子体所特有的高温、高焓，快速烧成陶瓷的一种新工艺。等离子体烧结的研究开始于 20 世纪 60 年代末。1968 年 Bennet 首次用微波激发的等离子体成功地烧结成了氧化铝陶瓷，目前使用该技术已能烧制出多种高密度、细晶粒的陶瓷制品，如 Al_2O_3、Al_2O_3-ZrO_2、莫来石、SiC 等。

该工艺是将陶瓷素坯放在等离子体发生器中进行，目前主要有三种生产等离子体的方法：①直流阴极空腔放电法；②高频反应等离子体；③微波激发等离子体。其电源部分分别是：①直流高压（$1\sim3kV$）；②高频电源（一般为数千伏，数兆赫兹）；③微波电源（$2.45GHz$，数千伏）。三种发生器使用不同的工作气体来产生等离子体，直流放电法使用氧气和二氧化碳；高频感应法使用氩气或在氩气中混入少量的氧、氢等气体；微波法则采用氮气。工作时，先抽真空，使气体压力降到几毫米汞柱❶，以便激发等离子体，等离子体产生后，再依据不同陶瓷材料的不同烧结温度而逐步升高压力，从数毫米汞柱到几百毫米汞柱，获得稳定的高温等离子体以后，素坯从垂直方向以每分钟几至几十毫米的速率通过等离子区，烧结成高密度、细晶粒的陶瓷材料，例如，在 $2.45GHz$、功率 $400W$ 和 $1cm/min$ 递进速率的条件下，用等离子体烧结的 Al_2O_3 陶瓷密度高达 99.5%，晶粒尺寸只有 $4\sim5\mu m$。

等离子体烧结的优点是：①可烧成难烧结物质，等离子体能快速地获得 $2000℃$ 以上的

---

❶ 1 毫米汞柱相当于 133.322Pa。

超高温，因而可烧制用一般方法难以烧结的物质，包括复相陶瓷的反应烧结；②烧结时间短，陶瓷素坯通过表面与高温、高焓等离子体的热交换，可获得极高的升温速率，如以 100℃/s 的速率达到 2000℃或更高温度，线收缩率每秒达 1%～4%，整个烧结过程可在几分钟内完成；③烧结体纯度高、致密度高、晶粒度小，性能优越，由于烧结时间短，烧结过程中不会混入杂质，可以阻止晶粒异常长大，因而得到的陶瓷晶粒度小而均匀，其力学性能也得到提高；④可以连续烧结长形的陶瓷制品，如管、棒等；⑤其装置相对来说较简单，能量利用率高，运行费用比热压和热等静压低，而且容易实现烧结工艺的一体化和自动化。

等离子体烧结的缺点是：①由于加热速率快，坯体容易产生开裂；②由于部件通过的范围广，再移动时会产生裂纹；③随着温度的增高，物质的挥发加剧；④技术与理论都未成熟。现在利用等离子体烧结的超高温陶瓷，虽然在技术和理论上还没有达到可以投入商业化生产的成熟程度，但它必将成为有使用意义的和广阔应用前景的陶瓷烧结新工艺。

五、陶瓷自蔓燃烧结

又称自燃烧结技术，是由前苏联科学家 A. G. Merazhangov 于 1967 年提出来的。其原理是经过外加热能源（电热源或激光等）使点火剂或反应物料（气相-固相、固相-固相或液相-固相等）自身反应产生高温，进行烧结或致密化。烧结可以在大气、真空和高压容器中进行。产品的孔隙度一般为 5%～7%。制得的多孔陶瓷强度高，例如，孔隙度 55% 的 TiC 制品抗压强度达 100～120MPa，这一强度远远高于粉末烧结法制得的相应产品的强度。

自蔓燃烧结方法有两种，一种是非氧化物高燃点材料的 SHS 和外加压力同时烧结方法，其压力可为气压、车轴加压、爆炸压力或等静压等；另一种是燃烧含浸法，在多孔素坯燃烧反应的同时浸入熔融元素，以完成烧结的方法。如 $Si + C \longrightarrow SiC(-66kJ/mol)$，可获得 SiC 制品。

此工艺最大的优点是节能，不需要高温设备，其反应温度可达 2500℃以上，反应速率快、节能、方法简便、经济等。与传统方法相比，SHS 技术获得的零件有好的颗粒单晶性、高的纯度和高的结构稳定性。这一技术可用来制造硬质合金制品。如轧辊、拉丝模、压模、切板等。该技术的缺点是反应速率快，较难控制。

自蔓燃烧结法不仅能用于陶瓷粉末合成、陶瓷材料烧结，并且可用此法制备熔点材料棒，拉制单晶，金属表面氮化或碳化处理等。

附录一 有效离子半径

S_q—平面正方形配位；P_y—锥状配位；HS—高自旋态；LS—低自旋态

离　子	配位数	半径/nm	离　子	配位数	半径/nm	离　子	配位数	半径/nm
Ac^{3+}	6	0.112	Be^{2+}	3	0.016	Cf^{3+}	6	0.095
Ag^+	2	0.067		4	0.027	Cf^{4+}	6	0.082
	4	0.100		6	0.045		8	0.092
	$4(S_q)$	0.102	Bi^{3+}	5	0.096	Cl^-	6	0.181
	5	0.109		6	0.103	Cl^{5+}	$3(P_y)$	0.012
	6	0.115		8	0.117	Cl^{7+}	4	0.008
	7	0.122	Bi^{5+}	6	0.076		6	0.027
	8	0.128	Bk^{5+}	6	0.096	Cm^{3+}	6	0.097
Ag^{2+}	$4(S_q)$	0.079	Bk^{4+}	6	0.083	Cm^{4+}	6	0.085
	6	0.094		8	0.093		8	0.095
Ag^{3+}	$4(S_q)$	0.067	Br^-	6	0.196	Co^{2+}	4(HS)	0.058
	6	0.075	Br^{3+}	$4(S_q)$	0.059		5	0.067
Al^{3+}	4	0.039	Br^{5+}	$3(P_y)$	0.031		6(LS)	0.065
	5	0.048	Br^{7+}	4	0.025		6(HS)	0.075
	6	0.054		6	0.039	Co^{3+}	6(LS)	0.055
Am^{2+}	7	0.121	C^{4+}	3	−0.008		6(HS)	0.061
	8	0.126		4	0.015	Co^{4+}	4	0.040
	9	0.131		6	0.016		6(HS)	0.053
Am^{3+}	6	0.098	Ca^{2+}	6	0.100	Cr^{2+}	6(LS)	0.073
	8	0.109		7	0.106	Cr^{2+}	6(LS)	0.073
Am^{4+}	6	0.085		8	0.112		6(HS)	0.080
	8	0.095		10	0.123	Cr^{3+}	6	0.616
As^{3+}	6	0.058		12	0.134	Cr^{4+}	4	0.041
As^{5+}	4	0.034		4	0.078		6	0.055
	6	0.046	Cd^{2+}	4	0.078	Cr^{5+}	4	0.035
At^{7+}	6	0.062		5	0.087		6	0.049
Au^+	6	0.137		6	0.095		8	0.057
Au^{3+}	$4(S_q)$	0.068		7	0.103	Cr^{6+}	4	0.026
	6	0.085		8	0.110		6	0.044
Au^{5+}	6	0.057		12	0.131	Cs^+	6	0.167
B^{3+}	3	0.001	Ce^{3+}	6	0.101		8	0.174
	4	0.011		7	0.107		9	0.178
	6	0.027		8	0.114		10	0.181
Ba^{2+}	6	0.135		9	0.120		11	0.185
	7	0.138		10	0.125	Cs^+	12	0.188
	8	0.142		12	0.134	Cu^+	2	0.046
	9	0.147	Ce^{4+}	6	0.087		4	0.060
	10	0.152		8	0.097		6	0.077
	11	0.157		10	0.107	Cu^{2+}	4	0.057
	12	0.161		12	0.114		$4(S_q)$	0.057

离 子	配位数	半径/nm	离 子	配位数	半径/nm	离 子	配位数	半径/nm
Cu^{2+}	5	0.065	Ge^{3+}	4	0.039	Mg^{2+}	6	0.072
	6	0.073		6	0.053		8	0.089
Cu^{3+}	6(LS)	0.054	H^+	1	-0.038	Mn^{2+}	4(HS)	0.066
D^+	2	-0.010		2	-0.018		5(HS)	0.075
Dy^{2+}	6	0.107	Hf^{4+}	4	0.058		6(LS)	0.067
	7	0.113		6	0.071		6(HS)	0.083
	8	0.119		7	0.076		7(HS)	0.090
Dy^{3+}	6	0.019		8	0.083		8	0.096
	7	0.097	Hg^+	3	0.097	Mn^{3+}	5	0.058
	8	0.103		6	0.119		6(LS)	0.058
	9	0.108	Hg^{2+}	2	0.069		6(HS)	0.065
Er^{3+}	6	0.189		4	0.096	Mn^{4+}	4	0.039
	7	0.095		6	0.102		6	0.053
	8	0.100		8	0.114	Mn^{5+}	4	0.033
	9	0.106	Ho^{3+}	6	0.090	Mn^{6+}	4	0.026
Eu^{2+}	6	0.117		8	0.102	Mn^{7+}	4	0.025
	7	0.120		9	0.107		6	0.046
	8	0.125		10	0.112	Mo^{3+}	6	0.069
	9	0.130	I^-	6	0.220	Mo^{4+}	6	0.065
	10	0.135	I^{5+}	3(P_y)	0.044	Mo^{5+}	4	0.046
Eu^{3+}	6	0.095		6	0.095		6	0.061
	7	0.101	I^{7+}	4	0.042	Mo^{6+}	4	0.041
	8	0.107		6	0.053		5	0.050
	9	0.112	In^{3+}	4	0.062		6	0.059
F^-	2	0.129		6	0.080		7	0.073
	3	0.130		8	0.092	N^{3+}	4	0.146
	4	0.131	Ir^{3+}	6	0.068	N^{3+}	6	0.016
	6	0.133	Ir^{4+}	6	0.063	N^{5+}	3	-0.010
F^{7+}	6	0.008	Ir^{5+}	6	0.057		6	0.013
Fe^{2+}	4(HS)	0.063	K^+	4	0.137	Na^+	4	0.099
	4(S_q,HS)	0.064		6	0.138		5	0.100
	6(LS)	0.061		7	0.146		6	0.102
	6(HS)	0.078		8	0.151		7	0.112
	8(HS)	0.092		9	0.155		8	0.118
Fe^{3+}	4(HS)	0.049		10	0.159		9	0.124
	5	0.058		12	0.164		12	0.139
	6(LS)	0.055	La^{3+}	6	0.103	Nb^{3+}	6	0.072
	6(LS)	0.065		7	0.110	Nb^{4+}	6	0.068
	8(HS)	0.078		8	0.116		8	0.079
Fe^{4+}	6	0.059		9	0.122	Nb^{5+}	4	0.048
Fe^{6+}	4	0.025		10	0.127		6	0.064
Fr^+	6	0.180		12	0.136		7	0.069
Ga^{3+}	4	0.047	Li^+	4	0.059		8	0.074
	5	0.055		6	0.076	Nd^{2+}	8	0.129
	6	0.062		8	0.092		9	0.135
Cd^{3+}	6	0.094	Lu^{3+}	6	0.086	Nd^{3+}	6	0.098
	7	0.100		8	0.098		8	0.111
	8	0.105		9	0.103		9	0.116
	9	0.111	Mg^{2+}	4	0.057		12	0.127
Ge^{2+}	6	0.073		5	0.066	Ni^{2+}	4	0.055

离　子	配位数	半径/nm	离　子	配位数	半径/nm	离　子	配位数	半径/nm
Ni^{2+}	$4(S_q)$	0.049	Pb^{4+}	8	0.094	S^{4+}	6	0.037
	5	0.063	Pd^{+}	2	0.059	S^{6+}	4	0.012
	6	0.069	Pd^{2+}	$4(S_q)$	0.064		6	0.029
Ni^{3+}	$6(LS)$	0.056		6	0.086	Sb^{3+}	$4(P_y)$	0.076
	$6(HS)$	0.060	Pd^{3+}	6	0.076		5	0.080
Ni^{4+}	$6(LS)$	0.048	Pd^{4+}	6	0.062		6	0.076
No^{2+}	6	0.110	Pm^{3+}	6	0.097	Sb^{5+}	6	0.060
Np^{2+}	6	0.110		8	0.109	Sc^{3+}	6	0.070
Np^{3+}	6	0.101		9	0.114		8	0.087
Np^{4+}	6	0.087	Po^{4+}	6	0.094	Se^{2-}	6	0.198
	8	0.098		8	0.108	Se^{4+}	6	0.050
Np^{5+}	6	0.075	Po^{6+}	6	0.067	Se^{6+}	4	0.028
Np^{6+}	6	0.072	Pr^{3+}	6	0.099		6	0.042
Np^{7+}	6	0.071		8	0.113	Si^{4+}	4	0.026
O^{2-}	2	0.135		9	0.118		6	0.040
	3	0.136	Pr^{4+}	6	0.085	Sm^{2+}	7	0.122
	4	0.138		8	0.096		8	0.127
	6	0.140	Pt^{2+}	$4(S_q)$	0.060		9	0.132
	8	0.142		6	0.080	Sm^{3+}	6	0.096
OH^{-}	2	0.132	Pt^{4+}	6	0.063		7	0.102
	3	0.134	Pt^{5+}	6	0.057		8	0.108
	4	0.135	Pu^{3+}	6	0.100		9	0.113
	6	0.137	Pu^{4+}	6	0.086		12	0.124
Os^{4+}	6	0.063		8	0.096	Sn^{4+}	4	0.055
Os^{5+}	6	0.058	Pu^{5+}	6	0.074		5	0.062
Os^{6+}	5	0.049	Pu^{6+}	6	0.071		6	0.069
	6	0.055	Ra^{2+}	8	0.148		7	0.075
Os^{7+}	6	0.053		12	0.170		8	0.081
Os^{8+}	4	0.039	Rb^{+}	6	0.152	Sr^{2+}	6	0.118
P^{3+}	6	0.044		7	0.156		7	0.121
P^{5+}	4	0.017		8	0.161		8	0.126
	5	0.029		9	0.163		9	0.131
	6	0.038		10	0.166		10	0.136
Pa^{3+}	6	0.104		11	0.169		12	0.144
Pa^{4+}	6	0.090		12	0.172	Ta^{3+}	6	0.072
	8	0.101		14	0.183	Ta^{4+}	6	0.068
Pa^{5+}	6	0.078	Re^{4+}	6	0.063	Ta^{5+}	6	0.064
	8	0.091	Re^{5+}	6	0.058		7	0.069
	9	0.095	Re^{6+}	6	0.055		8	0.074
Pb^{2+}	$4(P_y)$	0.098	Re^{7+}	4	0.038	Tb^{3+}	6	0.092
	6	0.119		6	0.053		7	0.098
	7	0.123	Rh^{3+}	6	0.067		8	0.104
	8	0.129	Rh^{4+}	6	0.060		9	0.110
	9	0.135	Rh^{5+}	6	0.055	Tb^{4+}	6	0.076
	10	0.140	Ru^{3+}	6	0.068		8	0.088
	11	0.145	Ru^{4+}	6	0.062	Tc^{4+}	6	0.065
	12	0.149	Ru^{5+}	6	0.057	Tc^{5+}	6	0.060
Pb^{4+}	4	0.065	Ru^{7+}	4	0.038	Tc^{7+}	4	0.037
	5	0.073	Ru^{8+}	4	0.036		6	0.056
	6	0.078	S^{2-}	6	0.184	Te^{2-}	6	0.221

离 子	配 位 数	半径/nm	离 子	配 位 数	半径/nm	离 子	配 位 数	半径/nm
Te^{4+}	3	0.052	Tm^{3+}	8	0.099	W^{6+}	5	0.051
	4	0.066	U^{3+}	9	0.105		6	0.060
	6	0.097	U^{4+}	6	0.103	Xe^{6+}	4	0.040
Te^{6+}	4	0.043		6	0.089		6	0.048
	6	0.056		7	0.095	Y^{3+}	6	0.090
Th^{4+}	6	0.094		8	0.100		7	0.096
	8	0.105		9	0.105		8	0.102
	9	0.109		12	0.117		9	0.108
	10	0.113	U^{5+}	6	0.076	Yb^{2+}	6	0.102
	11	0.118		7	0.084		7	0.108
	12	0.121	U^{6+}	2	0.045		8	0.114
Ti^{2+}	6	0.086		4	0.052	Yb^{3+}	6	0.087
Ti^{3+}	6	0.067		6	0.073		7	0.093
Ti^{4+}	4	0.042		7	0.081		8	0.099
	5	0.051		8	0.086		9	0.104
	6	0.061	V^{2+}	6	0.079	Zn^{2+}	4	0.060
	8	0.074	V^{3+}	6	0.064		5	0.068
Tl^{+}	6	0.150	V^{4+}	5	0.053		6	0.074
	8	0.159		6	0.058		8	0.090
	12	0.170		8	0.072	Zr^{4+}	4	0.059
Tl^{3+}	4	0.075	V^{5+}	4	0.036		5	0.066
	6	0.089		5	0.046		6	0.072
Tl^{3+}	8	0.098		6	0.054		7	0.078
Tm^{2+}	6	0.103	W^{4+}	6	0.066		8	0.084
Tm^{3+}	7	0.109	W^{5+}	6	0.062		9	0.089
	6	0.088	W^{6+}	4	0.042			

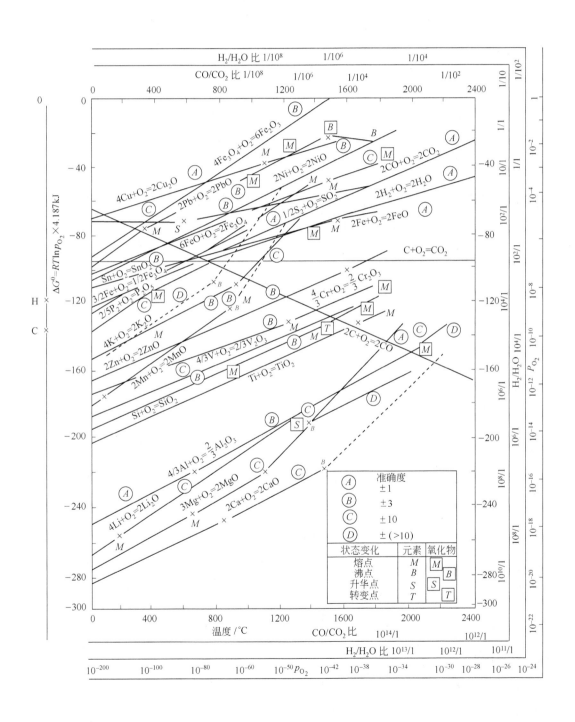

附录三 无机物热力学性质数据

Ⅰ. 计算式

1. $C_P = a_1 + b_1 T + c_1 T^{-2} + d_1 T^2 + e_1 T^{-3}$ J/(K·mol)

2. $H_T^0 - H_{298}^0 = a_2 T + b_2 T^2 + c_2 Y^{-1} + d_2 T^3 + e_2 T^{-2} + f_2$ J/mol

3. $S_T^0 = a_3 \ln T + b_3 T + c_3 T^{-2} + d_3 T^2 + d_3 T^2 + e_3 T^{-3} + f_3$ J/(K·mol)

$$\Phi_T' = -\frac{G_T^0 - H_{298}^0}{T} = -\frac{H_T^0 - H_{298}^0}{T} + S_T^0 \qquad \text{J/(K·mol)}$$

Ⅱ. 数据表

物 质	性 质	a	$b \times 10^3$	$c \times 10^{-5}$	$d \times 10^6$	$e \times 10^{-3}$	f	
氧化铝 Al_2O_3	C_P 固(α) 固(γ) 液	114.35 106.22 144.32	12.81 17.79 0	−35.42 −28.55 0	0 0 0	0 0 0	298~1800K 298~1800K 1600~3500K	$T_{tr}=1273$K $T_M=2303$K
	$H_T^0 - H_{298}^0$	114.35 106.22 144.32	6.41 8.88 0	35.46 28.55 0	0 0 0	0 0 0	−46687 −17848 51305	$\Delta H_{298 \cdot 生成}^0 =$ -1674.72 (kJ/mol)
	S_T^0	115.05 106.68 144.95	12.81 17.79 0	17.71 14.28 0	0 0 0	0 0 0	626.97 557.47 756.18	
莫来石 （富铝红柱石） $3Al_2O_3 \cdot 2SiO_2$	C_P 固 $H_T^0 - H_{298}^0$ S_T^0	453.3 453.3 453.3	105.6 52.8 105.6	−140.0 140.5 70.2	−23.4 −7.8 −11.7	0 0 0	298~2000K −186702 −2417	$\Delta H_{298 \cdot 生成}^0 =$ -6780 (kJ/mol)
一氧化碳 CO	C_P 气 $H_T^0 - H_{298}^0$ S_T^0	119.0 119.0 119.0	4.1 2.1 4.1	−0.5 0.5 0.2	0 0 0	0 0 0	298~2500K −8890 34.3	$\Delta H_{298 \cdot 生成}^0 =$ -111
二氧化碳 CO_2	C_P 气 $H_T^0 - H_{298}^0$ S_T^0	44.2 44.2 44.2	9.0 4.5 9.0	−8.6 8.6 4.3	0 0 0	0 0 0	298~2500K −16425 −45.3	$\Delta H_{298 \cdot 生成}^0 =$ 394
氧化钙 CaO	C_P 固 液	49.7 62.8	4.5 0	−7.0 0	0 0	0 0	298~2888K	$T_M=2888$K
	$H_T^0 - H_{298}^0$	49.7 62.8	2.3 0	7.0 0	0 0	0 0	−17325 43346	$\Delta H_{298 \cdot 生成}^0$ 固 $= -635$
	S_T	49.7 62.8	4.5 0	3.48 0	0 0	0 0	−248.3 −312.5	
氢氧化钙 $Ca(OH)_2$	C_P 固 $H_T^0 - H_{298}^0$ S_T	105.3 105.3 105.3	11.9 6.0 11.9	−19.0 19.0 9.5	0 0 0	0 0 0	298~1000K −38280 −530.9	$\Delta H_{298 \cdot 生成}^0 =$ -987
硫酸钙 $CaSO_4$	C_P 固 $H_T^0 - H_{298}^0$ S_T	70.3 70.3 70.3	98.8 49.4 98.8	0 0 0	0 0 0	0 0 0	298~1400K −25318 −322.9	$\Delta H_{298 \cdot 生成}^0 =$ -1434

物 质	性 质	a	$b\times10^3$	$c\times10^{-5}$	$d\times10^6$	$e\times10^{-3}$	f	
半水硫酸钙 $CaSO_3\cdot\frac{1}{2}H_2O$	C_P 固	108.0	98.8	0	0	0	298～1000K	$\Delta H^0_{298\cdot\text{生成}}=$ -1576
	$H^0_T-H^0_{298}$	108.0	49.4	0	0	0	-36559	
	S^0_T	108.0	98.8	0	0	0	-514.0	
二水硫酸钙 $CaSO_4\cdot2H_2O$	C_P 固	221.2	98.8	0	0	0	298～1000K	$\Delta H^0_{298\cdot\text{生成}}=$ -2023
	$H^0_T-H^0_{298}$	221.2	49.4	0	0	0	-70309	
	S^0_T	221.2	98.8	0	0	0	-109.6	
碳酸钙 $CaCO_3$	C_P 固(α) (方解石)固 (β)	104.6 104.6	21.9 21.9	-26.0 -26.0	0 0	0 0	298～1200K 298～1200K	$T_{tr}=323K$
	$H^0_T-H^0_{298}$	104.6 104.6	11.0 11.0	26.0 26.0	0 0	0 0	-40846 -40658	$\Delta H^0_{298\cdot\text{生成}}$ $\alpha=-1208$
	S_T	104.6 104.6	21.9 21.9	13.0 13.0	0 0	0 0	-528.2 -527.6	
白云石 $CaMg(CO_3)_2$	C_P 固	156.3	80.6	-21.6	0	0		$\Delta H^0_{298\cdot\text{生成}}=$ -2328
	$H^0_T-H^0_{298}$	156.3	40.3	21.6	0	0	-57397	
	S^0_T	156.3	80.6	10.8	0	0	-808.5	
硅灰石 $CaO\cdot SiO_2$	C_P 固(β) 固(α) 液	111.5 108.2 150.7	15.1 16.5 0	-27.3 -23.7 0	0 0 0	0 0 0	298～1463K 298～1700K 1813～3000K	$T_{tr}=1463K$ $T_M=1813K$
	$H^0_T-H^0_{298}$	111.5 108.2 150.7	7.5 8.3 0	27.3 23.7 0	0 0 0	0 0 0	-43057 -32372 -24903	$\Delta H^0_{298\cdot\text{生成}}$
	S^0_T	109.9 108.2 150.7	15.1 16.5 0	13.7 11.8 0	0 0 0	0 0 0	-573.2 -546.3 -809.3	$\beta=-1585$
硅酸二钙 $2CaO\cdot SiO_2$	C_P 固(γ) 固(β) 固(α)	113.7 146.0 134.7	82.1 40.8 46.1	0 -26.2 0	0 0 0	0 0 0	298～948K 298～1800K 1000～1500K	$T_{tr1}=948K$ $T_{tr}=1693K$ $T_M=2403K$
	$H^0_T-H^0_{298}$	113.7 146.0 134.7	41.0 20.4 23.1	0 26.2 0	0 0 0	0 0 0	-37526 -47897 -31627	$\Delta H^0_{298\cdot\text{生成}}$
	S	113.7 146.0 134.7	82.1 40.8 46.1	0 13.1 0	0 0 0	0 0 0	-551.7 -730.6 -653.3	$\gamma=-2257$
硅酸三钙 $3CaO\cdot SiO_2$	C_P 固	208.7	36.1	-42.5	0	0	298～1800K	$\Delta H^0_{298\cdot\text{生成}}=$ -2881
	$H^0_T-H^0_{298}$	208.7	18.1	42.5	0	0	-78055	
	S_T	208.7	36.1	21.2	0	0	-1055	
二硅酸三钙 $3CaO\cdot2SiO_2$	C_P 固	267.9	37.9	-69.5	0	0		$\Delta H^0_{298\cdot\text{生成}}=$ -3828
	$H^0_T-H^0_{298}$	267.9	18.9	69.5	0	0	-104850	
	S	267.9	37.9	34.8	0	0	-1366	
水(汽) H_2O	C_P 气	30.0	10.7	0.34	0	0	298～2500K	$\Delta H^0_{298\cdot\text{生成}}=$ -243
	$H^0_T-H^0_{298}$	30.0	5.4	-30.4	0	0	-9307	
	S	30.0	10.7	0.17	0	0	14.8	
钾长石 $K(AlSi_3O_8)$	C_P 固	267.2	50.6	-71.4	0	0		$\Delta H^0_{298\cdot\text{生成}}=$ -3802
	$H^0_T-H^0_{298}$	267.2	27.0	71.4	0	0	-105985	
	S^0_T	267.2	50.6	35.7	0	0	-1316	(kJ/mol)
碳酸镁 $MgCO_3$	C_P 固(分解)	78.0	57.8	-17.4	0	0	298～750K	$\Delta H^0_{298\cdot\text{生成}}=$ -1097
	$H^0_T-H^0_{298}$	78.0	28.9	17.4	0	0	-31631	
	S^0_T	78.0	57.8	8.7	0	0	-405.4	

物　质	性　质	a	$b\times10^3$	$c\times10^{-5}$	$d\times10^6$	$e\times10^{-3}$	f	
顽火辉石 $MgO\cdot SiO_2$	C_P 固(α_1)	92.3	32.9	-17.9	0	0	$298\sim903K$	$T_{tr1}=903K$
	固(α_2)	120.4	0	0	0	0	$903\sim1258K$	$T_{tr2}=1258K$
	固(α_3)	122.5	0	0	0	0	$1258\sim1850K$	$T_{tr3}=1850K$
	液	146.5	0	0	0	0	$1850\sim3000K$	$T_M=1850K$
		92.3	16.5	17.9	0	0	-34993	
		120.4	0	0	0	0	-44267	
		122.5	0	0	0	0	-45268	$\Delta H^0_{298\cdot生成}$
		146.5	0	0	0	0	-14365	$\alpha_1=-1550$
		92.3	32.9	8.9	0	0	-478.0	
		120.4	0	0	0	0	-637.8	
		122.5	0	0	0	0	-651.5	
		146.5	0	0	0	0	-791.6	
镁橄榄石 $2MgO\cdot SiO_2$	C_P 固	154.0	23.66	38.5	0	0	$298\sim2171K$	$T_M=2171K$
	液	205.2	0	0	0	0	$2171\sim3000K$	
	$H^0_T-H^0_{298}$	154.0	11.8	38.5	0	0	-59871	$\Delta H^0_{298\cdot生成}$
		205.2	0	0	0	0	-42165	固$=-2178$
	S^0_T	154.0	23.7	19.3	0	0	-811.0	
		205.2	0	0	0	0	1119	
氧化镁 MgO	C_P 固	49.0	3.1	-11.4	0	0	$298\sim3098K$	$T_M=3098K$
	液	60.7	0	0	0	0	$3098\sim3533K$	
	$H^0_T-H^0_{298}$	49.0	1.6	11.4	0	0	-18568	$\Delta H^0_{298\cdot生成}$
		60.7	0	0	0	0	37999	固$=-601.6$
	S^0_T	49.0	3.1	5.7	0	0	-259.4	
		60.7	0	0	0	0	-319.0	
氢氧化镁 $Mg(OH)_2$	C_P 固	47.0	104.0	0	0	0	$298\sim541K$	$\Delta H^0_{298\cdot生成}=$
	$H^0_T-H^0_{298}$	47.0	51.5	0	0	0	-18577	-925.3
	S^0_T	47.0	104.0	0	0	0	-235.3	
石英 SiO_2	C_P 固(α)	43.9	38.8	-9.7	0	0	$298\sim847K$	$T_{tr}=847K$
	(β)	59.0	10.1	0	0	0	$847\sim1696K$	$T_M=1646\sim$
								$1746K$
	$H^0_T-H^0_{298}$	43.9	19.4	-9.7	0	0	-18054	
		59.0	5.0	0	0	0	-18601	$\Delta H^0_{298\cdot生成}$
	S^0_T	43.9	38.8	4.8	0	0	-225.7	$\alpha=-911.5$
		59.0	10.1	0	0	0	-301.2	
鳞石英 SiO_2	C_P 固(α)	13.7	103.8	0	0	0	$298\sim390K$	$T_{tr}=390K$
	(β)	57.1	11.1	0	0	0	$390\sim1953K$	$T_M=1953K$
	$H^0_T-H^0_{298}$	13.7	51.9	0	0	0	-8688	
		57.1	5.5	0	0	0	-18393	$\Delta H^0_{298\cdot生成}$
	S^0_T	13.7	103.8	0	0	0	-66.2	$\alpha=-876.7$
		57.1	11.1	0	0	0	-288.6	
方石英 SiO_2	C_P 固(α)	46.9	31.5	-10.1	0	0	$298\sim543K$	$T_{tr}=543K$
	(β)	71.7	1.9	-39.1	0	0	$543\sim1996K$	$T_M=1996K$
	液	85.8	0	0	0	0	$1996\sim3000K$	
	$H^0_T-H^0_{298}$	46.9	15.7	10.1	0	0	-18761	
		71.7	0.9	39.1	0	0	-31828	
		85.8	0	0	0	0	44782	$\Delta H^0_{298\cdot生成}$
	S^0_T	46.9	31.5	5.0	0	0	-238.9	$\alpha=-909.0$
		71.1	1.9	19.5	0	0	-381.1	
		85.8	0	0	0	0	-479.8	
石英玻璃 SiO_2	C_P 固	56.0	15.4	-14.4	0	0	$298\sim2000K$	$\Delta H^0_{298\cdot生成}=$
	$\Delta H^0_T-H^0_{298}$	56.0	7.7	14.4	0	0	-22219	-847.8
	S^0_T	56.0	15.4	7.2	0	0	-284.9	

参 考 文 献

1 冯端，师昌绪，刘治国. 材料科学导论. 北京：化学工业出版社，2002
2 潘金生，仝全民，田民波. 材料科学基础. 北京：清华大学出版社，1998
3 张联盟，黄学辉，宋晓岚. 材料科学基础. 武汉：武汉理工大学出版社，2004
4 叶端伦，方永汉，陆佩文. 无机材料物理化学. 北京：中国建筑工业出版社，1986
5 浙江大学，武汉建筑材料学院，上海工学院，华南工学院. 硅酸盐物理化学. 北京：中国建筑工业出版社，1980
6 南京化工学院，华南工学院，清华大学. 陶瓷物理化学. 北京：中国建筑工业出版社，1981
7 王中林，康振川. 功能与智能材料——结构演化与结构分析. 北京：科学出版社，2002
8 R. W. 卡恩，P. 哈森，E. J. 克雷默主编. 材料科学与技术丛书. 北京：科学出版社，1998
9 W. D. 金格瑞等. 陶瓷导论. 北京：中国建筑工业出版社，1987
10 陆佩文. 材料科学基础. 武汉：武汉工业大学出版社，1996
11 刘光华. 现代材料学. 上海：上海科学技术出版社，2000
12 胡福增，陈国荣，杜永娟. 材料表界面. 上海：华东理工大学出版社，2001
13 诸培南，翁臻培，王天頔. 无机非金属材料显微结构图册. 武汉：武汉工业大学出版社，1994
14 陈敬中，张汉凯. 硅酸盐矿物中准周期非周期结构初步研究. 武汉：地质大学出版社，1997
15 崔福斋，郑传林. 仿生材料. 北京：化学工业出版社，2004
16 钱逸泰编著. 结晶化学导论. 第二版. 合肥：中国科学技术大学出版社，1999
17 张立德. 纳米材料. 北京：化学工业出版社，2000
18 张志锟，崔作林著. 纳米技术与纳米材料. 北京：国防工业出版社，2000
19 张立德. 第四次浪潮——纳米冲击波. 北京：中国经济出版社，2003
20 马远荣编著. 纳米科技. 汕头：汕头大学出版社，2003
21 白春礼著. 纳米科技现在与未来. 成都：四川教育出版社，2001
22 李弘波，李寿权，陈立新，陈长聘. 碳纳米管储氢的研究与进展. 材料科学与工程，2002，20(2)
23 董亚杰，李亚栋. 一维纳米材料的合成、组装与器件. 科学通报，2002，47(9)
24 周成飞. 超分子材料的发展. 化工新型材料，Vol. 29(10)
25 闫莉. 超分子化学研究的新视角. 世界科学，2003. Vol. 4
26 周公度. 超分子结构化学. 大学化学，2002，Vol. 10
27 沈家骢，孙俊奇. 超分子科学研究进展. 中国科学院院刊，2004，Vol. 9(6)
28 顾少轩，赵修建，胡军. 非线性光学玻璃材料的研究进展. 国外建材科技，2001，Vol. 22(4)
29 江涛. 非线性光学玻璃的原理和应用. 激光与光电子学进展. 2001，Vol. 426(6)
30 曲远方，沈继耀，刘玉军. $BaTiO_3$ 基半导体陶瓷的晶界效应. 天津大学学报，1997，Vol. 30(5)
31 肖华星. 引人注目的新材料——准晶材料，常州工学院学报. 2003，Vol. 16(4)